VEGETACION DE MEXICO

VEGETACION DE MEXICO

J. RZEDOWSKI

Escuela Nacional de Ciencias Biológicas
Instituto Politécnico Nacional
México, D. F.

con la parte correspondiente a la vegetación litoral marina a cargo de

LAURA HUERTA M.
Profesora Emérita de la misma Escuela

EDITORIAL LIMUSA
MEXICO

Balderas 95, Primer piso, 06040 México 1, D. F.
Miembro de la Cámara Nacional de la
Industria Editorial. Registro Núm. 121

Primera edición: 1978
Primera reimpresión: 1981
Segunda reimpresión C. 1983
Impreso en México
(4459)

ISBN 968 – 18 – 0002 – 8

FAUSTINO MIRANDA (1905—1964)

incansable forjador de conocimientos botánicos e iniciador de investigaciones sinecológicas modernas en México.

CONTENIDO

1. Introducción

La cubierta vegetal de México es una de las más variadas de la Tierra, pues en su territorio están representados prácticamente todos los grandes biomas que se han descrito de la superficie de nuestro planeta, desde los desiertos, donde la aridez apenas permite el desarrollo de vida alguna, hasta las densas y frondosas selvas; desde la vegetación netamente tropical de las zonas bajas y calientes, hasta los páramos de alta montaña, donde todas las noches hay heladas o al menos la temperatura baja a niveles cercanos a 0°.

No faltan diferentes tipos de pastizales, ni los bosques caducifolios, ni tampoco los de coníferas, y esta gran diversidad no se debe solamente a que las condiciones fisiográficas, geológicas y climáticas presenten una amplia gama de variación y combinaciones, sino también al hecho de que la vegetación de México participe tanto de los tipos meridionales sudamericanos, como de los boreales norteamericano-eurasiáticos y, al mismo tiempo, tiene algunos únicos en su género, probablemente de origen autóctono.

El conocimiento de la vegetación del país dista mucho de ser perfecto y queda aún mucho por hacer tan sólo en los aspectos descriptivo y cartográfico de la misma, independientemente de la fase interpretativa, en la que, en la mayor parte de los casos, se ha profundizado poco. Todavía son menos los estudios detallados de los factores del medio, y los autoecológicos y los experimentales prácticamente no se han iniciado aún.

No obstante, el número de trabajos realizados comienza a ser cuantioso y éstos, en su conjunto, constituyen ya un valioso cúmulo de información sobre los recursos vegetales y las condiciones ecológicas prevalecientes en las diferentes regiones de México.

Por otra parte, no es difícil observar que en los momentos actuales crece rápidamente el número de personas e instituciones que para sus actividades requieren de datos básicos sobre la vegetación y sobre el medio ambiente de las diversas zonas del país. Tales datos se encuentran a menudo dispersos en la literatura y, con frecuencia, no son fácilmente accesibles para el usuario poco versado en el tema, debido, entre otras cosas, a que la nomenclatura y los criterios utilizados pueden diferir notablemente de un autor a otro.

El objetivo principal de esta contribución es el de integrar en una sola obra lo más relevante de los conocimientos que existen sobre la cubierta vegetal del territorio mexicano, sobre sus relaciones ecológicas, su distribución, su dinámica y su utilización. Sin alterar el fondo esencialmente científico del contenido, se ha procurado presentarlo de tal manera que la lectura del texto sea accesible no sólo a los especialistas, sino también a un público que no tenga amplias nociones sobre ecología y botánica. Con este fin también se ha incluido al final un glosario de los términos técnicos menos usuales.

Un propósito adicional que se persigue es el de señalar cuan insuficiente es nuestro conocimiento acerca de las plantas del país y, dada esta circunstancia, de estimular nuevos estudios sobre el particular en el futuro y de insinuar los lineamientos de los mismos.

Tampoco quedarían cumplidos los objetivos de una obra de esta naturaleza si no se discutiera a fondo el aspecto fundamental de las relaciones recíprocas entre la vegetación y el hombre y más concretamente entre la cubierta vegetal de México y la sociedad de que formamos parte. Sin duda, es un tema delicado y difícil, dados sus eslabonamientos con problemas de índole económica, política y social, pero que de ninguna manera puede soslayarse hoy en día. Así, pretende dejarse clara la imperiosa necesidad de racionalizar el aprovechamiento de los recursos vegetales del país, ante el riesgo de irlos perdiendo y ante el peligro de provocar serios desequilibrios ecológicos, y asimismo, se señalan algunas medidas que deberían tomarse para tal fin.

Cabe explicar, por otra parte, que independientemente del esfuerzo de análisis, de síntesis, de la elaboración de conclusiones y recomendaciones, se incluyó en el texto un gran número de datos y observaciones originales inéditas, distribuidas a lo largo de toda la obra, pero en especial en los capítulos 5, 6, 7, 9, 10 y 22.

No me pasan inadvertidas las múltiples limitaciones y deficiencias de este trabajo. Mientras que, por un lado, faltaron datos básicos para presentar en forma medianamente cabal una serie de aspectos fundamentales de la vegetación de México, por otra parte, hubo que hacer muchas generalizaciones, omitir descripciones y listas florísticas amplias con el propósito de ofrecer un cuadro equilibrado, no demasiado tedioso ni unilateral. Sin embargo, se procuró completar en lo posible la enumeración de las referencias bibliográficas, de tal manera que el lector interesado pudiera recurrir fácilmente a las fuentes originales de la información.

Dados los íntimos vínculos que existen entre el suelo y la vegetación, la falta de un capítulo relativo a los aspectos edáficos podría considerarse, con razón, como una seria omisión en un trabajo de esta naturaleza. A guisa de defensa sólo cabe explicar que mi intención era la de incluir tal capítulo, pero al intentar armarlo pude darme cuenta que el conocimiento de los suelos correspondientes a las comunidades bióticas naturales de México es aún tan fragmentario e imperfecto, que cualquier intento de síntesis a nivel nacional, en las condiciones actuales, no proporcionaría sino una imagen muy parcial de este tema.

En la preparación de este libro intervinieron de manera directa e indirecta muy numerosas personas e instituciones; el reconocimiento y agradecimiento de su ayuda constituye una grata obligación, aun cuando no será posible mencionarlas todas en este lugar.

Debo a mi esposa, la bióloga Graciela Calderón de Rzedowski, el estímulo persistente que ha influido de manera decisiva en que la obra llegara a integrar y concluirse, y quien, además, leyó críticamente el texto y me auxilió en forma substancial en la elaboración del glosario y del índice.

Agradezco también muy especialmente al Dr. José Sarukhán, del Instituto de Biología de la Universidad Nacional Autónoma de México, quien dedicó mucho de su valioso tiempo no sólo a una cuidadosa lectura del manuscrito, sino a formular un gran número de importantes observaciones, sugestiones y apreciaciones, contribuyendo, de manera significativa, a depurar y a enriquecer el trabajo. Se agradece especialmente a la bióloga Lucía Benito de Salas y al Sr. Antonio Bolívar, del Consejo Nacional de Ciencia y Tecnología, por la labor y el empeño que han puesto en la revisión del texto desde el punto de vista idiomático y de la redacción en general. No menos importante ha sido la desinteresada ayuda obtenida de la M. en C. Enriqueta García de Miranda, del Instituto de Geografía de la Universidad Nacional Autónoma de México, y del Dr. Zoltan de Cserna, del Instituto de Geología de la misma Universidad, quienes tuvieron la amabilidad de dar una lectura crítica a los capítulos relativos al clima y a las bases fisiográficas, respectivamente.

El Dr. Gastón Guzmán, de la Escuela Nacional de Ciencias Biológicas, proporcionó información importante respecto a hongos y líquenes como componentes de diferentes comunidades vegetales en México, y el Dr. Claudio Delgadillo, del Instituto de Biología de la Universidad Nacional Autónoma de México, facilitó datos equivalentes relativos a los musgos. El biólogo Rodolfo Palacios, de la Escuela Nacional de Ciencias Biológicas, y el biólogo Luciano Vela, del Instituto Nacional de Investigaciones Forestales, autorizaron la referencia a algunos de sus hallazgos, contenidos en trabajos aún no publicados.

Los biólogos Javier Chavelas, Xavier Madrigal, Ignacio Piña L. y Fernando Medellín, así como el Dr. José Sarukhán suministraron algunas de las fotografías; en la leyenda de las mismas se señala al autor correspondiente. La ejecución de los dibujos estuvo a cargo de: Francisco Rizo, Humberto Sánchez C., Ignacio Piña y Raúl Nava C.

La Comisión del Estudio del Territorio Nacional, por intervención del biólogo Francisco Takaki, ayudó substancialmente en la preparación del mapa de vegetación de México.

La colaboración de la QBP Laura Huerta, de la Escuela Nacional de Ciencias Biológicas, a quien se debe el texto de la parte correspondiente a la vegetación marina, viene a cubrir un aspecto sin el cual la obra habría quedado notoriamente incompleta y es de estimarse en todo lo que vale su importante contribución.

Reconocemos asimismo, en forma particular, el interés demostrado y el apoyo recibido para la publicación de esta obra por parte de las autoridades del Instituto Politécnico Nacional, en particular del Dr. José Gerstl Valenzuela, Director General, del Ing. Guillermo García Talavera, Secretario Particular, de la M. en C. Ma. Luisa Sevilla, Directora de la Escuela Nacional de Ciencias Biológicas, y del Lic. Enrique Bucio, del Consejo Editorial.

México, D. F.

2. Resumen histórico de los estudios sobre la vegetación en México

Como muchas otras ramas del saber, los conocimientos sobre la vegetación se inician, indudablemente, con el comienzo de la humanidad misma.

El hombre cazador y recolector, que vivió en México hace 20 000 años o más, estaba relacionado con la naturaleza en forma estrecha y el éxito de sus actividades dependía, en gran parte, de su habilidad para distinguir y reconocer diferentes tipos de nichos ecológicos que propiciaban albergue a las especies útiles, objeto de su búsqueda y persecución.

La vida de las comunidades sedentarias de los últimos milenios, basada en la agricultura, ya no se desarrolla en dependencia tan íntima del bosque, matorral o pastizal; sin embargo, los astutos hombres de campo a menudo saben mucho acerca de la vegetación que los rodea, de su dinámica, de sus relaciones con el clima, con el suelo y de su valor indicador en cuanto a posibles aprovechamientos agrícolas o de otra índole. Tal sabiduría se acumula y se transmite verbalmente de generación en generación, aunque muy pocas veces aparece en forma escrita.

El desarrollo tecnológico y científico de los tiempos modernos requiere conocimientos mucho más exactos acerca de los recursos naturales disponibles y uno de estos recursos es precisamente la cubierta vegetal. En consecuencia, no es sino en los últimos cuatro lustros cuando se nota en México un despliegue de esfuerzos dedicados a estudiar su vegetación en forma sistemática, utilizando variados procedimientos y escalas, además de tener finalidades muy diversas. Sin embargo, esta reseña no estaría completa si no se mencionara a los precursores y no se ahondara, al menos someramente, en los tiempos pretéritos.

En los códices indígenas y en otros documentos escritos, en los cuales se da a conocer el acervo cultural prehispánico de México, abundan referencias a las plantas, sus nombres, propiedades y usos, pero no hay mucha información de tipo ecológico y prácticamente no existen datos sobre la vegetación. La monumental obra de Hernández (1570-1575), los trabajos de Sessé y Mociño, al igual que los demás estudios botánicos realizados en México en los tiempos de la Colonia, también se limitan a los aspectos descriptivo, taxonómico y utilitario de las especies vegetales en particular. Esta falta de preocupación y aparente desinterés por investigar e incluir en sus escritos referencias ecológicas, biogeográficas y de otra índole es, indudablemente, el reflejo de las costumbres y corrientes científicas que durante esa época prevalecían en Europa.

Humboldt, a quien muchos consideran como el padre de la fitogeografía, en compañía de Bonpland realizó un largo recorrido por México unos años antes de la Guerra de la Independencia. Entre las numerosas publicaciones que aparecieron, como resultado de sus exploraciones en América, unas son puramente taxonómico-florísticas (1815-1825), otras, geográficas en el sentido amplio (1811), algunas realmente son pioneras en cuanto al enfoque ecológico (1805, 1817), pero una vez más las referencias concretas a la vegetación de México son escasísimas, vagas o inexistentes.

Las pocas alusiones a la cubierta vegetal que proceden de la época colonial se encuentran en los relatos de algunos viajeros. Así, por ejemplo, De Lafora (1939, ver: Rojas-Mendoza, 1965: 11-12), hizo algunas observaciones muy sagaces sobre la vegetación, a raíz de su viaje al occidente, norte y noreste de México realizado entre 1766 y 1768.

A mediados del siglo XIX comienzan a aparecer en la literatura los primeros artículos con observaciones sobre la vegetación de México y que a veces intentan correlacionarla con la altitud, el clima y otros factores del medio. De esa época datan diversas relaciones escritas por exploradores y colectores botánicos referentes a la flora y a la vegetación de algunas regiones del país, entre las cuales cabe mencionar las siguientes:

Hartweg (1842) relató los rasgos sobresalientes de la vegetación del centro de México, en particular de ciertas áreas de Guanajuato, Jalisco, Zacatecas, Aguascalientes, San Luis Potosí, Hidalgo, Michoacán y el Estado de México, así como también de Oaxaca.

Liebmann (1844) proporcionó una interesante y bastante detallada memoria acerca de la cubierta vegetal a lo largo de un transecto entre el puerto de Veracruz y las partes altas del Pico de Orizaba.

Berlandier (1850) describió las impresiones botánicas de su viaje de la ciudad de México a Texas y en otra publicación (1857) concentró su atención al Estado de Tamaulipas.

Seemann (1852-1857) refirió las características más notables de la vegetación del occidente de México, a lo largo del litoral pacífico y también los de la Sierra Madre Occidental, incluyendo partes del Altiplano de Chihuahua y Durango.

Parry (1858) hizo una relación similar concerniente a la zona del recién establecido límite entre México y los Estados Unidos.

De la misma época data también el primer ensayo de proporcionar una visión conjunta de la vegetación y de la distribución de las plantas del país entero, que es fruto de las exploraciones y de las ideas de Galeotti y aparece en dos publicaciones (Martens y Galeotti, 1842, y Richard y Galeotti, 1844), en las cuales ya se establece una división del territorio de la República en zonas botánico-geográficas y la caracterización de cada una de ellas (Fig. 1).

Una serie de trabajos posteriores muestra la tendencia a perfeccionar este esquema fitogeográfico inicial, buscando mejorarlo en función del conocimiento cada vez más completo de las diferentes regiones de México y, en consecuencia, de los adelantos que había experimentado en general esta rama de la ciencia. A este respecto son importantes las contribuciones pioneras de Herrera (1869), Grisebach (1877-1878), Hemsley (1879-1888, IV: 168-315), Ramírez (1899) (Fig. 2), Harshberger (1911), Ochoterena (1923, 1937), Sanders (1921) y Shelford (1926).

Los estudios de vegetación a nivel regional, realizados con más rigor científico, no comienzan a publicarse sino hasta principios del siglo XX. Los primeros a este respecto son el de Ochoterena (1909) sobre el Estado de Durango, el de Rovirosa (1909), referente a Tabasco y a una porción de Chiapas, el de Reiche (1914), que se ocupa del Valle de

COMPTE RENDU

DES SÉANCES

DE L'ACADÉMIE DES SCIENCES.

SÉANCE DU LUNDI 25 MARS 1844.

PRÉSIDENCE DE M. CHARLES DUPIN.

MÉMOIRES ET COMMUNICATIONS

DES MEMBRES ET DES CORRESPONDANTS DE L'ACADÉMIE.

M. **Gay-Lussac**, qui assiste pour la première fois à la séance depuis l'accident qu'il a éprouvé, remercie l'Académie des marques d'intérêt qu'elle lui a données à cette occasion.

M. le **Président** exprime à M. *Gay-Lussac* la satisfaction que son prompt rétablissement cause à tous ses confrères.

BOTANIQUE. — *Monographie des Orchidées mexicaines, précédée de considérations générales sur la végétation du Mexique et sur les diverses stations où croissent les espèces d'Orchidées mexicaines; par* **MM. A. Richard** *et* **H. Galeotti**, voyageur naturaliste, membre de l'Institut de Mexico, etc.

« Parmi les diverses familles du règne végétal dont les nombreux individus font l'ornement des régions tropicales, il n'en est pas dont les formes soient plus variées et plus bizarres, la structure plus singulière, les couleurs plus vives que celle des Orchidées. Cette famille a des représentants dans tous les

C. R., 1844, 1er *Semestre*. (T. XVIII, N° 13.) 67

Figura 1. Primera página del trabajo de Richard y Galeotti (1844), una de las relaciones más antiguas que abordan el tema de la vegetación en México.

LA

VEGETACIÓN DE MÉXICO

RECOPILACIÓN Y ANÁLISIS

DE LAS

PRINCIPALES CLASIFICACIONES PROPUESTAS,

POR EL

DR. JOSÉ RAMÍREZ.

MÉXICO

OFICINA TIPOGRÁFICA DE LA SECRETARÍA DE FOMENTO.

Calle de San Andrés núm. 15. (Avenida Oriente 51.)

1899

Figura 2. Portada del libro de J. Ramírez (1899) sobre la vegetación de México.

México, y los de I.M. Johnston (1924) y de Shreve (1924, 1926), relativos al noroeste del país. Las seis contribuciones difieren notablemente entre sí en cuanto al enfoque, extensión, profundidad y muchos otros aspectos; esta heterogeneidad caracteriza también al conjunto de estudios que a un ritmo cada vez más acentuado comienzan a producirse a partir de 1930. No es posible enumerar aquí todos los trabajos que se realizaron desde esa fecha; la siguiente relación incluye sólo los más importantes.

Bequaert (1933) y Lundell (1934) llevaron a cabo estudios en la Península de Yucatán y el último autor publicó en 1937 un trabajo extenso sobre la región del Petén, Guatemala, que es interesante para México, por colindar con áreas ecológicamente análogas de Campeche y de Chiapas.

Shreve (1934, 1936, 1937a, 1937b, 1939, 1942a, 1942b) se dedicó a investigar los aspectos ecológicos de la vegetación del norte de México, principalmente referentes a las zonas áridas y semiáridas. Su obra culminó con la monografía sobre el Desierto Sonorense (1951).

Bravo publicó trabajos sobre el Valle del Mezquital de Hidalgo (1936, 1937) y sobre la región de Escárcega, Campeche (1955).

Muller concentró su actividad en los Estados de Nuevo León y Coahuila, especialmente en el primero (1937, 1939, 1947) y también puso énfasis en la sucesión de comunidades vegetales en las zonas áridas.

Una reseña de la vegetación del Istmo de Tehuantepec aparece en el artículo de Williams (1939).

Miranda ha estudiado la vegetación de diferentes zonas de la República; en particular, la Cuenca del Balsas (1941, 1942a, 1943, 1947), la Cuenca del Papaloapan (1948a, 1948b), el Estado de Chiapas (1942b, 1952, 1953, 1957a, 1961), la Península de Yucatán (1957b, 1958), la Isla Socorro del Archipiélago de las Revillagigedo (1960a), el Valle de México (1963) y las zonas áridas del noreste del país (1964, en colaboración con Hernández X.). Además, en compañía de Sharp (1950) publicó un trabajo de interés fitogeográfico y ecológico sobre ciertas áreas muy húmedas de las Sierras Madre Oriental, de Oaxaca y de Chiapas. La obra de Miranda no se limita a su prolífica producción, sino también tiene el mérito de haber estimulado el interés por los estudios ecológicos entre sus colegas y estudiantes mexicanos, con lo cual se creó toda una escuela en esta especialidad.

White escribió un artículo sobre el Cerro de la Silla, cercano a Monterrey, Nuevo León, (1940) y más tarde realizó un trabajo más amplio en la región del Río Bavispe en el noreste de Sonora (1949).

Hale (1941) investigó la vegetación de la Isla Cedros, perteneciente a Baja California.

Gentry dedicó sus esfuerzos a estudiar ciertas zonas del sur de Sonora (1942), de Sinaloa (1946a, 1946b) y también presentó los resultados de un trabajo exhaustivo de los pastizales de Durango (1957).

Un ensayo de la definición de los tipos de vegetación del Estado de Guerrero puede encontrarse en el artículo de Leopold y Hernández (1944).

LeSueur realizó un estudio ecológico de la mitad septentrional del Estado de Chihuahua (1945), más o menos al mismo tiempo que Leavenworth llevó a cabo un transecto entre el Cerro Tancítaro y el Río Tepalcatepec en Michoacán (1946).

Eggler (1948, 1959, 1963) investigó la vegetación de los alrededores del volcán Paricutín y del volcán en Michoacán y la forma en que las plantas han ido colonizando los depósitos volcánicos.

Ramírez-Cantú hizo estudios en la Laguna de Epatlán, Puebla (1942), en la región de Tepoztlán, Morelos (1949) y en la Isla de La Roqueta, cercana a Acapulco, Guerrero (1956); además, en colaboración con Herrera, publicó el trabajo sobre la zona de Lerma, Estado de México (1954).

Hernández X. solo o en unión con otros autores publicó varios trabajos, entre los que destacan el que se ocupa del suroeste de Tamaulipas (1951), otro sobre las zonas fitogeográficas del noreste de México (1953), así como los relativos a los pastizales de diferentes partes del país (1957, 1959, 1959-1960, 1960 – como colaborador de Buller y de González, 1961-1962, 1964) y a la relación entre la vegetación y el suelo en la región de Tuxtepec, Oaxaca (1970 – como colaborador de Barreto Vargas).

J. Rzedowski dedicó mayor atención al Valle de México (1954, 1957a, 1964 – en colaboración con varios, 1970) y al Estado de San Luis Potosí (1955, 1956, 1957 – en colaboración con G.C. de Rzedowski, 1957b – incluyendo también Zacatecas, 1960, 1963a, 1966); publicó también sobre el occidente de México en colaboración con McVaugh (1966) y sobre las islas del Arrecife Alacranes, Yucatán, como colaborador de Bonet (1962).

West (1956) se refirió, en un artículo, a las llanuras de Tabasco, poco antes de que Valdés (1958) publicara acerca de la vegetación observada a lo largo de un recorrido realizado a través de las zonas áridas de la Altiplanicie.

Martin (1958), en su trabajo dedicado a la biogeografía de reptiles y anfibios de la región de Gómez Farías, Tamaulipas, presentó una discusión ecológica relativamente amplia incluyendo datos sobre la vegetación. Contemporáneo con el anterior, es el trabajo de Perrin de Brichambaut sobre el clima de las regiones calientes de México y sus relaciones con la vegetación.

G.C. de Rzedowski (1960) dio a conocer su investigación sobre el Valle de San Luis Potosí, al mismo tiempo que Turner (1960) publicaba un artículo acerca de las comunidades de la región de Coahuayana, en la costa de Michoacán. Guzmán y Vela (1960) abordaron el suroeste del Estado de Zacatecas y Martínez (1960) hizo otro tanto con los pastizales del Campo Experimental de la Campana, en Chihuahua.

La cubierta vegetal de una corriente de lava reciente en la vertiente meridional de la Sierra de Chichinautzin, en Morelos, fue tratada por Espinosa (1962).

Beaman (1962, 1965) estudió algunos aspectos de la vegetación del piso alpino del Ixtaccíhuatl y del Popocatépetl, y en compañía de Andresen escribió un trabajo sobre la cumbre del Cerro Potosí en Nuevo León (1966). Vázquez publicó sobre la vegetación del Estado de Campeche (1963). M.C. Johnston investigó los pastizales del noreste de México y del sur de Texas (1963).

Sarukhán realizó un estudio sobre la sucesión de la vegetación de un área talada en Tuxtepec, Oaxaca (1964), otro sobre los bosques de *Terminalia amazonia* en la Planicie Costera del Golfo de México (1968a) y como colaborador de Pérez contribuyó al conocimiento de la región de Pichucalco, Chiapas (1970).

Sousa (1964) investigó los rasgos generales de la vegetación secundaria en la misma región de Tuxtepec, Oaxaca y posteriormente abordó el estudio de la región de los Tuxtlas, Veracruz (1968).

Rojas-Mendoza (1965) realizó un trabajo sintético sobre el Estado de Nuevo León.

Gómez-Pompa publicó en 1966 un estudio botánico de la región de Misantla, Veracruz, y en 1973 otro que abarca la vegetación de todo el Estado de Veracruz. Además, en colaboración con otros autores dio a conocer un trabajo fitoecológico sobre la cuenca intermedia del Río Papaloapan (1964a) y otro sobre la vegetación del sureste de Veracruz (1970). En un artículo adicional (1964b) presentó una larga lista de contribuciones inéditas, realizadas por la Comisión de Estudios sobre la Ecología de Dioscoreas, dependiente del Instituto de Investigaciones Forestales.

Madrigal (1967) llevó a cabo su estudio sobre la ecología de los bosques de *Abies* en el Valle de México y en otro trabajo (1970a) ofreció una caracterización preliminar del Volcán de Fuego y del Nevado de Colima, en los Estados de Jalisco y Colima. Un reconocimiento de la vegetación costera a lo largo del litoral del Golfo de México fue publicado por Sauer (1967). Rodríguez (1967) estudió las plantas arvenses del Valle de Toluca.

Marroquín (1968) hizo una investigación acerca de los cañones orientales de la Sierra de Anáhuac, al sur de Monterrey, Nuevo León, y en colaboración con otros (1964) preparó un estudio ecológico-dasonómico de las zonas áridas de la Altiplanicie de México.

La vegetación del Valle del Mezquital, en el Estado de Hidalgo, ha sido objeto de estudio por parte de González-Quintero (1968), mientras que la correspondiente al Campo Experimental Forestal de Escárcega, Campeche, fue investigada por Chavelas (1967-1968). Villa (1968) publicó un trabajo sobre la vegetación forestal del extremo meridional de Baja California.

Cruz (1969) estudió los diferentes tipos de pastizales que cabe encontrar en el Valle de México, en cambio Chiang (1970) buscó el conocimiento de la vegetación de la región de Córdoba, Veracruz.

Puig (1970a, 1970b) publicó dos relaciones sobre la vegetación de la Sierra de Tamaulipas y también un trabajo global sobre una gran extensión del noreste de México (1974). Además, dio a conocer su estudio relativo a las sabanas y la vegetación relacionada, de la región de Huimanguillo, Tabasco (1972b).

Sobre las plantas arvenses del Valle de México versó la contribución de Villegas (1971). Vázquez-Yanez (1971) publicó acerca de la Laguna de Mandinga, Veracruz, mientras que la tesis de May-Nah, presentada en el mismo año, se ocupó del Campo Experimental Forestal de San Juan Tetla, Puebla.

El trabajo de González-Medrano (1972a) se ocupó del noreste de Tamaulipas, en particular de las zonas que rodean la Laguna Madre, mientras que el de Ramos y González-Medrano (1972) se refirió a la zona árida próxima a Perote, Veracruz. Mooney y Harrison (1972) se interesaron por analizar el gradiente de la vegetación de las laderas inferiores occidentales en la Sierra de San Pedro Mártir, Baja California.

Como resultado de estudios en la zona comprendida por el Proyecto Puebla — Tlaxcala aparecieron recientemente varios artículos relativos a la región oriental de México, entre los cuales pueden citarse los de Ern (1972a, 1973), Ern y Michlich (1972), Klink (1973) y Lauer (1973).

Acerca de la ecología del pastizal gipsófilo de *Bouteloua chasei* en San Luis Potosí trató la tesis de Gómez (1973), mientras que la de Robert (1973) abordó el tema de los bosques de *Pinus cembroides* en el este de México. Breedlove (1973) publicó un esquema novedoso de los tipos de vegetación de Chiapas.

El estudio florístico-ecológico de las plantas arvenses de las huertas de cítricos en la región de Montemorelos, Nuevo León, constituye el tema del trabajo de Alanís (1974).

La acumulación paulatina de conocimientos sobre la vegetación a nivel regional ofreció a su vez la posibilidad de una integración cada vez más completa en plan nacional. A partir de 1940 varios autores lo han intentado con mayor o menor éxito.

Así, Contreras (1941) presentó un "Ensayo de localización de las simorfias vegetales dominantes en la República Mexicana", pero basado fundamentalmente en la distribución de climas y no de plantas.

Smith y Johnston (1945) elaboraron un mapa de vegetación de América Latina; aunque éste se dibujó a escala pequeña y se reconocen relativamente pocas subdivisiones, tiene el mérito de conceptuarlas y ubicarlas más correctamente que en trabajos anteriores.

El estudio de la vegetación de México preparado por Leopold (1950) representa un substancial adelanto con respecto a los esfuerzos previos. El mapa, a pesar de su reducida escala, está también bastante bien logrado.

Aubréville (1962) intentó aplicar a la República un "sistema universal de nomenclatura fitogeográfica", sin que su ensayo tuviera mucha repercusión, debido, entre otras cosas, a la escasa aceptación que tiene en el país la terminología acuñada en Africa y que utiliza en esencia el mencionado autor.

Una clasificación detallada de los tipos de vegetación del país se presentó en el trabajo de Miranda y Hernández X. (1963). Es una contribución profusamente ilustrada y ofrece una clave para la identificación de las categorías reconocidas.

Shelford (1963), Wagner (1964) y Knapp (1965) han incluido en sus obras, amplias discusiones sobre la vegetación de México, pero todas ellas señalan la falta de suficiente familiaridad de los autores con las condiciones ecológicas de diferentes partes del país y con muchos estudios recientemente realizados sobre el particular.

El artículo de Gómez-Pompa (1965) sintetizó la información bibliográfica más sobresaliente y disponible hasta 1961, mientras que Sarukhán (1968b) ofreció un cuadro más detallado de los tipos de vegetación de la zona "cálido-húmeda" del país.

Por último, Flores et al. (1971) intentaron vertir la información existente en un mapa a escala 1:2 000 000, lo cual si bien fue un esfuerzo loable, dejó entrever que el grado de entendimiento en la materia no era suficiente todavía para que una carta como ésta resultase todo lo útil que se deseaba.

Recapitulando, puede estimarse que a pesar de la labor desplegada para estudiar la vegetación de México, en el momento actual su conocimiento es bastante heterogéneo, pues unas regiones se han estudiado mucho mejor que otras. Entre las zonas particularmente postergadas cabe mencionar grandes extensiones de la Sierra Madre Occidental, así como partes importantes de los Estados de Michoacán, México, Tlaxcala, Puebla, Veracruz, y sobre todo Guanajuato, Querétaro, Guerrero y Oaxaca.

Los estudios sobre la dinámica de la vegetación y en general sobre la vegetación secundaria son escasos, concentrados a las zonas calientes y húmedas, al igual que los realizados con métodos cuantitativos. Existen también muy pocos intentos de investigar a fondo las relaciones entre la vegetación y los factores del medio. No se ha hecho aún nada para determinar la productividad de las comunidades.

En la gran mayoría de las contribuciones publicadas la unidad básica de clasificación ha sido el tipo de vegetación, aun cuando el alcance de esta categoría ha sido interpretado de manera distinta según los diferentes autores y según los diferentes niveles de enfoque de los trabajos. En cuanto a la nomenclatura utilizada, hay también serias discrepancias, que, infortunadamente, en lugar de irse desvaneciendo, se acentúan cada vez más, pues la pléyade de nuevos nombres que cada año se van generando, tiende de manera clara hacia un caos.

3. Bases fisiográficas

A. Algunas generalidades

La ubicación y la forma del territorio de la República Mexicana revisten características notables. Sus dos millones de km^2 de extensión se hallan más o menos equitativamente distribuidos de ambos lados del Trópico de Cáncer y sus extremos meridional y boreal alcanzan los paralelos 14° 30' N y 32° 42' N, respectivamente. Su forma peculiar es el resultado del estrechamiento paulatino que con dirección sur sufre Norteamérica, de la torsión hacia el sureste que se manifiesta en esta masa continental, sobre todo a partir del paralelo 20°, y de la existencia de dos penínsulas sobresalientes: Baja California y Yucatán. La irregularidad del contorno del país se refleja en la extraordinaria longitud de sus límites que alcanzan aproximadamente 13 000 km.

Cerca de las 3/4 partes de estos límites corresponden al litoral marino. Es tan largo e importante este litoral que en México son muy pocas las áreas cuya distancia del mar es superior a 500 km. Sin ser una isla, el mar baña sus costas por el oeste, por el este, por el sur y en algunos sitios también por el norte. Al nivel del Istmo de Tehuantepec la anchura del continente no pasa de 140 km. La longitud del litoral del lado del Pacífico supera más de dos veces la correspondiente al lado Atlántico y, sin embargo, debido a factores diversos, la influencia que ejerce el mar sobre el territorio de la República es mucho más pronunciada del lado del Golfo de México.

La comunicación con Sudamérica se efectúa mediante el estrecho y largo puente centroamericano que se encuentra también limitado por el mar en todos los costados y la única conexión continental sobresaliente es la que tiene México a través de su frontera septentrional que lo separa de la parte nuclear de Norteamérica.

La Península de Baja California es una angosta faja de tierra que corre paralela al litoral pacífico a lo largo de más de 1 200 km, con anchura promedio de 100 km. Debido a esta circunstancia, gran parte de su área presenta condiciones similares a las de una isla y ofrece una serie de interesantes contrastes con respecto a otras regiones del país.

Cosa similar, aunque en menor grado, sucede en el caso de la Península de Yucatán, de forma trapezoidal, cuya base comparte el

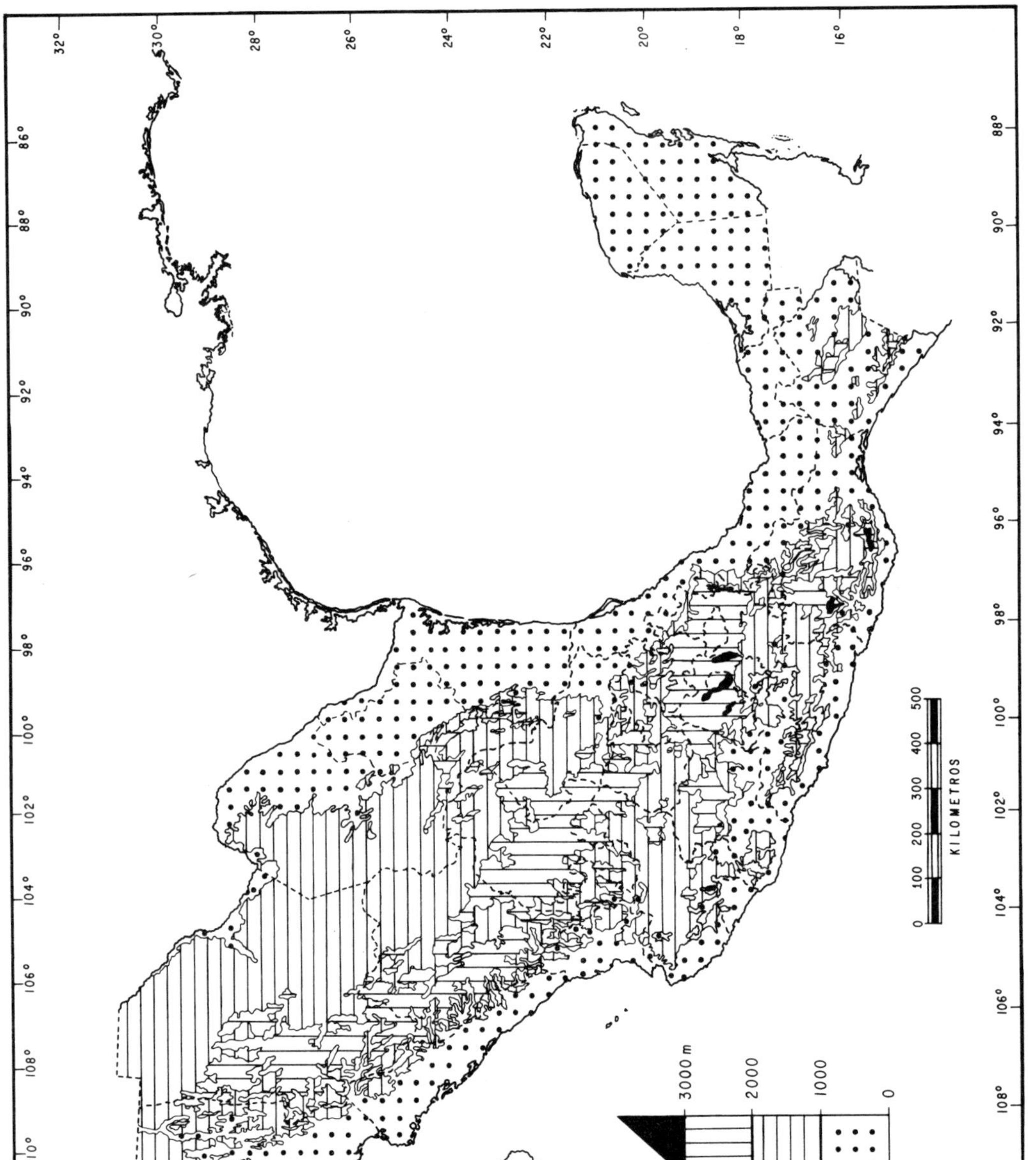

Figura 3. Esquema altimétrico de México, basado en el mapa de las pp. 100 y 101 del atlas de García de Miranda y Falcón de Gyves (1974).

territorio de la República con los de Guatemala y Belice.

Las islas del lado del Golfo de México y del Mar Caribe son casi todas pequeñas y de origen arrecifal, con muy escaso relieve. Por el contrario, las islas del litoral del Pacífico en su gran mayoría son parte del mismo material que forma el continente cercano y, por lo general, se trata de cerros que se alzan en medio del fondo marino.

Las únicas islas verdaderamente oceánicas, formadas por volcanes, son las del Archipiélago de Revillagigedo, alejadas casi 400 km del Cabo San Lucas, en Baja California, y más de 500 km del Cabo Corrientes, en Jalisco. Se levantan desde profundidades superiores a 3 000 m en el Océano Pacífico.

B. Relieve

La corteza terrestre que corresponde al territorio mexicano se cuenta entre las más accidentadas de la Tierra. Este hecho es tan relevante que, fuera de la gran llanura de la

Figura 4. Esquema de las principales provincias fisiográficas de México; 1. Planicie Costera de Baja California, 2. Sistema montañoso de Baja California, 3. Planicie Costera Noroccidental, 4. Sierra Madre Occidental, 5. Altiplano Mexicano, 6. Sierra Madre Oriental, 7. Eje Volcánico Transversal, 8. Planicie Costera Nororiental, 9. Depresión del Balsas, 10. Sierra Madre del Sur, 11. Sistema montañoso del norte de Oaxaca, 12. Planicie Costera Suroriental, 13. Macizo Central de Chiapas, 14. Depresión Central de Chiapas, 15. Sierra Madre de Chiapas.

Península de Yucatán, pocos son los lugares de la República desde los que en un día de buena visibilidad no se puedan percibir montañas en el horizonte.

Menos de 35% de la superficie del país tiene una altitud inferior a 500 m y más de la mitad del territorio se encuentra a alturas mayores de 1 000 m sobre el nivel del mar. Las elevaciones máximas que sobrepasan la cota de 4 000 m se alinean, en su mayoría, a lo largo del paralelo 19° N aproximadamente; la cumbre más alta —Pico de Orizaba— alcanza 5 653 m s.n.m.

1. Principales sierras

a) Sistema montañoso de Baja California. Recorre la Península prácticamente a todo su largo, con pendientes a menudo muy abruptas que descienden directamente hacia el Mar de Cortés y mucho más suaves en la vertiente opuesta. Esta cadena montañosa presenta mayor desarrollo en el cuarto septentrional de la Península, donde forma las Sierras de Juárez y San Pedro Mártir, la última con altitudes hasta de 2 400 m. En el extremo sur de Baja California destaca, aunque más modestamente, la Sierra de La Laguna. El sistema orográfico peninsular se enlaza con las montañas de la Alta California; sobre todo con la Sierra Nevada.

b) Sierra Madre Occidental. Este es el más largo y el más continuo de los sistemas montañosos de México. Corre más o menos paralelo a la costa del Pacífico desde un poco más al sur de la frontera con Estados Unidos, en los límites de Chihuahua y Sonora, hasta la altura de Nayarit y Jalisco, donde converge con el Eje Volcánico Transversal. En muchos sitios su anchura es de más de 200 km y está surcada por numerosas barrancas profundas que excavaron los ríos que fluyen hacia el Pacífico. Sus altitudes más pronunciadas pasan ligeramente de 3 000 m, el nivel promedio de las partes altas varía entre 2 000 y 2 500 m s.n.m. La sierra separa la Planicie Costera Noroccidental del Altiplano Mexicano.

c) Sierra Madre Oriental. Se inicia en la parte central de Nuevo León y corre hacia el sur-sureste, hasta el centro de Puebla y de Veracruz, donde se une con el Eje Volcánico Transversal. Visto desde la Planicie Costera Nororiental, este sistema montañoso se levanta en forma imponente; pero del lado de la Altiplanicie en muchos sitios su altura relativa es bastante escasa y la sierra no forma más que un simple escalón, como por ejemplo en el trayecto correspondiente a San Luis Potosí, donde las altitudes pocas veces sobrepasan los 1 500 m. En otras partes, sin embargo, hay elevaciones importantes, como son el Cerro Potosí en Nuevo León con 3 650 m de altitud y el de San Antonio Peña Nevada en los límites de Nuevo León y Tamaulipas, con 3 450 m. Algunos autores consideran que la Sierra Madre Oriental llega hasta el centro o el norte de Coahuila, otros la extienden hacia el sur para incluir la región montañosa del norte de Oaxaca y alcanzar así los límites del Istmo de Tehuantepec.

d) Eje Volcánico Transversal. Es un sistema montañoso no del todo continuo, situado aproximadamente a lo largo de los paralelos 19° y 20° N, que marca el extremo meridional de la Altiplanicie Mexicana y la separa de la Depresión del Balsas. Incluye las prominencias topográficas más altas de México, formadas por volcanes, como el Pico de Orizaba (5 650 m), el Popocatépetl (5 450 m), el Ixtaccíhuatl (5 280 m), el Nevado de Toluca (4 560 m), la Malinche (4 460 m), el Nevado de Colima (4 340 m), el Tancítaro (4 160 m), el Tláloc (4 150 m), el Cofre de Perote (4 090 m), etc. La mayor parte de los amplios valles que se intercalan entre estas montañas se sitúan a altitudes cercanas a 2 000 m.

e) Sierra Madre del Sur. Corre de noroeste a sureste paralelamente y muy próxima a la costa del Pacífico, desde Jalisco hasta el Istmo de Tehuantepec. Su continuidad se interrumpe por los valles de una serie de ríos, y sus alturas son muy variables, aunque generalmente se mantienen por encima de 1 000 m. Las elevaciones máximas se localizan en Oaxaca y en Guerrero; en este último Estado domina el Cerro Teotepec con aproximadamente 3 400 m de altitud. En Jalisco y en Colima la Sierra Madre del Sur confluye con el Eje Volcánico Transversal. Estos dos sistemas también se enlazan a través de las importantes montañas del norte de Oaxaca y del sureste de Puebla.

f) **Sistema montañoso del norte de Oaxaca.** Abarca la mitad septentrional de Oaxaca y algunas áreas adyacentes de Puebla y de Veracruz. Se trata de un área de topografía muy accidentada con pocas interrupciones de terrenos planos o de pendiente suave. Por lo menos una parte de esta provincia fisiográfica podría considerarse como una prolongación de la Sierra Madre Oriental, que queda interrumpida al nivel aproximado de 19 a 20° N por el Eje Volcánico Transversal. Sus elevaciones más altas se localizan en la Sierra de Juárez, destacando la mole del Zempoaltépetl (3 400 m). En la mayor parte de la extensión de este sistema montañoso prevalecen altitudes superiores a 1 000 m.

g) **Macizo Central de Chiapas.** Constituye una de las proyecciones septentrionales del sistema montañoso centroamericano. Separa la Depresión Central de Chiapas de la Planicie Costera Suroriental y alcanza sus mayores altitudes (±2 860 m) en la región de San Cristóbal.

h) **Sierra Madre de Chiapas.** Se extiende a lo largo del litoral pacífico de Chiapas, penetrando hasta el Istmo de Tehuantepec. Constituye, en realidad, otra prolongación de las serranías centroamericanas y, a diferencia de la Sierra Madre del Sur, deja en su vertiente suroeste una angosta pero bien definida llanura costera. El Tacaná, su elevación más sobresaliente (4 064 m), se encuentra en la frontera con Guatemala. En el resto de la cordillera las altitudes varían entre 1 000 y 3 000 m.

Además de los cuerpos montañosos enumerados, a lo largo de casi todo el país se encuentra una cantidad prácticamente infinita de cerros, sierras y serranías más o menos aisladas, como, por ejemplo, la Sierra de San Carlos y de Tamaulipas, la Sierra de los Tuxtlas en Veracruz, la Sierra Tacuichamona en Sinaloa, la Sierra Prieta en Sonora, todas las sierras que se levantan en el Altiplano, etc.

2. Principales llanuras y depresiones

a) **Planicie Costera Noroccidental.** Se extiende desde un poco más allá de la desembocadura del Río Colorado hasta la parte central de Nayarit, alcanzando su máxima anchura a lo largo del litoral de Sonora. Colinda directamente con la Sierra Madre Occidental, aunque hacia la parte norte existe una amplia zona de transición consistente en elevaciones de menor importancia intercaladas con pequeñas llanuras.

b) **Altiplano Mexicano.** Esta área, delimitada por las Sierras Madres Occidental y Oriental, así como por el Eje Volcánico Transversal, ocupa no menos de la cuarta parte del territorio del país. Más que una planicie, constituye una extensa e ininterrumpida secuencia de tierras elevadas, surcadas por dondequiera por serranías más o menos aisladas. En su porción meridional, la mayoría de las tierras planas se sitúa a altitudes cercanas a 2 000 m; en cambio, en la más extensa parte septentrional prevalecen alturas de 1 000 a 1 500 m s.n.m. Hacia el norte, el Altiplano Mexicano se continúa a través de las grandes llanuras del oeste norteamericano.

c) **Planicie Costera Nororiental.** Ocupa una faja de tierras bajas situadas hacia el sur del Río Bravo, que llegan hasta el centro del Estado de Veracruz. Su borde occidental lo constituye la Sierra Madre Oriental y al norte de Monterrey, donde la sierra se desvanece, la Planicie Costera confluye directamente con el Altiplano Mexicano mediante un área de transición de declives suaves. Por el sur la limita la Sierra de Naolinco, que forma el extremo oriental del Eje Volcánico Transversal. La Planicie es mucho más ancha en su porción boreal que en la austral y hacia el norte se continúa para formar la gran llanura del sureste de Estados Unidos.

d) **Depresión del Balsas.** Amplia región de tierras bajas que se intercala entre el Eje Volcánico Transversal y la Sierra Madre del Sur, ocupando importantes porciones de los Estados de Michoacán, Guerrero, Morelos y Puebla. Sus partes más bajas están situadas entre 300 y 500 m de altitud.

e) **Planicie Costera Suroriental.** Se extiende desde la Sierra de Naolinco, en el centro de Veracruz, abarcando el Istmo de Tehuantepec, casi la totalidad del Estado de Tabasco, porciones del de Chiapas y toda la parte mexicana de la Península de Yucatán. Por tratarse de un conjunto de áreas geológicamente diferentes, algunos autores limitan este nombre a la parte istmeño-tabasqueña y reconocen como regiones separadas a la Península de Yucatán y a la Planicie de Sotavento.

f) **Depresión Central de Chiapas.** Entre el Macizo Central y la Sierra Madre de Chiapas se localiza este amplio valle drenado por el Río Grijalva. Las altitudes de sus partes más bajas varían entre 400 y 800 m.

Otras llanuras de menor extensión son las que corresponden a la Planicie Costera Pacífica de Chiapas, a la Planicie Costera de la vertiente occidental de Baja California, así como a varias planicies costeras pequeñas y a depresiones dispuestas a lo largo de la Sierra Madre del Sur.

3. Algunos aspectos morfológicos

En cuanto al modelado del paisaje caben las siguientes observaciones generales.

En las Sierras Madres y en muchas sierras y cerros aislados las estructuras resultantes de plegamientos y fallas son las más comunes. El tipo de roca y de clima contribuyen a su vez, a través de los agentes erosivos, a su modelado definitivo, que presenta muchas variantes.

Los cerros en forma de conos truncados más o menos perfectos son comunes en áreas de actividad volcánica relativamente reciente. Predominan en amplias zonas de la mitad septentrional de Michoacán, pero también son frecuentes en muchas otras partes, como por ejemplo, en el sur de Nayarit, en el sur del Valle de México, etc. A lo largo del Eje Volcánico Transversal y en otras regiones también se presentan derrames de lava poco intemperizados. Estos y otros productos de vulcanismo moderno ofrecen a menudo un substrato tan permeable que no se desarrollan vías de drenaje superficial ni siquiera en pendientes pronunciadas.

Cerros coronados por estratos o derrames horizontales o poco inclinados que forman mesetas son comunes en áreas de clima árido o semiárido, como por ejemplo, en el oeste y suroeste de San Luis Potosí, noroeste de Jalisco, centro de Zacatecas, así como en algunas partes de Baja California Sur.

Las calizas, por lo general, presentan tipos morfológicos característicos. Cuando predominan en un ambiente de clima húmedo o semihúmedo y de topografía accidentada, originan paisajes de tipo kárstico, con dolinas, sumideros, campos de lapies, a veces con puentes naturales y cavernas derrumbadas. El drenaje superficial es reducido, pero al pie de los cerros puede haber grandes manantiales de agua ("fuentes vauclusianas"). La marcha a través de terrenos kársticos puede llegar a dificultarse mucho.

Existen, en diferentes partes de México, sistemas hidrográficos relativamente jóvenes, labrados a través de áreas montañosas; pero sobre todo en la Sierra Madre Occidental, desde la famosa Barranca del Cobre en Chihuahua hasta la "región de los cañones" del Río Santiago y sus afluentes de la margen derecha en Jalisco, Zacatecas, Nayarit y sur de Durango. Importantes tramos del curso del Río Bravo, en los límites de Chihuahua y Coahuila con Texas, atraviesan el Altiplano formando un cañón profundo.

Es imponente la garganta del Río Moctezuma en la región cercana a Zimapán y Jacala, Hidalgo, así como otros afluentes del sistema del Pánuco que atraviesan la Sierra Madre Oriental. En Oaxaca es notable la ruptura originada por el Papaloapan entre Cuicatlán y Xalapa de Díaz, mientras que en Chiapas, al norte de Tuxtla Gutiérrez, destaca el muy famoso "Sumidero", profundísimo desfiladero labrado por el Río Grijalva.

En las zonas de clima árido del Altiplano y de la Planicie Costera de Sonora prevalece el paisaje de llanuras más o menos amplias, interrumpidas por cerros y serranías comúnmente aisladas que aparecen semienterradas en medio de gruesos sedimentos aluviales, producto, por lo regular, de la intensa erosión de sus propios materiales. Con frecuencia, en la base de los cerros se forman extensos conos de deyección, de pendientes más o menos suaves. Los sistemas de drenaje están a menudo tan pobremente desarrollados que un aguacero fuerte puede producir escurrimientos masivos a lo ancho de toda la ladera. La topografía de "bolsones" y "semibolsones" es característica de grandes extensiones de la Altiplanicie. Los médanos no son muy comunes en las partes secas de México, aunque pueden dominar localmente, como por ejemplo, en la región de Samalayuca, del norte de Chihuahua, en el extremo noroeste de Sonora, en algunas porciones del Desierto de Vizcaino de Baja California, etc.

Entre las llanuras costeras destaca por su constitución la correspondiente a la Península de Yucatán, pues está formada por una meseta calcárea, prácticamente sin drenaje superficial y con una capa delgada de suelo.

C. Geología

Desde el punto de vista ecológico interesa sobre todo la información que pueden proporcionar dos ramas de esta ciencia: la geología histórica y la litología superficial.

a) Geología histórica. La escasez de rocas sedimentarias de edad paleozoica en México no permite hacer deducciones precisas, pero, aparentemente, durante esa larga era hubo grandes transgresiones y regresiones marinas que afectaron la mayor parte del territorio del país, mismo que por largo tiempo presentó la forma de una península, pues sus conexiones con las masas terrestres situadas más al sur no eran permanentes. De acuerdo con Guzmán y de Cserna (1963: 120), en los principios del Paleozoico las tierras emergidas de México formaban sólo una estrecha península que se extendía desde Chihuahua hacia el sureste hasta el Estado de México y Puebla. En el Pérmico, según Kellum (1944: 304), hubo dos mares intercontinentales, uno que afectó amplias zonas de Sonora extendiéndose hacia el norte y otro que conectaba el oeste de Texas con el Golfo de México a través de Coahuila, sur de Tamaulipas, San Luis Potosí y Veracruz. Al menos algunas partes de Chiapas estuvieron también bajo aguas durante el Pérmico Medio (Mullerried, 1957: 121). Durante el Pérmico Tardío y la primera mitad del Triásico tuvo lugar la Orogénesis Coahuilense que, según de Cserna (1960: 601), afectó gran parte del país, desde Chihuahua hasta Zacatecas, Nuevo León y Chiapas.

En el Jurásico y en el Cretácico grandes extensiones del territorio quedaron bajo las aguas durante lapsos prolongados, sobre

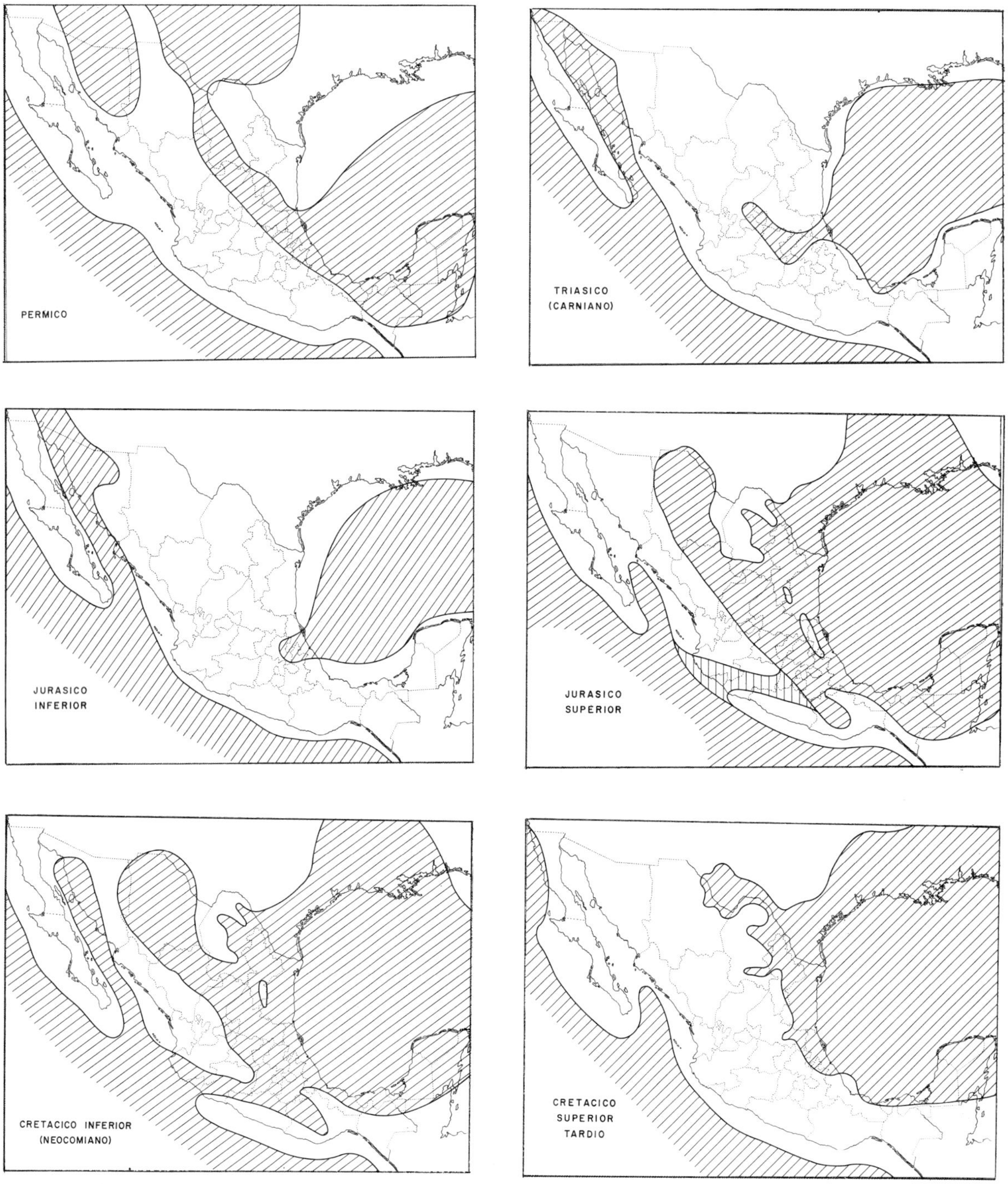

Figura 5. Paleogeografía de México, según Kellum (1944). Reproducido con autorización de los editores.

todo, el noreste, este, centro y sureste, así como gran parte de Chihuahua y Durango. A nivel de la Cuenca del Balsas y de Jalisco hubo comunicación entre el Golfo de México y el Pacífico (Kellum, 1944: 307-313). En el Cretácico Tardío el mar cubría casi todo México, pero al terminar ese período y durante la Orogénesis Laramídica o Hidalguense comenzó la emersión definitiva, que rápidamente involucró todo el territorio, con excepción de la Planicie Costera Nororiental, la Península de Yucatán, Tabasco y parte de Chiapas, que no se levantaron sino paulatinamente a lo largo del Terciario. No existía en esa época el Mar de Cortés, de tal manera que la tierra peninsular estaba unida prácticamente a todo su largo con el noroeste del país.

El Cenozoico se caracterizó, en general, por una intensa actividad orogénica, volcánica y epeirogénica y al mismo tiempo se dejaron sentir en forma muy notable procesos de erosión y de sedimentación.

Los principios del Eoceno fueron el escenario de la Orogénesis Hidalguense (de Cserna, 1960: 602), responsable del plegamiento y levantamiento de la Sierra Madre Oriental y de muchas montañas paralelas que corresponden a la Altiplanicie, a la Sierra Madre del Sur y a las sierras del norte de Oaxaca y de Chiapas. El vulcanismo alcanzó su primera cúspide a mediados del Terciario (Oligoceno-Mioceno), cuando abarcó toda el área de la Sierra Madre Occidental, grandes porciones de la Altiplanicie, al igual que partes de Baja California y del sur de México. El segundo periodo de actividad volcánica intensa comprende el Plioceno y el Pleistoceno y aparentemente perdura aún; involucró, sobre todo, el centro del país y sólo en forma aislada otras partes de su territorio, como por ejemplo, el extremo noroeste, la Planicie Costera del noreste, las Islas Revillagigedo y el extremo sur de Chiapas, mismo que constituye el cabo de la amplia zona volcánica centroamericana.

La Sierra Madre Occidental, el Eje Volcánico Transversal, así como parte de las montañas de Baja California, de la Altiplanicie y también del sur de México se originaron merced a esta actividad magmática que derramó extraordinarias cantidades de lava. El Eje Volcánico Transversal es la más joven de estas cadenas montañosas, pues las más importantes de sus elevaciones datan del Plioceno y del Pleistoceno.

Gruesos depósitos continentales han rellenado durante el Terciario y el Cuaternario las numerosas cuencas endorréicas y algunas otras áreas donde las condiciones fisiográficas y climáticas resultaron favorables. Es sobre todo en el norte y en el centro del país, donde los materiales de relleno han cubierto enormes extensiones de terreno y son los responsables de gran parte de la topografía de la Altiplanicie.

Entre los hundimientos más notables debe anotarse la aparición del Mar de Cortés en el Oligoceno y Mioceno. Durante una parte del Plioceno su extensión fue aún mayor que la actual.

Las conexiones con Centroamérica se establecieron y se interrumpieron más de una vez durante el Cenozoico; por el lado norte, en cambio, hubo una continuidad continental permanente durante la mencionada era.

Muy poco se sabe aún acerca de las condiciones climáticas de México en épocas geológicas pasadas. Sin embargo, en virtud de la presencia de regiones montañosas y de zonas áridas durante todo el Cenozoico (Rzedowski, 1962: 58-63) es probable que, a grandes rasgos, los tipos de clima no diferían mucho de los actuales, aunque la distribución respectiva de zonas calientes, templadas, frías, húmedas y secas debe haber variado a lo largo del tiempo.

Las glaciaciones del Pleistoceno causaron un enfriamiento que aparentemente fue suficiente para desplazar hacia el sur y a altitudes inferiores algunas zonas térmicas. Se desconoce la influencia que pudieron haber tenido las glaciaciones sobre el clima hídrico en el territorio del país.

b) **Litología superficial.** Rocas volcánicas del Cenozoico y del Pleistoceno, rocas sedimentarias marinas principalmente del Mesozoico y del Cenozoico y rocas metamórficas paleozoicas y precámbricas son las más características del territorio de México, si se exceptúan las áreas cubiertas por depósitos aluviales del Pleistoceno y del Plioceno.

Las rocas volcánicas afloran en grandes extensiones del noroeste, oeste y centro de México; más esporádicamente en otras partes del país y faltan, por completo, en la Península de Yucatán. Dominan ampliamente en Baja California Sur, a lo largo de toda la Sierra Madre Occidental y del Eje Volcánico Transversal. Abundan asimismo en el Altiplano, sobre todo en sus partes noroeste, oeste y sur y cubren manchones importantes en algunos sectores de la Sierra Madre del

Figura 6. Esquema generalizado de la distribución geográfica de los principales tipos de roca que afloran en el territorio de la República Mexicana. 1. Aluviones del Pleistoceno y del Plioceno, 2. Rocas volcánicas del Cenozoico y del Pleistoceno (principalmente andesitas, basaltos, riolitas y sus tobas), 3. Rocas sedimentarias marinas del Cenozoico y del Mesozoico (principalmente calizas, lutitas y margas), 4. Rocas instrusivas del Mesozoico (principalmente granitos y rocas emparentadas), 5. Rocas metamórficas del Precámbrico y del Paleozoico (principalmente esquistos y gneis).

Sur y del centro del Estado de Oaxaca. En el Eje Volcánico Transversal son comunes basaltos, andesitas y sus respectivas tobas y brechas. Más al norte, las rocas volcánicas más comunes son andesitas, riolitas y sus tobas.

En el este y sureste de México dominan en grandes extensiones las rocas sedimentarias de origen marino. Son características de casi toda la Sierra Madre Oriental, de la Planicie Costera Nororiental, de la Península de Yucatán, de la gran mayoría de las sierras aisladas en las porciones noreste, centro y este del Altiplano, de la mayor parte del Estado de Chiapas y de importantes extensiones en Oaxaca, Puebla y Guerrero, además de manchones aislados en Baja California, Sonora, Nayarit, Jalisco, Colima y Michoacán. Entre estas rocas predominan ampliamente las calizas, aunque éstas, a menudo, se presentan acompañadas de margas, lutitas y areniscas calcáreas. Los últimos tipos de roca son los que dominan en la Planicie Costera Nororiental.

Rocas metamórficas se presentan a lo largo de una faja casi ininterrumpida y que corresponde en su mayor parte a la Sierra Madre del Sur y a la Sierra Madre de Chiapas, con importantes extensiones hacia el centro y el norte del Estado de Oaxaca y otras más reducidas en Guerrero y en el Estado de México. Se trata, en casi todos los casos, de gneis, pizarras y esquistos.

Los sedimentos aluviales cubren grandes extensiones de la Planicie Costera Noroccidental, del Altiplano y de la región que se extiende desde el sur de Veracruz hasta la porción suroeste de Campeche. También dominan en la Planicie Costera Pacífica de Chiapas, en una parte de la Planicie Costera Nororiental, en porciones de la vertiente occidental de Baja California y se presentan en forma de manchones en muchos otros sitios.

En cuanto a otros tipos de roca, cabe mencionar, sobre todo, las intrusivas que son dominantes en Baja California Norte y se presentan en forma más aislada en Baja California Sur, así como también a lo largo de la vertiente Pacífica desde Sonora hasta Oaxaca y muy esporádicamente en otras partes del país. Casi en todos los casos se trata de granitos o rocas emparentadas.

Depósitos continentales del Mesozoico y del Cenozoico se localizan en diversas regiones serranas, en el Altiplano y en el sur de México, pero en ninguna parte ocupan grandes extensiones. Se presentan en forma de conglomerados, areniscas, lutitas, arenas y arcillas y a veces también como evaporitas o calizas dulceacuícolas.

D. Algunos datos hidrográficos

Debido a la gran extensión de los litorales, a la diversidad de condiciones orográficas, geológicas y climáticas, la hidrología también presenta un panorama muy variado en México.

La cantidad de cuencas hidrográficas es muy grande, sobre todo en las zonas donde las sierras están en contacto directo con el mar y también en el Altiplano seco endorréico. El número de cuencas grandes que abarcan amplias zonas del país es bastante más reducido, pues aquí solo cabe enumerar las de los ríos Yaqui, Fuerte, Mezquital, Lerma-Santiago y Balsas en la vertiente del Pacífico, las de los ríos Bravo, Pánuco, Papaloapan, Grijalva y Usumacinta del lado del Golfo de México, así como la del Río Nazas entre las endorréicas.

La mayor parte de la Península de Yucatán constituye una zona arréica, prácticamente sin drenaje superficial, pues se trata de una gran extensión de escaso relieve y roca madre muy permeable, por lo cual toda o casi toda la circulación del agua es subterránea.

En muchas otras regiones de México, sobre todo en el este y en el sureste, donde predominan rocas calizas kársticas, también es reducido el escurrimiento superficial, pero en virtud de la topografía accidentada se definen, al menos, algunos cauces de arroyos y ríos.

Por su escasa pendiente, algunas llanuras costeras presentan serias deficiencias de drenaje. Este es el caso de ciertas áreas de Baja California, Sonora y Tamaulipas, de las Marismas Nacionales de Nayarit, de las partes bajas de las cuencas del Pánuco y del Papaloapan y, sobre todo, de la planicie istmeño-tabasqueña. Las últimas tres zonas son las que resienten más el impacto de las inundaciones.

En el Altiplano abundan las cuencas endorréicas. En su extremo meridional, más húmedo, casi siempre se trata de zonas cuyo drenaje superficial natural fue obstruido por fenómenos volcánicos o tectónicos. Incluso, en muchos casos, se forman lagos permanentes de agua dulce. En la parte seca de la Altiplanicie las cuencas cerradas se han formado casi siempre como consecuencia de la misma aridez, pues los cauces no llevan suficiente agua para que ésta recorra todo el camino hasta el mar. Muchas de estas cuencas, tienen en su parte más baja una laguna intermitente de agua salada y a menudo alcalina. Algunas cuencas, que recogen aguas de zonas húmedas lejanas, son relativamente grandes, como las correspondientes a los ríos Nazas, Aguanaval y Casas Grandes. Otras, a menudo, son de tamaño reducido, como todas las que en conjunto forman el llamado "Bolsón de Mapimí" en Coahuila, Durango y Chihuahua, o el "Bolsón del Salado" que abarca partes de Zacatecas, San Luis Potosí, Nuevo León, Coahuila y Tamaulipas.

En las zonas áridas de topografía poco accidentada un río puede frecuentemente atravesar una amplia zona sin drenarla casi en absoluto o drenándola solamente en las raras épocas de lluvias abundantes. Este es el caso, por ejemplo, de ciertos tramos del Río Bravo y del Río Verde, en San Luis Potosí y de algunos otros.

Debido al régimen climático de México, en casi todos los ríos existe una diferencia notable del volumen de agua que llevan entre la época lluviosa y la época seca del año. Las obras de retención del agua y su uso para irrigación a menudo acentúan todavía más estas variaciones, de tal manera que muchos ríos originalmente permanentes, ahora se vuelven intermitentes, al menos en algunos tramos de su recorrido. En amplias zonas la destrucción de la vegetación natural y la erosión activa del suelo, al aumentar el escurrimiento superficial y disminuir la infiltración del agua de la lluvia, contribuyen también al mismo fenómeno.

Por lo que se refiere a lagos y lagunas, si se exceptúan los artificiales, dominan en México los correspondientes a las cuencas endorréicas y los más o menos ligados con los litorales. De los primeros se hizo referencia con anterioridad; en cuanto a las lagunas costeras, éstas son particularmente comunes en donde la planicie mal drenada hace contacto con el mar. Tales cuerpos pueden estar formados por agua dulce, salobre o salada; a menudo el contenido de sal varía de una época a otra y también en función de la apertura temporal o el cierre de comunicaciones con otras lagunas y con el mar. Están protegidas de la acción del oleaje intenso, pero pueden estar sujetas al efecto de las mareas. En general son de escasa profundidad.

La región más rica en lagos permanentes interiores es la que abarca el norte de Michoacán y centro de Jalisco, donde abundan cuerpos de agua de todos tamaños, profundidades y estados evolutivos. Es probable que la importante zona agrícola del sur de Guanajuato, conocida con el nombre de "Bajío" haya formado parte con anterioridad de esta área lacustre.

4. Clima

A. Relaciones causales

La gran amplitud altitudinal de México, su ubicación a ambos lados del Trópico de Cáncer y la influencia oceánica debida a la estrechez de la masa continental, son quizá los factores determinantes más significativos del clima que prevalece en el país y de su diversidad.

Como factores de segundo orden y, particularmente a nivel regional, pueden considerarse: la forma misma del territorio de la República, su complicada y variada topografía, la situación de sus principales cordilleras, así como la ubicación de una gran parte de México en la porción occidental de Norteamérica.

Son bien conocidas las correlaciones que lleva la altitud con la presión atmosférica, con la cantidad de oxígeno disponible y con las temperaturas. Con menos frecuencia se advierten los efectos de las altas elevaciones en cuanto al aumento de la transparencia del aire, de la duración y de la intensidad de la insolación, de la intensidad de la irradiación, de la oscilación diurna de la temperatura y de la humedad atmosférica relativa; todos estos elementos son de suma importancia para la vida de los organismos.

El Trópico de Cáncer, además de ser una línea significativa desde el punto de vista térmico, marca también en forma aproximada la franja de transición entre el clima árido y semiárido de la zona anticiclónica de altas presiones, que se presenta hacia el norte, y el clima húmedo y semihúmedo influenciado por los vientos alisios y por los ciclones, manifiesto hacia el sur. El régimen de lluvias de verano que prevalece en la mayor parte del país está asimismo en estrecha relación con las latitudes próximas al Trópico.

Por otra parte, es muy probable que, de no contar con un litoral tan extenso y de no reducirse tanto la anchura del continente en las latitudes de México, la extensión de sus zonas áridas y el grado de aridez serían mucho más considerables. En función de la dominancia de los vientos alisios, el efecto oceánico del lado del Atlántico es mucho más intenso que en la vertiente opuesta y, a nivel del Golfo de California, la influencia del mar llega a ser casi nula.

La complicada topografía, unida a las diferencias determinadas por la latitud y la altitud, dan como resultado un mosaico climático con un número muy grande de variantes, cuyo estudio y clasificación adecuada resultan bastante laboriosos.

La forma que le confieren al país sus litorales, junto con la alineación de sus principales serranías, influyen de manera decisiva en la distribución de la humedad y también muchas veces de la temperatura. Son factores determinantes, al menos parciales, de la aridez del Altiplano y de algunas otras partes de México. La configuración y la ubicación de la Sierra Madre Occidental, del Eje Volcánico Transversal y de la Sierra Madre del Sur constituyen un obstáculo difícil de franquear para las masas de aire polar que incursionan desde el norte y en consecuencia el litoral del Pacífico, protegido por estas sierras, es en general más caluroso en la época más fría del año que el del lado del Golfo.

La ubicación de la parte noroeste de México en el extremo occidental de la gran masa continental de Norteamérica tiene dos consecuencias notables. En primer lugar, esta circunstancia contribuye por sí misma a la aridez de esta porción del país que se halla sometida a los efectos de la celda de alta presión durante la mayor parte del año (Mosiño y García, 1973: 355) y en segundo término, sujeta la costa occidental de Baja California a la influencia de una corriente marina fría que tiene efectos de consideración sobre el clima local.

B. Algunos rasgos generales

Dada la gran diversidad de climas que se presentan en México, es difícil encontrar atributos que sean comunes a todos sus tipos, pero quizá una de las características más constantes es el hecho de que las estaciones hídricas del año están mejor marcadas que las térmicas. Este rasgo sólo deja de percibirse en algunas regiones extremadamente secas o extremadamente húmedas, donde la acentuada escasez o la gran abundancia de la precipitación llegan a borrar los aspectos estacionales. Por consiguiente, es más propio hablar de la época lluviosa y la época seca del año; si en la literatura se hace referencia al verano, otoño, invierno y primavera, el hecho se debe más bien a la costumbre traída de Europa y de Estados Unidos de América que a la situación real. Es más, el uso local de los términos verano e invierno en algunas regiones de México no coincide en absoluto con las épocas de esta manera llamadas en las latitudes elevadas.

Como es común en las zonas montañosas en general, las áreas cercanas en ocasiones difieren entre sí en forma muy drástica, no sólo en cuanto a la temperatura, sino también en lo que concierne a la humedad y a otros factores del clima. Así, por ejemplo, dos lugares distantes entre sí sólo 10 km, pero situados en lados opuestos de una sierra pueden tener respectivamente 400 y 1 500 mm de precipitación media anual (Pachuca y El Chico, Hidalgo).

Un hecho evidente en lo que al clima concierne, es la asimetría que caracteriza a las dos vertientes de México, siendo la del Atlántico, por regla general, más húmeda que la del Pacífico. Tal circunstancia se debe, en gran medida, a la influencia de los vientos dominantes —alisios— y es parte de un notable gradiente de aumento de la aridez que afecta a todo el país en dirección sureste-noroeste.

También resulta obvio (Fig. 7) que en México predominan ampliamente los climas secos sobre los húmedos y al parecer las superficies del país donde la generalidad de las plantas dispone de agua durante todo o casi todo el año no ocupan más de 15% del total de su territorio.

De acuerdo con el sistema de Koeppen (1948), los climas de México corresponden a cuatro de sus cinco tipos fundamentales, a mencionar A, B, C y E. La distribución de los tres primeros se señala en el mapa de la Fig. 7; la categoría E (frío o polar) sólo se presenta en las partes más altas de algunas montañas aisladas que ocupan una superficie reducida.

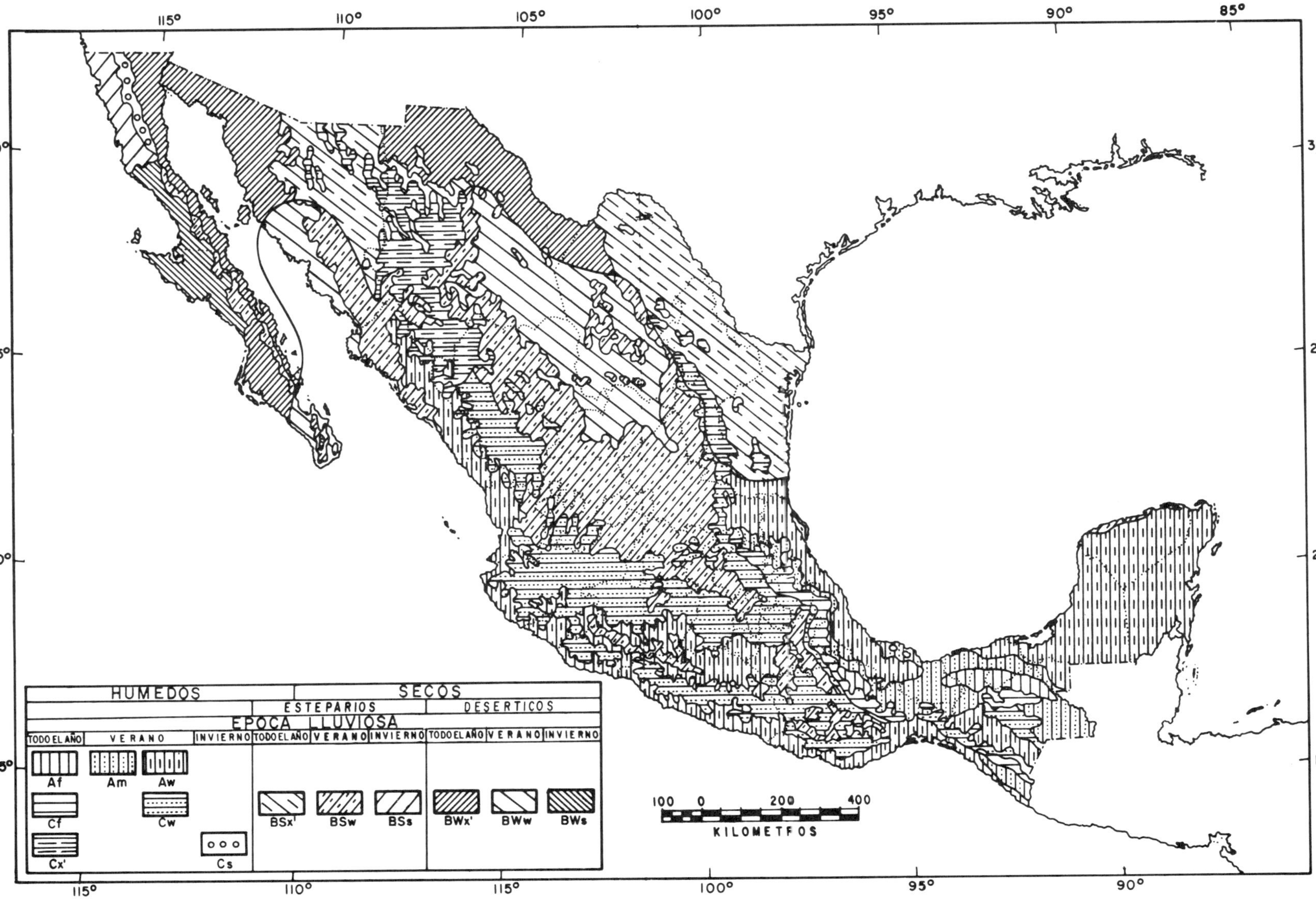

Figura 7. Distribución geográfica de climas en México, de acuerdo con la clasificación de Koeppen (1948). Basado en el mapa de la página 113 del atlas de García de Miranda y Falcón de Gyves (1974).

Entre los climas de tipo A o calientes y húmedos, los más difundidos son los de la categoría Aw (con larga temporada seca), que ocupan grandes extensiones de tierras bajas a lo largo del litoral del Pacífico, desde Sinaloa hasta Chiapas; también corresponden a la mayor parte de la Península de Yucatán, la porción sur de la Planicie Costera Nororiental, una importante área del centro de Veracruz y la Depresión Central de Chiapas. La categoría Am (con corta temporada seca) es propia de regiones del centro y sur de Veracruz así como de partes del norte de Oaxaca, de Chiapas y Tabasco, en cambio la Af (sin temporada seca) se presenta en forma de una franja que abarca parte de Tabasco, extendiéndose a pequeñas zonas de Veracruz y Chiapas, así como otro manchón localizado en el norte de Oaxaca.

Climas de tipo B, o secos, son los que cubren mayor superficie en México, predominando, sobre todo, en la mitad septentrional de su territorio y, en particular, en el Altiplano, en las Planicies Costeras Noroccidental y Nororiental y en Baja California. También se presentan pequeños enclaves en la Depresión del Balsas, en Oaxaca, en el extremo noroeste de Yucatán y en algunas otras partes. La categoría BW (seco desértico) predomina en la Península de Baja California, en la mitad occidental de Sonora y ocupa grandes extensiones de Chihuahua, Coahuila, Durango y Zacatecas. En otras partes prevalece la categoría BS (seco estepario).

Los climas de tipo C, o templados y húmedos, son característicos de las zonas montañosas de México. La categoría Cw (con la temporada lluviosa en la época caliente del año) domina en el sector sur de la Sierra Madre Occidental, en la Sierra Madre Oriental, a lo largo del Eje Volcánico Transversal y áreas adyacentes, en la Sierra Madre del Sur, en las montañas del norte de Oaxaca, en el Macizo Central y en la Sierra Madre de Chiapas, así como en numerosas sierras y sierritas aisladas. La categoría Cf (con lluvias durante todo el año) sólo ocupa extensiones continuas de mayor importancia en algunos sectores de la Sierra Madre Oriental, en el extremo oriental del Eje Volcánico Transversal, en las sierras del norte de Oaxaca y en las de Chiapas, pero se presenta también en forma aislada en otros sitios. La categoría Cs (con la temporada lluviosa en la época fria del año) es propia de las montañas del norte de Baja California y la Cx' (con lluvias poco frecuentes pero intensas durante todo el año) corresponde a porciones septentrionales de las Sierras Madres Occidental y Oriental.

García (1973) elaboró una importante modificación a la clasificación climática de Koeppen, con el fin de adaptarla mejor a las condiciones de México. En el mencionado trabajo se establece una serie de subdivisiones a muchas de las categorías de la referida clasificación, que a menudo han demostrado ser útiles al buscar correlaciones entre la distribución del clima y la de las comunidades vegetales. Su uso es recomendable a nivel de estudios ecológicos regionales y locales.

C. Radiación solar

En comparación con algunas otras regiones de la Tierra, México tiene fama de ser un país donde, en la mayor parte de su territorio, el buen tiempo prevalece a lo largo del año y el sol brilla prácticamente todos los días.

Para ilustrar esta circunstancia cabe reproducir las gráficas de Galindo (1960) y de Galindo y Ortigosa (1961) correspondientes a dos localidades de la Altiplanicie, en las cuales se muestra la distribución anual de la insolación recibida, expresada en porcentaje con respecto a la insolación global que es factible recibir (Fig. 8).

En la Fig. 9 puede observarse la distribución geográfica de la insolación, cuya medida

A

B

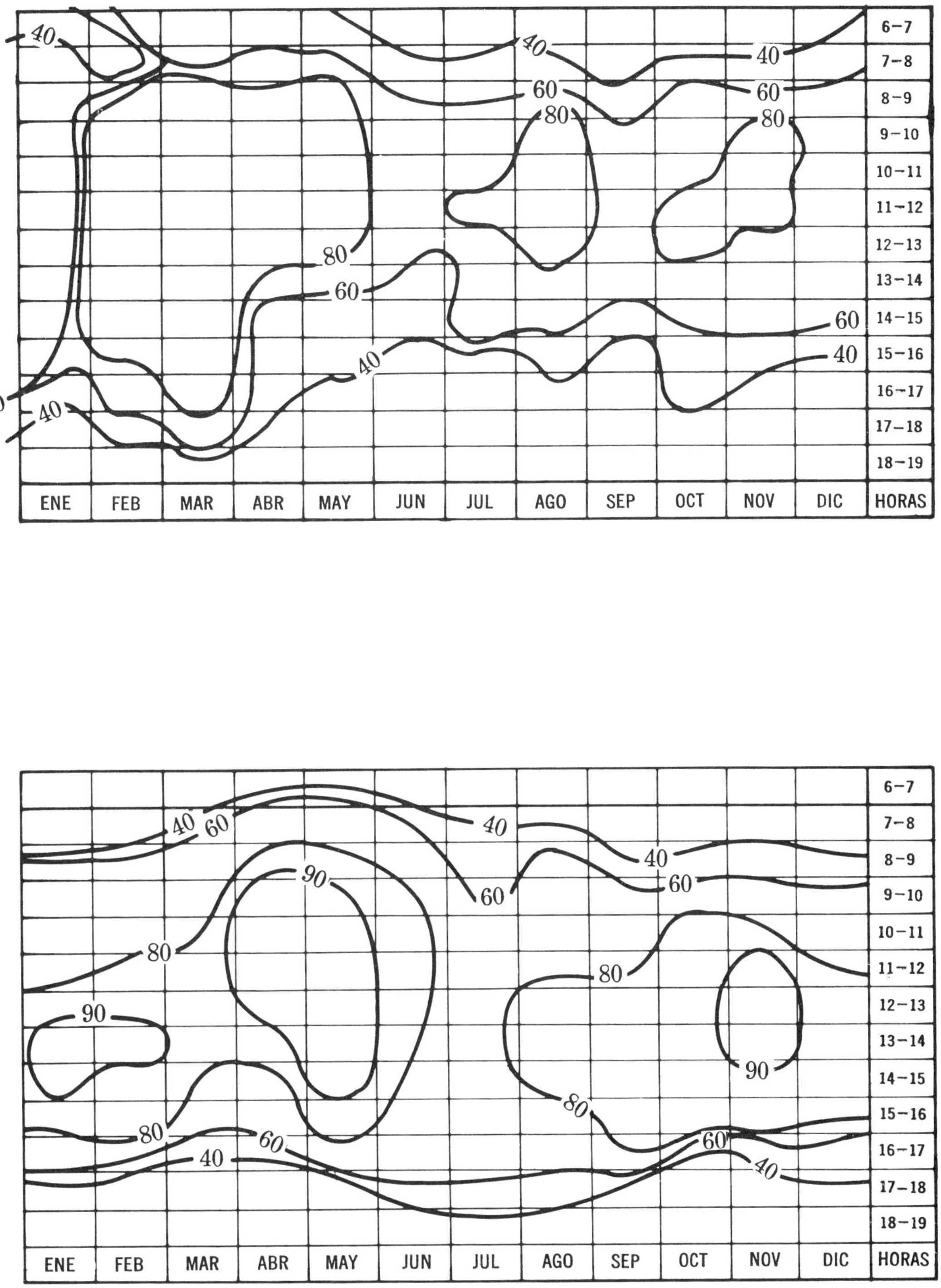

Figura 8. Distribución anual de la insolación en la ciudad de México (A), medida en 1957-1958, y en San Luis Potosí (B), medida en 1960-1962, según Galindo (1960) y Galindo y Ortigosa (1961). Reproducido con autorización de los editores.

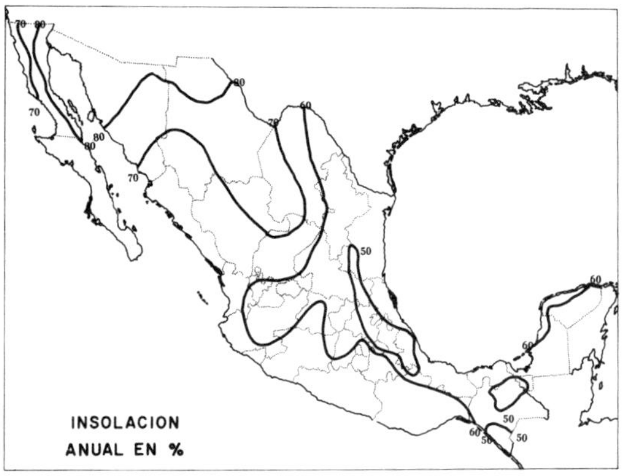

Figura 9. Distribución geográfica de la insolación media anual en México, según Vivó y Gómez (1946); los valores corresponden a porcentajes con respecto a la insolación potencial total. Reproducido con autorización.

Figura 10. Distribución geográfica de valores medios anuales del número de días despejados en México, según Vivó y Gómez (1946). Reproducido con autorización.

de duración está representada como porcentaje con respecto al tiempo total disponible de luz. Aun cuando el mapa no está basado en un número suficiente de puntos de observación para considerarlo como exacto, claramente marca el hecho fundamental de que más de la mitad del país posee una insolación superior a 60%. Valores mayores de 80% se registraron solamente en el extremo noroeste, mientras que la insolación menor de 50% se presenta a lo largo de la Sierra Madre Oriental y en las montañas de Chiapas, que son las zonas de mayor nubosidad.

Otra manera de representar el mismo fenómeno es la estimación de la cantidad de días despejados a lo largo del año. Este dato climático se determina en un número mucho más grande de estaciones meteorológicas, pero por ser de apreciación no tiene el mismo valor comparativo que la medida directa de la insolación. Su distribución geográfica se muestra en la Fig. 10 y revela a grandes rasgos tendencias similares a las encontradas en la Fig. 9. Es de notarse que cerca de las 2/3 partes del territorio de México registra un número de días despejados superior a 150 al año.

Desde el punto de vista ecológico tiene también mucho interés la medida de la intensidad de la radiación recibida. La intensidad de la luz incidente aumenta con la altitud y disminuye algo con la latitud y además su composición varía al ascender las montañas y al acercarse al ecuador, incrementándose la proporción de la fracción ultravioleta. Galindo (1962) proporciona los siguientes valores máximos absolutos de intensidad de radiación registrados en tres localidades del centro del país:

	altitud en m	*cal/cm²/min*
Veracruz	0	1.44
México	2 300	1.66 (valor observado antes de 1928; el actual es más reducido debido al aumento de la turbidez del aire)
Ixtaccíhuatl	4 000	1.73

Cabe hacer énfasis en la circunstancia de que en muchas partes de México la intensa y prolongada insolación contribuye a la aridez, pues es uno de los factores que favorecen la evaporación del agua y la transpiración de las plantas.

En función de la latitud, la variación de la duración del periodo luminoso diurno a lo largo del año es relativamente reducida en México. Los valores correspondientes a los extremos sur y norte del territorio de la República son de aproximadamente 1.7 y 4.5 horas y en la mayor parte del país la diferencia entre el día más largo y el más corto del año no pasa de 3.5 horas.

D. Temperatura

La gran diversidad de condiciones térmicas de México se pone de manifiesto por el hecho de que aun siendo atravesado su territorio por un extenso tramo del ecuador térmico, en algunas de sus montañas se mantienen nieves perpetuas y glaciares. Las temperaturas medias anuales más elevadas (28 – 30° C) son las que se registran en la parte baja de la Depresión del Balsas y en algunas zonas costeras adyacentes, y las más bajas (–6° C) son las calculadas para la cima del Pico de Orizaba. Haciendo abstracción de estas condiciones "casi excepcionales" cabe observar que los valores más frecuentemente registrados en el país varían entre 10 y 28° C.

La Fig. 11 muestra a grandes rasgos la distribución geográfica de la temperatura media anual y su comparación con un mapa topográfico de la República indica de una manera elocuente que el principal factor determinante de este parámetro climático es la

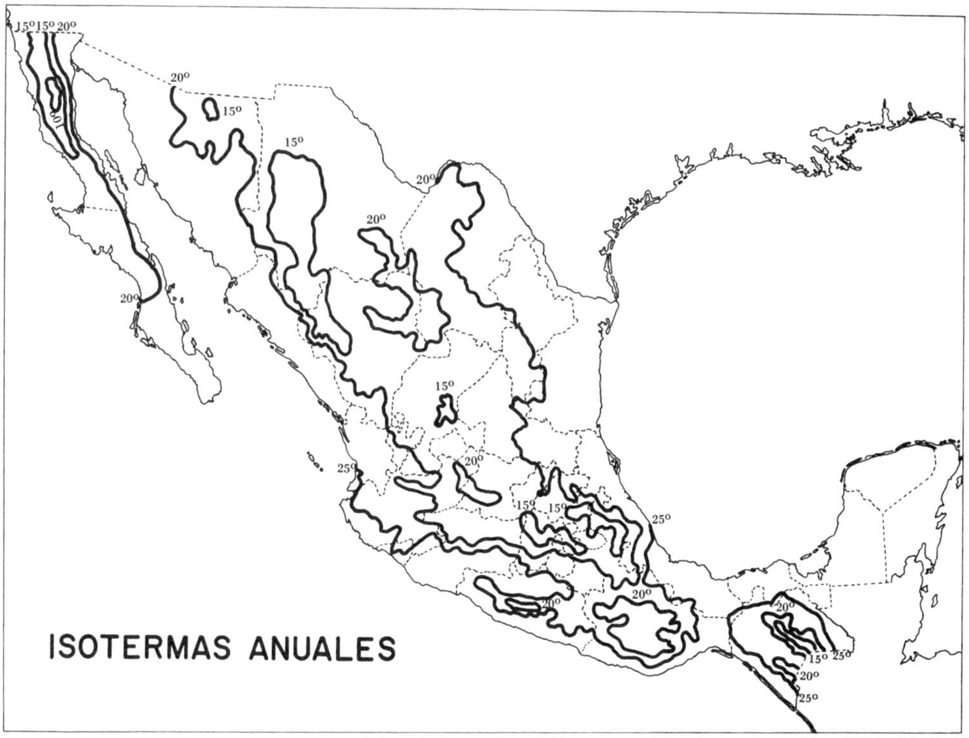

Figura 11. Distribución geográfica de la temperatura media anual en México, según Vivó y Gómez (1946). Reproducido con autorización.

altitud y sólo en un lugar muy secundario queda la influencia latitudinal. En tercer término, resulta patente el efecto de elevación de la temperatura en algunas depresiones interiores, como, por ejemplo, la cuenca del Río Nazas y zonas adyacentes de Chihuahua, Durango y Coahuila, así como la ya mencionada Depresión del Balsas. En cuarto lugar es notoria la influencia de la corriente marina fría que baña la costa occidental de Baja California.

La mayor parte del Altiplano y de las zonas serranas tiene temperaturas medias anuales entre 10 y 20° C, en cambio casi toda la extensión de las Planicies Costeras, las zonas montañosas inferiores adyacentes y las de elevación baja de la vertiente pacífica en el sector de llanuras litorales presentan valores entre 20 y 28° C.

El gradiente térmico en función de la altitud varía de una región a otra como consecuencia de factores diversos, entre los cuales puede jugar papel importante la pendiente, la altura relativa del macizo montañoso, la humedad, la latitud, etc. Hernández (1923) determinó que este gradiente asume valores que oscilan entre —0.2 y —0.6° C por cada 100 m, incrementándose la magnitud del cociente con el aumento de la altitud. Al analizar la situación en el Estado de San Luis Potosí, Rzedowski (1966: 47-48) no pudo confirmar las escalas de Hernández, habiendo encontrado para ese Estado dos gradientes esencialmente rectilíneos (Fig. 12), uno correspondiente a las inclinadas pendientes de barlovento de la Sierra Madre Oriental y a la Planicie Costera, con valor aproximado de —0.64° C por cada 100 m, y otro que afecta el Altiplano, así como la vertiente de sotavento de la misma Sierra, con valor promedio de —0.43° C por cada 100 m. García (1970: 8) calculó para la mitad septentrional el Estado de Veracruz un gradiente de —0.5° C por cada 100 m de aumento de altitud, mien-

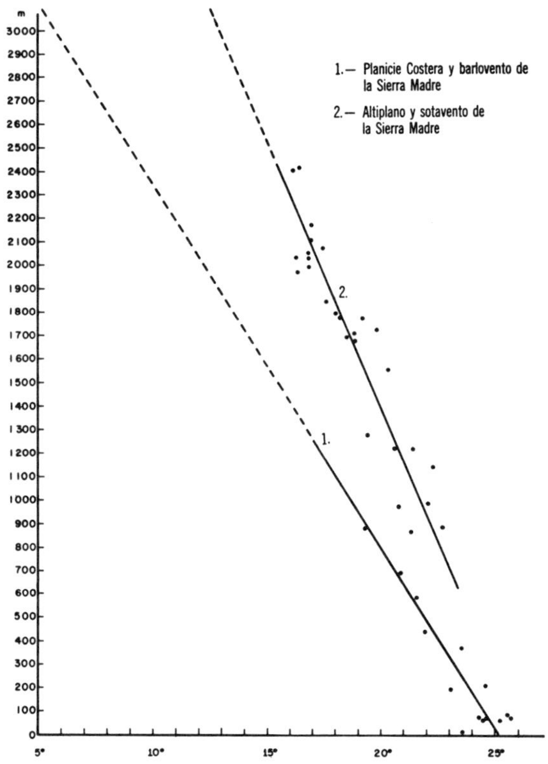

Figura 12. Ensayo de correlación gráfica entre la altitud y la temperatura media anual, a base de datos de 40 estaciones meteorológicas del Estado de San Luis Potosí y de regiones adyacentes, según Rzedowski (1966).

tras que en la mitad meridional el valor es sólo de —0.4° C.

Una situación extraordinaria se presenta en la vertiente occidental de las montañas de casi toda la Península de Baja California, donde por efecto de la corriente marina fría se establece una inversión térmica durante una parte del año y por consiguiente al ir ascendiendo los cerros se comprueba que entre 0 y 800 m de altitud la temperatura media aumenta en vez de disminuir (García y Mosiño, 1968: 34-38).

Tocante a las estaciones térmicas del año (Fig. 13), éstas son moderadamente acentuadas en el extremo septentrional del país,

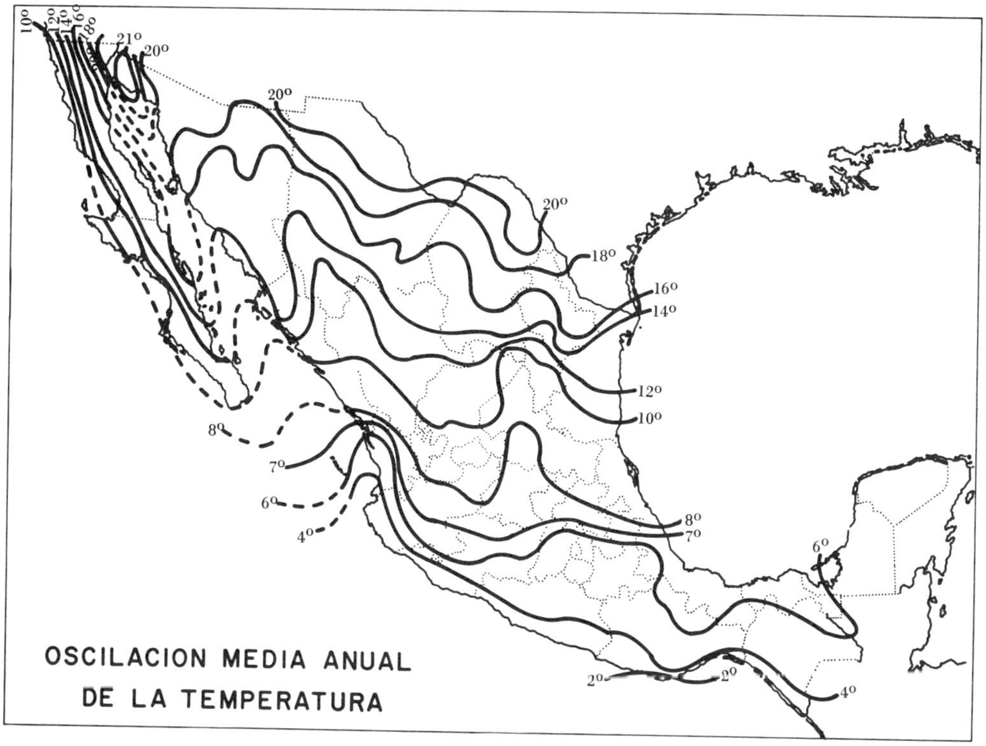

Figura 13. Distribución geográfica de la oscilación media anual de la temperatura (diferencia entre las temperaturas medias del mes más caliente y del mes más frío del año) en México; basado en Mosiño y García (1973).

pues más o menos a partir del paralelo 27° es donde las diferencias entre las temperaturas medias de los meses más caliente y más frío del año son mayores de 15° C y en contados lugares alcanzan valores superiores a 20° C. Al sur del paralelo 24°, o sea en más de la mitad del territorio de México, casi en todos los sitios esta diferencia es inferior a 12° C. Valores menores de 7° C, que ya corresponden a un clima isotermo, se registran mayormente al sur del paralelo 20°, en toda la Península de Yucatán y en una franja costera que llega hasta el extremo sur de Sinaloa.

La marcha anual de la temperatura muestra que el mes de enero es el más frío prácticamente en todo el país, en cambio, la incidencia de la época más caliente varía de unos lugares a otros. En la mayor parte del centro, sur y sureste de la República, mayo es el mes más caluroso, aunque en algunas regiones pueden ser abril o junio. En el norte de México se retrasa la época más cálida a junio, julio y agosto, y aun hasta septiembre, en algunas partes de Baja California influenciadas por la corriente marina fría; en cambio, en ciertas áreas de Chiapas, cercanas a la frontera con Guatemala, marzo es el mes más caliente del año.

La oscilación diurna de la temperatura constituye en muchas partes de la República un elemento climático de mayor significación que la variación estacional. Este fenómeno, por lo general, se acentúa con el aumento de la altitud, con la disminución de la humedad, sobre todo la atmosférica, y con la distancia del litoral. El mapa de la Fig. 14

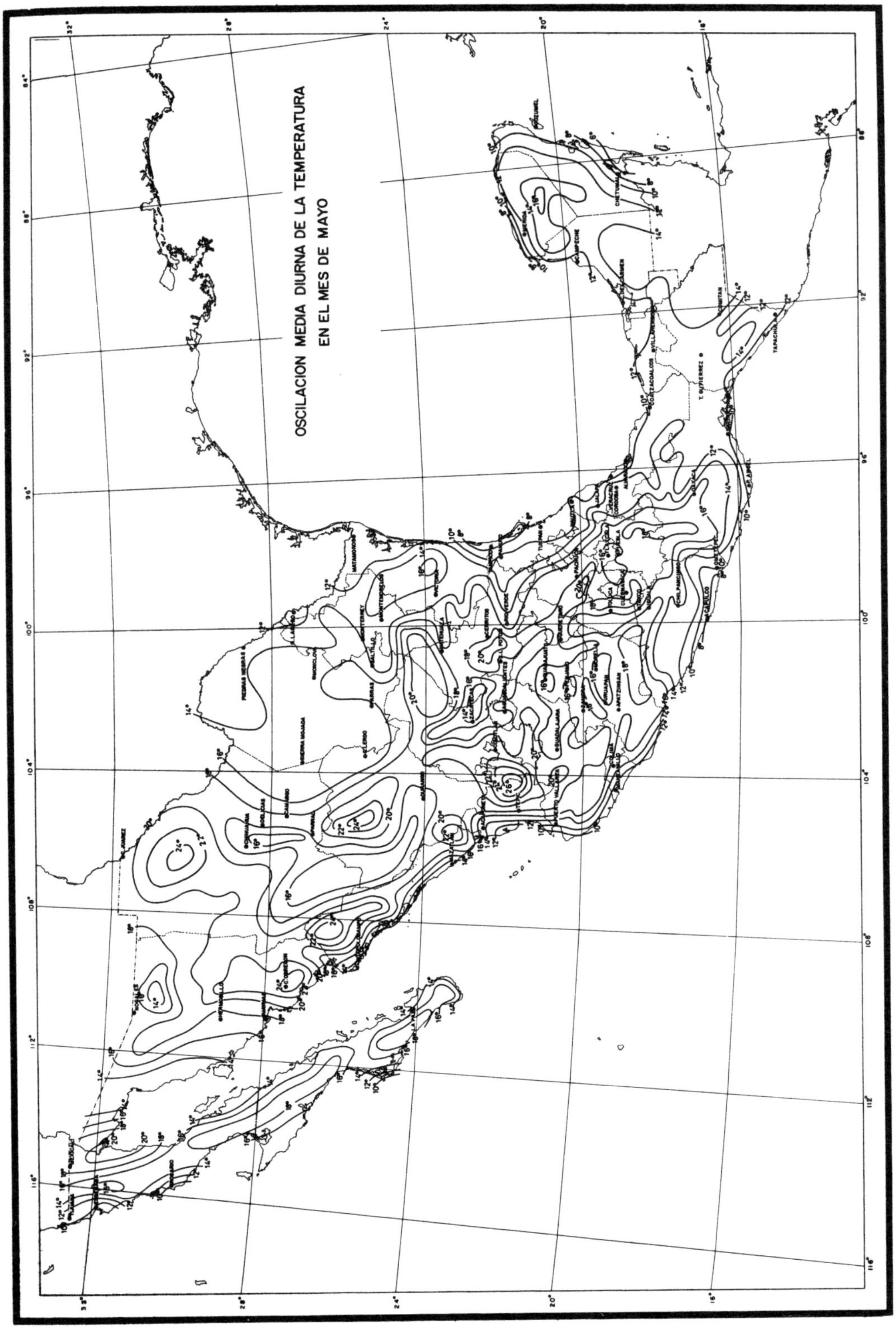

Figura 14. Distribución geográfica del promedio de la oscilación diurna de la temperatura en el mes de mayo en México. Reproducido de Soto y Jáuregui (1965), con autorización de los editores.

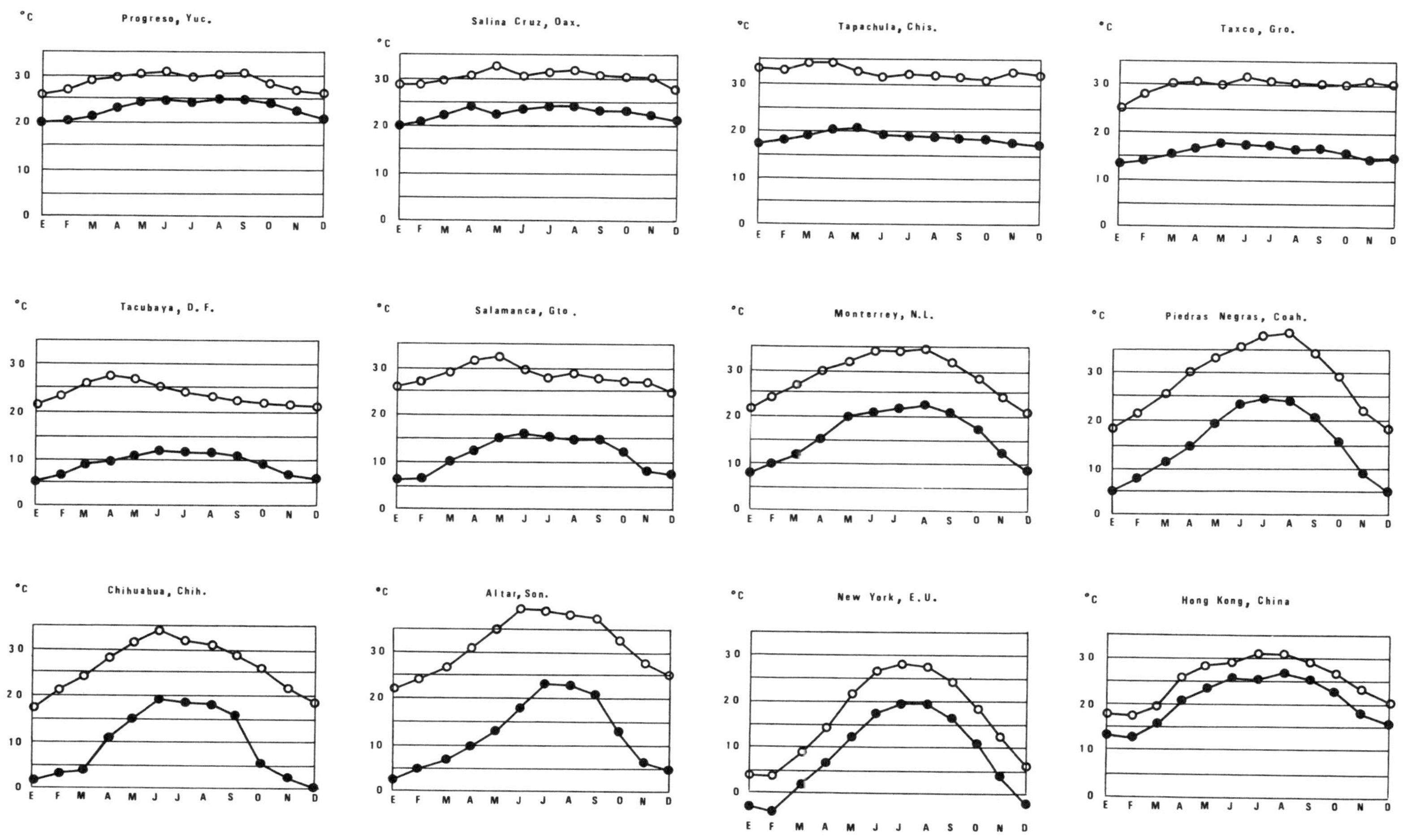

Figura 15. Gráficas de la marcha anual de la oscilación de la temperatura en 10 localidades de México y en 2 localidades de otras partes del mundo; los círculos vacíos corresponden a promedios mensuales de temperatura máxima, los círculos llenos a promedios de temperatura mínima. Reproducido de Soto y Jáuregui (1965) con autorización de los editores

ilustra la distribución geográfica de la oscilación media diurna registrada en mayo, cuyos valores son bastante cercanos al promedio anual. Cabe notar cuan distinta es la influencia reguladora de los dos océanos, pues mientras del lado pacífico, ésta generalmente se limita a una angosta franja próxima al litoral o prácticamente no existe, del lado atlántico es, en general, bastante profunda en su alcance. De las gráficas de la Fig. 15 se desprende que en México los climas varían entre los caracterizados por una oscilación diurna de la temperatura, más o menos del mismo orden que la anual, y otros en que la primera predomina francamente sobre la segunda. Falta, en cambio, la situación inversa, propia de muchas regiones de latitudes más elevadas (compárese por ejemplo, con las gráficas de Hong-Kong y Nueva York). Al analizar la variación de la oscilación diurna de la temperatura a lo largo del año puede notarse también su correlación negativa con la humedad, pues es precisamente en la parte más seca del año cuando alcanza sus valores más elevados.

El mapa de distribución de temperaturas mínimas extremas (Fig. 16) indica que la zona libre de heladas se extiende mucho más al norte del lado de la vertiente pacífica que en la región costera del Golfo de México. Esta zona asciende en las latitudes del sureste de San Luis Potosí a unos 600 m s.n.m.,

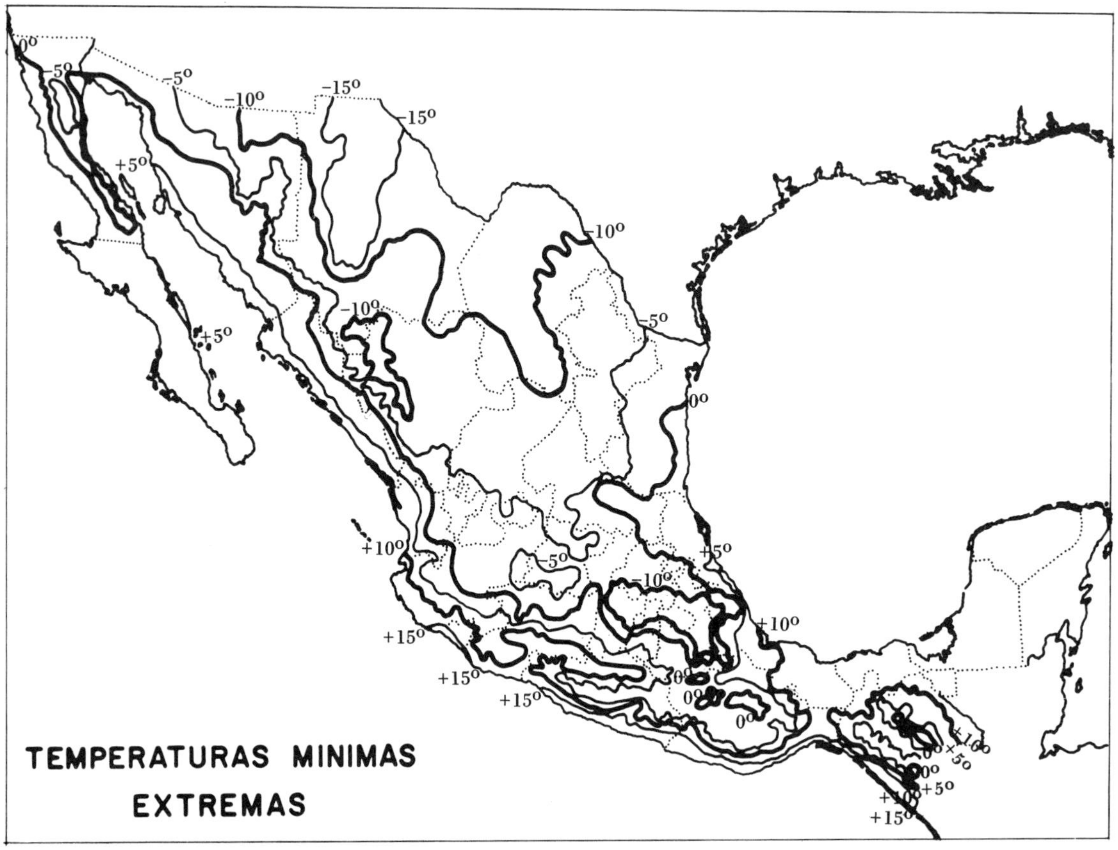

Figura 16. Distribución geográfica de la temperatura mínima extrema en México, según Vivó y Gómez (1946). Reproducido con autorización.

en cambio, del lado de Nayarit, Jalisco y Colima se eleva hasta 1 000 a 1 600 m de altitud y aún más arriba en algunas partes de Oaxaca y Chiapas. Las temperaturas más bajas (< −15° C), indicadoras de inviernos pronunciados, sólo se registran en la parte septentrional de la Sierra Madre Occidental y en algunas regiones adyacentes del Altiplano, en Chihuahua.

El largo del periodo libre de heladas es un factor climático de fundamental importancia para la vida vegetal, pero se dispone de muy poca información fidedigna al respecto. En el centro de México, a unos 2 000 m de altitud, la duración de este lapso puede estimarse en 8 a 10 meses, a unos 3 000 m de altitud de 4 a 6 meses y a unos 3 500 m prácticamente en cualquier época del año puede haber temperaturas inferiores a 0° C.

Las temperaturas máximas extremas de mayor magnitud (> 45° C) ocurren en la parte septentrional del país, casi exclusivamente al norte del Trópico de Cáncer (Fig. 17). La zona más calurosa de México, en cuanto a las temperaturas del estío, se halla en ambos lados del Golfo de California; otras áreas de características semejantes se localizan en la Planicie Costera Nororiental y en el norte del Altiplano.

En función de las fuertes oscilaciones diurnas de la temperatura sobrepuestas a variaciones estacionales relativamente pronun-

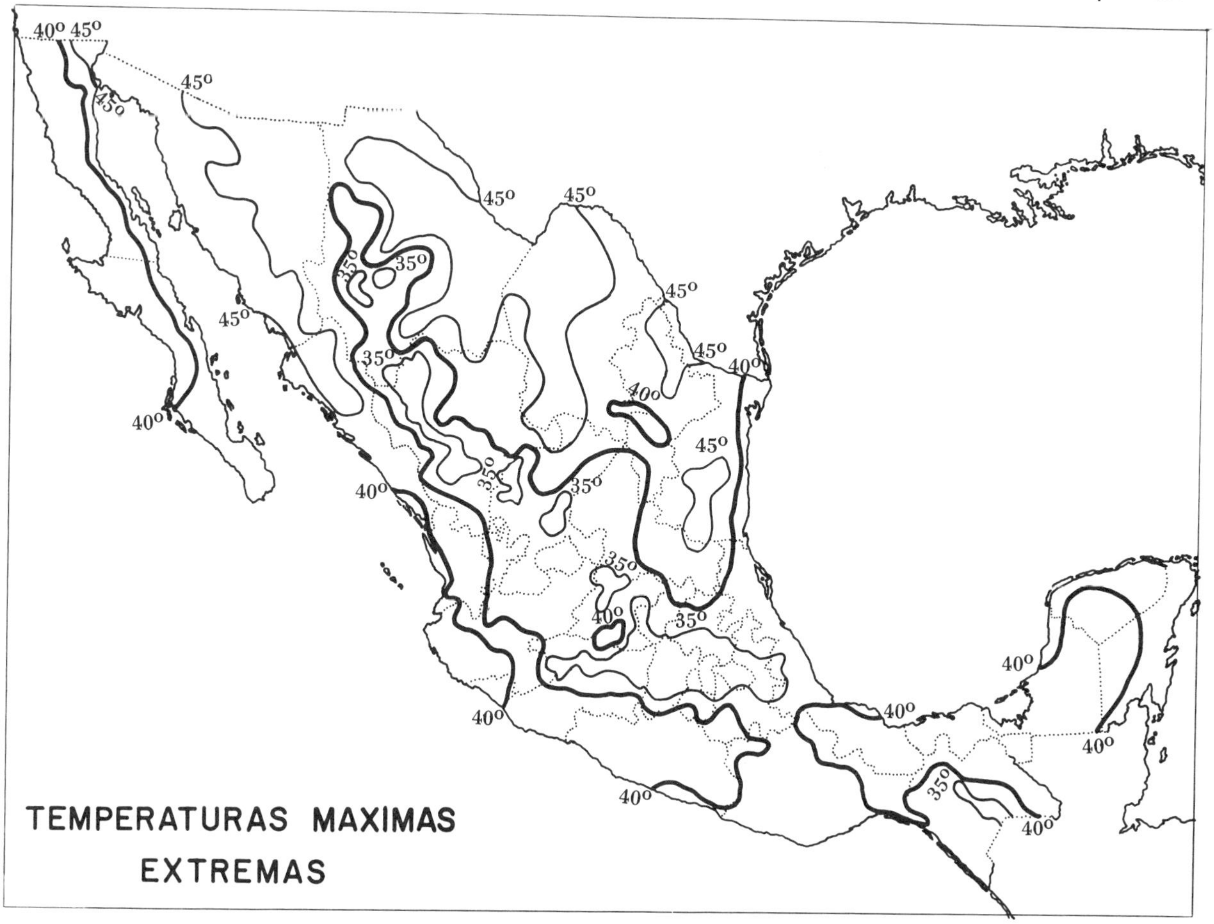

Figura 17. Distribución geográfica de la temperatura máxima extrema en México, según Vivó y Gómez (1946). Reproducido con autorización.

ciadas, algunas porciones de la parte boreal del Altiplano presentan el clima más extremoso de México, pues en amplias franjas de esa región la diferencia entre las máximas y las mínimas absolutas del año excede de 55° C y en algunas partes de Chihuahua es mayor de 60° C. En cambio, a lo largo del litoral del Pacífico, entre Jalisco y Chiapas, se presenta el clima más constante registrado en el país, con valores inferiores a 25° C de diferencia entre las temperaturas máxima y mínima absolutas.

E. Precipitación

A semejanza de la temperatura, el panorama de la precipitación en México presenta vastos contrastes, desde cantidades inferiores a 50 mm en promedio anual y todos los meses secos, hasta más de 5 500 mm por año y todos los meses húmedos (Fig. 18).

La parte húmeda más continua de México se extiende desde el sureste de San Luis Potosí a través de casi todo el territorio de los Estados de Veracruz y Tabasco hasta la base de la Península de Yucatán, incluyendo también el norte de Chiapas, así como partes de Oaxaca, Puebla e Hidalgo. En esta zona las precipitaciones más copiosas se registran en algunos declives de barlovento de la Sierra Madre Oriental, de las sierras del norte de Oaxaca y del Macizo Central de Chiapas, llegando a sobrepasar 4 000 mm anuales.

En la mayor parte de la Península de Yuca-

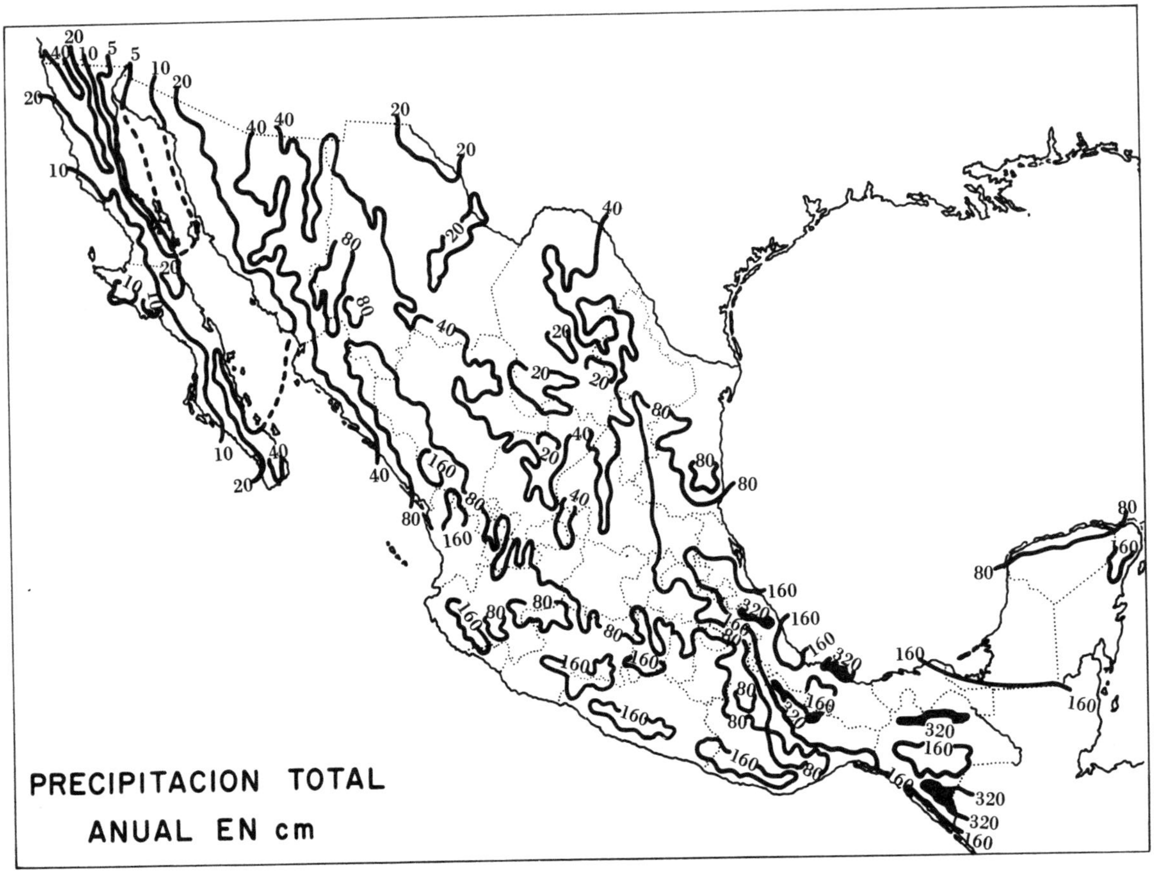

Figura 18. Distribución geográfica de la precipitación total anual en México; basado en Mosiño y García (1973).

tán la precipitación es del orden de 1 000 a 1 400 mm anuales, salvo en su extremo noroeste que es más seco. La Sierra Madre de Chiapas constituye otra región de humedad elevada, pues casi en toda su extensión llueve más de 1 500 mm al año y en algunos puntos al norte de Tapachula se registran más de 5 500 mm.

En ciertos tramos de la Sierra Madre del Sur, así como en algunas porciones del Eje Volcánico Transversal y de la Sierra Madre Occidental la precipitación es superior a 1 600 mm al año, pero en general estos macizos montañosos son menos húmedos, pues prevalecen promedios anuales de 800 a 1 600 mm.

Salvo un pequeño enclave correspondiente al Valle de Tehuacán y Cuicatlán en los límites de Puebla y Oaxaca, que posiblemente también incluye una mínima fracción de Veracruz, las precipitaciones medias anuales inferiores a 500 mm sólo se localizan al norte del paralelo 20° y es la Sierra Madre Occidental la que separa las dos principales zonas secas de México (Fig. 19).

La primera corresponde a la mayor parte del Altiplano desde el oeste de Hidalgo, norte de Guanajuato y Aguascalientes, hasta la frontera con Estados Unidos, extendiéndose un poco a la Planicie Costera Nororiental en el extremo boreal de Tamaulipas y áreas adyacentes de Nuevo León. En esta región árida, a menudo llamada "chihuahuense", las lluvias generalmente son del orden de 200 a 500 mm anuales y sólo en pequeñas áreas se registran valores inferiores a 200 mm.

La segunda zona árida que abarca la Planicie Costera de Sonora y la mayor parte de la extensión de Baja California recibe el nombre de "sonorense" y es aún menos privilegiada en cuanto a la precipitación, sobre todo en la región peninsular, donde en casi toda su extensión el promedio anual de la lluvia es menor de 200 mm y en ciertas áreas no llega a 50 mm.

Tanto en medio de la región árida chihuahuense, como también en la sonorense, existen diversas zonas montañosas aisladas, cuyo clima es menos seco, con lluvias superiores a 500 mm al año.

Como es bien sabido, la altura pluviométrica no es dato suficiente para dar una idea precisa sobre las condiciones de humedad de un lugar determinado. Con el objeto de lograr comparaciones más correctas se han propuesto diferentes índices de "eficiencia de la precipitación", en los cuales se hace intervenir algunos otros elementos climáticos para corregir la medida de la lluvia. Un índice de este tipo, bastante utilizado en la actualidad, es el de Emberger, que fue modificado para México por Stretta y Mosiño (1963). En la Fig. 19 se reproduce el mapa elaborado por los mencionados autores.

La distribución de la lluvia a lo largo del año constituye un factor de suma importancia para la vida vegetal, sobre todo en lugares en que la humedad no es muy abundante, como es el caso de la mayor parte del territorio del país. Como puede observarse en las Figs. 20 y 21, tomadas de García (1965), casi todo México se caracteriza por concentrar su "temporada de aguas" en la época caliente del año y sólo en una parte de Baja California prevalecen francamente las lluvias en el periodo más frío.

Los meses de junio, julio, agosto y septiembre son, por lo general, los más privilegiados en cuanto a la precipitación recibida, aunque mayo y octubre también pueden ser bastante húmedos. En la vertiente del Atlántico y en amplias zonas del norte de México se presenta cierto porcentaje (5 a 18%) de lluvia "invernal", principalmente en relación con las incursiones de masas de aire polar. En cambio, en la vertiente del Pacífico, desde Sinaloa hasta Chiapas, los meses de noviembre a abril suelen ser casi absolutamente secos. En el noroeste de Baja California, a su vez, la parte más húmeda del año correspon-

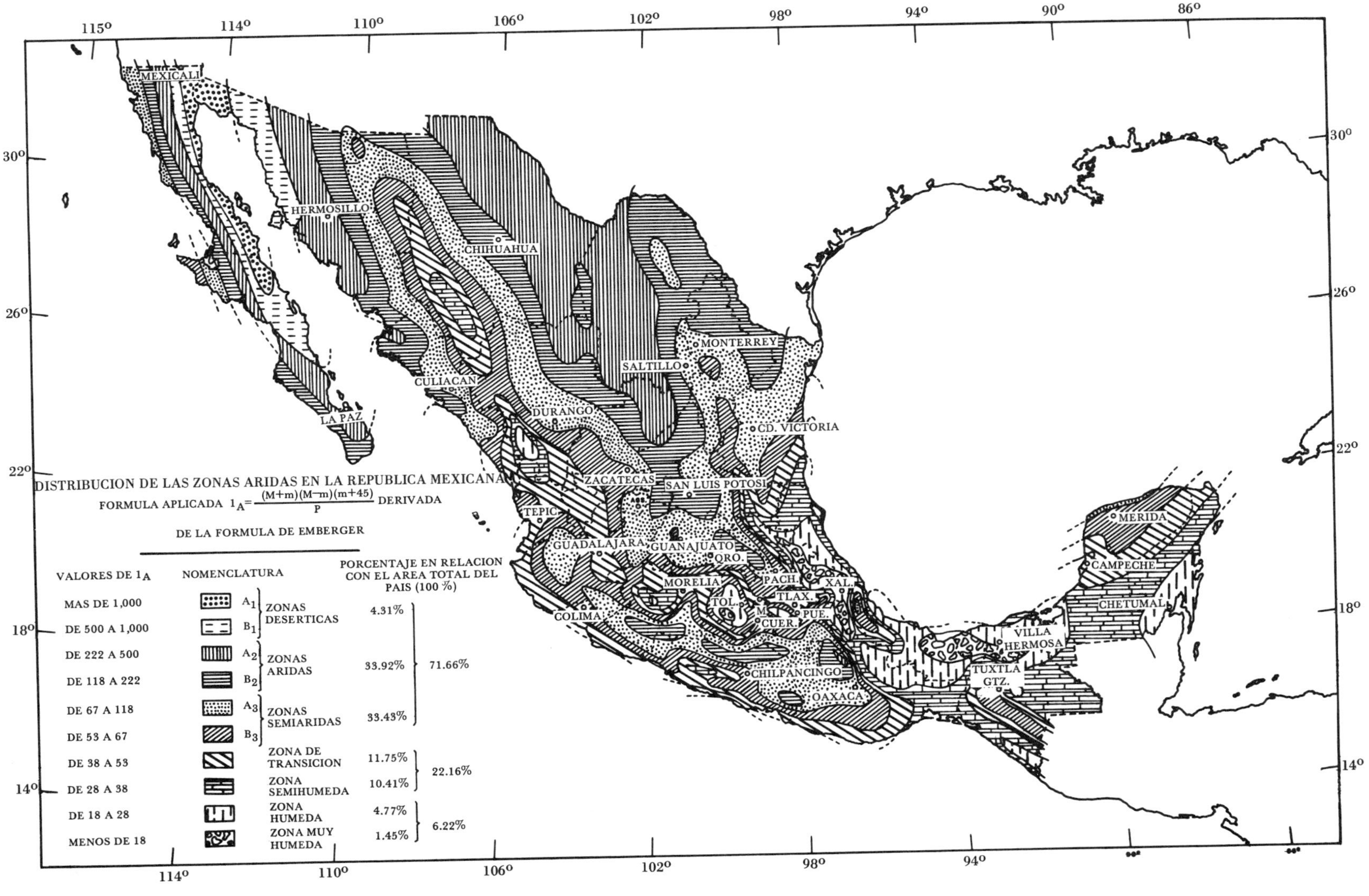

Figura 19. Distribución geográfica en México del índice de aridez de Emberger modificado por Stretta y Mosiño; basado en el mapa de Stretta y Mosiño (1963).

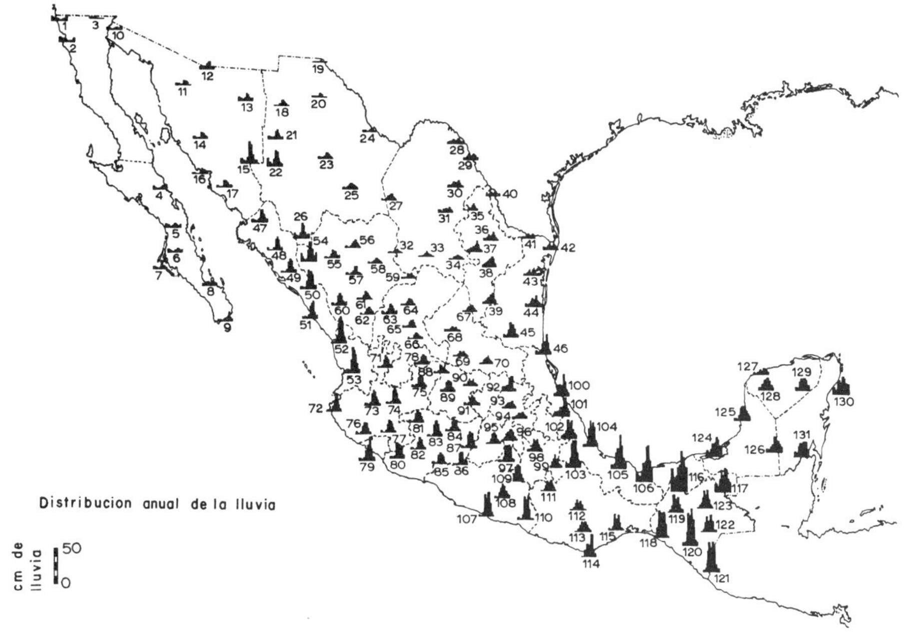

Figura 20. Distribución de patrones de la marcha anual de la precipitación en México. Reproducido de García (1965) con autorización de los editores.

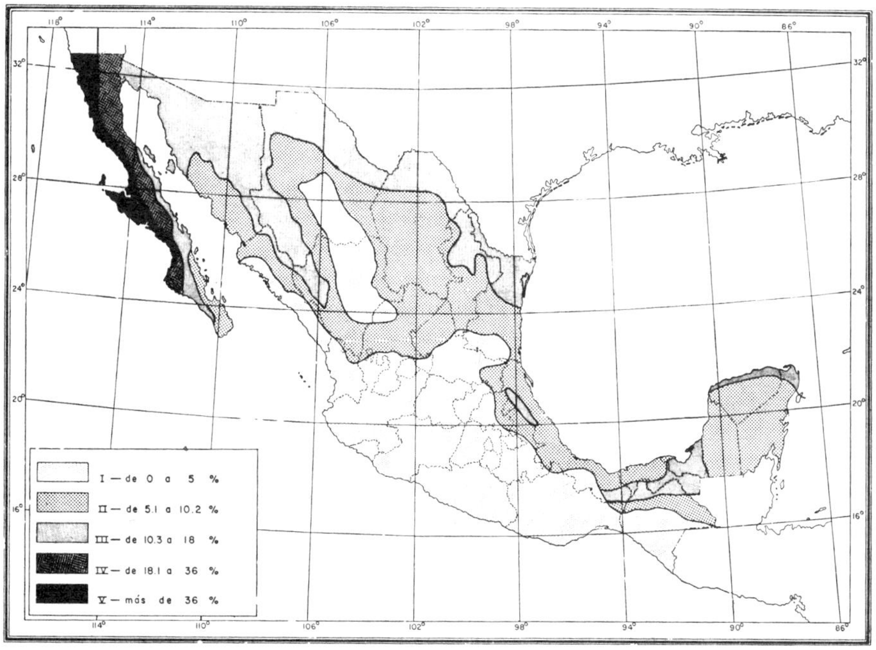

Figura 21. Distribución geográfica del porcentaje de la lluvia invernal (recibida en enero, febrero y marzo) en México. Reproducido de García (1965) con autorización de los editores.

de precisamente al periodo comprendido entre diciembre y abril.

Para estimar la duración de la época seca del año se han propuesto criterios diversos, todos más o menos arbitrarios. En este trabajo se adopta el método de Bagnouls y Gaussen (1957), de acuerdo con el cual se califica a un mes como húmedo cuando la precipitación recibida en mm es superior al doble de la temperatura media expresada en °C. Tal procedimiento, aunque claramente empírico y convencional, tiene la ventaja de una fácil representación gráfica (diagrama ombrotérmico), que permite inmediatas apreciaciones comparativas e incluso la posibilidad de "cuantificar" la aridez. En la Fig. 22 se dibujan diagramas ombrotérmicos correspondientes a estaciones meteorológicas de diferentes regiones del país, con el propósito de ilustrar diversos tipos de clima. Como puede apreciarse, el número de meses secos varía de 0 a 12. La última de estas condiciones es casi siempre concomitante con precipitaciones anuales inferiores a 200 mm, en cambio, en general, la primera no se presenta en México si las lluvias totales no son mayores de 1 500 mm; en algunas partes no se cumple ni siquiera con 4 000 mm al año. Por lo común, se presentan seis o más meses secos en regiones con precipitaciones anua-

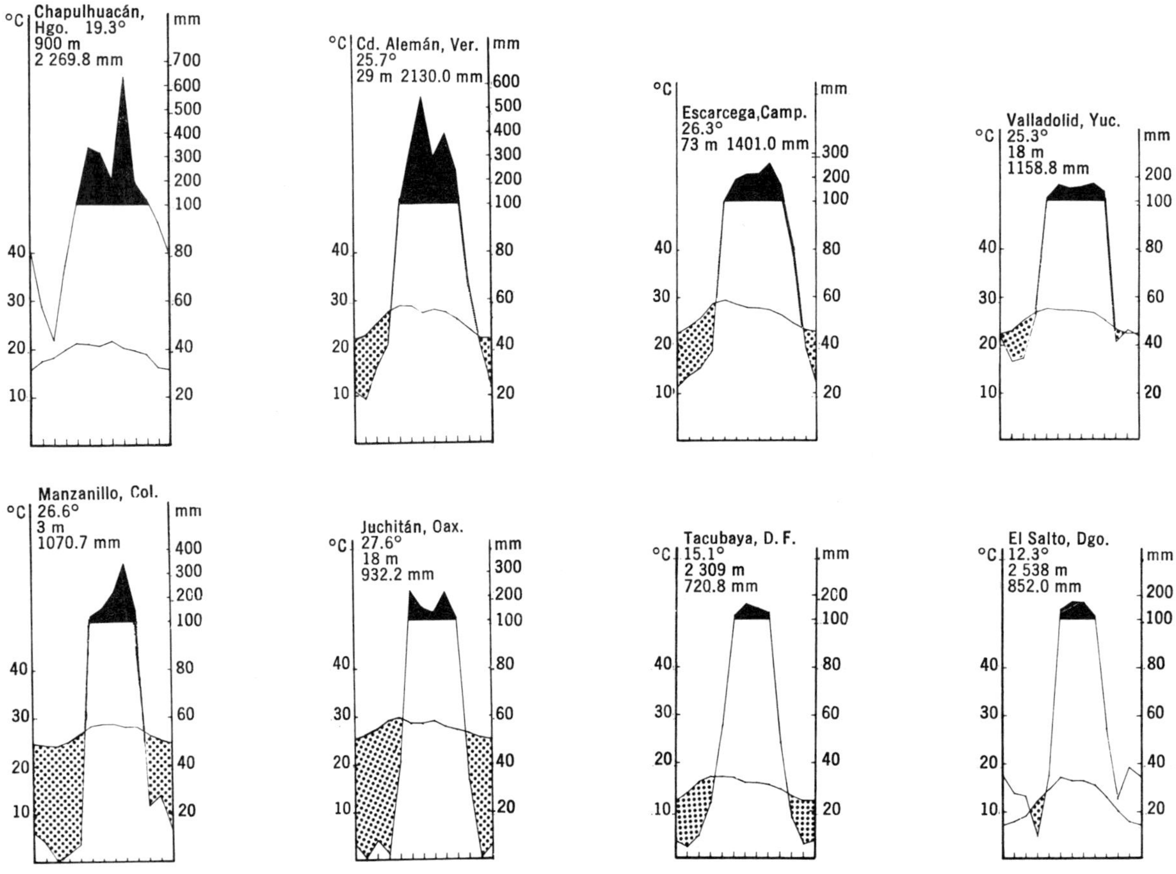

Figura 22. Diagramas ombrotérmicos de 20 localidades de la República Mexicana ilustrando las diferentes variantes del clima.

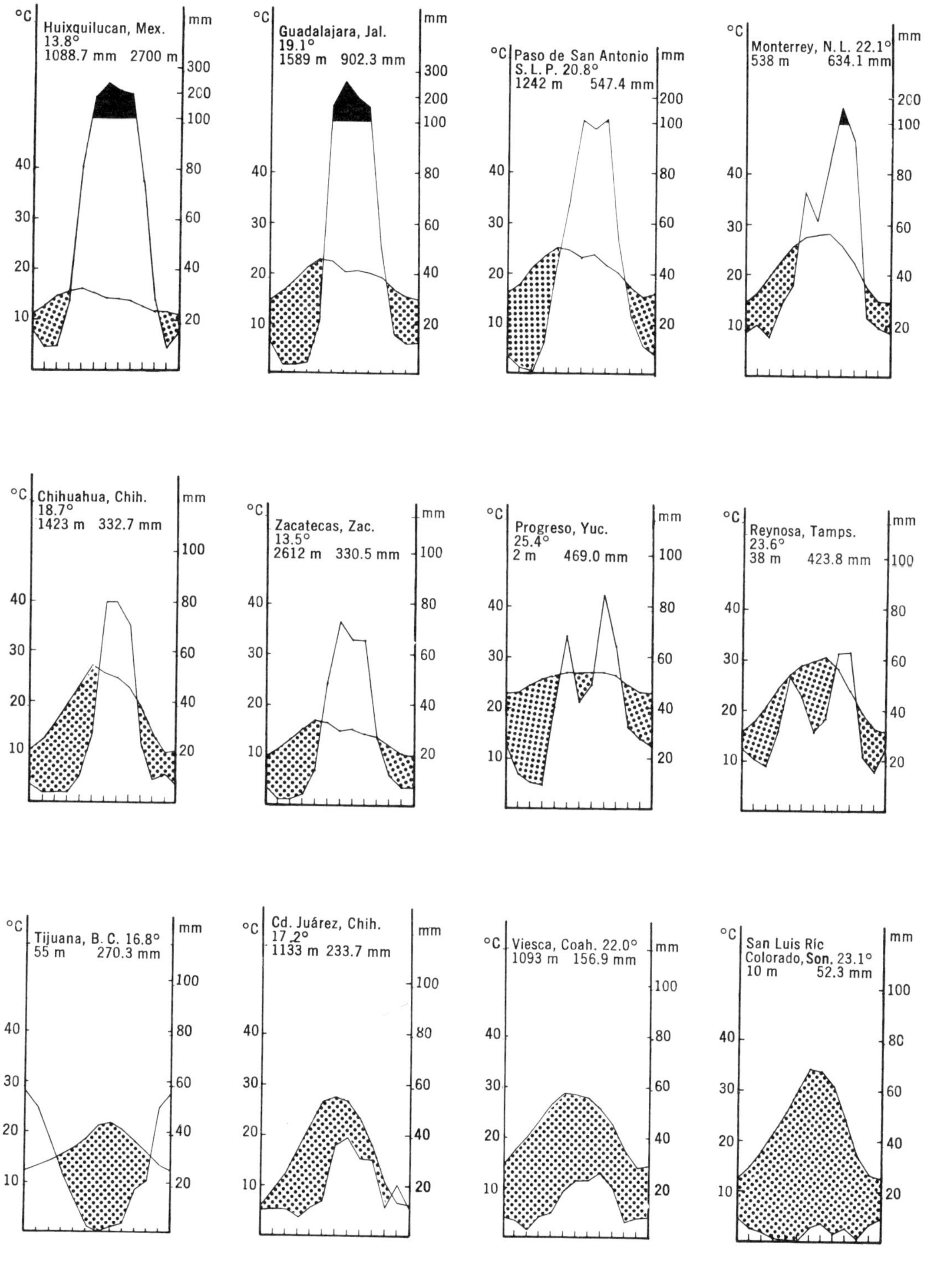

Figura 22 (continuación).

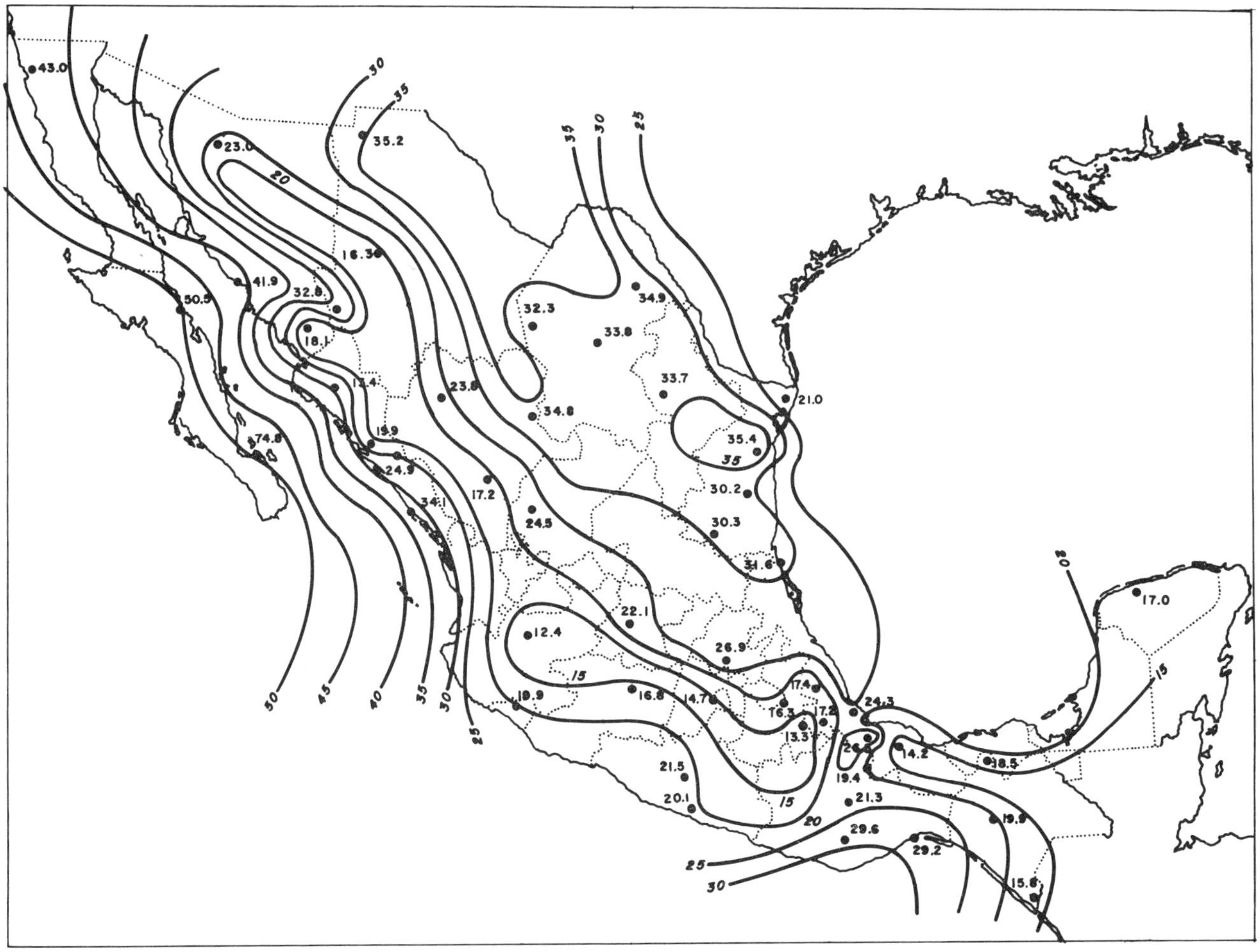

Figura 23. Distribución geográfica del coeficiente de variación de la precipitación anual en México, según Wallén (1955).

les inferiores a 1 000 mm y en la vertiente del Pacífico aun con precipitaciones de 1 500 mm al año.

La variabilidad de la precipitación de un año a otro en México fue estudiada por Wallén (1955) y su distribución geográfica señala fenómenos de gran interés ecológico. La Fig. 23 ilustra la distribución del coeficiente de variación de la precipitación anual, calculado por medio de la fórmula $CV = 100\frac{\delta}{\bar{a}}$, donde δ es la desviación standard y $\bar{a}$ es la media anual. El mapa señala, en general una correlación negativa entre la cantidad de la precipitación y su coeficiente de variación, pues en las zonas áridas es donde éste alcanza sus máximos valores. Por otra parte, existen cuatro centros adicionales de fuerte variabilidad de la lluvia que no corresponden necesariamente con el clima seco, a mencionar: la Planicie Costera Nororiental, parte de la Cuenca del Papaloapan, la parte sureste de Oaxaca y el sector del litoral del Pacífico entre Mazatlán y Cabo Corrientes. Aún mucho más revelador, a este respecto, resulta otro mapa elaborado por Wallén (Fig. 24) que representa las curvas isoanómalas con respecto a la variabilidad relativa de la precipitación anual considerada como "normal" de acuerdo con la curva de Conrad (1941).

Dicha curva fue establecida a base de datos de 360 estaciones de diversas partes del mundo y define las relaciones entre la precipitación media anual y la variabilidad relativa de la misma, al encontrar que esta última aumenta con el incremento de la aridez. El mapa de la Fig. 24 confirma la existencia de las 4 regiones mencionadas de gran variabilidad de la precipitación (anomalías fuertemente positivas) y, además, señala un quinto centro de características similares que corresponde a Baja California y ciertas áreas costeras de Sonora, donde las variaciones de año a año son aún mucho más considerables de lo que cabría esperar por su clima árido. Las grandes anomalías positivas en estas áreas parecen estar relacionadas con la incidencia de perturbaciones ciclónicas, pues en el año en que se presenta tal perturbación la precipitación suele ser desproporcionalmente grande.

Al mismo tiempo, el mapa define la presencia en México de áreas en que la variabilidad de la precipitación es menor de la "normal" (anomalías negativas), como, por ejemplo, la Sierra Madre Occidental y parte de la Planicie Costera Noroccidental, el Eje Volcánico Transversal y la Península de Yucatán.

Es importante enfatizar que mientras más

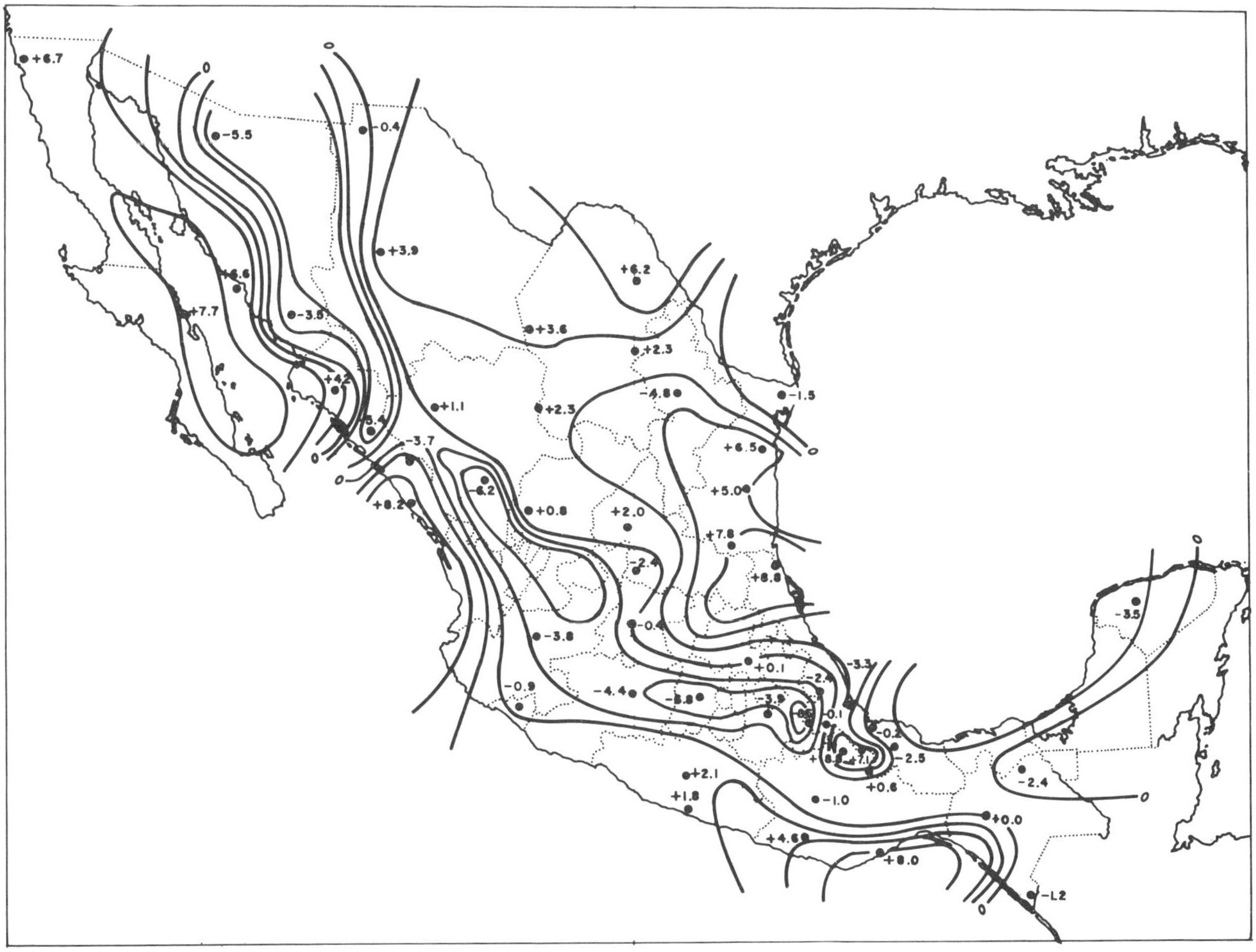

Figura 24. Distribución geográfica en México de las anomalías con respecto a la variabilidad relativa de la precipitación anual considerada como "normal" de acuerdo con la curva de Conrad (1941); basado en Wallén (1955).

alta es la variabilidad de la lluvia de año a año, tanto menos representativa es la media anual para expresar las verdaderas condiciones del clima.

Tocante al tipo de lluvia, los más característicos de México son los aguaceros fuertes y copiosos, a menudo torrenciales, de duración relativamente corta (0.5 a 2 horas) que acontecen por la tarde. Las precipitaciones propias de la época más fría, en cambio, son por lo general muy distintas, pues suelen ser largas y de gota fina, lo que se traduce en un volumen de agua más bien reducido. Las perturbaciones ciclónicas pueden ocasionar también lluvias prolongadas, a veces de varios días de duración, moderadamente intensas o fuertes.

La nieve sólo se presenta con cierta regularidad en las partes altas de las montañas del norte y del este de México y también en el centro del país por encima de 3 000 m de altitud. En la mayor parte del Altiplano y en algunas sierras las nevadas pueden ocurrir como fenómeno esporádico, a veces una o dos veces por siglo. La escasez de nieve en el país tiene su origen, al menos parcial, en la falta de humedad suficiente durante la época fría del año.

La precipitación en forma de rocío es particularmente frecuente en las regiones en que la humedad atmosférica se mantiene alta y llega a tener importancia ecológica sobre todo en la época seca del año cuando las lluvias faltan o escasean. Algunas plantas parecen estar particularmente bien adaptadas para aprovechar la humedad del rocío, y así, por ejemplo, Ern (1973) cree que las hojas de *Pinus patula* funcionan como superficies de condensación y de fácil escurrimiento del agua que gotea y humedece el suelo debajo de los árboles.

La escarcha acompaña a menudo las heladas fuertes y su efecto es con frecuencia perjudicial, pues a semejanza de la nieve, contribuye a abatir más la temperatura de las plantas.

F. Humedad atmosférica

Es escaso el número de estaciones meteorológicas mexicanas que registran el contenido de humedad en la atmósfera, de manera que su distribución geográfica en el país sólo se conoce en forma aproximada (Fig. 25). Este es un hecho desafortunado, pues se trata de un elemento climático de gran interés ecológico que, a menudo, juega un papel de importancia en la repartición de la vegetación.

En el mapa de la Fig. 25 puede observarse que la región costera del Golfo de México es la más privilegiada en cuanto a la humedad relativa del aire, pues en grandes áreas prevalecen valores superiores a 80% en promedio anual. El litoral del Pacífico, en cambio, registra por lo general cantidades cercanas a 70%, al menos de Sinaloa hacia el sur. En el Altiplano, la humedad media anual, en general, es inferior a 60% y en las partes más áridas es menor de 50%. En Baja California son de esperarse valores relativamente altos a lo largo de la costa occidental por la influencia de la corriente marina fría.

En cuanto a la marcha anual de la humedad relativa, en casi todo el país los registros medios mensuales más elevados se presentan en septiembre y los mínimos generalmente en mayo o en abril, siendo éstos en algunas regiones menores de 40%.

En el Altiplano y en las altas montañas la humedad relativa experimenta una oscilación diurna de considerable amplitud, sobre todo, en la parte seca del año y en función de los intensos y bruscos cambios de la temperatura. De acuerdo con Jáuregui (1963) en el Valle de México, a 2 250 m de altitud, esta oscilación, en febrero, puede ser del orden de 60 y 65%, tomando como referencia las lecturas de la mañana y del mediodía (Fig. 26). Tal magnitud de la variación resta notoriamente significado a los valores promedio como indicadores de las condiciones reales.

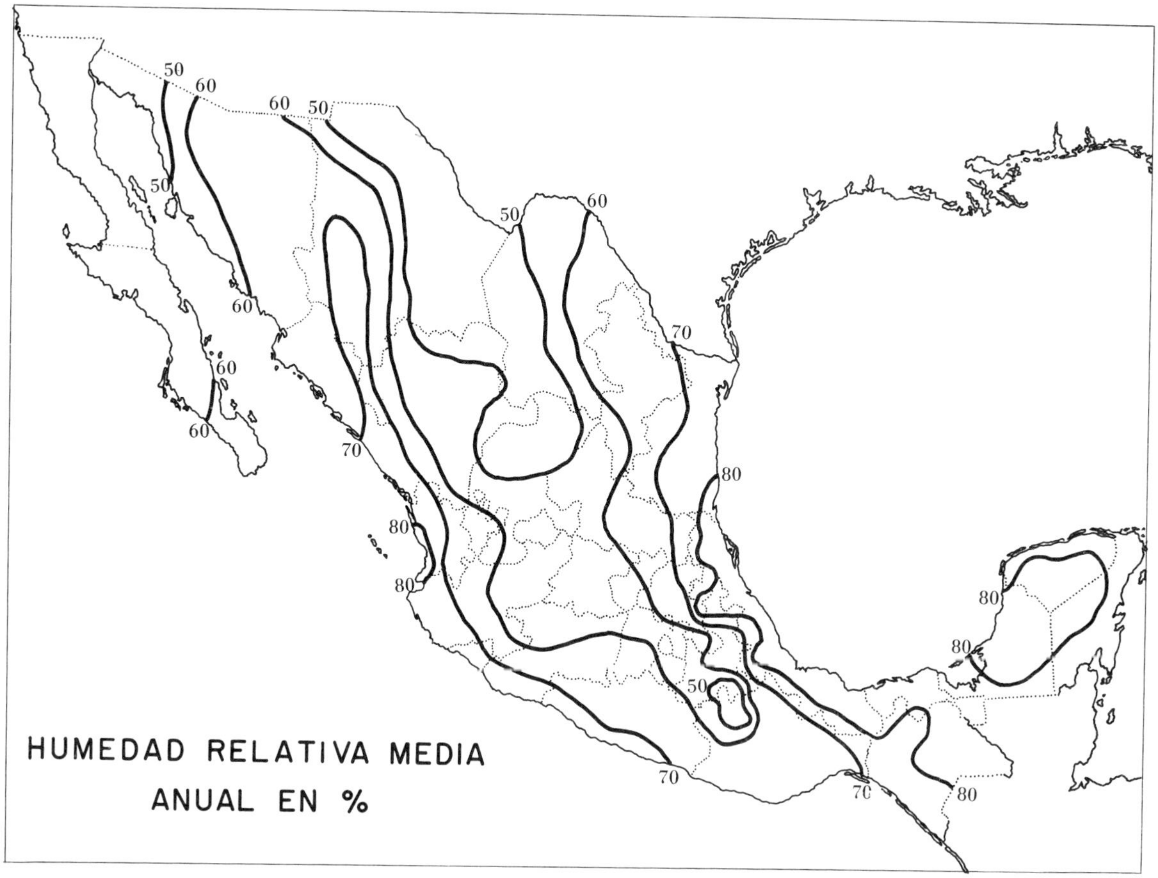

Figura 25. Distribución geográfica de la humedad relativa media anual en México, según Vivó y Gómez (1946). Reproducido con autorización.

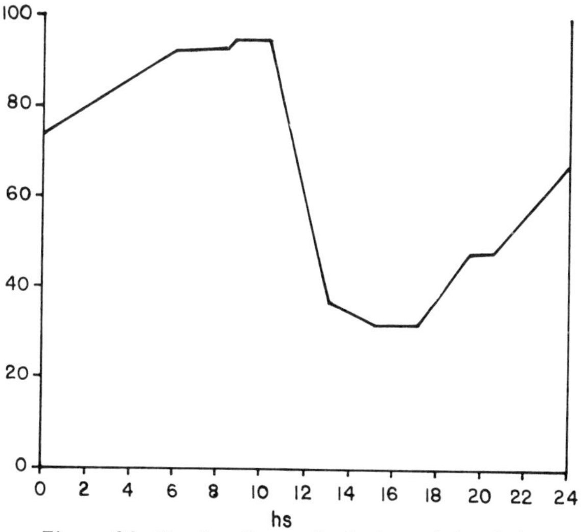

Figura 26. Marcha diurna de la humedad relativa, registrada en la Colonia Aragón, Distrito Federal, en el mes de febrero, según Jáuregui (1963).

En algunas regiones donde la humedad atmosférica se mantiene elevada se presenta un régimen de frecuentes neblinas. Las vertientes montañosas directamente expuestas a la acción de vientos procedentes del mar son a menudo afectadas por la neblina, sobre todo, la Sierra Madre Oriental, las montañas del norte de Oaxaca y de Chiapas y, en menor grado, las Sierras Madres Occidental, del Sur y de Chiapas. En la costa occidental de Baja California la corriente marina fría ocasiona también durante más de la mitad del año la presencia de neblinas muy características.

El interés ecológico de la neblina estriba principalmente en el hecho de que al impedir la insolación directa y al mantener alta la humedad del aire reduce al mínimo las pérdidas de agua por parte de las plantas. Por consiguiente, son de particular importancia las neblinas que se presentan en la época seca del año, ya que compensan en gran medida la falta de lluvia en este periodo.

G. Vientos

A grandes rasgos, la mayor parte del territorio de México se halla bajo la influencia de los vientos alisios que, cargados de humedad, penetran desde el este y el norte. Sin embargo, durante la época más fría del año, los vientos secos del noroeste y oeste son los que prevalecen en el norte, occidente y centro del país. A lo largo de una buena parte del litoral del Pacífico, al menos entre Nayarit y Chiapas, existe un régimen de tipo monzónico, con corrientes de aire húmedas hacia la tierra durante la mitad del año y secas hacia el mar en el transcurso de la otra mitad.

No obstante, debido a la interferencia de los complicados sistemas de montañas, valles y depresiones, la dirección real del viento varía notablemente de una zona a otra y muchas veces entre áreas muy cercanas entre sí.

También, a grandes rasgos, la mayor parte del país no se halla sometida a un régimen de vientos regulares intensos, aunque hay numerosas excepciones al respecto. Por ejemplo, la porción sur del Istmo de Tehuantepec constituye la puerta natural de salida para las masas de aire aprisionadas por las montañas del este de México y la atraviesan fuertes corrientes de aire del norte durante la mayor parte del año. Zonas más o menos aisladas de características similares, aunque de menor importancia, se localizan a lo largo de la Sierra Madre Oriental, de las montañas del norte de Oaxaca y de Chiapas y en otras partes. Un segmento importante de la costa del Golfo de México sufre vientos fuertes y fríos del norte en relación con las invasiones de masas de aire polar que ocurren sobre todo en los primeros meses del año.

Todo el litoral del Atlántico y también el del Pacífico, exceptuando Sonora y gran parte de Baja California, se hallan afectados por las trayectorias de ciclones tropicales que se originan en altamar entre junio y octubre y se desplazan a grandes distancias penetrando a menudo el área continental. En las inmediaciones de sus centros se producen vientos huracanados que pueden causar gran destrucción en las zonas que atraviesan, tanto en la costa, como en las vertientes de sotavento de las montañas próximas. Además de su efecto devastador directo, los ciclones acarrean grandes cantidades de humedad y producen copiosas precipitaciones en áreas tan amplias, que a menudo afectan extensas porciones del Altiplano. En consecuencia, la incidencia de algunos ciclones puede provocar fuertes inundaciones, sobre todo en las planicies costeras y en otras áreas de drenaje poco eficiente o desarrollado.

Las extensas zonas áridas del norte y noroeste de México, en general, no son muy ventosas, pero pueden sufrir con alguna frecuencia los efectos de tempestades de tipo desértico. Dada la escasa protección que la vegetación brinda al suelo en estas regiones, un viento moderadamente intenso puede levantar las partículas finas del mismo y transportarlas a distancia. El resultado es una tolvanera prolongada que en ocasiones llega a oscurecer el cielo. En las escasas áreas en que estas tempestades son frecuentes, la cubierta vegetal rala y el suelo arenoso, se favorece la existencia de médanos.

5. Influencia del hombre

A. Principales mecanismos y efectos

Como puede observarse facilmente, la influencia humana sobre la vegetación natural de México resulta en general altamente destructiva. Este proceso de devastación data sin duda desde la llegada misma del hombre al territorio de la República, pero sus agentes motores de mayor importancia han sido la colonización progresiva del país, el origen y la expansión de la agricultura, así como el desarrollo de la ganadería, de la explotación forestal y en buena parte también de la minería.

Los métodos de destrucción y perturbación de la vegetación han sido diversos, algunos de ellos de impacto directo y otros indirectos. Entre los primeros, cabe mencionar como principales: el desmonte, el sobrepastoreo, la tala desmedida, los incendios y la explotación selectiva de algunas especies útiles. Los segundos, tienen que ver principalmente con la modificación o eliminación del ambiente ecológico necesario para el desarrollo de una determinada comunidad biótica, causando su desaparición automática; aquí puede citarse, entre otros, a la erosión o al cambio de las características del suelo, a las modificaciones del régimen hídrico de la localidad y a veces del clima mismo y a la contaminación del aire y del agua.

Las modificaciones de la cubierta vegetal que han determinado en México las actividades humanas en general no son aún tan profundas como las causadas en algunas otras partes de la Tierra que han sido densamente pobladas desde hace muchos siglos. Sin embargo, la situación varía notablemente de una región a otra y cabe observar que sobre todo en los últimos cuatro lustros la destrucción y la perturbación de la vegetación natural en este país han alcanzado intensidad y rapidez inusitadas.

Los factores que propician este magno acrecentamiento de las actividades devastadoras del hombre son similares a los que han estado y están operando también en otras regiones de la Tierra; entre los principales pueden mencionarse los siguientes:

La población de México aumentó de 16.5 millones a 48.3 millones de 1930 a 1970, con todos los efectos consiguientes en cuanto al incremento de consumo de alimentos y de materias primas vegetales, así como en lo referente a necesidades de espacio para viviendas, industrias, caminos y áreas de recreo.

El uso inadecuado y muchas veces anárquico de la tierra, que prevalece en grandes extensiones del país, provoca con frecuencia la desaparición innecesaria de la vegetación natural o bien la mantiene a niveles degradados.

El exceso de población rural en relación con las escasas tierras laborables a su disposición y la falta de otras fuentes de trabajo son la causa de que muchos campesinos tengan que dedicarse a actividades que les proporcionan ingresos ridículamente bajos y al mismo tiempo deterioran profundamente los recursos naturales de la región. Entre estas actividades destacan los desmontes y cultivos en terrenos impropios para la agricultura, la tala indebida y el pastoreo mal organizado y orientado.

La agricultura nómada o seminómada se practica en muchas partes del país y las zonas que afecta han ido rápidamente en aumento. Se trata principalmente de áreas boscosas, o al menos primitivamente boscosas, que al someterse a este tipo de aprovechamiento se mantienen en forma permanente a nivel de vegetación secundaria.

La falta de organización y de previsión en la explotación forestal causan la pérdida, a menudo difícilmente reparable, de vastas superficies boscosas en virtud de la tala desmedida y del desinterés por preservar el recurso. Lo más grave del caso es, sin embargo, que debido a la misma falta de organización, el campesino, propietario de la tierra, al no encontrar la forma costeable de aprovechar el bosque, no le tiene apego ni aprecio y con frecuencia prefiere convertirlo en terreno de pastoreo o de cultivo, aun cuando el rendimiento así obtenido sea exiguo y la erosión afecte con rapidez el suelo (Figs. 27, 28, 29).

El empleo del fuego como instrumento de manejo de la vegetación es muy habitual en México. Constituye una costumbre antigua, pero lejos de ir disminuyendo su mal uso, en los tiempos modernos el número y la exten-

Figura 27. Bosque de Abies *destruido por tala, incendios y pastoreo, cerca de Santa Ana Xilotzingo, México.*

Figura 28. Avance de la agricultura sobre terrenos cerriles, cerca de Jiquipilco, México.

Figura 29. Avance de la erosión en terrenos antiguamente cubiertos por bosques de Quercus, *cerca de San Francisco Chimalpa, México.*

sión de incendios forestales aumentan año con año y sus efectos son cada vez más notables y destructores (Figs. 30, 31).

En función de todos los factores anteriores, la construcción de modernas vías de comunicación, principalmente de carreteras, resulta ser, en general, de funestas consecuencias para la vegetación, pues, como lo ha demostrado la experiencia, desaparecen rápidamente los bosques a su derredor por tala, desmontes y fuego.

En general, la vegetación de las regiones de clima árido es la que menos ha sufrido por efecto de la mano del hombre. Salvo las restringidas áreas de riego, la agricultura, en general, no puede practicarse con éxito en estas zonas y el principal aprovechamiento de la tierra es a base de la ganadería, más bien raquítica, dada la escasez de agua y de alimento para los animales. Por lo común, predomina el ganado caprino, por su mejor adaptación a las condiciones de sequía y a la vegetación arbustiva prevaleciente, pero en algunas áreas es más abundante el vacuno, el ovino y aun el equino, con lo cual los cambios que sufre la vegetación son variados y en general no parecen ser muy intensos. Grandes extensiones de esta parte del país permanecen muy escasamente pobladas y quedan sin uso alguno. El fuego en las zonas áridas se emplea muy poco, pues el incendio no se propaga facilmente en los matorrales xerófilos abiertos y menos aún cuando en su composición entran plantas suculentas. El aprovechamiento de las plantas silvestres en algunas áreas ha causado algunas modificaciones en la vegetación, es el caso, por ejemplo, de *Euphorbia antisyphilitica* ("candelilla"), cuya abundancia ha disminuido notablemente en muchas partes de Coahuila, en virtud de la explotación desmesurada. Individuos arborescentes de *Prosopis* ("mezquite") son con frecuencia los únicos representantes de esta forma biológica en las regiones de clima seco y, en consecuencia, muy apreciados

Figura 30. Incendio forestal, cerca de Miraflores, México.

Figura 31. Incendio forestal, cerca de Sultepec, México.

como material de construcción y como combustible, por lo que han desaparecido de amplias extensiones.

Los pastizales de clima semiárido del Altiplano y de algunas áreas de Sonora son objeto, en su mayoría, de intenso aprovechamiento ganadero, aunque éste pocas veces es óptimo u ordenado y muchas partes se encuentran sobrepastoreadas. El sobrepastoreo propicia la invasión de algunas plantas leñosas y de elementos herbáceos que los animales no comen y, a menudo, cambia también la composición de la carpeta de gramíneas, pues las especies más apetecidas y nutritivas

Figura 32. Terrenos fuertemente erosionados, cerca de Texcoco, México.

van siendo substituidas por otras de menor valor. Con frecuencia se reduce también en tales condiciones la cobertura del suelo y con ella la protección contra la erosión (Figs. 32, 33). En diversos sitios del área del pastizal se ha estado y se continúa intentando establecer agricultura de temporal, por lo común con resultados aleatorios y sin costeabilidad a la larga.

Las zonas semihúmedas correspondientes a la porción sur del Altiplano y las sierras adyacentes han sido desde tiempos prehistóricos las más densamente pobladas del país, ya que abarcan extensas superficies de terrenos útiles para la agricultura y se caracterizan por un clima benigno. En consecuencia, su vegetación natural ha desaparecido por completo en amplios sectores y en otros ha sido intensamente perturbada, conservándose bosques sólo en lo alto de las sierras y de los cerros. Los suelos en muchos parajes en declive han sido presa de intensa erosión debido al desequilibrio ecológico ocasionado (Fig. 34).

Figura 33. Zona fuertemente erosionada, cerca de Tepelmeme, Oaxaca, en la región de la Mixteca Alta.

Los bosques de *Pinus* y de *Quercus*, tan característicos de las montañas de México, cubrían antes de la fuerte intervención humana más del doble del área que ocupan hoy y su superficie va en disminución constantemente ante el avance de la agricultura y de los desmontes con fines ganaderos. Los

Figura 34. Zona fuertemente erosionada, cerca de Yanhuitlán, Oaxaca, en la región de la Mixteca Alta.

pinares de diversos sectores son objeto de extensa explotación tanto por la industria maderera como para alimentar las fábricas de papel y de celulosa; en cambio, los bosques de encino se aprovechan en forma menos sistemática, pero a veces intensiva para la elaboración de carbón. Estas masas forestales, sobre todo las dominadas por especies de *Pinus*, a menudo son sometidas a la acción del fuego, casi siempre provocado de manera intencional en la época seca del año con el fin de estimular el retoño de brotes de gramíneas para la alimentación del ganado que pastorea en los bosques (Fig. 35). Tales incendios frecuentemente son responsables de profundos cambios en la vegetación, pues llegan a modificar la composición del bosque en todos sus estratos, incluyendo el dominante, y a menudo a destruirlo por completo para dar lugar a otras comunidades de plantas que luego pueden mantenerse indefinidamente debido al pastoreo, a los incendios o a la acción conjunta de ambos factores.

En las regiones de clima cálido y húmedo los terrenos planos o poco inclinados con suelo de características favorables están generalmente ocupados por explotaciones agrícolas permanentes. Las tierras menos aptas para los cultivos se emplean a menudo para fines ganaderos; con tal propósito, se desmonta totalmente el terreno y se siembran gramíneas adaptadas a las condiciones ecológicas prevalecientes y adecuadas para el alimento de las reses (Fig. 36). La extensión de estos pastizales artificiales ha ido rápidamente en aumento en las últimas décadas, dejando sin vegetación natural a regiones enteras, principalmente de los Estados de Veracruz y Tabasco. Otra forma común de aprovechamiento de la tierra, sobre todo en áreas de topografía accidentada o con escaso suelo, consiste en la agricultura nómada que destruye la vegetación clímax y no permite su restablecimiento (Figs. 37, 38 y 39). Los incendios no se propagan fácilmente en el bosque tropical perennifolio, propio de esta zona climática, pero el fuego se usa en forma rutinaria como instrumento auxiliar en los desmontes y también para impedir que las plantas leñosas invadan los pastizales. En ciertas áreas de drenaje lento, sometidas a la acción de los incendios periódicos, se mantiene indefinidamente una vegetación del tipo de la sabana, en donde predominan gramíneas altas y a menudo algunos arbolitos

Figura 35. Bosque de Pinus rudis, *recientemente quemado a niveles inferiores, cerca de Parres, Distrito Federal.*

Figura 36. Pastizal artificial de Panicum maximum *("zacate guinea"), cerca de Aquismón, San Luis Potosí, en la región de la Huasteca.*

Figura 37. Bosque tropical perennifolio con Terminalia amazonia, *recientemente talado para fines de agricultura semi-nómada. Fot. J. Sarukhán.*

Figura 38. Bosque tropical perennifolio recientemente talado y quemado para fines de agricultura semi-nómada. Fot. J. Chavelas.

Figura 39. Terrenos afectados por agricultura semi-nómada, cerca de Huichihuayán, San Luis Potosí.

espaciados, resistentes al fuego. En México, la explotación forestal en las regiones de clima caliente y húmedo es de poca cuantía y se restringe a pequeñas zonas de los Estados limítrofes con Guatemala y Belice. Es un aprovechamiento altamente selectivo, pues se extrae la madera sólo de una o de unas pocas especies de las numerosas que forman la masa del bosque. Por otra parte, desde hace 25 años se han estado utilizando las partes subterráneas de *Dioscorea composita* ("barbasco") como materia prima para la fabricación de hormonas sintéticas de tipo esteroidal.

Es preciso señalar que con la ayuda de la técnica, el bosque tropical perennifolio, vegetación clímax de las partes calientes y húmedas de México, es, en los momentos actuales, el más intensamente afectado por las actividades humanas y va desapareciendo con extraordinaria rapidez.

Con respecto a los aprovechamientos forestales cabe señalar que en México, salvo insignificantes excepciones, no se practica aún la verdadera silvicultura, en el sentido de plantar bosques artificiales o de ir substituyendo unas especies forestales por otras, de manera que, por esta causa, la composición de la vegetación no ha sufrido muchos cambios. Un poco más frecuentes son las reforestaciones o forestaciones realizadas en los alrededores de las ciudades, casi siempre utilizando para ello plantas exóticas.

Un deterioro particularmente notable está sufriendo la vegetación acuática y subacuática debido a las actividades humanas. A este fenómeno contribuyen la desecación intencional de lagos y de ciénegas, la desecación de manantiales debida a la reducida capacidad de penetración del agua en el suelo, la conversión de corrientes de agua permanentes en intermitentes, el uso de grandes volúmenes de líquido para riego y para consumo humano, la regulación y entubamiento de cauces de ríos y arroyos, etc. Todas estas actividades reducen o suprimen los habitats naturales de plantas acuáticas y subacuáticas, mismas que desaparecen irremediablemente. Otro factor decisivo que ha venido a sumarse a las causas anteriores es la contaminación cada vez más frecuente e intensa de las aguas, debida a escurrimientos que provienen de los sistemas de drenaje de las ciudades y poblaciones en general, así como a un número creciente de industrias que descargan muchos de sus desechos en las corrientes y en los depósitos de agua. Una gran proporción de organismos acuáticos es muy sensible a estas impurezas y muchas veces sucumbe a causa de pequeños cambios químicos o fisicoquímicos del medio acuoso. En el Valle de México, por ejemplo, no sólo ha desaparecido en los últimos 50 años un considerable número de especies de plantas acuáticas, sino que han dejado de existir varias comunidades antes abundantes y extendidas.

Esta eliminación definitiva de especies y comunidades bióticas en regiones enteras es quizá la consecuencia de mayor y más profundo alcance por lo que se refiere al impacto de las actividades del hombre tendientes a transformar el ambiente. De no encontrarse límites adecuados para estas acciones, muchos de los cambios acarreados podrán volverse completamente irreversibles y repercutir negativamente en la futura economía y en el desarrollo mismo de la sociedad humana (véase capítulo 22).

Si bien la influencia del hombre ha sido destructora para la mayor parte de organismos y agrupaciones bióticas naturales, algunas plantas y comunidades vegetales se han visto ampliamente favorecidas por la misma causa. Un importante número de especies preadaptadas a las condiciones artificiales creadas ha podido extender substancialmente sus áreas de distribución. Como consecuencia directa o indirecta de las actividades humanas se originaron agrupaciones vegetales nuevas, que no existían antes de la aparición de *Homo.* Una significativa proporción de estos entes antropófilos se desarrolla y evoluciona en un manifiesto proceso de simbiosis con el hombre.

A continuación se discuten someramente las principales agrupaciones vegetales de México, cuya presencia se debe en mayor o menor escala a la intervención de este gran modificador de la naturaleza que es el hombre.

B. Cultivos agrícolas

De acuerdo con los datos estadísticos aproximadamente 275 000 km^2, que corresponden a la séptima parte de la superficie de México, están sometidos a explotación agrícola (Anónimo, 1973b: 17). Según otras fuentes (Anónimo, 1971), puede estimarse que por lo menos 30% de la población de la República vivió en 1970 de la agricultura, aunque esta actividad representó solamente 8% del producto interno bruto de la nación y el ingreso anual promedio por hectárea cultivada no llega a 3 000 pesos. De las cifras anteriores se desprende que, desde el punto de vista de su economía, el país no puede considerarse como preponderantemente agrícola, circunstancia que se debe, sobre todo, a la escasez de terrenos con características favorables para el desarrollo adecuado de esta actividad.

Sin embargo, los números anteriores reflejan el hecho de que el cultivo de la tierra constituye una costumbre muy arraigada en el pueblo mexicano, como aparentemente lo era desde mucho antes de la llegada de la civilización europea. No se sabe con precisión cuál región, en particular, ha sido la cuna de la agricultura en el continente americano, pero su existencia data por lo menos de hace 7 000 años y el sur de México, junto con Centroamérica se consideran como uno de los centros más importantes en el mundo, en cuanto a la génesis y la domesticación de plantas cultivadas. Entre las especies que parecen haber sido sometidas al cultivo en esta parte del Planeta, cabe citar al maíz (*Zea mays*), frijol (*Phaseolus* spp.), calabaza (*Cucurbita* spp.), chile (*Capsicum annuum*), cacao (*Theobroma cacao*), vainilla (*Vanilla planifolia*), aguacate (*Persea americana*), papaya (*Carica papaya*), algodón (*Gossypium hirsutum*), camote (*Ipomoea batatas*), tomate de cáscara (*Physalis philadelphica*), chayote (*Sechium edule*), henequén (*Agave fourcroydes*), sisal (*A. sisalana*), jícama (*Pachyrrhizus erosus*).

Junto a las especies cuya domesticación se halla perfectamente consumada, existen en

México muchas que pueden considerarse como semicultivadas, pues aparentemente el proceso de la selección no ha ido aún muy lejos y las plantas sembradas difieren poco de sus antecesores silvestres. En este grupo puede mencionarse a *Prunus serotina* ssp. *capuli* ("capulín"), *Crataegus pubescens* ("tejocote"), *Opuntia* spp. ("nopal"), *Byrsonima crassifolia* ("nanche"), *Psidium sartorianum* ("arrayán"), *Chenopodium ambrosioides* ("epazote"), *Pileus mexicanus* ("bonete"), *Luecaena glauca* ("guaje"), *Manilkara zapota* ("chicozapote"), *Agave* spp. ("maguey") (Fig. 40), *Cnidoscolus chayamansa* ("chaya"), etc. Algunos de estos vegetales se hallan sin duda en activo proceso de domesticación. Traduciendo las palabras de Vavilov (1931: 188): "En el sur de México y en América Central el investigador de plantas cultivadas se siente estar, con pleno significado del término, en el mismo horno de la creación".

A semejanza de muchos otros rasgos del país, la agricultura en México reviste una diversidad extraordinaria. En primer lugar y en función de la variedad de condiciones climáticas, en su territorio pueden crecer prácticamente todos los vegetales sativos conocidos y de hecho el número de especies cultivadas en el país es muy grande. Además, tiene particular interés la notable heterogeneidad genética que puede observarse en algunas de estas plantas, sobre todo en las de antigüedad prehispánica, como, por ejemplo, el maíz, el frijol (Figs. 41, 42), el chile (Fig. 43), el aguacate, la calabaza y varios otros. Tal heterogeneidad tiene su origen indudablemente en largos períodos de selección y de relativo aislamiento entre las diferentes partes del país y entre sus habitantes. Con la influencia de las modernas técnicas de cultivo y las expeditas vías de comunicación, muchas de estas razas locales de plantas cultivadas están destinadas a desaparecer y es imperativo realizar un esfuerzo para inventariarlas y preservarlas, pues podrán constituir

Figura 40. Cultivo de maguey tequilero (Agave tequilana), *cerca de Chapala, Jalisco. Fot. J. Sarukhán.*

Figura 41. Muestra de diversidad morfológica de semillas de frijol (Phaseolus *spp.) en México.*

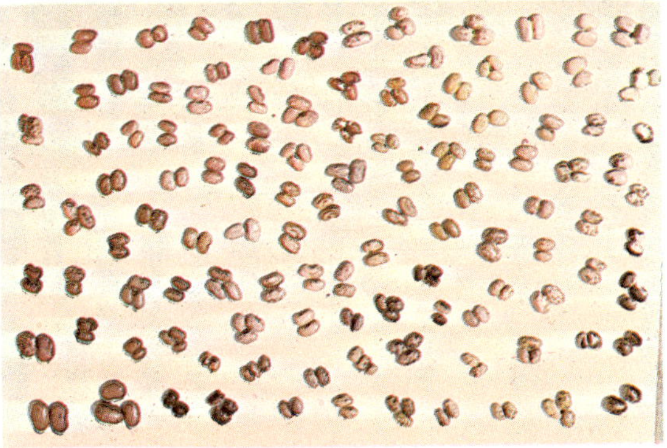

Figura 42. Muestra de diversidad morfológica de semillas de frijol (Phaseolus *spp.), cultivadas en México.*

en el futuro la fuente de mejoramiento genético de las especies a que pertenecen.

Otra causa de la diversidad de la agricultura reside en las condiciones ambientales de cada región y de cada parcela, pues mientras en unos sitios el clima y la fertilidad de la tierra permiten levantar hasta tres cosechas al año, en otros sólo se siembra en forma intermitente, en ocasiones una vez en 2 ó 3 lustros. Lo más frecuente es que en terrenos de riego se obtengan dos ciclos útiles anuales y en los de temporal uno o menos.

En tercer lugar, la forma de cultivar la tierra presenta modalidades muy diversas. En este renglón cabe considerar las diferencias en las técnicas de laboreo derivadas de las distintas necesidades de cada cultivo, que a menudo son notables, pero que constituyen un rasgo bien conocido de la agricultura en general. De carácter más local, en cambio, son los contrastes que se observan en México en cuanto al adelanto técnico de los métodos de la explotación de la tierra. En un extremo se encuentran amplias regiones en las que se emplea la maquinaria más moderna, semillas mejoradas, métodos avanzados de irrigación, fertilizantes y plaguicidas eficientes y, en el otro, abundan áreas en que se utilizan aún extensamente implementos y procedimientos muy primitivos. No es raro encontrar abiertas al cultivo parcelas muy rocosas o pedregosas, de suerte que después de enterrar las semillas ya muy poco puede hacerse para ayudar al crecimiento de la planta. En ocasiones, se acostumbra sembrar en terrenos de inclinación tan pronunciada que para mantenerse erguido el agricultor tiene que trabajar amarrado a una cuerda (Fig. 44).

Figura 43. Muestra de diversidad morfológica de frutos de chile (Capsicum *spp.*), *cultivados en México.*

Figura 44. Agricultura en terrenos empinados, cerca de Huejutla, Hidalgo.

Tampoco puede pasar inadvertida una serie de técnicas agrícolas locales, como el cultivo en chinampas, diferentes tipos de cultivo de secano, así como una gran variedad de sistemas de regadío.

En cuanto a las especies cultivadas, de mayor profusión e importancia, desde luego el maíz ocupa el primer lugar en México. Se cultiva casi en todo su territorio y en todos los tipos de clima, salvo en altitudes superiores a 3 200 m. Distribución similar tiene también el frijol, aunque las superficies que ocupa no son tan vastas.

Las principales zonas productoras de algodón se encuentran en las porciones de clima árido de Tamaulipas, Sonora, Baja California, Sinaloa, Chihuahua, Coahuila y Durango, en donde existe agua de riego y una larga época calurosa. En muchas de estas áreas algodoneras se acostumbra sembrar el trigo como cultivo alternante durante el periodo más fresco del año, mismo que constituye también una de las especies más abundantes en la importante región agrícola conocida con el nombre de Bajío, ubicada en el sur del Altiplano, principalmente en los Estados de Guanajuato, Michoacán y Querétaro.

La caña de azúcar es el cultivo más característico y extendido en lugares de clima caliente húmedo y semi-húmedo de México. En muchos sitios de la vertiente atlántica prospera sin agua adicional, en cambio, del lado del Pacífico necesita por lo común del auxilio del riego.

El arroz tiene una distribución similar, siendo sus principales áreas de concentración los Estados de Sinaloa, Veracruz, Chiapas, Tabasco, Morelos y Guerrero. En cambio, el tabaco se cultiva sobre todo en Nayarit, Veracruz y Oaxaca.

Las zonas húmedas de montaña, generalmente entre 500 y 1 500 m de altitud, son particularmente apropiadas para la producción de café, que es otra de las especies cultivadas de mayor importancia en el país. Se siembra a la sombra de árboles, por lo común plantados especialmente para tal fin. Su área de distribución se extiende a lo largo de la Sierra Madre Oriental, de las montañas del norte de Oaxaca, de la Sierra Madre del Sur y de las sierras de Chiapas.

Concentrados en áreas restringidas del país se hallan los cultivos de henequén, característico de la parte boreal de la Península de Yucatán; de maguey pulquero (*Agave atrovirens* y *A. salmiana*), que se siembra en grandes extensiones de los Estados de Hidalgo y Tlaxcala; de cebada, con distribución similar, pero extendiéndose también al vecino Estado de México; de maguey tequilero (*Agave tequilana*), característico, principalmente, de Jalisco y algunas partes adyacentes; de cacao, que se encuentra prácticamente limitado a áreas muy húmedas y calientes de Chiapas y del sur de Tabasco; de coco (*Cocos nucifera*), cuyas plantaciones comerciales se hallan en las inmediaciones del litoral, principalmente en Guerrero, Colima, Tabasco y Campeche; de soya, que se siembra casi exclusivamente en Sonora y Sinaloa.

Un grupo de cultivos importantes concentra sus áreas en la vertiente pacífica de México, sin duda en función de preferencias climáticas. A este conjunto pertenece el garbanzo (*Cicer arietinum*), que acostumbra sembrarse durante los meses más frescos del año en amplias superficies del Bajío y del Estado de Jalisco. El ajonjolí (*Sesamum indicum*), planta oleaginosa preferida en el país, se cosecha, sobre todo, en las partes bajas de Guerrero, Michoacán, Oaxaca, Sinaloa y Sonora. El tomate (*Lycopersicum esculentum*) tiene su principal núcleo de producción en Sinaloa y dos secundarios en Guanajuato y Morelos.

La alfalfa (*Medicago sativa*) es abundante, sobre todo, en las zonas de concentración de ganado lechero, próximas a los grandes centros de población, como son la ciudad de México, Puebla, Guadalajara, el Bajío y algunas regiones del norte del país.

Dos cultivos han tenido una expansión rápida en los últimos años: el sorgo, que va reemplazando al maíz en muchos lugares de altitud inferior a 2 000 m, pero, sobre todo, en Tamaulipas, Guanajuato, Sinaloa y Jalisco, y el cártamo (*Carthamus tinctorius*), que se siembra principalmente en las Planicies Costeras del Noroeste y del Noreste.

Entre los frutales, los únicos que ocupan grandes superficies de terreno son la naranja y el plátano (*Musa paradisiaca*); la primera se cultiva principalmente en los declives cálidos del Golfo de México, entre Nuevo León y Veracruz, en cambio, el segundo es tan importante en una vertiente como en otra, siendo Nayarit, Colima, Guerrero, Veracruz, Chiapas y Tabasco los Estados que más producen. Las áreas ocupadas por plantaciones de mango, aguacate y manzano están siendo incrementadas en forma notable en los últimos años.

C. Malezas

Bajo esta denominación se comprenderá aquí todas aquellas especies de plantas silvestres que se desarrollan en habitats totalmente artificiales, como son campos de laboreo, huertas y jardines, así como las cercanías de habitaciones humanas y de establecimientos industriales, orillas de caminos y de vías de ferrocarril, basureros, zanjas, orillas de canales, bardas, terrenos baldíos, etc.

En este conjunto pueden distinguirse desde el punto de vista ecológico dos grandes grupos a mencionar: a) las plantas arvenses, o sea las ligadas a los cultivos, y b) las ruderales, propias de los poblados y de las vías de comunicación.

La mayoría de las malezas son especies particularmente bien adaptadas a las condiciones antropógenas peculiares en que viven y su auge se inició sin duda con el origen mismo de la agricultura y con el establecimiento del hábito sedentario del hombre. El aumento de la población humana y el progreso de la civilización han sido poderosos factores que influyeron en la evolución y en la expansión de las malezas, y en las condiciones actuales estas plantas constituyen un elemento de primer orden en la vegetación de las regiones habitadas de la Tierra.

En el mundo suman miles las especies de plantas que se comportan como arvenses y ruderales, mismas que se distribuyen a su vez en función de las diferentes condiciones climáticas, edáficas y del substrato en general y, sobre todo, en función del tipo de acción humana y de los cambios del ambiente que tal acción acarrea. Por tratarse en su mayoría de organismos con poblaciones que pueden fluctuar notablemente de un año a otro, las agrupaciones de estas especies son heterogéneas y no presentan las mismas regularidades florísticas y estructurales que se observan en muchos tipos de asociaciones vegetales naturales y en tales circunstancias algunos autores han negado la existencia de verdaderas comunidades de plantas arvenses y ruderales. Sin embargo, las malezas por lo común no se distribuyen al azar, sino que forman combinaciones de especies que se repiten con bastante fidelidad en una determinada región cada vez que se presenten condiciones ecológicas similares, y si bien no perduran mucho tiempo cuando desaparece el impacto del disturbio, suelen mantenerse indefinidamente si éste no cambia. Por lo anterior, parece haber razones suficientes para admitir, como una realidad, la presencia de comunidades de plantas arvenses y ruderales y la experiencia ha demostrado que para el estudio de estas comunidades pueden emplearse con éxito muchos de los métodos fitosociológicos de uso corriente. Infortunadamente, en México las investigaciones sobre comunidades de malezas y sobre las malezas en general han sido hasta ahora muy escasas, a pesar de la importancia económica que tienen estas plantas en la agricultura. Sólo se cuenta con unas pocas listas florísticas regionales, que no pretenden ser completas, y con tres trabajos basados en muestreos sistemáticos.

Al comparar las mencionadas listas puede observarse que las diferentes regiones climáticas del país se caracterizan por floras ruderales y arvenses marcadamente independientes. Así, por ejemplo, de entre las 55 especies ruderales de la parte baja del Estado de San Luis Potosí (alt. ± 200 m) y las 53 especies de esta afinidad ecológica de la parte alta del mismo Estado (alt. ± 2 000 m), enumeradas por Rzedowski (1966: 69-71), no hay más que una especie en común. A nivel de la vegetación arvense el contraste es menos espectacular, pero igualmente significativo, pues si se coteja la lista de Villegas (1971) que comprende 232 especies del Valle de México (alt. 2 200-3 000 m) con las 100 especies que resultan de la combinación de las listas de Bequaert (1933: 511-512) de Yucatán y de Lundell (1934: 292-293) de Campeche (alt. 0-200 m), se obtiene la cantidad de 10 especies comunes. Las diferencias de humedad son igualmente determinantes, sobre todo en cuanto a divergencias entre floras ruderales. Un ejemplo de tal dependencia puede encontrarse en el trabajo de Rzedowski y Rzedowski (1957: 55-57) sobre la vegetación a lo largo de la carretera San Luis Potosí-Rioverde, donde se muestra que cuatro tramos diferentes del camino que corresponden a otras tantas zonas climáticas distintas, principalmente en lo que se refiere a condiciones hídricas, presentan cuatro flórulas ruderales que poco se parecen entre sí.

La estrecha relación de las comunidades de plantas arvenses con las condiciones climáticas y edáficas se ilustra de manera muy elocuente en el trabajo de Villegas (1971) sobre el Valle de México. En este estudio, además de un conjunto de especies ubicuistas que incluyen muchas de las dominantes, se distinguen seis grupos ecológicos adicionales, cada uno de los cuales incluye plantas de distribución más restringida y ligada a algún factor del medio. Así, por ejemplo, el grupo de planicie y laderas inferiores se separa del grupo montano por indudable discriminación térmica. Los grupos de suelo húmedo, el nitratófilo y el halófilo señalan afinidades edáficas diferenciales. Finalmente, un pequeño grupo de cuatro especies corresponde a las malezas, especialmente adaptadas a vivir en la época seca y fría del año. Una categoría restante abarca todas las plantas registradas en forma esporádica, sin que se pueda juzgar acerca de la amplitud de sus requerimientos ecológicos.

Con excepción de cultivos practicados exclusivamente en suelos muy ricos en materia orgánica o en suelos salinos, Villegas (op. cit.) no ha podido hallar malezas características de determinadas especies cultivadas o de un determinado tipo de laboreo. La mencionada autora pudo observar, sin embargo, notables diferencias en la abundancia de algunas malezas en relación con la forma de cultivar la tierra, de tal manera que las especies comúnmente prevalecientes en las parcelas de maíz resultan con frecuencia escasas en cultivos densos y viceversa. Un hecho de interés es también la predominancia de malezas perennes en los alfalfares de más de un año de edad.

En su estudio sobre las plantas arvenses del Valle de Toluca, Rodríguez (1967) obtuvo resultados parecidos en cuanto a la falta de especies exclusivas, pero esbozó la existencia de tres asociaciones, de las cuales dos (dominadas por *Bidens pilosa, Simsia amplexicaulis, Lopezia racemosa, Echinocystis lobata y Sicyos angulatus*) se presentan principalmente en los cultivos de escarda (maíz y haba) y una (con *Brassica campestris y Raphanus raphanistrum* como prevalecientes) está ligada a los cultivos densos (cebada y avena).

Por lo menos dos autores (Becquaert, 1933: 510; Villegas, 1971: 49) enfatizan el gran número de malezas en México que indistintamente pueden formar parte de comunidades arvenses o ruderales.

En cuanto a la composición de la flora arvense y ruderal de México, las Gramineae y las Compositae dominan ampliamente el espectro, inclusive en zonas de clima caliente y húmedo, en donde la participación de miembros de estas dos familias en la vegetación clímax es insignifcante o nula. Sólo en condiciones de gran riqueza de sales solubles o de nutrientes se sitúan a veces las Chenopodiaceae en proporciones comparables.

Con respecto a los mecanismos de dispersión, Villegas (1971: 81) encontró que en la flora arvense del Valle de México más de 65% de las especies presenta adaptaciones para la diseminación por el viento.

Por su origen, cabe observar que, a grandes rasgos, prevalecen cuantitativamente las malezas autóctonas (apofitas), aunque en determinadas condiciones las exóticas (antropofitas) pueden preponderar en forma muy marcada, sobre todo en cuanto al número de individuos se refiere. De los muestreos realizados por Villegas (op. cit.) y por Rodríguez (op. cit.) puede deducirse de manera bastante clara que, al menos en las regiones montañosas del centro de México, las plantas arvenses de origen local (*Simsia, Tithonia, Bidens, Lopezia, Sicyos*) suelen dominar en los cultivos de escarda, sobre todo en el de maíz, mientras que en los cultivos densos (incluyendo la alfalfa) el papel principal corresponde a las malezas introducidas (*Brassica, Raphanus, Eruca, Cynodon, Taraxacum*).

Esta notable diferencia probablemente tiene su origen en la circunstancia de que la agricultura precolombina en México conocía poco los cultivos densos y en consecuencia en el territorio del país no hubo condiciones propicias para la evolución de las especies adaptadas a las peculiaridades de tales cultivos. Al llegar a México las malezas procedentes de otras partes del mundo, no encontraron mucha competencia para establecerse en los campos de trigo, avena, cebada, alfalfa, etc., pero no pudieron desplazar a las nativas de la mayor parte de los cultivos de escarda, pues estas últimas estaban mejor acopladas con las condiciones locales del ambiente.

Cabe enfatizar que en México la mayor parte de las apofitas son especies de distribución geográfica (y ecológica) restringida, a veces muy locales. Así, por ejemplo, al recorrer el país en los meses de octubre y noviembre el observador queda impresionado por la coloración amarilla y anaranjada que presentan por dondequiera los campos de laboreo, debido a la abundancia de malezas de la familia Compositae con inflorescencias vistosas (Figs. 45, 46). Un examen más detallado revela, sin embargo, que al moverse de una región a otra cambian las plantas arvenses que proporcionan este color. Puede calcularse que en este país son, cuando menos, 400 las especies de esta familia que pueden comportarse como malezas, sobre todo de los géneros *Simsia, Tithonia, Bidens, Viguiera, Tagetes, Eupatorium, Melampodium, Sclerocarpus, Tridax, Conyza, Ambrosia, Verbesina.*

Figura 45. Invasión de Tridax trilobata *en el maizal, cerca de Queréndaro, Michoacán.*

En cuanto a las antropofitas, éstas en su gran mayoría son de origen eurasiático, preponderantemente mediterráneo. En las regiones de clima caliente hay cierta proporción de malezas de procedencia africana y existen numerosas especies cuyas áreas de distribución se extienden hasta Sudamérica, sin que se sepa muchas veces cuál ha sido su patria

Figura 46. Maizal con gran cantidad de Tithonia tubiformis *("acahual"), cerca de Querétaro, Querétaro.*

primitiva. Son muy escasas las adventicias de Australia y del este de Asia y también sorprendentemente pocas las originarias de la parte boreal de Norteamérica. Estas proporciones son indudablemente el reflejo del desenvolvimiento de la agricultura en México y de las relaciones comerciales que ha tenido el país con otras partes del mundo.

D. Vegetación secundaria

Se incluye en general bajo esta categoría a las comunidades naturales de plantas que se establecen como consecuencia de la destrucción total o parcial de la vegetación primaria o clímax, realizada directamente por el hombre o por sus animales domésticos. Una comunidad secundaria, por lo común, tiende a desaparecer y no persiste durante un periodo largo, sino que da lugar a otra y ésta, a su vez, a otra, determinándose de esta manera una sucesión que, a través del tiempo, conduce por lo común nuevamente a la comunidad clímax, misma que está en equilibrio con el clima y no se modifica mientras éste permanezca estable.

Una comunidad secundaria, sin embargo, puede también mantenerse indefinidamente como tal si persiste el disturbio que la ocasionó, o bien si el hombre impide su ulterior transformación. Tal efecto se logra frecuentemente con el pastoreo, con el fuego o con ambos factores combinados, prácticas bastante comunes en México.

A veces, son difíciles de definir los límites precisos entre la vegetación primaria y la secundaria, pues el grado de la alteración causada por el hombre puede ser leve y sólo afectar algunas especies o algunos estratos de la comunidad clímax, sin que ésta se desvirtúe por completo. Por otro lado, tampoco las comunidades ruderales y arvenses son fácilmente separables de las secundarias en el sentido más estricto del término.

En México, las superficies ocupadas por la vegetación secundaria son considerables y van en constante aumento, sobre todo, en las regiones de clima húmedo y semi-húmedo. Por ejemplo, en la mayor parte de las áreas correspondientes al bosque tropical perennifolio y al bosque mesófilo de montaña no existen ya tales bosques y la vegetación consiste en un mosaico de diferentes comunidades secundarias que representan diversas fases sucesionales y a menudo reflejan también los efectos de variados tipos de disturbio (Fig. 39).

A pesar de tal circunstancia esta vegetación secundaria se ha estudiado muy poco en el país y los conocimientos que se tiene sobre ella son fragmentarios y para muchas regiones aún inexistentes.

En las descripciones de cada tipo de vegetación se refieren con más detalle los datos conocidos acerca de las comunidades secundarias correspondientes. A continuación sólo se tratará de hacer resaltar algunos hechos sobresalientes de este tema.

En México, el número de asociaciones vegetales de carácter secundario es muy grande y en su composición interviene una diversidad florística tan vasta o quizá superior a la que presentan las asociaciones clímax. Desde el punto de vista fisonómico cabe distinguir aquí tres categorías principales: pastizal, matorral y bosque.

Una fase de pastizal se intercala en series sucesionales de diferentes tipos de vegetación. Puesto que tal etapa es favorable para el aprovechamiento ganadero, el hombre a menudo ha encontrado la forma de detener la sucesión a este nivel y conservar indefinidamente la existencia de la comunidad secundaria. Este es el caso de diversos pastizales derivados de bosques de *Pinus* y de *Quercus* y de algunos matorrales xerófilos (Fig. 249).

Por medio del pastoreo y del fuego con frecuencia resulta factible que se establezca y perpetúe un estadío de pastizal secundario, aunque éste no figure en la sucesión "normal" correspondiente a un determinado clímax. Tales comunidades seminaturales son comunes en muchas partes, por ejemplo, en zonas del bosque mesófilo de montaña y del bosque tropical caducifolio (Figs. 250, 251).

Muchas clases de matorrales se presentan como comunidades secundarias en habitats diversos (Figs. 218, 220, 282, 321), incluyendo áreas en las cuales la vegetación clímax corresponde al pastizal. Las familias Compositae y Leguminosae generalmente están bien representadas y a menudo incluyen a las especies dominantes. En algunos casos prevalecen arbustos que resultan favorecidos por el fuego, pues son capaces de retoñar rápidamente después de un incendio que haya arrasado con todas las partes aéreas de las plantas. Si el fuego es frecuente, este tipo de matorral puede prosperar por mucho tiempo, sin que la sucesión sea capaz de desplazarlo.

En las zonas calientes y húmedas, en general, la duración de un determinado matorral secundario es corta, a veces tan corta que no hay tiempo para que la comunidad se individualice bien, pues a menudo antes de lograrlo ya comienza a transformarse en la fase siguiente. En tal virtud, por lo general, es difícil caracterizar los matorrales de este tipo de clima y la vegetación a menudo aparenta no seguir ningún patrón definido.

Entre los bosques secundarios también hay casos muy notables en los cuales la comunidad persiste por mucho tiempo sin cambios debido a que el fuego o el pastoreo impide el avance de la sucesión. Tal parece que muchos de los bosques de *Pinus* de México se encuentran en esta condición, al igual que algunos palmares.

Por otra parte, resulta de muy particular interés el hecho, observado por Vela (com. pers.), de una regeneración directa del bosque de *Pinus patula,* después de la tala a matarrasa o del incendio del mismo. Tal fenómeno se debe aparentemente a la disponibilidad inmediata de grandes cantidades de semilla del pino, relacionada con el carácter serotino de su cono. Es probable que algunos otros bosques de *Pinus* también puedan comportarse de manera similar.

La rápida regeneración de la vegetación leñosa conspicua es frecuente también en las regiones calientes y húmedas, como lo pone de manifiesto el estudio de la sucesión secundaria realizado por Sarukhán (1964) en Tuxtepec, Oaxaca. De acuerdo con lo observado por el mencionado autor, a los 22 meses de la denudación del terreno existía ya un bosquecillo de 5 a 7 m de alto, puesto que muchas plantas iniciaron su desarrollo a partir de tocones y otros fragmentos que quedaron en el suelo al eliminarse la vegetación anterior. Este factor es indudablemente de suma importancia en el encauzamiento de las fases de la sucesión secundaria, pues, por principio de cuentas, ciertas especies llevan la ventaja por poder desarrollarse rápidamente sin necesidad de esperar a que se creen las condiciones propicias para que sus propágulos prosperen en el desenvolvimiento de plantas maduras.

Esta velocidad de la sucesión sólo se presenta en las mencionadas regiones en las fases iniciales de la misma, por lo que en las áreas afectadas por la agricultura nómada rara vez el intervalo entre una y otra utilización de una parcela determinada es suficiente para que se restablezca el clímax. En consecuencia, toda la zona está cubierta por diferentes tipos de comunidades secundarias, muchas de ellas bosques (Figs. 193, 194). Algunos de tales bosques secundarios de las regiones húmedas, a primera vista no son fáciles de distinguir del clímax, pues pueden ser altos y de estructura compleja. Sin embargo, muchas de sus especies arborescentes son de crecimiento rápido, de madera blanda y poco resistente.

6. Relaciones geográficas y posibles orígenes de la flora*

A. Riqueza florística de México y sus causas

La flora de México no está bien estudiada aún y hay serias deficiencias tanto en el conocimiento de muchos grupos que la componen, como, sobre todo, en el grado de exploración de algunas partes del territorio de la República. En tal virtud no se puede definir, ni siquiera con aproximación, el número de especies que intervienen en la composición de la flora del país. Kotschy (1852), quien intentó aparentemente la primera recopilación, obtuvo la cifra de 6 642 especies de fanerógamas. En la monografía de Hemsley (1879-1888) se enumeran alrededor de 8 000 plantas vasculares de la mitad meridional de México y más de 3 000 de la mitad boreal, que son las dos partes en que ese autor divide el país. En su manual de plantas leñosas de México, Standley (1920-1926) reconoció 6 784 especies y se juzga que el número de elementos herbáceos debe ser aproximadamente equivalente, lo que daría un total de 13 000 a 14 000 para las plantas vasculares. Sin embargo, muchas personas que han trabajado sobre las plantas mexicanas creen que estas cifras aumentarán considerablemente, quizá 50%, a medida que se explore mejor y se estudie más profundamente la flora. Es posible que tal evaluación no esté lejos de la realidad, si se toma en cuenta que la flora fanerogámica de la vecina Guatemala se estima sobre bases firmes en unas 10 000 especies (Williams, com. pers.) y, sólo la flora de Texas tiene cerca de 5 000 especies de plantas vasculares (Correll y Johnston, 1970).

Con respecto a la participación de algunos grupos de criptógamas en la flora mexicana pudieron obtenerse las siguientes estimaciones:

Algas (exceptuando las microscópicas)	1 500 especies
Briofitas	2 000 especies
Pteridofitas	1 000 especies

Con sus más de 20 000 especies probables de plantas vasculares, México tiene una flora más vasta que la de la Unión Soviética y del mismo orden que la de Estados Unidos de

* Bajo un título análogo el autor (Rzedowski, 1965) publicó un trabajo esencialmente de revisión bibliográfica. De este artículo se transcriben aquí muchos datos y se remite al mismo al lector interesado en una información más amplia sobre el tema.

América y Canadá juntos. Por esta razón el territorio del país y, en particular, su mitad meridional se considera en la categoría de las zonas florísticamente más ricas del mundo (Wulff, 1937) a la par con Malasia, Centroamérica y ciertas partes de Sudamérica.

Es evidente que la principal razón de la riqueza florística de México reside en su amplia variedad de condiciones fisiográficas y climáticas. A este respecto es preciso señalar que no solamente es importante la existencia de una gran diversidad de climas, sino también su distribución geográfica. Así, por ejemplo, las numerosas sierras y cadenas montañosas aisladas, al igual que las zonas de clima árido y semiárido, separadas las unas de las otras, contribuyen a la génesis y al mantenimiento de endemismos y por lo tanto a la riqueza de la flora.

Por otra parte, la situación de México sobre el puente continental entre las dos Américas es por demás "estratégica" y se ha demostrado (Sharp, 1953: 378; Dressler, 1954: 81; Martin y Harrell, 1957, y otros) que el territorio de la República ha sido escenario, en el pasado geológico, de intensas migraciones de plantas de procedencia diversa y hoy constituye una zona de influencia mixta de los elementos florísticos neotropical y holártico. No menos significativo es el hecho de que México es considerado como centro importante de evolución de floras, sobre todo, durante el Cenozoico (Hemsley, 1879-1888, IV: 309-310, 315; Rzedowski, 1965: 155-160; Tryon, 1972; etc.).

Todos estos factores, en conjunto, deben haber contribuido a la gran riqueza florística que puede contemplarse hoy.

B. Afinidades geográficas generales de la flora

En función de la ubicación de México con respecto al resto del continente americano, las relaciones geográficas de su flora se manifiestan fundamentalmente en dos direcciones opuestas: hacia el sur y hacia el norte. Existen afinidades también con la flora de las Antillas y en mucho menor cuantía con las de otras partes del mundo.

a) **Afinidades meridionales.** Los elementos de afinidad meridional son proporcionalmente los más importantes en la composición de la flora de la República, pero los pormenores de las interrelaciones florísticas entre México, Centroamérica y Sudamérica se han estudiado poco y quedan aún importantes aspectos por explorar. Después de las contribuciones fundamentales de Engler (1882) y de Hemsley (1879-1888, IV: 217-315) los trabajos más sobresalientes sobre el tópico son, indudablemente, los de Johnston (1940) y de Miranda (1960b).

Son tan grandes las similitudes entre la flora del sur de México y la de América Central, que comúnmente se les considera formando parte de una sola área fitogeográfica. En efecto, la continuidad fisiográfica, climática y florística entre Chiapas y Guatemala excluye la posibilidad de considerar la frontera política como límite de significación biológica alguna. Lo mismo sucede a nivel de muchas otras repúblicas centroamericanas, ya que en general, las variaciones florísticas son muy graduales y paulatinas; salvo una más repentina que opera a nivel de la Depresión de Nicaragua, misma que separa por un lado las altas montañas de Costa Rica y por el otro las de Guatemala, El Salvador y Honduras. Este es el límite meridional de la distribución geográfica de *Pinus* y de todas las demás coníferas boreales, así como de muchos otros elementos holárticos, como, por ejemplo: *Acer, Arbutus, Arceuthobium, Carpinus, Fraxinus, Liquidambar, Ostrya, Platanus.* La misma depresión constituye también el límite septentrional de las áreas de una serie de plantas características de las montañas sudamericanas, entre las cuales destacan algunos elementos propios de los páramos andinos. De este grupo cabe citar: *Arcytophyllum, Dysopsis, Escallonia, Koellikeria, Lomaria, Monopyle, Psamisia, Puya, Symbolanthus, Thibaudia.*

Para los vegetales de clima cálido no existe una barrera similar en Centroamérica y, en consecuencia, muchas plantas han podido extender libremente su distribución desde América del Sur hasta México y viceversa. Este tipo de área es característico de muy numerosos representantes del elemento neotropical, francamente dominante en la vegetación de las áreas cálidas y húmedas a semihúmedas del territorio del país, pero que penetra también, más o menos intensamente, en las zonas áridas y en las de clima templado. Un gran número de taxa marca la afinidad florística en cuestión; como ejemplo pueden citarse varias familias de fanerógamas (Bromeliaceae, Brunelliaceae, Cyclanthaceae, Tovariaceae, Vochysiaceae, etc.), así como los siguientes géneros: *Anthurium, Aspidosperma, Brosimum, Byrsonima, Castilla* (Fig. 47), *Cecropia, Chamaedorea, Jacobinia, Lasiacis, Maranta, Maxillaria, Piptadenia, Pseudolmedia, Psidium, Theobroma, Zamia.*

Asimismo muchos de estos elementos existen en las Antillas, cuya flora es, en sus afinidades, esencialmente neotropical.

Dentro del conjunto de las relaciones florísticas meridionales de la flora de la "tierra caliente" de México se han podido distinguir algunas facetas parciales. Así, por ejemplo, resulta evidente que en las zonas más húmedas casi todas las especies que constituyen las comunidades vegetales tienen áreas de distribución relativamente amplias, en su mayoría extendiéndose hasta Centroamérica o más al sur. Sin embargo, a medida que disminuye el grado de humedad, dentro de la misma zona de climas cálidos, decrece también la importancia de estas especies comunes con América Central, que van siendo substituidas por otras de distribución más restringida.

Figura 47. Distribución geográfica conocida del género Castilla.

También es notable que el área de la gran mayoría de los componentes de las comunidades clímax, propias en México de clima caliente, no trasciende más allá de Centroamérica. Este es, por ejemplo, el caso de: *Andira galeottiana, Brosimum alicastrum, Bucida buceras, Bursera excelsa, Celtis monoica, Hura polyandra, Lonchocarpus castilloi, Lysiloma bahamensis, Manilkara zapota, Mortoniodendron guatemalense, Orbignya cohune, Protium copal, Pseudolmedia oxyphyllaria* (Fig. 48), *Rollinia rensoniana, Sickingia salvadorensis, Sloanea ampla, Sterculia mexicana, Vatairea lundellii, Virola guatemalensis, Vochysia hondurensis.*

En cambio, entre las especies cuya distribución geográfica es ininterrumpida desde Sudamérica hasta México, las más abundantes corresponden a elementos propios de la vegetación secundaria y de lugares perturbados, como *Apeiba tibourbou, Arundinella*

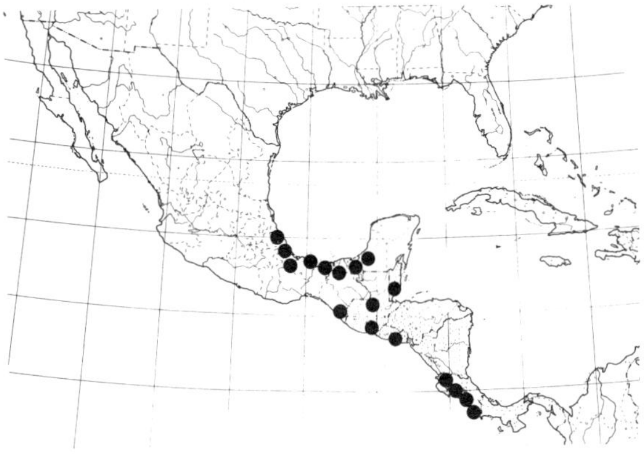

Figura 48. Distribución geográfica conocida de Pseudolmedia oxyphyllaria.

berteroniana, Byttneria aculeata, Cochlospermum vitifolium, Cordia alliodora, Didymopanax morototoni, Guazuma ulmifolia, Lasiacis ruscifolia, Muntingia calabura, Ochroma lagopus, Pluchea odorata, Psidium guajava, Sapindus saponaria, Schizolobium parahybum, Spondias mombin, Tabebuia rosea, Thevetia peruviana, Trema micrantha, Trichilia havanensis, Urera caracasana.

A su vez el número de géneros típicamente neotropicales que no se conocen de México es muy grande. Entre los que son comunes en las tierras bajas de Centroamérica, pero que no se han encontrado en este país, pueden mencionarse los siguientes: *Carpotroche, Caryocar, Chimarris, Couratari, Duguetia, Gustavia, Herrania, Iriartia, Jacaranda, Ladenbergia, Macrocnemum, Mayua, Minquartia, Mora, Perebea, Pourouma, Pseudima, Sacoglottis, Socratea, Vantanea.*

La participación del elemento austral en la vegetación de las regiones de clima templado y frío de México no es tan abrumadora como en el caso de la "tierra caliente", pero no deja de manifestarse en casi todas las zonas montañosas del país. Las ligas en este caso son en general con la flora de las cordilleras centroamericanas y sudamericanas, en particular con la región andina, aunque en muchos casos también con las sierras del sur del Brasil.

Dentro de este conjunto destaca un grupo de géneros característicos en México del bosque mesófilo de montaña y de comunidades afines, que ocupan, por lo general, el mismo tipo de habitat en Sudamérica. Pueden mencionarse aquí: *Alloplectus, Billia, Brunellia, Cavendishia, Centropogon, Clusia, Deppea, Drymonia, Fuchsia, Hedyosmum, Hoffmannia, Hypocyrta, Macleania, Oreopanax, Podocarpus, Roupala, Satyria* (Fig. 49), *Tibouchina, Topobea, Weinmannia.*

Ecológicamente un poco aparte, pero también con el mismo tipo de área, quedan algunas plantas herbáceas, propias de la vegetación alpina de las más altas cumbres de México, y que existen también en los páramos y en las punas andinas. Con frecuencia

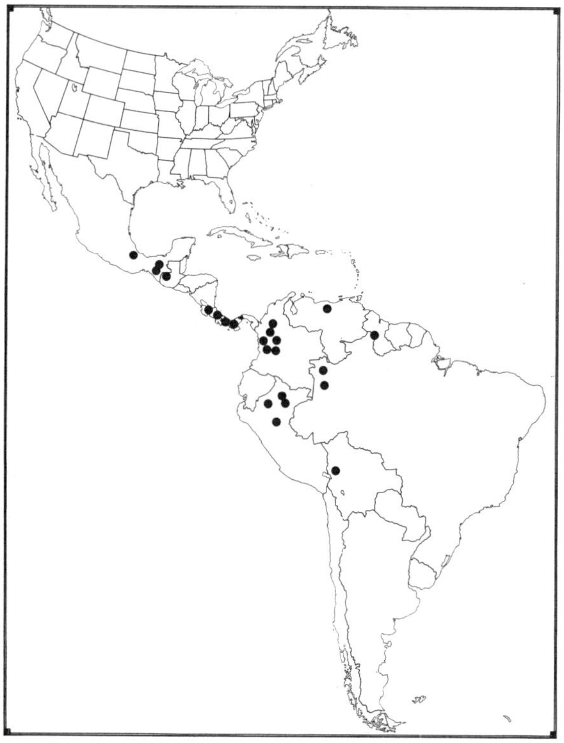

Figura 49. Distribución geográfica conocida del género Satyria.

se trata de las mismas especies que presentan una disyunción notable en su distribución geográfica. Es el caso de: *Alchemilla pinnata* (Fig. 50), *Cardamine flaccida, Colobanthus crassifolius, Cotula mexicana, Gentiana sedifolia, Luzula racemosa, Oxylobus glanduliferus, Plantago tubulosa, Polypodium heteromorphum, Ranunculus sibbaldioides,* así como de un importante contingente de musgos (Delgadillo, 1971: 337-338) y tal vez de otros taxa, cuya identidad a nivel específico no se ha reconocido aún.

Finalmente, debe asentarse la existencia de un buen número de géneros esencialmente mexicano-centro-sudamericanos de montaña, que no acusan una gran especialización ecológica y muchos de ellos contienen incluso especies propias de climas cálidos y de climas secos. Son principalmente plantas arbustivas y herbáceas y la participación cuantitativa de algunas de ellas en la vegetación natural es muy significativa en las zonas de clima templado de México. Salvo pocas excepciones, los representantes mexicanos difieren, a nivel de especie, de los propios de Sudamérica. Algunos de los ejemplos sobresalientes de este elemento son: *Baccharis, Calceolaria, Calea, Cestrum, Chaptalia, Eupatorium, Lamourouxia, Orthrosanthus, Perezia, Pernettya, Salvia* subg. *Calosphace, Stevia, Tagetes, Tigridia, Tillandsia, Triniochloa, Ugni, Viguiera.*

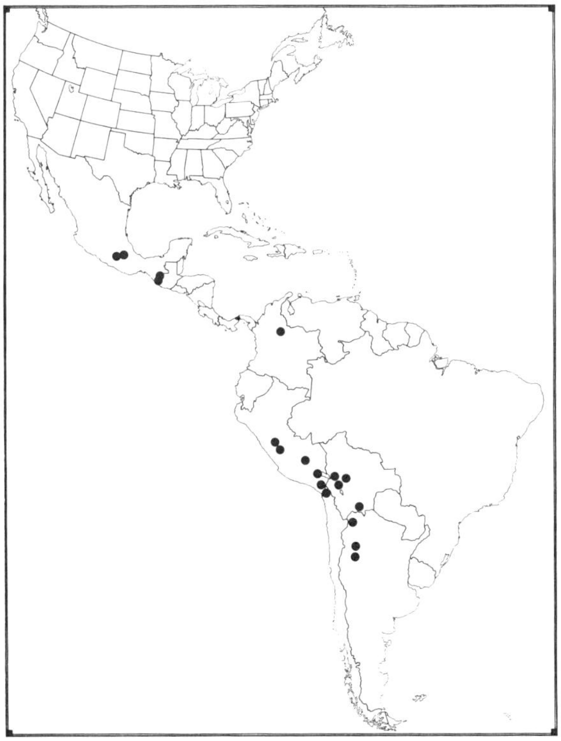

Figura 50. Distribución geográfica conocida de Alchemilla pinnata.

Las zonas de clima árido de Sudamérica, sobre todo las de Argentina y de Bolivia, poseen también una serie de elementos florísticos comunes con las de México, a pesar de los miles de kilómetros de distancia que separan en la actualidad estas dos regiones. Tal hecho plantea un interesante problema fitogeográfico, del cual se han ocupado ya varios autores (véanse pp. 94 y 95), proponiendo diferentes hipótesis para explicar la disyunción. Para los propósitos de esta discusión es importante señalar que algunos de los elementos en cuestión parecen ser de extracción sudamericana, como, por ejemplo: *Allenrolfea, Larrea, Maytenus, Nicotiana, Pappophorum, Porlieria, Prosopis, Tillandsia.*

En cambio, otro grupo de plantas presentes en ambas áreas debe haberse originado en Norteamérica, a juzgar por la distribución de las especies con las que están íntimamente emparentadas. A este conjunto pertenecen en su gran mayoría plantas herbáceas; algunos géneros que ilustran esta distribución y procedencia son los siguientes: *Celtis, Cryptantha, Erazurizia, Hoffmanseggia, Hymenoxys, Nama, Parthenium, Pectis, Porophyllum, Proboscidea, Sanvitalia.*

La lista total de las especies comunes a las zonas áridas de Norte y Sudamérica tendría que ser muy larga; a continuación se mencionan algunas de las que más impresionan por sus áreas disyuntas: *Atamisquea emarginata, Bouteloua aristidoides, Bouteloua barbata,*

Figura 51. Distribución geográfica conocida de Selaginella peruviana.

Cercidium praecox, Cryptantha albida, Enneapogon desvauxii, Koeberlinia spinosa, Leptochloa dubia, Nama undulatum, Pappophorum mucronulatum, Scleropogon brevifolius, Selaginella peruviana (Fig. 51), *Solanum elaeagnifolium, Sporobolus pyramidatus.* Entre las que poseen taxa vicariantes al sur del ecuador cabe citar: *Allenrolfea occidentalis, Celtis pallida, Cheilanthes brandegei, Flourensia resinosa, Larrea tridentata* (Fig. 52), *Maytenus phyllanthoides, Notholaena incana, Notholaena limitanea, Parthenium fruticosum, Porlieria angustifolia, Prosopis globosa* var. *mexicana, Prosopis reptans* var. *cinerascens.*

b) Afinidades boreales. Los bosques de *Pinus* y de *Quercus,* los de *Abies, Alnus, Cupressus, Juniperus* y *Liquidambar,* así como otras comunidades vegetales características de las montañas de México acusan significativas semejanzas florísticas con las regiones de clima templado y frío de las latitudes medias y altas del Hemisferio Boreal, sobre todo de los Estados Unidos de América y de Canadá. Estas analogías llamaron la atención de los viajeros y de los botánicos desde hace mucho tiempo, pero fue Hemsley (1879-1888, IV: 138-315) quien las estudió a fondo en forma cualitativa y cuantitativa. Más recientemente Miranda y Sharp (1950), Crum (1951), Dressler (1954), Martin y Harrell (1957), Delgadillo (1971), así como algunos otros autores contribuyeron con nuevos datos y también con ideas para interpretar este aspecto fitogeográfico.

Al analizar las relaciones florísticas de México con los Estados Unidos de América pueden desglosarse algunas afinidades parciales de mayor importancia. En primer lugar cabe precisar que son más las similitudes que ligan a la flora de la República con la del oeste que con la del este norteamericano,

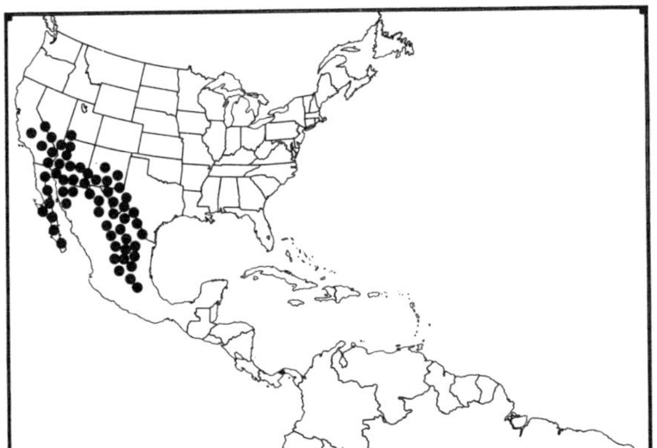

Figura 52. Distribución geográfica conocida de Larrea tridentata (Norteamérica) y de L. divaricata *(Sudamérica).*

hecho que se explica tanto en virtud de la colindancia más directa, como también a causa de mayores similitudes fisiográficas y climáticas con la parte occidental del vecino país. A su vez, dentro de las relaciones con el oeste norteamericano deben distinguirse cuando menos dos grupos de elementos de afinidad ecológica y procedencia diferentes.

Por una parte, existe la flora de los matorrales xerófilos y de los pastizales, propios de clima árido y semiárido de grandes extensiones del norte y centro de México, que se extiende también a sectores similares y contiguos del suroeste de los Estados Unidos de América. Con frecuencia se trata de especies, cuya área de distribución incluye porciones de ambos países y que en su mayoría pertenecen a linajes que deben haberse originado y evolucionado en esta zona árida. Tal conjunto florístico se discutirá más ampliamente en el inciso f) del presente capítulo.

Por otra parte, con ligas hacia el oeste norteamericano, pero a la vez con afinidades holárticas definidas y profundas, se manifiesta la flora de las zonas semihúmedas y montañosas de México, que comúnmente prevalece en altitudes superiores a 1 500 m, siendo los bosques de coníferas y los de *Quercus* su exponente ecológico más común. Los siguientes géneros son muy representativos de estas relaciones: *Arbutus, Arceuthobium Arctostaphylos, Calochortus, Ceanothus, Cercocarpus, Chimaphila, Cupressus, Garrya, Holodiscus, Lewisia, Mimulus, Muhlenbergia, Penstemon, Phacelia, Pseudotsuga* (Fig. 53), *Sidalcea, Tauschia.*

Las relaciones de la flora de las zonas montañosas mexicanas con la del este de Norteamérica son las que más llamaron la atención de los botánicos. Tal hecho obedece principalmente a la naturaleza discontinua de la distribución geográfica de los elementos que establecen esta afinidad. Por lo general son especies más o menos ampliamente extendidas a través del bosque caducifolio del oriente de Estados Unidos, que reaparecen disyuntiva y muchas veces esporádicamente en sitios más húmedos de las cadenas montañosas de México. Son frecuentes en particular, aunque no exclusivas, de la Sierra Madre Oriental y de las sierras de Chiapas. Muchas llegan también a Guatemala. En su gran mayoría son componentes en México del bosque mesófilo de montaña y con frecuencia se trata de árboles que pierden la hoja en el periodo frío del año. Los exponentes más conocidos de este elemento fitogeográfico son:

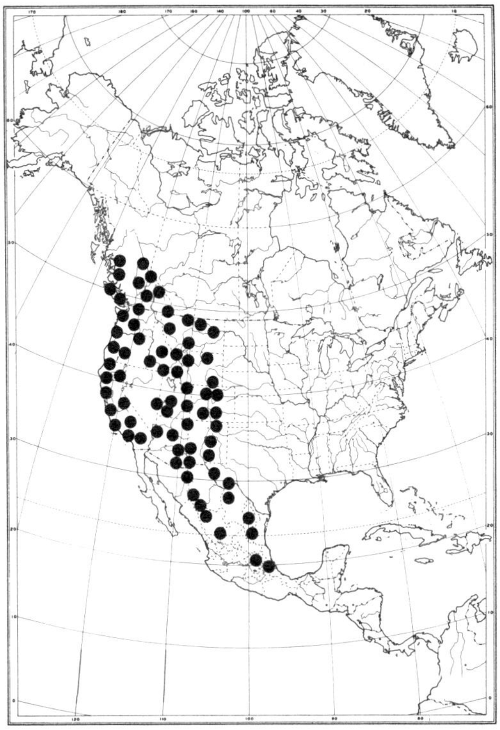

Figura 53. Distribución geográfica conocida del género Pseudotsuga *en América.*

Berchemia scandens, Carpinus caroliniana, Epifagus virginiana, Gelsemium sempervirens, Hamamelis virginiana, Illicium floridanum, Liquidambar styraciflua (Fig. 54), *Mitchella repens, Myrica cerifera, Nyssa sylvatica, Osmanthus americana, Ostrya virginiana, Polygonum virginianum,* representados aparentemente por la misma especie en Estados Uni-

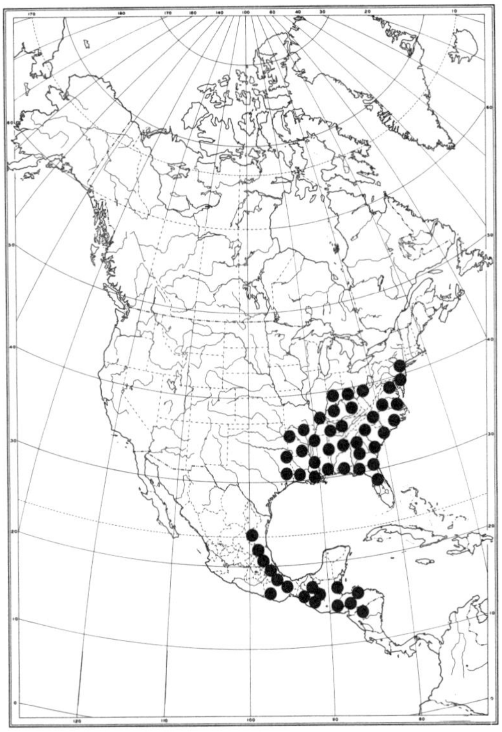

Figura 54. Distribución geográfica conocida de Liquidambar styraciflua.

dos y en este país. Además, los siguientes taxa mexicanos de afinidad ecológica semejante poseen en el este norteamericano un vicariante estrechamente emparentado: *Acer negundo* var. *mexicanum, Acer skutchii, Carya ovata* var. *mexicana, Cornus florida* var. *urbiniana, Epidendrum conopseum* var. *mexicanum, Fagus mexicana* (fig. 55), *Magnolia schiedeana, Morus celtidifolia, Pinus strobus* var. *chiapensis, Rhamnus capraeifolia, Taxus globosa, Tilia mexicana.*

Es particularmente notable la ausencia casi total de estas especies en el oeste norteamericano, lo cual no impide que muchas de ellas posean a su vez vicariantes muy allegados en el este de Asia.

Asimismo, es de gran interés el hecho que la gran mayoría de las plantas en cuestión son árboles, muchos de los cuales se comportan como dominantes o codominantes en los bosques. Arbustos y fanerógamas herbáceas de esta afinidad son relativamente pocos, aunque Crum (1951) señala la existencia de musgos con similar distribución geográfica y Sharp (1948) y Guzmán (1973) mencionan también hongos que presentan áreas análogas.

Un importante grupo de géneros característicos de la flora de las zonas montañosas de México con afinidades holárticas se encuentra representado tanto en el oeste como en el este de Estados Unidos y casi todos trascienden asimismo a Eurasia. Cabe mencionar entre éstos:

Abies (Fig. 56), *Alnus, Amelanchier, Cirsium, Claytonia, Crataegus, Delphinium, Fraxinus, Heuchera, Juniperus, Pedicularis, Philadelphus, Pinus, Platanus, Populus, Pyrola, Quercus, Salix.*

De ordinario los géneros enumerados en

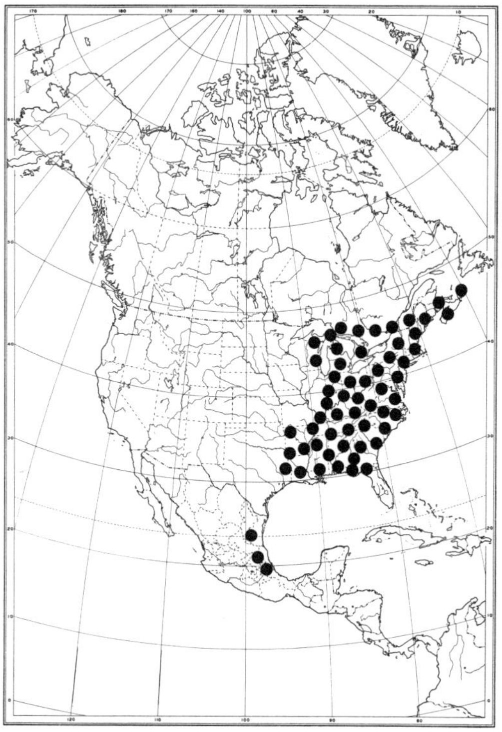

Figura 55. Distribución geográfica conocida de Fagus mexicana *(México) y de* F. grandifolia *(Estados Unidos de América y Canadá).*

esta lista, así como los de la pág. 79, están representados en México por especies endémicas, cuyas áreas de distribución con alguna frecuencia se extienden a Centroamérica, pero pocas veces a Estados Unidos. Algunos de estos géneros poseen en la República numerosas especies, como por ejemplo *Quercus* (± 150), *Pinus* (± 35), *Penstemon* (± 30), *Cirsium* (± 25), *Arctostaphylos* (± 20), *Calochortus* (± 20), *Salix* (± 15), *Arceuthobium* (± 10), *Abies* (± 8), etc.; otros están representados por una o pocas especies. Por regla general se les encuentra distribuidos a lo largo de todas las cadenas montañosas del país, pero algunos (por ejemplo *Heuchera y Pedicularis*), no se han encontrado en Chiapas y *Saxifraga* no parece ir más allá del sur de Durango, aun cuando reaparece en Sudamérica. Estos géneros alcanzan en su gran mayoría el límite meridional de su distribución geográfica en América Central; sin embargo, *Quercus, Alnus* y *Salix* poseen algunos representantes más al sur.

Es de llamar la atención el hecho de que entre los mencionados elementos florísticos también predominan los leñosos sobre los herbáceos. Esta desproporción es en realidad mucho más significativa de lo que aparenta a primera vista, pues resulta que en la gran mayoría de los bosques de coníferas y encinares de México todos o casi todos los árboles son de afinidades boreales, mientras que en el estrato herbáceo la proporción de plantas con este vínculo geográfico es con frecuencia escasa.

Si bien es cierto que la participación de plantas de afinidad boreal se concentra en México en la flora de las zonas de clima templado y frío y más o menos húmedo, éstas se encuentran también en la vegetación de lugares cálidos y de lugares secos, aunque en mucho menor proporción. El caso más notable de esta relación fitogeográfica es la existencia de árboles y de bosques de *Quercus* en altitudes cercanas al nivel del mar, así

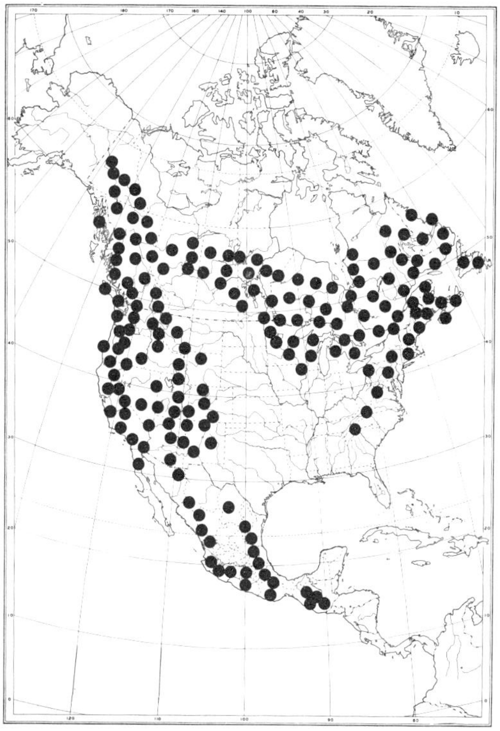

Figura 56. Distribución geográfica conocida del género Abies *en América.*

como de arbustos del mismo género en zonas de clima árido, donde pueden formar extensos matorrales. También es significativo el hecho de que algunos árboles de afinidades boreales, como, por ejemplo, especies de *Platanus, Populus, Salix* y *Taxodium,* descienden con frecuencia a lo largo de las corrientes de agua hasta elevaciones cercanas al nivel del mar.

Es interesante notar, a su vez, que a grandes altitudes disminuye un poco la importancia relativa de este elemento geográfico y según el análisis de Gadow (1907-1909) en el sur de México el máximo de especies vegetales con afinidad septentrional se registra a unos 2 100 m de altitud.

Los discutidos patrones de distribución geográfica indudablemente no incluyen todos los tipos de áreas que presentan taxa comu-

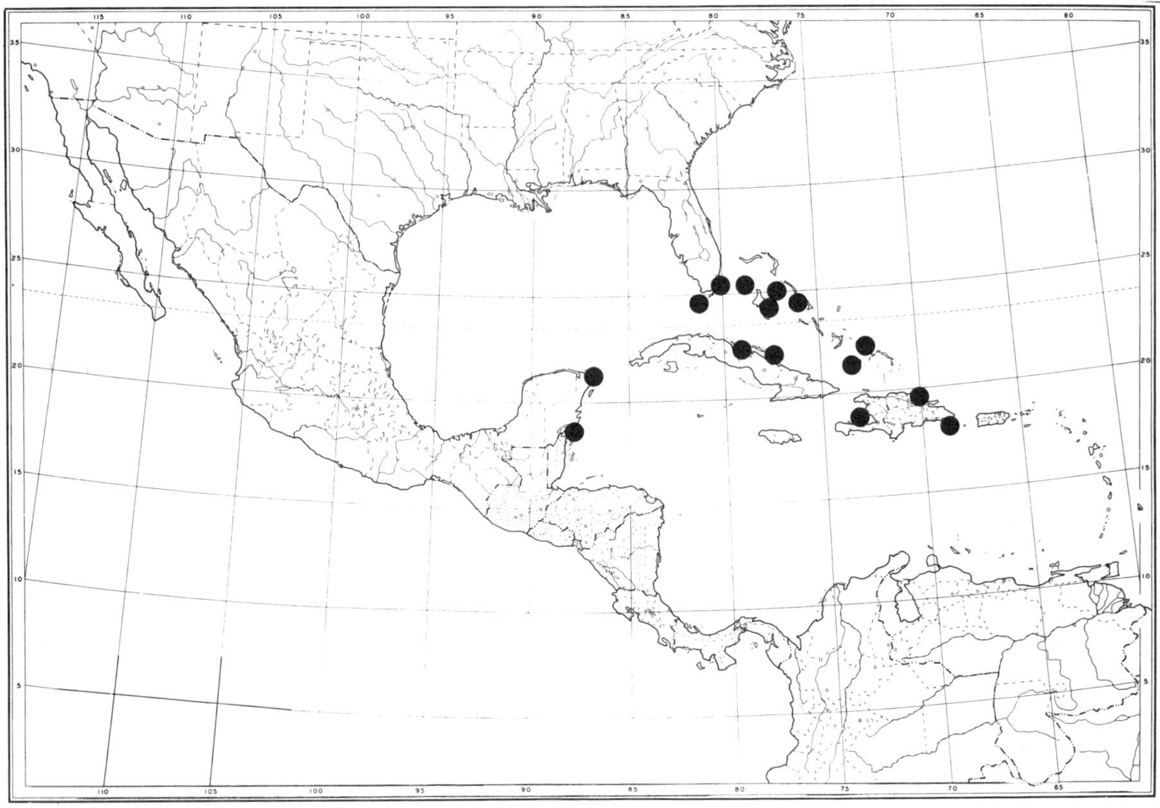

Figura 57. Distribución geográfica conocida de Pseudophoenix sargentii.

nes a México y los Estados Unidos de América y posiblemente quedan aún otras regularidades fitogeográficas por descubrir.

c) **Afinidades con las Antillas.** La flora de las Antillas es esencialmente neotropical en cuanto a sus afinidades geográficas y por consiguiente tiene numerosas similitudes con la de las zonas de clima caliente de México. Tales similitudes, sin embargo, no son tan pronunciadas como podría esperarse por la cercanía de las dos áreas, lo cual probablemente se debe al carácter insular y a la complicada historia geológica de la región del Caribe, que ha propiciado ahí el desarrollo de un gran número de endemismos.

Desde los trabajos de Grisebach (1877-1878, II: 515) y de Hemsley (1879-1888, IV: 227-228) se ha establecido que la mayoría de las especies vegetales comunes a México y las Antillas también se encuentran en Sudamérica y, generalmente, tienen una distribución vasta.

La influencia de los elementos antillanos deja observarse en la flora de la Península de Yucatán más que en cualquier otro sitio de la República, hecho facilmente explicable en virtud de su cercanía con Cuba. Sin embargo, en un análisis reciente, Miranda (1958: 217-221) encontró que muchas de las especies comunes están limitadas a la faja costera del norte de la Península y son, al parecer, de introducción relativamente reciente. Los siguientes son los géneros antillanos que extienden su área de distribución a la Península de Yucatán (según Miranda, loc. cit.): *Acoelorrhaphe, Cameraria, Coccothrinax, Drejerella, Erithalis, Ernodea, Metopium, Pseudophoenix* (Fig. 57), *Rachichallis,*

Strumpfia, Thrinax. Resulta interesante comentar que cuatro de ellos pertenecen a la familia Rubiaceae y otros cuatro a la familia Palmae.

Standley (1936: 16) señaló el curioso hecho de que hay mayor cantidad de elementos antillanos en la flora de la costa pacífica de México que en la del Golfo, si se exceptúa la Península de Yucatán. La observación de Johnston (1931: 30-34) sobre la presencia en las Islas Revillagigedo de algunos taxa relacionados con la flora del Caribe no deja de ser interesante y sugestiva en el mismo sentido.

d) **Afinidades con el este de Asia.** Las similitudes entre la flora del este de Asia y la de México han llamado la atención de los fitogeógrafos desde hace mucho tiempo. Estas similitudes no son del mismo orden que las discutidas en los párrafos anteriores, pero se consideran significativas dada la distancia que separa actualmente a ambas regiones.

Este aspecto, después del análisis inicial realizado por Hemsley (1879-1888, IV: 228-229) fue abordado más específicamente por Sharp (1951, 1953, 1966), por Matuda (1953) y por Miranda (1960b).

Las afinidades asiáticas se dejan sentir sobre todo en la flora de las partes más húmedas de México, tanto en las montañas como en altitudes bajas. En la mayor parte de los casos se trata de taxa que también existen o existían en el este de Estados Unidos (se marcan con +), en Sudamérica (se marcan con ++), o en ambas áreas (se marcan con +++). Entre los elementos del bosque tropical perennifolio con estas relaciones geográficas pueden mencionarse: *Calophyllum* ++, *Cephalanthus* +++, *Phoebe* ++, *Protium* ++, *Sageretia* +++, *Sapindus* +++, *Sloanea* ++, *Spondias* ++.

En el bosque mesófilo de montaña es quizá donde el porcentaje de plantas de afinidad asiática resulta más significativo. Algunos ejemplos son: *Clethra* +, *Cleyera, Deutzia, Distylium, Drimys* ++, *Engelhardtia, Gaultheria* ++, *Laplacea* ++, *Litsea* ++, *Magnolia* +++, *Meliosma* ++, *Microtropis, Mitrastemon* (Fig. 58), *Perrottetia* ++, *Saurauia* ++, *Staphylea* +, *Symplocos* +, *Turpinia* ++. Hay además una larga serie de briofitas mencionadas por Sharp e Iwatsuki (1965) y por Sharp (1966), algunas de las cuales son idénticas a nivel específico, como, por ejemplo: *Anomodon minor* +, *Brothera leana* +, *Entodon macropodum* +, *Grimmia pilifera* +, *Homaliadelphus sharpii* +, *Hookeria acutifolia* +, *Macrocoma hymenostoma* +.

e) **Afinidades con Africa.** Las relaciones florísticas con Africa son remotas, al menos a nivel de plantas vasculares. Hemsley (1879-1888, IV: 230-232) reunió una lista de 96 géneros comunes entre ese continente y la región mexicano-centroamericana, de los cuales 69 no se conocen fuera de América y Africa. En su gran mayoría se trata de elementos característicos de la vegetación de clima caliente, aunque existe también un grupo de xerófitas. Con excepción de unos pocos, todos estos géneros existen también en Sudamérica y algunos rasgos de su distribución fueron señalados por Engler (1905; 1914: 619-620) y por Miranda (1960b).

Los siguientes son algunos de los elementos de esta afinidad geográfica, propios de los bosques tropicales de México: *Carpodiptera, Ceiba, Chlorophora, Erblichia, Guarea, Hirtella, Lonchocarpus, Lippia, Swartzia, Trichilia, Urera, Vismia.*

En cambio, entre los característicos de los matorrales xerófilos, sólo pueden enumerarse: *Menodora, Oligomeris, Peganum* y *Thamnosma.*

f) **Endemismo.** A pesar de no ser tan altamente especializada como la australiana o la sudafricana, la flora de México presenta un significativo porcentaje de endemismos que le confieren un sello particular y son en gran parte los exponentes de su riqueza florística.

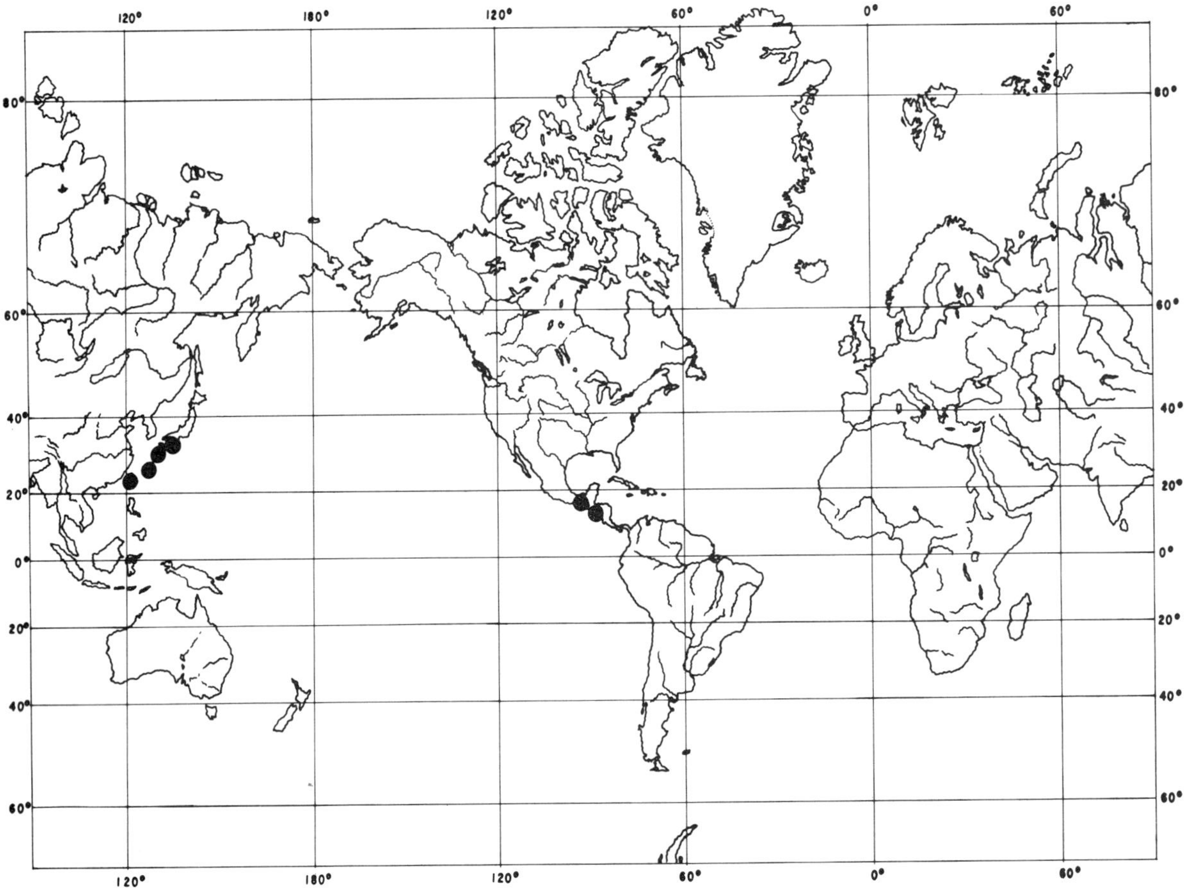

Figura 58. Distribución geográfica conocida del género Mitrastemon.

Hemsley (1879-1888, IV: 211) determinó que los géneros restringidos en su distribución al territorio del país constituyen aproximadamente 11% de su número total en la flora, siendo más de la mitad de ellos monotípicos. Según los cálculos del mismo autor esta cifra se reduce a ±5% al considerarse sólo la región de climas templados y fríos no áridos, aun cuando en esta misma área 85% de las especies presenta áreas limitadas a México.

La participación de elementos endémicos alcanza su mínima expresión en la zona cálida lluviosa, ubicada en el este y el sureste de la República, donde la flora es de neta afinidad meridional y casi todas sus especies existen también en Centroamérica y muchas se extienden aún más al sur.

Rzedowski (1962) realizó un análisis de la variación de la abundancia de géneros endémicos en la flora leñosa de México y de zonas inmediatamente adyacentes, en función de la distribución de la humedad y obtuvo los siguientes resultados:

Géneros	*Endémicos*	*Totales*	*% de endémicos*
Existentes en zonas de clima árido de México	93	217	43
Existentes en zonas de clima semiárido de México	113	410	28
Existentes en zonas de clima semihúmedo de México	74	660	11
Existentes en zonas de clima húmedo de México	19	503	4
Difíciles de definir, inciertos y cultivados	5	31	

El cuadro señala una evidente correlación entre la aridez y el endemismo, aun cuando su expresión cuantitativa se considera un tanto superior a la que probablemente caracterice al conjunto de la flora vascular, debido a la inclusión de la familia Cactaceae en el cómputo.

Entre los taxa restringidos en su distribución a las zonas áridas y semiáridas de México y áreas inmediatamente contiguas de Estados Unidos se cuentan dos (o cuatro) familias de angiospermas, a mencionar: las Crossosomataceae y las Fouquieriaceae, y también las Pterostemonaceae y Simmondsiaceae, si se sigue a los autores que reconocen la validez de estas últimas. Entre los numerosos géneros limitados a esta región muchos son monotípicos, pero de *Echinocereus* se reconocen unas 60 especies, de *Coryphantha* 37, de *Ferocactus* 30, etc. Algunos de los representantes de este grupo son: *Cowania, Dasylirion, Lindleyella* (Fig. 59), *Machaerocereus, Mortonia, Nerisyrenia, Olneya, Pachycormus, Psilostrophe, Sartwellia, Sericodes, Venegasia, Viscainoa* (Fig. 59), *Xylonagra.*

Como ya se indicó con anterioridad, la flora de las partes del país caracterizadas por el clima semihúmedo a húmedo y templado o frío es rica en endemismos a nivel de especies, pero los géneros de distribución restringida son más escasos y su participación en la vegetación es, en general, poco significativa. Pueden citarse por ejemplo: *Chiranthodendron, Iostephane* (Fig. 60), *Jaliscoa, Milla, Nolina, Weldenia.*

En las regiones de clima caliente y húmedo la flora se diferenció poco de los antecesores de afinidad meridional. La proporción de elementos de distribución restringida es ordinariamente baja en estas partes del país, pero en la vertiente del Pacífico, en la Península de Yucatán y en otros sitios caracterizados por el bosque tropical caducifolio, al menos a nivel de especie, los endemismos cobran mucha importancia, como puede verse, por ejemplo, en el género *Bursera* (McVaugh y Rzedowski, 1965).

Entre los escasos géneros de área aparentemente limitada a México, propios de las porciones calientes del país, pueden enumerarse: *Beltrania, Celaenodendron, Conzattia, Eryngiophyllum, Plagiolophus, Pseudosmodingium.*

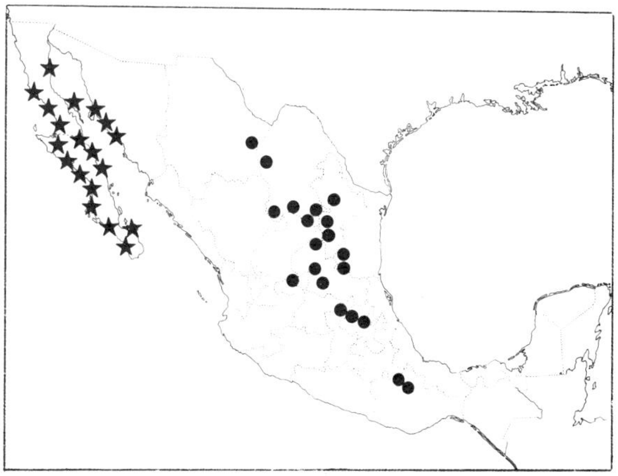

Figura 59. Distribución geográfica conocida de los géneros Viscainoa *(estrellas) y* Lindleyella *(círculos).*

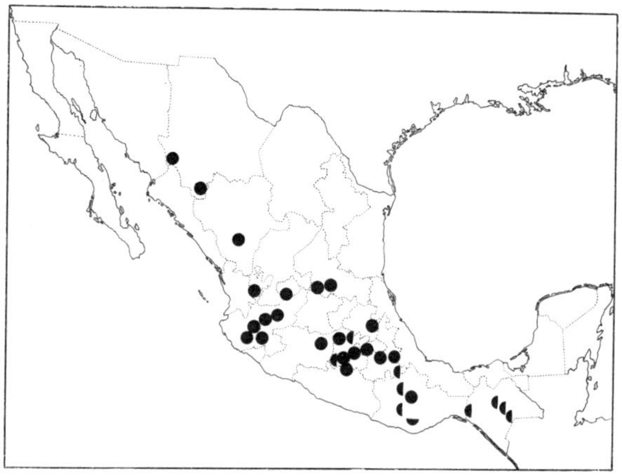

Figura 60. Distribución geográfica conocida del género Iostephane: I. heterophylla *(círculos)*, I. trilobata *(semicírculos verticales)*, I. papposa *(semicírculos horizontales)*.

g) Ensayo de evaluación de la participación de los principales elementos geográficos en los diferentes tipos de vegetación de México. De lo expuesto anteriormente puede deducirse que son tres los elementos geográficos que juegan papel de primera importancia en la composición de la flora de México: el meridional, el boreal y el endémico. El cuadro que se presenta a continuación es un ensayo de evaluación de la relativa importancia que cada uno de estos elementos, a nivel de género, posee en los principales tipos de vegetación que se reconocen en este trabajo.

Es importante señalar que la elaboración del cuadro se basó en relativamente pocos recuentos y por consiguiente las proporciones sólo pueden considerarse como aproximadas.

Los signos x indican las proporciones de cada uno de los elementos. Con el signo · se señala la presencia de los elementos, pero en cantidad poco significativa.

Puig (1974: 540) también ha realizado una evaluación similar, relativa a las comunidades vegetales que reconoce para el noreste de México (Fig. 61). Los resultados de sus cómputos son, a grandes rasgos, análogos a los que se presentan aquí, pero es notorio que los valores correspondientes al componente meridional son por lo general sensiblemente superiores a los que calculó el mencionado autor para su "elemento tropical". Es posible que tales discrepancias se deban en parte a diferencias en la definición y delimitación de las unidades usadas de análisis fitogeográfico, pero, sobre todo, han de derivar del hecho de que Puig sólo consideró las especies leñosas en sus proporciones.

C. Algunas particularidades fitogeográficas a nivel de floras regionales

El todavía escaso conocimiento florístico regional y la falta de suficientes y detallados

	Elementos geográficos		
Tipo de vegetación	meridional	boreal	endémico
Bosque tropical perennifolio	xxxxxxxx	·	·
Bosque tropical subcaducifolio	xxxxxxx	·	x
Bosque tropical caducifolio	xxxxxx	·	xx
Bosque espinoso	xxxxx	·	xxx
Matorral xerófilo	xxx	x	xxxx
Pastizal	xxx	xx	xxx
Bosque de *Quercus*	xxx	xxx	xx
Bosque de coníferas	xxx	xxx	xx
Bosque mesófilo de montaña	xxxxx	xx	x

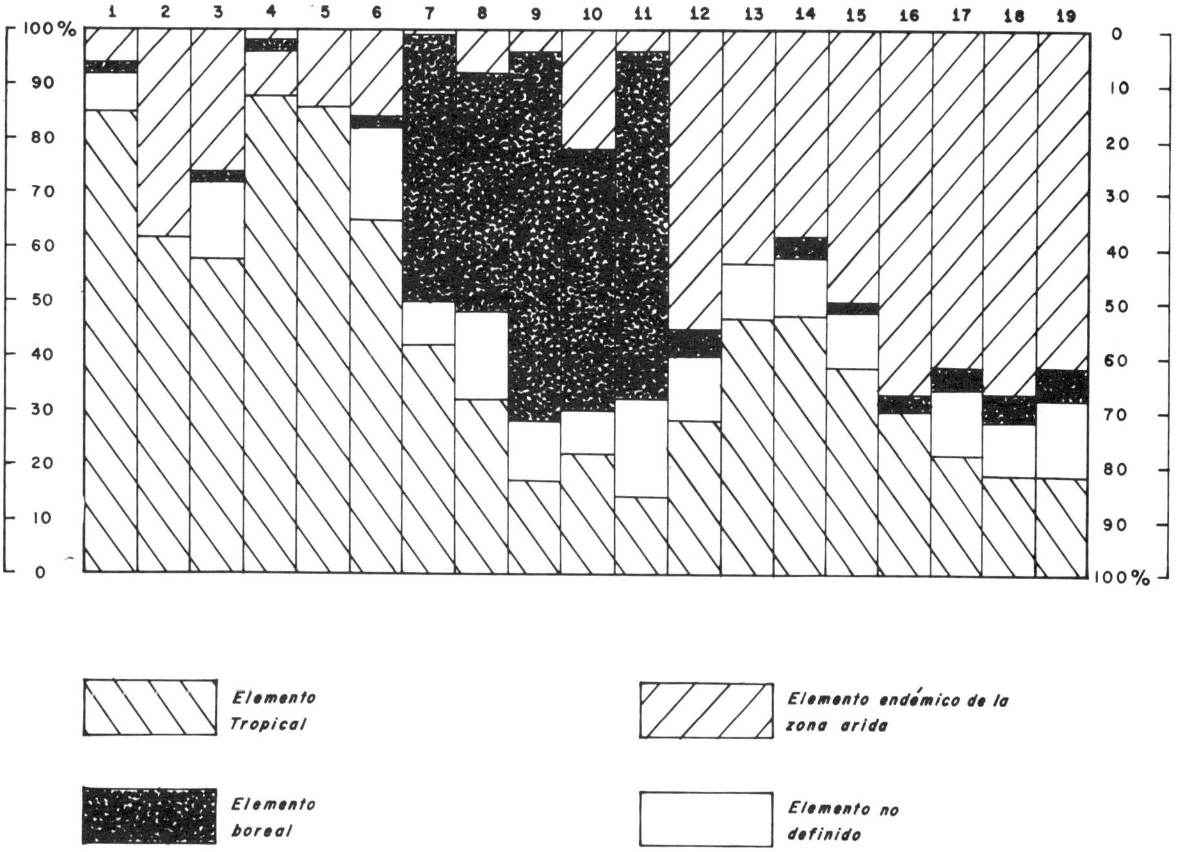

Figura 61. Participación de elementos geográficos en la flora leñosa de 19 tipos de vegetación del centro y noreste de México, según Puig (1974).

datos sobre la distribución geográfica de muchas especies vegetales dentro de la República Mexicana no permiten abordar a fondo una serie de aspectos fitogeográficos locales, cuyo estudio, indudablemente, resultaría de sumo interés para ayudar a dilucidar un gran número de problemas paleoecológicos y paleogeográficos. Por el momento sólo se cuenta con algunas observaciones relativas a los rasgos más sobresalientes de este tópico general, que se resumen a continuación.

a) Península de Baja California. La particular configuración de esta parte del territorio de la República predispone sus características diferenciales con respecto al resto del país. En cuanto a su flora de plantas vasculares, se encuentran 13 géneros y numerosas especies endémicas, restringidas en su mayoría a la amplia región de clima seco y a la zona del Cabo en el extremo sur.

La mayoría de los autores (Nelson, 1921: 103; Johnston, 1924: 958-963; Wiggins, 1960) están en general de acuerdo en distinguir tres áreas fitogeográficas en la Península: 1. boreal; que comprende las Sierras de Juárez y de San Pedro Mártir, así como áreas situadas entre estas sierras y el Océano Pacífico, cuya flora es análoga a la de Alta California; 2. capense; incluyendo la zona del Cabo y la Sierra Giganta, con relaciones florísticas hacia Sinaloa y las zonas altas del centro de México; 3. la del desierto central;

con mayores afinidades hacia las porciones áridas de Sonora y con gran participación de especies endémicas, pero, en general, de derivación tropical.

Contrastando con estas relaciones de la flora, la fauna de vertebrados de toda la Península (según Johnston, 1924: 966-973) está casi exclusivamente constituida por especies de relaciones norcalifornianas y por ende neárticas.

b) **Península de Yucatán.** En virtud de su carácter peninsular, de sus características climáticas, geológicas y edáficas peculiares y también a causa de la relativa cercanía de algunas islas del Caribe, esta porción de la República destaca asimismo del resto por los rasgos de su flora.

Standley (1930: 164-165), Miranda (1957b: 76, 1958: 217-221) y otros autores concuerdan en la existencia de un número elevado de endemismos, a pesar de la edad relativamente joven de la Península, y también señalan una afinidad con la flora antillana, que constituye una característica más bien excepcional en México. Para algunos datos acerca de las relaciones florísticas con las Antillas pueden verse también las pp. 82 y 83.

c) **Noreste de México.** Las áreas de clima semihúmedo a semiárido y cálido de la Planicie Costera del Noreste de México, así como de algunas zonas montañosas adyacentes presentan una flora abundante en endemismos, como lo señalaron Rzedowski (1966: 86-87) y Puig (1974: 88), quienes enumeraron también una serie de especies de distribución restringida a esa región. Algunos de estos elementos se extienden a las zonas contiguas de Texas, otros, en cambio, penetran a lo largo de los cañones y valles de los ríos hasta Guanajuato, Querétaro e Hidalgo.

El aislamiento de esta parte del país con respecto a otras áreas de clima semejante constituye indudablemente la causa principal de su significativa independencia florística.

d) **Chiapas y el Istmo de Tehuantepec.** En su discusión sobre los caracteres generales de la flora de Chiapas, Miranda (1952, I: 21-41) enfatiza las similitudes entre ésta y la de Centroamérica y hace algunas consideraciones acerca del papel del Istmo de Tehuantepec como barrera para difusión de las plantas.

Resulta interesante notar que, al menos en apariencia, el Istmo ha impedido el paso a un número más significativo de elementos de clima caliente que de clima templado y frío, aunque es posible que esta imagen sea exagerada debido a la deficiencia en el conocimiento de la flora de Oaxaca y de Veracruz.

No deja de ser notable, sin embargo, la gran similitud de la flora de las montañas de Chiapas con la de las montañas del sur de México en general. En cambio, parece ser que la vegetación de las zonas calientes y húmedas en ese Estado es mucho más rica y variada que la de cualquier otra parte del país con clima similar. También es significativa la falta, en Chiapas, de una gran proporción de los elementos del bosque tropical caducifolio, característicos del occidente de México, ejemplificados por las numerosas especies de *Bursera.*

Chiapas carece casi totalmente de la flora propia de las partes áridas de México, dada la falta de este tipo de clima en el Estado. No obstante, algunas plantas de tal afinidad (*Myrtillocactus, Plocosperma, Megastigma*) reaparecen en la zona seca de Guatemala. Basándose en este hecho, Miranda (1952: 24) opina que el Istmo de Tehuantepec no ha constituido obstáculo para la dispersión de xerófitas.

La Depresión Central de Chiapas separa hacia el norte y hacia el sur dos zonas húmedas que deben haber permanecido en aislamiento durante cierto tiempo, pues presentan algunas diferencias florísticas notables (Miranda, op. cit.: 32-34).

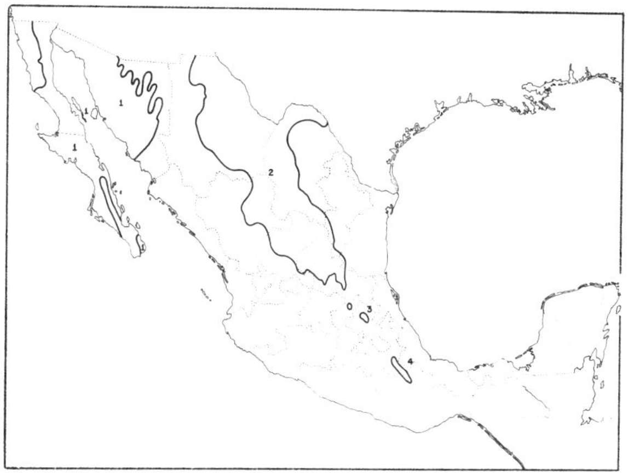

Figura 62. Esquema que señala la distribución de las principales zonas áridas de México; modificado de Shreve (1942a).

e) Zonas de clima árido. El mapa de la Fig. 62 señala de manera esquemática la delimitación de las partes áridas de México, basada principalmente en los rasgos de la vegetación. La extensa zona seca llamada "sonorense" ocupa la mayor parte del Estado de Sonora y también de la Península de Baja California. Está separada de la zona "chihuahuense" por la cadena montañosa de la Sierra Madre Occidental, aunque tal separación ya no es tan marcada a nivel de Arizona y Nuevo México. La zona árida chihuahuense alcanza su límite meridional, de extensión ininterrumpida, en el Estado de San Luis Potosí. Más hacia el sur, en Querétaro, Hidalgo, Puebla y Oaxaca se encuentran tres "islotes" de aridez acentuada, aunque están más o menos ligados entre sí y también con la zona chihuahuense por una especie de corredor continuo de clima semiseco.

La composición florística diferencial de estas regiones refleja con bastante fidelidad la situación recíproca de relativo aislamiento y, no obstante que las floras de todas las partes áridas de México muestran evidentes relaciones de parentesco entre sí, en cada región se han individualizado grupos de plantas que les confieren carácter propio.

Así, por ejemplo, según Rzedowski (1962: 56), dentro del conjunto de plantas leñosas suman 21 los géneros endémicos de la región sonorense, de los cuales 8 están restringidos a Baja California; la zona árida chihuahuense, en cambio, tiene 16. Ambas regiones comparten la presencia de numerosas plantas (entre ellas algunas tan abundantes como *Larrea tridentata* y *Fouquieria splendens*), pero en la flora de cada una de estas zonas predominan especies endémicas y los mismos nichos ecológicos se presentan a menudo ocupados por especies vicariantes, aun a lo largo de diferentes segmentos de la misma región árida (Fig. 63), como ya lo ha indicado Shreve (1942a: 210).

Las pequeñas zonas secas de Querétaro y de Hidalgo atestiguan afinidades florísticas muy estrechas con la región chihuahuense (González-Quintero, 1968: 47-48; Rzedowski, 1973: 65), pues casi la totalidad de los componentes de su vegetación reaparece más al norte o bien extiende su área de distribución en forma continua en esa dirección. El único género endémico conocido de esta área corresponde a *Dyscritothamnus* (Compositae).

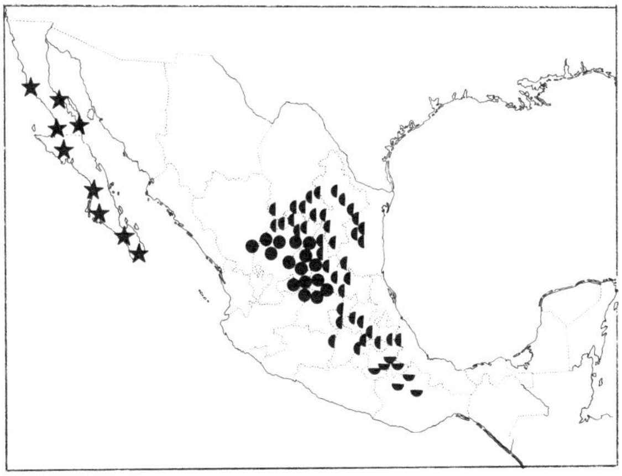

Figura 63. Distribución geográfica conocida de cuatro especies de Yucca; Y. valida *(estrellas),* Y. decipiens *(círculos),* Y. filifera *(semicírculos verticales),* Y. periculosa *(semicírculos horizontales).*

El enclave de clima seco más alejado hacia el sur y también el más aislado corresponde a la región de Tehuacán y Cuicatlán que está ubicada en los Estados de Puebla y Oaxaca con una pequeña entrada dentro de los límites de Veracruz en los alrededores de Perote. Smith (1965: 133-142) señaló el alto grado de endemismo que caracteriza a su flora, pues de acuerdo con sus cálculos, de una muestra de 253 especies colectadas en el Valle de Tehuacán, 29.1% corresponde a elementos de distribución restringida a esta región. Muchas de estas especies son vicariantes de otras tantas propias de zonas secas situadas más al norte. Al menos tres géneros de fanerógamas parecen ser exclusivos también de esta zona árida poblano-oaxaqueña.

En cuanto a las relaciones de la flora de las zonas áridas de México con la de otras partes del país y del continente, Rzedowski (1973) mostró en un reciente trabajo que sus afinidades meridionales dominan ampliamente sobre las boreales. Así, por ejemplo, son muy escasas las ligas florísticas con la región seca de la Gran Cuenca de los Estados Unidos de América, al igual que las que se establecen con las partes costeras de California. En cambio, las similitudes a nivel genérico entre la flora de algunas partes secas de México con respecto a la de la región árida preandina conocida como "monte" en Argentina resulta ser del mismo orden que la que acusan respectivamente entre sí la zona "sonorense" y la "chihuahuense".

En general, y si se hace abstracción de géneros de distribución muy amplia, dos elementos geográficos predominan entre las xerófitas mexicanas: el neotropical y el endémico. De mucho menor importancia es la influencia de la flora holártica, de las de zonas áridas de otros continentes y de la de las montañas sudamericanas.

f) Zonas alpinas. La flora de las regiones ubicadas por encima del límite de la vegetación arbórea no es muy grande en México, pero ha llamado la atención de muchos botánicos y, desde el análisis inicial de Hemsley (1879-1888, IV: 315), varios autores han discutido sus afinidades geográficas. Entre los trabajos más recientes sobre el tema destaca el de Delgadillo (1971), quien realiza un estudio fitogeográfico de los musgos de las zonas alpinas de varias montañas.

El mencionado autor distingue en el conjunto de 84 especies y variedades de briofitas alpinas cinco elementos geográficos: el boreal, el mesoamericano, el meridional, el de amplia distribución y el endémico, resultando más o menos equivalente la participación cuantitativa de cada uno de estos componentes. Delgadillo deduce que la mayor parte de estos musgos debe haber llegado a México durante el Plioceno y el Pleistoceno, aunque algunos parecen ser de dispersión más antigua. Se enfatiza también una notable individualidad florística del Cerro Potosí, de Nuevo León, con respecto a las demás zonas alpinas estudiadas, hecho que también fue observado a nivel de plantas vasculares por Beaman y Andresen (1966). Tal circunstancia se debe probablemente a diferencias en el substrato geológico sumadas a la lejanía de la mencionada montaña con respecto a otras en que existen áreas de vegetación alpina.

El cuadro 1, reproducido del trabajo de Rzedowski (1975) que presenta un análisis fitogeográfico de la flora vascular alpina de México realizado sobre géneros y especies, ofrece algunos datos cuantitativos interesantes. Así, el elemento endémico, que constituye casi las 3/4 partes de las especies, no existe a nivel de género, lo que quizá puede interpretarse como una expresión extrema de la desproporción señalada ya por Hemsley para la flora de las zonas de clima templado y frío en general (véase p. 84). Por otra parte, destaca la cantidad relativamente importante (17.5%) de especies comunes con Sudamérica, mientras que a nivel de género las afini-

Cuadro 1. Análisis fitogeográfico de los componentes de la flora de zacatonales alpinos, basado en la lista de Beaman (1959). Los valores indican porcentajes con respecto al total de la flora.

Areas	Géneros 85	Especies 143
México y áreas adyacentes	0	71.3
México y América del Sur	11.8	17.5
México y los E.U.A.	2.4	3.5
América	8.0	0
Hemisferio boreal	14.1	4.2
Regiones templadas y frías del mundo	28.2	2.8
Regiones tropicales y subtropicales del mundo	3.6	0
Cosmopolitas	24.7	0.7
Otros tipos de distribución	5.9	0

dades holárticas (16.5%) son superiores a las neotropicales (11.8%).

D. Factores históricos de la distribución geográfica

La historia de la evolución de las floras modernas de México se inicia evidentemente a fines del Cretácico, cuando la mayor parte de su territorio emergió definitivamente de los fondos marinos. Desde entonces hubo contacto permanente hacia el norte con el resto de la América Boreal, no así hacia el sur y el este, pues aparentemente las conexiones con Centroamérica y con las Antillas se establecieron y se interrumpieron más de una vez durante el Cenozoico.

Del Cretácico Superior de Coahuila, Rueda Gaxiola (1967, III: 352-353; com. pers.) y Weber (1972; com. pers.) pudieron identificar numerosos fósiles de coníferas, de los cuales algunos se asignan a géneros ya extintos, pero otros se relacionan con mayor o menor certidumbre a: *Abies, Araucaria, Cedrus, Dacrydium, Larix, Metasequoia, Pherosphaera, Picea, Pinus, Pseudotsuga, Sequoia, Thujopsis, Tsuga.*

De estos hallazgos se deduce que las coníferas jugaban un papel aparentemente mucho más importante en la vegetación cretácica de México que en la actualidad. En la misma flora de Coahuila existen también restos de numerosas angiospermas, pero la adscripción de estos fósiles a géneros actuales resulta problemática y sólo se han podido identificar con cierto grado de seguridad los siguientes: *Alnus* ? , *Artocarpus, Betula* ? , *Carya, Liriodendron, Nuphar, Salix, Sassafras* ?

A fines del Oligoceno y a principios del Mioceno la línea de la costa tocaba el norte de Chiapas y la vegetación litoral incluía *Rhizophora, Pelliceria* y *Pachira,* de acuerdo con hallazgos de polen fósil realizados por Langenheim et al. (1967). Además, los mencionados autores refieren la presencia de abundantes microsporas de *Engelhardtia,* mucho más escasas de *Podocarpus,* y otras más raras aún, probablemente pertenecientes a *Pinus.* De la misma formación geológica Miranda (1963b) describió especies de *Acacia* y de *Tapirira.*

Los resultados preliminares del estudio de polen del Mioceno Inferior y del Oligoceno Superior del norte de Chiapas, realizado por Palacios (com. pers.), revelan la existencia en esa época de *Picea, Pinus* y *Taxodium,* además de diversas angiospermas.

La flora del Mioceno Medio del Istmo de Tehuantepec fue estudiada a base de macrofósiles por Berry (1923), quien describe, entre otras, especies pertenecientes a los siguientes géneros actuales: *Acrostichum, Allamanda, Annona, Cedrela, Connarus, Coussapoa, Crescentia, Drypetes, Gouania, Inga, Juglans, Liquidambar, Mespilodaphne, Moquillea, Myrcia, Nectandra, Simarouba, Zanthoxylum.*

Del Mioceno, también del Istmo de Tehuantepec, Graham (1972: 108) refiere una abundante flora polínica compuesta de unos 300 tipos morfológicos distintos, de los cuales pudieron identificarse:

1. Pteridofitas: *Alsophila, Ceratopsis, Cyathea, Dicranopteris, Hemitelia, Lomariopsis, Lycopodium, Pityrogramma, Psilotum, Pteris, Selaginella.* 2. Coníferas: *Abies, Picea, Pinus, Podocarpus.* 3. Angiospermas: *Alibertia, Alnus, Borreria, Bursera, Byttneria, Casearia, Celtis, Clethra, Cuphea, Engelhardtia, Eugenia, Fagus, Faramea, Guarea, Gustavia, Hedyosmum, Ilex, Juglans, Justicia, Laguncularia, Liquidambar, Ludwigia, Matayba, Myrica, Populus, Quercus, Rajania, Smilax, Tournefortia, Trichilia, Typha, Ulmus, Utricularia.*

Con respecto al Pleistoceno Superior y al Holoceno existen varios estudios palinológicos realizados en Michoacán (Deevey, 1943), en el Valle de México (Clisby y Sears, 1955· Bopp-Oeste, 1961), en Chihuahua (Martin, 1963) y en Puebla (Ohngemach, 1973), así como uno de Michoacán (Arsène y Marty, 1923) y uno del Valle de México (Espinosa y Rzedowski, 1968), basados en megafósiles. Como era de esperarse, sus resultados revelan una semejanza muy grande de las floras de esas épocas con la actual, pero los palinólogos dan cuenta al mismo tiempo de notables fluctuaciones, a lo largo del tiempo, de los porcentajes de polen de los diferentes componentes de los espectros. Tales fluctuaciones se atribuyen a cambios climáticos propios de esos lapsos, pero, en parte, pueden también deberse a las actividades del hombre. Como hecho interesante cabe señalar la presencia del género *Picea* hace sólo unos 10 000 años en los Valles de México y de Puebla, ya que en la actualidad esta planta se conoce en México únicamente en los Estados de Nuevo León, Durango y Chihuahua.

Resumiendo esta reducida información paleobotánica y aun permitiendo un amplio margen de error en la identificación de los restos fósiles, puede establecerse que los elementos de la flora boreal estuvieron presentes en México desde el Cretácico Superior y los meridionales por lo menos desde el Oligoceno, y es probable que tanto unos como otros colonizaron el país cuando su territorio iba emergiendo a fines del Mesozoico. También puede deducirse que en el Terciario temprano y medio había regiones con clima cálido y otras templadas y frías, estas últimas muy posiblemente determinadas por la presencia de altas montañas.

El registro fósil conocido no ofrece datos en cuanto a plantas propias de clima seco, pero quizá no hay que esperar abundancia de tales datos, pues las condiciones de aridez no favorecen la preservación de restos vegetales. La existencia de climas secos y de una vegetación xerófila desde épocas remotas puede deducirse de diversas pruebas geológicas y, sobre todo, de la extraordinaria variedad y riqueza en elementos endémicos de alto rango taxonómico en la flora actual de las regiones áridas de México (Rzedowski, 1962; véase también el cuadro de la pág. 85). La elevada proporción de endemismos en la composición florística de la zona seca aislada, correspondiente a los valles de Tehuacán y Cuicatlán (véase p. 107) también constituye un argumento fuerte en favor de la antigüedad de climas secos en México, pues debe haber transcurrido mucho tiempo desde que dejó de existir la continuidad de tal clima seco entre la región en cuestión y la zona árida chihuahuense.

De manera análoga, parecen haber tenido un largo periodo de evolución en México los pastizales de clima semiárido, como se deduce del trabajo de Rzedowski (1975), quien encuentra una elevada proporción de endemismos en la flora de esta comunidad vegetal (véase cap. 15, cuadro 8). El mencionado autor analiza, además, la distribución geográfica de algunas de las gramíneas dominantes en estos pastizales y para las 40 especies conocidas del género *Bouteloua*, que sobrepasa ampliamente en importancia a los demás miembros de la familia, proporciona la siguiente relación:

área geográfica	número de especies
Canadá	2
este de los Estados Unidos	2
oeste de los Estados Unidos	19 (de las cuales 10 sólo se conocen de Estados limítrofes con México)
México	37
Centroamérica	10
Antillas	5
norte de Sudamérica	7
Uruguay, Argentina y Chile	6

Otros 9 géneros, emparentados y posiblemente derivados de *Bouteloua* muestran, a su vez, la siguiente repartición:

Buchloë (1 sp.)	México y los Estados Unidos
Buchlomimus (1 sp.)	México
Cathestecum (4 spp.)	México y el suroeste de los Estados Unidos
Cyclostachya (1 sp.)	México
Neobouteloua (1 sp.)	Argentina y Chile
Opizia (1 sp.)	México (también introducida en las Antillas)
Pentarrhaphis (3 spp.)	México a Colombia
Pringleochloa (1 sp.)	México
Soderstromia (1 sp.)	México a El Salvador

En el mismo artículo se insiste también en el origen autóctono y la antigüedad de los pastizales gipsófilos, al igual que en la importancia que debe haber jugado México en la evolución de los pastizales halófilos. Por otra parte, se considera que los zacatonales alpinos deben ser de edad relativamente reciente y las sabanas probablemente se generaron fuera de los límites del país.

La interpretación de otros datos de distribución geográfica de plantas actuales permite, de manera análoga, ayudar a dilucidar algunos aspectos del origen de las floras y de sus migraciones y también a especular sobre las condiciones ecológicas del pasado.

Sarukhán (1968a: 15-26), por ejemplo, piensa que la presencia de manchones de bosques de *Quercus* en zonas que climáticamente corresponden a bosques tropicales, como son las partes bajas de la vertiente del Golfo de México, data de épocas en que el clima era más frío que el actual. Concretamente, el mencionado autor liga el establecimiento de estos encinares con los cambios climáticos que pudieron haber acarreado las glaciaciones pleistocénicas, durante las cuales se calcula que las temperaturas descendieron 4 a 5° C en las latitudes de México (Emiliani, 1966). De ser correcta tal estimación, el área con clima propio para el bosque tropical perennifolio en la vertiente del Golfo de México debe haberse reducido drásticamente, como lo demuestra el mapa de Sarukhán (op. cit.: 24), y grandes superficies deben haberse poblado por otros tipos de vegetación, como el bosque mesófilo de montaña, el encinar, el pinar, etc.

La edad relativamente reciente del actual bosque tropical perennifolio de muchas partes de México también se deduce de la escasez de elementos endémicos en su composición florística (véase también p. 85), situación que contrasta con lo encontrado en el lado del Pacífico, donde en el área general del bosque tropical caducifolio se observan numerosas especies de distribución restringida. A este respecto cabe raciocinar que por una parte el oeste de México es más caliente que el este y probablemente la misma diferencia subsistió durante el Pleistoceno; por otro lado, el bosque tropical caducifolio en general no es tan exigente en temperaturas elevadas como lo es el perennifolio, por lo cual el área del primero no debe haber sufrido mella tan grande durante las glaciaciones y persistió tal vez por manchones, lo que pudo haber contribuido a una evolución más rápida, aunque es probable que muchas de las especies que lo componen ya debían haberse originado antes del Pleistoceno.

En el Valle de México, en San Luis Potosí y en otras partes del país también existen indicios, derivados de la distribución de plantas (Rzedowski, 1963a: 190; 1966: 97-100; 1970: 99), de que el clima ha sufrido durante el Cuaternario cambios importantes en diferentes sentidos: al parecer hubo periodos más húmedos y otros más secos, los hubo más fríos y también más calientes, y muy probablemente se presentaron diferentes combinaciones de condiciones de temperatura y de humedad. Tal cuadro coincide esencialmente con lo que se sabe a través de pruebas obtenidas de estudios palinológicos (véase p. 92), geomorfológico-glaciológicos (de Terra, 1947, 1949; White, 1956, 1962; Lorenzo, 1969; Heine, 1973), paleoedafológicos (Bryan, 1948; Arellano, 1953; Lorenzo, 1958), paleontológicos (Villada, 1903, 1914; Espinosa y Rzedowski, 1968), zoogeográficos (Martin y Harrell, 1957) y de otra índole.

Al buscar correlaciones cronológicas entre los eventos glaciales que se sucedieron en las alturas de México con los registrados en otras partes, varios autores encontraron que los avances de los hielos en las Montañas Rocallosas no necesariamente coinciden en tiempo con los que ocurrieron en el centro de este país. Tal hecho se interpreta en el sentido de que algunos periodos fríos en las latitudes de México podían ser secos al mismo tiempo y que algunos calientes podían ser húmedos.

En cuanto al Terciario, no parece haber duda de que también en esa época se sucedieron cambios climáticos significativos, aun cuando tal vez no tan espectaculares.

Miranda (1960b) realizó un análisis de distribución geográfica y ecológica en los trópicos americanos de géneros que llamó "bicontinentales" (cuya área trasciende de América) en relación con los géneros exclusivamente americanos. El análisis incluyó también varias floras fósiles y llevó al mencionado autor a la conclusión de que en el Cenozoico las floras tropicales de diferentes partes del mundo intercambiaron algunos de sus elementos a través de regiones más frescas y que en las mismas zonas tropicales las temperaturas deben haber sido un poco más bajas que en el presente.

Por otra parte, es bien sabido que sobre todo en la primera mitad del Terciario en las latitudes altas el clima era mucho más benigno que ahora y elementos tropicales y subtropicales extendían sus áreas de distribución mucho más al norte en el Hemisferio Boreal que en la época actual. Con estas bases y tomando en cuenta las similitudes entre las floras de México y del sureste de Asia, así como la composición de diversas floras fósiles de Estados Unidos, Sharp (1966) postuló el origen asiático de muchas plantas mexicanas. Estos elementos deben haber migrado a través de Alaska, pero posteriormente se extinguieron en grandes extensiones de Norteamérica y sólo pudieron sobrevivir en México gracias a la conservación de un clima más favorable.

En los estudios de Bray (1898, 1900), de Krueger (1934), de Johnston (1940) y de algunos otros autores se ha postulado una mayor continuidad entre las zonas áridas norte y sudamericanas en el pasado, como una explicación de la existencia de especies comunes y de otras estrechamente emparentadas en ambas áreas, separadas hoy por miles de kilómetros de zonas tropicales húmedas (véase también p. 77). Se considera que estos contactos deben haber existido a principios del Cenozoico o quizá a fines del Cretácico, permitiendo la penetración de elementos xerófilos sudamericanos al Hemisferio Boreal y viceversa.

Engler (1914: 619) así como García, Soto y Miranda (1960) y también Solbrig (1972: 222) sugirieron que esta conexión pudo haberse realizado a través del arco antillano, donde aún actualmente existen varias regiones semiáridas, en las que habitan algunas xerófitas comunes a Norte y Sudamérica (Fig. 64). García, Soto y Miranda (op. cit.) realizaron un estudio de las exigencias climáticas del complejo de *Larrea tridentata-L. divaricata* y encontraron que estas plantas no prosperan en zonas de clima isotermo y sobre esta base postularon que en la época de su

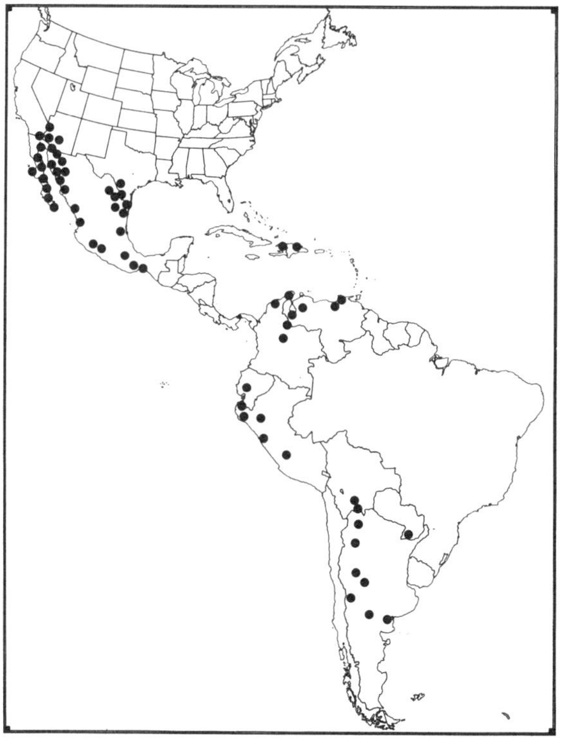

Figura 64. Distribución geográfica conocida del género Cercidium.

migración de Sur a Norteamérica el clima debe haber sido más fresco que el actual, además de ser más seco.

Un punto de vista diferente sostuvieron Axelrod (1950: 285), Raven (1963: 164-166) y algunas otras autoridades, pues consideraron que *Larrea* y los demás elementos xerófilos que presentan disyunción similar habían alcanzado su área actual a través de la dispersión a larga distancia en tiempos recientes (Plioceno-Pleistoceno). Fundamentaron su hipótesis principalmente en: 1) el supuesto de que las zonas áridas de América nunca antes fueron tan amplias como lo son en la actualidad, y 2) la circunstancia de que en conjunto las floras de las regiones secas norte y sudamericana son demasiado diferentes entre sí para que permitan suponer un contacto efectivo entre ambas zonas en alguna época.

De hecho, cierto grado de dispersión a larga distancia también tendría que haber sido necesario si la migración se efectuó a través de las Antillas, de manera que las dos hipótesis no son tan completamente inconciliables, como podría parecer a primera vista.

Un dilema similar, aunque poco discutido todavía en la literatura, lo plantean las áreas de distribución discontinua de elementos andinos presentes en las altas montañas de México. El caso más extremo es el de algunas plantas herbáceas propias del piso alpino, que se enumeran en la pág. 77. Cabe admitir aquí la necesidad, al menos parcial, de transporte a larga distancia, pues es difícil suponer que el Istmo de Tehuantepec, la Depresión de Nicaragua y muchas otras áreas intermedias hayan tenido alguna vez un clima adecuado para el desarrollo de estas especies. Es muy probable, sin embargo, que su dispersión se efectuase en tiempos en que las temperaturas eran en general más bajas que en la actualidad y los intervalos a franquear no eran tan largos.

Resulta asimismo muy significativo que, si

se analiza la flora de las regiones semihúmedas y húmedas de las partes altas de México, llaman la atención sus escasas ligas con la flora de las porciones calientes del país. A juzgar por sus afinidades geográficas, la primera se originó mayormente a partir de inmigrantes procedentes de zonas de clima fresco de Sur y de Norteamérica y relativamente poco contribuyeron en su evolución los elementos locales de clima cálido.

7. Provincias florísticas de México

En 1972 el autor de estas líneas presentó ante el Primer Congreso Latinoamericano de Botánica un "ensayo de definición de provincias florísticas de México" y el texto de este capítulo coincide en gran parte con el de la referida contribución. Tal ensayo constituye aparentemente el primer esfuerzo por emplear este tipo de enfoque fitogeográfico a nivel de todo el país, si se exceptúa la proposición de Hemsley (1879-1888, IV: 223, V: Lám. 110) de dividir el territorio de la República en dos provincias: la boreal y la meridional, división que no fue acompañada de mayor argumentación al respecto.

Como antecedentes de mayor peso cabe referir los artículos de Smith (1940, 1949), de Dice (1943) y de Goldman y Moore (1945), en los cuales se establecen divisiones de México en provincias bióticas, basadas esencialmente en la distribución de algunos grupos de vertebrados. También es importante mencionar los trabajos de Johnston (1924: 958-964) y de Wiggins (1960) que establecen divisiones florísticas para Baja California, así como los de Miranda (1952, I: 21-41) y de Rzedowski (1966: 94-97) que realizan lo propio para Chiapas y para San Luis Potosí respectivamente.

A. Cuadro y mapa de divisiones florísticas

Con fundamento en el análisis de afinidades geográficas de la flora de diferentes regiones del país, en los coeficientes de similitud establecidos entre estas floras, y tomando también en cuenta los conocimientos acerca de endemismos y en general acerca de las áreas de distribución de plantas vasculares, se reconoce en el territorio de México la existencia de 17 provincias florísticas, que pueden agruparse en cuatro regiones, y éstas a su vez se relacionan en forma no del todo discreta con dos reinos (véase cuadro 2 y Fig. 65).

Por lo que al mapa se refiere, cabe enfatizar que en general no existen límites precisos entre provincias florísticas, pues los cambios suelen ser graduales, con frecuentes penetraciones profundas de elementos procedentes de áreas vecinas. Por consiguiente, el trazo de tales límites tiene que ser arbitrario y aproximado.

El examen del mapa de la Fig. 65 revela de inmediato un gran número de similitudes con cartas de repartición de unidades fisiográficas, de climas, de vegetación, de provincias bióticas, etc., y es natural que así sea.

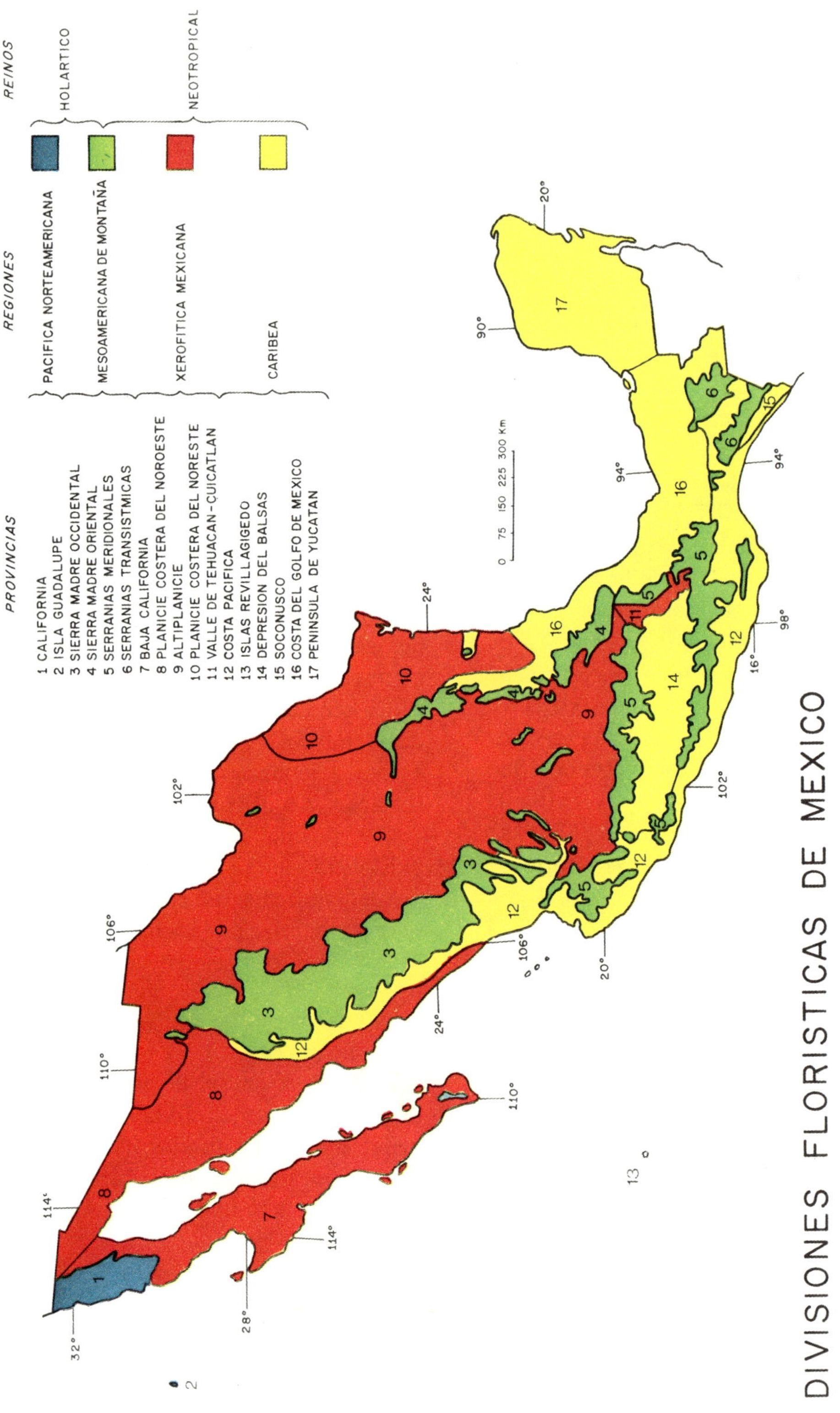

Figura 65. Mapa de las provincias florísticas de México.

Cuadro 2. Jerarquización de las divisiones florísticas de México.

REINOS	REGIONES	PROVINCIAS
Holártico	PACIFICA NORTEAMERICANA	CALIFORNIA
		ISLA GUADALUPE
	MESOAMERICANA DE MONTAÑA	SIERRA MADRE OCCIDENTAL
		SIERRA MADRE ORIENTAL
		SERRANIAS MERIDIONALES
		SERRANIAS TRANSISTMICAS
Neotropical	XEROFITICA MEXICANA	BAJA CALIFORNIA
		PLANICIE COSTERA DEL NOROESTE
		ALTIPLANICIE
		PLANICIE COSTERA DEL NORESTE
		VALLE DE TEHUACAN-CUICATLAN
	CARIBEA	COSTA PACIFICA
		ISLAS REVILLAGIGEDO
		DEPRESION DEL BALSAS
		SOCONUSCO
		COSTA DEL GOLFO DE MEXICO
		PENINSULA DE YUCATAN

En un área de extensión tan limitada como México, lógicamente los grandes rasgos de la distribución de la flora obedecen de manera estrecha a los del clima, de donde a su vez derivan las semejanzas con otros mapas. Carece de mayor interés, por consiguiente, discutir tales puntos de coincidencia y lo que realmente merece más atención son las discrepancias que puedan observarse, pues éstas, en buena medida, pueden derivarse de características peculiares de la distribución de la flora que no son, al menos íntegramente, función del clima actual.

A este respecto y en primer lugar, debe enfatizarse la fundamental diferencia entre la delimitación de los Reinos florísticos Neotropical y Holártico y la demarcación de los mismos que establecen los zoólogos. Algunos autores notaron hace ya tiempo esta divergencia y Vivó (1943), por ejemplo, señaló que mientras el límite de los dominios faunísticos es más o menos neto, el caso de la distribución de los vegetales es más complejo y existe una amplia faja de transición que el mencionado autor ubicó aproximadamente entre el centro de México y la Depresión de Nicaragua. De hecho, tal zona de transición, en el sentido concebido por Vivó, abarca también todo el norte de México y una buena parte de Estados Unidos de América, pero un examen más minucioso demuestra que, si bien en esta área a menudo pueden observarse ejemplos de convivencia de elementos meridionales con otros de afinidad septentrional, es posible obtener una imagen más precisa y detallada de los hechos.

A diferencia de lo que parece indicar la repartición de los vertebrados (Fig. 66), las regiones de mayor influencia boreal sobre la flora, se limitan, en México, a las partes húmedas y subhúmedas de las zonas montañosas. Estas áreas presentan una distribución "insular" en el país, misma que ya fue concebida por Hayek (1926). A diferencia

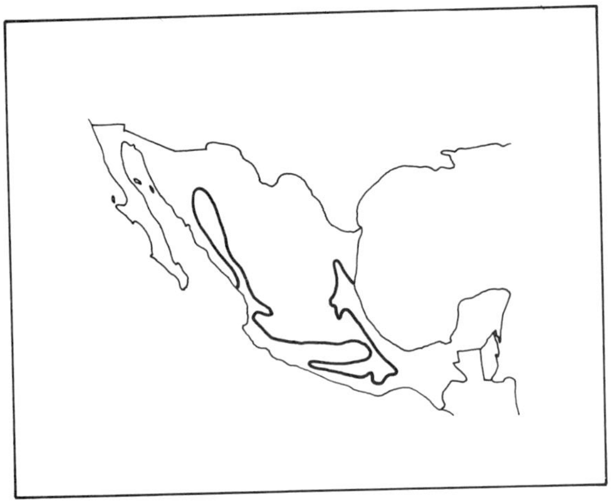

Figura 66. Límite entre los Reinos Faunísticos Holártico y Neotropical, según Smith (1949).

también de la división zoogeográfica mencionada, existen islotes de este tipo más al este del Istmo de Tehuantepec, a través de Chiapas y de una buena parte de Centroamérica. La composición florística de estas zonas montañosas revela, sin embargo, que si bien el elemento boreal en algunos sitios o comunidades vegetales predomina ligeramente sobre el meridional (de afinidades andinas), en otros lugares es cierto lo contrario y en general resulta impracticable trazar a este nivel una demarcación entre los Reinos Holártico y Neotropical (véanse también pp. 101 y 102). No se vislumbra, por consiguiente, otra solución, sino la de considerar a toda la zona montañosa (exceptuando el norte de Baja California, que se puede adscribir de manera evidente al Reino Holártico) como una zona de influencia mixta o de transición, en el sentido más estricto, entre ambos reinos florísticos.

Así, la mayor parte del territorio del país queda incluida en el Reino Neotropical y es muy interesante hacer notar que la distribución de un gran número de grupos de insectos coincide mucho mejor con la de las plantas que con la de los animales superiores (Halffter, 1964: 45-59).

En segundo lugar cabe observar que al menos algunos límites de las Provincias de Baja California, Depresión del Balsas y Península de Yucatán no coinciden con las líneas de demarcación de climas ni de comunidades vegetales que existen en las correspondientes regiones. Tal circunstancia tiene su origen en el hecho de que la existencia de las mencionadas entidades florísticas se manifiesta casi exclusivamente a través de una marcada concentración de endemismos. Es posible que estudios futuros revelen la presencia de otras áreas en México que ameriten similar distinción.

Una situación análoga puede observarse dentro del territorio adscrito a la Región Mesoamericana de Montaña, cuya división en cuatro provincias obedece a la distribución de especies y géneros endémicos, así como a diferencias y similitudes florísticas que han prevalecido sobre el factor climático y sobre la apariencia de la vegetación.

B. Caracterización de las unidades fitogeográficas distinguidas

La mayor parte del territorio de Norteamérica pertenece al *REINO HOLARTICO* y es incuestionable que la influencia de sus elementos florísticos se deja sentir de manera muy relevante en México. Los resultados del análisis realizado en este trabajo indican, no obstante, que sólo una fracción muy pequeña de la superficie del país debe considerarse como perteneciente de manera indiscutible a la mencionada entidad fitogeográfica.

De las diferentes subdivisiones del Reino Holártico, la que penetra a México es la REGION PACIFICA NORTEAMERICANA, caracterizada por una flora rica y variada, en consonancia con la diversidad climática que presenta. Aparentemente cabe reconocer en ella varias subregiones bastante bien definidas, de las cuales la más austral es la californiana, cuyas características fueron determinadas por

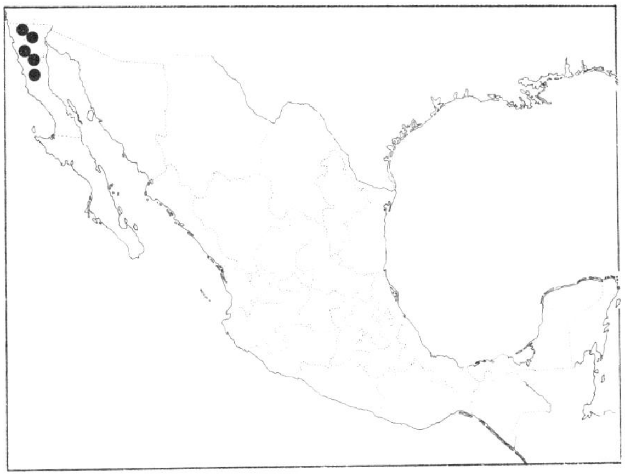

Figura 67. Distribución geográfica conocida de Trichostema parishii *en México, elemento propio de la Provincia Florística de California.*

Howell (1957a). Es posible que la subregión mencionada sea susceptible de dividirse en varias provincias florísticas, de las cuales tal vez tres o cuatro estén representadas en México. Aparentemente, tales unidades no se han descrito ni delimitado aún y el autor no tiene suficiente familiaridad con la flora de California para poder definirlas. En consecuencia, se reconoce provisionalmente una sola provincia que cubre la parte continental y otra separada que corresponde a la Isla de Guadalupe, cuya flora presenta elevado número de endemismos.

La PROVINCIA DE CALIFORNIA (Fig. 67) abarca la mayor parte del Estado del mismo nombre y se extiende a algunas porciones vecinas, entre ellas el sector norte de la Península de Baja California que incluye las Sierras de Juárez y de San Pedro Mártir, también la estrecha planicie costera adyacente del lado del Océano Pacífico. La vegetación consiste principalmente de chaparral perennifolio con *Adenostoma, Rhus, Ceanothus, Quercus* y otros arbustos, de matorral de *Artemisia* y de bosque de *Pinus* y *Quercus.* El clima es de tipo mediterráneo y varía de húmedo a semiseco y de frío a semicálido. La concentración de especies de distribución restringida es muy considerable y Howell (1957b) proporciona una lista de 65 géneros de fanerógamas endémicos a la entidad, entre los cuales pueden mencionarse: *Adenostoma, Calycadenia, Fremontodendron, Muilla, Orcuttia, Venegasia.*

La PROVINCIA DE LA ISLA GUADALUPE se restringe a este cuerpo insular alejado más de 200 km de la costa de Baja California. De acuerdo con Moran (1951), su flora consiste de 151 especies nativas de plantas vasculares, de las cuales 22.6% son endémicas; por lo menos dos géneros (*Baeriopsis* y *Hesperalaea*) están aparentemente limitados también en su distribución a la isla. Varios autores han llamado la atención sobre las ligas entre la flora de la Isla Guadalupe y de la de la Alta California, en particular la de las islas cercanas a la costa de ese Estado.

La REGION MESOAMERICANA DE MONTAÑA (Fig. 68), como se observa en el cuadro 2, no pertenece definitivamente al Reino Holártico ni al Neotropical, pues participan en ella los elementos de ambos en proporciones importantes. Inicialmente se hizo el intento de delimitar dentro de esta zona las áreas de mayor influencia de elementos meridionales y septentrionales respectivamente, pero sólo fue posible llevarlo a cabo en algunas partes del país, ya que en otras el mosaico resultante es tan intrincado que se requeri-

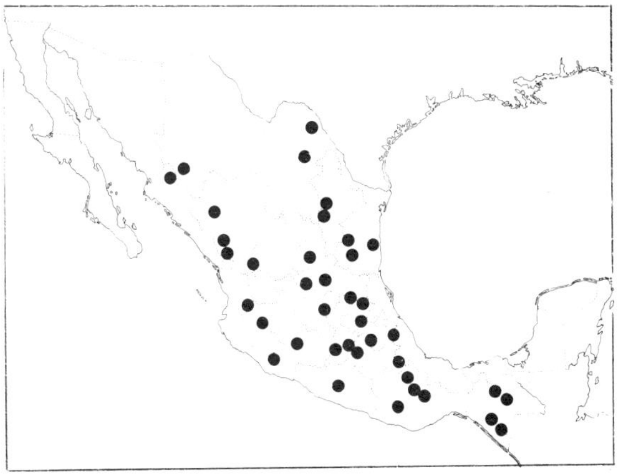

Figura 68. Distribución geográfica conocida de Arbutus xalapensis *en México, elemento propio de la Región Florística Mesoamericana de Montaña.*

rían estudios muy detallados y una cartografía a gran escala para interpretarlo en forma debida. Además, al realizar los análisis de las relaciones geográficas de la flora de diferentes sitios de las zonas de clima templado y semihúmedo o húmedo de México se puso de manifiesto la íntima semejanza que presenta la composición florística de estos sitios entre sí, independientemente de si la balanza de afinidades se inclina hacia el norte o hacia el sur. Este último hecho, por encima de todo, determina la necesidad de reconocer una sola Región Mesoamericana de Montaña para toda la zona en cuestión, aun cuando esta entidad no pueda encuadrarse en el Reino Holártico ni en el Neotropical.

Tal definición puede resultar un tanto desconcertante para los que suelen impresionarse por la analogía que hay entre los bosques de *Quercus*, de *Pinus*, de *Alnus*, de *Abies*, de *Liquidambar*, etc., de México y Centroamérica y los que existen en latitudes más elevadas del Hemisferio Norte. Sin embargo, los dominantes de una comunidad vegetal no siempre expresan bien sus verdaderas relaciones florísticas y la prueba más palpable de ello son los pinares y los encinares enclavados en zonas de clima caliente, donde la abrumadora mayoría de los componentes del bosque es de afinidad austral. Esta superposición de un estrato arbóreo compuesto íntegra o casi íntegramente por especies "holárticas" sobre un sotobosque en que los componentes "neotropicales" son muy abundantes o preponderantes ya fue señalada por Miranda y Sharp (1909: 330) en algunas comunidades vegetales y constituye un interesante fenómeno fitogeográfico, digno de explorarse más a fondo.

La Región Mesoamericana de Montaña presenta en general una distribución geográfica discontinua, pues corresponde a los macizos montañosos del país. La escala del mapa de la Fig. 65 no permite mostrar muchos pequeños manchones que se hallan diseminados en todos los estados y territorios de la República, excepción hecha de Tabasco y de los correspondientes a la Península de Yucatán. Además de México, la región abarca importantes superficies de Centroamérica y su límite austral se alcanza en el norte de Nicaragua (Lauer, 1968).

La flora es rica en general, siendo notable el franco dominio de especies herbáceas. Algunos géneros, como por ejemplo *Quercus, Salvia, Eupatorium, Senecio, Stevia, Muhlenbergia,* presentan aquí un importante centro de diversificación.

La Región Mesoamericana de Montaña puede subdividirse en cuatro provincias, no del todo satisfactoriamente definidas, a mencionar: Sierra Madre Occidental, Sierra Madre Oriental, Serranías Meridionales y Serranías Transístmicas.

La PROVINCIA DE LA SIERRA MADRE OCCIDENTAL (Fig. 69) se extiende desde Sonora y Chihuahua hasta Nayarit, Zacatecas y norte de Jalisco y a nivel del último Estado presenta transición con la Provincia de las Serranías Meridionales. En esta faja montañosa de origen volcánico predominan ampliamente los bosques de *Pinus*, aun cuando también son frecuentes los de *Quercus*, sobre todo, a altitudes inferiores. Tentativamente, se adscriben también a esta entidad las partes más altas de la Sierra de la Laguna y tal vez otros pequeños islotes del Territorio de Baja California, aunque es posible que estudios ulteriores demuestren la necesidad de reconocer una provincia florística independiente para las áreas en cuestión. En la mayor parte de las localidades el elemento holártico prevalece ligeramente sobre el neotropical y sobre el autóctono. Aunque existe un gran número de especies endémicas, los géneros de distribución local son relativamente pocos; entre estos últimos pueden mencionarse: *Arnicastrum, Pionocarpus, Pippenalia, Stenocarpha, Trichocoryne.*

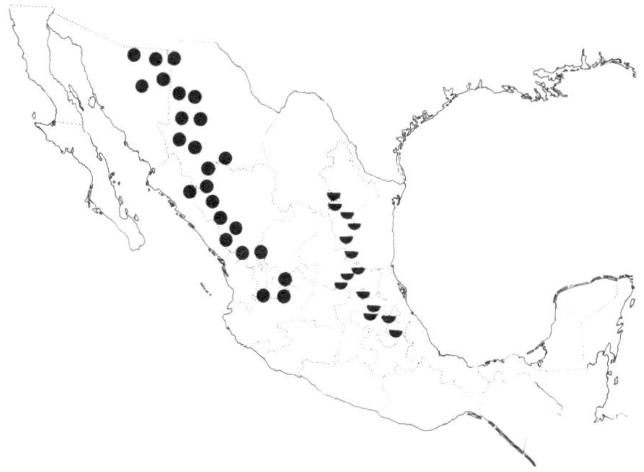

Figura 69. Distribución geográfica conociaa en México de Pinus engelmannii *(círculos) y de* Juglans mollis *(semicírculos), elementos propios de las Provincias Florísticas de la Sierra Madre Occidental y de la Sierra Madre Oriental, respectivamente.*

La PROVINCIA DE LA SIERRA MADRE ORIENTAL (Fig. 69) incluye partes de Coahuila, Nuevo León, Tamaulipas, San Luis Potosí, Querétaro, Hidalgo, Veracruz y Puebla. Su límite meridional no es fácil de definir, pues la Sierra Madre Oriental se une insensiblemente con el Eje Volcánico Transversal. No obstante que el grueso del área tiene una superficie más o menos continua, existen también numerosos manchones aislados, sobre todo en Coahuila, San Luis Potosí y Tamaulipas. En general, predominan rocas calizas y los bosques de *Quercus* prevalecen ampliamente, aunque también se presentan bosques de *Pinus* y algunas otras comunidades. De los géneros endémicos pueden citarse: *Greenmaniella, Loxothysanus, Mathiasella.*

A la PROVINCIA DE LAS SERRANIAS MERIDIONALES (Fig. 70) se adscriben: el Eje Volcánico Transversal, que corre de Jalisco y Colima a Veracruz, la Sierra Madre del Sur (Michoacán a Oaxaca) y el complejo montañoso del norte de Oaxaca. Los bosques de *Pinus* y de *Quercus* tienen en esta provincia una importancia equiparable y son los que predominan. La entidad incluye las elevaciones más altas de México, así como muchas áreas montañosas aisladas, cuya presencia propicia el desarrollo de muy numerosos endemismos. A este respecto, a nivel genérico, son ejemplos: *Achaenipodium, Hintonella, Microspermum, Omiltemia, Peyritschia, Silvia.*

La PROVINCIA DE LAS SERRANIAS TRANSISTMICAS (Fig. 70) abarca las montañas de Chiapas, continuándose más allá de la frontera de México sobre las partes elevadas de la mitad septentrional de Centroamérica. También aquí dominan los bosques de *Pinus* y de *Quercus.* El Istmo de Tehuantepec, sin tener importancia equiparable a la Depresión de Nicaragua, debe haber actuado como barrera para la dispersión de algunas plantas de clima templado y frío. Así, por ejemplo, faltan aparentemente en Chiapas géneros nórdicos tales como: *Heuchera, Pedicularis, Cercocarpus, Silene, Taxus,* etc., como ya lo señaló Miranda (1952, I: 34-35). Por otra parte, la flora de ese Estado se ve enriquecida por un mayor número de elementos andinos que, al parecer, no existen en el resto del territorio de México, como, por ejemplo, los géneros: *Antidaphne, Blakea, Catopheria, Werneria,* etc. Como en el caso de otras provincias de esta región, existe una gran cantidad de especies endémicas, mientras que los géneros de distribución restrin-

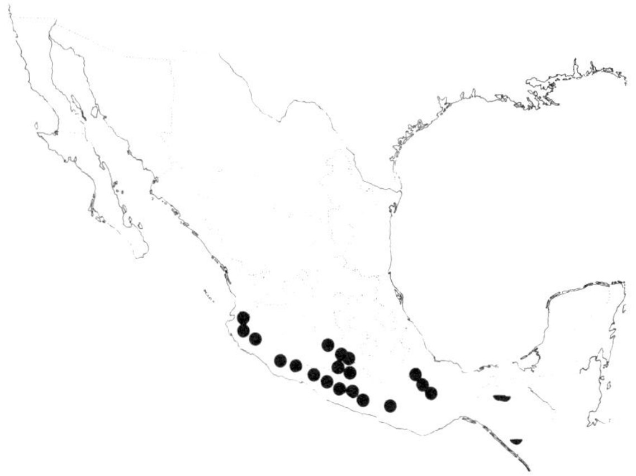

Figura 70. Distribución geográfica conocida en México del género Microspermum *(círculos) y de* Gunnera killipiana *(semicírculos), elementos propios de las Provincias Florísticas de las Serranías Meridionales y de las Serranías Transístmicas, respectivamente.*

gida son más bien escasos; pudiendo mencionarse los siguientes: *Eizia, Eremogeton, Rojasianthe.*

El concepto del REINO NEOTROPICAL se adopta aquí en el sentido comúnmente referido en la literatura. Incluye la mayor parte del territorio del país al sumarse en él las porciones de clima caliente y las de clima seco y semiseco. Dentro del territorio neotropical de México se reconocen dos regiones de importancia un tanto desigual: la Xerofítica Mexicana y la Caribea.

La REGION XEROFITICA MEXICANA (Fig. 71) incluye grandes extensiones del norte y del centro de la República caracterizadas por su clima árido y semiárido y abarca en esta forma aproximadamente la mitad de su superficie. Extiende, además, sus límites a porciones adyacentes de Texas, Nuevo México, Arizona y California, aun cuando no penetra profundamente en el territorio de Estados Unidos de América. Las afinidades de la flora de esta Región han sido interpretadas de manera un tanto discrepante por diferentes autores, pues mientras Engler (1909: 226), Hayek (1926: 325), Diels (1945: 163), Govorukhin (1957: 415-417) y Emberger (1968: 640) la consideran como parte del Reino Neotropical, Vivó (1943: 111-112), Good (1953: 29-30), Gaussen (1954: 187) y Takhtajan (1969: 246) la incluyen en el Holártico. Además, Govorukhin establece un Subreino Mexicano (Fig. 72 A), que abarca el centro y el norte del país (a excepción de las áreas calientes, húmedas o semihúmedas), así como las zonas adyacentes de Estados Unidos de América. Takhtajan, a su vez, agrega aun a este conjunto la mayor parte de California y la zona árida de la Gran Cuenca, para formar de esta manera el Subreino que denomina Madrense (Fig. 72 B), y que equivale a grandes rasgos al Reino Sonorense de Drude (1922).

Como puede deducirse de los trabajos de Rzedowski (1966: 94; 1972a; 1973) el componente de afinidad meridional es manifiestamente más importante que el boreal en la flora de las zonas áridas de México, de donde se deriva que la ubicación de la Región Xerofítica Mexicana dentro del Reino Neotropical es correcta.

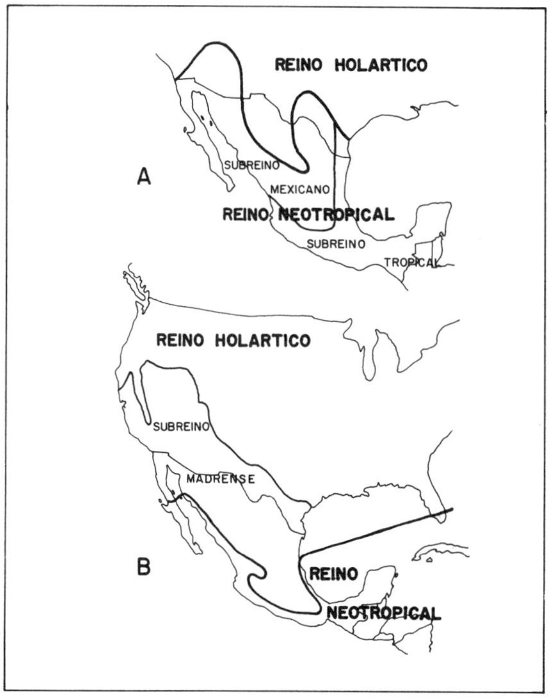

Figura 72. Divisiones florísticas de México y de regiones adyacentes, según los criterios de (A) Govorukhin (1957) y (B) Takhtajan (1969).

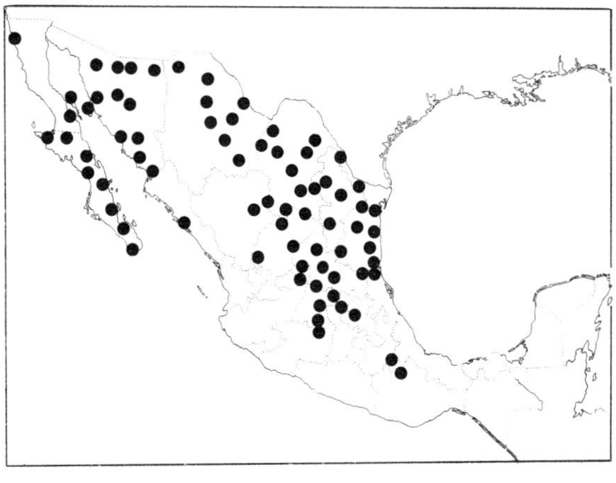

Figura 71. Distribución geográfica conocida del género Condalia *en México, ilustrando la extensión de la Región Florística Xerofítica Mexicana.*

Por otra parte, no parecen aceptables las definiciones del Reino Sonorense de Drude y del Subreino Madrense de Takhtajan, pues si bien es cierto que la flora de la Provincia de California es muy rica en endemismos y merece elevado rango en la jerarquía fitogeográfica, sus relaciones con la de la Región Xerofítica Mexicana son muy poco significativas (Rzedowski, 1973: 69-70). Las afinidades de esta última flora con la de las zonas montañosas de México (Región Mesoamericana de Montaña) tampoco son suficientes (Rzedowski, op. cit.) para justificar el establecimiento del Subreino Mexicano, como lo propone Govorukhin. Parece, no obstante, que la idea básica de los autores mencionados de reconocer a nivel del norte de México y del suroeste de Estados Unidos de América una divisón florística de alta categoría tiene fundamentos bastante firmes, aunque en todo caso esta división debe corresponder a la Región Xerofítica Mexicana exclusivamente. En el presente trabajo no se le asigna a esta última el rango de subreino, pues para hacerlo sería preciso reexaminar las divisiones del Reino Neotropical entero.

Sólo entre las plantas leñosas de México existen 68 géneros restringidos o aproximadamente restringidos a las zonas de clima árido (Rzedowski, 1962: 55-56). Como ya se indicó en el capítulo 6, la misma distribución presentan por lo menos dos familias de fanerógamas, a mencionar: Fouquieriaceae y Crossosomataceae. A nivel de especie, puede estimarse que más de 50% (tal vez cerca de 75%) de las que habitan la Región Xerofítica Mexicana tienen su área restringida a los límites de la misma. Es tan significativa la intervención del elemento autóctono en la flora de esta región, que éste en muchas localidades prevalece sobre el neotropical, a nivel de género. Participan en este elemento, entre otras plantas, numerosas cactáceas, así como especies de los géneros *Agave, Dalea, Dasylirion, Fouquieria* y *Yucca,* que imprimen un sello muy característico a la vegetación de las zonas áridas de México.

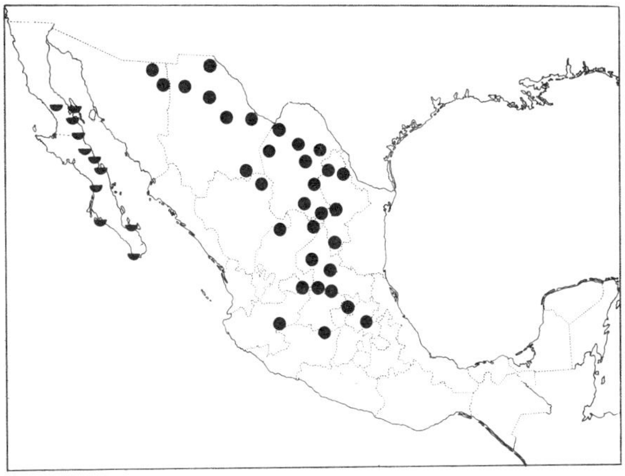

Figura 73. Distribución geográfica conocida en México de Fouquieria peninsularis *(semicírculos) y de* Parthenium incanum *(círculos), elementos propios de las Provincias Florísticas de Baja California y de la Altiplanicie, respectivamente.*

Cabe fraccionar la entidad en cinco provincias, aunque es posible que estudios ulteriores lleven a reconocer todavía otras subdivisiones.

La PROVINCIA DE BAJA CALIFORNIA (Fig. 73) abarca exclusivamente el área peninsular, cuyo relativo aislamiento del resto de Norteamérica ha sido indudablemente la principal causa del desarrollo de muchas plantas de distribución restringida. De acuerdo con Standley (1936: 12), la flora de Baja California posee tantas peculiaridades que no es fácil relacionarla con las de otras partes del continente. Aunque tal aseveración parece un poco exagerada, no cabe duda de que la Provincia en cuestión es de las mejor caracterizadas, desde el punto de vista florístico (como también desde muchos otros puntos de vista) en el territorio de México. El clima presenta muchas variantes regionales y en general es menos árido en la parte meridional; la vegetación corresponde de ordinario a matorrales xerófilos, aunque hacia el sur prevalece la fisonomía de bosque bajo y aumenta la participación de elementos comunes con la Provincia de la Costa Pacífica. De los

Figura 74. Distribución geográfica conocida en México de Ambrosia cordifolia *(semicírculos verticales),* Cercidium macrum *(círculos) y* Leucophyllum pringlei *(semicírculos horizontales), elementos propios de las Provincias Florísticas de la Planicie Costera del Noroeste, de la Planicie Costera del Noreste y del Valle de Tehuacán y Cuicatlán, respectivamente*

géneros endémicos pueden mencionarse: *Alvordia, Burragea, Coulterella, Pachycormus, Pelucha.*

La PROVINCIA DE LA PLANICIE COSTERA DEL NOROESTE (Fig. 74) ocupa la mayor parte del Estado de Sonora y se extiende a lo largo de Sinaloa en forma de angosta franja costera. Incluye también una buena porción de Arizona y una fracción de California. Su flora es, en general, parecida a la de la Provincia de Baja California, pero el número de endemismos no es tan elevado. El clima es muy caluroso y árido o semiárido; la vegetación predominante la constituyen matorrales xerófilos y bosque espinoso. Al igual que en el caso de la Península, en la parte meridional de esta provincia aumenta notablemente el número de elementos comunes con la Región Caribea, con la que se establece una larga zona de colindancia en Sinaloa y en el sur de Sonora. Entre los géneros endémicos cabe citar: *Agiabampoa, Canotia, Carnegiea,* así como muchos otros comunes con la Provincia de Baja California.

La PROVINCIA DE LA ALTIPLANICIE (Fig. 73) corresponde esencialmente a la región fisiográfica de este nombre que en México se extiende desde Chihuahua y Coahuila hasta Jalisco, Michoacán, Estado de México, Tlaxcala y Puebla .Quedan excluidas, sin embargo, sus partes semihúmedas y húmedas, en cambio se adscriben aquí porciones significativas del noreste de Sonora, de Nuevo México y de la zona de Texas conocida como Trans-Pecos. Es, por consiguiente, la provincia más extensa de todas las reconocidas en este trabajo. La altitud en su territorio varía en general entre 1 000 y 2 000 m, por lo que es más notoria la influencia de bajas temperaturas. El número de especies endémicas es muy considerable y su abundancia es favorecida por la diversidad de substratos geológicos; a este respecto puede citarse como ejemplo el conjunto de gipsófitas, estudiado por Johnston (1941). A lo largo de su límite oriental, desde Coahuila hasta Hidalgo, se puede observar una notable influencia de elementos florísticos propios de la Provincia de la Planicie Costera del Noreste. La vegetación predominante consiste en matorrales xerófilos, aun cuando también son frecuentes los pastizales y el bosque espinoso (mezquital). El número de géneros restringidos a esta entidad es de 16 si se toma en cuenta sólo a las plantas leñosas; pueden mencionarse, por ejemplo: *Ariocarpus, Eutetras, Grusonia, Lophophora, Sartwellia, Sericodes.*

La PROVINCIA DE LA PLANICIE COSTERA DEL NORESTE (Fig. 74) coincide en extensión más o menos exactamente con la zona fisiográfica correspondiente e incluye también una porción adyacente del Estado de Texas. En México abarca casi la totalidad de Tamaulipas, los dos tercios nororientales de Nuevo León, además de pequeñas áreas de Coahuila, de San Luis Potosí y del extremo norte de Veracruz. Su límite noroeste es difícil de precisar, pues existe ahí una transición florística muy gradual con la Provincia de la Altiplanicie. El clima es en general semiárido y caliente, así como extremoso. La vegetación está constituida en su mayor parte por el bosque espinoso y por matorrales xerófilos. En la porción meridional de esta entidad se observa una mayor influencia de elementos propios de la Región Caribea. El endemismo no es tan acentuado como en la provincia anterior, pero el número de especies de distribución restringida parece ser suficiente para fundamentar su categoría fitogeográfica. Los únicos géneros, cuya distribución parece estar limitada o prácticamente limitada a su territorio, son: *Clappia, Nephropetalum, Pterocaulon, Runyonia.*

La PROVINCIA DEL VALLE DE TEHUACAN Y CUICATLAN (Fig. 74) corresponde a un área relativamente pequeña en el sector sureste del Estado de Puebla y a porciones adyacentes del de Oaxaca, así como una superficie reducida de Veracruz, caracterizada por clima seco, pero algo aislada de la gran faja continua de zonas áridas del Altiplano. Su flora, sobre todo en las partes más calientes, presenta ciertas relaciones con la de la Provincia de la Depresión del Balsas (Miranda, 1948b: 360) y es probable que el Valle de Tehuacán y Cuicatlán, que hoy forma parte del sistema de drenaje del Papaloapan, en otras épocas fuera tributario del Balsas. Los géneros aparentemente restringidos a la zona son: *Oaxacania, Pringleochloa, Solisia.*

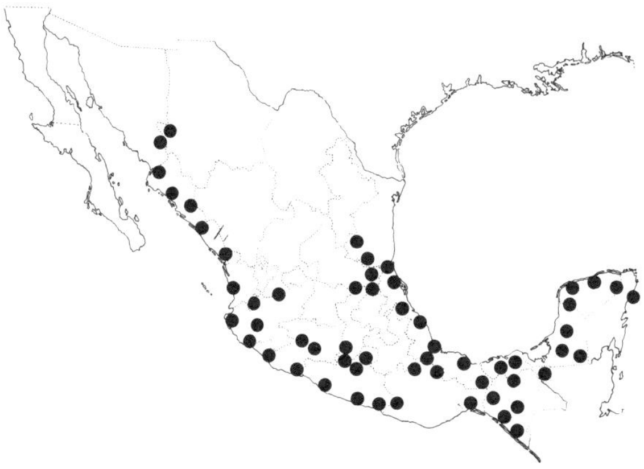

Figura 75. Distribución geográfica conocida de Guazuma ulmifolia *en México, ilustrando la extensión de la Región Florística Caribea.*

La REGION CARIBEA (Fig. 75), además de ocupar una porción de México, se extiende a Centroamérica y al extremo norte de Sudamérica e incluye también las Antillas así como parte de la Península de Florida (Hayek, 1926; Good, 1953: Lám. 4). Corresponde en general a áreas con clima cálido y húmedo a semihúmedo, que en conjunto constituyen la "tierra caliente". Presenta una flora variada y rica, sobre todo en especies arbóreas y arbustivas, que son las que dominan en la mayor parte de su territorio. Entre otras, las siguientes familias tienen en México su distribución restringida a esta región: Connaraceae, Hippocrateaceae, Julianiaceae, Lacistemaceae, Myristicaceae, Trigoniaceae, Vochysiaceae.

El predomino de elementos meridionales es prácticamente absoluto, aunque en las Antillas y en la vertiente pacífica de México existen numerosos géneros endémicos.

Dada la complejidad de la Región Caribea, cabe dividirla en varias subregiones, de las cuales probablemente una corresponde a México y parte de Centroamérica. En esta subregión, que no se define formalmente aquí, sin mermar la preponderancia de elementos de afinidad neotropical, forma parte de la flora un grupo de géneros mayormente holárticos, como por ejemplo: *Salix, Quercus, Populus, Platanus, Pinus, Fraxinus* y algunos otros.

La Región Caribea en su parte correspondiente a México es claramente susceptible de dividirse en unidades florísticas menores, pero en virtud de la escasez de información disponible, su exacto número y extensión quedan aún por determinarse. En este trabajo se reconocen tentativamente seis provincias, quizá no del todo equivalentes entre sí.

La PROVINCIA DE LA COSTA PACIFICA (Fig. 76) se extiende en forma de una franja angosta e ininterrumpida desde el este de Sonora y el suroeste de Chihuahua hasta Chiapas, prolongándose a lo largo de la misma vertiente hasta Centroamérica. A nivel del Ist-

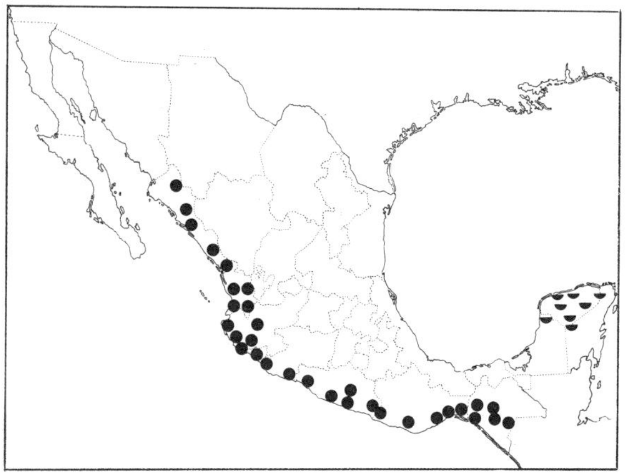

Figura 76. Distribución geográfica conocida en México de Bursera excelsa *(círculos) y de* Caesalpinia gaumeri *(semicírculos), elementos propios de las Provincias Florísticas de la Costa Pacífica y de la Península de Yucatán, respectivamente.*

mo de Tehuantepec se bifurca para englobar también la Depresión Central de Chiapas. A grandes rasgos le corresponde el clima caliente y semihúmedo, tendiendo a veces a semiseco; el bosque tropical caducifolio y el subcaducifolio son los tipos de vegetación más frecuentes. Presenta un número relativamente elevado de especies endémicas, aunque muchas de ellas penetran también a la Depresión del Balsas. La familia Leguminosae está particularmente bien representada y al menos en muchas comunidades clímax predomina en lo que toca al número de especies sobre todas las demás familias. La riqueza florística y el número de asociaciones vegetales disminuyen claramente del sureste al noroeste. Como géneros aparentemente endémicos pueden anotarse (el asterisco indica que el taxón también está representado en la Depresión del Balsas): **Amphipterygium, Eryngiophyllum, *Plocosperma, Riesenbachia, Soderstromia.*

La PROVINCIA DE LAS ISLAS REVILLAGIGEDO incluye las pequeñas islas Socorro, San Benedicto y Clarión, situadas en el Océano Pacífico y separadas más de 350 km del punto más cercano del continente. Su flora es extraordinariamente pobre, pues hace 40 años sólo se conocían 121 especies o subespecies de plantas vasculares, de las cuales 37 son endémicas (Johnston, 1931). Para estas fechas ha aumentado un poco la lista de plantas citadas del archipiélago, pero probablemente el número total de especies no pasa de 200. La mayoría de los miembros de su flora existe también en la vertiente pacífica de la parte continental de México. No se conocen géneros endémicos. La vegetación consiste principalmente de bosques bajos y matorrales.

La PROVINCIA DE LA DEPRESION DEL BALSAS (Fig. 78) se intercala entre el Eje Volcánico Transversal y la Sierra Madre del Sur e incluye partes de Jalisco, Michoacán, Estado de México, Guerrero, Morelos, Puebla y Oaxaca. Su flora, clima y vegetación son parecidos a los de la Provincia de la Costa Pacífica, de la cual constituye quizá sólo un ramal. Presenta un número importante de especies endémicas, cuyo origen debe haberse propiciado por la ubicación "peninsular" de esta depresión. El género *Bursera* ha tenido un espectacular centro de diversificación en esta Provincia (Fig. 77) y sus miembros forman una parte tan importante de la vegetación, que relegan por lo general a segundo término a las

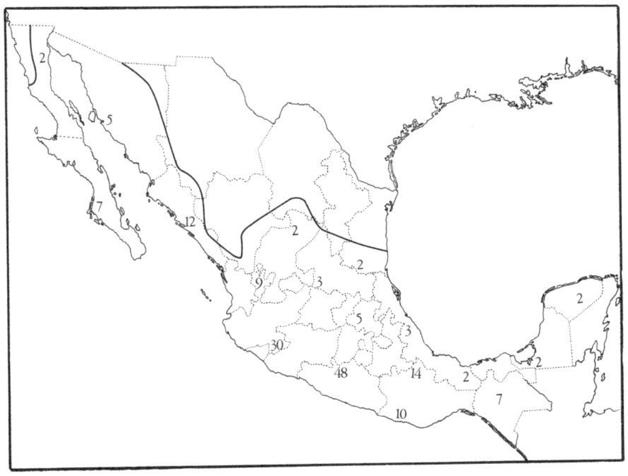

Figura 77. Distribución geográfica conocida del género Bursera *en México; los números indican la cantidad aproximada de especies que existen en las diferentes regiones del país.*

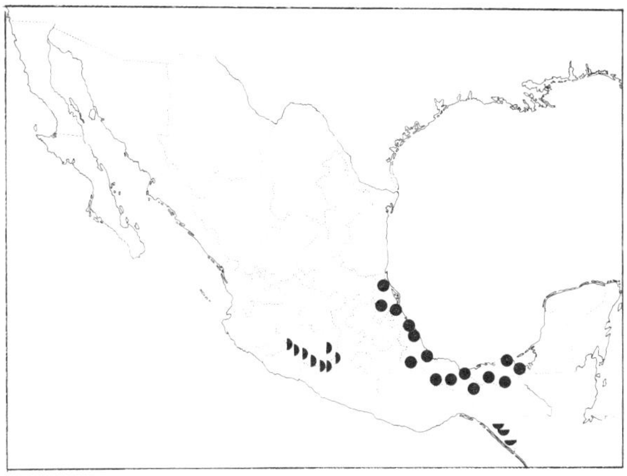

Figura 78. Distribución geográfica conocida en México de Bursera trimera *(semicírculos verticales),* Scheelea liebmannii *(círculos) y* Terminalia oblonga *(semicírculos horizontales), elementos propios de las Provincias Florísticas de la Depresión del Balsas, de la Costa del Golfo de México y del Soconusco, respectivamente.*

leguminosas. En algunas zonas caracterizadas por un clima más árido, aumenta considerablemente el número de elementos comunes con la Región Xerofítica Mexicana, como son *Castela, Cercidium, Fouquieria, Gochnatia* (Miranda, 1943: 408; 1947: 111). Los géneros aparentemente exclusivos de la depresión del Balsas son: *Backebergia, Haplocalymma, Pseudolopezia.*

La PROVINCIA DE SOCONUSCO (Fig. 78) corresponde a una estrecha faja en las estribaciones inferiores de la Sierra Madre de Chiapas, con clima caliente y húmedo. Se prolonga también, aunque no muy profundamente, hacia Guatemala y está esencialmente constituida por un manchón de bosque tropical perennifolio y de bosque mesófilo de montaña aislado de la gran extensión continua de estos tipos de vegetación que se localizan en la vertiente atlántica. De acuerdo con Miranda (1952, I: 32-33), la flora de esta región está estrechamente relacionada con la del norte de Chiapas y sur de Veracruz (Provincia de la Costa del Golfo de México) y tiene poco en común con la del occidente de México (Provincia de la Costa Pacífica). Su caracterización estriba en la presencia de una significativa proporción de especies endémicas. De los géneros de distribución aparentemente restringida a esta Provincia cabe citar: *Pinarophyllon, Plocaniophyllon.*

La PROVINCIA DE LA COSTA DEL GOLFO DE MEXICO (Fig. 78) se extiende en forma de una franja continua a lo largo de las partes bajas de los Estados de Veracruz y Tabasco, ocupando casi todo su territorio, y además abarca algunas porciones adyacentes de Tamaulipas, San Luis Potosí, Hidalgo, Puebla, Oaxaca, Chiapas y probablemente de Campeche. Un manchón algo aislado parece existir también en el sureste de Tamaulipas. El clima en la mayor parte de su extensión es caliente y húmedo; en las porciones más secas se acentúa la influencia de elementos florísticos afines a la Provincia de la Costa Pacífica y a la Región Xerofítica Mexicana. El tipo de vegetación más ampliamente difundido es el bosque tropical perennifolio, aunque en algunos sectores se presentan también encinares, diferentes tipos de comunidades hidrófilas, el bosque mesófilo de montaña y el bosque tropical caducifolio.

La flora es de impresionante riqueza, sobre todo al sur del paralelo 20, pero el número de especies endémicas para México no es importante si se toma en cuenta la gran superficie que ocupa la Provincia, pues la inmensa mayoría de sus componentes existe también en Centroamérica y muchos en América del Sur. En el estado actual de conocimientos es difícil definir sus límites por el lado sureste, pero en apariencia esta entidad florística se extiende hasta Guatemala y probablemente a otras partes de Centroamérica. Entre los géneros más típicos y mejor distribuidos de esta Provincia pueden mencionarse: *Dialium, Pimenta, Scheelea, Vochysia.*

La PROVINCIA DE LA PENINSULA DE YUCATAN (Fig. 76) comprende probablemente el territorio íntegro de esta unidad fisiográfica, pero sus límites meridionales no se pueden determinar aún con exactitud. Incluye también al menos una parte de Belice y el Departamento de Petén en Guatemala. El clima es cálido y húmedo en la base de la Península y existe un gradiente de aumento de sequedad en dirección sureste-noroeste. La vegetación consiste primordialmente de bosques tropicales caducifolios, subcaducifolios y perennifolios. La flora, en general, presenta una gran similitud con la de la provincia anterior, pero destaca un número considerable de endemismos y, además, sus relaciones con las Antillas son más acentuadas que en cualquier otra parte de la República. Al igual que en las provincias de la Costa Pacífica y de la Costa del Golfo de México es notable el empobrecimiento de la flora hacia el noroeste. Los géneros de plantas vasculares sólo conocidos en la Península de Yucatán son los siguientes: *Asemnanthe*, *Beltrania*, *Goldmanella*,[1] *Harleya*, *Plagiolophus*.

8. Formas y espectros biológicos

La flora de México, paralelamente a su riqueza en especies, ofrece una amplia diversidad de tipos morfológicos de plantas, conocidos como biotipos o formas biológicas. Si bien es correcto asumir que tal diversidad es consecuencia de la extensa gama de ambientes que caracterizan el territorio del país, no hay duda de que debe haber contribuido en gran medida el hecho de que este territorio haya funcionado como importante centro de evolución de linajes vegetales.

Las primeras clasificaciones que el hombre concibió para las plantas estaban basadas en la distinción de biotipos fundamentales, tales como árboles, arbustos, trepadoras, etc. No obstante, los modernos sistemas filogenéticos toman poco en cuenta este criterio, pues es de conocimiento común que morfologías similares de la parte vegetativa de las plantas se originan con frecuencia en grupos poco emparentados y a diferentes niveles evolutivos.

En cambio en los estudios ecológicos, la apreciación de las formas biológicas tiene particular importancia, pues si bien es cierto que no siempre se ha podido demostrar la naturaleza adaptativa de los caracteres morfológicos de los organismos, la experiencia señala que, en general, estos rasgos desempeñan papel importante en el acoplamiento de la planta al medio en que vive.

La comprobación del valor adaptativo de una determinada estructura constituye por sí misma un problema autoecológico interesante a menudo con vinculaciones de importancia evolutiva.

Con base en las relaciones existentes entre la morfología de las plantas y el medio que éstas ocupan, han ganado apoyo las caracterizaciones y clasificaciones de la vegetación fincadas en la fisonomía de la misma, aunque también se ha visto que las generalizaciones no se pueden llevar demasiado lejos. Así, se sabe de casos en que las mismas condiciones ambientales no se traducen en una cubierta vegetal de aspecto análogo, mientras que otras veces comunidades estructuralmente similares corresponden a dos o más medios ecológicos distintos.

Los espectros biológicos, o análisis numéricos de la flora o de la vegetación que evalúan la participación proporcional de los diferentes biotipos, constituyen una forma útil de apreciar similitudes y diferencias entre comunidades bióticas. Las características de tales espectros llevan asimismo y en general buenas correlaciones con los tipos de climas (Raunkiaer, 1934), aun cuando no en todos los casos se cumplen bien estas regularidades, como lo ha demostrado Cain (1950).

En las líneas que siguen se tratará de resumir la información existente en la literatura acerca de formas y espectros biológicos de la vegetación del país, mientras que la última parte del capítulo está dedicada esencialmente a una representación gráfica de los biotipos más sobresalientes de su flora.

A. Análisis que involucran la flora de México

La vegetación de las zonas áridas de México es la que más ha llamado la atención de los botánicos por la variedad e indudablemente también por el carácter espectacular de algunas de sus formas biológicas. Desde luego, tal situación no es privativa de este país, ya que algunas otras regiones secas del mundo ofrecen un fenómeno similar, el cual, al parecer, tiene su origen en la circunstancia de que el universo vegetal ha encontrado muy diversas soluciones y respuestas al problema de la escasez de agua. Por otra parte, es importante el hecho de que en condiciones de aridez extrema el número de biotipos vegetales es, a su vez, reducido. En la zona seca sonorense se alcanza el máximo de diversidad en áreas con 150 a 300 mm de precipitación media anual (Shreve, 1951: 40). Para la región seca chihuahuense esta condición se cumple en general promedio de la lluvia alcanza valores de 250 a 500 mm anuales.

Shreve (1942a: 197-201; 1951: 39-47) y Miranda (1955) son los autores que más a fondo han analizado los biotipos vegetales de las zonas áridas de México y han propuesto esquemas para su clasificación en forma de claves, utilizando principalmente características de tamaño, volumen y ramificación de la planta, rasgos de tallos y hojas, suculencia, presencia de espinas, así como la fenología.

A continuación se reproducen ambas clasificaciones, la primera en una adaptación al español.

Formas biológicas del Desierto Sonorense, según Shreve, 1951

Efímeras	
Estrictamente estacionales	
Efímeras de invierno	1. *Daucus pusillus, Plantago fastigiata*
Efímeras de verano	2. *Tidestromia lanuginosa, Pectis papposa*
Perennes facultativas	3. *Verbesina encelioides, Baileya multiradiata*
Perennes	
Partes subterráneas perennes	
Raíces perennes	4. *Penstemon parryi, Anemone tuberosa*
Bulbos perennes	5. *Hesperocallis undulata, Brodiaea capitata*
Base del tallo y parte superior de la raíz perennes	6. *Hilaria mutica, Aristida ternipes*
Tallos perennes	
Tallo reducido (en forma de cáudex)	
Cáudex corto, totalmente cubierto de hojas	
Hojas suculentas	7. *Agave palmeri, Dudleya arizonica*

Hojas no suculentas	8. *Nolina macrocarpa, Dasylirion wheeleri*
Cáudex largo, con hojas en su parte superior	
Hojas enteras, lineares, semisuculentas	9. *Yucca baccata, Yucca brevifolia*
Hojas divididas, palmadas, no suculentas	10. *Washingtonia filifera, Sabal uresana*
Tallo alargado	
Plantas suculentas (blandas)	
Hojas ausentes, tallo suculento	
Tallo sin ramificarse	11. *Ferocactus wislizenii, Echinomastus erectocentrus*
Tallo ramificado	
Tallo poco ramificado	
Plantas erectas y altas	12. *Carnegiea gigantea, Pachycereus pringlei*
Plantas erectas y bajas o semi-procumbentes y bajas	13. *Pedilanthus macrocarpus, Mammillaria microsperma*
Tallo profusamente ramificado	
Segmentos del tallo cilíndricos	14. *Opuntia spinosior, Opuntia arbuscula*
Segmentos del tallo aplanados	15. *Opuntia engelmannii, Opuntia santa-rita*
Hojas presentes, tallo no suculento	16. *Talinum paniculatum, Sedum wootonii*
Plantas no suculentas (leñosas)	
Tallos sin hojas, verdes	17. *Holacantha emoryi, Canotia holacantha*
Tallos con hojas	
Arbustos bajos, de madera blanda	18. *Encelia farinosa, Franseria dumosa*
Arbustos o árboles de madera dura	
Hojas perennes	19. *Simmondsia chinensis, Larrea tridentata*
Hojas deciduas	
Hojas deciduas en tiempo de sequía	
Tallo especializado	
Tallo endurecido en la superficie	20. *Fouquieria splendens*
Tallo engrosado en la base	21. *Idria columnaris, Bursera microphylla*
Tallo normal	
Tallo no verde	22. *Jatropha cardiophylla, Plumeria acutifolia*
Tallo verde	23. *Cercidium microphyllum, Parkinsonia aculeata*
Hojas deciduas en invierno	
Hojas grandes	24. *Populus fremontii, Ipomoea arborescens*
Hojas chicas	25. *Olneya tesota, Acacia greggii*

Formas de vida de las zonas áridas de México, según Miranda, 1955.

- Leñosos
  - Microfitos
    - Entomógamos
      - Multidendricaules.
        - Inermes.
          - Caducifolios.
            - Simplicifolios ... 1 - *Cordia, Hauya, Jathropa,* etc.
            - Compositifolios.
              - Pinnatifolios.
                - Mediocrifoliolados
                  - Corteza no decidua ... 2 - *Bursera, Cyrtocarpa, Juliania.*
                  - Corteza decidua ... 3 - *Bursera longipes, Pseudosmodingium.*
                - Parvi- y minimifoliolados
                  - Corteza no decidua ... 4 - *Bursera, Guaiacum.*
                  - Corteza decidua papirácea ... 5 - *Bursera microphylla, Pachycormus.*
              - Bipinnatifolios ... 6 - *Acacia, Lysiloma,* etc.
          - Perennifolios.
            - Simplicifolios ... 7 - *Capparis, Forchammeria,* etc.
            - Compositifolios ... 8 - *Porlieria.*
        - Espinosos.
          - Perennifolios.
            - Simplicifolios ... 9 - *Zizyphus.*
            - Compositifolios
              - Mediocrifoliolados ... 10 - *Pithecolobium.*
              - Parvi- y minimifoliolados ... 11 - *Olneya, Prosopis.*
          - Caducifolios.
            - Membranifolios.
              - Simplicifolios ... 12 - *Fouquieria, Idria.*
              - Compositifolios
                - Mediocrifoliolados ... 13 - *Ceiba.*
                - Parvi- y minimifoliolados ... 14 - *Cercidium, Haematoxylon.*
            - Clasifolios ... 15 - *Pereskia.*
      - Simplici- y oligodentricaules.
        - Lignicaules (con hojas)
          - Pinnati- o palmatifolios ... 16 - *Brahea, Inodes, Washingtonia.*
          - Simplicifolios ... 17 - *Beaucarnea, Yucca,* etc.
        - Crasicaules (afilos)
          - Oligodendricaules ... 18 - *Lemaireocereus, Pachycereus,* etc.
          - Simplici- o subsimplicicaules ... 19 - *Carnegia, Cephalocereus.*
    - Anemógamos
      - Planifolios ... 20 - *Quercus.*
      - Escuamifolios ... 21 - *Juniperus.*
  - Nanofitos.
    - Entomógamos.
      - Multidendricaules.
        - No crasifolios.
          - Inermes.
            - Con hojas
              - Planifolios.
                - Simplicifolios
                  - Mediocrifolios.
                    - No víscidos ... 22 - *Encelia, Franseria,* etc.
                    - Víscidos ... 23 - *Berendtia, Flourensia,* etc.
                  - Parvi- y minimifolios.
                    - Hojas no víscidas.
                      - Sin pelos. 24 - *Karwinskia, Menodora,* etc.
                      - Con pelos 25 - *Leucophyllum, Parthenium,* etc.
                    - Hojas víscidas ... 26 - *Larrea, Mortonia,* etc.
                - Compositifolios
                  - Mediocrifoliolados y parvifoliolados ... 27 - *Helietta, Morkillia,* etc.
                  - Minimifoliolados ... 28 - *Dalea, Megastigma,* etc.
              - Filiformifolios ... 29 - *Artemisia,* etc.
            - Afilos ... 30 - *Ephedra, Euphorbia,* etc.
          - Espinosos.
            - Con hojas.
              - Compositifolios
                - Pinnatifolios ... 31 - *Zanthoxylum.*
                - Bipinnatifolios ... 32 - *Acacia, Mimosa,* etc.
              - Simplicifolios
                - Espinas terminales ... 33 - *Castela, Condalia,* etc.
                - Espinas laterales ... 34 - *Fouquieria, Zizyphus.*
            - Afilos ... 35 - *Acanthothamnus, Koeberlinia,* etc.
        - Crasifolios ... 36 - *Sedum.*
      - Simplici- y oligodendricaules.
        - Afilos
          - Oligodendricaules.
            - Platicaules ... 37 - *Opuntia.*
            - Cilindricaules ... 38 - *Cylindropuntia, Grusonia,* etc.
          - Simplicicaules.
            - Cilindricaules ... 39 - *Echinocereus.*
            - Esfero- o subesferocaules ... 40 - *Echinocactus, Ferocactus,* etc.
        - Con hojas.
          - No crasifolios ... 41 - *Calybanus, Dasylirion,* etc.
          - Crasifolios ... 42 - *Agave, Hechtia.*
    - Anemógamos ... 43 - *Quercus.*

La clasificación de formas biológicas más usada a nivel mundial es la de Raunkiaer (1934), que distingue cinco categorías principales basadas en las adaptaciones de la planta a la época adversa del año. En México pocas comunidades vegetales se han analizado usando esta clasificación y los espectros correspondientes a algunas de estas biocenosis se resumen en el cuadro siguiente:

Comunidad	*Fuente*	*No. de especies*	*Ph*	*Ch*	*H*	*G*	*Th*
pastizal halófilo, Valle de México	Cruz, 1969	15	0	27	53	0	20
pastizal de *Hilaria,* Valle de México	Cruz, 1969	204	8	20	43	12	17
zacatonal alpino y subalpino, Valle de México	Cruz, 1969	65	2	40	35	8	15
matorral de *Senecio praecox,* Valle de México	Rzedowski, 1954	319	11	7	38	21	23
bosque de *Quercus rugosa,* Valle de México	Rzedowski, 1954	126	22	9	32	20	17
bosque de *Pinus teocote,* Valle de México	Rzedowski, 1954	158	14	13	37	22	14
bosque de *Pinus patula,* Hidalgo a Oaxaca	Vela, com. pers.	210	31	27	19	19	4
bosque de *Abies religiosa,* Valle de México	Madrigal, 1967	96	45	16	10	26	4

Estos datos revelan que los espectros de los pastizales mexicanos de clima semiárido coinciden bastante bien con los propios de otras partes del mundo que se desarrollan en condiciones climáticas análogas, pues estas comunidades en general se caracterizan por la preponderancia de hemicriptófitas y con importante participación de terófitas y de caméfitas. La predominancia de estas últimas a nivel del zacatonal alpino, a su vez, corresponde a lo encontrado, en general, en comunidades herbáceas de clima frío de diversos sitios de la Tierra.

En cuanto a los bosques, es interesante notar que los correspondientes al clima más húmedo (de *Pinus patula* y de *Abies religiosa*) presentan una participación mucho mayor de fanerófitas que los propios de zonas algo más secas (de *Quercus rugosa* y de *Pinus teocote*). Los espectros de estos últimos se asemejan bastante a los que presentan las comunidades forestales de clima templado de latitudes más elevadas, mientras que los primeros llevan rasgos intermedios entre estos últimos y los bosques tropicales.

Resulta particularmente notable a este respecto el contraste entre el bosque de *Abies religiosa* de las altas montañas de México, con franco predominio de fanerófitas, y los bosques de *Abies* de la zona boreal del Hemisferio Norte, en los cuales las hemicriptófitas exceden ampliamente las demás formas biológicas. Esta diferencia se debe sin duda al clima comparativamente más benigno en las latitudes de México, que, aunque fresco, es isotérmico.

En su estudio sobre la cubierta vegetal del Estado de San Luis Potosí, Rzedowski (1966: 107-111) presenta espectros biológicos correspondientes a tipos de vegetación, calculados no sobre la base del número de especies pertenecientes a los diferentes biotipos, sino estimando la cobertura colectiva de las especies de cada forma biológica. Tales estimaciones son muy aproximadas, pero dan buena idea de las diferencias y semejanzas entre la estructura de las diferentes comunidades. Estos espectros se reproducen a continuación en forma algo modificada.

Abreviaturas correspondientes a los cuadros 3, 4 y 5:

BTP – bosque tropical perennifolio*
BTD – bosque tropical deciduo
BE – bosque espinoso
MS – matorral submontano
ME – mezquital extradesértico
MDM – matorral desértico micrófilo
MDR – matorral desértico rosetófilo
MC – matorral crasicaule
Z – zacatal
EA – encinar arbustivo
P – piñonar
EP – encinar y pinar
BDT – bosque deciduo templado
+ – indica la presencia de la forma biológica, pero con cobertura relativa inferior a 5%

Cuadro 3. Espectros biológicos de 13 tipos de vegetación distinguidos en el Estado de San Luis Potosí, calculados a base de la cobertura relativa, usando las formas biológicas de Raunkiaer (1934).

	BTP	BTD	BE	MS	ME	MDM	MDR	MC	Z	EA	P	EP	BDT
Phanerophyta	100	95	95	65	60	50	55	45	5	80	60	80	90
Hemicryptophyta	+	+	+	5	10	15	30	20	10	5	10	5	+
Chamaephyta	+	5	5	15	15	15	10	15	60	5	15	10	10
Geophyta	+	+	+	5	5	5	+	5	10	5	10	5	+
Therophyta	+	+	+	10	10	15	5	15	15	5	5	+	+

Para equivalencias con los tipos de vegetación utilizados en este trabajo véase la tabla de las págs. 156-157

Cuadro 4. Espectros biológicos de 13 tipos de vegetación distinguidos en el Estado de San Luis Potosí, calculados a base de la cobertura relativa empleando 14 categorías de formas biológicas.

No.	Formas biológicas	Tipos de vegetación												
		BTP	BTD	BE	MS	ME	MDM	MDR	MC	Z	EA	P	EP	BID
1	Arboles perennifolios	70	5	+	+	0	0	0	0	+	0	50	5	+
2	Arboles caducifolios	5	45	15	+	30	0	0	0	+	0	+	60	70
3	Arbustos perennifolios (sin incluir los de las categorías 6, 10 y 14)	10	5	5	10	5	25	15	+	+	10	5	+	10
4	Arbustos caducifolios (sin incluir los de la categoría 10)	+	30	45	50	10	25	15	30	5	75	10	20	10
5	Arbustos afilos (sin incluir los de la categoría 7)	0	0	0	0	5	5	+	+	+	0	0	0	0
6	Arbustos rosetófilos	+	5	20	+	5	5	45	+	+	+	+	+	0
7	Arbustos de tallo suculento	0	+	5	10	5	5	10	30	+	+	+	+	0
8	Herbáceas vivaces (sin incluir las de las categorías 10, 11, 12, 13 y 14)	+	5	5	20	20	15	10	20	70	10	35	15	10
9	Anuales (sin incluir las de las categorías 10, 11 y 13)	+	+	+	10	10	15	5	15	15	5	+	+	+
10	Trepadoras	10	5	5	+	+	+	+	+	+	+	+	+	+
11	Rastreras	+	+	+	+	5	5	+	5	10	+	+	+	+
12	Epifitas	5	+	+	+	5	+	+	+	+	+	+	+	+
13	Parásitas de raíces	+	+	+	0	0	0	+	0	+	+	0	+	0
14	Parásitas de órganos aéreos	+	+	+	+	+	+	+	+	+	+	0	+	+

Cuadro 5. Espectros biológicos de tres tipos de vegetación de clima árido del Estado de San Luis Potosí, calculados a base de la cobertura relativa, usando las formas biológicas propuestas por Orshan (1953) y modificadas por Morello (1958).

	MDM	MDR	MC
Todos los órganos vegetativos permanentes	40	70	30
Hojas estacionales	15	5	30
Brotes estacionales	10	10	10
Todas las ramas estacionales	20	10	20
Todos los órganos estacionales	15	5	10

B. Algunas formas biológicas sobresalientes de la flora de México

Sin pretender agotar el repertorio de tipos de plantas que forman parte de la vegetación de México, las siguientes páginas representan un selecto conjunto de especies ilustrativas de las formas biológicas más sobresalientes. La secuencia, necesariamente arbitraria, es la siguiente: a) árboles, b) arbustos, c) plantas herbáceas más comunes, d) trepadoras y rastreras, e) epifitas, f) parásitas y saprófitas, g) acuáticas.

Figura 79. Sterculia mexicana *("castaño"), árbol característico del bosque tropical perennifolio; cabe observar el tronco principal que no se ramifica sino en la parte superior de la planta; nótese también el gran desarrollo de los contrafuertes en la base. Fot. J. Sarukhán.*

Figura 80. Contrafuertes de Ficus *sp. ("amate"); este extenso sistema de estructuras leñosas aparentemente ayuda al sostén del gran peso del árbol, dado el relativamente escaso desarrollo de las raíces.*

Figura 81. Terminalia amazonia *("sombrerete"), árbol del bosque tropical perennifolio, caracterizado por una heterogénea distribución de su copa que presenta varios niveles de altura.*

Figura 82. Ficus cotinifolia *("matapalo"), estrangulando la palmera* Sabal mexicana; *estos "estranguladores" inician su vida como epifitas (véase figura 159) y frecuentemente terminan por eliminar a su huésped y por adueñarse de su lugar.*

Figura 83. Ficus petiolaris *("amate amarillo"), habitante característico de riscos y taludes, destaca también por el color amarillo de la corteza del tronco y de las principales ramas.*

Figura 84. Enterolobium cyclocarpum *("parota"), árbol que en ausencia de la competencia de otras plantas de su talla desarrolla una copa frecuentemente más de dos veces más ancha que alta.*

Figura 85. Bursera morelensis *("cuajiote colorado"), típico representante del bosque tropical caducifolio; la ramificación se inicia a niveles bajos y forma una amplia copa que a menudo es tan ancha como la altura del árbol; nótese la corteza roja exfoliante del tronco.*

Figura 86. Crescentia alata *("cuastecomate"), arbolito con ramificación peculiar, notable también por presentar el fenómeno de la "cauliflorìa" (las flores nacen en las ramas gruesas).*

Figura 87. Pileus mexicanus *("bonete"), árbol caducifolio, llamativo por la forma manifiestamente cónica de su tronco. Fot. J. Chavelas.*

Figura 88. Acacia schaffneri *("huizache"), forma arbóreo-arbustiva, ramificada desde la base, frecuente en las regiones de clima semiárido.*

Figura 89. Cercidium praecox *("palo verde"); otro árbol propio de las zonas secas; durante la mayor parte del año permanece sin hojas, pero sus tallos verdes realizan fotosíntesis en las épocas desfavorables.*

Figura 90. Nephelea mexicana *("pesma"), helecho arborescente, característico de regiones de clima muy húmedo; su forma asemeja la de algunas palmeras, pues es un tronco sin ramificar, coronado por un penacho de hojas.*

Figura 91. Orbignya cohune *("corozo"); palmera propia de la tierra caliente; las enormes hojas pinnadas de este tipo de plantas constituyen el material preferido para el techado de las casas en diversas regiones del país.*

Figura 92. Brahea dulcis *("zoyate"); palmera de hojas en forma de abanico; la abundancia de este tipo de plantas se encuentra frecuentemente favorecida por los incendios de la vegetación.*

Figura 93. Liquidambar styraciflua *("ocozote"), árbol esbelto, caducifolio, frecuente en el bosque mesófilo de montaña.*

Figura 94. Quercus rugosa *("encino"), forma biológica común en las zonas de clima templado; la ramificación del tronco a nivel bajo no es natural sino es el resultado del retoño a partir del tocón del tallo primitivo.*

Figura 95. Taxodium mucronatum *("ahuehuete"), árbol característico de orillas de ríos y arroyos, que puede alcanzar gran longevidad y tamaño; sus ramas colgantes a menudo bajan hasta cerca del nivel del suelo.*

Figura 96. Pinus montezumae *("ocote"), tipo común entre las coníferas mexicanas: con una copa redondeada y regular; los pinos junto con los encinos son los árboles más abundantes en las regiones de clima templado de México.*

Figura 97. Pinus strobus *var.* chiapensis *("pinabete"), forma peculiar propia de algunos pinos de clima húmedo.*

Figura 99. Larrea tridentata *("gobernadora"), arbusto perennifolio muy abundante en el norte del país y que aparentemente es la planta mexicana mejor adaptada a condiciones de aridez.*

Figura 98. Abies religiosa *("oyamel") destaca por su copa cónica perfecta; es una conífera habitante de climas fríos y húmedos.*

Figura 100. Fouquieria splendens *("ocotillo"), planta espinosa muy notable por su tipo de ramificación, es también uno de los elementos característicos de las regiones de clima seco.*

Figura 101. Leucophyllum ambiguum (*"chamiso"*), *arbusto perennifolio con hojas cubiertas de pubescencia lanosa blanca, ilustra otro tipo de adaptación a la escasez de agua. Plantas con pubescencia similar también son frecuentes en el medio alpino.*

Figura 102. Juniperus monticola *f.* compacta (*"Tláxcal"*). *tipo arbustivo compacto y semi-rastrero, propio de afloramientos rocosos de la zona alpina.*

Figura 103. Euphorbia antisiphylitica (*"candelilla"*), *arbusto bajo y muy ramificado, pero desprovisto de hojas; la superficie de los tallos se halla cubierta de cera que aparentemente actúa limitando la transpiración excesiva a la que está expuesta esta xerófita.*

Figura 104. Holacantha stewartii (*"corona de Cristo"*); *la fotografía ilustra una parte de esta planta también carente de hojas y cuyas ramillas terminan en espinas.*

Figura 105. Fouquieria columnaris (*"cirio"*), *xerófita de aspecto muy notable, propia de algunas áreas de Baja California y Sonora.*

Figura 106. Pachycormus discolor *("torote blanco"), otro ejemplo de arbusto adaptado a la aridez que presenta fuerte desarrollo del grosor de sus troncos.*

Figura 107. Senecio praecox *("palo loco"), arbusto caducifolio de aspecto característico; la especie abunda en algunos lugares rocosos de suelo escaso.*

Figura 108. Echinocactus visnaga *("biznaga"); las cactáceas en forma de barril constituyen uno de los tipos más comunes de xerófitas mexicanas.*

Figura 109. Ferocactus pringlei *("biznaga colorada"), notable por el crecimiento colonial y el color rojo de las espinas.*

Figura 110. Coryphantha pallida *("biznaga"), forma pequeña semiglobosa, con flor vistosa. Fot. I. Piña.*

Figura 111. Lophophora williamsii *("peyote"), tipo casi totalmente enterrado, colonial y carente de espinas.*

Figura 112. Cephalocereus senilis *("viejito"); las cactáceas columnares, que a menudo alcanzan tamaños grandes (hasta 20 m de altura), son también elementos comunes de las zonas áridas y semiáridas de México, sobre todo en las partes más calientes; con frecuencia se encuentran moderadamente ramificadas.*

Figura 114. Neobuxbaumia mezcalensis *("gigante"), forma esbelta, sin ramificar.*

Figura 113. Myrtillocactus geometrizans *("garambullo"), forma de ramificación profusa.*

Figura 115. Machaerocereus gummosus *("pitajaya agria"), forma de crecimiento horizontal.*

Figura 116. Bergerocactus emoryi, *forma más pequeña, muy ramificada y con armadura amarilla.*

Figura 117. Opuntia cholla *("cholla"), otro tipo de cactácea que abunda en las regiones áridas de México, caracterizado por el tallo articulado y más o menos cilíndrico.*

Figura 118. Opuntia tunicata *("cardenche"), forma similar a la anterior, pero colonial y con desarrollo de un gran número de espinas fuertes y ganchudas.*

Figura 119. Opuntia streptacantha *("nopal cardón"), representante de las cactáceas de tallo articulado y aplanado, conjunto conocido en México con el nombre de "nopal" y muy diversificado en diferentes partes del país, sobre todo en las áridas.*

Figura 120. Opuntia microdasys *("nopal cegador"), planta semi-rastrera, desprovista de espinas grandes, pero sus tallos y frutos están protegidos por millares de pequeñas glóquidas o cerdas rígidas ("ahuates") que penetran e irritan la piel de los animales.*

Figura 121. Bambusa aculeata *("otate"), gramínea de tallo leñoso que puede alcanzar varios metros de altura; forma común en algunas zonas de los Andes; en México muy rara vez llega a ser dominante en la vegetación.*

Figura 122. Agave asperrima *("maguey cenizo"); el grupo de los magueyes, caracterizado por sus hojas alargadas, rígidas, generalmente carnosas y espinosas, es otro de los elementos notables de la flora mexicana: en su mayoría son también xerófitas, aunque algunos incursionan a regiones húmedas.*

Figura 123. Agave lecheguilla *("lechugilla"), notable por su crecimiento colonial; una de las especies dominantes del "matorral desértico rosetófilo".*

Figura 124. Agave striata *("espadín"), maguey de hojas angostas y desprovistas de espinas laterales.*

Figura 125. Yucca filifera (*"palma china"*), *esta planta ramificada semi-arbórea representa un grupo de xerófitas interesantes que concentran sus hojas estrechas y rígidas en los extremos de los tallos; no pertenece a la familia de las palmas.*

Figura 126. Yucca carnerosana (*"palma samandoca"*), *forma colonial, no ramificada; lo romo de los extremos de sus hojas indica que éstas han sido cortadas, pues se explotan como fuente de fibras duras ("ixtle").*

Figura 127. Beaucarnea gracilis (*"izote"*), *representante de la misma forma biológica, pero con el tallo abultado en la base y las hojas delgadas y flexibles.*

Figura 129. Spiranthes aurantiaca *("cutzis"), forma no ramificada, con las hojas mayormente concentradas en la base y la inflorescencia llevada hacia lo alto; las partes aéreas de esta planta desaparecen también durante la época seca.*

Figura 128. Lamourouxia rhinanthifolia *("jarrito") tipo herbáceo común, ramificado; sus partes aéreas desaparecen totalmente durante la época desfavorable del año.*

Figura 130. Echeveria mucronata *("siempreviva"), similar a la anterior, pero con las hojas carnosas y crecimiento colonial; las rosetas de las hojas se mantienen verdes durante todo el año.*

Figura 131. Peperomia campylotropa *("ombligo de tierra"), habitante de lugares rocosos, cuyas inflorescencias y hojas nacen independientemente a partir de una base perenne.*

Figura 132. Xanthosoma robustum *("mafafa"), planta herbácea perennifolia, con hojas que llegan a medir más de 1 m de largo; característica de lugares sombreados y húmedos de clima caliente. Fot. J. Chavelas.*

Figura 133. Arenaria bryoides, *planta colonial, con desarrollo a manera de almohada; forma biológica característica del piso alpino.*

Figura 134. Castilleja tolucensis *("garañona"), planta colonial de baja estatura, también propia de la vegetación alpina o subalpina; la llamativa inflorescencia corresponde a menudo a más de la mitad del largo de cada vástago.*

Figura 135. Selaginella lepidophylla *("flor de peña"), pteridofita con hojas arrosetadas, propia de taludes y lugares rocosos; su follaje es higroscópico y la planta puede pasar periodos de sequía con las hojas enroscadas en espera de la lluvia que las abre y "vuelve a la vida".*

Figura 136. Notholaena aurea *("calaguana"), helecho xerófilo, también de hojas higroscópicas.*

Figura 137. Woodwardia spinulosa *("helecho"), forma característica de lugares sombreados y húmedos, provista de hojas grandes.*

Figura 138. Phlebodium aureum *("calahuala"), helecho caducifolio, propio de habitats abiertos y asoleados, destacando el color verde claro de su follaje.*

Figura 139. Muhlenbergia macroura *("zacatón"), gramínea amacollada de gran tamaño; plantas de este tipo son comunes sobre todo en las praderas alpinas y subalpinas.*

Figura 140. Muhlenbergia purpusii, *gramínea gipsófila colonial que crece en forma centrífuga, dejando muerto con el tiempo el centro; este tipo de desarrollo, característico de muchos microorganismos, también se presenta en algunas plantas superiores. Fot. F. Medellín.*

Figura 141. Ipomoea tyrianthina *("manto"), especie trepadora herbácea, cuyas partes aéreas desaparecen todos los años en la época seca. Fot. J. Chavelas.*

Figura 142. Lycopodium clavatum *("licopodio"), trepadora herbácea perennifolia de taludes, propia de clima permanentemente húmedo.*

Figura 143. Cissus sicyoides *("temecate"), bejuco caducifolio; vive tanto sobre rocas como también sobre otras plantas.*

Figura 144. Celastrus pringlei *("bejuco"); la fotografía muestra un fragmento del tallo de esta trepadora que sube hasta lo alto de los árboles, donde su follaje compite por la luz con el de sus huéspedes.*

Figura 145. Philodendron sagittifolium *("conte"), trepadora perennifolia de hojas grandes, característica del bosque tropical perennifolio.*

Figura 146. Heliocereus speciosus *("pitajaya"), cactácea de tallos suculentos y flores vistosas; preferentemente es habitante de riscos y taludes, pero también se le encuentra sobre árboles.*

Figura 147. Cucurbita foetidissima *("calabacilla loca"), maleza común en el norte de México, de tallos rastreros, pero con las hojas notablemente levantadas.*

Figura 148. Ipomoea pes-caprae *("riñonina"), planta rastrera perennifolia, característica de playas arenosas de los litorales.*

Figura 149. Euphorbia hirta *("hierba de la golondrina"), planta con todas las partes aéreas prácticamente "aplastadas" contra el substrato.*

Figura 151. Peperomia rotundifolia, *epífita diminuta, propia del bosque tropical perennifolio.*

Figura 150. Rubus pumilus *("zarzamora"), especie rastrera, propia de bosques de coníferas.*

Figura 152. Encyclia radiata; *muchas de las especies de la familia Orchidaceae viven como epifitas, presentando gran diversidad de formas y tamaños; esta figura y la siguiente ilustran dos representantes del grupo.*

Figura 153. Epidendrum imatophyllum; *se eliminaron ramas del huésped para lograr esta fotografía. Fot. J. Chavelas.*

Figura 154. Ramalina reticulata *("orchilla"), liquen que abunda sobre ramas de* Fouquieria *("palo de Adán") y de algunos otros arbustos en la franja costera occidental de Baja California.*

Figura 155. Tillandsia prodigiosa (*"pie de gallo"*); *algunas bromeliáceas epifíticas desarrollan inflorescencias vistosas; muchas son de tamaño bastante grande y en las axilas de sus hojas conservan agua por periodos largos, permitiendo el desarrollo de biocenosis acuáticas especiales.*

Figura 156. Tillandsia schiedeana (*"gallitos"*); *esta especie llega a cubrir densamente los troncos de los árboles y prospera bastante bien al descubierto; se le encuentra en abundancia en lugares perturbados.*

Figura 158. Rhipsalis cassutha *("pegapalo"), cactácea colgante muy ramificada, propia del bosque tropical perennifolio.*

Figura 157. Tillandsia usneoides *("heno"), epifita colgante con flores incospicuas, que llega a ser frecuente sobre ramas de árboles, principalmente en regiones de clima húmedo.*

Figura 159. Ficus cotinifolia *("matapalo") comienza su vida como epifita, para estrangular después y eventualmente desplazar al huésped (véase también la fig. 82).*

Figura 160. Arceuthobium vaginatum *("flor de ocote"), parásito del tronco y de las ramas de* Pinus hartwegii.

Figura 161. Arceuthobium globosum *("flor de ocote"); numerosos individuos de esta especie pueden observarse sobre las ramas de* Pinus hartwegii.

Figura 162. Phoradendron longifolium *("liga"), forma francamente arbustiva parasitando las ramas de* Quercus urbanii *("encino cucharilla").*

Figura 163. Cuscuta tinctoria *("zacatlaxcale") se fija y explota las ramas de* Schinus molle *("pirul") así como de otros huéspedes.*

Figura 164. Lennoa coerulea *("flor de tierra") parasita las raíces de* Okenia hypogoea *en una playa arenosa.*

Figura 165. Conopholis alpina *ssp.* mexicana *("elotillo") se especializa en vivir sobre raíces de diferentes especies de* Quercus *("encino").*

Figura 166. Helosis mexicana *("mazorca de culebra"), parásita de raíces de otras fanerógamas. Fot. J. Chavelas.*

Figura 167. Monotropa uniflora *("pipa de indio"), planta aparentemente saprófita, propia de bosques sombríos y húmedos de climas frescos.*

Figura 168. Potamogeton pectinatus *("granza"), planta arraigada en el fondo de cuerpos de agua y sumergida.*

Figura 169. Patamogeton nodosus *("espiga de agua"), especie arraigada en el fondo de cuerpos de agua y con las hojas flotantes.*

Figura 170. Nymphaea *sp. ("ninfa"), planta arraigada en el fondo de cuerpos de agua con las hojas flotantes y las flores emergidas.*

Figura 171. Marsilea mexicana *("trébol de cuatro hojas"), helecho acuático, arraigado en el fondo de cuerpos de agua con las hojas flotantes.*

Figura 172. Myriophyllum aquaticum, *planta arraigada en el fondo de cuerpos de agua y con una parte de las hojas emergida.*

Figura 173. Hydrocotyle ranunculoides *("ombligo de Venus"), especie arraigada en fondos poco profundos, con las hojas emergidas; abunda en sitios intensamente perturbados y contaminados.*

Figura 174. Eichhornia crassipes *("huachinango"), especie flotante no arraigada, con capacidad de multiplicarse rapidamente y cubrir en poco tiempo amplias superficies de agua.*

Figura 175. Lemma minor *("chichicastle"), planta minúscula flotante, no arraigada, también capaz de multiplicarse con gran rapidez.*

9. Algunas observaciones sobre los factores que determinan la distribución de la vegetación

Una de las preocupaciones perennes de los que estudian la vegetación en cualquier parte del mundo es la de encontrar las correlaciones existentes entre la distribución de las especies y por ende de las comunidades que investigan y los factores del medio físico y biótico que están en juego. Sobre todo, resulta, en general, de mucho interés teórico y práctico la revelación de los elementos que en una situación dada son los principales responsables de la presencia o ausencia de una biocenosis, o sea, el descubrimiento de su determinismo ecológico.

Por principio de cuentas, el problema no es sencillo, porque los diferentes factores del medio no actúan en forma aislada, sino a menudo unos tienen influencia sobre la actividad de otros y no es raro que ejerzan entre sí acciones complementarias o antagónicas. Así, por ejemplo, es muy bien conocido el efecto que ejerce la temperatura sobre la eficiencia de la precipitación y no menos sabido el caso de ciertos suelos que por sus características favorables pueden suplir la escasez de agua, al tener mejor capacidad de almacenarla y de ponerla a disposición de las plantas.

Es una opinión general que el clima mantiene el papel principal como factor determinante de la distribución de la vegetación. Esta relación, al menos a grandes rasgos, es una realidad indudable, a pesar de que no pueden aceptarse, a la luz de conocimientos modernos, sus expresiones demasiado idealizadas o simplistas, como, por ejemplo, fueron las de Clements (1916) y sus seguidores, y más recientemente las de Holdridge (1947).

Tal función del clima se debe a que este elemento no solamente actúa en forma directa sobre las plantas, sino también tiene influencia, a menudo decisiva, en los procesos de la formación del suelo y del moldeamiento de la topografía, afecta la distribución de microorganismos y de animales, e interfiere en los mecanismos de competencia, con lo cual ejerce controles múltiples. Sin embargo, la acción del clima no es omnipotente en todo tipo de condiciones, y Dansereau (1956) intentó una evaluación de las diferentes combinaciones de factores ambientales que resultan favorables para que el clima, o la topografía, o el suelo, o bien los factores bióticos asuman mayor importancia en el determinismo de la vegetación.

Diversos autores han encontrado que en México, con frecuencia, la distribución geográfica de las comunidades vegetales no tiene

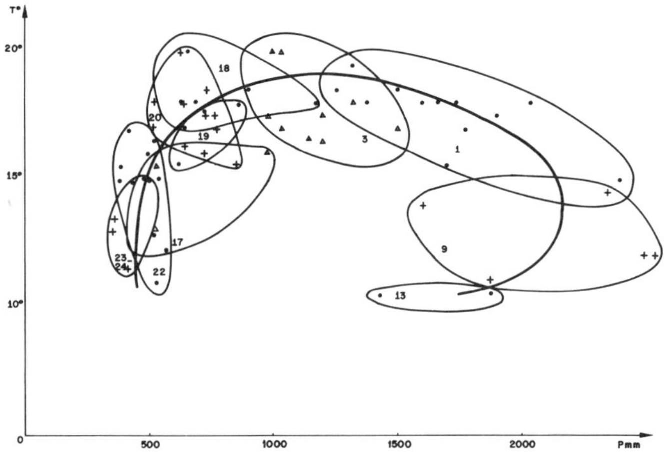

Figura 176. Areas ombrotérmicas reales de 11 comunidades vegetales de la región de la Huasteca; los números corresponden a: 1. Bosque tropical mediano subperennifolio. 3. Bosque tropical bajo deciduo. 9. Bosque caducifolio húmedo de montaña. 13. Bosque aciculifolio. 17. Bosque espinoso bajo y perennifolio. 18. Bosque espinoso bajo y deciduo. 19. Matorral submontano. 20. Matorral alto espinoso. 22. Matorral crasicaule. 23. Matorral desértico rosetófilo. 24. Matorral desértico micrófilo; los valores de la temperatura corresponden a los de la media del mes más frío del año, los de la precipitación son promedios anuales. Reproducido de Puig (1974) con la anuencia del autor.

correlaciones sencillas con el clima (Fig. 176) y a menudo es necesario recurrir a otros elementos del medio o a probables influencias de hechos ocurridos en el pasado geológico para explicar estas aparentes "anomalías". Rzedowski (1966: 75-81) ha analizado una parte de la información disponible sobre el particular; algunos de los ejemplos que se presentan a continuación provienen de esta fuente y muchos de ellos también se discuten en las descripciones correspondientes a las comunidades vegetales involucradas (capítulos 10 a 21).

Es interesante, aunque en general poco comentado el hecho de que en las regiones de clima árido las diferencias en las características de la topografía, del substrato geológico y del suelo ejercen, a menudo, mayor influencia sobre la distribución de la vegetación que las que acusa la misma precipitación pluvial. Así, por ejemplo, son muy notables las disimilitudes en la cubierta vegetal entre áreas de suelo profundo y otras contiguas en que éste es somero y con abundancia de piedras y grava, siendo por lo general mayor la biomasa, el número de especies y de formas biológicas y, por consiguiente, la complejidad de la vegetación en las últimas (Shreve, 1942a: 201; 1951: 29, 60-62). De manera análoga pueden discrepar las comunidades propias de suelos muy arenosos con respecto a otras que habitan tierras de textura mediana o pesada. Tipos diametralmente distintos de matorrales xerófilos prosperan en algunas partes de la Altiplanicie, en función de diferencias de substrato geológico, en particular entre suelos derivados de rocas calizas, de rocas ígneas y otros de tipo aluvial (Rzedowski, 1955, 1966).

Diferencias no tan impresionantes, pero no menos reveladoras, se han observado en las zonas calientes y húmedas de México. Así, por ejemplo, en un área climáticamente homogénea de la región de Tuxtepec, Oaxaca, existen cinco comunidades forestales estables distintas, a mencionar: el bosque de *Terminalia amazonia,* el de *Quercus* spp., el de *Vochysia hondurensis,* el de *Scheelea liebmannii* y *Sweetia panamensis* y el de *Brosimum alicastrum*, cuya distribución está ligada con la de ciertas características del suelo (Cuanalo y Aguilera, 1970; Barreto y Hernández X., 1970).

Como lo han observado y descrito muchos autores, los factores de orden topográfico rigen a menudo la distribución geográfica del pastizal, con respecto a diversos tipos de matorral y algunos bosques de *Quercus* y de *Pinus* (Fig. 177).

El bosque tropical caducifolio, tipo de vegetación muy extendido en México, parece, en general, estar limitado a laderas de cerros con suelo delgado y pedregoso y no se le ve en llanuras aluviales, donde aparentemente resulta substituido por el bosque espinoso. Tal situación se observa en diferentes partes del país, salvo el Territorio Sur de Baja California, donde el bosque tropical caducifolio prospera tanto sobre suelos profundos como en los someros de los declives. Un corolario notable lo constituye el hecho de que en esta parte de la República casi no existe el bosque espinoso, a pesar de haber, al menos en apariencia, las condiciones climáticas propicias para su desarrollo. Cabe preguntar aquí, si la ausencia del bosque espinoso en Baja California obedece a algún factor ambiental actual o más bien a causas de orden histórico. Otra posible hipótesis sería la de suponer que en otros tiempos el bosque tropical caducifolio existía también sobre terrenos planos en muchas partes del país, pero que desapareció como resultado de su intenso uso para fines agrícolas.

Razones de orden histórico se invocan asimismo para explicar la presencia de bosques de *Quercus* en altitudes cercanas al nivel del mar y en condiciones climáticas características del bosque tropical perennifolio (Sarukhán, 1968a: 15-26), aunque indudablemente los factores edáficos son importantes para la existencia de estos encinares, como también es el caso de los bosques de *Pinus caribaea* en Belice (Bartlett, 1935). Por otra parte, tanto Miranda (1963: 191-192), como Rzedowski (1963b: 202) interpretan la presencia de manchones relictuales del bosque tropical caducifolio en el Valle de México como resultado de cambios climáticos y fisiográficos ocurridos en el pasado en esa región.

Visto este problema a nivel nacional, cabe deducir que los últimos dos ejemplos mencionados no son quizá sino casos extremos de una larga serie de aparentes "anomalías" en la distribución geográfica recíproca de los

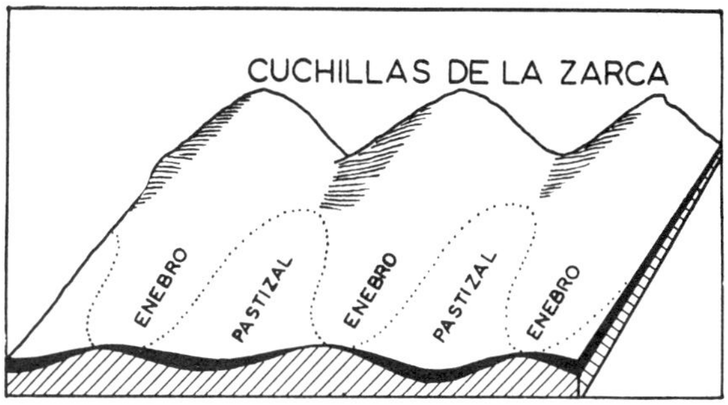

Figura 177. Esquema que ilustra la distribución recíproca del pastizal y del bosque de Juniperus *en las Cuchillas de la Zarca, Durango. Reproducido de Gentry (1957) con autorización de los editores.*

bosques tropicales por un lado y los encinares y pinares por el otro.

En general, se ha podido observar en México que los límites altitudinales superiores de la repartición de los bosques tropical perennifolio, subcaducifolio y caducifolio coinciden con frecuencia con la isoterma de 0° C de temperatura mínima extrema, pues a esta elevación las mencionadas comunidades a menudo ceden lugar a otros tipos de vegetación, como el bosque de *Quercus,* el bosque de *Pinus* o el bosque mesófilo de montaña, si las condiciones de humedad lo permiten. Al sur del paralelo 22° tal isoterma no desciende en México a altitudes inferiores de 600 m y en la vertiente pacífica ni siquiera a menos de 1 000 m.

No hay duda, sin embargo, de que existen numerosas excepciones a la estricta coincidencia de la isoterma en cuestión con el límite entre las mencionadas comunidades vegetales. Así, por ejemplo, Rzedowski y McVaugh (1966: 56-61) describen encinares de Nayarit y de Jalisco que descienden hasta 300 m s.n.m. y situaciones análogas se conocen también de Guerrero, así como de Oaxaca (Williams, 1939: 147).

En forma recíproca, el bosque tropical caducifolio asciende en ocasiones a altitudes superiores a 1 700 m (Miranda, 1941: 577), ocupando áreas en que las heladas se presentan con regularidad.

Algunos autores (Cook, 1909: Sánchez y

Huguet, 1959: 29) han atribuido la presencia de pinares en zonas de clima cálido a la acción del hombre y del fuego (véase también páginas 288-289). Aunque es probable que algunos bosques de *Pinus* hayan tenido este origen, tal explicación no parece ser suficiente para el conjunto de encinares, pinares y bosques tropicales en cuestión que prosperan fuera de su zona climática "normal". Como hipótesis de trabajo cabe aceptar que hay factores de tipo histórico que llevan al menos una parte de la responsabilidad de la existencia de estos enclaves y es de esperarse que futuras investigaciones profundicen lo necesario para solucionar este aparente dilema. Tal vez estudios palinológicos podrán también contribuir a su esclarecimiento.

Un problema aún más complejo e igualmente enigmático lo constituyen las relaciones mutuas entre los encinares y los pinares de México. Estos dos tipos de vegetación son los más característicos de las regiones montañosas del país en las que prevalece clima templado a frío y semihúmedo. Mientras que la amplitud altitudinal conocida de los bosques de *Quercus* en la República es de 0 a 3 100 m, la de los bosques de *Pinus* va de 150 a 4 000 m, de suerte que los dos tienen un intervalo común de tolerancia entre 150 y 3 100 m s.n.m., o bien de 0 a 3 100 m si se toman en cuenta los pinares de Belice, ubicados muy cerca de la frontera con México. Ambos tipos de comunidad penetran tanto hacia los climas semiáridos como hacia los húmedos, con alcances aproximadamente iguales.

La distribución de estos dos tipos de vegetación señala a grandes rasgos una amplia predominancia de encinares sobre pinares en la Sierra Madre Oriental, sucediendo lo contrario en muchas partes de la Sierra Madre Occidental y del Eje Volcánico Transversal. Muy probablemente esta asimetría se debe en gran parte al hecho de que la mayoría de los pinares prefiere suelos ácidos y no tolera los cercanos a la neutralidad que prevalecen en la Sierra Madre Oriental, pues este macizo montañoso está formado en gran parte por calizas, margas y lutitas calcáreas. Por el contrario, los suelos derivados de rocas volcánicas de la Sierra Madre Occidental y del Eje Volcánico Transversal parecen favorecer bastante a los pinos.

En México es frecuente ver que, al ir ascendiendo una serranía o al avanzar de una zona seca a otra más húmeda, aparecen, en primer término, los bosques de *Quercus* y más tarde los de *Pinus*, pero tal secuencia tiene muchas excepciones. De manera semejante, en ciertas regiones los pinares ocupan las laderas más rocosas y empinadas, mientras que los encinares prosperan en los suelos más profundos; no obstante en otras áreas sucede lo contrario.

Vela (com. pers.) concluye que el bosque de *Pinus patula*, del este de México, es una comunidad esencialmente secundaria, cuya existencia se debe al menos en la mayor parte de su área de distribución, a la intervención humana y que de cesar esta última, la vegetación revierte hacia el encinar. Es muy probable que algunos otros pinares también constituyan un estadío mantenido por el fuego, cuyo clímax corresponde al encinar o al bosque mixto de *Pinus* y *Quercus*. Esto dista, sin embargo, de ser una regla general, pues existen muchos encinares seriamente afectados por los incendios, en los cuales no hay establecimiento de pinos. También la expansión de algunos encinares arbustivos es el resultado aparente de incendios frecuentes en bosques de pino (Rzedowski et al., 1964: 45-46) y no es raro ver comunidades mixtas que se convierten en encinares, como consecuencia de la explotación selectiva del pino.

De hecho, se trata evidentemente de dos tipos de vegetación de requerimientos ecológicos paralelos y que por consiguiente a menudo se encuentran en competencia. En algunas regiones prevalece una de ellas en forma más o menos exclusiva, pero en muchas otras ambas juegan un papel importante y, sobre todo donde el hombre ha modificado las condiciones naturales, pueden formar mosaicos a menudo muy difíciles de interpretar desde el punto de vista de su determinismo. La condición de bosque mixto de *Pinus* y *Quercus* también es frecuente en México y en muchas partes parece representar una comunidad completamente estable. Por otra parte, en algunas zonas montañosas aisladas la ausencia absoluta de pino o de encino puede deberse a causas de tipo histórico. Es muy probable también que las características del suelo jueguen un papel importante en la distribución de estos bosques y vale la pena investigar a fondo este aspecto.

El determinismo ecológico de las sabanas constituye un problema muy discutido, pues mientras unos autores consideran que todas tienen su origen en las actividades humanas y en el fuego, otros opinan que una parte de estos pastizales de clima caliente está condicionada mayormente por suelos de drenaje deficiente y existía desde antes de la aparición del hombre. Una discusión más amplia sobre el particular podrá encontrarse en el capítulo 15, pero aquí resulta interesante mencionar la existencia de manchones de una vegetación de tipo sabanoide sobre laderas de cerros de la vertiente pacífica, por lo general en medio del bosque tropical caducifolio. Estas sabanas no parecen estar ligadas a la deficiencia de drenaje, pero en su mayoría llevan como substrato geológico a rocas metamórficas. No es imposible que todas sean de origen secundario, aun cuando en muchos casos no hay claros indicios de ello.

Aunque hay quienes opinan (Sauer, 1944, 1950; Budowski, 1956, 1966) que todos o prácticamente todos los pinares y zacatales son de origen secundario y se mantienen sólo gracias a la presencia del hombre, tales generalizaciones no parecen responder a la realidad, pues ignoran las condiciones prevalecientes en México y en muchas otras partes del mundo.

El bosque de *Prosopis* o "mezquital" es una comunidad vegetal que por sus características cabe adscribir al bosque espinoso. Se encuentra muy difundida en México y es de distribución ecológica particularmente vasta, pues se le encuentra tanto cerca del nivel del mar, como a 2 000 m de altitud y aunque prefiere lugares moderadamente secos, prospera en climas que varían desde BW hasta Aw y Cw de la clasificación de Koeppen. Esta amplitud ecológica es interesante, pues es prácticamente tan grande como la del bosque espinoso en su conjunto, que a su vez constituye otro aspecto de la vegetación de México que no ha recibido explicación satisfactoria.

Así, por ejemplo, el bosque espinoso de la Planicie Costera de Sinaloa y de Sonora se desarrolla a lo largo de una franja en que llueve de 250 a 800 mm anuales, con 8 a 11 meses secos. En la Planicie Costera Nororiental, en cambio, la presencia del mismo tipo de vegetación requiere de 500 a 1 200 mm de precipitación en promedio anual, con 6 a 9 meses secos. Estas diferencias tienen tal vez su explicación parcial en las condiciones edáficas que son desfavorables en muchas partes del noreste y en la gran irregularidad de la precipitación que prevalece en esa zona (Fig. 24), pero no es seguro si estos factores realmente compensan tan amplias diferencias de la precipitación.

A este respecto el bosque tropical caducifolio no se queda atrás, pues mientras su existencia en San Luis Potosí exige 1 000 a 1 800 mm anuales de lluvia (Rzedowski, 1966: 122), en la Cuenca del Balsas son necesarios 600 a 1 400 mm (Miranda, 1941: 570), en la Península de Yucatán 470 a 1 100 mm (Miranda, 1958: 236-238) y en Baja California Sur sólo 300 a 500 mm. De estos intervalos el mencionado para la Cuenca del Balsas es representativo de la mayor parte del área de distribución de este tipo de vegetación en México. El correspondiente a San Luis Potosí obedece, sin duda, a las mismas causas que afectan en general el noreste del país, aun cuando para el caso del bosque tropical caducifolio aparentemente no es aplicable siempre la deficiencia edáfica. En cuanto a Yucatán y al noroeste de México no hay otra alternativa, sino la de suponer la presencia de factores substanciales de compensación.

Miranda (1958: 226) sugiere como un posible factor la más favorable distribución de la lluvia a lo largo del año en la Península de Yucatán. A ello cabe agregar la relativamente elevada humedad atmosférica (Fig. 25) y la reducida variabilidad de la lluvia de año a año (Fig. 24).

Sin embargo, ninguno de estos factores parece operar, en mayor escala en el noroeste de México, que para mayor desventaja es la zona más calurosa del país, con lo cual la escasa lluvia debe resultar aún menos eficiente que en otras regiones.

Por otra parte, la existencia de esta compensación puede deducirse también de otro tipo de apreciaciones. Así, al comparar la vegetación de matorrales xerófilos de muchas partes del Altiplano con los de Baja California y de Sonora resulta patente el hecho de que en general una vegetación de biomasa y complejidad equivalente se obtiene en la región árida sonorense con mucho menor aporte de lluvia, que en la chihuahuense. Queda por dilucidar a qué obedecen estas notables diferencias.

Evidentemente, los ejemplos aportados en este capítulo no agotan el repertorio de incógnitas que ofrece el cuadro de la vegetación de México en cuanto a su determinismo. Las hay en todas partes y a todos los niveles de importancia y los estudios ecológicos deben procurar descifrarlas.

10. Tipos de vegetación

El estado actual de los conocimientos acerca de la cubierta vegetal de México no permite aún apreciaciones comparativas de gran detalle. Salvo en muy contados estudios locales en los que se ha buscado la definición de asociaciones, en general el enfoque de las investigaciones realizadas se ha mantenido en las últimas décadas a nivel de tipos de vegetación que equivalen aproximadamente a las formaciones vegetales. En virtud de tal circunstancia, éstas serán también las categorías que se emplearán en la presente síntesis.

Ahora, si bien es cierto que la gran mayoría de los autores que han escrito sobre el particular, coinciden en utilizar el tipo de vegetación como unidad básica de trabajo, en la literatura existen infortunadamente grandes discrepancias en cuanto a la circunscripción particular de muchos de ellos y en cuanto a la nomenclatura empleada, de tal manera que, de hecho, el estado de la clasificación de la vegetación de México, lejos de resultar uniforme, tiende a ser cada vez más anárquico.

Este desorden, aun cuando en buena parte debe achacarse a la falta de acuerdo y a los posturas individualistas de muchos investigadores, tiene también profundas razones de otra índole. Una de ellas es indudablemente la dificultad intrínseca que ofrece la vegetación para dejarse encuadrar en unidades discretas y con frecuencia sucede que, criterios que parecen ser muy adecuados para clasificar las formaciones en una parte del país, no son tan recomendables en otra región diferente. Mucho ha tenido que ver también en estas discrepancias el tamaño y el grado de complejidad del área que ha escogido cada autor como objeto de su estudio, pues presenta una problemática muy diferente el reconocimiento de tipos de vegetación a nivel, por ejemplo, del municipio de Guaymas, en comparación con la que hay que resolver a nivel del Estado de Oaxaca o con la que se plantea en el caso de tener que distinguir los tipos de vegetación de todo México.

Los primeros intentos de clasificar la vegetación del país, basados principalmente en rasgos fisonómicos de la misma, son los mapas de Sanders (1921), de Shelford (1926) y de Smith y Johnston (1945). En este último trabajo se reconocen para México seis categorías: bosque tropical y subtropical lluvioso, bosque tropical caducifolio, bosque espinoso, matorral desértico, chaparral californiano y zona montañosa. Su delimitación, sin embargo, es muy aproximada, pues el mapa incluye toda Latinoamérica y está dibujado a escala pequeña. En el artículo de Leopold (1950) se esboza ya un cuadro más preciso, distinguiendo 12 tipos de vegetación y señalando su distribución en una carta originalmente publicada en escala de 1 : 20 000 000, pero posteriormente reproducida a 1 : 8 000 000. Es indudable que el trabajo de Leopold es el resultado de un buen conocimiento del país y a pesar de una serie de errores representa una valiosa contribución. Su mérito es más notable aún si se considera que el autor es un zoólogo.

Entre 1938 y 1968 se ha producido el mayor auge de los estudios sobre la vegetación de diferentes regiones de México, uno de cuyos resultados ha sido una excesiva proliferación de nombres y conceptos locales, a menudo dificilmente comparables entre sí, creando un estado de confusión, sobre todo para aquellos interesados, que no están bien interiorizados en el problema.

Estas investigaciones, sin embargo, produjeron un acopio sin precedente de información sobre la vegetación del país, permitiendo el conocimiento de cada vez más detalles y correlaciones con el medio. De esta manera se crearon las bases de un sistema nuevo, que fue elaborado por Miranda y Hernández X. y publicado definitivamente en 1963 (Fig. 178). En esta clasificación se reconocen en el país 32 tipos de vegetación, lo que da idea del esfuerzo que realizaron los autores mencionados para ofrecer un ordenamiento de mayor precisión y utilidad. El trabajo carece de mapa, pero incluye datos sobre la distribución geográfica de cada uno de los tipos, sobre sus relaciones con los principales factores del ambiente y destaca por una amplia serie de buenas fotografías, que facilitan la identificación de las unidades descritas, misma que también puede lograrse a través de una clave dicotómica.

Aunque el sistema de Miranda y Hernández X. es el más usado en México en la actualidad, el autor de estas líneas ha encontrado dificultades para su empleo y después de largas reflexiones ha decidido no utilizarlo. Las principales razones de este proceder son las siguientes:

1. La clasificación de los autores mencionados no parece ajustarse bien a la realidad de la cubierta vegetal de muchas regiones de clima árido y semiárido de México. En particular resulta problemática la diferenciación entre el "matorral inerme parvifolio" el "matorral espinoso con espinas terminales", el "matorral espinoso con espinas laterales" y algunos "izotales". Otros "izotales", en cambio, no se distinguen bien de "crasi-rosulifolios espinosos".

   Por otra parte, dentro del "matorral inerme parvifolio" se agrupan el matorral de *Larrea tridentata* y el de *Helietta parvifolia,* comunidades ecológica, fisonómica y florísticamente tan diferentes entre sí, que con dificultad pueden considerarse como pertenecientes al mismo tipo de vegetación en una clasificación en que se pretende mayor detalle.

   Los mezquitales, que constituyen también un elemento muy característico de la vegetación xerófila de México, se ubican, en el citado sistema, dentro de la "selva espinosa perennifolia", hecho que no es fácil de explicarse, pues la especie dominante (*Prosopis laevigata*) es evidentemente de hoja decidua.
2. Fuera de la estricta influencia de los climas áridos existen en la clasificación de Miranda y Hernández X. al menos dos categorías, en las que arguyendo similitudes fisonómicas se han reunido comunidades vegetales de significado ecológico muy desigual. Este es el caso del "bosque de escuamifolios" que involucra tanto los de *Juniperus* como los de *Cupressus,* y

LISTA DE LOS TIPOS MAS IMPORTANTES DE VEGETACION DE MEXICO Y CLIMAS EN QUE SE ENCUENTRAN (ESTOS SEGUN LA CLASIFICACION CLIMATICA DE KOPPEN).

Tipo de vegetación	*Clima*
1. Selva alta perennifolia	Af, Am
2. Selva mediana o baja perennifolia	Af, Am, Cfa, Cfb
3. Selva alta o mediana subperenifolia	Am, Aw
4. Selva alta o mediana subcaducifolia	Am, Aw
5. Selva baja subperennifolia	Am, Aw
6. Palmares	Am, Aw
7. Sabana	Am, Aw
8. Manglar	Am, Aw, BSh
9. Popal	Af, Am, Aw
10. Selva baja caducifolia	Aw, Cwa
11. Selva baja espinosa perennifolia	Aw, BSh, BW, Cx'
12. Selva baja espinosa caducifolia	BSh, BW
13. Matorral espinoso con espinas laterales	Aw, BSk, Cwa
14. Cardonales, tetecheras, etc.	BSh, BW
15. Izotales	BSh, BSk, BW
16. Nopaleras	BSk, BSk'
17. Matorral espinoso con espinas terminales	BSh, BSk, BW
18. Matorral inerme o subinerme parvifolio	BSh, BSk, BW
19. Crasi-rosulifolios espinosos	BSh, BSk, BW
20. Tulares, carrizales, etc.	Af, Am, Aw, Cwa, Cwb
21. Pastizales	BSk
22. Zacatonales	Cwc
23. Agrupaciones de halofitos	Am, Aw, BS, BW, Cx', Cs
24. Chaparral	Cs, (BSk', Cwa)
25. Bosque de enebros	BSk, BSk', Cwa, Cwb
26. Pinares	Cf, Cwa, Cwb, Cwc
27. Encinares	Am, Aw, Cf, Cwa, Cwb
28. Bosque caducifolio	Cfb
29. Bosque de abetos u oyameles	Cwb
30. Vegetación de dunas costeras	Am, Aw, BS, BW, Cx', Cs
31. Vegetación de desiertos áridos arenosos	BW
32. Vegetación de páramos de altura	ETH

Figura 178. Tipos de vegetación de México, según el sistema de Miranda y Hernández X. (1963). Reproducido de la publicación original.

también el del "bosque caducifolio", donde se da cabida a las comunidades riparias de *Populus, Salix* y *Fraxinus* al lado de las de *Liquidambar* y *Quercus*, cuya distribución geográfica está regida mayormente por el clima. Tal circunstancia resulta, una vez más, un tanto incongruente con el propósito básico de los autores de ofrecer un sistema pormenorizado de unidades discretas.

3. A nivel de nomenclatura, uno de los aspectos fundamentales de la clasificación mencionada es la agrupación de los tipos de vegetación dominados por plantas arbóreas en dos conjuntos: las selvas y los bosques. Esta división, si bien tiene el mérito de contrastar las comunidades densas y de estructura y composición florística compleja con otras más abiertas y sencillas, en la práctica ha demostrado contribuir más a la confusión que al esclarecimiento de los conceptos, pues es muy difícil trazar el límite entre ambas categorías, por lo tanto el que han fijado Miranda y Hernández X. tuvo que ser arbitrario y artificial. Así, por ejemplo, resulta que un "cuajiotal", o sea una comunidad forestal baja y más bien de tipo xeromorfo, dominada por especies de *Bursera*, califica como selva, mientras que un "encinar" (agrupación de *Quercus*), que a menudo puede ser más alto, más denso, más rico en especies y poseer numerosas epífitas y trepadoras, resulta ubicado dentro de los bosques. Los casos extremos de inconsistencia de esta nomenclatura son por un lado las "selvas bajas espinosas", cuya fisonomía con frecuencia se asemeja a la de los matorrales xerófilos y que muy poco recuerdan a una selva, y por el otro el "bosque caducifolio", en donde se agrupa, entre otros, al bosque de *Liquidambar* y *Quercus*, comunidad que destaca entre muchas por su densidad, riqueza florística y complejidad estructural.

Como consecuencia de estas consideraciones y en virtud de la confusión existente en la actualidad en materia de clasificación y nomenclatura de los tipos de vegetación de México, se decidió adoptar en esta síntesis una actitud conservadora, tratando de presentar un cuadro que, dentro de la complejidad involucrada, fuera lo más sencillo posible, tanto desde el punto de vista de la nomenclatura, como de concepto.

Se procuró, en particular, definir de tal manera los tipos de vegetación, que se facilitara su cartografía, dado el estado actual de conocimientos en la materia. Se buscó, asimismo, que las categorías distinguidas, tanto por su circunscripción como por su nombre, pudieran ser fácilmente comparables con unidades de vegetación descritas de otras partes del mundo.

Llevando a la realidad estas ideas pragmáticas se obtuvo un sistema de diez tipos de vegetación que pueden considerarse como primordiales y que servirán de base para las descripciones de la cubierta vegetal de México. Desde luego, resulta evidente la semejanza de esta clasificación con la propuesta por Leopold (1950) en lo que se refiere al número de unidades distinguidas, aunque de hecho en la circunscripción sólo coincide una. Esta aparente reversión podría interpretarse como un retroceso en el camino hacia un conocimiento mejor de las condiciones ecológicas del país. A todos los que piensen así cabe contestar que la elaboración de una nueva clasificación de la vegetación de México no figura entre los objetivos inmediatos del que escribe, y en su opinión más vale esperar para hacerlo hasta que nuevas y más profundas aportaciones permitan abordar el problema a nivel más apropiado y ofrecer así un cuadro realmente satisfactorio para todo tipo de usuarios.

Los principales tipos de vegetación que se reconocen aquí son los siguientes:

1. Bosque tropical perennifolio
2. Bosque tropical subcaducifolio
3. Bosque tropical caducifolio
4. Bosque espinoso
5. Matorral xerófilo
6. Pastizal
7. Bosque de *Quercus*
8. Bosque de coníferas
9. Bosque mesófilo de montaña
10. Vegetación acuática y subacuática

Como puede observarse de inmediato, este sistema adolece del defecto común a casi todas las clasificaciones de la vegetación que se han usado en México y que consiste en la heterogeneidad de los criterios básicos empleados para distinguir las unidades, pues los hay tanto de tipo fisonómico, como de naturaleza florística, como también otros definidos por el medio ambiente. Esta falta de un principio único que sirviese de base para la clasificación, ha contribuido indudablemente y sigue contribuyendo a la proliferación de categorías, nombres y sistemas nuevos. Sin embargo, al profundizar un poco, pronto se encuentra que no se trata de un capricho de los botánicos, sino que tal hecho es consecuencia innegable de la naturaleza misma de la vegetación, cuya variación es compleja y no se limita a una o a dos dimensiones.

La continuación de la tradición de emplear sistemas de principio múltiple obedece a una necesidad que nace principalmente de la falta de eficiencia de las clasificaciones de la vegetación construidas de otra manera.

Otra notable desventaja del sistema adoptado consiste en que un grupo de comunidades vegetales de menor importancia por su escasa extensión en México, no encuentra colocación adecuada en ninguna de las diez unidades adoptadas. Algunas de estas comunidades se mencionan a manera de apéndice en los capítulos correspondientes a los tipos de vegetación que les son más afines; varias se agrupan en el capítulo de "Otros tipos de vegetación".

Desde el punto de vista dinámico, todos los tipos distinguidos constituyen comunidades bióticas estables en función de los factores del medio físico en que viven, o sea, comunidades clímax, al menos en algunas partes del país. Así, por ejemplo, aunque existen en México pinares que parecen ser francamente secundarios, otros sin duda constituyen la cubierta vegetal original. Mayores detalles a este respecto podrán encontrarse en las descripciones correspondientes a cada formación.

Algunos de los tipos de vegetación incluyen, en su totalidad o en parte, comunidades que no pueden catalogarse como clímax climático, sino que su existencia está más o menos estrechamente vinculada con una característica particular del substrato. Aquí, desde luego, pertenecen todas las agrupaciones acuáticas y subacuáticas, algunos palmares, zacatales, etc. Igualmente sobre este particular podrán encontrarse datos más abundantes en las descripciones respectivas.

El cuadro de las págs. 156 y 157 resume las equivalencias aproximadas entre los tipos de vegetación distinguidos en la presente contribución y los términos y conceptos utilizados por algunos autores, tanto para México como para otras partes del mundo. En los artículos de Rojas-Mendoza (1965: 78) y de Rzedowski (1966: 117) pueden encontrarse equivalencias adicionales con relación a otras clasificaciones.

El mapa de la Fig. 179 ilustra en forma esquemática la distribución de los principales tipos de vegetación en México. La aparente complejidad de esta representación cartográfica de ninguna manera puede interpretarse como medida de su precisión, pues la ubicación de los límites entre las comunidades vegetales se desconoce aún en muchas partes

Cuadro 6. Equivalencias aproximadas entre los tipos de vegetación distinguidos en esta síntesis y los que definen algunos otros autores.

Categorías empleadas en este trabajo	Ruebel (1930) El mundo	Leopold (1950) México	Miranda (1951) Chiapas	Beard (1955) América tropical
bosque tropical perennifolio	pluviisilvae	rain forest, tropical evergreen forest	selva alta siempre verde	rain forest, evergreen seasonal forest
bosque tropical subcaducifolio	hiemisilvae (en parte)	tropical deciduous forest (en parte)	selva alta subdecidua	semi-evergreen seasonal forest
bosque tropical caducifolio	hiemisilvae (en parte)	tropical deciduous forest (en parte), arid tropical scrub (en parte)	selva baja decidua	deciduous seasonal forest
bosque espinoso	hiemisilvae (en parte)	thorn forest, mesquite grassland (en parte)	—	thorn woodland
pastizal	duriherbosa	mesquite-grassland (en parte), savannah	sabanas, zacatonales, páramos de altura	savanna, páramo (?)
matorral xerófilo	siccideserta, durifruticeta	desert, chaparral, arid tropical scrub (en parte)	—	cactus scrub, desert
bosque de *Quercus*	durisilvae (en parte), laurisilvae (en parte), hiemisilvae (en parte)	pine-oak forest (en parte)	bosque de hojas planas y duras	high mountain forest (?) (en parte)
bosque de coníferas	aciculisilvae	pine-oak forest (en parte), boreal forest	bosque de hojas aciculares y escamosas	
bosque mesófilo de montaña	aestisilvae (en parte), laurisilvae (en parte)	cloud forest	bosques deciduos, selva baja siempre verde	montane rain forest, elfin woodland
vegetación acuática y subacuática	emersiherbosa, subemersiherbosa, pluviifruticeta	—	manglares	swamp vegetation (en parte)

Cuadro 6 (continuación)

Miranda y Hernández X. (1963) México	Rzedowski (1966) San Luis Potosí	Lauer (1968) América Central	Flores et al. (1971) México
selva alta perennifolia, selva alta o mediana subperennifolia	bosque tropical perennifolio	selva ombrófila siempre verde	selva alta perennifolia, selva mediana subperennifolia (en parte)
selva alta o mediana subcaducifolia		bosque deciduo semihúmedo	selva mediana subcaducifolia, selva mediana subperennifolia (en parte)
selva baja caducifolia	bosque tropical deciduo	bosque deciduo semiárido	selva baja caducifolia (en parte)
selva baja subperennifolia (en parte), selva baja espinosa perennifolia, selva baja espinosa caducifolia	bosque espinoso, mezquital extradesértico	bosque semiárido espinoso	selva baja caducifolia (en parte), selva baja subperennifolia, mezquital (en parte)
pastizales, zacatonales, vegetación de páramos de altura, sabanas	zacatal	zacatal, sabanas	pastizal, zacatonal, sabana
matorral espinoso con espinas laterales; cardonales; tetecheras, etc.; izotales; nopaleras; matorral espinoso con espinas terminales; matorral inerme parvifolio; magueyales, lechuguillales, guapillales, etc.; chaparrales; vegetación de desiertos áridos arenosos	matorral desértico micrófilo, matorral desértico rosetófilo, matorral crasicaule, matorral submontano, encinar arbustivo		mezquital (en parte), chaparral, matorral submontano, matorral crasicaule, matorral desértico rosetófilo, matorral desértico micrófilo
encinares	encinar y pinar (en parte)	bosque semihúmedo de montaña, bosque mixto semihúmedo de montaña, bosque mixto ombrófito de altura (en parte)	bosque de encino
pinares, bosque de abetos u oyameles	encinar y pinar (en parte) piñonar		bosque de pino, bosque de oyamel
selva mediana o baja perennifolia, bosque caducifolio (en parte)	bosque deciduo templado	bosque ombrófito siempre verde de montaña; bosque ombrófito de altura	bosque caducifolio
manglar; popal; tulares, carrizales, etc.; bosque caducifolio (en parte)			manglar, popal, tular y carrizal

del país que no se han estudiado a este respecto o se han estudiado en forma fragmentaria. En particular, son muy tentativas las demarcaciones señaladas entre el bosque tropical subcaducifolio y el bosque tropical caducifolio, así como entre el bosque espinoso y el matorral xerófilo. En ambos casos es factible que grandes zonas asignadas a un tipo de vegetación de hecho correspondan a otro. Definitivamente, asimismo, no ha sido posible cartografiar por separado los encinares y los bosques de coníferas, que se consideran aquí como una sola unidad.

La escala del mapa, por otra parte, ha impedido que se represente un gran número de pequeños manchones de diversas comunidades vegetales, cuya situación y extensión se conoce con más o menos exactitud y ha obligado a menudo a recurrir a generalizaciones que pueden dar la impresión de ser demasiado burdas. Este es el caso, en particular, de muchas áreas reducidas cubiertas por el bosque de coníferas y el de *Quercus*, así como por el pastizal, distribuidas en medio de la extensa zona del matorral xerófilo y también en medio de otros tipos de vegetación en diferentes partes de la República.

Igualmente cabe enfatizar el hecho de que las superficies marcadas como cubiertas por la vegetación acuática, el bosque mesófilo de montaña y el bosque espinoso no corresponden sino a una fracción del área correspondiente a estos tipos de vegetación que se encuentra dispersa en importante proporción a manera de manchones e islotes pequeños.

No deja de ser preciso insistir una vez más en el hecho de que las comunidades vegetales en muchos casos no ofrecen separaciones y distinciones netas entre una y otra, existiendo con frecuencia un manifiesto continuo, cuyos extremos son claramente diferentes, pero cuya división en unidades de clasificación discretas tiene que ser arbitraria. Esta puede ser causa de discrepancias, a veces bastante profundas, que cabe encontrar en el mapa, al compararlo con los dibujados por otros autores.

También es de aclararse que la cartografía corresponde en principio a la vegetación original o potencial y no a la que en realidad existe hoy en muchas partes del país, debido a las actividades humanas. A este respecto es importante señalar que algunas áreas han sido tan intensamente perturbadas que la naturaleza de su vegetación original sólo puede deducirse en forma indirecta, siendo su reconstrucción a menudo objeto de conjeturas y, no pocas veces, de controversias. Puesto que, por otra parte, el inicio de la intervención intensa del hombre parece datar en ciertas zonas desde tiempos bastante remotos, a través de los cuales, indudablemente, ha habido cambios climáticos, al menos en algunos casos, la vegetación original destruida con seguridad no corresponde a la que potencialmente se establecería ahí hoy si se eliminase la acción humana.

11. Bosque tropical perennifolio

Este es el tipo de vegetación más exuberante de todos los que existen en la Tierra, pues corresponde al clima en el cual ni la falta de agua ni la de calor constituyen factores limitantes del desarrollo de las plantas a lo largo de todo el año. Es la más rica y compleja de todas las comunidades vegetales. Su distribución geográfica está practicamente restringida a las zonas intertropicales del Nuevo y del Antiguo Mundo y México marca el extremo boreal de su área en América continental.

Una importante fuente de información acerca de lo que se conoce sobre esta formación a nivel mundial es la obra de Richards (1952), aunque el mencionado autor casi no incluye datos relativos a Norteamérica. En cuanto a México, existen buenas descripciones del bosque tropical perennifolio presentadas por Miranda (1952, I: 46-87) y por Sarukhán (1968a; 1968b: 5-17). Este último autor incluye gran número de datos provenientes de diversos estudios efectuados en fechas recientes, entre ellos muchos trabajos realizados por el personal de la Comisión de Estudios sobre la Ecología de Dioscóreas del Instituto Nacional de Investigaciones Forestales.

Ante la complejidad del conjunto de asociaciones vegetales que integran el bosque tropical perennifolio, diversos investigadores nacionales y extranjeros han propuesto subdivisiones del mismo, basadas principalmente en el grado de exuberancia y en la proporción de plantas de hoja decidua. En congruencia, sin embargo, con los lineamientos señalados en el capítulo 10 (página 154) y, coincidiendo también con el punto de vista de Richards (1952: 319), se aplica en esta síntesis un criterio amplio para delimitar este tipo de vegetación, quedando incluidos tanto el "tropical rain forest" como el "tropical evergreen forest" de Leopold (1950), al igual que la "selva alta perennifolia" y la "selva alta o mediana subperennifolia" de Miranda y Hernández X. (1963: 38) y de otros autores, así como la "forêt tropicale moyenne subsempervirente" de Puig (1974: 128) y el "tropical rain forest", el "lower montane rain forest" y probablemente una parte del "evergreen and semi-evergreen seasonal forest" de Breedlove (1973). Con tal proceder, además de la facies perennifolia más típica, se subordina aquí una serie de comunidades que sin ser bosques totalmente siempre verdes, se les asemejan de manera estrecha en sus características generales.

Con esta concepción, el bosque tropical perennifolio ocupa (o más bien ocupaba hasta hace un siglo) una amplia y casi continua extensión en el este y sureste del país, desde la región de Tamazunchale y Ozuluama (sureste de San Luis Potosí y norte de Veracruz), a lo largo del Estado de Veracruz y algunas regiones limítrofes de Hidalgo, Puebla y Oaxaca, hasta el norte y noreste de Chiapas y las porciones de Tabasco cuyo drenaje permitía la existencia de una vegetación boscosa, abarcando, asimismo, la mayor parte del territorio de Campeche y de Quintana Roo. Además, se le encuentra sobre una larga y angosta franja en la vertiente pacífica de la Sierra Madre de Chiapas, que está aislada por el lado oeste del Istmo de Tehuantepec, pero que se continúa hacia Centroamérica. Sarukhán (1968b: 15, 17) hace referencia también a un manchón de este tipo de vegetación en la Sierra Madre del Sur de Oaxaca. Según cálculos de Leopold (1950: 509), el área total cubierta por este bosque sumaría alrededor de 12.8% de la superficie de la República, pero este número debe ser un poco menor; quizá 11% sería una aproximación más correcta. De tal área, en la actualidad sólo la décima parte ostenta tal vez una vegetación boscosa que por sus características florísticas se asemeje al clímax, pues el resto está ocupado por zonas agrícolas, pastizales artificiales y diferentes comunidades secundarias. Las zonas en que mejor se preserva aún esta formación corresponden a algunas porciones de la Península de Yucatán, a la "selva lacandona" del noreste de Chiapas y a la "selva del ocote" en la región limítrofe de Chiapas, Oaxaca y Veracruz.

El bosque tropical perennifolio se desarrolla comúnmente en México en altitudes entre 0 y 1 000 m, aunque en algunas partes de Chiapas asciende hasta 1 500 m s.n.m. En San Luis Potosí, hacia el extremo boreal de su área de distribución, el límite altitudinal superior es de aproximadamente 600 m.

Con frecuencia este límite coincide más o menos exactamente con la isoterma de 0° C de temperatura mínima extrema, misma que constituye uno de los factores fundamentales que determinan la distribución geográfica de este bosque. La temperatura media anual no es inferior a 20° C, pero rara vez supera 26° C; la diferencia entre las medias del mes más frío y el más caliente del año no pasa de 11° C y, a menudo, es menor de 6° C; las oscilaciones diurnas de la temperatura son del orden de 8 a 12° C en promedio. La precipitación media anual es frecuentemente de 1 500 a 3 000 mm y en algunas zonas sobrepasa 4 000 mm. Hacia el noreste de la Península de Yucatán, sin embargo, los límites de este tipo de vegetación coinciden con las isoyetas de 1 100 y 1 200 mm. El número de meses secos por lo general es menor de tres por año, pero en las regiones limítrofes puede ser de cuatro o cinco, sobre todo en la mencionada área peninsular (Figs. 180, 181, 182).

De acuerdo con la clasificación de Koeppen (1948) los climas correspondientes son del tipo Am para la mayor parte de su área de distribución, Af para las porciones más húmedas, Cw para las más frescas y Aw para las más secas.

La presencia del bosque tropical perennifolio en partes de la Península de Yucatán donde prevalece el clima de tipo Aw constituye un hecho excepcional que no se entiende claramente. Miranda (1958: 226) piensa que la proporción relativamente alta (16 a 27%) de la precipitación que se recibe durante la mitad más seca del año en esta región, podría ser en parte responsable de esta situación. Es posible asimismo que la relativamente alta humedad atmosférica constituye otro factor compensador, al igual que la regularidad y escasa variabilidad de la precipitación de año a año (véase también capítulo 9, páginas 149-150). Cuanalo (1964: 28) sugiere, además, la posibilidad de que el rocío y la

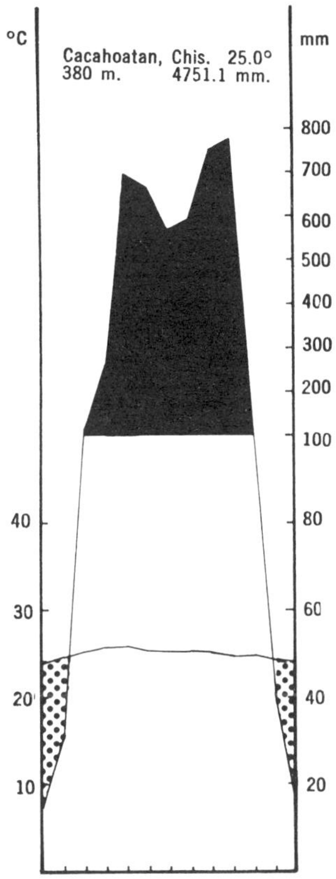

Figura 180. Diagrama ombrotérmico de Cacahoatán, Chiapas.

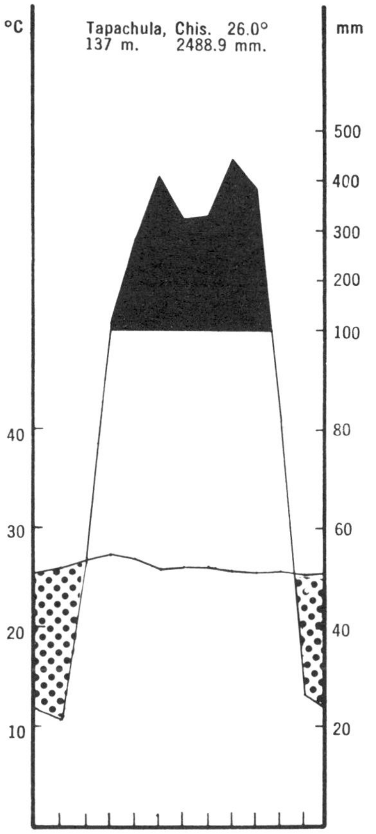

Figura 181. Diagrama ombrotérmico de Tapachula, Chiapas.

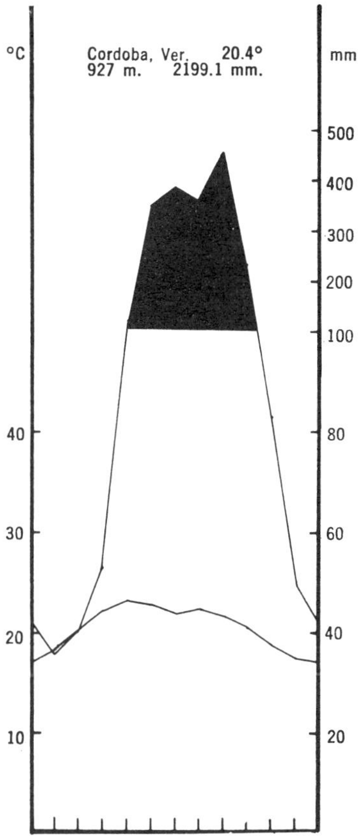

Figura 182. Diagrama ombrotérmico de Córdoba, Veracruz.

roca madre caliza pueden suministrar agua al suelo en épocas de sequía.

Aunque más frecuentemente ligados con calizas que con cualquier otro tipo de roca, en México los bosques tropicales perennifolios no parecen tener notables preferencias por un substrato geológico determinado. A menudo, se les observa sobre terrenos kársticos, de drenaje muy rápido y suelos someros. Toleran cierta frecuencia de anegamiento y también prosperan sobre laderas muy pendientes, pero presentan, en general, mejor desarrollo en terrenos planos o ligeramente ondulados con suelos aluviales profundos y bien drenados.

Los suelos, de ordinario, son ricos en materia orgánica en los horizontes superiores, presentan colores oscuros o rojizos y, por lo común, buen contenido de arcilla, pH ácido o más frecuentemente cercano a la neutralidad, sobre todo en substratos de caliza, marga o lutita calcárea. Se ha sugerido (Sarukhán, 1968a: 39) que los suelos de las zonas calientes de México son por lo común poco maduros, muestran muchas correlaciones con la roca madre y, por consiguiente, ejercen un papel de primera importancia en el determinismo y la distribución de las comunidades vegetales. Infortunadamente muy poco se sabe aún acerca de la pedogénesis y de los factores edáficos de significación ecológica en las regiones intertropicales. Desde el punto de vista de su clasificación el grupo laterítico y las rendzinas son las categorías que se citan con mayor frecuencia para la zona y el bosque en cuestión.

En cuanto a las afinidades geográficas de su flora, el bosque tropical perennifolio de México manifiesta vínculos muy estrechos con el sur, pues casi todos sus componentes existen también en Centroamérica y muchos extienden sus áreas de distribución hacia América del Sur. Estos últimos elementos son particularmente abundantes en la vegetación secundaria, pero también existen en las comunidades clímax, como, por ejemplo *Dialium guianense* y *Terminalia amazonia.* Una buena proporción de esta flora se conoce también de las Antillas, aunque son pocos los casos de una distribución exclusivamente mexicano-antillana. Las ligas con el norte son escasas y muchas veces nulas, pero es interesante señalar la presencia de *Quercus* en los bosques tropicales perennifolios de Chiapas (Miranda, 1952, I: 45), así como de *Salix, Populus, Platanus* y *Taxodium* en la vegetación riparia. Llama la atención la escasez en México de elementos endémicos en la flora de este tipo de vegetación (Miranda, 1952, I: 21-41; Rzedowski, 1962), lo que podría tal vez significar que el actual bosque tropical perennifolio es un invasor relativamente reciente de las áreas que ocupa en México (véase también Sarukhán, 1968a: 15-26).

El impacto de las actividades del hombre sobre el bosque tropical perennifolio ha sido intenso desde los tiempos prehispánicos en algunas partes del país y se ha ido acentuando, sobre todo en los años recientes, en función de la explosión demográfica, de la apertura de eficientes vías de comunicación, del saneamiento del ambiente y de otros factores.

Dadas las características climáticas favorables para la agricultura que puede llevarse a cabo ininterrumpidamente y sin necesidad de riego durante todo el año, las áreas ocupadas por este tipo de vegetación constituyen un atractivo fuerte para ser sometidas al cultivo. La dificultad estriba en que las propiedades del suelo a menudo no son las adecuadas para una agricultura perenne y la única que puede practicarse con algún éxito es la de cultivo intermitente que afecta la vegetación en forma extremadamente intensa.

Figura 183. Paisaje de una región montañosa afectada por la agricultura semi-nómada, cerca de Tamazunchale, San Luis Potosí.

Este sistema de agricultura semi-nómada, tan característico de muchas áreas del este y sureste de México, consiste en la secuencia de desmonte, incendio, siembra de maíz durante una o unas cuantas temporadas sucesivas y abandono por muchos años, al cabo de los cuales se repite el mismo proceso. El resultado de esta práctica es que una población humana relativamente pequeña afecta enormes extensiones de terreno de los cuales desaparece el bosque clímax original y el área se convierte en un mosaico formado por una serie de comunidades vegetales secundarias de tipo herbáceo, arbustivo y arbóreo (Fig. 183), con frecuencia llamadas en México "acahuales".

En la Península de Yucatán y en áreas contiguas de Chiapas es donde más arraigada se encuentra esta costumbre de aprovechar la tierra y es muy probable que date de la época de los imperios mayas que dominaban la región en los siglos IV a XV de nuestra era. A este respecto es interesante mencionar que una de las teorías que trata de explicar la declinación del apogeo de los mayas aduce que el agotamiento de las tierras debido al sistema agrícola que practicaban pudo haber sido la causa de esta decadencia. Sea o no correcta tal suposición, parece ser que en la región mencionada la vegetación ha sufrido alteraciones muy intensas en esos tiempos históricos y algunos botánicos (por ejemplo Lundell, 1937: 10-11) piensan que la vegetación actual del área está aún afectada por estas modificaciones que ocurrieron hace siglos.

Otro tipo de uso de la tierra que en las últimas décadas ha estado cobrando mucho auge en las áreas del bosque tropical perennifolio es la transformación del terreno en un pastizal mantenido artificialmente. Para tal fin se acostumbra desmontar y quemar la vegetación existente y sembrar gramíneas adecuadas. El zacatal se mantiene indefinidamente incendiándolo en la época más seca del año y resembrando después de la quema, como lo ha demostrado la experiencia en la región de las Huastecas y en otros sitios del Estado de Veracruz. Con estos zacatales se logra mantener una ganadería bastante vigorosa a base de ganado vacuno para carne y en la actualidad existe la tendencia de ampliar tal aprovechamiento de la tierra a extensas zonas de Tabasco, Chiapas y partes de la Península de Yucatán (Fig. 36).

La agricultura intensiva en el área del bosque tropical perennifolio se concentra principalmente en suelos profundos de las vegas de los ríos y de otros terrenos aluviales. Ocupa importantes áreas, sobre todo, en el Estado de Veracruz y las principales plantas cultivadas son la caña de azúcar, el maíz, los cítricos, el plátano, el mango y algunos otros frutales, cuya demanda ha aumentado grandemente en los últimos años. En las primeras décadas del siglo el plátano fue objeto de cultivo en escala muy amplia y se embarcaban grandes cantidades de su fruto destinadas para el extranjero, pero, debido a enfermedades fungosas, tuvieron que suspenderse sus plantaciones intensivas casi por completo y sólo en la actualidad se están reanudando en forma parcial. El cultivo del café ocupa también muchas extensiones, principalmente de terrenos cerriles, en altitudes generalmente superiores a 600 m.

La explotación forestal del bosque tropical perennifolio, en México, es de relativamente poca cuantía si se toma en cuenta el área que ocupa. Tal situación obedece al hecho de que son en realidad pocas, las especies cuya madera preciosa tiene demanda comercial, sobre todo para construcción de muebles y, en la práctica, sólo dos se extraen en volúmenes considerables: la caoba (*Swietenia macrophylla*) y el cedro rojo (*Cedrela mexicana*). De acuerdo con las estadísticas forestales, en 1968 entre "madera en rollo" y "chapa y triplay" se explotaron en México 76 797 m^3 de caoba y 45 669 m^3 de cedro rojo, lo cual comparado con más de 4 millones de m^3 que constituye la producción total del país significa una proporción muy baja.

Las razones de este aprovechamiento tan insignificante de lo que a primera vista parecería una inmensa riqueza forestal estriban principalmente en la heterogeneidad de los bosques tropicales, en los cuales a menudo conviven numerosas especies arbóreas, de las cuales sólo dos, una o con frecuencia ninguna tiene las características comerciales requeridas por el mercado, pues las demás se consideran de calidad inferior, aunque en muchos casos ni siquiera se conocen bien las propiedades y posibles usos de su madera. Los costos de la explotación maderera del bosque tropical perennifolio resultan elevados si se comparan, por ejemplo, con la de los pinares, debido a lo aislado de los árboles útiles, a los bejucos que entrelazan a varios árboles entre sí y dificultan su caída, a las condiciones desfavorables del clima para el hombre y a otros factores, que en conjunto hacen subir el precio de las maderas tropicales a niveles muy altos, lo cual a su vez reduce su demanda.

Sólo cabe esperar que mediante los adelantos en el manejo del bosque y a través de un mejor conocimiento de las características de la madera de un mayor número de especies podrá incrementarse en el futuro el aprovechamiento de esta enorme cantidad de materia prima que puede producirse en los climas calientes y húmedos de México.

El látex de *Manilkara zapota,* conocido también como "chicle", que constituye la base de la goma para mascar, es otro producto del bosque tropical perennifolio que se explota con cierta intensidad, aun cuando el volumen actual que se extrae es menor que el aprovechado en otras épocas. En 1972 se obtuvieron 1 859 toneladas de este látex (Anónimo, 1973a), y más de 80% de esta cantidad fue exportada a Estados Unidos de América.

Los rizomas de *Dioscorea composita* o "barbasco", otra planta característica del bosque tropical perennifolio de México (Fig. 184), contienen substancias del grupo de las sapogeninas que aprovecha la industria químico-farmaceútica en la síntesis de hormonas esteroidales. En tal virtud se explotan en la actualidad grandes cantidades de esta especie en los Estados de Veracruz, Oaxaca, Tabasco y Chiapas. De acuerdo con los datos proporcionados por las estadísticas forestales, en 1972 se industrializaron 11 550 toneladas de barbasco con un valor superior a 40 millones de pesos (Anónimo, 1973a), con lo cual, después de la madera, el barbasco ocupa por su importancia el segundo lugar entre los aprovechamientos forestales de México

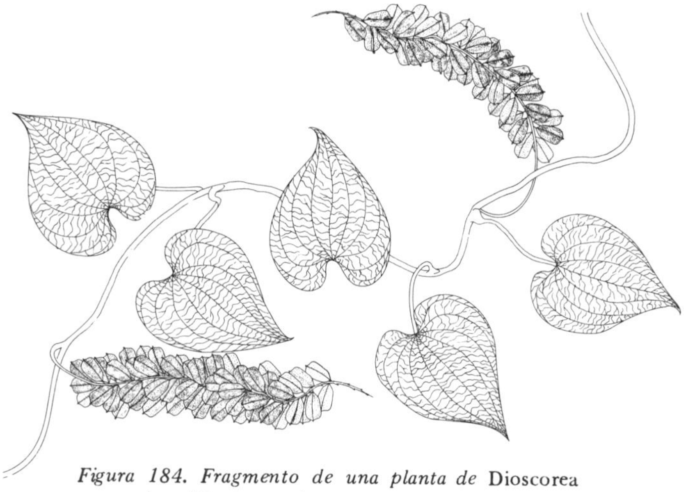

Figura 184. Fragmento de una planta de Dioscorea composita *("barbasco"), mostrando tallos, hojas y frutos.*

Otro producto que se obtiene principalmente del mencionado tipo de vegetación son las hojas de la "palma camedor" (*Chamaedorea* spp.), que se emplean en arreglos y adornos florales. Las cantidades extraídas de esta planta son sorprendentemente grandes; así, en 1972 se registró un movimiento de más de 1 800 toneladas de hojas de camedor con un valor cercano a 3 millones de pesos (Anónimo, 1973a). El grueso de esta producción se exporta a Estados Unidos de América.

La madera de diferentes árboles del bosque tropical siempre verde se emplea localmente para fines diversos, como construcción de viviendas y muebles, para postes, bardas y durmientes de ferrocarril, así como para combustible, pero, en general, este aprovechamiento es insignificante si se le compara con todos los árboles que se talan y queman en estas regiones con propósitos de desmonte.

El bosque tropical perennifolio es una comunidad biológica compleja, en la cual predominan árboles, siempre verdes de más de 25 m de alto. Por lo común no todos los componentes son estrictamente perennifolios, pues algunos pierden sus hojas durante una corta temporada en la parte seca del año, que a menudo coincide con la época de floración del árbol. A pesar de ello y debido sobre todo a la falta de coincidencia del periodo de caída de las hojas entre las diferentes especies que la realizan, el bosque nunca pierde totalmente su verdor.

El número de especies que componen el estrato superior de este tipo de vegetación es por regla general grande y a menudo no es fácil determinar cuál de los árboles es realmente el dominante. A este respecto puede notarse un significativo gradiente en el sentido norte-sur (comp. Toledo, 1969: 25-26), pues hacia el extremo de su área de distribución en el sureste de San Luis Potosí, el bosque tropical perennifolio está representado por una comunidad dominada casi siempre por una o dos especies de árboles y el número de componentes de los estratos superiores es relativamente reducido. Estos números aumentan de manera sensible al irse alejando del Trópico de Cáncer, al grado de que en Chiapas son por lo general varias las especies dominantes, y la cantidad total de especies de árboles que integran el bosque alcanza valores dos veces superiores a los que pueden encontrarse en San Luis Potosí. Un gradiente similar existe también a lo largo de la Península de Yucatán y de hecho el fenómeno no debe ser sino un segmento de una secuela más general que en el mismo sentido se manifiesta entre el ecuador y el trópico, con el máximo en el área del Amazonas, donde en muchas comunidades no hay especies dominantes y el número total de componentes arbóreos alcanza valores elevados.

Los árboles del bosque tropical perennifolio, sobre todo los correspondientes a los estratos superiores, tienen troncos rectos que no se ramifican en su mitad o en sus 2/3 inferiores (Fig. 79), con lo cual ofrecen serios problemas para obtener de ellos muestras adecuadas para herbario, para identificación o para otros fines. Las copas a menudo presentan formas piramidales achatadas o más o menos esféricas. En la base de los troncos es muy frecuente encontrar raíces tabulares (contrafuertes) bien desarrolladas (Fig. 80); en cambio, la presencia de árboles con raíces zancas, no es común en estas comunidades vegetales en México. Los diámetros más frecuentes de los troncos oscilan entre 40 y 80 cm, aunque no son raros los individuos con diámetros mayores de 1.5 m y aun de 2 m.

Las hojas de los árboles son en general de tamaño mediano a moderadamente grande, predominando la categoría de mesofilia de la clasificación de Raunkiaer (1934), a menudo son de textura coriácea; presentan en general coloración más bien oscura y poca o ninguna pubescencia, y muchas son brillantes en la haz. Los bordes son comúnmente enteros y el ápice con frecuencia remata en un estrechamiento (acumen) brusco, dirigido hacia abajo, que aparentemente ayuda a la rápida eliminación del agua de la superficie de la hoja.

Las flores de las especies arborescentes son por lo general inconspicuas y de colores verdosos o blanquecinos. Aunque la mayoría de las especies tiene una fenología bien establecida, algunas pueden presentar individuos en floración en cualquier periodo del año.

Una de las características más llamativas del bosque tropical perennifolio es su abundancia en trepadoras leñosas, pertenecientes a diferentes familias de fanerógamas, que, a menudo, alcanzan tamaños tan grandes que su extenso follaje compite con los árboles de los estratos superiores del bosque. Sus tallos (Figs. 144, 145) aun cuando no muy gruesos, son en general resistentes y con frecuencia forman una densa e intricada maraña que se extiende de un árbol a otro. Esta situación trae como consecuencia que a menudo un determinado árbol no deje caer su tronco al suelo aun después de muerto, pues los bejucos sostenidos en los árboles vecinos lo detienen firmemente. Por el contrario, cuando un individuo particularmente corpulento es derribado, éste arrastra en su caída a varios o muchos menores con los cuales estaba entrelazado.

Desde el punto de vista del interés forestal, cabe señalar también el hecho de que muchos bejucos envuelven tan fuertemente el tronco del huésped sobre el que se apoyan, que le causan con el tiempo serias irregularidades en el desarrollo del tejido leñoso, lo cual repercute a su vez en la calidad de la madera.

Dentro del grupo de las epifitas destacan por una parte las herbáceas, entre las cuales predominan representantes de dos familias: Bromeliaceae y Orchidaceae, si se descuentan los líquenes crustáceos que a veces cubren casi por completo los troncos de los árboles. Dentro de las bromeliáceas se presentan algunas de tamaño extraordinario, como, por ejemplo, los representantes del género *Aechmea,* que asemejan magueyes (especies de *Agave*), creciendo en lo alto del bosque. Tales bromeliáceas almacenan agua en las axilas de sus hojas durante periodos largos y esta especie de cisternas ofrece habitat especial para una serie de organismos animales, que constituyen una biocenosis particular.

Algunas de las epifitas leñosas no son menos espectaculares, pues representan verdaderos árboles que crecen sobre árboles, pero el caso más llamativo es el de los llamados "estranguladores" o "matapalos" (casi siempre especies de *Ficus*), que inician su vida como epifitas, pero después enraízan y envuelven con sus tejidos al individuo sobre el que se originaron (Figs. 82, 159). A la postre, muere, con frecuencia, el último y el "matapalo" queda como dueño del lugar, pero una vez desaparecido el tronco del huésped inicial, queda un hueco que señala su anterior existencia.

Todos estos rasgos indican cuan complicada es la estructura interior del bosque tropical perennifolio y fue perfectamente acertada la impresión registrada por los primeros ecólogos que se enfrentaron a este tipo de vegetación, quienes señalaron que se trata en realidad de varios bosques superpuestos. En efecto, por lo común se presentan tres estratos arbóreos más o menos bien definidos, además de otros dos o tres arbustivos y herbáceos.

El estrato superior mide por lo general más de 30 m y con frecuencia se presentan individuos de más de 45 m de alto. Lo común es que no forme un techo cerrado, sino que consista de eminencias más o menos aisladas, aun cuando puede haber excepciones en comunidades en las que dominan una o pocas especies (Figs. 185, 186). Los otros dos estratos arbóreos ocupan los espacios correspondientes entre alturas de 5 y 20 m; sus copas tienden a ser piramidales a verticalmente alargadas y sus hojas son en general de tintes más oscuros que los correspondientes al dosel superior.

En este bosque la enorme masa de ramas y hojas constituida por el conjunto de árboles (Figs. 187, 188) mantiene a nivel del suelo condiciones microclimáticas de una penumbra acentuada y de una constancia muy grande de temperatura y de humedad tanto durante el día como también del año. Son escasas las plantas que logran adaptarse a tales condiciones de penumbra. Aquí las más conspicuas son algunas palmeras (*Chamaedorea* spp.), helechos de hojas relativamente poco divididas y oscuras (*Adiantum, Tectaria*), así como algunas gramíneas de hojas anchas (*Lithachne, Olyra*), que en su conjunto no ocupan mucho espacio, de tal manera que casi todo el suelo queda al descubierto y en general no es nada difícil para un hombre desplazarse libremente en el bosque. Lo anterior, desde luego, sólo es cierto en sitios en que esta comunidad se encuentra en condiciones nada o poco alteradas, pues,

Figura 185. Vista aérea del bosque tropical perennifolio, cerca de Chancalá, Chiapas. Fot. J. Chavelas.

Figura 187. Interior del bosque tropical perennifolio, cerca de Sontecomapan, Veracruz.

en general, la vegetación secundaria deja pasar mucho más luz al nivel del suelo, mismo que se cubre con un gran número de plantas herbáceas y arbustivas que hacen difícil y penosa la travesía.

En lo que respecta a la composición florística, cabe hacer la observación que el bosque tropical perennifolio en general y sobre todo en altitudes bajas no es muy rico en pteridofitas y briofitas. De este último grupo cabe citar (Delgadillo, com. pers.) los siguientes géneros de musgos: *Callicostella, Calymperes, Homalia, Meteoriopsis, Orthostichopsis, Philonotis, Pilotrichum, Pireella, Syrrhopodon.* En cuanto a hongos macroscópicos, la siguiente lista (Guzmán, com. pers.) incluye algunos géneros propios de los tipos de vegetación de clima caliente de México, aunque es preciso notar que este grupo de plantas tampoco está en realidad bien representado: *Favolus, Polyporus, Hexagona, Daedalea, Volvariella, Panus, Schizophyllum, Pleurotus, Daldinea, Oudemansiella, Hemimycena, Marasmius, Cotylidia, Fomes, Anellaria, Phillipsia, Psatyrella, Ganoderma, Phylacia, Xylaria, Cookenia, Clathrus, Cyma-*

Figura 186. Bosque tropical perennifolio de Brosimum alicastrum *("ojoche"), cerca de Chiltepec, Oaxaca.*

Figura 188. Interior del bosque tropical perennifolio, cerca de Sontecomapan, Veracruz.

toderma, Dictyophora, Auricularia, Lenzites, Trogia, Stemonitis, Pogonomyces, Picnoporus, Lepiota, Gymnopilus, Hydnopolyporus, Pluteus, Amauroderma.

Entre los mencionados pueden distinguirse tanto hongos lingnícolas como humícolas. La escasez de hongos conocidos como formadores de ectomicorrizas indica que este tipo de asociación no es frecuente entre los miembros del bosque tropical perennifolio (comp. Singer y Morello, 1960), en el cual predominan las endomicorrizas de tipo vesículo-arbuscular.

Las coníferas son muy raras en este tipo de vegetación y realmente la biomasa está dada por las dicotiledóneas, representadas por muy numerosas familias. De estas últimas es interesante notar que las Compositae, grupo más vasto de las fanerógamas, con frecuencia faltan por completo en el bosque tropical perennifolio clímax, o bien están en muy escasa proporción (Rzedowski, 1972b). Una situación similar, aunque menos acentuada, existe en el caso de la familia Gramineae, que tiene relativamente pocas especies esciófilas adaptadas a este tipo de vegetación. Grupos casi siempre bien representados son: Rubiaceae, Orchidaceae y Leguminosae.

El bosque tropical perennifolio presenta en México un gran número de comunidades diferentes, algunas de las cuales ya han sido bastante bien reconocidas; de muchas otras sólo hay breve mención en la literatura, y otras más quedan aún por descubrir. En los párrafos que siguen se tratará de resumir la información disponible a este respecto.

Quizá una de las comunidades más extendidas en la vertiente del Golfo de México es la que denomina Sarukhán (1968a) "Selva de *Terminalia amazonia*" o "sombreretal", siendo la mencionada especie la más representativa por su constancia, aun cuando a menudo no es dominante o ni siquiera abundante. Este bosque fue primeramente reconocido y descrito del norte de Chiapas por Miranda (1952, I: 61-65) y su área de distribución se extiende desde la región de Córdoba, en Veracruz (Chiang, 1970) hasta la "selva lacandona" en los límites de Guatemala, aun cuando la vegetación inmediata del lado guatemalteco seguramente no es distinta y el mismo tipo de bosque se extiende a algunas regiones de Centroamérica.

Aunque en el norte de Oaxaca la "selva de *Terminalia*" se puede observar cubriendo laderas de pendiente pronunciada, ésta se desarrolla típicamente sobre suelos profundos, de buen drenaje y por consiguiente ha sido destruida en la mayor parte de su extensión, de tal manera que en muchos sitios sólo se reconoce su existencia a través de vestigios de sus componentes. Sin embargo, en el norte, noroeste y noreste de Chiapas existen aún ciertas áreas representativas de este bosque.

De hecho, se deduce de las descripciones y discusiones de Sarukhán (op. cit.) que, más que de una asociación, se trata de una serie de asociaciones semejantes las unas a las otras, tanto florística, como ecológica y fisonómicamente. La composición del bosque varía en las diferentes zonas de su área de distribución y así, por ejemplo, en la región de Córdoba y en la parte baja de la Cuenca del Papaloapan, además de *Terminalia,* también *Vochysia hondurensis, Andira galeottiana* y *Sweetia panamensis* son los árboles prevalecientes y a menudo dominan individualmente sobre amplias extensiones. En la región del Istmo de Tehuantepec a *Terminalia* y *Vochysia* se les unen *Dialium guianense* y *Calophyllum brasiliense* como especies dominantes o codominantes y *Dialium* con frecuencia es el árbol de mayor abundancia.

En el norte de Chiapas es donde esta comunidad se halla mejor desarrollada y es donde interviene un mayor número de especies en su composición (Fig. 189). Además de las últimas cuatro, se mencionan las siguientes plantas para el estrato arbóreo su-

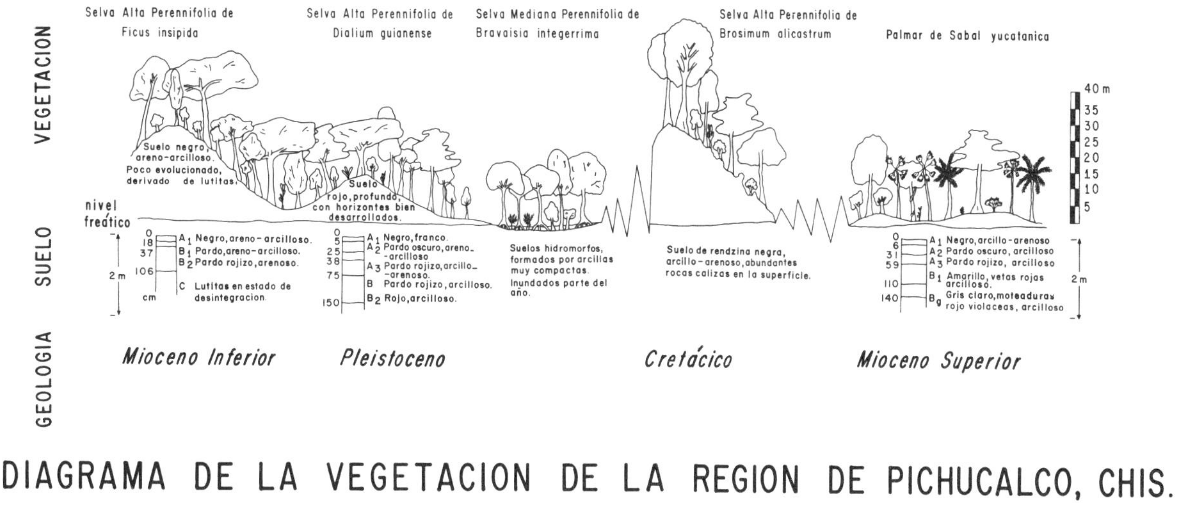

Figura 189. Diagrama de la vegetación de la región de Pichucalco, Chiapas, según Pérez y Sarukhán (1970). Reproducido con autorización.

perior: *Guatteria anomala, Talauma mexicana, Chaetoptelea mexicana, Aspidosperma megalocarpon, Brosimum alicastrum, Pouteria campechiana, Licania platypus, Swietenia macrophylla, Manilkara zapota, Pithecellobium leucocalyx, Poulsenia armata, Alchornea latifolia, Dendropanax arboreus, Sterculia mexicana, Ficus* spp., siendo los más constantes *Terminalia, Manilkara, Guatteria, Dialium* y *Swietenia.*

Hacia las planicies del suroeste de Campeche se citan como importantes, además de las anteriores: *Erblichia xylocarpa, Nectandra rubifolia, Pera barbellata* y *Tabebuia guayacan.*

De la "selva lacandona" del este de Chiapas, Miranda (1961) refiere la existencia de extensos bosques con dominancia frecuente de *Dialium,* de 40 a 60 m de alto, pero también muchas veces con abundancia y preponderancia de *Guatteria anomala, Alchornea latifolia, Swietenia macrophylla, Pouteria sapota, Poulsenia armata, Pterocarpus reticulatus, Vatairea lundellii, Ficus* spp., *Drypetes brownii, Ampelocera hottlei, Pithecellobium arboreum, Quararibea funebris, Manilkara zapota, Guarea excelsa, Cynometra retusa, Sebastiania laticuspis, Celtis monoica, Erblichia xylocarpa, Licania platypus* y a veces también de *Terminalia amazonia.*

Otra comunidad vegetal muy extendida en México dentro del conjunto del bosque tropical perennifolio es la dominada por *Brosimum alicastrum,* denominada a veces "ojital", "mojual" o "ramonal". A semejanza de la "selva de *Terminalia*" también en este caso se trata aparentemente de varias asociaciones más o menos similares en sus exigencias ecológicas y en su composición florística. Entre paréntesis, es muy importante señalar que el dominante común, *Brosimum alicastrum,* es un árbol de amplia tolerancia ecológica, pues, además del tipo de vegetación que se discute, se le encuentra formando parte del bosque tropical subcaducifolio y en algunas regiones se desarrolla también en sitios protegidos dentro del ambiente del bosque tropical caducifolio y aun dentro del mismo bosque espinoso (Fig. 190).

El bosque tropical perennifolio de *Brosimum* prospera preferentemente sobre laderas calizas, a veces muy inclinadas, aunque no está restringido a este tipo de substrato geológico. Los suelos en general son someros, pedregosos y con mucha roca aflorante; su drenaje suele ser rápido o muy rápido.

Este bosque se extiende desde el sureste de San Luis Potosí, a lo largo de la vertiente del Golfo de México, hasta Tabasco y Chiapas y, como en el caso anterior, penetra más allá hacia América Central. También ocupa partes de la Península de Yucatán, sobre todo en las superficies pertenecientes a Campeche y Quintana Roo. Sarukhán (1968b) cita además un pequeño manchón en la Sierra Madre del Sur de Oaxaca, entre Candelaria Loxicha y Pluma Hidalgo. Al igual que el bosque de *Terminalia amazonia,* sobre grandes extensiones no existen hoy más que vestigios del bosque de *Brosimum* y es sólo en la Península de Yucatán donde se encuentran aún en pie más amplias superficies cubiertas por masas forestales dominadas por esta especie.

Hacia el extremo noroccidental de su distribución geográfica, en San Luis Potosí, Hidalgo y norte de Veracruz, este tipo de bosque tropical perennifolio presenta una composición relativamente simple (Miranda, 1947: 106; Rzedowski, 1963; Puig, 1974: 156). *Brosimum alicastrum* es a menudo la preponderante absoluta y sólo ocasionalmente comparte la dominancia en forma parcial con *Celtis monoica.* Otros árboles muy característicos en esa área son *Bursera simaruba, Dendropanax arboreus, Sideroxylon tempisque, Pithecellobium arboreum, Pouteria hypoglauca, Carpodiptera ameliae, Protium copal, Pimenta dioica, Ficus* spp.

En el centro de Veracruz *Swietenia macrophylla, Manilkara zapota, Bernoullia flammea, Robinsonella mirandae, Sickingia salvadorensis* y *Astronium graveolens* también son componentes comunes de este bosque (Gómez-Pompa, 1966: 17; Chiang, 1970), en cambio del norte de Oaxaca se citan como acompañantes frecuentes de *Brosimum* y de *Celtis monoica* a *Astronium graveolens, Sickingia rhodoclada, Vatairea*

Figura 190. Distribución geográfica conocida de Brosimum alicastrum *("ojite") en México.*

lundellii, Sterculia mexicana, S. apetala, Sideroxylon tempisque, Malmea depressa, Myroxylon balsamum, Robinsonella mirandae y *Platymiscium yucatanum* (Gómez-Pompa et al. 1964a: 54-55; Sarukhán, 1968: 15).

En los terrenos escarpados de las zonas limítrofes de Chiapas y Tabasco *Brosimum* convive con *Dialium guianense, Bursera simaruba, Vatairea lundellii, Manilkara zapota* y *Zanthoxylum* sp. (Pérez y Sarukhán, 1970: 69). En la región de Tenosique, Chiapas, sobre suelos profundos, en los bosques predomina *Brosimum alicastrum* y son abundantes *Terminalia amazonia, Cybistax* sp. y *Alseis yucatanensis* (Miranda, 1961: 135), mientras que de los alrededores de Villahermosa, Tabasco, (Chiang, 1967-1968: 90-91) se cita un bosque con *Brosimum, Bursera simaruba, Scheelea liebmannii y Ceiba pentandra* como componentes principales.

De la Península de Yucatán, Miranda (1958: 227) describe un "ramonal", en el cual destacan los siguientes árboles comunes: *Brosimum alicastrum, Protium copal, Talisia olivaeformis, Manilkara zapota, Chlorophora tinctoria, Exothea diphylla, Dendropanax arboreus, Sabal morrisiana, Sideroxylon meyeri* y *Trichilia minutiflora* e indica que este tipo de bosque ocupa los lugares de suelo más rocoso y pedregoso. Lundell (1934:

279-301) correlaciona la existencia de "ramonales" en Campeche con la presencia de ruinas mayas.

El bosque tropical perennifolio (o subperennifolio) más característico de la Península de Yucatán, es el dominado por *Manilkara zapota*. Esta comunidad ("zapotal") cubre una buena parte de Campeche y de Quintana Roo, donde son relativamente pocas las áreas dedicadas al cultivo y a la ganadería, aunque existen algunas explotaciones forestales. Miranda (1958: 226-232) describió con detalle este bosque, que se desarrolla sobre terrenos planos o ligeramente inclinados de naturaleza calcárea, en suelos poco profundos y relativamente bien drenados y con una precipitación media anual de 1 100 a 1 500 mm anuales. De acuerdo con el mencionado autor existen innumerables variantes florísticas y ecológicas del zapotal, como por ejemplo:

Manilkara zapota – *Brosimum alicastrum*
Manilkara zapota – *Talisia olivaeformis*
Manilkara zapota – *Swietenia macrophylla*
Manilkara zapota – *Bucida buceras* – *Swietenia macrophylla*
Manilkara zapota – *Metopium brownei*
Manilkara zapota – *Caesalpinia gaumeri*

Además de los mencionados, con frecuencia se encuentran los siguientes árboles: *Alseis yucatanensis, Lysiloma bahamensis, Bursera simaruba, Drypetes lateriflora, Thouinia paucidentata, Sideroxylon meyeri, Pouteria campechiana, Dipholis salicifolia, Licaria campechiana, Vitex gaumeri, Acacia dolichostachya, Pseudolmedia oxyphyllaria.*

Ocasionalmente sucede que el bosque tropical perennifolio en la mencionada zona no está dominado por *Manilkara*, como es el caso de los "ramonales" y de los bosques de *Bucida buceras* y *Metopium brownei*, que ocupan amplias áreas al sur de Champotón, Campeche, sobre terrenos de drenaje deficiente que se inundan con alguna frecuencia.

Por otra parte los "zapotales" se presentan también en forma de manchones sobre terrenos calizos en diferentes localidades de la porción norte de Chiapas y de Oaxaca y también en el noreste de Veracruz, donde, según Puig (1974: 161-162), prosperan sobre suelos ferruginosos, pero posiblemente se trata de una comunidad cuya existencia se debe en parte a las actividades humanas.

En la Sierra Madre de Chiapas el bosque tropical perennifolio se desarrolla sobre roca madre metamórfica, generalmente en laderas con pendiente pronunciada. En altitudes entre 150 y 800 m domina, según Miranda (1952, I: 79-81), el bosque de *Terminalia oblonga* ("guayabo volador") o a veces de *Virola guatemalensis* ("cacao volador"), a los cuales acompañan los siguientes árboles: *Aspidosperma megalocarpon, Myroxylon balsamum, Vatairea lundellii, Scheelea preussii, Dendropanax arboreus, Calophyllum brasiliense, Ficus crassiuscula, Bursera simaruba, Tetrorchidium rotundatum, Sterculia apetala, Roseodendron donnell-smithii.*

En las porciones más altas de la misma Sierra (entre 800 y 1 400 m de altitud) se desarrolla el bosque de *Sterculia mexicana* ("castaño") y *Hasseltia guatemalensis*, en cuya composición entran numerosas especies arbóreas, como: *Sloanea ampla, Dussia cuscatlantica, Prunus guatemalensis, Ficus hemsleyana, Dipholis minutifolia, Rheedia edulis, Pithecellobium arboreum, Coussapoa purpusii, Tapirira mexicana, Micropholis mexicana, Chaetoptelea mexicana*, etc. En esta zona el bosque tropical perennifolio ocupa a menudo el mismo nivel altitudinal que el bosque mesófilo de montaña con *Liquidambar* y *Quercus*, estableciéndose a menudo un mosaico en el cual la comunidad de *Sterculia* y *Hasseltia* se refugia a los lugares más protegidos y húmedos (Miranda, 1952, I: 83-84). *Sloanea ampla, Dussia cuscatlantica* y *Alchornea latifolia* son otros árboles que a veces llegan a ser dominantes en estas comunidades de altura, en las cuales no son raros los helechos arborescentes y abundan diversas palmas arbustivas.

Grandes extensiones de lo que primitivamente era el bosque tropical perennifolio de la Sierra Madre de Chiapas se ocupan hoy para el cultivo de café y de plátano.

Los bosques de *Bernoullia flammea,* a veces con abundancia de *Blepharidium mexicanum,* han sido descritos por primera vez de terrenos calizos kársticos del norte y del centro de Chiapas (Miranda, 1952, I: 66) y más recientemente se citan también de la región de los Tuxtlas, de Veracruz (Sousa, 1968: 133-142), donde prosperan sobre roca madre de origen volcánico, a menudo sobre litosoles (Figs. 191, 192). Algunos de los árboles acompañantes de este tipo de bosque en Veracruz son: *Talauma mexicana, Pithecellobium arboreum, Celtis monoica, Phoebe mexicana, Lonchocarpus cruentus, Vochysia hondurensis, Brosimum alicastrum, Ficus tecolutlensis, Mortoniodendron guatemalense, Ceiba pentandra, Zanthoxylum kellermanii.*

El bosque de *Pseudolmedia oxyphyllaria* también fue reconocido inicialmente de Chiapas, pero un muestreo más detallado procede de la región de Misantla, Veracruz (Gómez-Pompa, 1966: 41-45), donde esta comunidad se desarrolla sobre conglomerados y areniscas entre 300 y 700 m de altitud. *Beilschmiedia anay, Quararibea funebris, Cymbopetalum baillonii, Chaetoptelea mexicana, Zinowiewia integerrima, Nectandra rubifolia, Guarea excelsa* son otros árboles frecuentes registrados en Veracruz.

De la "selva lacandona" del este de Chiapas, Miranda (1961: 141) cita además como abundantes en el bosque de *Pseudolmedia* a: *Quercus* spp., *Talauma mexicana, Calophyllum brasiliense* y *Dipholis stevensonii.* Esta comunidad se desarrolla a unos 1 160 m de altitud y, como los demás bosques perenifolios de altura, representa una especie de transición hacia el bosque mesófilo de montaña.

Figura 191. Bosque tropical perennifolio de Bernoullia flammea *("platanillo") cerca de Sontecomapan, Veracruz.*

Figura 192. Bosque tropical perennifolio de Bernoullia flammea *("platanillo") cerca de Sontecomapan, Veracruz.*

De la región de Pichucalco, en el mismo Estado, se cita un bosque dominado por *Ficus insipida*, que vive sobre terrenos con pendiente fuerte y suelos derivados de lutitas en altitudes entre 300 y 800 m (Pérez y Sarukhán, 1970: 74). Los acompañantes arbóreos más conspicuos son *Spondias mombin, Guarea trompillo, Guatteria anomala, Dendropanax arboreus, Poulsenia armata* y *Pithecellobium arboreum.*

Chiang (1970) hace referencia a un bosque de *Ficus* spp., del cual sólo quedan algunos árboles indicadores en la región de Córdoba, Veracruz, entre 500 y 800 m de altitud. Esta comunidad se desarrollaba sobre terrenos planos con suelos rojos, mal drenados y de textura pesada. Algunos de los componentes de esta comunidad parecen haber sido: *Ficus glabrata, F. glaucescens, F. tecolutlensis, Dendropanax arboreus, Alchornea latifolia.* Es factible que ciertos bosques de *Ficus* spp. mencionados por Rzedowski y McVaugh (1966: 17) de Jalisco también sean análogos.

Puig (1974: 157) señala la existencia de un bosque de *Licaria capitata* en la región en que convergen los Estados de San Luis Potosí, Hidalgo y Veracruz, donde prospera entre 200 y 600 m de altitud, sobre laderas de roca caliza y margosa. La precipitación media anual correspondiente se estima entre 1 700 y 1 900 mm. Las especies codominantes son *Brosimum alicastrum* y *Dendropanax arboreus.*

Los bosques de *Tabebuia guayacan* de la región de Palenque en Chiapas se han descrito por Miranda (1952, I: 73-74). Los árboles más frecuentes del estrato superior son, además: *Dialium guianense, Pithecellobium leucocalyx, Sweetia panamensis, Quercus skinneri, Carapa guianensis.*

El bosque de *Bravaisia integerrima* o "canacoital" es característico de terrenos planos, arcillosos y más o menos inundados durante largas temporadas del año. Se describió de la zona de Pichucalco, Chiapas (Miranda, 1952, I: 74-77), pero se extiende a áreas vecinas de Tabasco y se conoce asimismo de Veracruz. Aparentemente en la vertiente pacífica también existen manchones de esta comunidad. La especie dominante ofrece una fisonomía muy peculiar por la presencia de raíces zancas que alcanzan a veces varios metros de alto y cuyo desarrollo indudablemente tiene que ver con las condiciones ecológicas en que vive la planta. El bosque es relativamente bajo (20 a 25 m de altura) y de Chiapas se citan como acompañantes las siguientes especies arbóreas: *Calophyllum brasiliense, Andira inermis, Licania sparsipilis, Ceiba pentandra, Diospyros digyna, Vatairea lundellii, Tabebuia rosea, Ficus* spp., *Mortoniodendron guatemalense, Platymiscium yucatanum, Guatteria anomala, Pterocarpus officinalis.*

El bosque de *Lonchocarpus* aff. *sericeus* lo describe Sousa (1964: 100) de suelos inundables con pseudogley, de Tuxtepec, Oaxaca. Además del dominante lo componen los siguientes árboles altos: *Scheelea liebmannii, Robinsonella mirandae, Brosimum alicastrum, Spondias mombin.*

Por último, cabe mencionar los bosques de *Quararibea funebris* y los de *Licaria coriacea,* ambos citados por Miranda (1952, I: 69, 70) de barrancas y torrenteras de Chiapas, pero sin mayores indicaciones ecológicas y datos sobre su composición, así como los de *Robinsonella mirandae,* mencionados para la región de Tuxtepec, Oaxaca (Gómez Pompa et al., 1964a: 54) y los de *Vatairea lundellii,* referidos por Gómez-Pompa (1965: 95), aun cuando no se indican localidades precisas.

La vegetación secundaria derivada del bosque tropical perennifolio es la que en la actualidad ocupa extensiones mucho más importantes que el bosque clímax y en tal virtud es pertinente dedicarle mayor atención en este capítulo que en los correspondientes a cualquier otro tipo de vegetación.

En general, la sucesión de las comunidades vegetales en el ambiente de clima caliente y húmedo da la impresión de ser extraordinariamente compleja y en muchos casos es difícil encontrar en una región determinada las regularidades de secuencia de seres que se presentan más o menos claras en otros tipos de clima. Este fenómeno es particularmente notable a nivel de las fases arbustivas y arbóreas que son las que predominan ampliamente en las regiones del tipo de vegetación discutido, pues los estadíos en que prevalece la vegetación herbácea son de duración muy breve y casi se restringen a la ocupación por parte de malezas arvenses y ruderales.

Miranda (1952, I: 57-60) proporciona una descripción de las principales etapas que caracterizan la sucesión conducente a este tipo de vegetación, haciendo énfasis en la fase de árboles de rápido crecimiento y de madera blanda, que se establecen después de la etapa de arbustos, pero que anteceden por muchos años a los propios elementos del clímax.

Lundell (1934: 272-273) encontró las siguientes fases de la sucesión secundaria ("acahuales") del bosque tropical perennifolio de la Península de Yucatán:

a) asociación de malezas que incluye gramíneas y especies de diversos géneros de dicotiledóneas;
b) asociación "zarzosa", formando vegetación densa y entrelazada con especies de *Hamelia*, *Indigofera*, *Cornutia*, *Cassia*, etc.;
c) asociación con dominancia de *Cecropia* ("guarumal"), muy característica de parcelas de cultivo abandonadas en toda la Península;
d) otra asociación característica que sucede a las parcelas abandonadas es un bosque denso de *Trema;*
e) a continuación de la fase b) a veces se desarrolla una asociación en que prevalece *Guazuma;*
f) los "acahuales" más antiguos se caracterizan por especies de *Bursera*, *Spondias*, *Alvaradoa* y otros árboles;
g) el estadío próximo al clímax aparentemente es un bosque dominado por *Swietenia* ("caobal") con algunos árboles de *Manilkara*.

Miranda (1958: 245-256) confirma a grandes rasgos las observaciones de Lundell, aunque no menciona la fase de *Swietenia*. Señala, en cambio, la existencia de otros bosques secundarios en Quintana Roo, como los de *Alvaradoa amorphoides*, que alcanzan hasta 35 m de alto, los de *Lonchocarpus castilloi* y los de *Luehea speciosa*, de 20 a 25 m de alto. Indica, además, que la reversión al bosque clímax se acelera en las zonas afectadas por la agricultura nómada, debido al hecho de que el desmonte a menudo no es completo y quedan muchos tocones vivos que, después de abandonada la parcela, retoñan acortándose de esta manera el tiempo necesario para la regeneración de la comunidad primaria.

También refiere el mismo autor que las asociaciones secundarias derivadas del bosque tropical perennifolio de *Terminalia amazonia* en la Península de Yucatán y originadas por tala o desmonte para cultivos ocasionales pronto asumen la forma de un bosque casi tan alto como el original, constituido por árboles de crecimiento rápido, como *Belotia campbellii*, *Cecropia obtusifolia*, *Heliocarpus donnell-smithii*, *H. mexicanus*, *Ochroma bicolor* y *Schizolobium parahybum*. En cambio, en las zonas que se han cultivado por mucho tiempo y cuyos suelos sufrieron cambios más profundos, el bosque secundario no es tan alto y tiene composición diferente y más variada, en la cual destacan los géneros *Annona*, *Casearia*, *Castilla*, *Cochlospermum*, *Conostegia*, *Cordia*, *Croton*, *Gliricidia*, *Guazuma*, *Leucaena*, *Lippia*, *Luehea*, *Muntingia*, *Pithecellobium*, *Sapindus*, *Spondias*, *Trema*, *Trichilia*, *Zanthoxylum*. Los terrenos planos,

Figura 193. Bosquete secundario de Cecropia obtusifolia *("guarumbo"), cerca de Sontecomapan, Veracruz.*

Figura 194. Bosque secundario de Belotia mexicana *("cuapetate"),* Cecropia obtusifolia *("guarumbo") y* Croton draco *("sangre de grado"), cerca de Sontecomapan, Veracruz.*

sujetos a una agricultura continua o semicontinua, combinada con el pastoreo, pueden a su vez convertirse en pastizales.

En la región de La Arena, Chiapas, según Miranda (1961: 157), en los desmontes recientes, en los que no hubo mayor alteración del suelo se establecen bosques en que dominan *Cecropia obtusifolia, C. peltata* y *Schizolobium parahybum.* Los terrenos que han sido sujetos a cultivo por uno o dos años se cubren de una vegetación en que *Heliocarpus donnell-smithii* y *Belotia campbellii* son los más abundantes. Cuando la acción del hombre es más persistente, son frecuentes además *Cordia alliodora, Cedrela mexicana, Guazuma tomentosa, Spondias mombin* y *Lonchocarpus castilloi.*

Del noreste de Veracruz, Puig (1974: 158) describe el bosque de *Coccoloba barbadensis,* que prospera sobre suelos arcillosos y mal drenados de la Planicie Costera, formando mosaicos con el encinar de *Quercus oleoides.* Se trata de una comunidad de unos 20 m de alto, de cobertura discontinua. Otras especies arbóreas no son cuantitativamente importantes, pero el estrato arbustivo se encuentra bien desarrollado y abundan las epifitas sobre todo del género *Tillandsia.* El mencionado autor cree que posiblemente este bosque representa una comunidad secundaria muy vieja.

Sarukhán (1964: 107-172) realizó en la región de Tuxtepec, Oaxaca, un experimento de sucesión de la vegetación sobre un área desmontada. Sobre la base de dos años de observaciones pudo llegar a una serie de conclusiones interesantes, entre las cuales destacan las siguientes:

1. La composición florística de las etapas más jóvenes de la sucesión está influenciada de manera significativa por la época del año en que se denude el área o se abandone el cultivo.
2. Después del establecimiento de las primeras especies, el desarrollo de la sucesión está influenciado por tocones y otros elementos capaces de regeneración que se hayan dejado en el terreno al practicar el desmonte.
3. En las etapas jóvenes de la sucesión dominan esencialmente representantes de tres familias de fanerógamas: Leguminosae, Compositae y Gramineae.

Por otra parte, Sousa (1964: 91-105) efectuó un estudio florístico general de la vegetación secundaria que se desarrolla en la misma zona de Tuxtepec y encontró que tal vegetación secundaria contiene especies que pueden utilizarse como indicadoras de las asociaciones clímax de las cuales derivan. Entre estas comunidades primarias destacan bosques de *Terminalia*, de *Brosimum* y de *Lonchocarpus*, que se diferencian notablemente entre sí en cuanto a los componentes que forman las fases sucesionales que originan. A nivel de familia se deja sentir igualmente la preponderancia de Leguminosae (15.1%), Gramineae (6.8%) y Compositae (4.4%).

La siguiente lista incluye géneros también frecuentemente encontrados en la vegetación secundaria derivada de los bosques tropicales perennifolios de México, pero que no han sido mencionados en los párrafos anteriores: *Acacia, Adelia, Albizzia, Bauhinia, Bixa, Calliandra, Chrysophyllum, Cnidoscolus, Combretum, Crotalaria, Desmodium, Didymopanax, Eugenia, Inga, Lantana, Mimosa, Myriocarpa, Paullinia, Piper, Siparuna, Tabebuia, Tabernaemontana, Tetrorchidium, Vitex.*

El bosque tropical perennifolio es el tipo de vegetación que más se ha estudiado en México usando métodos cuantitativos. Estas investigaciones se han realizado mayormente por la Comisión de Estudios sobre la Ecología de Dioscóreas (Gómez-Pompa et al., 1964a; Gómez-Pompa et al., 1964b; Sousa, 1964; Sarukhán, 1964; León y Gómez-Pompa, 1970; Pérez y Sarukhán, 1970; etc.) y Sarukhán (1968a) presenta una evaluación sintética de una parte de la información numérica de esta manera reunida y en su mayoría inédita.

En la página 177 se reproduce el arreglo tabular del resumen de los datos recabados de un sitio típico de muestreo (Huimangillo 47A). La abreviación I.d. corresponde al índice de diversidad que es el producto de densidad X frecuencia, mientras que I.D. es el índice de dominancia, obtenido por multiplicación del I.d. por el área basal correspondiente expresada en cm^2.

En la parte analítica de su estudio, Sarukhán (op. cit.) llega a una serie de resultados, entre los cuales cabe destacar por su interés los siguientes:

a) En la sucesión de comunidades que conduce al restablecimiento de la "selva de *Terminalia*" el número de especies que componen la vegetación, así como el área basal sufren en los primeros 80 años grandes fluctuaciones que en las gráficas (Figs. 195, 196) se observan como pronunciadas altas y bajas. Tal fenómeno probablemente es el resultado de cambios drásticos que acompañan la substitución de una asociación por otra.

b) En el muestreo efectuado sobre una superficie de una hectárea de un bosque bien conservado de *Guatteria y Dialium* en Tabasco se contaron 101 especies, cuyos individuos desarrollan troncos de 5 cm d.a.p. o más gruesos. Esta cifra es relativamente baja si se le compara con la "selva mesofítica" de *Vouacapoua americana* estudiada en la Guayana Holandesa, donde el número correspondiente es de 162 especies, y con otros bosques que se desarrollan en condiciones edáficas favorables en algunas partes de Sudamérica. En cambio, en el mencionado bosque de Tabasco el número de individuos con las mismas características del tronco fue de 530 y el área basal colectiva de 92.7 m^2, valores bastante elevados en comparación con cifras obtenidas en otras partes de América tropical.

c) El análisis de clases diamétricas de las comunidades y de algunas especies en particular ilustra una serie de datos que ayudan a comprender el mecanismo de la sucesión y por otra parte revelan diferentes tipos de disturbio a los que pueden o pudieron haber estado sujetas las comunidades analizadas.

Cuadro 7. Resumen de los datos sinecológicos del sitio Huimanguillo 47A. Area de muestreo 2 000 m^2. Reproducido de Sarukhán (1968a), con la anuencia del autor.

	especies No.	%	árboles/Ha No.	%	altura xm	cobertura/Ha m^2	%	área basal/Ha cm^2	%	I.d./Ha (f x d)	Indice de dominancia/Ha	
estrato 5-12 m.												
especies exclusivas	17	70.8	465	80.1	8.2	4007.50	80.3	41614.0	72.1		17,671.70	92.7
especies compartidas	7	29.2	115	19.9		983.00	19.7	16953.5	27.9		1,388.25	7.3
total del estrato	24		580		7.7	4990.50		57664.5		2.527	19,059.95	
estrato 13-21 m.												
especies exclusivas	6	46.1	50	45.5	16.0	1497.40	47.5	31942.0	41.3		510.50	39.7
especies compartidas	7	53.9	60	54.5		1654.45	52.5	45214.5	58.7		774.15	60.3
total del estrato	13		110		17.0	3151.85		77156.5		0.133	1,284.65	
estrato 22-35 m.												
especies exclusivas	4	57.1	20	44.4	26.0	1534.25	24.0	38084.0	9.1		76.05	0.9
especies compartidas	3	42.9	25	55.6		4865.05	76.0	378621.0	90.9		8.250.05	99.1
total del estrato	7		45		28.3	5399.30		416705.0		0.034	8,326.10	
TOTAL	34		735			14541.65		551526.0		2.694	28,670.70	

Relación ind/esp. = 4.2

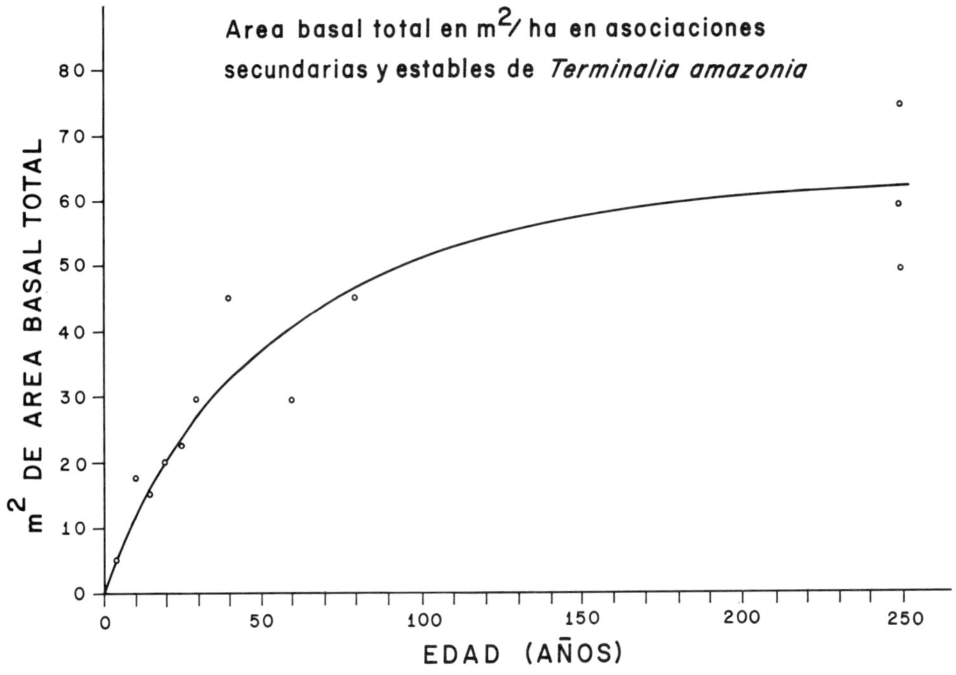

Figura 195. Area basal de diferentes asociaciones secundarias derivadas del bosque de Terminalia amazonia, *según Sarukhán (1968a). Reproducido con la anuencia del autor.*

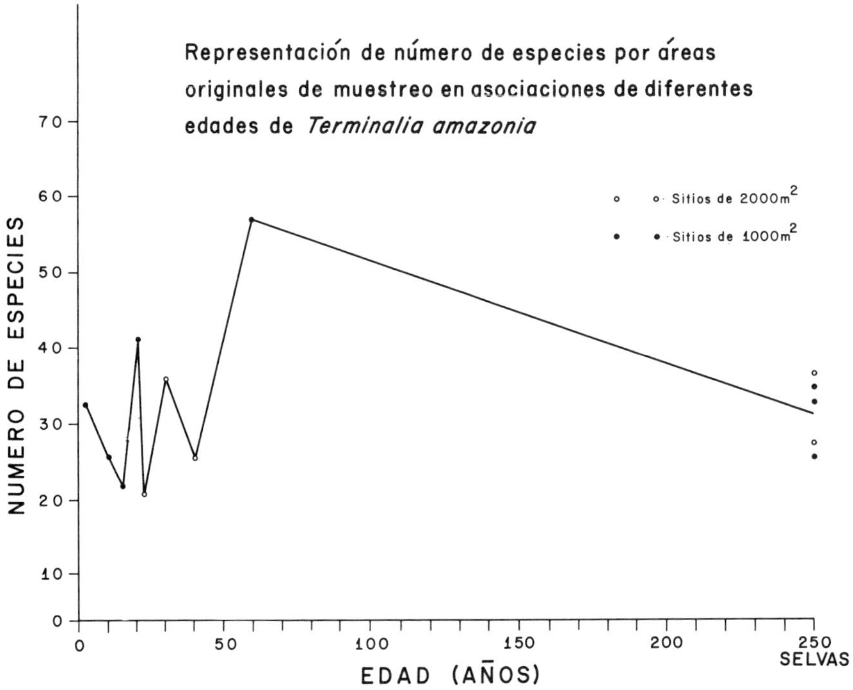

Figura 196. Número de especies en .diferentes asociaciones secundarias derivadas del bosque de Terminalia amazonia, *según Sarukhán (1968a). Reproducido con la anuencia del autor.*

12. Bosque tropical subcaducifolio

En este tipo de vegetación se agrupa una serie de comunidades vegetales con características intermedias en su fisonomía y en sus requerimientos climáticos entre el bosque tropical perennifolio y el bosque tropical caducifolio. En tal virtud, muchas de sus características corresponden a alguna de las formaciones mencionadas o bien se encuentran a medio camino entre ambas. Desde el punto de vista de su fisonomía y estructura en general se parece a la primera, pero la fenología lo asemeja a la segunda. En el bosque tropical subcaducifolio cuando menos la mitad de los árboles deja caer sus hojas durante la temporada de sequía, pero hay muchos componentes siempre verdes y otros que sólo se defolian por un periodo corto, a veces de unas cuantas semanas. En consecuencia, esta comunidad presenta cierto verdor aun en las partes más secas del año.

El primero en distinguir esta formación para México fue Miranda, quien la describió de la Cuenca del Balsas (1947: 105) bajo el nombre de "bosque mesófilo de las barrancas". Posteriormente Miranda refirió de Chiapas la "selva alta subdecidua" (1952, I: 87), y de la Península de Yucatán, la "selva alta o mediana subdecidua". En su clasificación de los tipos de vegetación del país Miranda y Hernández X. (1963: 38-39) la denominan "selva alta o mediana subcaducifolia" y Puig (1974) utiliza la denominación "forêt tropicale moyenne semi-caducifoliée".

Algunos otros términos con los que se han denominado formaciones aparentemente equivalentes son:

semievergreen seasonal forest (Beard, 1944, 1955);

selva veranera semi-decidua (Beard, 1946);

moist semi-deciduous forest (Trochain, 1957);

forêt dense humide semi-decidue (Trochain, 1957);

halbimmergruener tropischer Regenwald (Walter, 1962);

tall tree tropical deciduous forest (Shelford, 1963);

halbregengruener Feuchtwald (Knapp, 1965);

tropical semi-deciduous forest (Duellman, 1965);

bosque tropical subdeciduo (Rzedowski y McVaugh, 1966);

bosque deciduo semihúmedo (Lauer, 1968).

Cabe comparar asimismo el bosque tropical subcaducifolio con los bosques monzónicos más húmedos de Asia.

Algunos autores (Smith y Johnston, 1945; Leopold, 1950) prefirieron incluir este tipo de vegetación dentro de un bosque tropical caducifolio concebido en un sentido más amplio, pero parece más razonable considerarlo como una formación aparte, dadas las diferencias fisonómicas existentes entre ambos.

La distribución geográfica del bosque tropical subcaducifolio en México no se conoce bien todavía, pero, a grandes rasgos, puede decirse que ocupa mucho más superficie en la vertiente pacífica que en la atlántica. Existe en forma de manchones discontinuos desde el centro de Sinaloa hasta la zona costera de Chiapas. En este último Estado se presenta también en la Depresión Central y existe asimismo en la Península de Yucatán, intercalándose, sobre todo, a manera de transición, entre las áreas del bosque tropical perennifolio y del bosque tropical caducifolio. En la región peninsular este tipo de vegetación ocupa una franja más bien estrecha que se extiende en forma un poco sinuosa desde cerca del Cabo Catoche hasta los alrededores de la ciudad de Campeche y luego se prolonga como una cinta aún más angosta a lo largo de la costa hasta un punto situado al suroeste de Champotón (Miranda, 1958: 223). Además, existen algunos manchones aislados en Veracruz y uno en el sureste de Tamaulipas.

La distribución de este tipo de vegetación es a menudo muy difícil de interpretar y cartografiar, debido a que con frecuencia forma mosaicos complejos con el bosque tropical caducifolio, con el palmar, con la sabana y con otros tipos de vegetación. Tales mosaicos son particularmente frecuentes en sitios de terreno quebrado, donde diferencias de exposición o de localización topográfica determinan la presencia de uno o de otro tipo de bosque, de tal suerte que el área está llena de manchones discontinuos de dos o más formaciones vegetales.

La superficie total que ocupa en México el bosque tropical subcaducifolio puede estimarse en ± 4%, con la salvedad de que se trata de un dato aproximativo. Prospera en México en altitudes entre 0 y 1 300 m, aunque es posible que en algunos sitios de las franjas costeras de Guerrero y Oaxaca ascienda a mayores alturas sobre el nivel del mar. En numerosos sitios del litoral del Pacífico este tipo de vegetación se halla prácticamente a la orilla del mar; la misma situación se presenta también en algunas partes de la Península de Yucatán. Hacia su extremo altitudinal superior colinda a menudo con los encinares, con los pinares y con el bosque mesófilo de montaña.

La temperatura mínima extrema de 0° C parece constituir el factor limitante de la existencia de este tipo de vegetación, que, por consiguiente, cabe catalogarse también como termófilo por excelencia. La media anual siempre es mayor de 20° C y probablemente no pasa de 28° C; la diferencia entre las medias mensuales de los meses más calientes y fríos del año frecuentemente es menor de 5° C (Figs. 197, 198, 199).

La precipitación en promedio anual es por lo común de 1 000 a 1 600 mm, aun cuando en algunas localidades de Colima, Jalisco y posiblemente Tamaulipas se registra menos lluvia (aproximadamente 800 mm); es probable que en estos sitios exista una compensación a nivel de algún otro factor ecológico. Más que el monto de la lluvia, un elemento de mucha importancia que parece determinar a menudo la existencia del bosque tropical subcaducifolio es la distribución de la precipitación a lo largo del año, pues típicamente se presenta una larga temporada de sequía de 5 a 7 meses de duración, en el transcurso de la cual las lluvias son nulas o insignificantes. En parte, sin embargo, esta sequía es

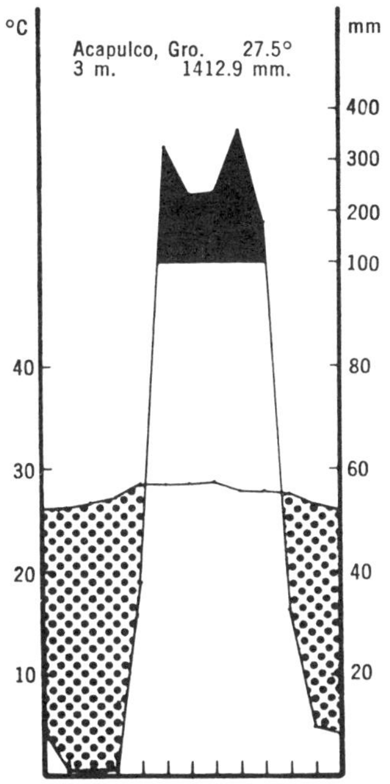

Figura 197. Diagrama ombrotérmico de Acapulco, Guerrero.

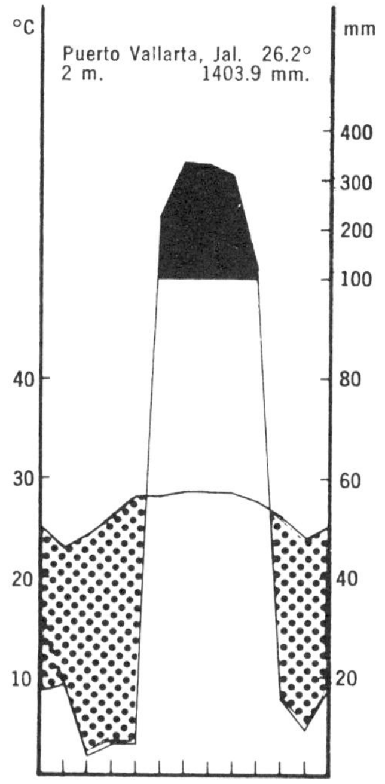

Figura 198. Diagrama ombrotérmico de Puerto Vallarta, Jalisco.

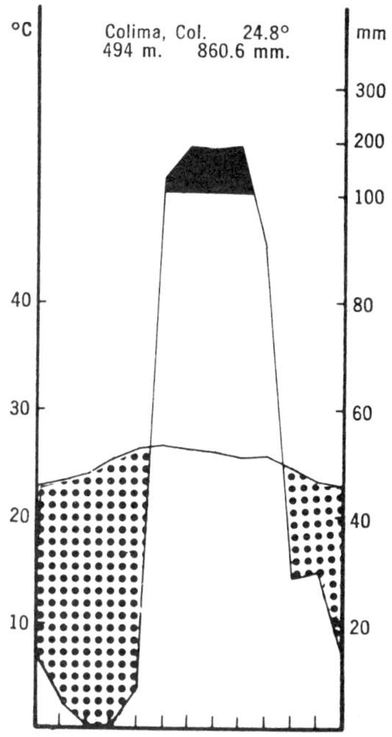

Figura 199. Diagrama ombrotérmico de Colima, Colima.

atenuada por la humedad atmosférica que por lo general se mantiene elevada en este bosque.

Durante más de la mitad del año, al nivel del suelo, priva una profunda penumbra, similar a la que se encuentra en el bosque tropical perennifolio; en los meses restantes las condiciones de luminosidad son más favorables y existen plantas del sotobosque que aprovechan este periodo para realizar su floración.

Siguiendo la clasificación de Koeppen (1948) los tipos de clima correspondientes varían de Aw a Am, coincidiendo el primero con las fases más secas y el segundo con las más húmedas. Es posible, asimismo, que algunas localidades presenten el clima de tipo Cw.

El bosque tropical subcaducifolio no está ligado con ningún tipo de roca en particular, pues se desarrolla igualmente sobre calizas en la Península de Yucatán, en Jalisco y en Colima, así como sobre rocas metamórficas en la Sierra Madre del Sur y en Chiapas, y también sobre granitos y sobre rocas volcánicas en el occidente y en el sur de México.

Los suelos propios del bosque tropical subcaducifolio pueden ser someros o profundos, aunque en el caso de los últimos se encuentran aún pocos sitios sin desmontar. En la Península de Yucatán predominan suelos rocosos, derivados de calizas, a menudo arcillosos y rojos o negros. Del lado del Pacífico también son frecuentes las texturas pesadas, pero el tipo de vegetación prospera lo mismo sobre arenas casi puras y de color claro, derivadas de granitos. La materia orgánica por lo general es abundante, al menos cerca de la superficie. El drenaje suele ser rápido, aunque el bosque es capaz de desarrollarse en sitios que a veces se inundan por cortos periodos. La reacción del suelo es ácida o más frecuentemente cercana a la neutralidad.

Con respecto a sus afinidades geográficas la flora del bosque tropical subcaducifolio de México ofrece grandes similitudes con la del bosque tropical perennifolio, pues al igual que ésta es francamente neotropical y no muestra mayores vínculos hacia el norte. Sin embargo, tanto en la Península de Yucatán, como en el lado de la vertiente pacífica, se registra una proporción más marcada de endemismos, que involucran sobre todo a elementos que este tipo de vegetación comparte con el bosque tropical caducifolio.

El bosque tropical subcaducifolio, en general, no ha sido aún tan profundamente afectado en México por las actividades humanas como el tropical perennifolio, quizá debido al hecho de que, en comparación, su clima no es tan favorable para la agricultura. La situación varía, sin embargo, de una región a otra, principalmente en función de la capacidad del suelo para ser utilizado con fines de cultivo. La escasa colonización de algunas zonas costeras de Michoacán y Jalisco también, en parte, es responsable del hecho de que estos bosques aún no hayan sido muy destruidos. Dichas áreas han estado hasta hace poco mal comunicadas y en muchos sectores sólo se han desmontado los terrenos correspondientes a suelos profundos, más fáciles de cultivar. Es muy probable, sin embargo, que con el advenimiento de los caminos estas condiciones cambiarán rápida y radicalmente. En Oaxaca, la franja del bosque tropical subcaducifolio corresponde a un área con población indígena bastante densa y su impacto sobre la vegetación ha sido intenso, de suerte que vastas superficies han sido desmontadas y otras fuertemente modificadas. En la Península de Yucatán los suelos son por lo general poco propicios para la agricultura, bien por su escasa profundidad o bien por ser susceptibles de inundarse y, como resultado, importantes superficies de esa región están aún cubiertas de bosques.

En cuanto a la explotación forestal, la importancia del bosque tropical subcaducifolio no es grande en la actualidad. Aunque muchos árboles alcanzan tamaños suficientes para ser de interés comercial, la madera de las especies que comprende este tipo de vegetación tiene en general poca demanda por no considerarse de buena calidad, o más frecuentemente por desconocerse sus características y los usos a que pueda destinarse. Algunos de los árboles que se explotan en escala limitada son: *Enterolobium cyclocarpum* ("parota", "guanacaste"), *Cedrela mexicana* ("cedro rojo"), *Roseodendron donnell-smithii* ("primavera"), *Dalbergia granadillo* ("granadillo"), *Astronium graveolens* ("jocotillo"), *Hymenaea courbaril* ("guapinol"), *Platymiscium dimorphandrum* ("hormiguillo", "palo de marimba"). Muchas otras especies se usan localmente para construcción de viviendas, postes, fabricación de muebles, durmientes de ferrocarril y otros propósitos. Es de estimarse que en vastas regiones el bosque tropical subcaducifolio representa una considerable riqueza forestal, de cuyo aprovechamiento podrán subsistir quizá, en el futuro, amplios núcleos de población.

La ganadería, en general, tampoco es una actividad muy intensiva en las áreas cubiertas por el bosque tropical subcaducifolio. En algunas partes, después del desmonte, se han sembrado gramíneas introducidas, pero estos potreros ocupan espacios relativamente reducidos. A veces se encuentra ganado vacuno aislado pastando libremente dentro del bosque.

En las áreas empleadas para la agricultura el cultivo más frecuente es el maíz, pero en Nayarit se siembran también grandes extensiones con plátano y tabaco; en la Sierra Madre del Sur de Guerrero y de Oaxaca, así como en Chiapas, hay amplias zonas cubiertas de plantaciones de café, que se cultiva a menudo a la sombra de árboles de *Erythrina*. Otros cultivos frecuentes, sobre todo en suelos aluviales, son frijol, caña de azúcar, ajonjolí, arroz, cítricos, mango y piña, algunos de ellos sólo a base de riego.

El bosque tropical subcaducifolio es una comunidad densa y cerrada y su fisonomía en la época lluviosa a menudo es comparable con la del bosque tropical perennifolio (Figs. 200, 201). Su altura oscila entre 15 y 40 m, (más frecuentemente entre 20 y 30 m), y por lo general el estrato superior forma un dosel uniforme, aun cuando puede haber eminencias aisladas, sobre todo cuando *Enterolobium cyclocarpum* entra en la composición de la masa forestal. Los elementos del estrato superior comúnmente tienen troncos derechos y esbeltos que no se ramifican en la

Figura 200. Bosque tropical subcaducifolio de Brosimum alicastrum *("capomo"), cerca de Colima, Colima.*

Figura 201. Bosque tropical subcaducifolio de Brosimum alicastrum *("capomo"),* Celtis monoica *("quebracho") y* Astronium graveolens *("jobillo"), cerca de Barra de Navidad, Jalisco.*

Figura 202. Bosque tropical subcaducifolio de Brosimum alicastrum *("capomo"), cerca de Barra de Navidad, Jalisco.*

parte inferior de la planta y el diámetro de la copa suele ser mucho menor que la altura total del árbol. Los diámetros de los troncos pocas veces sobrepasan 1 m y de ordinario oscilan entre 30 y 80 cm. Una notable excepción a este respecto representa *Enterolobium* y algunas especies de *Ficus*, que a menudo desarrollan grosores hasta de 2 y 3 m en la base, pueden ramificarse desde las partes bajas y formar una extensísima copa, cuyo diámetro frecuentemente sobrepasa la altura del árbol. Las especies con raíces tabulares son más o menos frecuentes; rara vez faltan por completo. En el follaje predominan coloraciones verde oscuras, pero algunas tonalidades claras también son comunes. En cuanto al tamaño de las hojas el más frecuente corresponde a la categoría de mesofilia de la clasificación de Raunkiaer, habiendo también árboles de foliolo muy pequeño de la familia Leguminosae. Sus bordes, por lo general, son enteros. Las plantas espinosas no son abundantes en las comunidades clímax y en general en el estrato superior tampoco las palmeras, aunque *Orbignya cohune* puede formar parte del bosque tropical subcadocifolio en las cercanías del litoral en Nayarit, Jalisco, Michoacán, y Oaxaca.

En general, la mitad o más de la mitad de los árboles es de hoja caduca, pero muchos lo son en forma facultativa, de tal manera que la intensidad y el largo de la sequía de un determinado año se reflejan, a menudo, en el grado de la defoliación y en la duración del periodo de carencia de hojas. Este periodo puede ser de 1 a 4 meses y en su transcurso el bosque presenta un aspecto abigarrado de alternancia de plantas sin y con hoja, con diferentes tonalidades de verde y a menudo también de otros colores.

La época de floración de la mayor parte de los árboles de esta comunidad coincide con la estación seca del año y con el periodo de defoliación parcial. Aunque en la gran mayoría de las especies son poco perceptibles los órganos de reproducción, algunas destacan por sus flores vistosas que, al cubrir los árboles ofrecen un cuadro de mucho atractivo y belleza. Entre estos últimos cabe mencionar: *Andira inermis, Belotia mexicana, Bernoullia flammea, Calycophyllum candidissimum, Cochlospermum vitifolium, Cordia alliodora, C. elaeagnoides, Luehea candida, Plumeria rubra, Poeppigia procera, Roseodendron donnell-smithii, Tabebuia palmeri, T. rosea,* etc.

En el bosque tropical subcaducifolio pueden distinguirse, por regla general, dos estratos arbóreos, sin contar las eminencias. El arbóreo inferior mide comúnmente 8 a 15 m de alto y se encuentra con frecuencia bien desarrollado, alcanzando más de 50% de cobertura. Cabe observar que a menudo en este estrato la proporción de plantas perennifolias es mayor a la que se encuentra en el dosel superior. El estrato arbustivo es muy variable en cuanto a su representación y mientras que en algunas comunidades puede faltar casi por completo, en otras se encuentra claramente definido; en su composición pueden entrar con frecuencia palmeras y casi siempre existen miembros de la familia Rubiaceae. El disturbio intenso, sobre todo la tala de árboles, propicia en general un mayor desarrollo del estrato arbustivo. Dada la penumbra existente al nivel del suelo durante la mayor parte del año, el estrato de plantas herbáceas, con frecuencia apenas existe y puede faltar del todo, particularmente en terrenos planos o poco inclinados y en lugares no perturbados.

Las trepadoras leñosas pueden ser muy abundantes y variadas en algunos tipos de bosque tropical subcaducifolio y en general su frecuencia aumenta en situaciones protegidas y en cañadas. Las especies de la familia Bignoniaceae dominan a menudo en esta forma biológica. Las epifitas en general no son tan abundantes como en el caso del bosque tropical perennifolio y su número también se incrementa en función de condiciones topográficas más favorables. Las bromeliáceas y las orquidáceas destacan entre las epifitas y presentan tanto las formas xeromorfas como las exhuberantes propias de clima muy húmedo. Los líquenes crustáceos a veces son comunes sobre la corteza de los árboles y alcanzan a cubrir los troncos casi en su totalidad. Los estranguladores del género *Ficus* pueden formar parte de algunas comunidades, pero es más frecuente que falten en este tipo de bosque.

En cuanto a la composición florística cabe señalar la escasez de briofitas y de pteridofitas. Entre los hongos macroscópicos prevalecen los lignícolas; para una lista parcial de géneros véanse las páginas 167-168. Las cicadáceas son las únicas representantes conocidas de las gimnospermas, pero la mayor parte de las veces su presencia es más bien esporádica. De entre las numerosas familias de angiospermas destacan las Leguminosae, sin que su proporción sea tan elevada como en el caso del bosque tropical caducifolio y del bosque espinoso. Las Orchidaceae prevalecen a menudo entre las plantas herbáceas; mientras que las Compositae y Gramineae son escasas en los bosques clímax.

Las comunidades vegetales que en México se agrupan dentro del bosque tropical subcaducifolio llevan comúnmente varias especies que comparten entre sí la dominancia, aunque éstas rara vez pasan de cinco. En otras ocasiones manifiestamente una sóla es la que lleva la primacía en la biomasa.

De la Sierra Tacuichamona del centro de Sinaloa, Gentry (1946b: 359-360) describe bajo el nombre de "apomal" un bosque de más de 20 m de alto, propio de algunos cañones situados entre 800 y 1 000 m de altitud, en el cual *Brosimum alicastrum* es el árbol casi exclusivo del estrato superior y bajo cuya sombra se desarrollan diversas plantas de afinidades mesófilas. Algunos de los árboles acompañantes son *Ficus* spp., *Prunus cortapico* y *Busera arborea.*

En Jalisco también la dominante más común del bosque tropical subcaducifolio es *Brosimum alicastrum,* misma que forma asociaciones de 15 a 35 m de altura, densas y de un verde oscuro característico que contrasta con el color blanquecino de los líquenes que cubren por completo la corteza de sus troncos (Fig. 202) (Rzedowski y McVaugh, 1966: 15-22). *Celtis monoica* es un acompañante casi ubicuo de *Brosimum;* otros árboles altos, componentes frecuentes de este bosque son: *Astronium graveolens, Bursera arborea, Enterolobium cyclocarpum, Ficus* spp., *Hura polyandra, Licaria cervantesii, Roseodendron donnell-smithii, Swietenia humilis, Tabebuia palmeri,* además de *Orbignya cohune, Cordia elaeagnoides* e *Hymenaea courbaril,* que están más bien restringidos a localidades relativamente cercanas al mar y de altitud inferior a 300 m.

En algunas barrancas de la misma área *Hura polyandra* y *Cnidoscolus* sp. pueden ser los dominantes, y en la costa, hacia los límites de Colima, los componentes principales en muchos sitios son *Bursera arborea, Celaenodendron mexicanum,* así como *Hura polyandra.*

En suelos derivados de rocas basálticas de los alrededores de la ciudad de Colima *Bumelia cartilaginea* es la especie prevaleciente; al menos así lo indican los vestigios de la vegetación primitiva. Sobre suelos profundos, en cambio, *Enterolobium cyclocarpum* y varias especies de *Ficus* (*F. glabrata, F. padifolia* y *F. involuta*) son los dominantes y en condiciones de drenaje algo deficiente los *Ficus* son prácticamente dueños del terreno.

Es interesante notar que en terrenos utilizados para fines ganaderos o agrícolas se acostumbra con frecuencia dejar crecer individuos aislados de *Enterolobium* (Fig. 84) que en tales condiciones desarrollan una copa muy ancha y proporcionan una sombra agradable. Arboles de *Ficus* y de algunos otros géneros también a veces son respetados en las mismas condiciones.

De la costa de Michoacán, Duellman (1965) describe un "tropical semideciduous forest" de 25 a 30 m de alto, compuesto de muchos elementos arbóreos, de los cuales ninguno es dominante. Entre las especies enumeradas figuran: *Ficus mexicana, F. padifolia, Brosimum alicastrum, Licania arborea, Sideroxylon capiri, Trichilia hirta, Bursera simaruba, Enterolobium cyclocarpum.* El mismo tipo de bosque, según el mencionado autor, se presenta también en algunas barrancas y valles al norte del Río Tepalcatepec.

De esta última área, Leavenworth (1946: 142-143) cita, bajo el nombre de "tropical deciduous forest", la misma comunidad, indicando que ocupaba principalmente lugares cercanos a arroyos y también áreas pantanosas, pero que en la actualidad sólo existen sus vestigios.

En otras partes de la Cuenca del Balsas se desarrolla el bosque tropical subcaducifolio, como lo indica Miranda, (1947: 105-106), quien lo denomina "bosque mesófilo de las barrancas" o "capomal", pues la especie dominante aquí también es *Brosimum alicastrum.* Otros componentes que se citan de esta comunidad son: *Trophis racemosa, Ficus segoviae, Trema micrantha, Casearia arguta, Licania arborea, Inga spuria, Enterolo-*

bium cyclocarpum, Bursera simaruba, Celtis monoica.

Sarukhán (1968b: 21) da a conocer algunos componentes del bosque tropical subcaducifolio de la vertiente meridional de la Sierra Madre del Sur en Guerrero y Oaxaca, indicando que además de *Brosimum alicastrum* existen *Bumelia persimilis, Godmania aesculifolia, Manilkara zapota, Pterocarpus acapulcensis, Calycophyllum candidissimum, Lafoensia punicifolia, Hymenaea courbaril, Andira inermis, Psidium sartorianum, Licania arborea, Homalium trichostemon, Swietenia humilis.* De éstos *Calycophyllum candidissimum* y *Pterocarpus acapulcensis* pueden ser dominantes en la comunidad, en la que falta casi por completo el estrato herbáceo.

Gracias al trabajo de Miranda (1952, I: 87-103) se conoce bastante bien la composición y la distribución geográfica de este bosque en Chiapas. En la zona costera de ese Estado se presenta bajo la forma de diversas comunidades. Así, de la región de Tonalá se cita un bosque en que es dominante *Licania arborea* y la acompañan *Poeppigia procera, Tabebuia palmeri, Calycophyllum candidissimum, Bursera simaruba, Couepia polyandra, Erythroxylon areolare, Dalbergia granadillo, Cochlospermum vitifolium, Swietenia humilis.* En las vegas de los ríos, tanto en el declive pacífico como en la Depresión Central de Chiapas, existe, o más bien existía, un bosque de *Enterolobium cyclocarpum*, árbol que, sin ser dominante por el número de individuos, prevalece por el enorme tamaño de su copa. Además de los anteriormente citados se refieren como componentes de esta comunidad: *Albizzia longepedata, Brosimum costaricanum, Cedrela mexicana, Ficus cotinifolia, Sideroxylon tempisque, Roseodendron donnell-smithii, Sapium macrocarpum, Ceiba pentandra, Albizzia caribaea.* Cerca de ríos y arroyos, en terrenos de suelo profundo, también se desarrolla el bosque de *Hymenaea courbaril*, con *Andira inermis, Nectandra globosa, Ficus glabrata, Calophyllum brasiliense, Brosimum costaricanum* y *Tabebuia rosea*, como miembros del estrato arbóreo superior.

Una comunidad frecuente sobre calizas kársticas de la Depresión Central de Chiapas es el bosque de *Bumelia persimilis*, de 15 a 25 m de alto, siendo la especie dominante un árbol de hoja persistente. En su composición entran los siguientes elementos formadores del estrato superior: *Hauya microcerata, Ficus hemsleyana, Platymiscium dimorphandrum, Bernoullia flammea, Guettarda combsii, Wimmeria bartletii, Chaetoptelea mexicana, Erythrina goldmanii, Bursera simaruba.* En este bosque abundan palmas y aráceas, así como cactáceas, orquidáceas y bromeliáceas epifitas. Como variantes del mismo pueden considerarse las comunidades dominadas por *Prunus salasii*, por *Celtis monoica* y *Platymiscium dimorphandrum*, por *Guettarda combsii*, por *Euphorbia pseudofulva* y por *Eysenhardtia adenostylis.*

Otros tipos de bosque tropical subcaducifolio que cita Miranda (op. cit.) son los de *Platymiscium dimorphandrum* con *Pterocarpus hayesii y Vitex pyramidata*, el de *Pterocarpus hayesii* con *Sterculia apetala, Nectandra globosa* y *Beilschmiedia* sp., el de *Psidium sartorianum*, todos ellos relacionados con orillas de ríos y arroyos de la Depresión Central.

En las estribaciones interiores de la Sierra Madre de Chiapas, al sur de Chicomuselo, prospera el bosque de *Poeppigia procera* con *Astronium graveolens, Calycophyllum candidissium, Lafoensia punicifolia, Celtis caudata, Luehea candida, Licania arborea, Ficus cookii.* De la misma área se conoce asimismo la comunidad dominada por *Hura polyandra*, asociada con *Enterolobium cyclocarpum, Hymenaea courbaril, Luehea candida, Tabebuia rosea, Licania arborea, Apeiba tibourbou.*

En la Península de Yucatán el árbol más

Figura 203. Bosque tropical subcaducifolio de Vitex gaumeri *("ya'axnik") y* Brosimum alicastrum *("ramón"), cerca de Leona Vicario, Quintana Roo.*

común del bosque tropical subcaducifolio es *Vitex gaumeri* ("ya'axnik"), que admite diferentes codominantes (Miranda, 1958: 232-236). En el noreste de Yucatán y en zonas adyacentes de Quintana Roo se desarrolla la asociación de *Vitex* y *Brosimum alicastrum* (Fig. 203), en la cual también son frecuentes *Bursera simaruba, Caesalpinia gaumeri, Lonchocarpus longistylus* y *Lysiloma bahamensis.*

Del norte de Campeche y ocasionalmente también de los alrededores de Escárcega se cita el bosque de *Vitex con Piscidia piscipula,* asociados con *Coccoloba cozumelensis, Guettarda combsii, Simarouba glauca* y otros árboles. En el sur y en el este de Yucatán se presentan las combinaciones de *Vitex* con *Sideroxylon gaumeri* y con *Caesalpinia gaumeri,* mientras que en una franja cercana a la costa de Campeche, *Vitex* se asocia con *Cedrela mexicana* y en esta comunidad son frecuentes también: *Aspidosperma stegomeris, Bursera simaruba, Ficus cotinifolia, Gyrocarpus americanus, Metopium brownei* y *Pileus mexicanus.*

De suelos un poco más profundos, que en su gran mayoría se hallan bajo cultivo, Miranda (op. cit.: 235) describe como vegetación clímax un bosque de *Enterolobium cyclocarpum* y *Ceiba pentandra,* acompañados de *Astronium graveolens, Brosimum alicastrum, Cedrela mexicana, Ficus* spp., *Spondias mombin* y *Vitex gaumeri.* Es de llamar la atención en esta asociación la corpulencia de los individuos de *Enterolobium,* de *Ceiba* y de *Cedrela,* que alcanzan diámetros de 1 a 2 m y copas muy grandes.

Sousa (1968: 143-146) refiere la presencia de este tipo de vegetación en la región de los Tuxtlas, del sur de Veracruz, donde los árboles dominantes son *Enterolobium cyclocarpum, Bursera simaruba* y *Sabal mexicana.*

En la región de Córdoba, en el centro del mismo Estado, existe también, según Chiang (1970), un bosque tropical subcaducifolio en altitudes inferiores a 400 m. En la actualidad se halla muy alterado y los árboles de más de 10 m de alto son: *Enterolobium cyclocarpum, Lysiloma acapulcensis, Tabebuia rosea, Ficus cotinifolia, F. maxima, F. obtusifolia* y *Chlorophora tinctoria.*

De las Sierras de la Cocina y de San José de las Rusias, del sureste de Tamaulipas, Puig (1974: 192) describe un bosque tropical subcaducifolio de 20 a 25 m de alto, que habita a menos de 25 km del litoral del Golfo de México y en altitudes entre 0 y 500 m, donde la precipitación media anual se estima entre 800 y 1 200 mm. Las especies dominantes, según Puig, son: *Bursera simaruba, Ficus* sp., *Celtis monoica, Nectandra* sp. y *Robinsonella mirandae.* En el estrato arbóreo inferior son muy abundantes, además, *Drypetes lateriflora* y *Sargentia greggii.*

Como comunidades secundarias derivadas del bosque tropical subcaducifolio se han citado para Jalisco (Rzedowski y McVaugh, 1966: 19) bosques de *Tabebuia* spp. y de *Cordia* spp. Otros elementos comunes de fases sucesionales menos avanzadas del occidente de México son: *Acrocomia mexicana, Caesalpinia platyloba, Casearia arguta, Castilla elastica, Cecropia obtusifolia, Cochlospermum vitifolium, Cyrtocarpa procera, Forchhammeria pallida, Guazuma ulmifolia, Heliocarpus* spp., *Luehea candida, Lysiloma acapulcensis, Piptadenia constricta, Sabal rosei, Spondias purpurea, Thouinia acuminata, Trema micrantha, Xylosma flexuosum.*

Miranda (1952, I: 95) enumera de Chiapas los siguientes árboles como dominantes en claros, bordes y otras comunidades secundarias, relacionadas con el bosque de *Bumelia persimilis: Luehea candida, Spondias mombin, Cordia alliodora, Cecropia obtusifolia, Daphnopsis bonplandiana, Cochlospermum vitifolium, Acrocomia mexicana* y *Godmania aesculifolia.*

En la Península de Yucatán, según Miranda (1958: 256-257), los bosques secundarios originados por destrucción de este tipo de vegetación están comúnmente dominados por *Cecropia peltata* y además se caracterizan por la presencia de *Bursera simaruba, Guettarda combsii, Gymnopodium antigonoides, Luehea speciosa* y *Lysiloma bahamensis.* Menos frecuentes son los bosques espinosos de *Acacia gaumeri* y *Mimosa hemiendyta,* que invaden las parcelas de cultivo abandonadas. Miranda (loc. cit.) cita además las siguientes plantas herbáceas y arbustivas que son los primeros colonizadores de terrenos desmontados: *Croton flavens, Dalbergia glabra, Eupatorium daleoides, Galactia striata, Mucuna pruriens, Ruellia tuberosa, Sclerocarpus divaricatus, Sida acuta, Solanum verbascifolium, Viguiera dentata.*

Sousa (1968: 146) menciona la presencia de un "palmar disclímax" de *Sabal mexicana, Scheelea liebmannii* y *Acrocomia mexicana* en el área del bosque tropical subcaducifolio de la región de los Tuxtlas, en Veracruz.

13. Bosque tropical caducifolio

Se incluye bajo esta denominación un conjunto de bosques propios de regiones de clima cálido y dominados por especies arborescentes que pierden sus hojas en la época seca del año durante un lapso variable, pero que por lo general oscila alrededor de seis meses.

En el continente asiático se han descrito bosques de naturaleza análoga con el calificativo de "monzónicos", en virtud de que su ritmo fenológico está ligado con el régimen de lluvias determinado por este tipo de vientos, que durante la mitad del año soplan desde el mar hacia la tierra y en el periodo restante en dirección contraria. En México, el determinismo climático del bosque tropical caducifolio no siempre es exactamente igual, por lo cual no resulta conveniente usar el término "monzónico".

Otros aparentes sinónimos que corresponden a este tipo de vegetación y que pueden encontrarse en la literatura referente a otras partes del mundo son los siguientes:

regengruener Wald (Ruebel, 1930);
deciduous seasonal forest (Beard, 1944, 1955);
selva veranera decidua (Beard, 1946);
dry deciduous forest (Trochain, 1957);
forêt dense seche (Trochain, 1957);
forêt dense à feuilles caduques (Birot, 1965);
bosque deciduo semiárido (Lauer, 1968).

En cuanto a México, Ochoterena (1923: 274) denominó este tipo de vegetación como "monte mojino", en cambio Gentry (1942: 34; 1946: 358) prefirió el término "short tree forest". Leavenworth (1946: 143) utilizó el nombre de "heterogenous forest of canyon and valley" para el bosque tropical caducifolio del Valle del Río Tepalcatepec, en Michoacán, mientras que para el área costera de la misma entidad Turner (1960) empleó la denominación de "shrubby tree jungle". Leopold (1950) y varios otros autores lo llamaron "tropical deciduous forest".

Miranda (1952: 103) propuso inicialmente para la Cuenca del Papaloapan el nombre de "bosque bajo de hojas medianas caedizas"; después usó el término de "selva baja decidua" y, más tarde, al aplicarlo a la totalidad del territorio de la República (Miranda y Hernández X., 1963) optó por transformarlo en "selva baja caducifolia". Aubréville (1962: 64) en su "proyecto de clasificación de las principales formaciones vegetales de México en el marco de una clasificación general de las formaciones vegetales tropicales y subtropicales" utilizó para este tipo de vegetación el complejo nombre de "bosque denso seco bajo deciduo y matorral deciduos". Rzedowski (1966: 122) empleó el término de "bosque tropical deciduo" y Puig (1974) el de "forêt tropicale basse caducifoliée".

Dentro del conjunto de los tipos de vegetación de las zonas de clima caliente de México y siguiendo el gradiente de mayor a menor humedad, al tipo de vegetación que se describe le corresponde el lugar entre el bosque tropical subcaducifolio y el bosque espinoso. En la gran mayoría de los casos es bastante fácil distinguir el bosque tropical caducifolio de las demás comunidades vegetales, tanto por su fisonomía y fenología peculiares, como por su composición florística y por sus requerimientos ecológicos.

En cuanto a su distribución geográfica, esta formación es particularmente característica de la vertiente pacífica de México, donde cubre grandes extensiones prácticamente ininterrumpidas desde el sur de Sonora y el suroeste de Chihuahua hasta Chiapas y se continúa a Centroamérica. En los mencionados Estados del norte del país y en la mayor parte de Sinaloa el bosque tropical caducifolio está restringido a la vertiente occidental inferior de la Sierra Madre Occidental, sin penetrar a la Planicie Costera. Más hacia el sur se le encuentra con frecuencia en contacto directo con el litoral, desde donde se extiende a las serranías próximas, aun cuando su distribución marca también algunas penetraciones profundas a lo largo de los ríos Santiago y Balsas así como de sus principales afluentes. En el extremo sur de Baja California existe un manchón aislado que se localiza en las partes inferiores y medias de las Sierras de la Laguna y Giganta. En el Istmo de Tehuantepec el bosque tropical caducifolio traspasa el parteaguas y ocupa gran parte de la Depresión Central de Chiapas, donde forma parte de la Cuenca del Río Grijalva. En la vertiente atlántica existen, además, cuando menos tres manchones aislados, caracterizados por el bosque tropical caducifolio: 1) en el sur de Tamaulipas, sureste de San Luis Potosí, extremo norte de Veracruz y extremo noreste de Querétaro, comprendiendo una parte de "La Huasteca"; 2) en el centro de Veracruz, en un área situada entre Nautla, Alvarado, Jalapa y Tierra Blanca, sin llegar a ninguna de estas poblaciones, pero incluyendo las inmediaciones del puerto de Veracruz; 3) en la parte norte de la Península de Yucatán, ocupando la mayor parte del Estado de Yucatán y una fracción del de Campeche. El área que ocupa (u ocupaba) este tipo de vegetación puede calcularse en ± 8% de la superficie de la República.

El bosque tropical caducifolio se desarrolla en México entre 0 y 1 900 m de altitud, más frecuentemente por debajo de la cota de 1 500 m. En los declives del Golfo de México (exceptuando la Depresión Central de Chiapas) no se le ha observado por arriba de 800 m s.n.m., hecho que está correlacionado con las temperaturas más bajas que reinan allí, si se las compara con sitios ubicados a igual altitud en la vertiente pacífica.

Al igual que en el caso de los tipos de vegetación anteriormente descritos, un factor ecológico de mucha significación que define la distribución geográfica del bosque tropical caducifolio es la temperatura y en especial la mínima extrema, que en general no es menor de 0° C. La temperatura media anual es el del orden de 20 a 29° C, siendo más alta en algunas depresiones interiores y no necesariamente al nivel del mar.

En cuanto a la humedad, el aspecto de mayor importancia es su distribución francamente desigual a lo largo del año, dividiéndose éste en dos estaciones bien marcadas: la

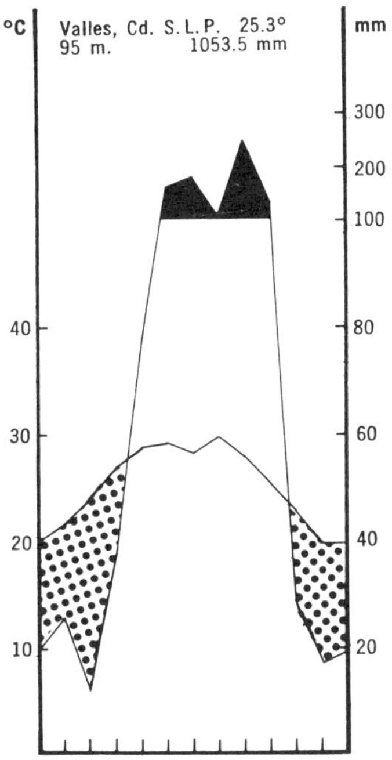

Figura 204. Diagrama ombrotérmico de Ciudad Valles, San Luis Potosí.

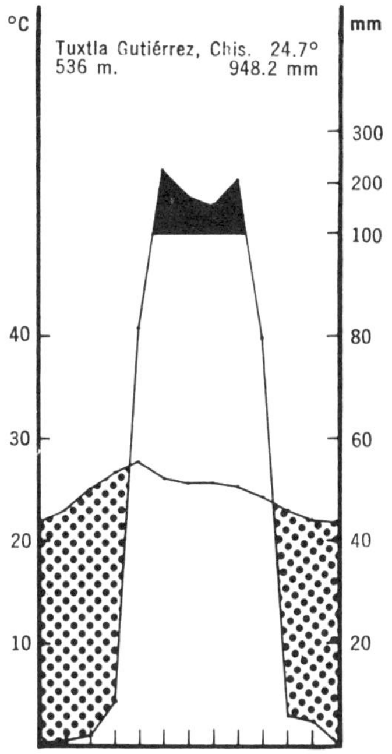

Figura 205. Diagrama ombrotérmico de Tuxtla Gutiérrez, Chiapas.

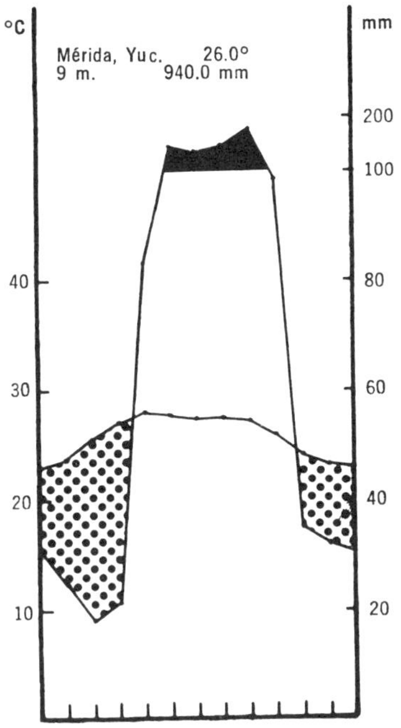

Figura 206. Diagrama ombrotérmico de Mérida, Yucatán.

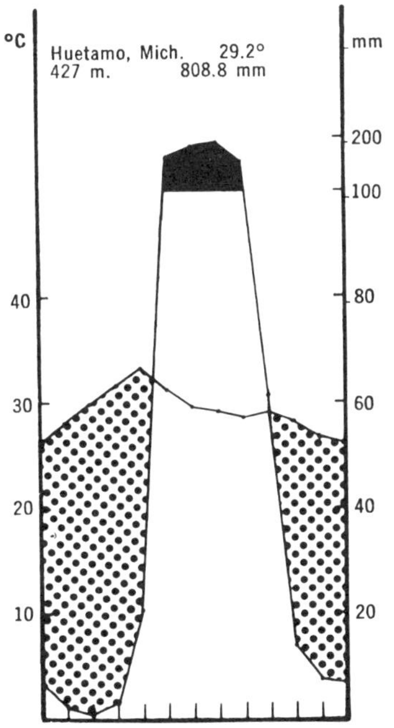

Figura 207. Diagrama ombrotérmico de Huetamo, Michoacán.

Figura 208. Diagrama ombrotérmico de Juchipila, Zacatecas.

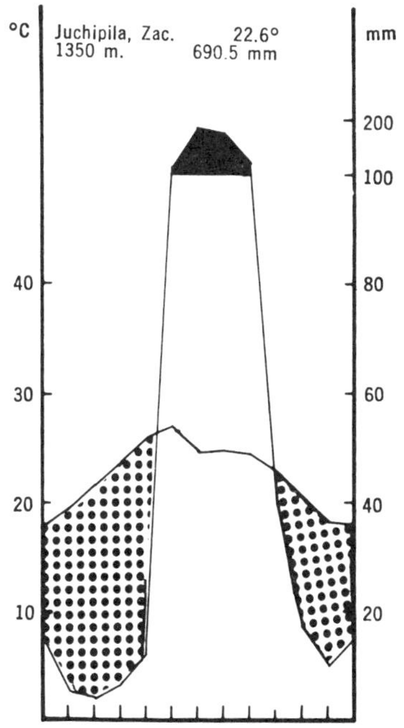

lluviosa y la seca. El número de meses secos consecutivos varía de 5 a 8, lo cual da idea de lo acentuado de la aridez entre diciembre y mayo (Figs. 204, 205, 206, 207, 208). El monto de la precipitación media anual varía entre 300 y 1 800 mm (más frecuentemente entre 600 y 1 200 mm). Esta gran amplitud de tolerancia ecológica en parte se debe al hecho de que la repartición de la lluvia es a menudo tan importante en el determinismo del área de distribución del bosque tropical caducifolio como la cantidad de lluvia recibida. En cuanto a los valores cercanos al límite inferior ($<$ 500 mm), éstos corresponden a Baja California, donde la comunidad considerada como bosque tropical caducifolio quizá no sea totalmente análoga desde el punto de vista ecológico a las que existen en el resto de la República.

De acuerdo con la clasificación de Koeppen (1948), el tipo de clima más común correspondiente a esta formación vegetal es el Aw, aunque también hay algunos sitios con clima BS y Cw.

Salvo el caso de Baja California y de algunas partes del Istmo de Tehuantepec, donde se desarrolla sobre una gran variedad de situaciones topográficas y tipos de tierra, el bosque tropical caducifolio muestra una franca preferencia por suelos someros pedregosos y se localiza a menudo sobre laderas de cerros. En los suelos aluviales profundos este tipo de vegetación es comúnmente substituido por el bosque espinoso, de aspecto más xeromorfo. Cabe comentar que situaciones similares se presentan en la Altiplanicie Brasileña, donde de acuerdo con Rawitscher (1948), la sabana ("cerrado") domina ampliamente sobre terrenos planos, mientras que sobre laderas inclinadas se presenta el bosque tropical caducifolio. El mencionado autor atribuye estas discrepancias a un contenido diferente en elementos nutritivos del suelo. En zonas de clima árido de México se presentan también fenómenos análogos (véase pág. 240).

En cuanto a las demás características del suelo, éstas son bastante variables, pues las texturas pueden variar de arcilla a arena, el pH de ácido a ligeramente alcalino, pueden ser pobres o ricos en materia orgánica y de colores claros u oscuros, rojizos, amarillentos, grisáceos, cafés o negros. En general estos son suelos bien drenados y por lo común jóvenes, con características derivadas de la roca madre, que puede ser tanto ígnea, como metamórfica y no pocas veces sedimentaria marina.

En cuanto a la influencia que ha ejercido el hombre sobre el bosque tropical caducifolio, es difícil hacer generalizaciones, pues de una región a otra se presentan diferencias notables. A grandes rasgos, sin embargo, el impacto de las actividades humanas sobre este tipo de vegetación ha sido considerablemente menor que en el caso del bosque tropical perennifolio. Tal circunstancia obedece al hecho de que los suelos someros y pedregosos, característicos del bosque tropical caducifolio, no son de los mejores para la agricultura, por lo cual sólo en las zonas de fuerte presión demográfica han sido sometidos al cultivo de manera extensiva, como es el caso de vastas áreas en Yucatán, donde abundan también superficies cubiertas por vegetación secundaria. En muchas regiones, sobre todo donde el declive de las laderas es pronunciado, existen aún importantes extensiones de bosque más o menos bien conservado, aun cuando casi por todas partes se nota la influencia del ganado, de los incendios y de la tala selectiva.

Desde el punto de vista de la explotación forestal, este tipo de vegetación es de escasa importancia, pues el tamaño y la forma de sus árboles no presentan características deseables para el comercio. Localmente, sin embargo, a falta de materiales mejores, se usa la madera de muchos de sus componentes para construcción, para la fabricación de objetos de artesanía, muebles y utensilios diversos, así como para postes, combustible y otros propósitos.

La corteza de algunas leguminosas se utiliza como fuente de taninos para la curtiduría y a principios de siglo se exportaban a Europa los aceites esenciales ("aceite de linaloe"), extraídos de la madera de ciertas especies de *Bursera*.

En Yucatán se cultiva ampliamente el "henequén" (*Agave fourcroydes*), especie aparentemente nativa del área del bosque tropical caducifolio de esa región y la economía de todo el estado descansa grandemente todavía hoy en día en su explotación, aun cuando va declinando tal actividad.

En las demás áreas cubiertas por este tipo de vegetación, el uso más común de la tierra consiste en la ganadería, principalmente a base de vacunos que pastan libremente sobre grandes extensiones boscosas. En algunas regiones de Morelos y de Guerrero se mantiene artificialmente una especie de zacatal secundario o de bosque muy abierto que también se usa para la ganadería. En San Luis Potosí se practica la siembra de zacates introducidos sobre terrenos previamente desmontados, de manera semejante a como se procede en las áreas correspondientes al bosque tropical perennifolio.

En las zonas empleadas para la agricultura, el cultivo más frecuente es el maíz y le siguen en importancia el frijol, el garbanzo y el ajonjolí, así como algunos frutales de clima caliente.

Los vínculos geográficos de la flora de este tipo de vegetación señalan una fuerte predominancia de elementos neotropicales y escasez o ausencia de los holárticos. El número de endemismos, sobre todo a nivel de especie, es considerable y éstos se concentran de manera particular en la Cuenca del Balsas, en la Península de Yucatán y en el noreste de México.

El bosque tropical caducifolio, en estado natural o de escasa perturbación, es por lo común una comunidad densa y con ello ofrece un notable contraste respecto a la mayor parte de las agrupaciones vegetales de clima semejante que se conocen de Africa, donde predomina el tipo de bosque abierto. Su altura oscila generalmente entre 5 y 15 m, más frecuentemente entre 8 y 12 m; los árboles que lo constituyen forman comúnmente un techo de altura uniforme, aunque puede haber un piso adicional de eminencias aisladas. Las copas de las especies del estrato dominante son convexas o planas y su anchura a menudo iguala o aventaja la altura de la planta, lo que proporciona a los árboles un porte muy característico. El diámetro de los troncos por lo general no sobrepasa 50 cm; éstos con frecuencia son retorcidos y se ramifican a corta altura o casi desde la base, de tal manera que el tronco principal pierde su individualidad muy pronto. Muchas especies tienen cortezas de colores llamativos y superficie brillante, exfoliándose continuamente sus partes externas. El follaje es en general de color verde claro, con lo cual se distingue de los bosques tropicales perennifolio y subcaducifolio; predominan ampliamente las hojas compuestas y en su mayoría los tamaños de los foliolos (u hojas) corresponden a la categoría de nanofilia de la clasificación de Raunkiaer (1934). Los elementos espinosos en las comunidades no perturbadas en general no son muy importantes.

La característica más sobresaliente de esta formación vegetal la constituye la pérdida de sus hojas durante un periodo de 5 a 8 meses; así los dos aspectos estacionales del bosque son diferentes: el triste, gris y desolado aspecto de la época seca contrasta de manera extraordinaria con la espesura verde tierna del periodo lluvioso (Figs. 209, 210). La pérdida de las hojas afecta la gran mayoría, o a menudo la totalidad, de los componentes de

Figura 209. Bosque tropical caducifolio de Bursera *spp. ("cuajiote", "copal"),* Cyrtocarpa procera *("coco de cerro") y* Ceiba aesculifolia *("pochote"), con* Neobuxbaumia *("gigante"), en la época seca del año, cerca de Acatlán, Puebla.*

Figura 210. Bosque tropical caducifolio de Bursera *spp. ("cuajiote", "copal") y* Ceiba aesculifolia *("pochote") con* Neobuxbaumia *("gigante"), en la época húmeda del año, cerca de Las Estacas, Morelos.*

Figura 211. Perfil esquemático del bosque tropical caducifolio, cerca de Las Estacas, Morelos: 1. *Neobuxbaumia mezcalensis,* 2. *Bursera copallifera,* 3. *Bursera morelensis.* 4. *Bursera aptera,* 5. *Bursera longipes,* 6. *Comocladia engleriana,* 7. *Ceiba aesculifolia,* 8. *Haematoxylon brasiletto,* 9. *Lippia graveolens,* 10. *Lysiloma tergemina,* 11. *Euphorbia schlechtendalii.*

la comunidad y aunque la caida del follaje no es necesariamente simultánea para las diferentes especies, son muchos los meses durante los cuales se mantiene la fisonomía correspondiente al letargo estacional, que se ve interrumpida solamente, a veces, por el verdor de alguna cactácea u otro de los escasos elementos siempre verdes.

Hacia mediados o fines de la época de sequía, cuando la temperatura alcanza sus valores máximos anuales, muchas especies leñosas se cubren de flores, ya que numerosas plantas de esta comunidad nunca poseen hojas y flores al mismo tiempo.

En cuanto a la estructura del bosque tropical caducifolio (Fig. 211), lo más frecuente es que haya un solo estrato arbóreo, aunque puede también haber dos, sin contar las eminencias, que en general son demasiado aisladas para poder considerarlas como formadoras de un piso aparte. El desarrollo del estrato arbustivo varía mucho de un sitio a otro, al menos parcialmente, en función de la densidad del dosel arbóreo, y cuando éste es muy espeso puede haber condiciones de verdadera penumbra a nivel del suelo durante el periodo lluvioso. En situaciones de poca perturbación el estrato herbáceo está poco desarrollado y no es raro que falte casi por completo, aun cuando las condiciones topográficas de una ladera propician la existencia de uno que otro claro en el cual sí existen sus representantes.

Las trepadoras y las epifitas son en general escasas en el bosque tropical caducifolio y sólo se les encuentra con cierta abundancia en sitios protegidos, sobre todo en cañadas o en exposiciones favorables . Entre las segundas destacan bromeliáceas del género *Tillandsia,* así como líquenes crustáceos que a veces cubren por completo la corteza de los troncos.

Una forma biológica interesante la constituyen las cactáceas columnares y candelabriformes que se presentan a menudo, sobre todo en las fases más secas de este bosque. Existen también en algunas comunidades árboles y arbustos con hojas concentradas en rosetas (*Beaucarnea, Yucca*).

Las briofitas son poco frecuentes en este tipo de vegetación, al igual que los helechos y demás pteridofitas, aunque a veces se encuentran con cierta abundancia especies xerófilas sobre taludes rocosos. Entre los musgos pueden citarse (Delgadillo, com. pers.) los géneros *Barbula, Cryphaea* y *Didymodon.* Para algunos géneros de hongos macroscópicos, véase la lista de las págs. 167-168, cabiendo señalar que los escasos representantes de este grupo son en su gran mayoría lignícolas. De las gimnospermas sólo pueden citarse algunas cicadáceas, que son más bien una rareza, y entre las angiospermas destaca la familia Leguminosae, tanto por la cantidad de especies presentes, como por el número de individuos y sobre todo por su importancia y frecuente dominancia en los estratos arbóreos. El género *Bursera* (Burseraceae) está representado por muchas especies en el bosque tropical caducifolio de México, principalmente en la vertiente pacífica, entre Sinaloa y Oaxaca. Su importancia alcanza apogeo a altitudes medias (500-1 500 m) en la Cuenca del Balsas, donde las especies de *Bursera* son a menudo las dominantes absolutas de la comunidad. Cabe hacer constar que el bosque tropical caducifolio de la Cuenca del Balsas constituye realmente el área de máxima concentración de las especies de *Bursera* (Miranda, 1947: 96) (Fig. 77).

En cuanto a la dominancia, lo común en este tipo de vegetación es que esté compartida entre pocas especies de árboles; algunas veces puede ser una sola.

En la parte meridional del Territorio de Baja California Sur, en general en altitudes entre 500 y 1 000 m, se presenta un bosque xerófilo, relativamente espaciado y bajo (6 a 14 m), que por sus demás características debe clasificarse como tropical caducifolio, aunque por los rasgos climáticos cabría esperar en su lugar un bosque espinoso (Shreve, 1937b). Presenta este bosque algunos elementos comunes con los matorrales xerófilos, con los que colinda, pero se distingue también por un buen número de especies propias y otras compartidas con el bosque tropical caducifolio de Sonora y Sinaloa. Los siguientes árboles son los que cita Shreve (op. cit.) como los más característicos del área: *Lysiloma microphylla, Jatropha cinerea, Cyrtocarpa edulis, Bursera laxiflora, Lysiloma candida, Cercidium peninsulare, Leucaena microcarpa, Cassia atomaria, Pachycereus pecten-aboriginum, Cercidium sonorae, Prosopis palmeri, Esenbeckia flava, Albizzia occidentalis, Gochnatia arborescens, Haematoxylon brasiletto, Lemaireocerceus thurberi, Sebastiania bilocularis, Bursera microphylla, Pithecellobium tortum, Plumeria acutifolia, Bursera odorata, Yucca* sp. Este bosque de Baja California, como se indicó en la pág. 149, crece indiferentemente sobre suelos someros de ladera y profundos de llanura y en grandes extensiones se encuentra relativamente poco perturbado (Fig. 212).

En los declives occidentales de la Sierra Madre Occidental de Sonora, Chihuahua, Durango y Sinaloa, así como en algunas serranías aisladas de este último Estado el bosque tropical caducifolio se halla confinado a las porciones inferiores de los macizos montañosos (300-1200 m s.n.m.), y se encuentra muchas veces restringido a las laderas de los valles y de los cañones que han excavado los numerosos ríos de la región (Fig. 213).

De la cuenca del Río Mayo, en Sonora, Gentry (1942: 34) cita las siguientes especies como dominantes del bosque: *Ceiba acuminata, Lysiloma watsonii, L. divaricata, Bursera inopinata* y *Cochlospermum vitifolium; Conzattia sericea* se presenta en forma de eminencias aisladas.

De la Sierra Tacuichamona, ubicada en el centro de Sinaloa, el mismo autor (Gentry, 1946b: 385) proporciona una larga lista de componentes, entre los cuales destacan los siguientes árboles: *Lysiloma divaricata, Bursera* spp., *Conzattia sericea, Bombax palmeri, Acacia cymbispina, Haematoxylon brasiletto, Tabebuia palmeri, T. chrysantha, Psidium sartorianum* y *Ceiba acuminata.*

En Nayarit, Jalisco y Colima el bosque tropical caducifolio ocupa grandes extensiones de terrenos entre 0 y 1 600 m de altitud. En la región de profundos cañones del Río Santiago y de sus afluentes penetra en forma de angostas franjas que miden cientos de kilómetros de largo. Ocupa también las depresiones de las porciones altas de las cuencas de los ríos Armería y Coahuayana y en una parte del Estado de Colima entra en contacto directo con el litoral (Rzedowski y McVaugh, 1966). En algunas localidades *Lysiloma divaricata* es la dominante única de la comunidad, pero es más frecuente que varias especies compartan la preponderancia en el bosque; entre ellas cabe citar: *Amphipterygium* spp., *Bursera* spp., *Ceiba aesculifolia, Cyrtocarpa procera, Jatropha cordata, Lonchocarpus* spp., *Lysiloma* spp., *Pseudosmodingium perniciosum, Trichilia* spp. (Fig. 214). Como eminencias ocasionales se citan *Conzattia multiflora,* así como *Ficus* spp. y *Enterolobium cyclocarpum,* estos últimos en lugares cercanos a los cursos temporales de agua.

En la Depresión del Balsas el bosque tropical caducifolio es el tipo de vegetación más extendido y su naturaleza se conoce principalmente gracias a los estudios de Miranda (1941, 1942a, 1943, 1947) y de Leavenworth (1946). En esta región las preponderantes son especies del género *Bursera,* sobre todo las pertenecientes a la sección *Bursera,* que localmente se conocen como "cuajiotes", de donde deriva el término "cuajiotal", utilizado en los trabajos de Miranda (Fig. 215). Las especies dominantes con mayor frecuencia en la parte oriental de la Cuenca son: *Bursera morelensis, B. longipes, B. fagaroides, B. lancifolia, B. copallifera, B. glabrifolia, B. submoniliformis, B. bipinnata, Pseudosmodingium perniciosum, Amphipterygium adstringens, Lysiloma microphylla, Ceiba parvifolia, Cyrtocarpa procera, Hauya rusbyi, Ipomoea* spp. y en ocasiones *Conzattia multiflora.* Las cactáceas columnares o candelabriformes también pueden hacer acto de presencia, influyendo mucho en la fisonomía de las comunidades (Fig. 216); las más comunes pertenecen a los géneros: *Lemaireocereus, Neobuxbaumia, Pachycereus* y *Cephalocereus.* En la porción occidental de la Depresión del Balsas, que corresponde a la Cuenca del Río Tepalcatepec, los "cuajiotales" están caracterizados por *Bursera trimera, B. coyucensis, B. fagaroides* var. *purpusii, B. jorullensis, B. ariensis, B. kerberi, Pseudosmodingium perniciosum, Amphipterygium* sp.,

Figura 212. Bosque tropical caducifolio de Lysiloma *spp. ("palo blanco"),* Bursera *spp. ("torote") y* Jatropha cinerea *("lomboy"), entre La Paz y San José del Cabo, Baja California Sur.*

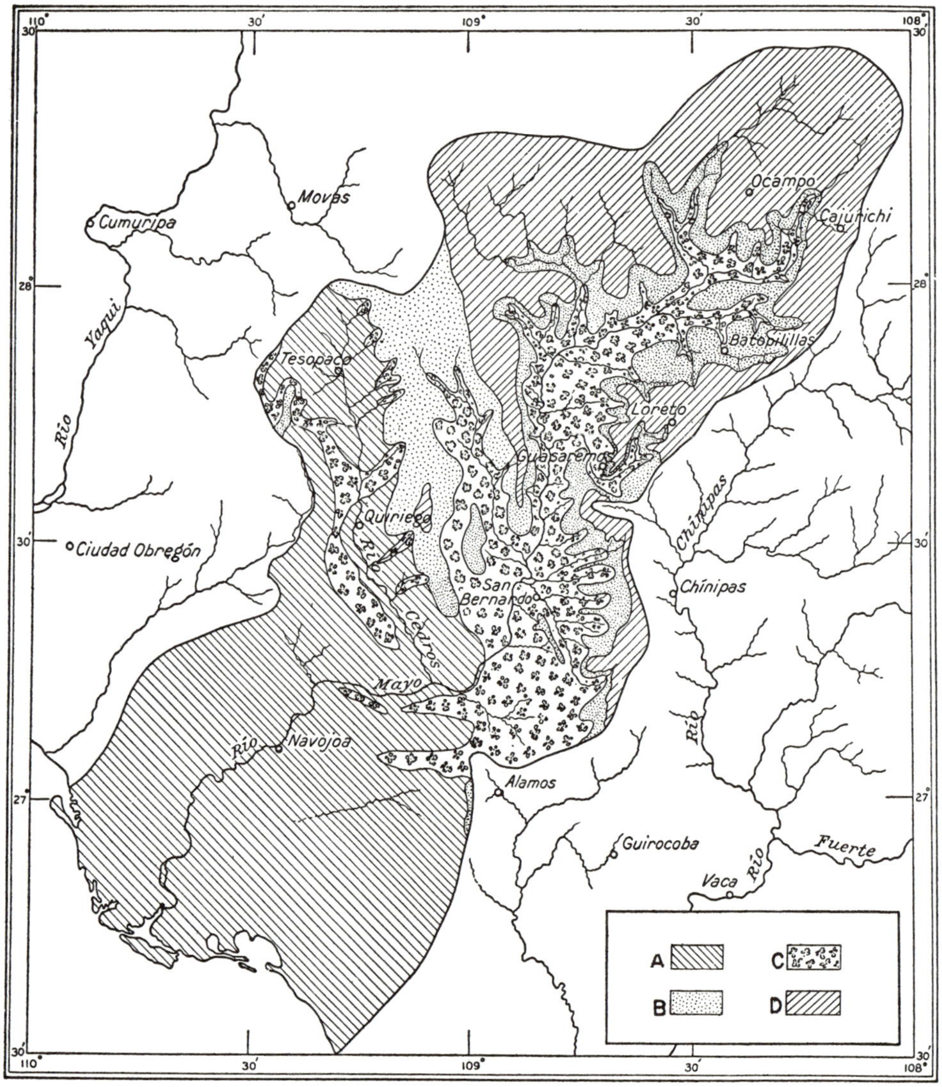

Figura 213. Mapa de vegetación de la Cuenca del Río Mayo (sur de Sonora y suroeste de Chihuahua), según Gentry (1942); A – bosque espinoso, B – bosque tropical caducifolio ("short tree forest"), C – Bosque de Quercus, *D – Bosque de* Pinus.

Figura 214. Bosque tropical caducifolio de Lysiloma divaricata *("palo de arco") y* Bursera *spp. ("copal", "papelillo"), cerca de Autlán, Jalisco; el principio de la temporada seca se marca por el cambio de color de las hojas de algunos árboles.*

Figura 215. Bosque tropical caducifolio con fuerte predominio de Bursera morelensis, B. longipes, B. lancifolia *y* B. aptera *("cuajiotal"), cerca de Acatlán, Puebla.*

Figura 216. Bosque tropical caducifolio de Bursera *spp. ("copal", "cuajiote"),* Ceiba aesculifolia *("pochote"),* Conzattia multiflora *("palo totole") con* Lemaireocereus weberi *("cardón"), cerca de Izúcar de Matamoros, Puebla.*

Lysiloma microphylla, Haematoxylon brasiletto, Piscidia piscipula, Euphorbia schlechtendalii, Cyrtocarpa procera, Plumeria rubra. En ambas partes son también llamativos los bosquetes abiertos dominados por *Pseudosmodingium perniciosum,* árbol de aspecto similar a *Bursera,* muy temido por sus propiedades alergógenas; es posible, sin embargo, que se trate de una comunidad favorecida por el disturbio.

El bosque tropical caducifolio ocupa también amplias superficies en la costa de Michoacán, de Guerrero y de Oaxaca, pero éstas se conocen aún muy poco. De la región cercana a Coahuayana, Michoacán, Turner (1960) cita los siguientes árboles altos: *Amphipterygium glaucum, Tabebuia palmeri, Bombax palmeri, Crataeva palmeri, Guazuma ulmifolia, Plumeria rubra, Bombax ellipticum, Lonchocarpus lanceolatus, Sapranthus foetidus, Coccoloba* spp.

En los cañones de clima relativamente seco que forman el Río Tehuantepec y sus afluentes, en el sureste de Oaxaca, la vegetación también lleva como dominantes o muy importantes las especies de *Bursera,* al menos en altitudes entre 400 y 1 700 m, y sobre diferentes tipos de substrato geológico. En esta área destacan: *B.* aff. *schlechtendalii, B. morelensis, B. excelsa, B. heteresthes, Lysiloma divaricata, Ceiba parvifolia, Amphipterygium adstringens, Plumeria rubra, Cercidium praecox* y diversas cactáceas columnares. En partes inferiores, ya dentro del área del Istmo de Tehuantepec, existen sobre laderas de cerros bosques bastante densos y frondosos, hasta de 15 m de alto, en los cuales intervienen numerosas especies de árboles, siendo frecuentes entre otros: *Bucida wigginsiana, B. macrostachya, Bursera* spp., *Tabebuia palmeri, Lonchocarpus* spp., *Amphipterygium adstringens.* Este último llega también a formar bosques puros o casi puros, sobre todo en terrenos planos con drenaje deficiente; tales bosques suelen ser, en contraste, más bien bajos (4 a 6 m) y pueden incluir numerosos elementos espinosos, como *Pereskia conzattii, Ziziphus amole* y diferentes leguminosas.

De la costa de Chiapas, Miranda (1952, I: 114-116) describe un bosque tropical caducifolio denso y con muchas plantas espinosas. Cita como especies frecuentes: *Prosopis juliflora, Pithecellobium recordii, P. dulce, Capparis indica, C. flexuosa, Achatocarpus nigricans, Alvaradoa amorphoides, Bursera excelsa, Coccoloba caracasana, C. floribunda, Randia armata, Rauwolfia hirsuta, Maba veraecrucis, Trichilia hirta, T. trifolia, Jacquinia aurantiaca, Swietenia humilis.*

En la Depresión Central del mismo Estado este tipo de vegetación cubre mucho mayor extensión y está también más diversificado. La comunidad más frecuentemente encontrada en esa región es el bosque de *Alvaradoa amorphoides* (Miranda, 1952, 1:106-108), relativamente rico en plantas trepadoras. Además de la dominante, son árboles comunes: *Heliocarpus reticulatus, Fraxinus purpusii, Lysiloma desmostachys. Haematoxylon brasiletto, Ceiba acuminata, Cochlospermum vitifolium, Bursera simaruba, B. excelsa, B. bipinnata, Pistacia mexicana, Bumelia celastrina, Gyrocarpus americanus, Piscidia piscipula, Swietenia humilis, Ficus cookii, Zuelania guidonia.*

Otro tipo de bosque tropical caducifolio del centro de Chiapas es el dominado por *Bucida macrostachya,* que prospera, según el mismo autor, en lugares más protegidos y con suelo más profundo. Su altura es de 15 a 20 m y lleva frecuentemente los siguientes árboles: *Euphorbia pseudofulva, Lonchocarpus longipedicellatus, L. minimiflorus, Hauya microcerata, Colubrina ferruginosa, Wimmeria serrulata, Cedrela salvadorensis, Spondias purpurea* var., *Gyrocarpus americanus,* además de muchas especies mencionadas para el bosque de *Alvaradoa.*

De acuerdo con la citada fuente (Miranda, 1952, I; 111-114) también son dominantes en este tipo de vegetación en Chiapas: *Guaiacum sanctum, Ziziphus sonorensis, Caesalpinia eriostachys, Piptadenia flava, Dalbergia funera, Caesalpinia velutina, Gymnopodium antigonoides, Leucaena collinsii, L. doylei.*

En la parte septentrional de la Península de Yucatán existía, sobre amplias superficies, un bosque tropical caducifolio, del cual hoy quedan muy pocos vestigios, debido a las actividades humanas, que convirtieron casi todo en cultivos y en vegetación secundaria de tipo de bosques o matorrales espinosos. A base de vestigios del bosque primitivo y de otros indicios, Miranda (1958: 236-237) reconstruyó las probables características de la principal comunidad vegetal de esta región y encontró que se trataba de un bosque francamente caducifolio de 15 a 20 m de alto, siendo las dominantes *Lysiloma bahamensis* y *Piscidia piscipula.* Otros árboles abundantes eran *Alvaradoa amorphoides, Bursera simaruba, Cedrela mexicana, Chlorophora tinctoria, Cordia gerasacanthus, Ehretia mexicana, Gyrocarpus americanus, Lonchocarpus rugosus, Neomillspaughia emarginata. Simarouba glauca, Trichilia hirta.*

En la franja costera de Yucatán existe otro tipo de bosque caducifolio que es más bajo (6 a 15 m de alto) y de aspecto más xerófilo, pues incluye cactáceas candelabriformes. Como el anterior, se desarrolla sobre terrenos planos o casi planos, pero con suelo somero. Los siguientes árboles se citan como frecuentes: *Bursera simaruba, Caesalpinia vesicaria, Ceiba aesculifolia, Chlorophora tinctoria, Diospyros cuneata, Guaiacum sanctum, Hampea trilobata, Metopium brownei, Parmentiera aculeata, Piscidia piscipula.* En algunas zonas limítrofes con Quintana Roo puede abundar mucho la palmera *Pseudophoenix* sp.

De la Cuenca Alta del Papaloapan, en los alrededores de Cuicatlán, Miranda (1948b: 343) describe una comunidad que compara con el "cuajiotal" de la vecina Cuenca del Balsas. Este bosque está dominado por *Cyrtocarpa procera* y además participan en su composición los siguientes árboles: *Bursera submoniliformis, B. morelensis, B. bipinnata, B. aloexylon, B. odorata, B. fagaroides, Amphipterygium adstringens, Ceiba parvifolia, Cassia emarginata, Euphorbia schlechtendalii, Pseudosmodingium multifolium, Gyrocarpus americanus, Leucaena pueblana.*

El bosque tropical caducifolio de la zona cercana al puerto de Veracruz ha sido destruido también casi en su totalidad y los que cubren hoy la mayor parte del terreno correspondiente son matorrales y bosques secundarios. Esta área no se ha estudiado aún a fondo y se desconoce la composición de sus bosques clímax. Tapia y Ramos 1960-1961: (24-25) citan de ahí bosques de *Cordia dodecandra, Piscidia piscipula* y *Pithecellobium* sp., acompañados de *Parmentiera edulis, Tabebuia rosea* y *Ehretia tenuifolia.* Sarukhán (1968b: 24) menciona, además, los siguientes árboles: *Lysiloma* spp., *Crescentia* spp. y *Enterolobium cyclocarpum.* Gómez-Pompa (1973: 123) agrega asimismo a *Tabebuia chrysantha* como una de las especies dominantes.

Intercalados en la zona de matorrales xerófilos de los cañones de la cuenca alta del Río Moctezuma se localizan en Hidalgo, Querétaro, Guanajuato y San Luis Potosí numerosos pequeños enclaves del bosque tropical caducifolio de *Bursera morelensis,* que prospera ahí preferentemente sobre laderas muy inclinadas de exposición sur.

El manchón de este tipo de vegetación, situado en el sur de Tamaulipas y en el sureste de San Luis Potosí, que abarca también pequeñas zonas limítrofes de Querétaro y de Veracruz, fue estudiado parcialmente por Rzedowski (1966: 122-129). El bosque se desarrolla casi siempre sobre suelos derivados de rocas sedimentarias marinas entre 50 y 800 m de altitud (Fig. 217). En la parte de San Luis Potosí se calcula que 30% del

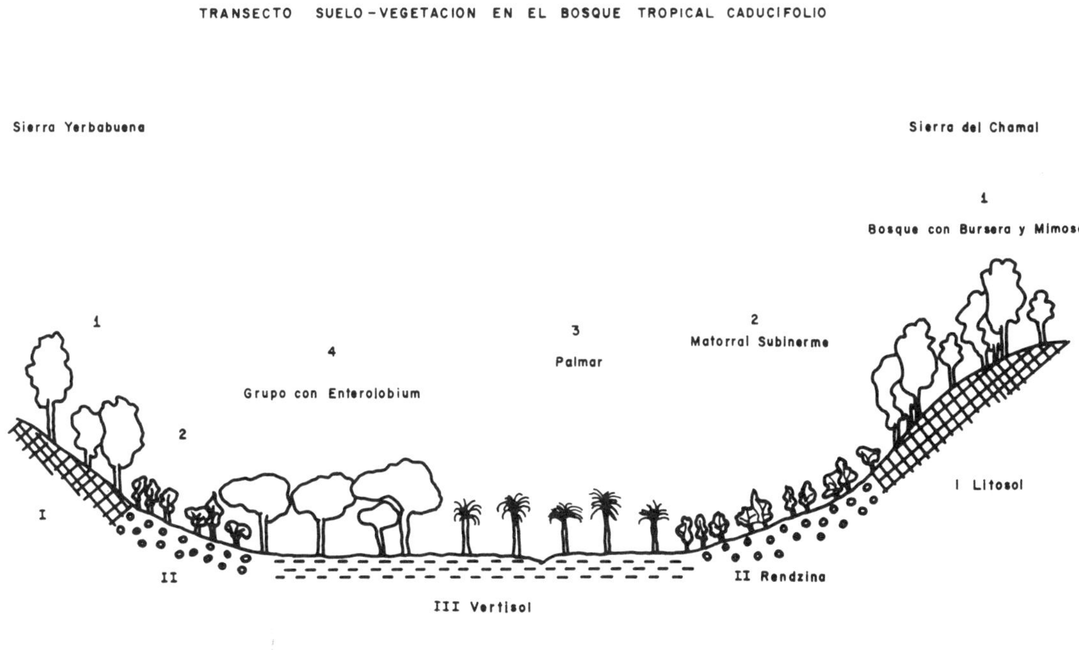

Figura 217. Transecto suelo-vegetación en la zona del bosque tropical caducifolio en el suroeste de Tamaulipas; modificado de Puig (1974).

área correspondiente ostenta en la actualidad una vegetación que se aproxima al clímax, pues el resto consiste de comunidades secundarias, pastizales artificiales y campos de cultivo. Se señalan como dominantes: *Bursera simaruba, Lysiloma divaricata, Phoebe tampicensis,* siendo otros árboles frecuentes: *Acacia coulteri, Beaucarnea inermis, Cedrela mexicana, Lysiloma acapulcensis, Zuelania guidonia* y *Piscidia piscipula.*

De la aislada Sierra de Tamaulipas, Puig (1970a: 39-40) describe dos variantes del bosque tropical caducifolio, uno dominado por *Bursera simaruba* y *Lysiloma divaricata* y otro por *Phoebe tampicensis* y *Pithecellobium flexicaule.*

La sucesión secundaria en las áreas correspondientes al bosque tropical caducifolio varía notablemente de una parte del país a otra y también presenta diferencias según el tipo de disturbio que actúa (Figs. 218, 219). Sin embargo, dentro de una región determinada se pueden distinguir algunas secuencias bastante claras y características.

En la zona de Izúcar de Matamoros, Puebla, Miranda (1942a) indica que a la destrucción del bosque tropical caducifolio de *Bursera* le sigue el establecimiento de matorrales espinosos, con dominancia de *Acacia cochliacantha, A. bilimekii* y *Lemaireocereus stellatus.* Tal matorral evoluciona hacia el bosque de *Ipomoea wolcottiana* ("cazahuatera") y éste se transforma con el tiempo en la comunidad clímax. Si el disturbio intenso persiste y las plantas leñosas son eliminadas, se establece una vegetación dominada por plantas herbáceas diversas, en su mayoría de la familia Compositae. En condiciones de fuerte pastoreo esta comunidad puede transformarse en un zacatal pobre, con muchas gramíneas anuales, en el cual destacan especies de *Aristida, Hackelochloa, Muhlenbergia, Bouteloua, Heteropogon, Eragrostis, Pentarrha-*

Figura 219. Bosque secundario de Gliricidia sepium *("cocuite"), derivado del bosque tropical caducifolio, cerca de Cuitláhuac, Veracruz.*

Figura 218. Matorral secundario de Acacia cymbispina *("cubata") y* Pithecellobium acatlense *("uña de gato"), derivado del bosque tropical caducifolio, cerca de Las Estacas, Morelos.*

Figura 220. "Matorral subtropical" con Ipomoea intrapilosa *("palo bobo"),* Eysenhardtia polystachya *("palo dulce") y* Acacia pennatula *("tepame"), cerca del Lago de Chapala, Jalisco.*

phis. De situaciones análogas en otros sitios se citan también como frecuentes las gramíneas *Opizia* y *Cathestecum* (Miranda y Hernández X., 1963: 43).

De cerca de Cuernavaca, Morelos, Miranda (1941: 580) refiere la presencia de un matorral de *Dodonaea viscosa* y *Tecoma* como sucesor del bosque de *Bursera.* En otros lugares del mismo Estado, en cambio, (op. cit.: 591-592) prevalecen matorrales de *Cassia pringlei, Acacia farnesiana, A. cochliacantha, A. bilimekii, Willardia parviflora,* así como bosquetes ("cazahuateras") de *Ipomoea intrapilosa* y también matorrales de *Opuntia.*

Del occidente de México, Rzedowski y McVaugh (1966: 29) citan bosquecillos y matorrales abiertos de *Acacia farnesiana* y de *A. pennatula* como vegetación secundaria frecuente que sucede al bosque tropical caducifolio. Tales asociaciones también pueden degenerar eventualmente en zacatales.

Bajo el nombre de "matorral subtropical" los mismos autores (op. cit.: 35-40) describen una serie de comunidades vegetales que posiblemente representen, al menos en parte, fases sucesionales más o menos estables del bosque tropical caducifolio. Un hecho notable es que el matorral subtropical en Jalisco y en Aguascalientes alcanza muchas veces altitudes hasta de 2 000 m. Puede presentarse bajo una forma cerrada, pero a menudo también es abierto, con muchos espacios cubiertos por gramíneas (Fig. 220). Los elementos más característicos de este matorral son: *Ipomoea intrapilosa, I. murucoides, Bursera bipinnata, Heliocarpus terebinthinaceus, Acacia pennatula, A. farnesiana, Tecoma stans, Eysenhardtia polystachya, Opuntia fuliginosa, Hyptis albida, Mimosa monancistra.*

En San Luis Potosí (Rzedowski, 1966: 126-127) el bosque tropical caducifolio al ser destruido da lugar frecuentemente a matorrales, en los que predominan *Acacia amentacea, Croton niveus* y *Karwinskia humboldtiana.* Las fases más frecuentes de bosque secundario, en cambio, son de dos tipos: "palmares" de *Sabal mexicana* y "aquichales" de *Guazuma ulmifolia;* a veces también se presentan bosques de *Piscidia piscipula.*

Miranda (1958: 257-258) cita de Yucatán, como secundario y sucesor del bosque tropical caducifolio, a un bosque espinoso de 5 a 10 m de alto, que se establece como resultado de la agricultura semi-nómada practicada en esa región. El mencionado autor indica que los lapsos en que se deja descansar la tierra en Yucatán y en el norte de Campeche son casi siempre menores de 15 años y son necesarios alrededor de 50 años para el restablecimiento de la comunidad clímax. Como árboles más comunes se citan: *Acacia gaumeri, A. riparioides, Cassia emarginata, Gymnopodium antigonoides, Mimosa hemiendyta, Pithecellobium albicans.* Después del abandono del cultivo se presenta una comunidad de plantas herbáceas y la primera fase del bosque secundario se caracteriza por la dominancia absoluta de *Gymnopodium* o de *Mimosa.*

14. Bosque espinoso

Cabe acomodar en este tipo de vegetación a una serie un tanto heterogénea de comunidades vegetales, que tienen en común la característica de ser bosques bajos y cuyos componentes, al menos en gran proporción, son árboles espinosos. Se desarrolla a menudo en lugares con clima más seco que el correspondiente al bosque tropical caducifolio, pero, a la vez, más húmedo que el propio de los matorrales xerófilos; no obstante, muchas veces se presenta también en las mismas regiones en que se desarrolla el primer tipo de vegetación mencionado, pero ocupando los suelos profundos, mientras que el bosque tropical caducifolio se restringe a laderas de cerros u otros sitios con suelos someros. En la Península de Yucatán una variante del bosque espinoso es característica de los llamados "bajos" que son hondonadas con suelos profundos y mal drenados que se inundan temporalmente. Por otra parte, este tipo de vegetación no está limitado en su distribución a la "tierra caliente", sino que también existe en la Altiplanicie, en altitudes a veces superiores a 2 000 m, donde todos los años hay heladas y el clima es semiseco o en ocasiones francamente seco, pero entonces, en general, se ha visto que existe agua freática disponible para las raíces de los árboles.

De tal manera delimitada, esta formación incluye la "selva baja espinosa perennifolia" así como la "selva baja espinosa caducifolia" y también una parte de la "selva baja subperennifolia" de la clasificación de Miranda y Hernández X. (1963). Abarca también el "mezquital extradesértico" además del "bosque espinoso" de Rzedowski (1966) y parte del "mesquite-grassland" además del "thorn forest" de Leopold (1950). Asimismo incluye el "open scrub forest" de Leavenworth (1946: 143-144).

Un problema particularmente agudo que se presenta en el caso de las comunidades vegetales que aquí se agrupan es el hecho de que éstas a menudo no están bien delimitadas, pues pasan en forma muy paulatina a otros tipos de vegetación, como el bosque tropical caducifolio, el matorral xerófilo y el pastizal. A tal circunstancia se deben, al menos en parte, las diferentes maneras de considerar y de clasificar estas comunidades por diversos autores.

El bosque espinoso ocupa una gran extensión continua en la Planicie Costera Noroccidental, desde Sonora hasta la parte meridional de Sinaloa y continúa a lo largo de la costa pacífica en forma de manchones aislados hasta la Depresión del Balsas y el Istmo de Tehuantepec. Del lado del Golfo de México ocupa amplias superficies de la Planicie Costera Nororiental, incluyendo partes de San Luis Potosí y del extremo septentrional de Veracruz. En la Altiplanicie se presenta en forma de una ancha faja en la región conocida como "Bajío", que ocupa gran parte de Guanajuato, así como áreas adyacentes de Michoacán y de Querétaro. Muchos manchones aislados existen más hacia el norte, en los Estados de San Luis Potosí, Zacatecas, Coahuila, Nuevo León y Chihuahua. En Chiapas y en la Península de Yucatán también su distribución es discontinua y más o menos esporádica. El bosque espinoso en muchas áreas es difícil de cartografiar a escala pequeña, pues se presenta en forma de mosaico con otros tipos de vegetación. La superficie total que ocupa es de aproximadamente 5% de la superficie de la República.

Los límites altitudinales de esta formación en México son 0 y 2 200 m y por consiguiente existe en una gran variedad de climas, desde los calientes hasta los templados y desde los semihúmedos hasta los francamente secos. Así, las temperaturas medias anuales correspondientes son de 17 a 29° C y las oscilaciones estacionales de 4 a 18° C, medidas como diferencia entre las temperaturas medias de los meses más caliente y más frío del año. La precipitación media anual varía de 350 a 1 200 mm, con 5 a 9 meses secos (Figs. 221, 222, 223). Esta vasta amplitud ecológica no disminuiría mayormente si se excluyesen los mezquitales, pues sólo variaría el límite inferior de las temperturas medias anuales, cuyo intervalo quedaría de 20 a 29° C. Siguiendo la clasificación de Koeppen (1948) los climas correspondientes a las diferentes comunidades que se adscriben a este tipo de vegetación son Aw, BS, BW y Cw.

El bosque espinoso es un tipo de vegetación más bien característico de terrenos planos o poco inclinados, aunque en Sinaloa, en Sonora y en algunas partes de Oaxaca, se le observa también sobre lomeríos, pequeñas elevaciones y porciones inferiores de cerros más elevados. En consecuencia, los suelos más frecuentemente encontrados son profundos, muchas veces oscuros, más o menos ricos en materia orgánica y de buenas características para la agricultura. Una notable excepción a este respecto la constituye el bosque espinoso de muchos sectores de la Planicie Costera Nororiental y de la Península de Yucatán. En el primer caso, en grandes extensiones, los suelos son someros, arcillosos, de reacción alcalina y, a poca profundidad, yace la roca madre que es lutita o marga calcárea. En el segundo caso los suelos son también arcillosos, de drenaje deficiente, se inundan periódicamente y sus características son las de un gley (Lundell, 1937: 9). En estas últimas condiciones el bosque espinoso representa evidentemente un clímax edáfico, pues en zonas vecinas de características más favorables existe por lo común el bosque tropical perennifolio o subcaducifolio mucho más exuberante.

El impacto de las actividades humanas sobre el bosque espinoso ha sido de desigual importancia hasta hace unos 25 años, a partir de los cuales su destrucción se ha acelerado muy notablemente. Desde tiempos prehispánicos fueron desmontados muchos terrenos cubiertos por el mezquital y por algunos otros tipos de bosque espinoso, cuyos suelos eran buenos para la agricultura de temporal e inclusive de pequeño regadío. Este indudablemente fue el caso del "Bajío" y de muchos valles intermontanos situados al sur del Eje

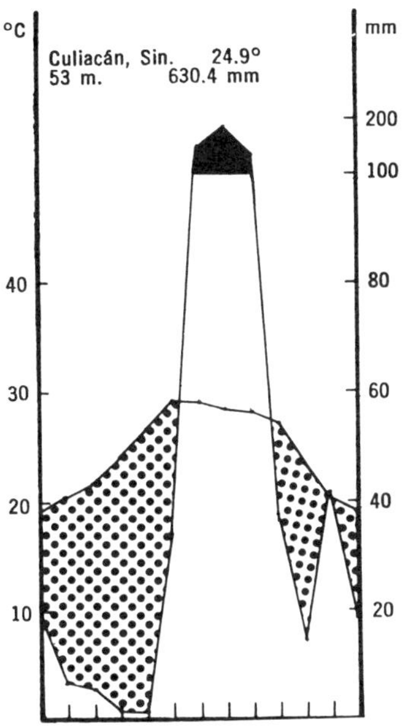

Figura 221. Diagrama ombrotérmico de Culiacán, Sinaloa.

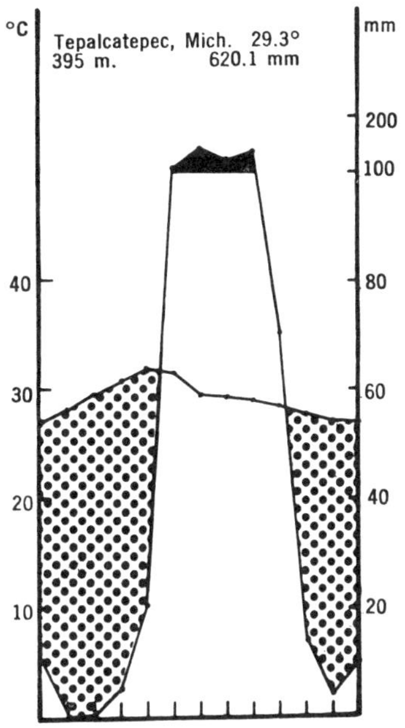

Figura 222. Diagrama ombrotérmico de Tepalcatepec, Michoacán.

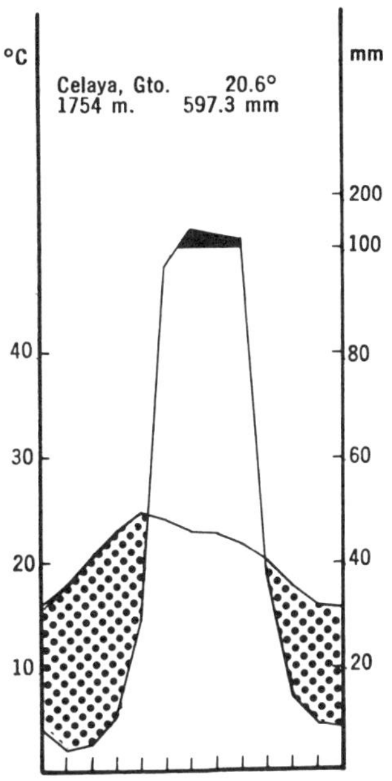

Figura 223. Diagrama ombrotérmico de Celaya, Guanajuato.

Volcánico Transversal, así como en el occidente de México. La colonización europea amplió estos desmontes, pues se ha ido aumentando el área sometida a riego y se han abierto muchos nuevos terrenos para el cultivo. En la década de 1940 a 1950 se ha iniciado la construcción de grandes obras de irrigación que han proporcionado agua a amplias extensiones de terrenos en Sinaloa, en el sur de Sonora y en otras partes de la vertiente pacífica de México, con lo cual en relativamente poco tiempo se eliminó el bosque espinoso de enormes superficies. Más o menos al mismo tiempo, en la Planicie Costera Nororiental, en la zona conocida como "La Huasteca", de Tamaulipas, San Luis Potosí y Veracruz se ha extendido la costumbre de substituir el bosque por pastizales artificiales, con lo cual la vegetación original ha ido desapareciendo rápidamente hasta que, en la actualidad sólo quedan vestigios de ella.

Un gran número de plantas cultivadas se siembra en las superficies anteriormente cubiertas por el bosque espinoso. En altitudes bajas y medias se cosechan, entre otros, caña de azúcar, tomate, plátano, trigo, arroz y algodón con ayuda de riego; cuando éste no existe, maíz, frijol, ajonjolí, sorgo y garbanzo son los cultivares más comunes. En las localidades de mayor altitud los principales cultivos de riego son el trigo, la alfalfa y diversas hortalizas. En menor escala, también son objeto de agricultura el coco, el cacahuate, el camote, la yuca (*Manihot esculenta*) y árboles frutales diversos.

En la actualidad el bosque espinoso tiene poco valor desde el punto de vista de la explotación forestal, aunque algunos árboles pueden ser localmente importantes, para la elaboración de carbón vegetal, como es el caso de *Pithecellobium flexicaule*, y para fines diversos. Los frutos de *Prosopis* y de *Pithecellobium dulce* son comestibles y los de *Prosopis* en algunas partes se utilizan en mayor escala como forraje. La madera de *Haematoxylon campechianum* fue explotada durante muchos años para la obtención de substancias colorantes.

La flora del bosque espinoso tiene un evidente matiz neotropical y existen igualmente muchos elementos comunes con la de los matorrales xerófilos, por lo cual se acentúan las relaciones con linajes vegetales presentes en las partes secas de América tropical y subtropical. El papel que juegan las especies endémicas es con frecuencia notable y aumenta por regla general al avanzar hacia el norte.

Este tipo de vegetación tiene comúnmente 4 a 15 m de altura y, a menudo, se observa como una formación densa a nivel de estrato arbóreo (Fig. 224). Este, sin embargo, no es el caso de muchos mezquitales, que forman un bosque más bien semiabierto o abierto. En general las comunidades aquí adscritas son más o menos caducifolias, aun cuando la constituida por *Pithecellobium dulce* es siempre verde. En los mezquitales y en algunas otras asociaciones el periodo de la pérdida de follaje es muy corto y dura solamente unas cuantas semanas. En otros casos la mayoría de los componentes pierde las hojas durante toda la temporada seca, y sólo una o unas pocas especies son perennifolias o subperennifolias. Las hojas o foliolos de la mayor parte de las especies arborescentes pertenecen a la categoría de leptofilia y de nanofilia de la clasificación de Raunkiaer (1934). Los troncos se ramifican con frecuencia desde muy cerca de la base, pero no divergen mucho sino hasta alcanzar 2 m o más de altura y las copas suelen ser más o menos romboidales, elipsoidales o esféricas y relativamente pequeñas. En el caso de los mezquitales, sin embargo, que son comunidades más abiertas, las copas son amplias y extendidas y muchas veces tan anchas como la altura del árbol o más. En todos los casos abundan las especies espinosas y con cierta frecuencia existen también cactáceas candelabriformes asociadas. Las trepadoras leñosas son muy escasas, en cambio las epifitas de tipo xerófilo, sobre todo especies de porte

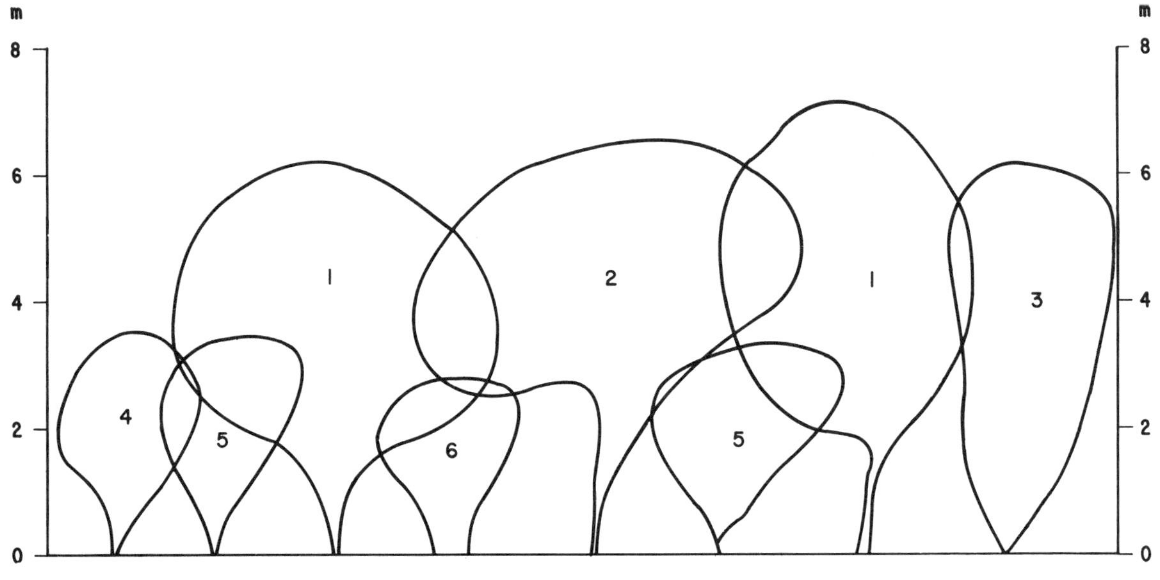

Figura 224. Perfil esquemático del bosque espinoso cerca de Tecomavaca, Oaxaca: 1. Cercidium praecox, *2.* Prosopis laevigata, *3.* Escontria chiotilla, *4.* Ziziphus amole, *5.* Acacia cymbispina, *6.* Podopterus mexicanus.

pequeño del género *Tillandsia*, pueden en ocasiones cubrir densamente las ramas de los árboles.

Lo común es que exista un solo estrato arbóreo, aunque puede haber otro de eminencias aisladas. El estrato arbustivo está en general bien desarrollado y es comúnmente rico en especies espinosas. En los bosques densos el suelo puede estar desprovisto casi por completo de vegetación herbácea, pero en algunas zonas está cubierto por extensos manchones de *Bromelia* que hacen casi imposible la travesía. Las comunidades más abiertas presentan numerosas plantas herbáceas, entre ellas muchas anuales, cuya existencia se hace patente en la época lluviosa.

En cuanto a su composición florística, las pteridofitas y las briofitas son en general muy escasas, pudiendo enumerarse de estas últimas los siguientes géneros de musgos (Delgadillo, com. pers.): *Barbula, Desmatodon, Didymodon* y *Erpodium*. De los hongos macroscópicos los más conspicuos son los lignícolas (véase lista de las págs. 167-168) y de los líquenes pueden ser comunes los epifíticos. Entre las fanerógamas no se han registrado gimnospermas y entre las angiospermas prevalece francamente la familia Leguminosae.

La dominancia de la comunidad está dada a menudo por una o por dos especies; con menor frecuencia son varias las que prevalecen por su biomasa en la comunidad.

En el centro de Sonora el bosque espinoso se presenta generalmente como una comunidad abierta, con amplios espacios entre árbol y árbol. Shreve (1951: 78-90), quien denomina la vegetación de esta área como "arborescent desert", proporciona una descripción bastante detallada de la misma y de ella se toman los datos que a continuación se exponen. En el segmento boreal de esta zona el bosque cubre las partes inferiores de los valles de algunos ríos y la cobertura de los árboles y arbustos varía entre 20 y 60%. Las gramíneas son relativamente abundantes y al ir ascendiendo las laderas de los cerros desplazan de manera paulatina a las plantas leñosas para convertirse finalmente en un zacatal. *Prosopis velutina* a menudo es la especie dominante; otros árboles frecuentes son: *Acacia cymbispina, Cercidium sonorae, C. microphyllum, Olneya tesota, Acacia greggii.* En el segmento central de esta zona, donde alternan llanuras y cerros de poca elevación, *Prosopis velutina* y *Acacia cymbispina* pueden formar comunidades bastante densas en condiciones favorables. Otros árboles característicos son *Lysiloma divaricata, L. watsonii* y *Pithecellobium mexicanum,* que prefieren los suelos profundos, en cambio *Bursera odorata, B. laxiflora* y *Jatropha cordata* abundan sobre laderas rocosas. *Cercidium sonorae, Haematoxylon brasiletto* y *Caesalpinia pumila* son otros componentes de estas comunidades. En el segmento meridional de la zona, la cobertura del bosque comúnmente varía entre 40 y 90% y los árboles más comunes son *Prosopis velutina, Cercidium floridum, Acacia cymbispina, Fouquieria macdougallii, Cercidium sonorae, Piscidia mollis* y *Bursera microphylla.* En esta área se presenta un desarrollo mucho mayor de plantas herbáceas perennes, que superan en número a las anuales.

En el extremo sur de Sonora y a lo largo de la Planicie Costera de Sinaloa el bosque espinoso es también la vegetación prevaleciente, pero su carácter en general es bastante más mesófilo. De acuerdo con Gentry (1942: 27-30), en las partes inferiores del Valle del Río Mayo, en el sur de Sonora, las especies arbóreas más abundantes sobre laderas y mesetas son: *Coursetia glandulosa, Jatropha cordata, Fouquieria macdougallii, Mimosa palmeri, Pachycereus pecten-aboriginum, Bursera confusa, B. laxiflora, Acacia cymbispina, Lysiloma divaricata, Willardia mexicana* y *Haematoxylon brasiletto,* mientras que en los terrenos planos de suelo

Figura 225. Bosque espinoso de Acacia cymbispina *("espino"),* Prosopis laevigata *("mezquite"),* Ipomoea arborescens *("palo blanco") y* Pachycereus pecten-aboriginum *("cardón"), cerca de Culiacán, Sinaloa.*

Figura 226. Bosque espinoso de Acacia cymbispina *("quisache"),* Haematoxylon brasiletto *("brasil"),* Amphipterygium glaucum *("cuachalalate")* y Guaiacum coulteri *("guayacán"), cerca de Apatzingán, Michoacán, en la época seca del año.*

profundo predominan: *Prosopis velutina Acacia cymbispina, Cercidium torreyanum, Pachycereus pecten-aboriginum, Lemaireocereus thurberi* y *Pithecellobium sonorae.* En Sinaloa, de acuerdo con Shreve (1937a), la especie dominante universal es *Acacia cymbispina,* que forma bosques abiertos, en forma de parques, en la parte boreal del Estado; en cambio en el centro y en el sur de la misma entidad los bosques son bastante densos. En general miden de 5 a 8 m de alto y son relativamente ricos en su composición florística. Los árboles que se citan como más frecuentes son: *Ipomoea arborescens, Pachycereus pecten-aboriginum, Cassia atomaria, Ziziphus sonorensis, Pithecellobium sonorae, Caesalpinia platyloba, Lonchocarpus megalanthus, Jatropha cordata, Cassia emarginata, Cercidium torreyanum, Lysiloma divaricata, Piscidia mollis (Fig. 225).*

En la costa de Jalisco y de Colima se localizan enclaves de bosque espinoso en las llanuras costeras que se extienden cerca de Tomatlán y de Tecomán. Esta comunidad tiene de 4 a 7 m de alto y es muy densa. Rzedowski y McVaugh (1966: 31-32) enumeran los siguientes árboles frecuentes de esas áreas: *Acacia cymbispina, Achatocarpus gracilis, Bursera instabilis, Caesalpinia coriaria, Celtis* sp., *Croton alamosanus, Lemaireocereus* sp., *Pithecellobium dulce, Ruprechtia fusca, Ziziphus amole.*

De los terrenos aluviales próximos al Río Tepalcatepec, en Michoacán, y de zonas limítrofes de Jalisco, Leavenworth (1946: 143-144) así como Rzedowski y McVaugh (1966: 31-33) describen también un bosque espinoso a menudo cerrado y denso, pero otras veces más abierto y en forma de parque (Fig. 226). El primer autor mencionado indica que las cuatro especies más comunes son: *Prosopis laevigata, Acacia cymbispina, Ziziphus amole* y *Guaiacum coulteri,* a las cuales Rzedowski y McVaugh (loc. cit.) agregan: *Amphipterygium glaucum, Caesalpinia coriaria, Cercidium praecox, Haematoxylon brasiletto, Manihot tomatophylla, Backebergia militaris, Opuntia* sp., *Pachycereus pecten-aboriginum, Podopterus mexicanus, Ruprechtia fusca, Ximenia americana* y *Ziziphus mexicana.*

Sarukhán (1968b: 32) indica que en la parte baja del Istmo de Tehuantepec, que indudablemente corresponde a la zona de Tehuantepec y Juchitán, existe un bosque espinoso mezclado con el bosque tropical caducifolio y es difícil definir los límites entre ambos. Como única especie el referido autor menciona *Cercidium floridum*. Otros elementos que cita Williams (1939: 147-151) de la misma región y que posiblemente sean miembros de esta comunidad son los siguientes: *Caesalpinia coriaria, C. eriostachys, Haematoxylon brasiletto, Pithecellobium tortum, P. dulce, Pereskia conzattii, Acacia cymbispina, Jacquinia aurantiaca, Prosopis laevigata* y *Amphipterygium adstringens.*

En la Depresión Central de Chiapas, según Miranda (1952: 122-123), alcanzando a veces altitudes hasta de 1 600 m, se desarrollan en algunos sitios bosques hasta de 15 m de alto de *Acacia milleriana.* Esta asociación es propia de terrenos con drenaje deficiente. Son menos frecuentes en la misma región las comunidades dominadas por *Haematoxylon brasiletto,* que prosperan en las vegas de algunos ríos y en colindancia con las sabanas. Alcanzan también unos 15 m de altura.

Bajo el nombre de "tintal", Miranda (1958: 243-245) refiere la existencia de una comunidad vegetal que cubre importantes extensiones en la parte sur de la Península de Yucatán, extendiéndose también al sureste de Tabasco y a algunas áreas del norte de Chiapas. Se desarrolla en los llamados "bajos" u hondonadas de suelo profundo e inundable (Fig. 227). Es un bosque que

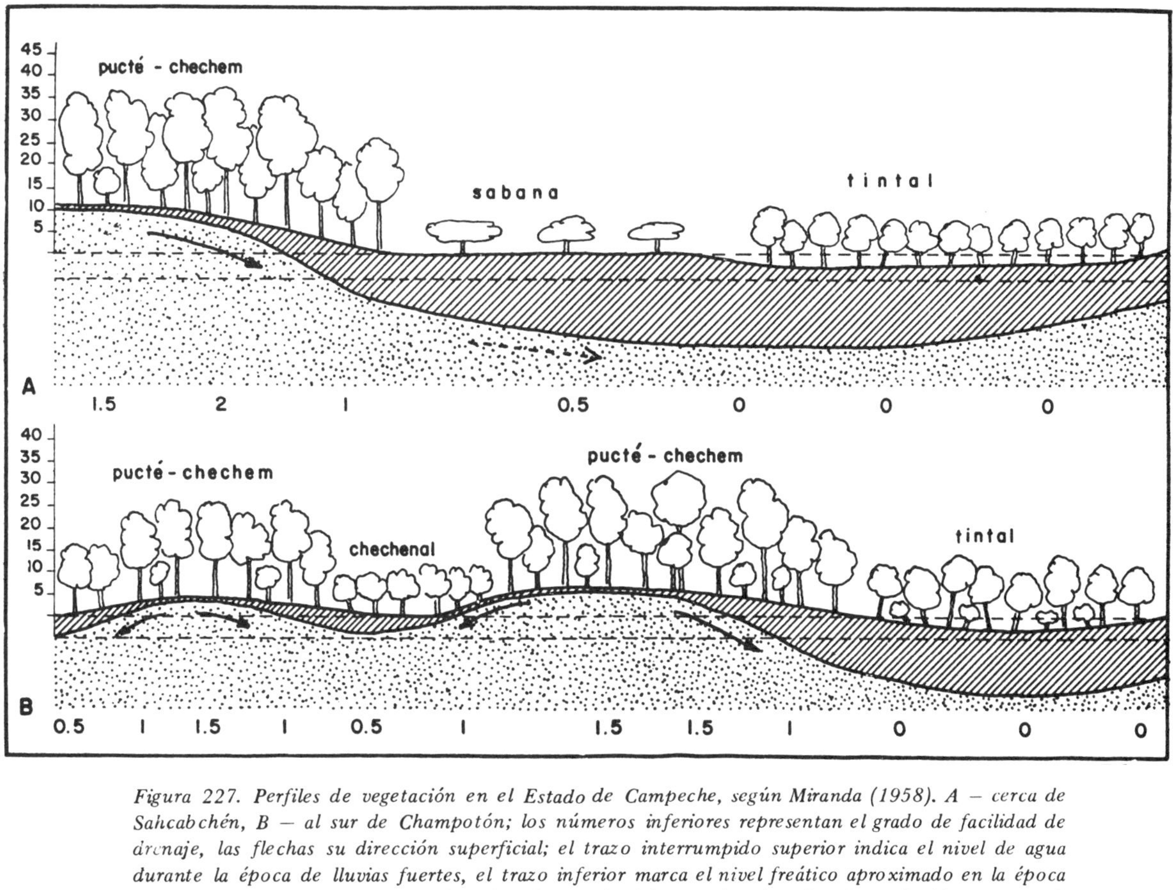

Figura 227. Perfiles de vegetación en el Estado de Campeche, según Miranda (1958). A — cerca de Sahcabchén, B — al sur de Champotón; los números inferiores representan el grado de facilidad de drenaje, las flechas su dirección superficial; el trazo interrumpido superior indica el nivel de agua durante la época de lluvias fuertes, el trazo inferior marca el nivel freático aproximado en la época seca; las zonas rayadas corresponden al suelo o a depósitos en hondonadas. Reproducido con autorización de los editores.

Figura 228. Bosque espinoso de Haematoxylon campechianum *o "tintal", cerca de Frontera, Campeche. Fot. J. Chavelas.*

Figura 229. Bosque espinoso de Pithecellobium flexicaule *("ébano") y* Phyllostylon brasiliense *("cerón"), cerca de Tamuín, San Luis Potosí.*

tiene generalmente de 4 a 12 m de altura, relativamente rico en epifitas y en trepadoras, en el que domina *Haematoxylon campechianum* ("palo de tinte") (Fig. 228). En algunos parajes se trata de una comunidad pura o casi pura; más frecuentemente se intercalan otros elementos arbóreos, como *Eugenia lundellii, Bucida buceras, Coccoloba cozumelensis, Croton reflexifolius, Hyperbaena winzerlingii* y algunos más. Miranda (op. cit.: 245-246) señala asimismo que en el centro de Campeche y en el este de Quintana Roo *Haematoxylon* se asocia con *Cameraria latifolia* y con *Metopium brownei* para formar un bosque de escasa altura que crece sobre bajos en los que a poca profundidad se encuentra una marga de color claro.

De la Cuenca Alta del Papaloapan, en la región de Cuicatlán, Oaxaca, Miranda (1948b: 341-342) describe un bosque hasta de 8 m de alto, que cubre laderas de los cerros hasta 900 m de altitud. En esta comunidad abunda *Cercidium praecox* y además son frecuentes otros árboles, como: *Prosopis laevigata, Bursera odorata, B. submoniliformis, B. morelensis, B. aloexylon* y *Capparis incana.* En la asociación existen algunas cactáceas de gran tamaño, por ejemplo: *Lemaireocereus weberi, L. pruinosus, L. stellatus, Escontria chiotilla, Cephalocereus chrysanthus.*

En el sureste de San Luis Potosí, de acuerdo con Rzedowski (1966: 129-133), el bosque espinoso está representado por una comunidad de 8 a 10 m de alto, cuyos árboles cubren menos de 30% de la superficie, en cambio un estrato arbustivo de 2 a 4 m de altura forma una espesura muy densa (Figs. 229, 230). Los dominantes son *Pithecellobium flexicaule* y *Phyllostylon brasiliense,* a menudo también *Acacia unijuga,* aunque la abundancia de la última especie parece ser favorecida por cierta intensidad de disturbio. Otros árboles altos menos frecuentes son: *Bumelia laetevirens, Bursera simaruba, Esenbeckia berlandieri, Ficus* sp. Este

Figura 230. Bosque espinoso de Pithecellobium flexicaule *("ébano") y* Phyllostylon brasiliense *("cerón"), cerca de Tamuín, San Luis Potosí.*

bosque se desarrolla sobre terrenos planos o poco inclinados, pero con suelo somero, debajo del cual subyace la lutita o marga.

Una comunidad semejante se describe de la Sierra de Tamaulipas, situada en el sector sureste del Estado del mismo nombre. Puig (1970a: 40-41) indica que se trata de un bosque hasta de 12 m de alto, denso y difícil de penetrar. La dominante es *Pithecellobium flexicaule* y otros dos árboles comunes son *Esenbeckia berlandieri* y *Phyllostylon brasiliense*. También se citan: *Bumelia laetevirens, Capparis incana, Cercidium macrum* y *Prosopis laevigata*.

Más hacia el norte, en la región de Matamoros, el bosque espinoso pasa a ser una variante del mezquital, pues de acuerdo con González-Medrano (1972: 29-30) *Prosopis glandulosa* y *Pithecellobium flexicaule* son los dominantes y, como otro componente arbóreo, se cita a *Cercidium macrum*. Esta comunidad tiene de 6 a 8 m de alto y presenta un estrato arbustivo con numerosas especies espinosas. La misma comunidad la reconocen Miranda y Hernández X. (1964: 10-11) del este de Nuevo León, siendo los dominantes *Prosopis, Cercidium, Pithecellobium* y *Cordia boissieri*, mientras que en el estrato subarbóreo de 3 a 5 m de alto destacan *Acacia amentacea, Celtis pallida, Porlieria angustifolia, Ptelea trifoliata, Yucca filifera*.

Los mezquitales o bosques de *Prosopis* constituyen, o más frecuentemente constituían, la vegetación característica de terrenos con suelo profundo de muchas partes de la República, sobre todo al oeste del Istmo de Tehuantepec, y de preferencia en altitudes entre 1 000 y 2 000 m, en climas semihúmedos a semisecos. Estos terrenos, en la gran mayoría de los casos, se utilizan para fines agrícolas y sólo puede reconocerse su vegetación antigua por un mayor o menor número de árboles de *Prosopis* que muchas veces se respetaron y que quedan aún como testigos. Muy ocasionalmente se observan algunas parcelas que conservan aún el mezquital primitivo y de ellas puede verse que *Prosopis laevigata* es la especie prácticamente exclusiva del estrato arbóreo, que mide comúnmente de 6 a 12 m de altura. La cobertura del estrato arbóreo es muy variable, pero en suelos sin exceso de sales y de buen drenaje oscila entre 50 y 70%. *Acacia farnesiana, Lemaireocereus* sp. y *Yucca filifera* se citan por Rzedowski (1966: 142) como componentes facultativos del estrato superior. *Tillandsia recurvata* a veces cubre densamente las ramas gruesas de *Prosopis*. Los arbustos no forman un estrato continuo y dejan mucho espacio, que en la época favorable del año suele estar cubierto por plantas herbáceas, entre las cuales a menudo abundan las anuales.

Cabe hacer hincapié en el hecho de que los mezquitales se presentan también con frecuencia en zonas áridas en forma de matorrales xerófilos de 1 a 4 m de alto y existen formas transicionales entre comunidades arborescentes y arbustivas de *Prosopis*. En regiones de clima seco en el Altiplano, por otra parte, existen también sitios donde el mezquital desarrolla su forma arbórea, pero tal situación indica casi siempre la presencia de agua freática disponible para las raíces de *Prosopis laevigata, P. torreyana* o *P. glandulosa*.

El mezquital presenta con frecuencia una transición no siempre fácil de interpretar con el pastizal y amplias regiones están cubiertas por una especie de bosque muy abierto de *Prosopis* y gramíneas. Esta situación indujo a Leopold (1950: 512-513) a reconocer el tipo de vegetación que denominó "mesquite-grassland", en el cual incluyó todos los mezquitales y la gran mayoría de los zacatales. Un mezquital abierto con una carpeta de gramíneas también puede prosperar a menudo en condiciones de drenaje deficiente y acumulación de sales solubles en el suelo, como es el caso de la gran llanura de Rioverde en San

Luis Potosí (Rzedowski, 1966: 144-145), donde en algunos sitios conviven con el mezquite también *Maytenus phyllanthoides* y *Juniperus monosperma* var. *gracilis.*

En el sur y en el occidente de México *Prosopis* se asocia en muchas ocasiones con *Pithecellobium dulce* y esta comunidad mixta se cita de la Cuenca del Balsas (Miranda, 1942a: 425-427) y de Jalisco (Rzedowski y McVaugh, 1966: 34). Parece ser, que en muchos sitios, sobre todo en altitudes inferiores, *Pithecellobium* pudo haber sido el árbol dominante en el bosque. Miranda (1947: 104) opina que las asociaciones de *Pithecellobium* son propias de lugares más húmedos, mientras que las de *Prosopis* prosperan en los más secos. Son necesarios estudios más detallados para reconstruir la vegetación primitiva de estos sitios.

Existen muy pocos datos en la literatura sobre la vegetación secundaria que se establece al destruirse el bosque espinoso.

En el sur de Sonora, Gentry (1942: 30) indica que *Acacia cymbispina,* la especie dominante del bosque espinoso, es la que ocupa rápidamente los terrenos agrícolas abandonados.

Miranda (1942a: 445) señala que en el suroeste del Estado de Puebla un matorral denso de *Acacia farnesiana* ("huizachal") se establece como comunidad secundaria en los suelos profundos, cuyo clímax corresponde al bosque de *Prosopis* y *Pithecellobium.* Es probable que en una fase más avanzada los individuos de *Prosopis* se establezcan en el huizachal.

Lundell (1934: 281-286) describe de cerca de Tuxpeña, Campeche, una comunidad secundaria que se desarrolla en terrenos donde el bosque de *Haematoxylon campechianum* ("tintal") fue desmontado, el terreno utilizado para la ganadería y finalmente abandonado 17 años antes de que lo observara el mencionado autor. En esta fase de la sucesión la vegetación tiene la forma de un bosque denso con dominancia de *Mimosa hemiendyta* y *Caesalpinia yucatanensis* de 6 m de alto. Muchas otras leguminosas también forman parte de la asociación.

De Quintana Roo, Miranda (1958: 259) refiere asimismo la presencia de una densa asociación de *Mimosa hemiendyta,* que ocupa los suelos removidos, donde el clímax corresponde a la comunidad *Cameraria – Haematoxylon – Metopium.*

Rzedowski (1966: 133) proporciona una lista de especies propias de comunidades secundarias derivadas del bosque espinoso del sureste de San Luis Potosí. Entre otras se mencionan ahí: *Acacia amentacea, A. farnesiana, Caesalpinia mexicana, Cordia alba, Diphysa minutifolia, Harpalyce arborescens, Pithecellobium calostachys, Sapindus saponaria, Thevetia peruviana.*

Puig (1974: 430-432) cree, a su vez, que el bosque espinoso del sur de Tamaulipas, sureste de San Luis Potosí y norte de Veracruz no constituye sino una fase de evolución regresiva del bosque tropical caducifolio, originada bajo la presión de actividades humanas. Por otra parte, el mismo autor señala la existencia de tres tipos de comunidades que considera como estados de degradación del bosque espinoso: facies de *Crescentia,* facies de *Prosopis* y matorral espinoso.

15. Pastizal

Las comunidades vegetales en que el papel preponderante corresponde a las gramíneas se reunen aquí convencionalmente bajo el nombre de pastizal o zacatal. El conjunto de esta manera delimitado incluye biocenosis diversas, tanto en lo tocante a su composición florística, como a sus condiciones ecológicas, a su papel en la sucesión, a su dependencia de las actividades humanas y aun a su fisonomía. Mientras la presencia de algunas está determinada claramente por el clima, muchas otras son favorecidas, al menos en parte, por las condiciones del suelo o bien por el disturbio ocasionado por el hombre y sus animales domésticos.

Esta circunscripción de zacatal da cabida a los "pastizales" de Miranda y Hernández X. (1963: 48-49) con todas las variantes mencionadas, y abarca además los "zacatonales" de los mismos autores (op. cit.: 49), así como los "páramos de altura" (op. cit.: 54) y las "sabanas" (op. cit.: 41-42).

Leopold (1950: 512-513) reconoce el tipo de vegetación que denomina "mesquite-grassland", en el cual al lado de zacatales incluye los bosques de *Prosopis* y todas las situaciones transicionales entre estas dos comunidades. Sin dejar de reconocer la existencia de amplias extensiones en donde plantas leñosas forman parte del zacatal, es necesario hacer constar que en la gran mayoría de los casos los mezquitales de México son realmente bosques o matorrales con una participación variable de gramíneas y por consiguiente ameritan ubicarse aparte. En el cuadro de tipos de vegetación aquí adoptado se incluyen los mezquitales dentro del bosque espinoso y en parte también dentro del matorral xerófilo. En consecuencia sólo una parte del "mesquite-grassland" de Leopold se reconoce como pastizal.

La "savannah" de Leopold aparentemente tampoco coincide con exactitud con las sabanas que se tratan aquí, pues no tiene tan amplia área de distribución como le atribuye el mencionado autor (op. cit.: 508) en su mapa. Para una discusión más amplia de este aspecto véanse pp. 227-231.

En resumen, el zacatal equivale, a grandes rasgos, a la suma de:

1. "Grassland" o "short-grass prairie" de la literatura norteamericana, comparable tal vez con la "estepa" eurasiática, si se excluye de ella las comunidades arbustivas y subarbustivas.

2. "Sabana" o pastizal de clima caliente.
3. "Zacatonal" alpino y subalpino, en muchos aspectos comparable con la "puna" y con el "páramo" andinos.

De acuerdo con Leopold (1950: 509) el conjunto de su "mesquite-grassland" y "savannah" ocupa (u ocupaba) cerca de la cuarta parte (22.5%) del territorio del país. Una estimación más realista, sin embargo, sólo permite adscribirle al zacatal de 10 a 12% de la superficie de México. Este último cálculo iría de acuerdo con los mapas de Cruz (1969: 179) y de Flores et al. (1971).

Desde el punto de vista de la economía humana, las áreas cuya cubierta vegetal está dominada por gramíneas, revisten gran importancia, pues constituyen el medio natural más propicio para el aprovechamiento pecuario. Los pastizales son particularmente adecuados para la alimentación del ganado bovino y equino y de hecho la mayor parte de la superficie correspondiente a este tipo de vegetación se dedica a tal propósito. La cría de caballos, burros y mulas, aunque muy importante en otras épocas, va decayendo lentamente ante la competencia de los modernos métodos de transporte. En cambio, la demanda de carne y de productos lácteos crece con intensidad considerable, de suerte que la relación entre vacunos y equinos, que siempre ha sido favorable a los primeros, en las últimas décadas tiende a una desproporción cada vez más acentuada. En algunas zonas el ganado ovino y caprino también utiliza zacatales para su alimentación, aunque las preferencias nutritivas de estos animales más bien tienden a concentrarlos en otros tipos de vegetación.

El aprovechamiento de los pastizales naturales en México, en la mayor parte de los casos, no es óptimo y en muchos sitios el sobrepastoreo debido a la falta de organización y técnica adecuada no permite obtener el máximo rendimiento. El sobrepastoreo y el pisoteo excesivo impiden muchas veces el buen desarrollo y la reproducción de las especies más nutritivas y apetecidas por el ganado, propiciando el establecimiento de plantas que los animales no comen y que a menudo son venenosas y con frecuencia reducen también la cobertura del suelo, exponiéndolo a los efectos de la erosión (Figs. 32, 33).

Un serio problema en el manejo de los pastizales de clima semiárido y árido son las largas épocas de sequía, en las cuales coinciden la falta de agua y de alimento para los animales. Sobre todo, son difíciles de afrontar; los años más secos que los comunes, que frecuentemente se traducen en una gran mortandad del ganado vacuno, no muy resistente para soportar la escasez temporal de agua y de comida.

En zonas de clima húmedo y semihúmedo la vegetación clímax por lo general no corresponde al zacatal, pero el hombre ha buscado la manera de engendrarlo ahí en muchas partes y de mantenerlo indefinidamente con el fin de lograr su aprovechamiento para la ganadería. Tales pastizales con frecuencia corresponden a una fase de la sucesión de comunidades, cuya marcha es detenida. Otras veces la dominancia de gramíneas se produce en forma artificial mediante el pisoteo de los animales y el fuego, y ésta se conserva a la larga con la acción continua de los mismos factores de disturbio. Los zacatales de este tipo en muchas ocasiones también sufren de sobrepastoreo y en el caso de los derivados de bosques de *Pinus* y de *Quercus*, que prosperan sobre laderas por lo común bastante inclinadas, no siempre protegen el suelo en forma eficiente.

Si bien es cierto que las actividades humanas tienden en general a expander el área del zacatal a costa de otros tipos de vegetación, por otra parte es importante señalar que en muchas regiones de México, cubiertas originalmente con una carpeta de gramíneas, se ha ensayado y se sigue ensayando la práctica de la agricultura, sobre todo el cultivo de maíz y de frijol. Esta agricultura ha tenido buen éxito en zonas en que se dispone de agua de riego, éxito moderado en zonas relativamente más húmedas o con características de suelo particularmente favorables para la retención de agua, pero, en grandes superficies ha fracasado, pues debido al clima, sólo en algunos años pueden obtenerse buenas cosechas, mientras que en otros se pierde toda o casi toda. Los terrenos, una vez abandonados, en un lapso relativamente corto vuelven a cubrirse de zacatal, aunque en muchos casos hay algunas pérdidas de suelo por efecto de la erosión.

Aunque existen pastizales de algún tipo casi en todas partes del país, éstos son mucho más extensos en las regiones semiáridas y de clima más bien fresco. También cabe observar que, en general, son comunes en zonas planas o de topografía ligeramente ondulada y con menor frecuencia se presentan sobre declives pronunciados. Parecen preferir, asimismo, suelos derivados de roca volcánica. De lo anterior resulta que este tipo de vegetación está mucho mejor representado en la mitad septentrional del país que en la meridional y abunda más del lado occidental que del oriental.

La extensa zona de zacatales del medio oeste norteamericano penetra en el territorio de México en forma de una angosta cuña, que corre sobre el Altiplano a lo largo de la base de la Sierra Madre Occidental desde el noroeste de Chihuahua hasta el noreste de Jalisco y zonas vecinas de Guanajuato e incluye también el extremo noreste de Sonora. Esta franja continua consiste de comunidades vegetales dominadas por gramíneas que constituyen clímax climático y representa en México la zona más importante de zacatales naturales, misma que se discutirá en primer lugar en este capítulo. Como la mayoría de los pastizales clímax del mundo, esta franja ocupa una porción de transición entre los bosques por un lado y los matorrales xerófilos por el otro (Fig. 231). El trabajo de Gentry (1957) es la contribución más importante al conocimiento de esta comunidad vegetal.

Los zacatales en cuestión se desarrollan de preferencia en suelos medianamente profundos de mesetas, fondos de valles y laderas poco inclinadas, casi siempre de naturaleza ígnea, en altitudes entre 1 100 y 2 500 m, aunque en Sonora pueden descender hasta 450 m s.n.m. (Shreve, 1942b: 192). Las temperaturas medias anuales varían en la mayor parte de su extensión de 12 a 20° C. Las fluctuaciones estacionales y diurnas son relativamente pronunciadas, todos los años hay heladas y en las partes altas de Chihuahua y Sonora ocurren nevadas con cierta frecuencia.

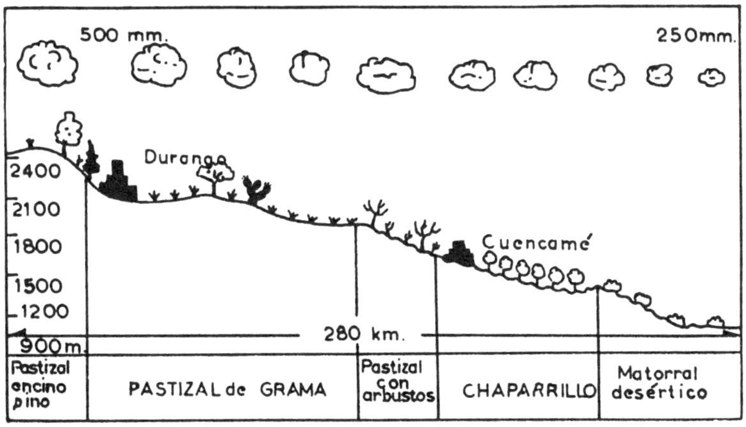

Figura 231. Perfil de la vegetación entre Durango y Cuencamé, según Gentry (1957). Reproducido con autorización de los editores.

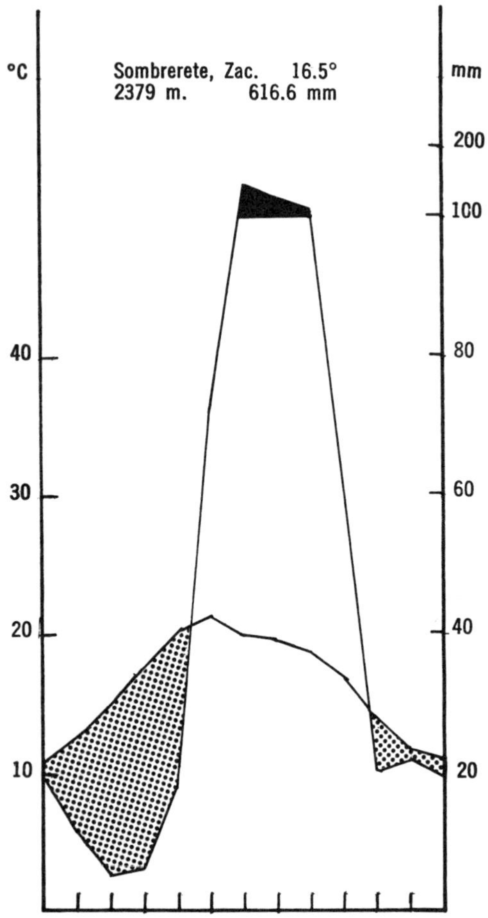

Figura 232. Diagrama ombrotérmico de Sombrerete, Zacatecas.

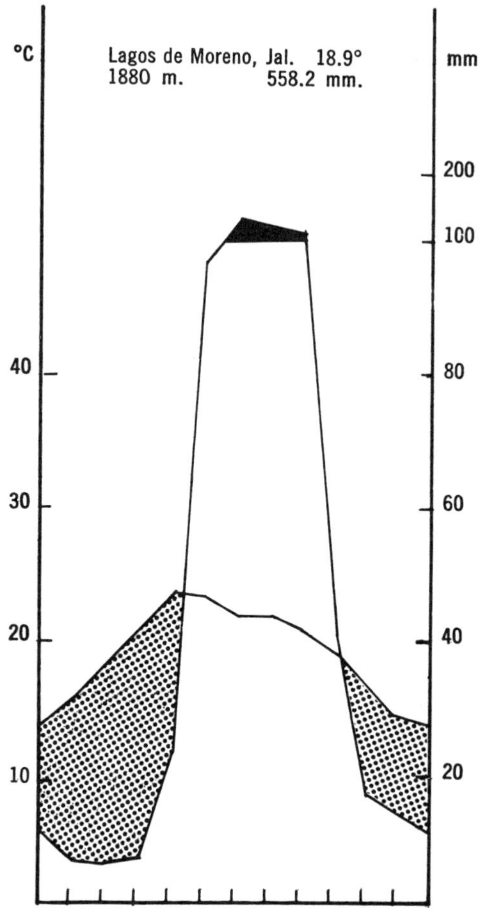

Figura 233. Diagrama ombrotérmico de Lagos de Moreno, Jalisco.

La precipitación media anual es del orden de 300 a 600 mm, con 6 a 9 meses secos y la humedad atmosférica se mantiene baja durante la mayor parte del año (Figs. 232, 233). Este tipo de clima corresponde mayormente a la categoría BS de la clasificación de Koeppen (1948), aunque, las fases más secas pertenecen, al parecer, a la categoría BW.

Los suelos propios de estos zacatales son en general de reacción cercana a la neutralidad (pH 6 a 8), con textura que varía de migajón arcilloso a migajón arenoso y coloración rojiza a café, frecuentemente con un horizonte de concentración calichosa o ferruginosa más o menos continua. Por lo común son suelos fértiles y medianamente ricos en materia orgánica. Se erosionan con facilidad cuando se encuentran en declive y carecen de suficiente protección por parte de la vegetación.

Con respecto a las afinidades geográficas de la flora de estos zacatales se transcribe el cuadro del trabajo de Rzedowski (1975), en el cual se analizan los de Durango, basándose en la lista de especies de Gentry (1957).

Cuadro 8: Análisis fitogeográfico de los componentes de la flora de los pastizales de Durango, basado en la lista de Gentry (1957). Los valores indican porcentajes con respecto al total de la flora.

Areas	México y áreas adyacentes	México y América del Sur	México y los E.U.A.	América	Hemisferio boreal	Regiones templadas y frías del mundo	Regiones tropicales y subtropicales del mundo	Cosmopolitas	Otros tipos de distribución	Introducidos
Géneros 228	13.2	11.9	6.7	18.4	3.5	4.8	20.6	14.0	6.1	1.8
Especies 425	66.3	9.4	14.6	4.7	0.5	0	1.9	0.7	0	1.9

Estas proporciones indican la gran importancia del elemento endémico y los vínculos relativamente escasos con la flora de Estados Unidos, que a nivel de género son dos veces menores que los existentes con Sudamérica. También prevalecen ampliamente las afinidades tropicales con respecto a las que existen con la flora de las regiones templadas y frías del mundo.

Los zacatales en cuestión son generalmente de altura media (20 a 70 cm), aunque a causa del intenso pastoreo se mantienen casi siempre mucho más bajos. La coloración amarillenta pálida es característica durante la mayor parte del año y la comunidad sólo reverdece en la época más húmeda (Fig. 233). La cobertura varía notablemente de un lugar a otro y mucho tiene que ver con la utilización del pastizal, pero rara vez supera 80% y frecuentemente es menor de 50%. Su estructura es sencilla (Figs. 234, 235), pues además de un estrato rasante, formado principalmente por plantas rastreras, incluyendo a veces algas, hay un solo estrato herbáeo, en el cual suelen dominar ampliamente las gramíneas, aunque en la época favorable pueden aparecer numerosas especies de otras familias. Las plantas leñosas a menudo están

Figura 234. Pastizal de Bouteloua gracilis *("navajita"), cerca de Ojuelos, Jalisco.*

Figura 235. Pastizal de Bouteloua hirsuta *("navajita"), cerca de Tepeji del Río, Hidalgo.*

completamente ausentes, cuando existen, sólo juegan un papel secundario y a veces forman uno o dos estratos adicionales. Las trepadoras son escasas y las epifitas de tipo xerófilo sólo se presentan en ocasiones sobre las ramas de arbustos y árboles aislados.

Son frecuentemente dominantes o codominantes en las asociaciones las especies del género *Bouteloua* y la más común de todas es *B. gracilis*, que prevalece en amplias extensiones del zacatal, sobre todo en sitios en que el sobrepastoreo no ha perturbado demasiado las condiciones originales y preferentemente en suelos algo profundos. En laderas pendientes, con suelo somero y pedregoso, a menudo son más abundantes *B. curtipendula* y *B. hirsuta*. Son menos frecuentes en general, *B. rothrockii*, *B. radicosa*, *B. repens*, *B. eriopoda* y *B. chondrosioides*, pero en algunas zonas pueden también funcionar como dominantes o codominantes. *B. eriopoda* y *B. scorpioides* aparentemente resultan favorecidas por un pastoreo intenso, desplazando en ciertas áreas a *B. gracilis*.

Otras gramíneas cuantitativamente muy importantes son: *Andropogon hirtiflorus*, **A. saccharoides*, **Aristida adscensionis*, **A. divaricata*, **A. schiedeana*, *A. ternipes*, **Buchloë dactyloides*, **Enneapogon desvauxii*, **Eragrostis lugens*, **E. mexicana*, *Erioneuron grandiflorum*, *E. muticum*, *E. pilosum*, **E. pulchellum*, *Heteropogon contortus*, **Hilaria cenchroides*, **Leptochloa dubia*, **Lycurus phleoides*, *Muhlenbergia rigida*, *Scleropogon brevifolius*, *Setaria macrostachya*, *Sporobolus trichodes*, *Stipa eminens* y **Trichachne californica*, aunque las marcadas con * se ven favorecidas por distrubio.

En el noreste de Sonora *B. rothrockii* parece ser la gramínea más importante (White, 1949: 238-239), en cambio en los zacatales de Chihuahua prevalecen *B. gracilis*, *B. eriopoda* y *B. curtipendula*, así como varias especies de *Aristida* y de *Andropogon* (Shreve, 1939; LeSueur, 1945: Hernández X., 1959-1960; Martínez-Martínez, 1960). De Durango, Gentry (1957) cita varias asociaciones, entre las cuales destacan *Bouteloua – Muhlenbergia*, propia de suelos profundos y de mayores elevaciones y precipitaciones, *Bouteloua – Heteropogon*, de laderas pedregosas, *Bouteloua – Lycurus – Aristida*, ampliamente distribuida, pero con señales de disturbio, y *Bouteloua – Bouteloua*, que es la más común de todas.

En el suroeste de San Luis Potosí (Rzedowski, 1966: 170-171) prevalecen sobre suelos profundos los zacatales de *Bouteloua gracilis* y *B. scorpioides*, en cambio sobre laderas de cerros la dominancia se comparte entre especies de *Aristida*, *Bouteloua* y *Andropogon*.

En el norte y noreste de Jalisco, así como en Aguascalientes y en zonas adyacentes de Zacatecas, las comunidades son similares (Rzedowski y McVaugh, 1966: 47-50), pero, además, existe otra de *Bouteloua* e *Hilaria*.

En muchos sitios la presencia de plantas leñosas en el zacatal es el resultado de intenso disturbio, aunque en otras ocasiones parece tratarse de una condición natural. Estos últimos casos son frecuentes en zonas de transición hacia el matorral o hacia el bosque, pero también puede haber zacatales con árboles o arbustos que no necesariamente representan un ecotono.

En amplias zonas de Sonora existe el "mesquite-grassland", en el cual *Prosopis velutina* es la especie más abundante en el zacatal. De Durango y de Zacatecas, Gentry (1957) describe los "pastizales con encino-enebro", en los cuales destacan *Quercus cordifolia*, *Q. chihuahuensis*, *Q. emoryi* y *Juniperus monosperma*; el "pastizal con cactus-*Acacia*", en donde los elementos leñosos principales son *Acacia schaffneri*, *Opuntia* spp. y *Prosopis*, así como el "pastizal con arbustos", en el que intervienen numerosos arbustos, pero

Figura 236. Pastizal de Bouteloua, Muhlenbergia *e* Hilaria *con* Acacia schaffneri *("huizache"), cerca de Lagos de Moreno, Jalisco.*

Figura 237. Pastizal de Bouteloua *y* Andropogon *con* Quercus emoryi *("encino"), cerca de Encinillas, Chihuahua.*

principalmente *Acacia, Larrea, Mimosa* y *Prosopis.*

En el noreste de Jalisco *Acacia schaffneri* es el arbolito más común de los zacatales (Rzedowski y McVaugh, 1966: 49-50), proporcionándole una fisonomía muy peculiar que recuerda las sabanas africanas (Fig. 236). En algunas partes de la misma área pueden observarse asimismo mesetas con vegetación dominada por gramíneas, pero acompañadas de *Yucca decipiens,* que de lejos dan la impresión de ser bosques de *Yucca.*

Entre los arbustos de menor talla y subarbustos que con frecuencia pueden observarse en estos zacatales cabe enumerar representantes de los siguientes géneros: *Acacia, Agave, Baccharis, Bouvardia, Brickellia, Buddleia, Calliandra, Ceanothus, Condalia, Cowania, Dalea, Dasylirion, Ephedra, Echinofossulocactus, Eupatorium, Eysenhardtia, Fallugia, Ferocactus, Gymnosperma, Haplopappus, Jatropha, Larrea, Mammillaria, Microrhamnus, Mimosa, Nolina, Opuntia, Perymenium, Pithecellobium, Quercus* (Fig. 237), *Salvia, Stevia, Viguiera y Zinnia.*

Son muy numerosos los componentes herbáceos de los zacatales de clima semiárido. Además de las gramíneas, son abundantes los miembros de la familia Compositae, que en número de especies a menudo sobrepasan a las primeras. Otros grupos de fanerógamas bien representados son: Convolvulaceae, Cyperaceae, Euphorbiaceae, Leguminosae, Liliaceae, Rubiaceae, Scrophulariaceae y Solanaceae.

Entre las algas terrestres las más conspicuas son las costras de *Nostoc,* que en la época lluviosa cubren a veces las partes del suelo desprovistas de otra vegetación. Algunos líquenes crustáceos de los géneros *Parmelia* y *Psora* prosperan principalmente sobre afloramientos rocosos, rara vez sobre el suelo. Los hongos más comunes de estos zacatales (Guzmán, com. pers.) son los que crecen sobre excrementos de animales, como, por ejemplo, especies de *Panaeolus, Stropharia, Conocybe* y *Coprinus.* Otros géneros presentes, más bien de hábitos terrícolas, son: *Marasmius, Agaricus, Tricholoma, Bolbitius, Bovista, Vascellum, Arachnion, Tulostoma, Simblum, Phallus, Agrocybe, Disciseda, Lycoperdon, Calvatia, Mycenastrum.* En general las briofitas están escasamente representadas en los pastizales al igual que las pteridofitas, entre las cuales sólo destacan algunas especies xerófilas y rupícolas de los géneros *Cheilanthes, Notholaena, Pellaea* y *Selaginella.*

Los zacatales propios de clima semiárido semejantes a los arriba descritos, se presentan también fuera de la franja continua en diferentes partes del norte y del centro del país, encontrando aparentemente su límite austral en el noreste de Oaxaca. Se trata de áreas más o menos aisladas en medio de otros tipos de vegetación, cuyo tamaño, composición florística y grado de conservación son muy variables.

De acuerdo con el mapa de LeSueur (1945) varios manchones extensos de pastizales de *Aristida* y de *Bouteloua* se localizan en la parte oriental de Chihuahua, sobre algunas serranías constituidas por roca caliza. Muller (1947: 46-48) describe enclaves semejantes de Coahuila, donde sobre todo las sierras ubicadas en la parte nor-occidental del Estado presentan en sus partes inferiores un zacatal de *Bouteloua gracilis*, *B. curtipendula*, *Andropogon saccharoides*, *Lycurus phleoides*, *Stipa eminens*, *Aristida glauca*, *Buchloë dactyloides* y *Muhlenbergia monticola*. En otras serranías que carecen de amplias bases de pendiente suave, sólo llega a observarse una especie de zacatal con arbustos, que el mencionado autor denomina "grassland transition".

Del extremo boreal de Nuevo León, Muller (1939: 697) cita una especie de "savanna" con *Prosopis* y *Opuntia* en el estrato arbustivo y con *Bouteloua trifida*, *Aristida purpurea*, *Erioneuron pilosum* y *Tridens texana* como las gramíneas más importantes. De la parte sur del mismo Estado, entre Mier y Noriega y Soledad, Shreve (1942b: 192-193) describe un manchón situado entre 1 700 y 2 000 m de altitud, con *Bouteloua gracilis*, *Erioneuron grandiflorum*, *Hilaria cenchroides*, *Lycurus phleoides* y *Bouteloua curtipendula*.

Johnston (1963: 462-464) y González-Medrano (1972a: 25) refieren de la región de Loreto, en el noreste de Tamaulipas, la presencia de un zacatal que prospera a una altitud cercana al nivel del mar, sobre suelo rojizo, y que, a poca profundidad, tiene frecuentemente un horizonte de caliche. Entre las gramíneas abundan *Tridens texanus*, *Erioneuron muticum*, *Trichachne hitchcockii*, *Brachiaria ophryoides*, *Bouteloua radicosa*, *Cenchrus incertus*, *Aristida roemeriana* y *Bouteloua hirsuta*. La distribución de este zacatal es a manera de mosaico con matorrales xerófilos.

En San Luis Potosí (Rzedowski, 1966) existen varios manchones algo aislados de la franja continua que incluye la parte suroeste del Estado, pero, en general, no difieren mucho en su estructura y en su composición florística de los que se describieron anteriormente. Una excepción a este respecto constituye el pastizal localizado en las partes altas de la Sierra de Catorce, que prospera en altitudes entre 2 500 y 3 000 m. Las dominantes son *Stipa ichu* y *Stipa* sp., con una carpeta inferior de *Muhlenbergia repens* y la fisonomía se aproxima un poco a la de un "zacatonal" por la abundancia de gramíneas altas y amacolladas.

Entre los zacatales ubicados en México, al sur del paralelo 22° N existen muchos que indudablemente no pueden considerarse como clímax climático. Esta parte del país es la más densamente poblada y su vegetación se encuentra a menudo intensamente perturbada, de tal manera que con frecuencia resulta difícil establecer qué factor o factores son los responsables de la presencia de una determinada comunidad vegetal. A continuación se hará referencia a algunas de las que más probablemente constituyen clímax climático y que guardan similitud con los pastizales característicos del norte de la República.

En la porción del noroeste del Valle de México, principalmente en la región de Huehuetoca y Tepotzotlán, está bien representado el zacatal de *Hilaria cenchroides* (Rzedowski et al., 1964; Cruz, 1969: 77-132), en el cual son importantes además *Abildgaardia mexicana*, *Bouteloua radicosa* y *B. hirsuta* (Fig. 238). Esta comunidad se desarrolla en

Figura 238. Pastizal de Hilaria cenchroides, Bouteloua radicosa y Abildgaardia mexicana *cerca de Tepotzotlán, México, en la época más húmeda del año.*

altitudes entre 2 300 y 2 700 m y frecuentemente sobre suelo arcilloso oscuro. Existen indicios de que antes de la intensa intervención del hombre esta asociación ocupaba también otras partes del Valle de México. Un pastizal de composición y fisonomía similar se puede observar asimismo en localidades diversas de la mitad septentrional del Estado de México y en zonas adyacentes de Hidalgo y de Querétaro.

En el extremo noreste del Estado de Oaxaca se encuentra un área limitada de zacatales, situada en la región de Nochixtlán, Coixtlahuaca y Tepelmeme. Una comunidad de *Bouteloua chondrosioides* cubre ahí suelos muy someros derivados de rocas ígneas, mientras que otra de *Bouteloua* y *Aristida* es característica de laderas suavemente inclinadas, formadas por gruesos depósitos de caliche. Los límites altitudinales observados en este pastizal son 2 100 y 2 500 m, mismo que por su ubicación geográfica representa aparentemente el extremo meridional de la distribución del *graminetum* de clima semiárido en Norteamérica.

Otro tipo de zacatal que representa sin duda clímax climático en México es el que se desarrolla por encima del límite de la vegetación arbórea, sobre las montañas que alcanzan elevación suficiente para ofrecer esta clase de habitat. Casi todas estas montañas se localizan en la mitad meridional del país, donde la cota aproximada de 4 000 m señala la altitud máxima que alcanza el bosque (Fig. 239). El límite superior de este pastizal alpino se sitúa alrededor de 4 300 m s.n.m., aunque algunas especies de plantas crecen todavía más allá de 4 500 m s.n.m. (Beaman, 1965: 64). Sólo el Pico de Orizaba y la vecina Sierra Negra, el Popocatépetl, el Ixtaccíhuatl, la Malinche, el Nevado de Toluca (Fig. 240), el Nevado de Colima, el Tacaná, el Cofre de Perote, el Tancítaro, el Ajusco y el Tláloc llevan en sus partes altas manchones de esta vegetación y por consiguiente el área total ocupada por ella es bastante reducida, pero por tratarse de un biotopo único en su género, es interesante describirlo con mayor amplitud.

No existe más que una estación meteorológica, que funciona en el límite inferior de esta comunidad vegetal, en el Ixtaccíhuatl, a 3 900 m de altitud, y sólo registra la precipitación. No obstante, sobre la base de otras estaciones se pueden extrapolar algunos otros datos climáticos y de esta manera obtener el cuadro aproximado siguiente. La temperatura media anual varía probablemente de 3 a 5° C, con variación anual menor de 3° C, pero con una oscilación diurna suficientemente amplia para que se presenten heladas en todos los meses del año. Las temperaturas mínimas extremas, sin embargo, probablemente no descienden (acaso sólo ligeramente), de —10° C. La precipitación en promedio anual varía entre 600 y 800 mm, y aunque un considerable porcentaje de la misma cae en forma de nieve, ésta no permanece por largos periodos sobre el suelo. La insolación y el viento son intensos, con lo cual la evaporación es alta. La fórmula climática correspondiente, de acuerdo con la clasificación de Koeppen (1948), es ET.

El suelo deriva de rocas volcánicas, frecuentemente de arenas ("cenizas"), es de

Figura 239. Límite de la vegetación arbórea en el Ixtaccíhuatl.

Figura 240. Zacatonal alpino en el cráter del Nevado de Toluca; destacan Festuca tolucensis, Calamagrostis tolucensis *y* Eryngium protiflorum *("hierba del sapo").*

textura generalmente ligera, reacción algo ácida, contenido elevado de materia orgánica y húmedo durante la mayor parte del año, al menos en las capas profundas. No hay permafrost, pero en las noches se congela con frecuencia la capa superficial.

Las afinidades florísticas de los zacatales alpinos se discuten en el capítulo 6 (página 90).

Estos zacatales se aprovechan para la ganadería y se les quema con mayor o menor regularidad durante la época seca del año con el fin de provocar el brote de tallos tiernos, apetecidos por los animales.

Las gramíneas más bien altas (hasta de 1 m) que crecen en amplias macollas son las que imparten una fisonomía particular a esta comunidad vegetal (Fig. 241), que, por tal razón, se ha denominado "zacatonal" o "páramo de altura", pues presenta similitud con la vegetación de alta montaña de los Andes, donde recibe los nombres de "páramo" (la facies más húmeda) y "puna" (la facies más seca). Beaman (1965: 66) prefiere la denominación de "alpine meadow" en evidente correlación con formaciones ecológicamente análogas de Europa y de otras montañas de Norteamérica.

En la región del Popocatépetl y del Ixtaccíhuatl, Beaman (1965) y Cruz (1969: 161) distinguen tres asociaciones del zacatonal alpino, a mencionar; 1) la dominada por *Muhlenbergia quadridentata,* que ocupa algunos sitios carentes de bosque entre 3 700 y 3 800 m de altitud, 2) la de *Calamagrostis tolucensis* y *Festuca tolucensis,* que es la más extendida entre 3 800 y 4 200 m y 3) la de *Festuca livida* y *Arenaria bryoides* propia de algunos parajes entre 4 200 y 4 300 m. La última constituye un zacatal más bajo y abierto con abundancia de plantas acojinadas de *Arenaria* (Fig. 133). Un cuadro no muy diferente se presenta en las partes más altas del Nevado de Colima (Rzedowski y McVaugh, 1966: 66).

Figura 241. Zacatonal de Calamagrostis tolucensis *y* Festuca tolucensis *cerca de la cumbre del Nevado de Colima; nótense matas de* Juniperus monticola *f.* compacta *("enebro").*

Otras plantas frecuentes en estos zacatonales pertenecen a los géneros: *Arenaria, Carex, Cerastium, Cirsium, Draba, Eryngium, Gnaphalium, Juniperus, Lupinus, Luzula, Oxylobus, Phacelia, Plantago, Potentilla, Ranunculus, Senecio, Trisetum.*

En este medio los afloramientos rocosos y lugares cercanos a las orillas de arroyos, así como sitios cenagosos en general, son los habitats particularmente ricos en especies. Los arbustos rastreros de *Juniperus monticola* f. *compacta* pueden ser conspicuos en taludes peñascosos. Entre los hongos, según Guzmán (com. pers.), se registran especies de los géneros *Laccaria, Inocybe, Anellaria, Stropharia, Panaeolus* y *Conocybe.* Las pteridofitas están representadas por especies de *Asplenium y Polypodium,* que se encuentran solamente en lugares sombreados protegidos por rocas. Entre los musgos destacan especies de los géneros: *Andreaea, Aongstroemia, Bartramia, Bryum, Campylopus, Grimmia, Leptodontium, Mielichhoferia, Pohlia* y *Rhacomitrium.*

Un grupo importante de pastizales prospera en sitios en los cuales las características del suelo impiden el desarrollo del clímax climático, frecuentemente correspondiente a un bosque o a un matorral o a veces a un zacatal diferente del que determinan las condiciones edáficas.

Es un hecho conocido que algunos representantes de la familia Gramineae son vegetales particularmente bien adaptados a condiciones de deficiencia de drenaje, de inundaciones periódicas, de exceso de sales solubles y de algunas otras substancias en el suelo. Desde luego, las gramíneas no son las únicas plantas que pueden crecer en tales condiciones, pero con frecuencia son las dominantes y las que definen la fisonomía de las comunidades vegetales que ahí habitan.

Además de zacatales de este tipo pueden observarse también en México agrupaciones con preponderancia de gramíneas en algunos suelos inmaduros derivados de depósitos volcánicos de edad poco avanzada, así como, a veces, sobre laderas muy inclinadas en climas relativamente húmedos, donde desplazan a los árboles. Todos estos casos probablemente puedan considerarse como clímax edáfico o vegetación "azonal".

De estos pastizales quizá los más notables sean los propios de suelos salinos, que a menudo también son alcalinos. Tales suelos se presentan preferentemente en fondos de cuencas cerradas, abundantes en muchas regiones de clima árido o semiárido, aunque también son frecuentes en algunas áreas próximas a la costa, afectadas por el mar o por lagunas costeras. Son característicos sobre todo del Altiplano, desde Chihuahua y Coahuila, hasta Jalisco, Michoacán, Valle de México, Puebla y Tlaxcala, así como de algunas porciones de planicies costeras de la parte norte del país. Cuando los cloruros y los sulfatos son las sales predominantes, el pH del suelo se mantiene generalmente entre 7 y 8.5, en cambio, de ser los carbonatos los más abundantes, la reacción es fuertemente alcalina. Estos suelos, por lo común, son de textura arcillosa y de drenaje deficiente y muchas veces están sujetos a inundaciones más o menos prolongadas. La humedad del suelo, así como el contenido de sales y su alcalinidad pueden tener una variación acentuada a lo largo del año y muchas veces también de un año a otro.

Entre las formas biológicas de las comunidades halófilas predominan las gramíneas rizomatosas y las plantas herbáceas suculentas.

Los zacatales halófilos del Altiplano varían por lo común de bajos a medianos (hasta 80 cm de alto) y, en general, son densos. Las gramíneas dominantes son más bien rígidas y sólo sus partes tiernas constituyen un forraje atractivo para el ganado. Con el objeto de estimular la aparición de retoños tiernos estos pastizales se queman a veces periódicamente.

La asociación propia de suelos con un moderado contenido de sales frecuentemente está dominada por *Sporobolus wrightii*, gramínea amacollada y relativamente alta. Martínez-Martínez (1960: 52) cita como principales componentes del zacatal de *S. wrightii* de Chihuahua a *Eragrostis obtusiflora*, *Buchloë dactyloides*, *Bouteloua gracilis* y *Panicum obtusum*.

En Chihuahua y Coahuila, principalmente, ocupa grandes extensiones el zacatal de *Hilaria mutica* ("toboso"), de 40 a 70 cm de alto. Shreve (1942: 198) y Muller (1947: 40) lo mencionan como una comunidad casi pura, con cobertura continua o bien en macollas separadas.

Distichlis spicata y *Eragrostis obtusiflora* son otras dos gramíneas estoloníferas y rizomatosas que pueden funcionar como dominantes y toleran fuertes concentraciones de sales (Fig. 242). Aunque existen también en la parte septentrional, son más abundantes en la mitad meridional del Altiplano. De los lagos de Sayula y Zacoalco, de Jalisco, Rzedowski y McVaugh (1966: 52) citan como acompañantes también a *Sporobolus pyramidatus* y *Scirpus americanus*. En el Valle de México, según Rzedowski (1957a: 10-11) y Rzedowski et. al. (1964: 51) otros componentes son *Suaeda nigra*, *Atriplex linifolia*, *A. muricata*, *Sesuvium portulacastrum* y *Xanthocephalum centauroides*.

De los zacatales costeros más sobresalientes cabe mencionar los de *Distichlis*, de *Sporobolus virginicus* y de *Monantochloë*, que forman una carpeta baja, y los de *Spartina* y de *Uniola*, que miden cerca de 1 m de alto. Sólo excepcionalmente se encuentran manchones de *Spartina*, alejados de los litorales, en Coahuila (Johnston, 1943: 404) y en San Luis Potosí (Rzedowski, 1966: 173). Del lado del Pacífico se han observado cerca de la costa zacatales altos y densos de *Muhlenbergia* aff. *gigantea* y otros más bajos y espaciados de *Jouvea*.

Cabe insistir en que los zacatales no son las únicas agrupaciones vegetales que habitan los suelos salinos. Otros tipos de comunidades halófilas se describen en el capítulo 21 (páginas 357-361).

La vegetación de suelos yesosos en México también asume a menudo la forma de zacatal. Los afloramientos de tales suelos se encuentran con alguna frecuencia en las partes bajas de cuencas endorréicas, rodeadas por montañas formadas por rocas sedimentarias marinas en la región oriental árida del Altiplano, desde Coahuila y el este de Chi-

Figura 242. Pastizal halófilo de Distichlis spicata *("zacate salado"), cerca de Coacalco, México.*

Figura 243. Pastizal gipsófilo de Bouteloua chasei *y* Muhlenbergia purpusii, *cerca de Vallejo, San Luis Potosí. Fot. F. Medellín.*

huahua hasta San Luis Potosí. Se trata de suelos profundos de origen aluvial, pero muy poco diferenciados de la roca madre, de color casi blanco, textura limosa, pH cercano a 8 y escasa materia orgánica (Grande, 1967).

En el sur de Nuevo León y en San Luis Potosí estos suelos yesosos llevan una vegetación de zacatal abierto y bajo, en el cual destacan *Bouteloua chasei, Muhlenbergia purpusii, M. villiflora* y *Sporobolus nealleyi* (Fig. 243). A menudo se observan colonias circulares con el centro vacío (Fig. 140). La mayor parte de los componentes del pastizal en cuestión son especies de distribución restringida, muchas de las cuales no se han colectado fuera de este substrato. Su flora fue estudiada por Johnston (1941) e incluye entre otras, especies de los géneros: *Notholaena, Drymaria, Frankenia, Fouquieria, Dicranocarpus, Flaveria, Sartwellia y Haploësthes.* Gómez (1973) realizó un estudio cuantitativo de este zacatal en los alrededores de Matehuala, San Luis Potosí.

En muchas otras partes del país se presentan también afloramientos rocosos de yeso, los que, aparentemente, han generado de manera similar flórulas gipsófilas endémicas en muchos casos. Su vegetación está aún pendiente de estudio.

Los pastizales característicos de suelos de drenaje deficiente pero no salinos, son propios de condiciones climáticas muy diversas y en concomitancia con tales condiciones varían notablemente en cuanto a su fisonomía, composición florística y fenología.

En regiones calientes y húmedas o semihúmedas se les conoce, en general, con el nombre de "sabana", aunque parece ser que la presencia de muchas sabanas se debe al efecto combinado del suelo y del fuego y en algunos casos al efecto del fuego exclusivamente. Beard (1953) realizó el estudio más completo y profundo de las sabanas de Latinoamérica septentrional y aunque no ha realizado investigaciones en México, muchas de sus conclusiones son aplicables a este país, pues las condiciones en las que se encuentran las sabanas del sureste de la República son similares a las que se describen de Centroamérica, de las Antillas y del norte de Sudamérica. De acuerdo con el mencionado autor, la sabana es una comunidad vegetal determinada fundamentalmente por las características de topografía de formas seniles, de escaso relieve, donde abundan suelos de drenaje deficiente. A diferencia de los pastizales de regiones templadas, de acuerdo con Beard, la presencia de las sabanas no está determinada por el clima, pues éstas pueden presentarse en las partes bajas de América tropical en cualquier condición climática. Se trata de un clímax edáfico y aunque la vegetación es resistente al fuego, no depende de los incendios para su mantenimiento.

Miranda (1952, I: 116-123; 1958 240-243; 260-263) en sus estudios sobre la vegetación del sureste de México también señala relaciones semejantes y postula que los suelos de la sabana son la etapa final de un proceso de emersión eustática de terrenos pantanosos o lacustres, antiguamente ocupados por vegetación acuática. De acuerdo con esta interpretación la sabana sería la fase final de una hidrosere y en las condiciones actuales del clima esta fase se mantiene mientras la erosión no destruya los suelos que la determinan (Fig. 144). Por otra parte, sin embargo, Miranda admite la posibilidad de la extensión de la sabana mediante el fuego a expensas de otros tipos de vegetación.

A diferencia de estos puntos de vista, Sarukhán (1968b: 42-43) sostiene que la gran mayoría de las sabanas de México reviste un origen secundario y está ligada a las actividades agropecuarias del hombre. El mencionado autor solamente concede la existencia de "pequeños focos" de vegetación primitiva de sabana, a partir de los cuales ésta se ha extendido, gracias, sobre todo, a cambios

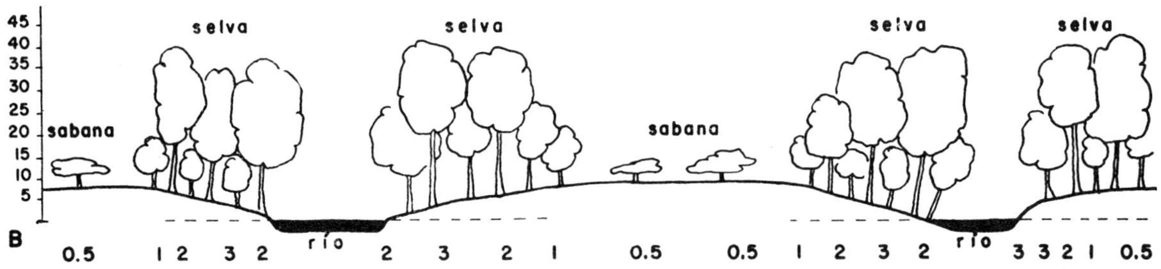

Figura 244. Perfil de vegetación en el suroeste de Campeche y norte de Tabasco, en terrenos emergidos con ríos, según Miranda (1958); los números inferiores indican el grado de facilidad de drenaje. Reproducido con autorización de los editores.

profundos y a menudo irreversibles que ha sufrido el suelo como consecuencia del desmonte y de frecuentes incendios. De acuerdo con Sarukhán, es posible trazar una secuencia de cambios de la vegetación y de degradación del suelo a partir de las islas de bosque rodeadas por la sabana. Se admite, sin embargo, que las condiciones más favorables para la formación de la sabana las constituyen algunos tipos de suelos que el autor califica como inestables. Estas opiniones coinciden con las anteriormente expuestas por Lundell (1937: 93-94), por Budowski (1956) y por otros.

Las sabanas se desarrollan típicamente sobre terrenos planos o escasamente inclinados. Los suelos son casi siempre profundos y esencialmente arcillosos, aunque el horizonte superior puede ser arenoso. A causa de una capa impermeable, el drenaje interior es deficiente, lo cual unido al escurrimiento nulo o lento en la superficie, hace que durante el periodo lluvioso se produzcan frecuentes y prolongados encharcamientos. En la época seca, en cambio, el suelo carece por completo de agua disponible para las plantas, pues la misma capa impermeable lo aisla de toda humedad subterránea. Esta alternancia de exceso y escasez de agua se interpreta como causante de condiciones favorables para la dominancia de gramíneas.

Los suelos son ácidos (pH 4 a 5.5) y más o menos ricos en materia orgánica, la que puede prestarles tonalidades oscuras a los horizontes superficiales.

El clima correspondiente a la mayor parte de las sabanas de México es caluroso, sin heladas y con precipitaciones generalmente superiores a 1 000 mm anuales, llegando a veces a 2 500 mm y con 0 a 6 meses secos. Las fórmulas correspondientes, según la clasificación de Koeppen (1948), son Am y Aw.

Los vínculos geográficos de la flora de las sabanas mexicanas se dirigen en forma casi exclusiva hacia el sur y los endemismos son escasos, como lo muestra el cuadro de la pág. 229 tomado del trabajo de Rzedowski (1975) y basado en la lista de Puig (1972b), quien estudió esta comunidad en la región de Huimanguillo, Tabasco.

En cuanto a su aprovechamiento, las sabanas, como otros pastizales, son importantes para dar sustento a la ganadería. A menudo, sin embargo, las gramíneas propias de esta vegetación son ásperas y rígidas en la época seca y en vista de que el ganado no las apetece se acostumbra incendiar la sabana con objeto de provocar el retoño de partes tiernas.

Los incendios en las sabanas constituyen un fenómeno muy generalizado y característico y las especies que viven ahí sin duda están bien adaptadas a este factor ecológico. Frecuentemente el fuego también se propaga

Cuadro 9. Análisis fitogeográfico de los componentes de la flora de las sabanas de Huimanguillo, Tabasco, basado en la lista de Puig (1972). Los valores indican porcentajes con respecto al total de la flora.

Areas	México y áreas adyacentes	México y América Central	México y América del Sur	México y las Antillas	América	Regiones tropicales y subtropicales del mundo	Cosmopolitas	Otros tipos de distribución	Introducidos
Géneros 68	1.5	2.9	27.9	0	2.9	45.6	11.8	5.9	1.5
Especies 58	10.4	12.1	55.2	3.5	7.0	5.2	1.8	1.8	3.5

a los bosques vecinos, sobre todo si éstos son de tipo seco.

Las sabanas más típicas y extensas de México se encuentran localizadas en el sureste del país, en los Estados de Campeche, Tabasco, Chiapas y Veracruz. En la vertiente pacífica, de Sinaloa a Chiapas, también se presentan comunidades similares, aunque en superficies más reducidas.

Desde el punto de vista fisonómico la sabana está dominada por gramíneas, pero comúnmente existe un estrato de árboles bajos (3 a 6 m) y espaciados, o bien agrupados en una especie de islotes, adoptando el aspecto de parque (Figs. 245, 246). A menudo los árboles tienen troncos retorcidos y la presencia de hojas coriáceas es frecuente. No son comunes las trepadoras, pero puede haber epifitas de los grupos de bromeliáceas y orquidáceas y aun hemiparásitos de la familia de las lorantáceas. Las especies que más frecuentemente componen el estrato arbóreo son *Byrsonima crassifolia, Curatella americana, Crescentia alata* y *C. cujete;* también pueden ser abundantes especies de *Coccoloba, Paurotis, Quercus* y de Melastomataceae.

Las gramíneas son por lo común altas (80-100 cm) y ásperas. Frecuentemente, aunque no necesariamente, crecen en macollas

Figura 245. Sabana con Curatella americana *("tachicón"), cerca de Huimanguillo, Tabasco. Fot. J. Chavelas.*

Figura 246. Sabana con Byrsonima crassifolia *("nanche"), Crescentia cujete ("jícaro") y* Paurotis wrightii *("tasiste"), al sur de Escárcega, Campeche.*

densas, cuyas partes inferiores quedan protegidas del fuego. Entre los géneros mejor representados cabe citar *Paspalum, Andropogon, Aristida, Imperata, Trichachne, Leptocoryphium, Axonopus* y *Digitaria.* Entre otras plantas herbáceas abundan principalmente Cyperaceae, Leguminosae y Compositae, pero, salvo las primeras, no juegan papel de importancia en la biomasa de la comunidad. La composición florística detallada de las sabanas mexicanas se ha estudiado todavía muy poco.

Las principales descripciones regionales de esta comunidad vegetal son las siguientes:

Miranda (1958: 240-243; 260-263) hace amplia referencia a las sabanas de la Península de Yucatán, señalando su presencia en el extremo sur del Estado de Yucatán y en la parte norte del de Campeche, en el área de Becanchén, Hopalchén y Tixcumuy. Superficies más importantes se encuentran en el suroeste de Campeche, desde donde se extienden a zonas vecinas de Tabasco y de Chiapas. Los elementos arbóreos prevalecientes son de los géneros *Curatella, Byrsonima* y *Crescentia.* En la parte central de la Península la sabana se presenta con frecuencia en relación con los "bajos", que llevan la vegetación de "tintal" o bosque espinoso de *Haematoxylon,* ubicándose entonces la sabana en suelos que sufren inundaciones menos intensas que los correspondientes al tintal. En el suroeste de Campeche, en cambio, al igual que en Tabasco, norte de Chiapas y sur de Veracruz, la sabana se localiza sobre planicies formadas por sedimentos relativamente antiguos, mientras que a niveles inferiores rellenados por depósitos más modernos dominan formaciones boscosas.

Vázquez (1963: 14-15) cartografía la extensión de las sabanas en Campeche e indica que cerca de la Laguna de Términos son característicos los "campos" con *Crescentia cujete,* en los cuales a manera de islas se presentan matorrales de *Bravaisia tubiflora* y *Conocarpus erecta,* que se interpretan como indicadores de cierta salinidad del suelo.

West (1966) señala en su mapa las extensiones de las sabanas en Tabasco, proporciona una somera descripción de las mismas y opina que se trata de comunidades secundarias, de origen antropógeno.

Las sabanas de la región de Huimanguillo, Tabasco, fueron objeto de estudio de Puig (1972b). Se trata de zacatales que se desarrollan sobre suelos de drenaje deficiente, que pueden clasificarse como ferralíticos tropicales. Son de aproximadamente 2 m de espesor, con horizonte superficial oscuro, otro, rojizo amarillento, rico en sesquióxidos de hierro y otro más, moteado, debido al mal drenaje, que es originado por una capa de arcilla. Se distinguen en la zona dos tipos de zacatales: la sabana herbácea y la sabana arbolada, que se diferencian principalmente entre sí por la ausencia o presencia del estrato arbóreo, en el cual destacan *Byrsonima* y *Curatella* y al que acompañan también arbustos de los géneros *Clidemia, Conostegia, Miconia, Mimosa, Waltheria* y algunos otros. Las gramíneas dominantes varían de un lugar a otro; entre éstas pueden mencionarse *Andropogon bicornis, Digitaria leucites, Imperata* sp., *Orthoclada laxa, Paspalum plicatulum* y *P. pectinatum.* Las Cyperaceae en general son abundantes, así como las Leguminosae y otras plantas herbáceas. Puig concluye que estas sabanas son de origen antropógeno y cree que las diferencias entre ambos tipos se deben a la frecuencia de incedios, pues mientras las "herbosas" son sujetas a la acción del fuego todos los años, las "arboladas" se queman a intervalos de tiempo mayores. Las dos comunidades forman un mosaico y existen también muchas fases intermedias; además entran en la mezcla de comunidades el palmar de *Paurotis wrightii* ("tasistal"), el encinar de *Quercus oleoides,* la "selva en galería" y el bosque tropical perennifolio.

León y Gómez-Pompa (1970: 27-31) describen dos enclaves de sabana en el extremo sureste de Veracruz, con *Paspalum pectinatum* como especie dominante y *Byrsonima, Curatella* y *Psidium* como principales elementos leñosos. Las Cyperaceae están representadas por los géneros *Bulbostylis, Dichromena, Eleocharis, Fuirena, Kyllinga* y *Rhynchospora.*

De la región de los Tuxtlas, en Veracruz, Sousa (1968: 146) da a conocer la existencia de la sabana entre 0 y 150 m de altitud, con *Curatella, Byrsonima* y *Coccoloba barbadensis* como elementos arbóreos.

De la Cuenca intermedia del Río Papaloapan (zona de Loma Bonita, Oaxaca y de Isla, Veracruz, según Sarukhán, 1968b: 43) Gómez-Pompa et al. (1964a: 52) refieren la presencia de sabanas con *Crescentia, Byrsonima, Curatella, Coccoloba* y *Acacia* como plantas leñosas, que cubren pequeñas áreas aisladas. Cabe agregar que Miranda y Hernández X. (1963: 42) indican que sobre suelos "sabaneros" entre Santiago Tuxtla e Isla, Veracruz, se cultiva la piña.

De Chiapas describe Miranda, (1952, I: 116-123) varios tipos de sabana. En las llanuras de la parte boreal del Estado la comunidad es bastante típica y se encuentra en relación con los "tintales" de *Haematoxylon campechianum* y también con los encinares de *Quercus oleoides.* En la Depresión Central de Chiapas la mayor parte de las sabanas reviste probablemente origen secundario, pues se observan en ellas manchones de bosque tropical subcaducifolio que resisten la acción del fuego. Además de agrupaciones con *Byrsonima,* son frecuentes ahí, así como en algunas partes de la Planicie Costera del Pacífico, los "matorrales" de *Mimosa tenuifolia,* de origen claramente secundario. De la misma Planicie Costera se citan asimismo zacatales con *Enterolobium* y *Ceiba,* que tampoco deben considerarse como vegetación clímax.

En la franja litoral del sur de Oaxaca y del sureste de Guerrero pueden observarse extensas superficies cubiertas por un pastizal con *Byrsonima* y *Curatella,* semejante en su fisonomía a la sabana, pero que se desarrolla sobre laderas de cerros con inclinación variable, a veces bastante pronunciada y con suelos que no tienen indicios de drenaje lento (Fig. 247). Se desconoce el determinismo ecológico de esta "vegetación sabanoide" y si bien con frecuencia se notan señales de incendios, éstos no se han observado en todos los sitios visitados. Los zacatales en cuestión a menudo están ligados con rocas metamórficas como substrato geológico.

Figura 247. Vegetación sabanoide con Curatella americana *("raspaviejo") y* Byrsonima crassifolia *("nanche"), cerca de Marquelia, Guerrero.*

Comunidades vegetales análogas se describen también de Sinaloa (Gentry, 1946b: 362), así como de Nayarit, Jalisco y Colima (Rzedowski y MacVaugh, 1966: 42-43), formando una franja estrecha, no del todo continua, a lo largo de la costa pacífica desde Sinaloa hasta el Istmo de Tehuantepec. Como elementos leñosos se citan de Jalisco y Nayarit los géneros *Byrsonima, Clethra, Conostegia, Curatella, Dodonaea, Miconia, Quercus, Vitex* y entre las gramíneas cabe mencionar: *Aristida, Bouteloua, Cathestecum, Ctenium, Diectomis, Eragrostis, Hilaria, Heteropogon, Lasiacis, Muhlenbergia, Oplismenus, Panicum, Paspalum, Pennisetum, Soderstromia* y *Trachypogon.* Al igual que en la vertiente atlántica, estas comunidades a menudo forman mosaicos con encinares de clima caliente.

Es importante hacer notar que en algunas partes de México *Byrsonima, Curatelia* y *Crescentia* llegan a constituir agrupaciones bastante densas de tipo boscoso. Para su discusión véase el capítulo 21 (páginas 355-356).

En las regiones de clima árido y semiárido los terrenos sin desagüe o con desagüe lento, generalmente son también salinos. Cuando no tienen concentración excesiva de sales solubles, a menudo sostienen una cubierta de zacatal. Agrupaciones de este tipo se describen por Gentry (1957: 64-70) de Durango y por Rzedowski (1966: 173) de San Luis Potosí. Constituyen típicamente un zacatal medianamente alto y amacollado de *Sporobolus wrightii,* a veces con *Bouteloua simplex, Paspalum distichum, Panicum obtusum* y *Muhlenbergia repens.* En otras ocasiones pueden presentar una carpeta muy baja de *Buchloë dactyloides,* acompañada de *Phyla incisa* y de otras dicotiledóneas.

Los extensos pastizales de *Hilaria mutica* de Chihuahua y Coahuila ya mencionados, aparentemente no están restringidos a suelos salinos, sino que también prosperan en otros caracterizados solamente por drenaje más o menos deficiente y textura fina. En general admiten poca competencia de otras gramíneas y entre las acompañantes frecuentes Shreve (1942b: 198) menciona las siguientes: *Florestina tripteris, Viguiera phenax y Xanthocephalum gymnospermoldes.*

De las zonas montañosas elevadas del Valle de México, Cruz (1969: 133-135) describe la "pradera de *Potentilla candicans*". como comunidad característica de claros en medio de bosques de coníferas, ubicados entre 3 000 y 3 500 m de altitud, en sitios en que el suelo carece de drenaje rápido, siendo de reacción ligeramente ácida, textura intermedia o ligeramente arenosa y rico en materia orgánica (Fig. 321). Durante la primera mitad del año la dominante de esta asociación es *P. candicans,* pero en el periodo lluvioso son las gramíneas y ciperáceas las que prevalecen ampliamente, proporcionándole el aspecto de zacatal denso y bajo. Las especies más importantes de estas últimas son: *Muhlenbergia repens, M. pusilla, Festuca myuros, Deschampsia pringlei, Cyperus seslerioides, Carex peucophila,* siendo importante la biomasa constituida por las anuales.

Otro grupo de zacatales, cuya existencia parece estar determinada por ciertas características del suelo, es el que se puede observar en algunas áreas afectadas por vulcanismo relativamente reciente. Nada se ha estudiado todavía sobre este aspecto en México, pero al menos en ciertas zonas de los Estados de Michoacán, Jalisco y Nayarit llaman la atención las laderas de cerros desprovistas de vegetación leñosa en una región climática en que el clímax corresponde indudablemente al bosque. Es posible que no se trate sino de comunidades secundarias, pero ciertas regularidades en su distribución permiten suponer que al menos algunos de estos pastizales deben su presencia a propiedades especiales del suelo. Cerca de Tepic, Nayarit, se observan los siguientes géneros de gramíneas en un zacatal alto, ubicado a unos 1 000 m de altitud: *Andropogon, Bouteloua, Heteropogon, Muhlenbergia, Paspalum, Sorghastrum, Trachypogon* y *Tristachya.*

Los zacatales antropógenos son de muy diversos tipos y aunque cabe observar que no hay pastizales que pudieran considerarse como totalmente libres de alguna influencia humana, el grado de ingerencia del hombre es muy variable y con frecuencia difícil de estimar. En muchos casos concretos las opiniones de los especialistas difieren diametralmente y es necesario recurrir a la experimentación prolongada para tratar de establecer la verdad.

Aun haciendo abstracción de los pastizales artificiales, o sea los sembrados intencionalmente, pueden reconocerse muchas áreas cubiertas por el zacatal, que sin duda alguna sostenían otro tipo de vegetación antes de la intervención del hombre y de sus animales domésticos. A pesar de su interés práctico, tales zacatales casi no se han estudiado todavía en México y lo expuesto en las siguientes líneas provienen principalmente de observaciones realizadas por el autor.

Como ya se señaló con anterioridad, los pastizales antropógenos algunas veces corresponden a una fase de la sucesión normal de comunidades vegetales, cuyo clímax es por lo común un bosque o un matorral. A consecuencia del pastoreo intenso o de los fuegos periódicos, o bien de ambos factores juntos, se detiene a menudo el proceso de la sucesión y el zacatal permanece como tal mientras perdura la actividad humana que lo mantiene.

Otras veces el pastizal antropógeno no forma parte de ninguna serie normal de sucesión de comunidades, pero se establece y perdura por efecto de un intenso y prolongado disturbio, ejercido a través de tala, incendios, pastoreo y muchas veces con ayuda de algún factor del medio natural, como, por ejemplo, la tendencia a producirse cambios en el suelo que favorecen el mantenimiento del zacatal.

Entre los que pueden agruparse en la primera categoría cabe incluir los pastizales que prosperan una vez destruidos los bosques de *Pinus* y de *Quercus,* característicos en general de las zonas montañosas de México. En altitudes superiores a 2 800 m las comunidades secundarias frecuentemente son similares al zacatonal alpino, formado por gramíneas altas que crecen en extensas macollas, lo que le proporciona una fisonomía notable (Fig. 248). Los géneros *Festuca, Muhlenbergia, Stipa y Calamagrostis* son los más típicos de estos zacatonales que, además de su interés ganadero, son aprovechados también a través de la "raíz de zacatón", materia prima para

Figura 248. Zacatonal subalpino, parcialmente quemado, de Festuca amplissima *y* Muhlenbergia macroura, *cerca de El Guarda, Distrito Federal.*

la elaboración de escobas que proporcionan las partes subterráneas de *Muhlenbergia macroura.*

Por debajo de 3 000 m de altitud los zacatales secundarios derivados de los bosques de *Quercus* y *Pinus* son mucho más variados y en general no presentan la fisonomía de macollas muy amplias. Muchas veces son análogos en su aspecto a los pastizales clímax de las regiones semiáridas, pudiendo variar de bajos a bastante altos, a menudo en función del clima. Entre los géneros a que pertenecen las gramíneas dominantes pueden citarse: *Andropogon, Aristida, Bouteloua, Bromus, Deschampsia, Hilaria, Muhlenbergia, Stipa, Trachypogon* y *Trisetum.*

Menos frecuentes o quizá fáciles de identificar parecen ser los zacatales originados a expensas de matorrales xerófilos y aun de otros pastizales. Del Valle de México, Rzedowski et al. (1964: 51) y Cruz (1969: 62-76, 185) describen comunidades de este tipo, que en general son bajas y muchas veces abiertas; a menudo incluyen un gran número de gramíneas anuales. Los géneros *Buchloë, Erioneuron, Aristida, Lycurus* y *Bouteloua* incluyen con frecuencia las especies dominantes (Fig. 249).

Entre los pastizales antropógenos del segundo grupo destacan muchos de los que se

Figura 249. Pastizal secundario de Buchloë, Lycurus, Aristida *y* Erioneuron, *con* Schinus molle *("pirul") y* Opuntia streptacantha *("nopal cardón"), cerca de Tepexpan, México.*

observan en medio del bosque tropical caducifolio, sobre todo en la vertiente pacífica, donde aparentemente prosperan como consecuencia de un disturbio muy acentuado. Casi siempre se ven en las cercanías de los poblados y se encuentran tan intensamente pastoreados que durante la mayor parte del año la cubierta vegetal herbácea no pasa de una altura media de 5 cm. No son sometidos a fuegos frecuentes y la acción del pisoteo parece ser uno de los factores más importantes de su existencia. El largo periodo de sequía hace que tengan un color amarillo pajizo durante más de 6 meses. Las dominantes más comunes pertenecen aquí a los géneros: *Bouteloua, Cathestecum, Hilaria, Trachypogon* y *Aristida.* También son abundantes algunas leguminosas (Fig. 250).

Figura 250. Pastizal de Bouteloua, Cathestecum *y* Trachypogon, *cerca de Iguala, Guerrero.*

Otra comunidad de origen análogo es el zacatal que prospera principalmente del lado del Golfo de México en zonas húmedas, en que la vegetación clímax corresponde al bosque mesófilo de montaña, casi siempre sobre laderas muy empinadas de las sierras. A diferencia del pastizal anterior, éste permanece verde durante todo el año, pero de igual manera se mantiene bastante bajo. En general cubre densamente el suelo, pero por lo común da la impresión de estar sobrepastoreado. Las gramíneas más comunes pertenecen aquí a los géneros *Axonopus, Digitaria* y *Paspalum* (Fig. 251).

Figura 251. Pastizal de Paspalum *y* Axonopus, *cerca de Lolotla, Hidalgo.*

Miranda (1958: 255) menciona la existencia de pastizales de origen análogo en medio del bosque tropical perennifolio de la parte meridional de la Península de Yucatán. Miranda y Hernández X. (1963: 49) parecen referirse al mismo tipo de comunidad al hablar del pastizal de gramas amargas (*Paspalum conjugatum* y *P. notatum*) de la parte húmeda de las llanuras costeras.

Es probable que muchas de las comunidades que se describieron o mencionaron en la parte correspondiente a las "sabanas" (págs.

227-232) sean también de la misma categoría, pues su existencia se debe al constante impacto de las actividades humanas.

Por último, es importante insistir una vez más en que muchos pastizales, en su origen primario, no precisamente antropógenos, parecen haber ampliado su área gracias al hombre. Tal fenómeno pudo haber sucedido principalmente en regiones en que los factores del ambiente físico (clima, suelo, roca madre, etc.) favorecieron este cambio de la vegetación.

Así, por ejemplo, sólo una ligera influencia humana pudo haber sido suficiente para desplazar el límite entre el zacatal y el bosque en favor del primero en aquellos sitios en que el gradiente climático es muy paulatino y el equilibrio entre ambos tipos de vegetación es inestable.

El caso de muchas sabanas es también parecido, pero aquí es indudablemente la condición frecuente de topografía plana, la que hace que el equilibrio entre el pastizal y el bosque sea fácil de alterar, lo que aprovecha el hombre para ampliar el área del primero.

16. Matorral xerófilo

La cubierta vegetal de las regiones de clima árido y semiárido de México es tan variada, desde el punto de vista fisonómico, que diversos autores (por ejemplo, Muller, 1947; Shreve, 1951; Rzedowski, 1957b, 1966; Miranda y Hernández X., 1963; etc.) reconocieron y denominaron para esta parte del país una serie de tipos de vegetación caracterizados por su aspecto sobresaliente.

Sin embargo, al enfocar, el problema a nivel nacional y tomando en cuenta frecuentes discordancias entre las unidades distinguidas por los autores mencionados y, sobre todo, el conocimiento aún defectuoso de muchas porciones del país, resulta más recomendable en esta síntesis reunir todas las comunidades de porte arbustivo, propias de las zonas áridas y semiáridas bajo el rubro colectivo de matorral xerófilo.

Tal decisión está apoyada también en las afinidades de tipo ecológico y florístico que presentan entre sí las diferentes comunidades que prosperan en las zonas áridas y en la circunstancia de que de esta manera jerarquizada la vegetación xerófila encuadra de manera más armónica en el sistema de tipos de vegetación que se adopta en el presente trabajo de conjunto.

Así delimitado, el matorral xerófilo es comparable con la categoría de "desert" del trabajo de Leopold (1950), pero es todavía más amplio, pues abarca además la de "chaparral" así como una parte de las comunidades vegetales que el mencionado autor incluía en su "mesquite-grassland" y también en su "arid tropical scrub". Ocupa aproximadamente 40% de la superficie del país y por consiguiente es el más vasto de todos los tipos de vegetación de México.

Diversos autores han abordado el estudio de la cubierta vegetal de las zonas áridas y semiáridas de la República, pero indudablemente es Shreve el que más ha contribuido a su conocimiento. La obra de este autor culminó con la publicación de la monografía sobre el "Desierto Sonorense" (1951).

El matorral xerófilo cubre la mayor parte del territorio de la Península de Baja California, así como grandes extensiones de la Planicie Costera y de montañas bajas de Sonora. Es característico asimismo de muy amplias áreas de la Altiplanicie, desde Chihuahua (Fig. 252) y Coahuila hasta Jalisco, Guanajuato, Hidalgo y el Estado de México, prolongándose aún más al sur en forma de faja estrecha a través de Puebla hasta Oaxaca. Además, constituye la vegetación de una parte de la Planicie Costera Nororiental, desde el este de Coahuila hasta el centro de Tamaulipas, penetrando hacia muchos parajes de la Sierra Madre Oriental.

El clima varía ampliamente, desde muy caluroso en las planicies costeras a relativamente fresco en las partes más altas del Altiplano, donde el matorral sube a veces hasta 3 000 m de altitud y, sobre todo, en su extremo septentrional, donde se presentan inviernos bastante rigurosos. La temperatura media anual varía de 12 a 26° C. En general el clima es extremoso, en particular durante el día (promedio anual de oscilación diurna hasta de 20° C), aunque este carácter puede resultar localmente atenuado, como, por ejemplo, en la franja costera occidental de Baja California. La insolación suele ser muy intensa, la humedad atmosférica en general baja y en consecuencia la evaporación y la transpiración alcanzan valores altos. Los

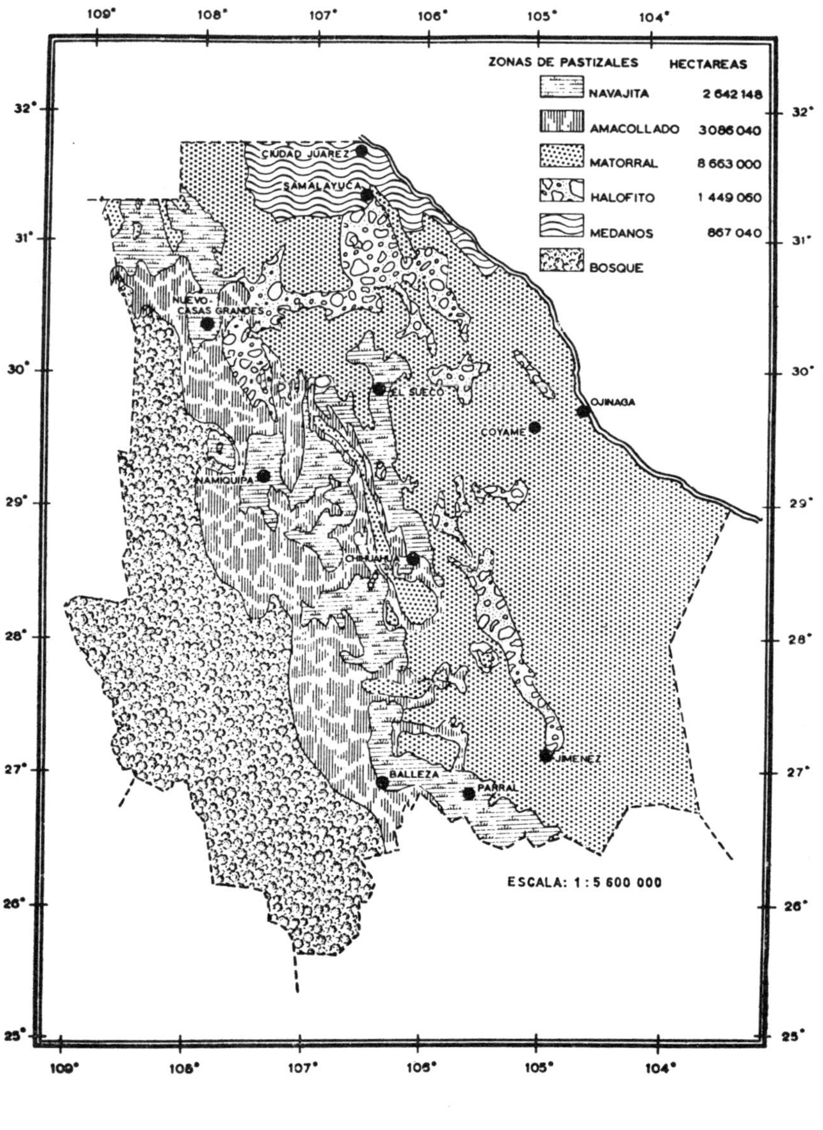

Figura 252. Zonas de vegetación del Estado de Chihuahua, según Hernández X. y González (1959).

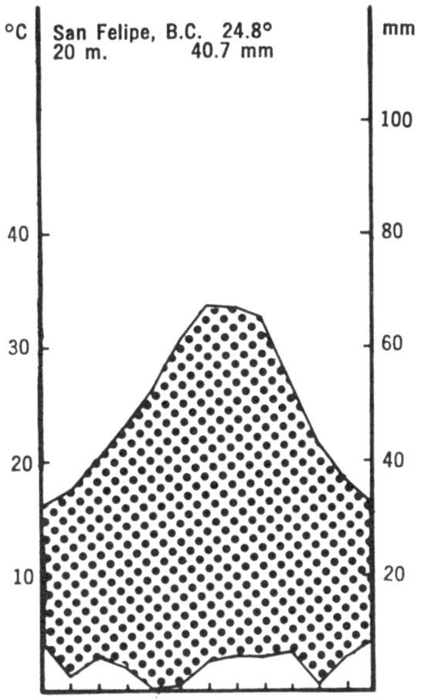

Figura 253. Diagrama ombrotérmico de San Felipe, Baja California.

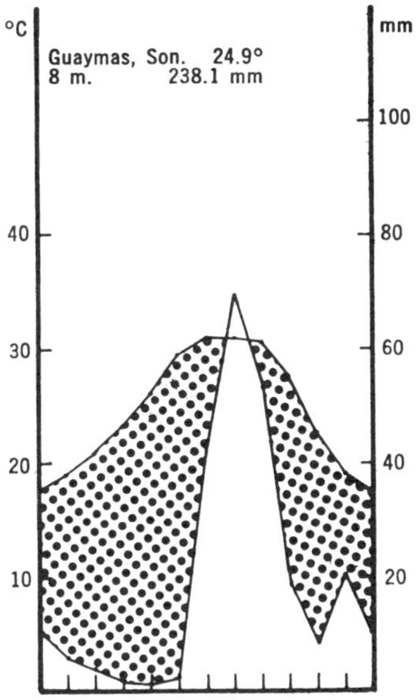

Figura 254. Diagrama ombrotérmico de Guaymas, Sonora.

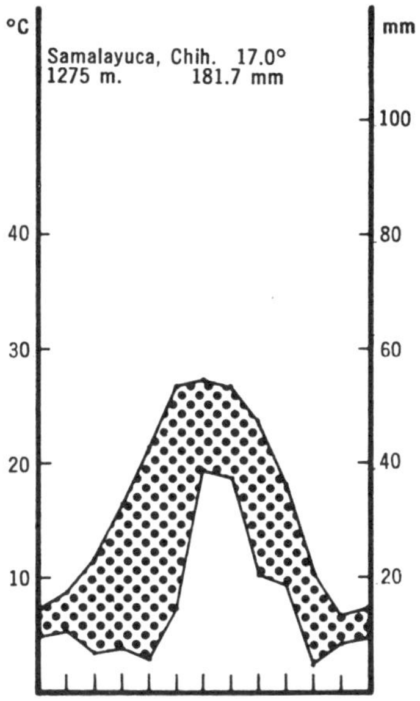

Figura 255. Diagrama ombrotérmico de Samalayuca, Chihuahua.

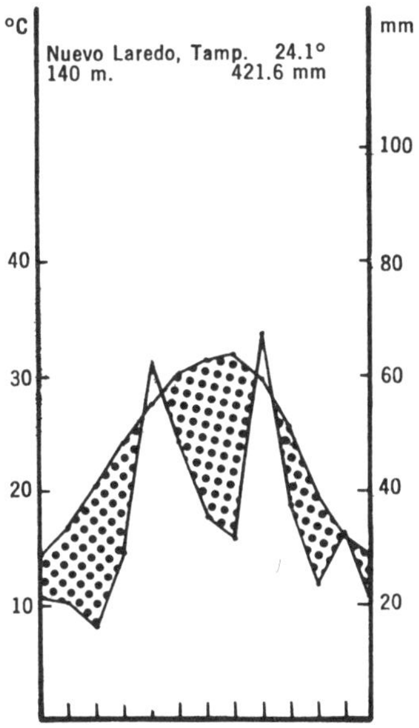

Figura 256. Diagrama ombrotérmico de Nuevo Laredo, Tamaulipas.

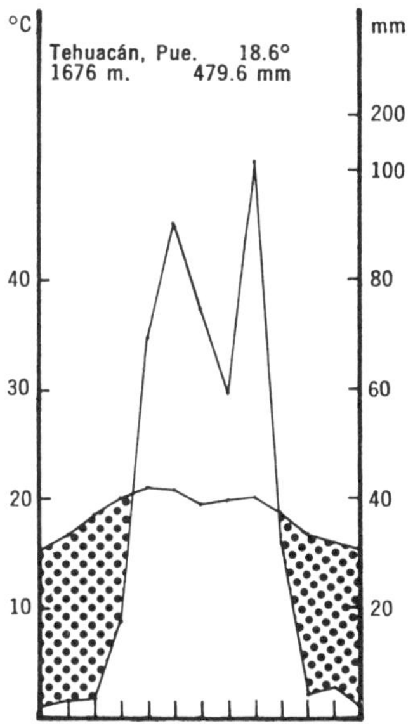

Figura 257. Diagrama ombrotérmico de Tehuacán, Puebla.

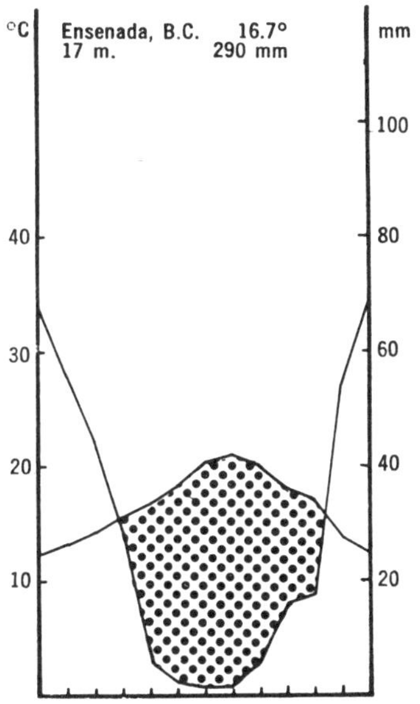

Figura 258. Diagrama ombrotérmico de Ensenada, Baja California.

vientos fuertes por lo común no son frecuentes, pero en los primeros meses del año pueden provocar tempestades serias por la cantidad de partículas de suelo que levantan y que llevan en suspensión.

La precipitación media anual es en general inferior a 700 mm y en amplias extensiones está comprendida entre 100 y 400 mm. En el extremo noroeste de Sonora y en grandes superficies de Baja California es inferior a 100 mm y la parte más árida de México corresponde a una franja situada a lo largo de la parte boreal del Golfo de California, donde llueve menos de 50 mm en promedio anual. La lluvia, además de escasa, suele ser irregular, con fuertes diferencias de un año a otro. Calculado en promedio, el número de meses secos generalmente varía de 7 a 12 por año, pero de hecho no es raro que pasen hasta 18 meses sin lluvia apreciable, y en las zonas más secas pueden sucederse varios años sin precipitaciones de importancia. En la mayor parte de la superficie de México ocupada por matorrales xerófilos el régimen de lluvia es estival (Figs. 253, 254, 255, 256, 257), pero en una porción importante del norte y del centro de la Península de Baja California llueve en la época más fría del año (Fig. 258) y existe una franja de transición con precipitación distribuida a lo largo de todo el año.

En la clasificación de Koeppen (1948) estos climas corresponden a los tipos generales BW y BS con sus numerosas variantes, de las cuales quizá sólo faltan en México las de tipo frío.

Los matorrales xerófilos se pueden observar prácticamente en todo tipo de condiciones topográficas y no hacen mayor discriminación en lo relativo al substrato geológico, aunque estos factores, al igual que el tipo de suelo, con frecuencia influyen en forma notable en la fisonomía y en la composición florística de las comunidades. Los tipos de suelo en general adversos para el desarrollo del matorral xerófilo son los de drenaje deficiente, así como los francamente salinos, alcalinos y yesosos.

La coloración del suelo es frecuentemente pálida, grisácea, aunque también los hay rojizos y de color castaño. El pH varía por lo común de 6 a 8.5, el contenido de materia orgánica suele ser bajo, en cambio los nutrientes en general se hallan en abundancia y el calcio casi siempre en muy grandes cantidades.

Las texturas son muy variables, siendo notable el hecho de que los suelos arenosos en las zonas áridas son con frecuencia más favorables para las plantas que los pesados, debido al parecer, a que por su porosidad facilitan una rápida infiltración del agua y reducen el escurrimiento. Aparentemente gracias a la misma acción, las tierras pedregosas permiten a menudo el desarrollo de una vegetación más exuberante que las formadas por partículas finas. Así, no es raro observar que laderas rocosas con suelo somero y discontinuo sostienen una biomasa mucho mayor que la de terrenos aluviales profundos vecinos.

En el perfil del suelo se encuentra muchas veces un horizonte de concreciones de carbonato de calcio más o menos continuo, llamado localmente "caliche". Este horizonte falta cuando la roca madre es pobre en calcio. Uno de los factores que influyen de manera decisiva en la pedogénesis de los suelos de regiones de clima árido es la falta casi absoluta de hojarasca en la superficie de los mismos. Indudablemente la escasez de materia orgánica en el suelo deriva, al menos en parte, de esta condición.

Los matorrales xerófilos, considerados en conjunto, son quizá de las comunidades menos afectadas por las actividades del hombre, consecuencia lógica de las condiciones climáticas imperantes que por lo general no son favorables ni al desarrollo de la agricultura, ni al de una ganadería intensiva y el aprovechamiento de las plantas silvestres es asimismo limitado. La densidad de la población humana se mantiene en general baja y algunas regiones se encuentran casi completamente despobladas. Muy notables excepciones a este respecto constituyen las áreas de regadío, donde florece comúnmente una agricultura tecnificada y no queda huella alguna de vegetación natural. La agricultura sin ayuda de riego se practica a menudo en zonas de aridez menos acentuada, próximas a los límites con otros tipos de vegetación. El algodón, el trigo y la soya son los cultivos más característicos de los terrenos irrigados, mientras que el maíz, la cebada y el sorgo son las plantas preferidas para tierras de temporal. En algunas porciones de los Estados de Hidalgo, Tlaxcala y México existen plantaciones de maguey pulquero (*Agave atrovirens* y *A. salmiana*) (Fig. 259) que cubren grandes superficies de terrenos cerriles y también de suelo profundo. El cultivo de nopal para tuna (*Opuntia (Platyopuntia*) spp.) va ganando cada vez mayor cantidad de adeptos en algunas áreas del centro del país.

La utilización más frecuente de los matorrales xerófilos es la que se practica a través de la ganadería, siendo las cabras los animales más comunes en estos ambientes, aunque en muchas partes también se pastorean reses, caballos, burros y borregos. Las cabras parecen estar particularmente bien adaptadas para alimentarse a base de arbustos, incluyendo los espinosos y exigen pocas cantidades de agua para vivir.

El efecto más notable que sobre la vegetación xerófila produce el pastoreo es la substitución paulatina de las plantas apetecibles para el ganado por otras que éste no toca, efecto que se acentúa con el uso intenso e irracional. Debido a ello, grandes extensiones de la Altiplanicie se encuentran muy sobrepastoreadas, mientras que otras áreas, principalmente las poco pobladas, permanecen sin aprovechamiento alguno.

*Figura 259. Plantío de maguey pulquero (*Agave salmiana*), cerca de Otumba, México.*

La falta de recursos hace que el hombre que habita las regiones áridas se empeñe más en obtener provecho de la vegetación natural que el que vive en áreas con suficiente agua. De esta manera un gran número de plantas silvestres se utilizan para fines de construcción, como cercas vivas, como combustible, como textiles, medicinales y aun como alimenticias, sobre todo en épocas de escasez. Los efectos de su empleo a menudo son muy notables en los alrededores de los poblados, pero pocas veces a mayor distancia. Unas cuantas especies, en cambio, son (o han sido) objeto de explotación intensiva con fines de comercio e industrialización en escala más o menos importante.

Entre éstas cuenta en primer lugar la "candelilla" (*Euphorbia antisyphilitica*) (Fig. 103), de cuyos tallos se obtiene cera de buena calidad, y que se explota principalmente en Coahuila y en algunas áreas adyacentes. Las fibras duras o "ixtle" para la fabricación de cordones, costales, bolsas y otros productos se obtienen principalmente de las hojas tiernas de la "lechuguilla" (*Agave lecheguilla*) (Fig. 123) y de la "palma samandoca" o "palma loca" (*Yucca carnero-*

sana) (Fig. 126), distribuidas de San Luis Potosí a Coahuila y Chihuahua. Distribución aproximadamente análoga tiene el "guayule" (*Parthenium argentatum*), arbusto con alto contenido de hule, que se explotó para este fin durante la segunda guerra mundial. En Sonora y Baja California se están aprovechando las semillas de la "jojoba" (*Simmondsia chinensis*) (Fig. 262) que contienen una cera líquida, de interés industrial. La "orchilla" (*Rocella* spp.), liquen epifítico, frecuente en la costa occidental de Baja California, fue intensamente explotado en el siglo pasado, como materia prima para la industria de los colorantes. Diferentes especies de "maguey" (*Agave* spp.) y de "sotol" (*Dasylirion* spp.) se usan para la elaboración de bebidas alcohólicas destiladas del tipo del mezcal.

La explotación de algunas de estas especies es muy intensa y en los casos de la candelilla y del guayule, en los que se destruye la planta para poder aprovecharla en forma económica, se ha llegado a su virtual exterminio en amplias zonas. La lechuguilla y la palma samandonca sobreviven al corte de sus hojas, pero las poblaciones explotadas casi no se reproducen sexualmente, lo que a la larga quizá podrá acarrear efectos negativos para la capacidad de sobrevivencia de estas plantas.

Figura 260. Matorral de Larrea tridentata *("gobernadora"), cerca de El Huizache, San Luis Potosí.*

Como ya se mencionó en el capítulo 8 (pp. 112-114), la flora xerófila de México se caracteriza por un número considerable de formas biológicas que constituyen aparentemente otros tantos modos de adaptación del mundo vegetal para afrontar la aridez. Son particularmente notables los diferentes tipos de plantas suculentas, los de hojas arrosetadas o concentradas hacia los extremos de los tallos, los de plantas áfilas, los tipos gregarios o coloniales, los provistos de tomento blanco, etc. La microfilia y la presencia de espinas son caracteres comunes, al igual que la pérdida de las hojas durante la época desfavorable. Sin embargo, cabe destacar la existencia en las regiones áridas de numerosas especies que carecen de adaptaciones morfológicas muy conspicuas en relación con la sequía. Tal es el caso, por ejemplo, de *Larrea tridentata* ("gobernadora") (Fig. 99), la xerófita que puede vivir en las condiciones de aridez más extremas que se presentan en México, sin ser suculenta, ni presentar espinas, ni tomento y siendo además perennifolia. Muchas plantas anuales y aun herbáceas perennes forman parte de la vegetación de las zonas áridas, pero a menudo pasan varios años sin que pueda uno darse cuenta de su presencia, pues sólo se hacen aparentes cuando el suelo recibe suficiente humedad.

Desde el punto de vista de su composición florística los matorrales xerófilos son variados. La familia Compositae está por lo general muy bien representada, llegando en ocasiones a constituir cerca de la cuarta parte de la flora (Rzedowski, 1972b) y especies de *Ambrosia, Artemisia, Encelia, Eupatorium, Flourensia, Gochnatia, Viguiera, Zaluzania* y *Zinnia* juegan muchas veces el papel de dominantes o codominantes. Las Leguminosae y Gramineae también son familias cuantitativamente importantes, las primeras, sobre

Figura 261. Matorral con Fouquieria peninsularis *("palo de Adán"),* Bursera *spp. ("torote"),* Jatropha cinerea *("lomboy") y* Pachycereus pringlei *("cardón"), cerca de La Paz, Baja California Sur.*

Figura 262. Matorral con Fouquieria *("palo de Adán"),* Ambrosia *("estafiate"),* Pachycereus *("cardón"),* Lophocereus *("garambullo"),* Opuntia *("cholla"),* Agave ("maguey"), cerca de Calmallí, Baja California; en el centro *Simmondsia chinensis* ("jojoba").

todo en climas más calurosos, mientras que las segundas son por lo general más numerosas en los más frescos. Las Cactaceae encuentran en estos matorrales su nicho ecológico preferido y están representadas por una gran diversidad de taxa, mientras que las Chenopodiaceae son particularmente abundantes en donde prevalecen suelos algo salinos. Es interesante observar también una amplia participación de monocotiledóneas de familias diversas; así, por ejemplo, algunas especies de *Agave, Hechtia* y *Yucca* pueden ser dominantes o codominantes en este tipo de vegetación.

La flora de los matorrales xerófilos de México es rica en endemismos tanto a nivel específico como genérico, y por consiguiente se halla muy bien individualizada como tal. Difiere drásticamente de la flora de las zonas de clima árido de la Gran Cuenca de Estados Unidos de América; muestra, en cambio, ciertas afinidades con la de algunas partes secas de Sudamérica, sobre todo con la de la región preandina conocida como "monte" de Argentina. A nivel local existe suficiente grado de similitud entre las floras de las diferentes zonas áridas de México para postular a grandes rasgos un origen común de todas ellas; sin embargo, se presentan diferencias significativas entre la región árida sonorense y la chihuahuense; por su parte la de Baja California se encuentra bien caracterizada, al igual que la del Valle de Tehuacán y de Cuicatlán, de Puebla y Oaxaca (Rzedowski, 1973).

En lo que a la fisonomía y estructura concierne, también existe una gran diversidad en este tipo de vegetación. Ello se debe por un lado a la notable variedad de formas biológicas que ofrecen las especies participantes y por otro al hecho de que las comunidades en cuestión pueden ser en ocasiones muy sencillas en su organización, pero otras veces revisten un notable grado de complejidad. Así, por ejemplo, algunos matorrales de *Larrea tridentata* (Fig. 260) o de *Prosopis laevigata* constan casi exclusivamente de una sola especie leñosa, todas las plantas arbustivas tienen altura parecida y las distancias entre los individuos son también más o menos iguales. En contraste, existen comunidades en que pueden distinguirse 4 o 5 estratos, con la dominancia repartida entre varias especies, con participación de plantas rastreras, trepadoras e incluso epifitas, estando representados numerosos tipos de organismos y formas biológicas y con claras interdependencias entre unas especies y otras, de manera que muchas plantas no están uniformemente repartidas, sino que tienden al gregarismo (Figs. 261, 262). Así, por ejemplo, ciertas especies herbáceas sólo se encuentran en la inmediata vecindad de los arbustos, de los cuales obtienen protección contra los predadores y contra la transpiración excesiva, mientras que otras, por el contrario, sólo prosperan alejadas de los arbustos.

La cobertura de plantas leñosas puede ser muy baja en condiciones extremas, a veces es sólo de 5% o aún menos, mientras que en otros casos llega a ser casi de 100%, aunque lo común es que sea menor de 50% y que el suelo entre los arbustos se encuentre desnudo durante la mayor parte del año. Sin embargo, también existen comunidades con una carpeta más o menos continua de gramíneas u otras plantas herbáceas, que persiste durante toda la temporada seca. La altura de los matorrales xerófilos suele variar de 15 cm a 4 m y a veces hay eminencias aisladas que llegan hasta 10 m de alto, como es el caso de algunas cactáceas gigantescas, de algunas especies de *Yucca* y de otras plantas de porte más o menos arborescente.

La presencia y abundancia de epifitas está en general ligada a condiciones más favorables de humedad atmosférica y los casos más notables son los arbustos que crecen en la zona de influencia del mar en el litoral occidental de Baja California, cuyas ramas a menudo están literalmente cubiertas por líquenes de los géneros *Rocella* y *Ramalina* (Fig. 154). Otros líquenes relativamente frecuentes en zonas áridas y que destacan por su coloración anaranjada son algunas especies de *Teloschistes*, que prosperan sobre ramas de arbustos diversos. *Tillandsia recurvata* es la única fanerógama de hábitos epifíticos que suele ser abundante en regiones de clima seco de México; puede prosperar sobre cactáceas y sobre muchas otras plantas leñosas.

Especies del género *Phoradendron* parasitan las ramas de algunos arbustos y arbolitos, y aunque a veces pueden abundar localmente, su presencia es en general esporádica y sólo aumenta hacia los límites con áreas menos secas. *Cuscuta* y *Pilostyles* son más raros aún, en cambio *Orobanche* puede encontrarse con cierta frecuencia sobre raíces de plantas diversas.

Existen varias especies de *Selaginella* (Fig. 135), así como de helechos de los géneros *Notholaena* (Fig. 136), *Cheilanthes* y *Pellaea* en lugares moderadamente áridos, principalmente sobre laderas rocosas y pedregosas. Las briofitas son en general muy escasas, al igual que los hongos, entre los cuales, de acuerdo con Guzmán (com. pers.), existen representantes de los géneros: *Battarea, Battareoides, Calvatia, Tulostoma, Chlamydopus, Gyrophragmium, Endoptychum, Montagnea, Podaxis, Phellorina, Geastrum.* Algunas cianofitas, principalmente del género *Nostoc* y ciertos líquenes, como *Lecidia* y *Acarospora,* en algunos sitios pueden cubrir grandes extensiones de suelo después de una intensa lluvia. Otros líquenes, como, por ejemplo, especies de *Parmelia* y *Psora,* prefieren habitats rupícolas.

El aspecto de los matorrales xerófilos durante la época desfavorable del año varía mucho de una comunidad a otra. Las que están exclusivamente constituidas por elementos de hoja decidua ofrecen una apariencia gris-negruzca muy desolada durante el periodo de sequía, pero cuando entran en su composición cactáceas grandes u otros elementos perennifolios, como *Yucca, Agave, Dasylirion, Gochnatia,* etc., su verdor influye notablemente en el semblante de la comunidad, que aparece mucho más alegre. Los matorrales de *Larrea* son esencialmente siempre verdes, aunque el color del follaje del arbusto dominante se torna amarillento-café e incluso llega a perderse parcialmente si la sequía es muy acentuada y persistente. Los matorrales en que interviene *Prosopis* y algunas otras leguminosas de comportamiento fenológico similar, mantienen su verdor durante casi todo el tiempo, incluso el lapso más desfavorable, pues estas plantas pierden su hoja sólo por un periodo de varias semanas a principios del año. Algunas especies de *Fouquieria,* en cambio, se pueden cubrir de hojas en cualquier temporada después de lluvias moderadamente intensas, pero se desprenden del follaje tan pronto el suelo se torna seco.

Las hojas de los arbustos xerófilos, sobre todo de los perennifolios, son a menudo más o menos rígidas; son comunes las compuestas o muy divididas y el tamaño más frecuente del foliolo, del segmento de último orden o de la hoja simple varía entre leptofilia y nanofilia de la clasificación de Raunkiaer (1934). Las especies de *Agave, Yucca, Hechtia,* etc., cuyos órganos foliares son mucho más grandes constituyen muy llamativas excepciones a este respecto. La presencia de espinas es un carácter bastante generalizado y éstas varían mucho en cuanto a su forma, disposición y significado morfológico. Pueden ser terminales o laterales con respecto al tallo o a la hoja y a veces hacen presencia también en el fruto.

Forma parte de este tipo de vegetación un gran número de comunidades de menor jerarquía, muchas de ellas poco estudiadas y algunas todavía por describirse. Sin pretender la enumeración de todas, se tratará de resumir a continuación la información encontrada en la literatura acerca de los diferentes tipos de matorrales xerófilos que existen en México, incluyendo también numerosos datos inéditos procedentes de las observaciones personales del autor.

Bajo la categoría de "matorral micrófilo" (microphyllous desert, de Shreve, 1951) cabe agrupar las comunidades en que las plantas que imprimen el carácter fisonómico a la vegetación corresponden a arbustos de hoja o foliolo pequeño. Estas agrupaciones son las que ocupan la mayor parte de la extensión de las regiones áridas de México. Flores et al. (1971) calculan que 20.7% de la superficie del país corresponde a este tipo de matorral y tal cifra puede ser aproximadamente correcta, aunque muchos de los límites marcados en el mapa de los mencionados autores requieren de ciertos ajustes.

Shreve (1951: 41-74) describe del noroeste de Sonora y del este del Estado de Baja California el matorral de *Larrea tridentata* y *Ambrosia dumosa* o *A. deltoidea,* que ocupa característicamente las llanuras con suelo profundo, así como las partes inferiores de los abanicos aluviales, pero también sube muchas veces las laderas de los cerros. La comunidad es florísticamente muy pobre, sobre todo en especies leñosas, aunque existe un contingente de plantas anuales, que no hacen su aparición sino en algunos años. La distribución de este matorral se extiende a las zonas más secas de México, y en áreas en que la precipitación es inferior a 100 mm anuales la vegetación llega a cubrir sólo 3% de la superficie, mientras que en sitios con clima menos desfavorable la cobertura puede alcanzar 20%; la altura varía de 0.5 a 1.5 m. *Larrea* y *Ambrosia* constituyen 90 a 100% de la vegetación en áreas de escaso relieve, pero a lo largo de las vías de drenaje o en lugares con declive pronunciado aparecen otros arbustos, como, por ejemplo, especies de *Prosopis, Cercidium, Olneya, Condalia, Lycium, Opuntia, Fouquieria, Hymenoclea, Acacia, Chilopsis,* etc. En esa porción de la zona árida sonorense son frecuentes las áreas arenosas y en algunas partes se presentan dunas más o menos activas. La estabilización de estos médanos se debe principalmente a la gramínea *Hilaria rigida,* así como a algunas cianofitas y líquenes. Entre los arbustos, los más abundantes son especies de *Larrea, Ambrosia, Ephedra* y *Dalea.*

Del lado de la costa de Sonora, *Larrea* se extiende al sur hasta la vecindad de Guaymas, donde aún llega a formar manchones de matorral puro o casi puro. En Baja California tanto *Larrea* como *Ambrosia dumosa* se extienden a todo lo largo de la Península, pero rara vez forman asociaciones exclusivas al sur del paralelo 28°.

La comunidad que podría merecer el calificativo de vicariante con respecto a la anterior es la que ocupa la mayor parte de la superficie de la zona árida chihuahuense, ubicada sobre la Altiplanicie y que se extiende desde Chihuahua y Coahuila hasta Hidalgo en altitudes que comúnmente no son inferiores a 1 000 m. Se trata del matorral de *Larrea tridentata* y *Flourensia cernua,* que también se desarrolla preferentemente sobre llanuras y partes bajas de abanicos aluviales, aunque en condiciones de aridez más acentuada prospera asimismo sobre laderas de cerros. En ningún sitio de su área de distribución parece llover menos de 150 mm en promedio anual y en algunas zonas más calurosas el límite superior de la precipitación se aproxima a 500 mm anuales. *Larrea* a menudo es la única dominante (Fig. 260), otras veces, junto con *Flourensia* forma 80 a 100% de la vegetación; los matorrales de *Flourensia* son menos frecuentes y el observado cerca de Actopan, Hidalgo, marca aparentemente el extremo meridional de la distribución de la comunidad. Rzedowski

Figura 264. Matorral de Larrea tridentata *("gobernadora") con* Myrtillocactus geometrizans *("garambullo"), cerca de Santa Ana Pozas, San Luis Potosí.*

Figura 263. Matorral de Larrea tridentata *("gobernadora") con* Yucca filifera *("palma china"), cerca de Charco Blanco, San Luis Potosí.*

(1957b: 60-66; 1966: 146-155) describe las siguientes variantes más comunes de este matorral en San Luis Potosí y Zacatecas: a) matorral de *Larrea,* de 0.6 a 1.5 m de alto, generalmente muy pobre desde el punto de vista florístico, con algunas plantas herbáceas y a veces con un estrato subarbustivo de *Zinnia acerosa*; b) matorral de *Larrea* y *Flourensia,* formando un tapiz uniforme y monótono, que cubre áreas muy grandes; c) matorral de *Larrea* y *Mortonia,* de 1 a 1.5 m de alto, propio de algunas áreas del norte de Zacatecas; d) matorral de *Larrea* o de *Larrea-Flourensia* con participación de numerosos arbustos y plantas subarborescentes de los géneros *Acacia, Agave, Condalia, Koeberlinia, Lycium, Opuntia, Prosopis, Rhus, Myrtillocactus, Yucca,* etc., representando una combinación de numerosas formas biológicas, organizada en varios estratos; sus eminencias aisladas pueden medir hasta 6 m de alto y el estrato dominante de 2 a 3 m (Figs. 263, 264). Gentry (1957: 92-100) menciona la asociación *Larrea* y *Prosopis,* como prevaleciente en Durango, mientras que en Coahuila y en Chihuahua la combinación *Larrea – Flourensia – Fouquieria* es muy frecuente y en la región de Vizarrón, Querétaro, prospera un matorral de *Larrea* y *Fouquieria* sobre lutitas muy deleznables.

El matorral micrófilo de *Prosopis laevigata,* que cabe diferenciar del bosque en que predomina la forma arbórea de la misma especie, es característico de algunas zonas de suelo aluvial profundo en la Altiplanicie. Este matorral es de los más tolerantes a condiciones de deficiencia de drenaje y de cierta salinidad en el suelo. Tiene distribución discontinua y con cierta frecuencia presenta un estrato inferior perenne bien desarrollado de la gramínea *Sporobolus wrightii* o bien de *Suaeda* y *Atriplex* y a veces también de *Maytenus phyllanthoides;* estos últimos indicando condiciones de franco exceso de sales solubles. Los arbustos altos que con frecuencia acompañan a *Prosopis* son especies de los géneros *Celtis, Koerbelinia* y *Opuntia,* con lo cual éste se constituye manifiestamente en un matorral espinoso.

Del norte y del este de Nuevo León, Rojas-Mendoza (1965: 89-90) describe un matorral análogo con *Prosopis glandulosa* como dominante y una carpeta de la gramínea *Bouteloua trifida.* Los arbustos crecen bastante espaciados y además del mezquite pueden ser comunes plantas de los géneros *Opuntia, Porlieria, Cercidium, Acacia, Koeberlinia, Castela* y *Karwinskia.* En la zona de dunas ubicada en la parte septentrional de Chihuahua prevalece un matorral muy abierto y bajo de *Prosopis glandulosa* var. *torreyana* con arbustos diversos, como, por ejemplo, especies de *Ephedra, Artemisia, Yucca,* etc. (Shreve, 1939: 5).

El matorral de *Fouquieria splendens,* de fisonomía peculiar por la forma de ramificación de la especie dominante, también es espinoso y se presenta principalmente en la parte occidental de la Altiplanicie, desde Chihuahua hasta Zacatecas, sobre laderas de cerros de naturaleza ígnea y a veces en suelos aluviales. Hacia el extremo sur de su área de distribución, *Fouquieria* convive con especies conspicuas de *Opuntia* (Fig. 265); más al norte, en cambio, son diversos arbustos mi-

Figura 265. Matorral de Fouquieria splendens *("ocotillo") con* Opuntia, Mimosa *y* Condalia, *cerca de Cuencamé, Durango.*

crófilos sus principales acompañantes. Este matorral reaparece también en la región árida de Hidalgo (González-Quintero, 1968: 26-29).

El matorral de *Acacia vernicosa* es, según Shreve (1939: 7), el característico de los suelos someros de las llanuras calcáreas del sur de Chihuahua. *Larrea* y *Flourensia* también forman parte de esta comunidad, además de especies de *Celtis, Condalia, Agave, Opuntia, Rhus, Leucophyllum* y *Koeberlinia.*

Del este de Coahuila (Muller, 1947: 43), así como el norte y del este de Nuevo León (Rojas-Mendoza, 1965: 88-89; Miranda y Hernández X., 1964: 11-12) y de zonas adyacentes de Tamaulipas se describe un matorral abierto de más o menos 2 m de altura con varias especies de *Acacia* como dominantes, incluyendo también representantes de *Cercidium, Leucophyllum, Porlieria, Opuntia, Prosopis, Castela, Cordia* y *Celtis.* Este matorral se desarrolla en el área en que el Altiplano desciende gradualmente hacia la Planicie Costera Nororiental y la vegetación es una compleja transición entre los matorrales xerófilos y el bosque espinoso, incluyendo también fases con gran participación de gramíneas. En muchos sitios son dominantes las especies de *Acacia (A. amentacea, A.*

Figura 266. Matorral de Leucophyllum frutescens *("cenizo") con* Acacia, Castela *y* Porlieria, *cerca de Ciudad Acuña, Coahuila.*

berlandieri, A. rigidula), pero también pueden serlo otros arbustos (Fig. 266).

En el Valle de México y en algunas otras regiones del extremo sur de la Altiplanicie puede observarse la presencia de un matorral de *Eysenhardtia polystachya,* que se desarrolla sobre laderas de roca ígnea. Es posible que no se trata de una comunidad clímax, pero faltan estudios a este respecto. Es un matorral de 2 a 4 m de alto y a veces tan denso que la travesía por su interior ofrece serias dificultades.

Otro tipo de matorral xerófilo más o menos frecuente en el centro del país es el de *Senecio praecox,* característico de lugares muy rocosos en condiciones de clima semiárido a semihúmedo. Es una comunidad abierta, de 1 a 3 m de alto, y de aspecto muy peculiar por la fisonomía de la especie dominante (Fig. 107). En el Valle de México cubre la parte baja (2250 a 2600 m s.n.m.) del Pedregal de San Angel, que es una corriente de lava basáltica de edad relativamente reciente (Rzedowski, 1954: 80-84).

Diversos tipos de comunidades micrófilas se desarrollan en algunas porciones semiáridas de la Cuenca del Balsas y así, por ejemplo, Miranda (1947: 111) describe de la región de Petlalcinco, Puebla, un matorral espinoso de ramas retorcidas y compactas con *Castela tortuosa, Schaefferia stenophylla* y *Gochnatia obtusata* como dominantes, sobresaliendo eminencias arborescentes de *Fouquieria, Cephalocereus* y *Forchhammeria.* Cerca de Acatlán, Puebla, en cambio, se observan grandes extensiones de matorrales espinosos con *Randia* sp., *Celtis pallida, Schaefferia pilosa* y *Guaiacum coulteri.*

En la región árida próxima a Vizarrón y a Tolimán, Querétaro, y también en algunas partes de Hidalgo es frecuente un matorral micrófilo en que prevalece comúnmente *Machaonia coulteri.* Alcanza a menudo 1.5 m de alto y prospera principalmente en laderas de pendiente pronunciada con suelo derivado de calizas, margas o lutitas. Como componentes adicionales pueden mencionarse especies de *Gochnatia, Agave, Dasylirion, Opuntia, Mortonia, Condalia, Citharexylum, Forestiera, Fouquieria, Fraxinus, Leucophyllum, Salvia,* etc.

Según Miranda (1948b: 343-344), en la región de Cuicatlán, Oaxaca, que pertenece a la Cuenca del Papaloapan, abunda un matorral espinoso de 2 m de alto, en el que son abundantes varias especies de *Mimosa (M. polyantha, M. luisana, M. lactiflua),* así como *Pithecellobium acatlense, Acacia cymbispina, Ziziphus pedunculata, Randia* spp. y *Castela tortuosa.* Existe un césped bajo y ralo de gramíneas que deja al descubierto la mayor parte del suelo.

De la región de Tehuacán, situada en partes más altas de la misma Cuenca, refiere Miranda (op. cit.: 337-338) la existencia de otra comunidad arbustiva espinosa con *Celtis pallida, Zanthoxylum liebmannii, Schaefferia stenophylla, Megastigma galeottii, Condalia mexicana* y otras plantas micrófilas, además de muchas cactáceas pequeñas y plantas áfilas de los géneros *Euphorbia, Acanthotham-*

nus, Pedilanthus y varias especies de *Agave* y *Hechtia.* Como eminencias destacan *Yucca periculosa* y a menudo *Beaucarnea gracilis,* influyendo mucho en la fisonomía en los sitios donde existen, así como especies de *Bursera, Ceiba parvifolia* y algunos otros árboles o arbustos altos. En las partes más secas de la misma zona prosperan matorrales florísticamente más pobres, como, por ejemplo, el dominado por *Gochnatia obtusata* y el de *Castela tortuosa.*

Bajo el nombre de "arbosuffrutescent desert" describe Shreve (1951: 80-83), de la parte central de Sonora, un matorral abierto y bajo (0.5 a 1.5 m de alto) dominado por *Encelia farinosa,* a la que se asocia con frecuencia *Larrea tridentata* y del cual sobresalen eminencias aisladas de *Olneya, Cercidium, Prosopis* y *Fouquieria.* Al avanzar de norte a sur los árboles se vuelven cada vez más frecuentes y gradualmente la vegetación pasa a ser un bosque espinoso.

En la cercanía de la costa de Sonora existe, según Shreve (1951: 99-103), un matorral alto ("sarcocaulescent desert") que incluye también árboles bajos. En la región de Libertad los dominantes son: *Cercidium floridum, Olneya tesota, Bursera microphylla, Jatropha cinerea, J. cuneata Opuntia bigelovii y Fouquieria splendens.* La vegetación a menudo incluye especies de *Larrea, Ambrosia* y *Prosopis,* pero estas plantas destacan poco por su abundancia. Esta comunidad en sus diferentes variantes se extiende hacia el sur, ocupando la mayor parte de la Isla Tiburón. En la vecindad de Guaymas, sobre suelos someros de los cerros prevalecen *Bursera, Prosopis torreyana* y *Acacia willardiana* en medio de un matorral rico en especies arbustivas diversas. También forman parte de estas comunidades costeras cactáceas columnares de los géneros *Lemaireocereus* y *Pachycereus* y ocasionalmente la insólita *Fouquieria columnaris.*

Una vegetación florística y fisonómicamente emparentada se encuentra asimismo en la franja costera oriental de Baja California desde el nivel de la Isla Angel de la Guarda y de la Bahía de los Angeles hasta cerca de San José del Cabo (Shreve, 1951: 103-110). Al este de Calmallí, por ejemplo, prospera un matorral que cubre 15% de la superficie del suelo, compuesto esencialmente por *Larrea tridentata, Bursera microphylia, Fouquieria splendens, Jatropha cuneata* y *Opuntia cholla* como dominantes, además de especies de *Olneya, Viscainoa, Ferocactus, Pedilanthus* y *Pachycereus.* En las estribaciones del Cerro de las Tres Vírgenes, cerca de Santa Rosalía, entre las dominantes se halla también *Ambrosia magdalenae* y la lista de arbustos se alarga mucho, incluyendo entre otras especies de los géneros *Lycium, Simmondsia, Krameria, Atamisquea, Cercidium,* etc. Sobre abanicos aluviales próximos a Mulegé la cobertura de plantas leñosas es de 30 a 40% con *Jatropha, Larrea, Bursera, Opuntia* y *Encelia farinosa* como plantas prevalecientes, mientras que en las laderas rocosas en la vecindad de la Bahía de la Concepción destacan *Fouquieria peninsularis, Jatropha cuneata, Bursera microphylla,* en un matorral muy abierto en que *Larrea* es escasa o falta por completo. En las laderas de roca volcánica, próximas a La Paz, la cobertura es de sólo 10 a 15% (Fig. 267) y la composición florística relativamente pobre, con *Jatropha, Fouquieria* y *Opuntia* como dominantes, quedando en segundo término *Bursera microphylla, Acacia californica* y *Machaerocereus gummosus.*

En la parte de la Península de Baja California comprendida entre los paralelos 29 y 30° y a lo largo de la costa occidental hasta cerca del paralelo 32° prevalece el arbusto *Ambrosia chenopodiifolia* en amplias superficies de terreno poco inclinado formando un tapiz de 50 a 70 cm de alto (Shreve, 1951: 112-116). Entre sus acompañantes destaca por su abundancia *Agave shawii,* así como arbustos diversos, muchos de los cuales sobrepasan notablemente la altura de *Ambrosia,* como por ejemplo *Fouquieria columnaris, Yucca valida, Pachycereus pringlei, Myrtillocactus cochal,* etc. Sobre suelos arcillosos rojos de origen volcánico *Ambrosia camphorata* desplaza a *A. chenopodiifolia,* mientras que sobre laderas graníticas o gnéisicas la dominancia se comparte entre *Encelia frutescens, Ambrosia chenopodiifolia* y *Viguiera deltoidea* var. *tastensis,* siendo *Larrea* a veces también abundante en estas condiciones. Sobre todo en altitudes superiores a 500 m el papel de *Larrea* se vuelve más importante, por ejemplo, sobre el Cerro Ugarte esta última forma con *Atriplex polycarpa* un matorral casi puro que cubre 20% del terreno. Esta es la única porción de la zona árida sonorense en que plantas del género *Agave* forman parte importante de la vegetación ("sarcophyllous desert" de Shreve, 1951), destacando en especial *A. shawii* y *A. deserti.* Algunas especies de *Dudleya,* crasulácea de hojas suculentas, llegan a ser abundantes aquí, sobre todo cerca de la costa occidental. Matorrales de *Ambrosia camphorata* prevalecen igualmente en la parte sur de la Isla Guadalupe (Eastwood, 1929: 418).

El segmento de la Península comprendido entre los paralelos 28 y 29° ofrece una vegetación vistosa (Shreve, 1951: 116-120) (Figs. 268, 269), pues en ella conjugan *Fouquieria columnaris, Pachycormus discolor, Agave shawii, Pachycereus pringlei* y *Yucca valida,* todas estas plantas formando eminencias por encima del estrato arbustivo propiamente dicho, que constituye el grueso de la biomasa y en el cual destacan *Ambrosia magdalenae, Viguiera deltoidea, Encelia frutescens,* además de otras especies de *Ambrosia,* así como de *Jatropha, Opuntia, Pedilanthus, Larrea* y de muchos otros géneros, constituyendo una asociación florísticamente rica, Las formas extrañas de *Fouquieria* (Fig. 105) y de *Pachycormus* (fig. 106) le confieren particular atractivo a esta comunidad.

Figura 267. Vista aérea de la costa de Baja California, al norte de La Paz, ilustrando la escasa densidad de la vegetación.

La llanura de la parte central de Baja California, conocida como Desierto de Vizcaíno, está situada a menos de 100 m de altitud y la mayor parte de la vegetación está constituida por un matorral espaciado en que destacan como eminencias las ramas de *Yucca valida,* que alcanzan hasta 10 m de altura. En el estrato principal dominan *Ambrosia magdalenae, Lycium californicum* y *Encelia frutescens.* Cerca del litoral existen zonas de dunas bastante activas con una vegetación característica de matorral bajo de *Prosopis, Rhus* y diversas plantas herbáceas.

La vegetación de las partes ubicadas más al sur en la Península vuelve al aspecto común de matorral micrófilo, aunque localmente puede haber abundancia de algunas cactáceas, principalmente de los géneros *Opuntia* y *Pachycereus.* En terrenos arenosos planos cerca del litoral entre La Purísima y Comondú existe una comunidad abierta (5-10% de cobertura) con *Opuntia cholla, Ambrosia magdalenae* y *Encelia farinosa* como componentes principales; además son frecuentes las especies de *Pachycereus, Jatropha, Fouquieria, Euphorbia* y *Larrea.*

En las extensas llanuras de La Magdalena la vegetación es monótona y florísticamente

Figura 268. Matorral con Fouquieria columnaris *("cirio")*, Pachycreus pringlei *("cardón")*, Ambrosia *y* Opuntia, *cerca de Punta Prieta, Baja California.*

Figura 269. Matorral con Fouquieria columnaris *("cirio")*, Yucca valida *("datilillo")*, Machaerocereus gummosus *("pitajaya agria")*, Opuntia cholla *("cholla") y* Larrea tridentata *("gobernadora"), cerca de Calmallí, Baja California.*

no muy rica ("arbocrassicaulescent desert" de Shreve, 1951: 120-126), aunque el matorral es más denso que en muchas otras partes (40 a 90% de cobertura). Las dominantes son: *Prosopis torreyana, Lycium brevipes* y *Opuntia cholla.* Al sur de Refugio, sin embargo, las condiciones se vuelven menos favorables y ahí prevalecen *Larrea, Opuntia, Fouquieria, Ambrosia, Jatropha* y *Bursera,* habiendo sectores con matorral casi puro de *Larrea.* Otra comunidad que se ha registrado en esa área es un matorral bajo de *Lycium, Encelia, Simmondsia* y *Atamisquea,* con participación de *Fouquieria peninsularis* e individuos bajos de *Yucca valida.* En la zona de influencia del mar los líquenes *Ramalina reticulata* y *Rocella* spp. a menudo cubren por completo las ramas de los arbustos, sobre todo los de *Fouquieria* spp. (Fig. 154).

Bajo la denominación de "matorral crasicaule" se ha pretendido agrupar todas aquellas comunidades arbustivas de clima árido y semiárido en que un papel importante corresponde a plantas conspicuas de tallo suculento, o sea cactáceas grandes. En muchos casos, aunque no prevalezcan por su biomasa, estas plantas juegan el papel de "dominantes fisonómicas".

Hacia el norte de Sonora, en la región de lomeríos y elevaciones medias se presenta sobre suelos someros de laderas de cerros el matorral de *Cercidium microphyllum, Opuntia* spp. y *Carnegiea gigantea,* esta última particularmente impresionante por su altura, ya que con frecuencia llega a medir más de 10 m. Es un matorral abierto o medianamente denso y florísticamente rico, en el que a menudo intervienen especies de *Acacia, Prosopis, Larrea, Celtis, Encelia, Olneya, Ferocactus* y muchos otros al igual que numerosas plantas herbáceas perennes incluyendo helechos y *Selaginella* (Shreve, 1951: 71-80).

De manera semejante, en algunas porciones de la mitad meridional de la Península de Baja California *Pachycereus pringlei, Lophocereus schottii, Machaerocereus gummosus* y *Opuntia cholla,* en conjunto, llegan a formar parte importante de la biomasa de la comunidad. Otros componentes frecuentes de estos matorrales pertenecen a los géneros *Lycium, Prosopis, Cercidium, Bursera, Fouquieria, Larrea, Lysiloma, Acacia, Ambrosia* (Fig. 270).

La parte central de Zacatecas y algunas zonas adyacentes de Durango, Aguascalientes, Jalisco, Guanajuato y San Luis Potosí presentan como cubierta vegetal un matorral de *Opuntia,* siendo las principales especies dominantes de estas "nopaleras" *O. streptacantha* y *O. leucotricha* (Rzedowski, 1957b:

Figura 270. Matorral con Pachycereus pringlei *("cardón"),* Lophocereus schottii *("garambullo"),* Machaerocereus gummosus *("pitajaya agria") y* Opuntia cholla *("cholla"), cerca de Villa Constitución, Baja California Sur.*

Figura 271. Matorral de Opuntia streptacantha *("nopal cardón") y* O. leucotricha *("nopal duraznillo") con* Yucca decipiens *("palma china"), cerca de Ojocaliente, Zacatecas.*

68-72) (Fig. 271). Esta comunidad se desarrolla preferentemente sobre suelos someros de laderas de cerros de naturaleza volcánica, aunque también desciende a suelos aluviales contiguos. La precipitación media anual varía entre 300 y 600 mm y la temperatura es de 16 a 22° C en promedio anual. En algunas áreas de San Luis Potosí y de Guanajuato se le asocia *Myrtillocactus geometrizans* (fig. 272) y a veces también *Lemaireocereus* spp. Por otro lado *Yucca decipiens* puede formar un estrato de eminencias, mientras que a niveles inferiores conviven muchos arbustos micrófilos, como por ejemplo, especies de *Mimosa, Acacia, Dalea, Prosopis, Rhus, Larrea, Brickellia, Eupatorium, Buddleia, Celtis,* etc. La altura de este matorral alcanza generalmente de 2 a 4 m, su densidad es variable, pudiendo alcanzar casi 100% de cobertura, y el matorral puede admitir la presencia de numerosas especies de plantas herbáceas. En algunas partes más calurosas *Myrtillocactus* y *Lemaireocereus* llegan a ser dominantes y aun a excluir por completo a *Opuntia.*

Este tipo de matorral crasicaule, en forma más o menos modificada, se extiende más al sur a través de Guanajuato, Querétaro e Hidalgo hasta llegar al Valle de México, donde se presenta en forma de una comunidad dominada por *Opuntia streptacantha, Zaluzania augusta* y *Mimosa biuncifera,* que mide 2 a 3 m de alto, sin contar las eventuales eminencias de *Yucca filifera* y *Schinus molle* (Fig. 273). También prospera sobre laderas de roca volcánica, con precipitaciones medias anuales inferiores a 600 mm, e incluye un gran número de componentes herbáceos y subarbustivos, algunos de ellos trepadores (Rzedowski et al., 1964: 46-48). No es imposible que al menos algunas de estas nopaleras sean de origen secundario. En algunas barrancas de la Cuenca del Pánuco el matorral de *Cephalocereus senilis* llega también a cubrir importantes extensiones sobre laderas

Figura 272. Matorral de Opuntia streptacantha *("nopal cardón") y* Myrtillocactus geometrizans *("garambullo"), con* Prosopis, Mimosa, Lycium, Jatropha *y* Agave, *cerca de Villa Hidalgo, San Luis Potosí.*

Figura 273. Matorral de Opuntia streptacantha *("nopal cardón"),* Zaluzania augusta *("cenicilla") y* Mimosa biuncifera *("uña de gato"), con* Yucca filifera *("izote"), cerca de Otumba, México.*

Figura 274. Matorral con Cephalocereus senilis *("viejito"),* Fouquieria, Agave, Gochnatia, Echinocactus, Dasylirion, *cerca de Metztitlán, Hidalgo.*

de roca rica en carbonato de calcio (Fig. 274).

Más al sur, el matorral crasicaule reaparece en las porciones más áridas de la Cuenca del Balsas, en la Depresión de Cuicatlán de la Cuenca del Papaloapan, así como en la Cuenca del Río Tehuantepec (Miranda y Hernández X., 1963: 45). De la Cuenca del Papaloapan, Miranda (1948b: 344-346) refiere cuatro tipos diferentes de este matorral, a mencionar: 1) "cardonales" de *Lemaireocereus weberi;* 2) "quiotillales" de *Escontria chiotilla,* ambos tal vez favorecidos por la intervención humana (Fig. 275); 3) "tetecheras" de *Neobuxbaumia tetetzo;* 4) agrupaciones de *Cephalocereus hoppenstedtii* (Fig. 276). Las dos últimas comunidades son particularmente vistosas al reunir grandes cantidades de estas cactáceas columnares, poco o nada ramificadas, que en ocasiones crecen en tal densidad que no admiten compañía de otras plantas altas.

En la misma Cuenca del Papaloapan, pero a mayores altitudes (2 400 a 2 700 m) y sobre substrato de roca ígnea, se han observado matorrales en que prevalecen *Opuntia macdougaliana, O. huajuapensis* y *Lemaireocereus chichipe,* además de haberse registrado especies de *Mimosa, Senecio, Tecoma, Parthenium, Eysenhardtia, Bursera, Ipomoea* y

Figura 275. Matorral secundario de Escontria chiotilla *("quiotilla") y* Lemaireocereus weberi *("cardón"), cerca de Tecomavaca, Oaxaca.*

Figura 276. Matorral de Cephalocereus hoppenstedtii *("órgano"),* Beaucarnea, Agave, Opuntia, Bursera, Echinocactus, *cerca de Tehuacán, Puebla.*

Dasylirion. La precipitación media anual en esta área es de aproximadamente 500 mm.

En las áreas adyacentes de la Cuenca del Balsas y en algunos parajes de la del Río Tehuantepec se encuentran matorrales de composición y aspecto similar a los anteriores. También existen aparentemente en el Valle del bajo Balsas, en los límites de Michoacán y Guerrero (Miranda, 1947: 111-112), pero éstos no han sido estudiados aún.

Los matorrales crasicaules, sobre todo los dominados por cactáceas columnares o candelabriformes, son en general más termófilos que muchas otras comunidades vegetales descritas en este capítulo. También es interesante señalar que estas asociaciones no penetran en las partes más áridas de México.

Muy bien caracterizados fisonómicamente se encuentran los matorrales xerófilos en que predominan especies con hojas agrupadas en forma de roseta ("matorrales rosetófilos") y que prevalecen en amplias extensiones de suelos cerriles derivados de rocas ricas en carbonato de calcio que abundan en la Altiplanicie, desde el este de Chihuahua hasta San Luis Potosí. Los elementos más característicos son especies de *Agave, Hechtia* y *Dasylirion,* que forman un estrato subarbustivo espinoso y perennifolio a menudo bastante denso, debido a la reproducción vegetativa de muchos de sus componentes. Además, generalmente existe uno o dos estratos arbustivos más altos. En San Luis Potosí, según Rzedowski (1966: 155-160), los dominantes de este matorral pueden ser *Agave lecheguilla, A. striata* o *Hechtia glomerata,* con frecuente participación de *Yucca carnerosana* como eminencia e incluyendo entre otros arbustos a *Euphorbia antisyphilitica, Parthenium argentatum, P. incanum,* diversas cactáceas de tamaño pequeño y mediano y muchas especies más (Fig. 277). De Zacatecas se cita (Rzedowski, 1957b: 66-68) este

Figura 277. Matorral de Agave lecheguilla *("lechuguilla"),* Hechtia glomerata *("guapilla"), con* Yucca, Echinocactus, Gochnatia, Mimosa, *cerca de Charco Blanco, San Luis Potosí.*

Figura 278. Matorral de Agave lecheguilla *("lechuguilla") y* Euphorbia antisyphilitica *("candelilla"), cerca de Ojinaga, Chihuahua.*

Figura 279. Matorral de Hechtia podantha *("guapilla") con* Agave lecheguilla *("lechuguilla"), cerca de Pachuca, Hidalgo.*

matorral con abundante participación de *Larrea* y de *Fouquieria.* LeSueur (1945: 56-57) lo menciona de Chihuahua (Fig. 278), Marroquín et al. (1964) de Coahuila y Nuevo León y Gentry (1957: 96) de Durango. La comunidad tiene particular interés desde el punto de vista económico, porque incluye un considerable número de plantas útiles. Se presenta mayormente en regiones en que llueve 200 a 500 mm en promedio anual.

En el Valle del Mezquital, del Estado de Hidalgo, se presenta un matorral de *Agave stricta* en áreas limitadas sobre calizas y en el extremo boreal del Valle de México un matorral de *Hechtia podantha* y *Agave lecheguilla* prospera en suelos derivados de roca ígnea (Rzedowski et al., 1964: 48-50) (Fig. 279). Una vegetación análoga se encuentra también en la región árida de Puebla y Veracruz, sobre todo en la región de Perote, Tecamachalco y Esperanza, donde cubre laderas de calizas y lutitas, siendo las dominantes *Hechtia roseana* y *Agave obscura* (Ramos y González-Medrano, 1972).

Espinosa (1962: 79-83) describe también un matorral rosetófilo de *Hechtia podantha* y *Agave horrida* de los declives meridionales de la Sierra de Chichinautzin, del norte de Morelos, donde prospera sobre una corriente de lava basáltica de edad reciente, entre 2 150 y 2 450 m de altitud. Se trata indudablemente de una comunidad determinada por las condiciones edáficas especiales, pues el clima es más bien húmedo (1 300 – 1 600 mm de precipitación media anual).

Posiblemente, algunas facies de la vegetación característica de la parte central de Baja California (entre 29 y 30° Norte) deberían calificarse también como matorral rosetófilo, pues *Agave shawii* y *A. deserti* llegan a formar parte importante de la comunidad (véase pág. 250).

Miranda y Hernández X. (1963: 46) describen bajo el nombre de izotales comunidades propias de clima árido caracterizadas por el predominio de especies de *Yucca* y de otras plantas de aspecto similar, como *Beaucarnea* y *Nolina.* De hecho, en la mayor parte de los casos, estas plantas no dominan cuantitativamente en la vegetación, aunque dan la impresión de hacerlo a primera vista por su porte elevado y aspecto peculiar. Los "bosques de *Yucca*" no son con frecuencia sino matorrales micrófilos, crasicaules o de otro tipo con un estrato de eminencias, al que algunos le confieren la categoría de "dominancia fisonómica". Son comunidades muy vistosas, que posiblemente en otros tiempos estuvieron más difundidas que ahora (Miranda y Hernández X., 1964: 13).

En la parte central de Baja California son característicos los matorrales con abundancia de *Yucca valida.* En el Altiplano *Yucca carnerosana* prospera a menudo sobre rocas ricas en carbonato de calcio, formando parte del matorral rosetófilo de *Agave* y *Hechtia* y de algunas otras asociaciones (Fig. 277). Extensos "izotales" o "palmares" (nombre que frecuentemente reciben estas comunidades en diversas regiones) de *Yucca decipiens* y otros de *Yucca filifera* son más bien propios de suelos aluviales profundos en los sectores sur y este de la zona árida chihuahuense (Fig. 263). *Yucca periculosa,* en cambio, es común en las partes áridas y semiáridas de Puebla, con extensiones hacia áreas adyacentes de Oaxaca, estando a veces acompañada de *Nolina* o de *Beaucarnea.* Muchas otras especies de *Yucca* forman parte de la vegetación de México, pero por su escasa estatura o bien por su poca abundancia no juegan ni siquiera el papel de "dominantes fisonómicos".

Principalmente sobre laderas de roca volcánica en los alrededores de Perote, Veracruz, Alchichica y Libres, Puebla, se localizan agrupaciones con dominancia de *Nolina parviflora.* Miden 2 a 4 m de alto y en el estrato arbustivo inferior prevalece *Agave obscura,* además de especies de *Salvia,*

Chrysactinia y *Dalea.* En otros parajes del centro de México también pueden encontrarse manchones con abundancia de *Nolina parviflora,* aunque en muchos casos parece tratarse de comunidades secundarias, mantenidas por el fuego.

Con los nombres de "piedmont scrub" (Muller, 1939: 698) y "matorral submonta no" (Rzedowski, 1966: 134-141) se ha reconocido una comunidad vegetal, que prospera en climas relativamente menos áridos (450 a 900 mm anuales de precipitación) y que rara vez sobrepasa 2 000 m de altitud. Está distribuida a lo largo de la Sierra Madre Oriental, desde Nuevo León hasta Hidalgo, extendiéndose un poco hacia la Planicie Costera Nororiental y también hacia el Altiplano. Reaparece asimismo en forma algo modificada en Puebla y Oaxaca.

Es un matorral generalmente inerme, alto (3 a 5 m) y denso, más o menos perennifolio, que se desarrolla sobre suelos someros de laderas de cerros, en la mayoría de los casos formados de roca sedimentaria. El tamaño de la hoja o foliolo es en general mayor que en el caso de los matorrales xerófilos y califica en promedio en la categoría de nanofilia de la clasificación de Raunkiaer (1934). Las dominantes varían de una región a otra, pero las más frecuentes son *Helietta parvifolia, Neopringlea integrifolia, Gochnatia hypoleuca, Pithecellobium brevifolium, Quercus fusiformis* y *Cordia boissieri.*

González-Medrano (1972a: 28-29, 1972b: 225) lo encontró en pequeñas elevaciones ubicadas en medio de la Planicie Costera de Tamaulipas y en la base de la Sierra Madre Oriental, siendo dominantes en esa zona *Helietta, Neopringlea* y *Acacia,* y entre los géneros acompañantes se citan: *Amyris, Cercidium, Cordia, Gochnatia, Karwinskia* y *Pithecellobium.* En Coahuila, según Muller (1947: 43-45), *Quercus fusiformis, Diospyros texana, Bumelia lanuginosa* y *Sophora secundiflora* son las especies más importantes, mientras que en Nuevo León prevalecen *Acacia, Cordia, Opuntia, Pithecellobium, Helietta, Caesalpinia, Leucophyllum* y *Quercus,* de acuerdo con Rojas-Mendoza (1965: 85-86).

En San Luis Potosí (Rzedowski, 1966: 134-141) el matorral de *Helietta parvifolia* es el más frecuente de todas las variantes, sobre todo en la región del Altiplano. Hacia el límite altitudinal superior pueden prevalecer *Mimosa leucaenoides* y *Acacia parviflora.* Sobre substrato de roca ígnea, en cambio, suele predominar *Pithecellobium brevifolium,* acompañado a menudo de cactáceas altas, de los géneros *Lemaireocereus* y *Myrtillocactus* y la comunidad es un poco más abierta. *Neopringlea integrifolia* y *Flourensia laurifolia,* así como *Cordia boissieri* también pueden ser muy abundantes.

Se ha observado asimismo una vegetación similar en zonas vecinas al Estado de San Luis Potosí, pero pertenecientes a los de Querétaro y Guanajuato. En la región cercana a Jacala, Hidalgo, predominan en un matorral de características análogas *Neopringlea integrifolia* y *Montanoa xanthifolia.* Otras plantas leñosas importantes son de los géneros *Pistacia, Harpalyce, Rhus, Dodonaea, Sebastiania, Verbesina, Xylosma, Karwinskia, Croton, Salvia, Hesperozygis, Zexmenia,* etc. Del otro lado del Río Moctezuma, en cambio, en la cañada profunda cerca de Maconí, Querétaro, el arbusto prevaleciente es *Gochnatia hypoleuca,* acompañado, entre otros, de *Lindleyella mespiloides* y *Pterostemon mexicanus.*

Mucho más al sur, en la región conocida como Mixteca Alta, en parte perteneciente a la Cuenca del Papaloapan y también a la del Balsas, se puede observar un matorral similar sobre algunas laderas calizas. Cerca de Tepelmeme, Oaxaca, se ha inventariado esta comunidad, que mide 3 a 4 m de alto y prospera sobre terrenos bastante inclinados, entre 2 450 y 2 650 m de altitud. Los arbustos del estrato superior son *Garrya ovata, Lindleyella mespiloides, Pterosteman rotundifolius, Wimmeria persicifolia, W. microphylla, Cassia chiapensis, Vauquelinia australis, Citharexylum oleinum, Leucaena esculenta, Quercus conspersa* y *Q. liebmannii.*

Otros dos tipos de matorral prevalecen en la mitad septentrional del Estado de Baja California, en áreas caracterizadas por clima semiárido de tipo mediterráneo, o sea con lluvias invernales. Ambos están mucho mejor y más ampliamente representados en el territorio estadounidense y encuentran su extremo sur en esta parte de México.

La comunidad caracterizada por *Artemisia californica, Lotus scoparius, Eriogonum fasciculatum, Salvia munzii, Haplopappus venetus, Viguiera laciniata, Encelia californica, Eriodyction sessilifolium,* es un matorral parcialmente caducifolio, abierto o medianamente cerrado, de menos de 1 m de alto, en el que muchos arbustos están provistos de pubescencia blanquecina (Fig. 280). En inglés recibe el nombre de "coastal sage". Se extiende en México a lo largo de la costa occidental de la Península (Epling y Lewis, 1947: 148) hasta la latitud de Ensenada, aproximadamente, y también más hacia el sur, pero en una franja algo alejada del litoral, que al nivel del paralelo 31° se halla en altitudes entre 400 y 730 m (Mooney y Harrison, 1972). La precipitación media anual es del orden de 250 a 500 mm. La misma comunidad también se conoce de la Isla Cedros, situada mucho más al sur (Madrigal, 1970b: 6; Moran, 1972), mientras que en la Isla Guadalupe sólo *Artemisia californica* parece ser elemento importante de la vegetación, faltando las demás especies características.

El segundo tipo de matorral propio de la misma región prospera por lo general en altitudes más elevadas de las Sierras de Juárez y de San Pedro Mártir y en las montañas de la Isla Cedros, ocupando muchas áreas de suelos someros que no tienen humedad suficiente para la existencia de vegetación boscosa, o bien desarrollándose como comunidad secundaria en sitios donde tal vegetación ha sido destruida. Es un matorral perennifolio, por lo común de 1 a 2 m de alto, muy denso y difícilmente penetrable, cuya existencia frecuentemente resulta también favorecida por los incendios, ya que muchos de los arbustos tienen la capacidad de regenerar a partir de sus sistemas radicales. En la literatura botánica, sobre todo norteamericana, se conoce con el nombre español de "chaparral", aunque es importante indicar que los campesinos de diferentes partes de México usan este mismo término para designar muchas clases de vegetación arbustiva o arbórea baja (Fig. 281).

Figura 280. Matorral de Eriogonum fasciculatum, Artemisia californica *y* Salvia munzii, *con abundancia local de* Bergerocactus emoryi *y* Agave shawii, *cerca de Ensenada, Baja California.*

Figura 281. Matorral de Adenostoma fasciculatum *("chamiso"), cerca de Tecate, Baja California.*

La dominante más común de este chaparral es *Adenostoma fasciculatum;* otros componentes frecuentes son: *Arctostaphylos* spp., *Ceanothus* spp., *Quercus* spp., *Eriogonum fasciculatum, Cercocarpus* ssp., *Mimulus* spp., *Rhamnus* spp., *Heteromeles arbutifolia* y *Yucca whipplei.* La precipitación media anual varía entre 350 y 600 mm.

Por su ecología y fisonomía, el chaparral de Baja California y del suroeste de Estados Unidos es análogo a las comunidades que se desarrollan en tipos semejantes de clima en otras partes del mundo, como, por ejemplo, en la región del Mediterráneo, en el centro de Chile, en el suroeste de Australia, etc. Desde el punto de vista florístico, sin embargo, las interrelaciones entre estas diferentes comunidades son escasas o nulas.

Comparables con el chaparral californiano son los matorrales de *Quercus*, que tienen una vasta distribución en la Altiplanicie de México, aunque se presentan, por lo común, en forma de manchones pequeños y en su conjunto no cubren mucha superficie. Los representantes más meridionales de estos matorrales se localizan en Chiapas, no muy lejos de la frontera con Guatemala.

Figura 282. Matorral de Quercus microphylla *("encino chaparro") cerca de Singuilucan, Hidalgo.*

Se trata de comunidades arbustivas densas, generalmente más o menos caducifolias, aunque a menudo pierden la hoja por un periodo menor de 30 días. Prosperan sobre suelos someros y pedregosos de laderas de cerros y con frecuencia las especies dominantes se reproducen vegetativamente por sus partes subterráneas formando clones que a veces abarcan superficies de varios metros de diámetro. Tal propiedad les confiere resistencia a los incendios que frecuentemente se propagan en estas comunidades y a la larga parecen favorecer su existencia en muchos sitios. La gran mayoría de los encinares arbustivos de México se desarrolla en áreas que son climáticamente intermedias entre los matorrales propios de clima francamente árido y los bosques de clima semihúmedo, o sea en las áreas limítrofes de climas BS y Cw de la clasificación de Koeppen (1948). Las precipitaciones medias anuales más frecuentes son del orden de 400 a 750 mm. En algunas localidades estos matorrales parecen ser francamente secundarios. Son variables en cuanto a su altura, pues los más bajos pueden medir menos de 30 cm, aunque es más frecuente que alcancen entre 1 y 2.5 m de alto y muchos otros podrían considerarse bien como matorrales altos o bien como bosques bajos. Las hojas de las especies dominantes son duras y generalmente pequeñas, prevaleciendo el tamaño de leptofilia a nanofilia de la clasificación de Raunkiaer (1934).

A veces la especie dominante constituye la única planta leñosa de la comunidad y debido a la espesura por lo común prosperan pocas especies herbáceas (Fig. 282). Lo frecuente es, sin embargo, que los clones de *Quercus* dejen entre sí espacios irregulares, que aprovechan otros componentes del matorral.

De la Sierra del Pino, ubicada en los límites de Chihuahua y Coahuila, LeSueur (1945: 57) refiere la presencia, entre 2 000 y 2 200 m de altitud, de una comunidad baja con *Quercus undulata* var. *pungens, Ceanothus greggii, Garrya ovata, Fendlera linearis, Juniperus flaccida* y otros arbustos.

De acuerdo con Muller (1947: 54) en las partes superiores de las Sierras de la Madera y del Pino, en Coahuila, se desarrolla un matorral dominado por varias especies de *Quercus: Q. intricata, Q. invaginata, Q. pringlei, Q. laceyi* y *Q. hypoxantha,* siendo perennifolias las tres primeras. Además, forman parte de la comunidad representantes de *Garrya, Rhus, Cercocarpus, Microrhamnus, Berberis, Cowania, Arctostaphylos, Amelanchier, Fraxinus, Nolina, Dasylirion* y *Yucca.* En la Sierra Mojada y en la Sierra de Almagre, en la parte occidental del mismo Estado, la comunidad es más depauperada e incluye muchos arbustos espinosos. *Quercus intricata, Q. pringlei* y *Q. pungens* son los encinos dominantes y especies de *Lindleyella, Rhus, Cercocarpus, Ceanothus, Arctostaphylos, Acacia* y *Mimosa* completan la composición del estrato principal.

De la vertiente occidental de la Sierra Madre Oriental en Nuevo León, principalmente en altitudes entre 2 000 y 2 800 m, Muller (1939: 701-703) describe una variedad de encinares arbustivos ("western montane chaparral") con *Q. cordifolia, Q. saltillensis, Q. flocculenta, Q. pringlei, Q. errans* f. *graciliramis, Q. clivicola* f. *dentata* y *Q. porphyrogenita* f. *macropetiolata,* como principales encinos, además de especies de *Ceanothus, Cercocarpus, Rhus, Garrya, Arbutus, Juniperus, Pinus, Agave, Yucca, Nolina, Arctostaphylos, Berberis, Cowania, Amelanchler* y *Philadelphus* como componentes arbustivos. Martin (1958: 38) refiere la existencia de una comunidad similar en el suroeste de Tamaulipas, en altitudes superiores a 1 700 m, en el sotavento de la Sierra Madre Oriental. Es un matorral denso, hasta de 1.8 m de alto, de hojas perennes y duras con dominancia de *Quercus.* Otros géneros mencionados son *Arbutus, Yucca, Cercocarpus, Bauhinia.* Puig (1970a: 43) menciona también la existencia de un matorral "densísimo y bajísimo" de *Q. sebifera* de la parte alta de la Sierra de Tamaulipas.

Según Rzedowski (1966: 174-181), en San Luis Potosí existen asimismo varias comunidades que califican como encinares arbustivos. En la parte suroeste del Estado, por ejemplo, sobre laderas de origen ígneo es común encontrar por encima de 2 000 m de altitud el matorral de *Quercus potosina,* que mide 1.5 m a 3 m de alto. Puede haber masas completamente puras sin ningún otro componente leñoso, pero en ocasiones se le asocian otros arbustos altos, como *Amelanchier denticulata, Arbutus xalapensis, Arctostaphylos pungens, Cercocarpus paucidentatus, Garrya ovata, Quercus crassifolia, Q. eduardii, Rhus pachyrrhachis, Salvia regla* y *Yucca filifera,* además de otros que pueden formar un estrato inferior. Esta comunidad también se ha observado en algunas áreas adyacentes de Jalisco y Aguascalientes (Rzedowski y McVaugh, 1966: 61) así como de Zacatecas y Guanajuato.

El encinar arbustivo de *Q. tinkhamii* es quizá el más extendido en San Luis Potosí, donde prospera sobre substrato de roca caliza. Puede medir 0.6 a 2 m de alto y a menudo también consiste de masas puras, aunque llega a compartir la dominancia con arbustos diversos, en su mayoría de los géneros ya mencionados; entre los adicionales cabe citar: *Brahea, Casimiroa, Citharexylum, Dodonaea, Eupatorium, Forestiera, Fraxinus, Gochnatia, Persea, Pithecellobium, Hesperozygis, Myrtus, Ptelea, Rhamnus, Sophora, Vauquelinia* y *Zexmenia.*

Otros tipos de encinares arbustivos referidos por Rzedowski de San Luis Potosí son los de *Q. pringlei* y los de *Q. cordifolia*, que miden de 0.3 a 0.8 m de alto y se caracterizan también por el tamaño pequeño de sus hojas. Otro más es el de *Q. opaca*, particularmente frecuente en la Sierra Madre Oriental y que también se ha observado en Tamaulipas (Martin, 1958: 38), Querétaro e Hidalgo.

Del Valle del Mezquital, en este último Estado, González-Quintero (1968: 35-40) describe también varios tipos de encinar arbustivo. Uno de ellos, característico de laderas riolíticas, en altitudes entre 2 200 y 2 300 m, mide sólo de 20 a 30 cm de altura y está constituido por *Quercus microphylla*. Otro tipo que se ha observado a 3 000 m s.n.m., igualmente sobre substrato de roca ígnea, es un matorral de 3 m de alto con dominancia de *Q. alpescens*. Además de esta última lo componen especies arbustivas de: *Agave, Amelanchier, Arbutus, Arctostaphylos, Baccharis, Bouvardia, Buddleia, Ceanothus, Dasylirion, Eupatorium, Lamourouxia, Quercus, Salvia* y *Stevia*.

Otra asociación más es propia de laderas calizas, donde prospera a altitudes próximas a 2 500 m. Las dominantes son *Q. tinkhamii, Q. microphylla* y *Q. rugulosa*, además de *Juniperus flaccida* var. *poblana* y *Arbutus xalapensis*, así como de *Nolina* y *Yucca* como eminencias aisladas.

En la parte septentrional del Valle de México existe, de acuerdo con Rzedowski et al. (1964: 45-46), un matorral denso de *Quercus microphylla* que mide de 20 a 100 cm de alto y más comúnmente de 40 a 80 cm. Esta comunidad parece deber mayormente su existencia a incendios periódicos y desarrollarse a expensas de bosques de pino y encino. *Nolina* puede formar un estrato de eminencias; otros elementos leñosos anotados pertenecen a los géneros: *Agave, Bouvardia, Dalea, Dasylirion, Eupatorium, Helianthemum, Pithecellobium, Rhus* y *Verbesina*.

Se ha observado un matorral semejante también en otras partes de Hidalgo, así como en Tlaxcala, en Puebla y en Oaxaca, siempre dando la impresión de ser una comunidad secundaria.

De la región de Tehuacán, Puebla, Miranda (1948b: 348) da cuenta de la existencia de un encinar arbustivo de 1 a 3 m de alto, constituido por especies de hojas pequeñas y algo glaucas: *Q. ceripes* y *Q. schenckiana*.

En cambio, en la región de Comitán, Chiapas, existe un encinar arbustivo de *Quercus sebifera*, que cubre los cerros en forma de un tapiz uniforme de 2 a 4 m de altura y también desciende a la llanura, donde su talla se reduce a 30-60 cm (Miranda, 1952, I: 155-156). Este matorral prospera en un clima que evidentemente no es árido ni semiárido y su determinismo ecológico no está claro. Entre los arbustos acompañantes de esta comunidad se cuentan especies de: *Dodonaea, Rhus, Amelanchier, Harpalyce, Ximenia, Xylosma, Ilex, Ternstroemia* y *Garrya*.

Diversas especies de *Quercus* que normalmente se comportan como árboles, pueden, en condiciones especiales, asumir porte arbustivo y formar matorrales. Este es, por ejemplo, el caso de los de *Q. magnoliifolia* de los alrededores de Chilpancingo, Guerrero, que describe Miranda (1947: 98). Sobre la corriente de lava basáltica, conocida como Pedregal de San Angel, en el Distrito Federal, prospera asimismo un matorral de *Quercus rugosa* entre 2 500 y 2 800 m de altitud (Rzedowski, 1954: 84-85). Estos encinares arbustivos también corresponden a condiciones de clima semihúmedo.

Los aspectos dinámicos de los matorrales xerófilos de México son aún poco conocidos. Muller (1940) encuentra que el matorral de *Larrea* y *Flourensia* se regenera directamente después de su destrucción, sin que intervengan otras fases o elementos, fenómeno que probablemente puede extrapolarse a muchas otras comunidades de clima rigurosamente árido. Sin embargo, los matorrales más exuberantes parecen tener comportamiento distinto, pues a menudo se intercalan etapas seriales herbáceas y arbustivas bajas antes de su completo restablecimiento. Así, por ejemplo, parece ser que algunos matorrales crasicaules y otros de *Quercus* pueden tener una fase de pastizal en su sucesión.

Es importante hacer hincapié en que al menos algunos de los matorrales descritos en este capítulo, tan sólo pueden representar una etapa en la serie que culmina con otra comunidad vegetal. Tal vez sea este el caso de algunos de los encinares arbustivos, de algunos "chaparrales" y probablemente de algunos de los "matorrales crasicaules".

Muchas veces se ha dicho en la literatura que uno de los resultados del sobrepastoreo de los pastizales es la invasión de arbustos, es decir que de esta manera la carpeta de gramíneas se va convirtiendo en matorral. Es posible que tal fenómeno sea real, aunque quizá no tan extensivo como algunos autores pretenden. De cualquier manera esto indica que ciertos matorrales realmente no corresponden sino a una fase de perturbación del zacatal.

Por otra parte, Shreve (1951: 29-30) insiste con énfasis que el concepto de clímax en el sentido de monoclímax para una región climáticamente homogénea no tiene aplicación en las zonas áridas, puesto que aquí cada tipo de habitat tiene su clímax propio y por lo común los lugares de suelo profundo y bien drenado son los más postergados en cuanto a la provisión de agua se refiere y por consiguiente su vegetación es la más pobre tanto en lo que concierne a su diversificación como a la biomasa.

Con respecto a la distribución geográfica fuera de los límites de México de los matorrales descritos en este capítulo, cabe indicar que los correspondientes al clima mediterráneo penetran profundamente en el territorio del oeste de Estados Unidos. Otras comunidades, como el matorral micrófilo de *Larrea – Ambrosia*, el de *Larrea – Flourensia*, y el de *Cercidium – Opuntia – Carnegiea*, el de *Agave – Hechtia – Dasylirion*, así como varios de los característicos de la Planicie Costera Nororiental también trascienden el límite internacional y ocupan superficies más o menos extensas en California, Arizona, Nuevo México y Texas, pero al adentrarse en el territorio estadunidense pronto dan lugar a otra clase de vegetación. Es interesante señalar que en las zonas áridas de Sudamérica, a varios miles de kilómetros de distancia, reaparecen matorrales fisonómicamente semejantes a los que existen en México y con ciertas ligas en la composición florística.

17. Bosque de Quercus

Los bosques de *Quercus* o encinares son comunidades vegetales muy características de las zonas montañosas de México. De hecho, junto con los pinares constituyen la mayor parte de la cubierta vegetal de áreas de clima templado y semihúmedo.

No se limitan, sin embargo, a estas condiciones ecológicas, pues también penetran en regiones de clima caliente, no faltan en las francamente húmedas y aun existen en las semiáridas, pero en estas últimas asumen con frecuencia la forma de matorrales, mismos que se discuten en el capítulo correspondiente a los matorrales xerófilos.

Aunque la sistemática de los taxa pertenecientes el género *Quercus* se encuentra todavía lejos de ser satisfactoria, en forma conservadora cabe reconocer para México más de 150 especies (quizá cerca de 200). Si se toma en cuenta que de este número más de la mitad son árboles dominantes o codominantes en los bosques, podrá comprenderse la gran diversidad florística, fisonómica y ecológica de los encinares mexicanos.

Los encinares guardan relaciones complejas con los pinares, con los cuales comparten afinidades ecológicas generales y los bosques mixtos de *Quercus* y *Pinus* son muy frecuentes en el país. Estas relaciones se discuten más ampliamente en el capítulo 18, pero cabe señalar el hecho de que, al parecer, la intervención humana ha complicado aún más la situación original. En muchos sitios el determinismo de la presencia o ausencia de los encinares o de los pinares constituye una incógnita absoluta y para su explicación se han invocado en algunos casos causas de orden histórico además de factores ambientales actuales.

También se relacionan los bosques de *Quercus* con los de *Abies* y con el bosque mesófilo de montaña, así como con diversos tipos de bosques tropicales y aun con las sabanas y otros tipos de pastizales, lo cual es explicable en función de su extensa amplitud ecológica.

Se conocen encinares de todos los estados y territorios de la República, excepción hecha de Yucatán y Quintana Roo y se encuentran desde el nivel del mar hasta 3 100 m s.n.m. aunque más de 95% de su extensión se halla en altitudes entre 1 200 y 2 800 m. Constituyen el elemento dominante de la vegetación de la Sierra Madre Oriental, pero también son muy comunes en la Occidental, en el Eje Volcánico Transversal, en la Sierra

Madre del Sur, en las sierras del norte de Oaxaca y en las de Chiapas y de Baja California, lo mismo que en numerosos macizos montañosos aislados de la Altiplanicie y de otras partes de la República. Con frecuencia la franja del encinar se ubica a niveles altitudinalmente inferiores que la del pinar, pero esta disposición no se cumple en muchas regiones y a veces se invierte. Los bosques de *Quercus* de clima caliente se distribuyen en forma de manchones discontinuos a lo largo de ambos litorales, desde Nayarit y Tamaulipas hasta Chiapas, incluyendo el extremo sur de Campeche.

Flores et al. (1971) calculan que en México los bosques de *Quercus* ocupan 5.5% de la superficie del país y además asignan 13.7% a la categoría del bosque de pino y encino. El criterio que usan los mencionados autores es el de cartografiar la vegetación clímax, pero cabe recordar que los encinares, desde tiempos inmemoriales, han sido de los tipos de vegetación más afectados por el impacto del hombre, ya que ocupaban muchas áreas particularmente favorables para el desarrollo de la agricultura y porque cubrían regiones de clima atractivo para la población humana.

Este tipo de vegetación se ha observado sobre diversas clases de roca madre, tanto ígneas, como sedimentarias y metamórficas, así como en suelos profundos de terrenos aluviales planos, pero tales terrenos casi en todos los casos se dedican hoy a la agricultura. No tolera, aparentemente, deficiencias de drenaje, aunque puede crecer a orillas de arroyos en tierra permanentemente húmeda. No es rara su presencia en suelos someros de terrenos muy rocosos e inclinados o de pedregales. Típicamente el suelo es de reacción ácida moderada (pH 5.5 a 6.5), con abundante hojarasca y materia orgánica en el horizonte superficial y a menudo también a mayor profundidad. La textura varía de arcilla a arena al igual que la coloración que frecuentemente es roja, aunque puede ser amarilla, negra, café o gris.

Los encinares arbóreos de México prosperan típicamente en condiciones de clima Cw de la clasificación de Koeppen (1948), pero también se extienden hacia Cf, Cs, Cx', Af, Am, Aw y BS. La precipitación media anual varía de 350 mm (en Sonora, fide White, 1949: 237) a más de 2 000 mm en algunos lugares de la Planicie Costera del Golfo de México, pero la distribución de la gran mayoría de los encinares se halla entre las isoyetas de 600 y 1 200 mm. Las temperaturas medias anuales tienen una amplitud global de 10 a 26° C y más frecuentemente de 12 a 20° C. (Figs. 283, 284, 285). El número de meses secos oscila entre 0 y 9 e igualmente amplios son los límites de la humedad relativa, de la oscilación de la temperatura, etc. En ciertas partes de la Sierra Madre Occidental y también de la Oriental las heladas llegan a ser muy severas y en algunos años se presentan nevadas. Las temperaturas por debajo de 0° C son comunes en el periodo más frío del año en casi toda el área cubierta por el encinar en México, pero no se presentan en la Planicie Costera de Veracruz y Tabasco, ni tampoco en la región cercana al litoral de Jalisco y Nayarit, hasta donde descienden algunos bosques de *Quercus.*

Con respecto a su aprovechamiento cabe observar que los encinares mexicanos son en general bastante explotados a escala local, pero muy poco a nivel industrial. Este hecho se debe principalmente a que la mayor parte de los bosques de *Quercus* de este país está formada por árboles bajos y con troncos más bien delgados. Además, los encinos son de crecimiento relativamente lento y los que alcanzan mayores tamaños tampoco se utilizan mucho, entre otras razones por la inaccesibilidad del terreno, porque no se conocen bien las características de su madera o porque se ignoran las técnicas para su debido secado. Localmente la madera de encino se

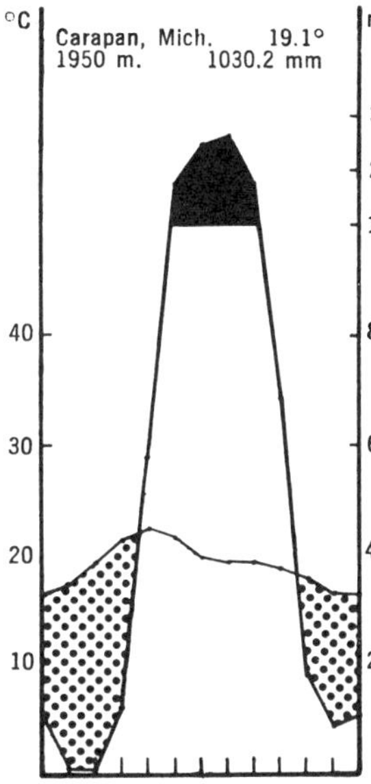

Figura 283. Diagrama ombrotérmico de Carapan, Michoacán.

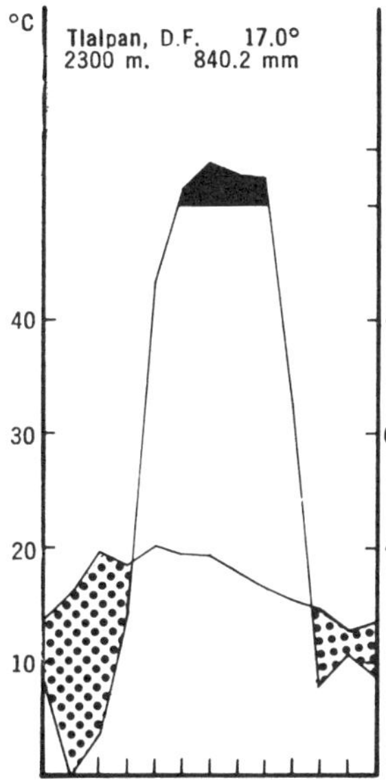

Figura 284. Diagrama ombrotérmico de Tlalpan, Distrito Federal.

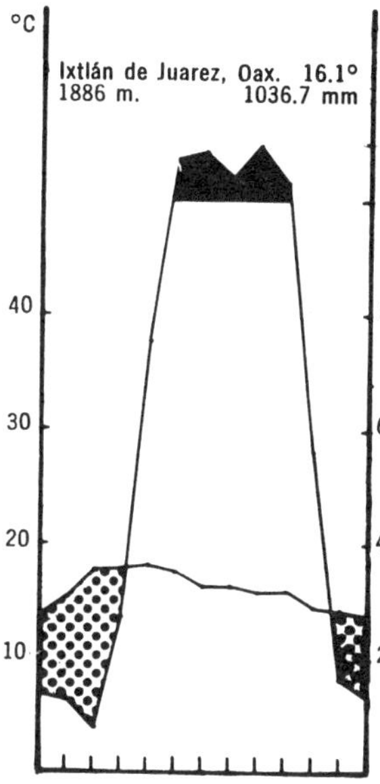

Figura 285. Diagrama ombrotérmico de Ixtlán de Juárez, Oaxaca.

emplea para construcciones, muebles, postes y tiene muchos otros usos, pero más que nada como combustible, bien sea directamente, o bien transformada en carbón, cuyo uso tiene profundo arraigo y tradición entre el pueblo. Grandes extensiones de encinares mexicanos se han consumido debido a la explotación desmedida para la obtención de carbón vegetal, sobre todo en el siglo pasado y aunque parece que en las últimas décadas la demanda ha disminuido debido al uso más frecuente de otros combustibles, en algunas regiones la devastación sigue en auge.

La corteza de muchas especies de *Quercus* y las agallas que forman algunas en sus hojas para alojar huevecillos y larvas de ciertos insectos himenópteros, son ricos en taninos y se utilizan en la curtiduría. Con los frutos ("bellotas") se alimenta a menudo a los puercos y el hombre consume también los de algunas especies.

Extensas superficies de terrenos antes cubiertos por encinares se emplean para la agricultura, que en la mayor parte de los casos es de temporal. Los cultivos más frecuentes en estas áreas son de maíz, frijol, cebada, trigo y avena, así como de árboles frutales diversos, pero principalmente durazno, manzano y aguacate.

Amplias extensiones de encinares se aprovechan con fines ganaderos y con el objeto de estimular la producción de brotes tiernos de plantas herbáceas y arbustivas, en muchas partes del país se acostumbra someterlos a la acción periódica del fuego. Estos incendios se producen en el periodo más seco y caluroso del año, época en que más fácilmente se propagan y en que más falta hace el forraje para el ganado. Como en otros tipos de vegetación, también en los encinares el fuego provoca cambios en la composición y en la estructura de las comunidades, cambios que varían en su profundidad en función de la periodicidad y la fuerza de los incendios. Así, muchos encinares mueren por completo, bien porque no resisten los incendios, o bien porque no se reproducen los árboles dominantes y a la larga el bosque no puede

Figura 286. Erosión avanzada en la zona del encinar cercano a Nochixtlán, Oaxaca.

perpetuarse. Bajo este mecanismo se convierten en bosques, matorrales o zacatales secundarios, que a menudo resultan más útiles para aprovechamientos ganaderos que el bosque clímax mismo y por consiguiente el hombre procura no crear las condiciones propicias para su restablecimiento. Lo que sobreviene, sin embargo, en muchos casos, es que los terrenos de esta manera degradados y constantemente sometidos a pastoreo intenso pierden la capacidad de absorber y almacenar eficientemente el agua de la lluvia; el escurrimiento predomina sobre la infiltración y comienza a desencadenarse una rápida erosión del suelo y hasta de la misma roca madre, sobre todo en los casos en que esta última es deleznable o poco consolidada (Fig. 286).

A semejantes resultados lleva con demasiada frecuencia el desmonte y el uso para fines agrícolas de terrenos que no son aptos para sostener una agricultura permanente. La parcela se abandona después de dejar de ser productiva y su suelo comúnmente es pasto fácil de la erosión, como puede observarse en multitud de casos y regiones de México (Fig. 287).

El proceso, desde luego, no es privativo de los encinares, pero estas comunidades vegetales con mayor frecuencia que otras ocupan en el país situaciones que podrían definirse como estratégicas dentro de muchas cuencas hidrográficas, de tal suerte que la erosión que afecta el substrato de los bosques de *Quercus* produce a menudo efectos deletéreos no sólo en la región donde se produce, sino también a distancia, donde provoca desecación de manantiales, contaminación del agua, inundaciones, azolve de presas y tolvaneras, para mencionar sólo los más palpables.

Es tarea urgente, por consiguiente, buscar la conservación de todos aquellos encinares, donde su presencia es necesaria para preservar el equilibrio ecológico de cuencas. Para lograrlo a la larga, es recomendable abrir una línea de investigación tendiente a encontrar más y mejores posibilidades de utilización de los encinos y de otros componentes de los bosques de *Quercus,* de modo que los propietarios de los terrenos puedan explotar estos bosques con provecho y por ende tengan interés en mantenerlos y conservarlos en buenas condiciones.

Es posible que, con el tiempo, dado el inevitable agotamiento de energéticos de origen fósil, sea necesario volver a un uso intensivo de la leña como combustible; si esto sucede será indispensable cuidar que el aumento de la demanda de los productos de los encinares no solamente resulte en su ma-

Figura 287. Erosión avanzada en la zona del encinar cercano a Cahuacán, México.

yor uso, sino también en un mayor aprecio de este recurso natural renovable.

Por su fisonomía y estructura cabe distinguir dentro de los bosques de *Quercus* varios tipos distintos, aunque suelen existir todas las situaciones intermedias entre un tipo y otro, de manera que más que de categorías discretas cabe hablar de ciertas situaciones extremas o tendencias que se manifiestan. Así, por ejemplo, no existe una separación neta entre los matorrales de *Quercus* o encinares arbustivos y los arbóreos. Los caracteres principales que se emplean para distinguir los arbustos de los árboles son la estatura y la forma de ramificación, sin embargo, estos dos rasgos no siempre van unidos de manera perfecta en el caso de los encinos (como tampoco en muchos otros casos) y no son raras las poblaciones de individuos que miden 4 o 5 m, pero carecen de tronco único bien definido, mientras que otros que sólo tienen 2 o 2.5 m de alto pueden presentar un eje claro de ramificación primaria. Se ha observado más de una vez que una determinada especie de *Quercus* puede comportarse tanto como planta arbórea, como arbustiva. No debe sorprender entonces el hecho de que comunidades que unos autores llaman matorrales, constituyen bosques bajos para otros.

Aunque la mayoría de los encinares mexicanos son formaciones bastante densas o al menos cerradas, no son raros los bosques de *Quercus* con árboles separados por amplios espacios cubiertos sólo por plantas herbáceas o arbustivas. En el sur y centro de México esto último ocurre casi siempre en lugares que evidentemente indican una condición de transición entre el encinar por un lado y el pastizal o matorral por el otro. En el norte del país, sin embargo, sobre todo en algunas partes septentrionales de la Sierra Madre Occidental, la existencia de este tipo de comunidades abiertas constituye más bien la regla que la excepción. Esta vegetación ha sido llamada por autores de habla inglesa "woodland" (LeSueur, 1945), "oak-grassland" (White, 1949: 237) e inclusive "oak-savannah" (Fig. 237). Gentry (1957: 31) describe una comunidad semejante de Durango bajo el nombre de "pastizales con encino - enebro".

Como se indica en el capítulo 19, el bosque mesófilo de montaña tiene con frecuencia como dominante o codominante a una o varias especies de *Quercus*. Este es el caso de los encinares más altos y densos, ricos en epifitas y trepadoras y de estructura compleja, pero existe toda una gama de variantes ecológicamente intermedias entre este "extremo" y los de tipo "promedio" que son los más comunes y extendidos.

La observación y la experiencia señalan que en México la convivencia de pinos y encinos en muchos casos no implica una condición de transición, ya que las comunidades mixtas son en ciertas regiones de tan vasta distribución como las puras. Por otra parte, los pinos y los encinos discrepan notablemente entre sí en cuanto a la fisonomía de la planta entera y del follaje se refiere; por lo general difieren también en su fenología y en la manera cómo influyen en la estructura del resto de la comunidad. De ahí se deduce que de las proporciones de cobertura que en un determinado lugar guarden entre sí los componentes de un bosque mixto de *Pinus* y *Quercus*, dependerá mucho su aspecto general, su comportamiento estacional, así como la composición y estructura de los estratos inferiores y de las sinusias asociadas. Y aquí sólo cabe agregar que entre el pinar puro y el encinar puro se pueden encontrar en México todos los grados intermedios (Fig. 288).

Aunque existen pocas observaciones sistemáticas al respecto, evidentemente muchas especies mexicanas de *Quercus* son caducifolias y por extensión así se comporta gran parte de los bosques en que estas plantas son

Figura 288. Bosque de Quercus affinis *("encino manzanillo") y* Pinus patula *("pino lacio"), cerca de Zacualtipán, Hidalgo.*

Figura 289. Bosque de Quercus obtusata *("encino carrasco"), cerca de Cahuacán, México, con los encinos defoliados.*

dominantes (Fig. 289). Sin embargo, el periodo de carencia de follaje de la mayor parte de las especies de hoja decidua es breve, con frecuencia menor de un mes y además no siempre coincidente entre una y otras, de modo que un bosque en que la dominancia se reparte entre varias especies de encinos puede conservar siempre una parte de verdor. El mismo efecto se obtiene cuando participan en la vegetación encinos perennifolios, pinos u otros árboles.

La fisonomía de los encinares está notablemente influida por el tamaño de las hojas de las especies de árboles que lo forman. Así se observa que los bosques de *Quercus* que habitan áreas más secas presentan a menudo hojas chicas –categoría de microfilia de la clasificación de Raunkiaer (1934)–, mientras que en los encinares de climas húmedos abundan especies con hojas relativamente grandes (tamaño de mesofilia de la clasificación mencionada), aunque los mayores tamaños foliares (macro y aun megafilia) se presentan en algunos encinos que pueden calificar como propios de condiciones climáticas intermedias o más bien algo secas, como es el caso de *Q. magnoliifolia, Q. resinosa* y *Q. urbanii.*

Otros caracteres del follaje de *Quercus* a los que se les atribuye significado ecológico son su grosor y rigidez, rasgos que generalmente van unidos y que guardan ciertas correlaciones con el clima. La mayor parte de los encinos mexicanos tiene hoja gruesa y dura y las plantas califican como esclerófilas, lo que no ocurre en muchas de las especies de clima húmedo, por lo que cabe pensar que tales caracteres desempeñan un papel importante en la resistencia a la sequía que afecta estas plantas durante largos meses.

Resumiendo lo antes dicho, los bosques de encino son comunidades cuya altura varía entre 2 y 30 m, alcanzando en ocasiones hasta 50, generalmente son de tipo cerrado, pero también los hay abiertos y muy abiertos. Varían de totalmente caducifolios a totalmente perennifolios y el tamaño de las hojas de las especies dominantes de nanófilas a megáfilas. Pueden formar masas puras, pero es más frecuente que la dominancia se reparta entre varias especies del mismo género y a menudo admiten la compañía de pinos, así como de otros árboles.

Los encinos se reconocen en general como buenos hospederos de epifitas, que varían desde líquenes y musgos hasta fanerógamas de gran tamaño (Fig. 294). La abundancia y diversidad de epifitas está correlacionada mayormente con el clima, sobre todo con la humedad atmosférica y sus variaciones a lo largo del año. Las temperaturas bajas no favorecen la presencia de muchas orquidáceas, bromeliáceas y otros grupos más bien termófilos, que van disminuyendo notablemente al ir avanzando hacia el norte.

La frecuencia de trepadoras leñosas también depende de las condiciones de humedad y temperatura favorables y muchos encinares no las incluyen en su composición o sólo permiten su existencia en microclimas de lugares protegidos.

Los bosques de *Quercus* de estatura baja no tienen sino un solo estrato arbóreo (Fig. 290), mientras que en los más altos pueden distinguirse dos o tres. También hay uno o dos estratos arbustivos, característicamente bien desarrollados y cubriendo bastante espacio. El herbáceo, en cambio, varía mucho en importancia, pues desempeña un papel grande en los encinares abiertos, mientras que en los más densos disminuye su participación y sólo se encuentra bien representado en los claros del bosque. En el estrato herbáceo de los encinares pueden ser importantes las gramíneas, pero su abundancia por lo general no es tan grande como en los bosques de pino.

Figura 290. Perfil esquemático del bosque de Quercus mexicana *con* Pinus teocote, Quercus obtusata, Juniperus flaccida *y* Arbutus xalapensis, *cerca de Jacala, Hidalgo;* 1. Pinus teocote, 2. Quercus mexicana, 3. Q. obtusata, 4. Juniperus flaccida, 5. Arbutus xalapensis, 6. Rhus virens, 7. R. trilobata, 8. Senecio aschenbornianus, 9. Amicia zygomeris, 10. Eupatorium berlandieri.

Aunque no se han hecho estudios detallados ni exhaustivos sobre el particular, hay indicios de que en la generalidad o tal vez en todos los bosques de *Quercus* de México existen relaciones micorrícicas ectotróficas a través de las raíces de los encinos y de algunos otros componentes de estas comunidades. Los indicios radican en la presencia en los encinares de hongos conocidos de otros sitios como simbiontes de estos árboles, como *Amanita, Russula, Lactarius, Boletus, Scleroderma,* etc. Aun en los encinares de clima caliente se presenta este tipo de micoflora, a diferencia de otros bosques tropicales contiguos que carecen de ella.

Con respecto a la composición florística, en la gran mayoría de los encinares predominan ampliamente en número de especies las plantas herbáceas sobre las leñosas, aunque esta desproporción se atenúa en los climas más húmedos y se invierte en los francamente cálidos. Las Compositae están por lo común muy bien representadas y en regiones de clima fresco suponen 15 a 20% de la flora a nivel de género (Rzedowski, 1972b: 125); les siguen en importancia las Gramineae, pero la participación de ambas familias también disminuye con el aumento de la humedad y de la temperatura.

A semejanza de la mayor parte de los pinares y de otras comunidades propias de clima templado y frío de México, los encinares presentan en su composición florística una mezcla de elementos neotropicales y holárticos en partes más o menos equivalentes y con participación un poco menos significativa de géneros autóctonos. La proporción de los segundos aumenta en general de sur a norte y según aumenta la altitud, mientras que los primeros se comportan exactamente al revés y la importancia de los terceros se intensifica con el incremento de la aridez. Son muy notables los bosques de *Quercus* de clima caliente, en los cuales prevalecen en forma casi absoluta los elementos neotropicales a pesar de que los árboles dominantes son de afinidad boreal. La flora de los encinares es por lo general rica en endemismos a nivel de especie, aunque la gran mayoría de los géneros tiene una distribución relativamente vasta que trasciende ampliamente los límites del país.

Como es bien sabido, los bosques de *Quercus* están muy difundidos en el Hemisferio Boreal y en América encuentran su límite sur en Colombia. Los encinares mexicanos son muy parecidos florística y ecológicamente a los que existen en Guatemala y en algunas otras porciones de América Central. Asimismo los que se desarrollan en la parte septentrional de la Sierra Madre Occidental guardan semejanzas con los existentes en Nuevo México y en Arizona, aun cuando muchos elementos de afinidad austral desaparecen pronto al ir avanzando de la frontera internacional hacia el norte.

Ya se indicó que los encinares pueden presentarse como bosques puros, dominados por una o varias especies de *Quercus.* Más frecuentemente, sin embargo, admiten en su composición otros árboles diversos, de los cuales los encontrados más a menudo son: *Abies, *Alnus, Arbutus, *Buddleia, Cercocarpus, Crataegus, Cupressus, *Fraxinus, *Garrya, Juglans, Juniperus, Pinus, *Platanus, *Populus, *Prunus, Pseudotsuga* y **Salix,* siendo los marcados con * más característicos de arroyos, fondos de cañadas o habitats similares.

En los encinares más húmedos, propios sobre todo del centro y sur de México, a menudo también se encuentran árboles de otros géneros, como, por ejemplo, *Clethra, Cornus, Ilex, Oreopanax, Styrax, Symplocos, Xylosma,* etc.

El número de especies de arbustos y de plantas herbáceas que participan en la composición de los diferentes encinares de México es muy grande y entre las familias de plantas vasculares mejor representadas en el sotobosque de los encinares pueden citarse: Compositae, Gramineae, Leguminosae, Labiatae, Euphorbiaceae, Rosaceae, Onagraceae, Umbelliferae, Scrophulariaceae, Commelinaceae, Rubiaceae, Pteridaceae, Cyperaceae.

Los géneros de plantas vasculares más frecuentes en las sinusias epifíticas de los encinares son: *Polypodium, Tillandsia, Catopsis, Peperomia, Laelia, Epidendrum, Oncidium* y *Odontoglossum,* en cambio entre las trepadoras leñosas destacan *Clematis, Smilax, Rhus, Archibaccharis, Parthenocissus, Solanum, Vitis* y *Rubus.*

Un grupo algo aparte lo constituyen los hemiparásitos de la familia Loranthaceae que en muchos encinares pueden ser abundantes sobre ramas de *Quercus, Alnus, Arbutus, Juniperus* y otras plantas leñosas. El género mejor representado tanto en número de especies como de individuos es *Phoradendron*; le siguen en importancia *Struthanthus* y *Psittacanthus.* A menudo la abundancia de estas plantas está ligada con la intensidad de ciertos tipos de disturbio.

La lista de hongos (macromicetos) característicos de los encinares (Guzmán, com. pers.) incluye los siguientes géneros: *Amanita, Russula, Lactarius, Craterellus, Helvella, Morchella, Omphalotus, Strobilomyces, Astraeus, Armillariella, Boletus, Hydnum, Clavaria, Inocybe, Scleroderma, Pisolithus, Cortinarius, Stereum, Tricholoma, Polyporus* y *Collybia,* además de los siguientes líquenes: *Sticta, Parmelia* y *Usnea.* Entre los musgos más frecuentes cabe citar (Delgadillo, com. pers.) especies de: *Brachythecium, Bryum, Entodon, Leptodontium, Leucodon, Macromitrium, Meteorium, Neckera, Orthotrichum, Pohlia, Rozea, Symblepharis* y *Trichostomum.*

La información relativa a los bosques mexicanos de *Quercus* es aún bastante imperfecta y por otra parte está dispersa en un gran número de notas, citas y descripciones más o menos completas, pero realizadas con criterios y grados de profundidad muy diversos, lo que dificulta su comparación y síntesis. También cabe hacer hincapié en que debido a los numerosos problemas pendientes de resolver en la taxonomía y nomenclatura de los *Quercus* de México, se ha visto que algunos de los nombres de especies de encinos usados en las descripciones de la vegetación pueden no estar correctamente aplicados. Sin embargo, su verificación o rectificación requeriría muchas veces de estudios detallados, por lo cual se ha optado por no hacer correcciones en este sentido y, salvo los casos de errores muy evidentes y claros, se transcribe la nomenclatura usada en los trabajos originales.

Aunque Flores et al. (1971) marcan en su mapa una extensa zona de bosques de *Quercus* en las montañas de la parte sepentrional de la Península de Baja California, aparentemente este tipo de vegetación no es común en la mencionada región y sólo en algunas porciones de la Sierra de Juárez existen superficies de cierta importancia en las que prevalece un bosque de pino y encino (Anónimo, 1968: 13-15). Los encinos arborescentes más comunes de esa zona son *Q. agrifolia* y *Q. chrysolepis,* que en cañadas y laderas protegidas llegan a veces a formar pequeños bosquetes (Goldman, 1916: 322-323). Ciertas especies arbustivas, como *Q. dumosa* y *Q. palmeri,* pueden ser abundantes en el estrato inferior de algunos pinares, sobre todo en los de *Pinus quadrifolia* y son componentes frecuentes del chaparral. Todos estos encinos son siempre verdes.

En el extremo boreal de la Isla Guadalupe existen algunos manchones de bosque de *Q. tomentella,* que mide hasta 12 m de alto (Eastwood, 1929: 402).

En la mitad meridional de la Península existen dos áreas de bosque de encino de cierta importancia. Una de ellas se localiza en las partes altas de la Sierra de la Giganta, ubicada al norte de La Paz, y está constituida por *Q. tuberculata.* Al sur de La Paz, en la Sierra de La Laguna, existe un encinar más extenso, principalmente entre 1 300 y 1 600 m de altitud, aunque a lo largo de los cañones y en algunas mesas se le observa a menores elevaciones. *Q. tuberculata* también es aquí la especie dominante en amplias superficies, pero principalmente en las partes más altas *Q. devia* puede prevalecer y esta última especie es la que forma un bosque mixto con *Pinus cembroides* en la parte superior de la Sierra (Carter, 1955; Johnson, 1958; Villa, 1968). Otros árboles a veces presentes en esta comunidad son especies de *Arbutus, Heteromeles, Prunus, Salix* y *Populus,* los dos últimos géneros preferentemente representados en las cañadas y a lo largo de corrientes de agua.

En algunos otros lugares de la Península existen también pequeños manchones de encinares, pero éstos no se han explorado aún y aparentemente son de poca importancia.

En la Sierra Madre Occidental de Sonora y de Chihuahua los bosques de *Quercus* ocupan característicamente un piso altitudinal que colinda hacia abajo con vegetación más xerófila o más termófila (pastizal, matorrales xerófilos, bosque tropical caducifolio), mientras que hacia arriba limita con bosques de pino o de pino y encino. Tanto en la vertiente oriental, como en la occidental, existen extensas áreas en que los árboles están ampliamente espaciados entre sí (Shreve, 1939: 10; Gentry, 1942: 36; White, 1949: 243), situación frecuente en condiciones de clima o microclima más árido. Estos encinares también son comparativamente más bajos.

En el noreste de Sonora y en las porciones adyacentes de Chihuahua, con drenaje hacia el lado pacífico (LeSueur, 1945: 31-37; White, 1949: 243-246) los bosques de *Quercus* se presentan entre 1 000 y 2 800 m; más hacia el sur esta franja altitudinal aparentemente se reduce un poco, pues en la Cuenca del Río Mayo, del sur de Sonora, se localiza entre 900 y 1 500 m (Gentry, 1942: 35). Del lado del Altiplano, en cambio, la amplitud altitudinal varía entre 1 500 y 2 600 m, según LeSueur.

Q. chihuahuensis es el árbol más difundido, sobre todo en la parte occidental de esta región, señalando claras preferencias hacia las condiciones más secas y habitats expuestos. Se trata de una planta que alcanza comúnmente 4 a 8 m de altura y su follaje destaca por el color grisáceo, debido a la abundante pubescencia. Otros encinos comunes de afinidad ecológica similar son: *Q. santaclarensis, Q. emoryi, Q. arizonica, Q. oblongifolia, Q. chuichupensis, Q. durangensis* y *Q. hypoleuca. Pinus cembroides* y varias especies de *Juniperus* pueden asimismo formar parte importante de estas comunidades.

Los encinares más mesófilos de la misma región están confinados a las partes más altas de la Sierra o bien a microhabitats favorables de fondos de cañones y de laderas protegidas. Entre éstos se citan como componentes principales: *Q. albocincta, Q. tuberculata, Q. fulva, Q. pennivenia, Q. sipuraca* y *Q. epileuca.* Muchas de las especies mencionadas constituyen también comunidades mixtas con pinos, o bien participan como elementos de menor importancia en los pinares.

Los encinares de la Sierra Madre Occidental de Sinaloa y Durango se han estudiado poco y sólo de manera fragmentaria, pero aparentemente representan un cuadro ecológico similar al de Sonora y Chihuahua.

En la Sierra Surotato, del norte de Sinaloa, según Gentry (1946a), existen encinares puros entre 600 y 1 400 m de altitud, mientras que a mayores elevaciones prevalece un bosque de *Pinus* y *Quercus,* siendo *Q. pallescens* y *Q. epileuca* los principales encinos del segundo. De la Sierra Tacuichamona, del centro del mismo Estado, Gentry (1946b) describe un bosque de *Quercus* de tipo más bien seco que habita las vertientes superiores del sotavento de ese macizo montañoso, próximo al litoral. *Q. albocincta, Q. tuberculata, Q. chihuahuensis* y *Q. gentryi* son los encinos de esa área, formando una comunidad en que prevalecen plantas con hojas duras y rasposas.

En Durango y en el noroeste de Zacatecas, en la base de la Sierra Madre del lado del Altiplano, se encuentra como en Chihuahua y Sonora una faja de encinar bajo y muy abierto que Gentry (1957: 31-45) denomina "pastizal con encino-enebro". Los árboles de troncos cortos, pero a veces bastante gruesos y de copa ancha, dejan grandes espacios entre sí, los que ocupa esencialmente una carpeta de gramíneas. Las hojas de los encinos son en general pequeñas, gruesas y rígidas. *Q. cordifolia, Q. chihuahuensis, Q. emoryi* y *Juniperus macrosperma* son los principales componentes de esta vegetación en Durango, pero no siempre se encuentran representantes de *Juniperus* en la comunidad. Otros elementos más o menos frecuentes son *Q. grisea, J.* aff. *patoniana, Q. reticulata, J. flaccida* y *Pinus cembroides.* La precipitación media anual es de 450 a 775 mm.

De acuerdo con Maysilles (1959: 54) a unos 25 km al oeste-suroeste de Durango existe una estrecha faja de encinar bajo de *Q. durifolia,* que constituye la transición entre el zacatal y el bosque. El mismo autor refiere diversas localidades de la Sierra Madre de Durango, en las que prospera el bosque de pino y encino y cita entre otras las siguientes especies de *Quercus: Q. arizonica, Q. sideroxyla, Q. rugosa, Q. urbanii, Q. coccolobifolia, Q. laxa, Q. durifolia, Q. magnoliifolia, Q. viminea, Q. crassifolia, Q. microphylla* y *Q. striatula,* en altitudes entre 1 500 y 3 150 m. Los pinos acompañantes más frecuentes en esa zona son: *P. engelmannii, P. chihuahuana, P. arizonica, P. ayacahuite* var. *brachyptera, P. reflexa, P. lumholtzii* y *P. durangensis.*

En el sector meridional de la Sierra Madre Occidental, que corresponde a los Estados de Nayarit, Jalisco, Zacatecas y Aguascalientes, los encinares y los bosques de *Quercus* y *Pinus* forman también parte muy importante de la vegetación. En el sur de Nayarit estas comunidades descienden a menos de 1 000 m de altitud, entrando en relaciones con la vegetación de tipo sabanoide de *Byrsonima* y *Curatella* (Rzedowski y McVaugh, 1966: 61). *Q. aristata, Q. elliptica* y *Q. planipocula* son los encinos más comunes de esa región, formando bosques de unos 10 a 15 m de alto y moderadamente densos (Fig. 291).

Figura 291. Bosque de Quercus aristata *("encino") y* Q. elliptica *("encino cucharita"), cerca de La Cuesta, Jalisco.*

Figura 292. Bosque de Quercus resinosa *("encino roble"), cerca de Ixhuacatlán del Río, Jalisco.*

A mayores elevaciones se presenta en muchos sitios el bosque de *Q. resinosa,* característico por sus hojas grandes y pálidas en el envés. La estatura de esta comunidad caducifolia puede ser tan sólo de unos 3 m, constituyendo prácticamente un matorral, o bien alcanzar hasta 6 a 10 m que es la facies más común (Fig. 292). Es más bien propia de lugares relativamente secos, de 1 800 a 2 600 m de altitud. Otro encinar ecológicamente afín es el de *Q. potosina,* también muy variable en su altura, pero de hoja mucho más chica, al que frecuentemente se asocian *Q. eduardii* y *Q. coccolobifolia* en las vertientes más secas. Bosques semejantes pueden estar formados por *Q. depressipes, Q. grisea* y *Q. oblongifolia.* En áreas más favorecidas por la humedad se presentan encinares más altos, "hasta de 18 m de alto", y de estructura más compleja. En ellos prevalecen *Q. obtusata, Q. viminea, Q. gentryi, Q. urbanii, Q. rugosa.* Los pinos que más frecuentemente se asocian a los encinares de esta parte de la Sierra Madre Occidental son *Pinus lumholtzii, P. leiophylla, P. teocote, P. engelmannii* en las partes altas, y *P. michoacana* y *P. oocarpa* en las más bajas.

Aunque la extensa región de la Altiplanicie está mayormente cubierta por matorrales xerófilos, existe en su interior un gran número de serranías aisladas más o menos pequeñas, cuyas partes altas escapan a la aridez y sostienen una vegetación boscosa, que frecuentemente asume la forma del bosque de *Quercus* o de *Quercus* y *Pinus* más o menos mesófilo.

En la parte oriental de Chihuahua, a altitudes superiores a 1 750 m (LeSueur, 1945: 23) se presentan manchones aislados de un encinar bajo y abierto de *Q. grisea,* al que pueden acompañar *Q. emoryi, Q. undulata* y *Q. chisosensis,* así como *Juniperus pachyphloea, J. monosperma, J. flaccida* y a veces *Pinus cembroides.*

De algunas montañas del norte de Coahuila, Muller (1947: 48-52) describe bajo el nombre de "montane low forest" un encinar ecológica y fisonómicamente análogo, pero con composición florística algo diferente, pues aquí los principales árboles son: *Q. gravesii, Pinus cembroides, Juniperus pachyphloea, Q. hypoleucoides, Q. laceyi, J. flaccida, Q. arizonica, Q. sinuata* var. *breviloba, Q. mohriana, Arbutus xalapensis* y *Fraxinus cuspidata.* En Coahuila *Q. gravesii, Q. hypoleucoides* y *Q. muehlenbergii* forman parte también de un bosque más complejo y que evidentemente corresponde a un clima más húmedo ("montane mesic forest"), donde conviven con *Pinus arizonica, Pseudotsuga taxifolia* y *Cupressus arizonica* (Muller, op. cit.: 55).

En la Sierra de Catorce, del norte de San Luis Potosí, a más de 2 500 m de altitud, Rzedowski (1966: 189-190) refiere la existencia de un encinar denso de 5 a 10 m de alto con *Q. mexicana* como dominante y además con *Q. potosina, Q. eduardii* y *Q. sideroxyla,* que se desarrolla sobre substrato margoso. Los troncos son delgados y las ramas llevan grandes cantidades de *Tillandsia usneoides* como epifita.

En el sur del mismo Estado existen, según el mencionado autor (op. cit.: 188-189), encinares diversos, variando en general en función del substrato, la altitud y la humedad. Sobre riolitas prevalece en muchos sitios *Q. crassifolia* y entre otros árboles frecuentes cuentan *Q. coccolobifolia, Q. obtusata, Q. castanea, Q. eduardii, Q. diversifolia* y *Q. viminea,* además de *Pinus teocote* y *P. arizonica.* Hacia los lugares más secos prosperan, en cambio, bosquetes restringidos de *Q. resinosa* y otros de *Q. microphylla.* Sobre calizas, entre 1 600 y 1 900 m de altitud, el encino más común es *Q. polymorpha,* acompañado a veces de *Q. furfuracea, Q. sartorii* y *Q. prinopsis.* En elevaciones superiores prevalecen, en cambio, encinares bajos (4 a 7 m) con *Q. mexicana, Q. diversifolia* y *Q. obtusa-*

ta, que pueden ser bastante densos, pero tienen en general troncos delgados, partiendo varios de un sólo sistema radical.

Bosques de *Quercus* muy similares existen también en el norte de Guanajuato y en Querétaro, donde *Q. crassifolia, Q. mexicana, Q. jaralensis, Q. castanea, Q. rugosa* y, a mayores altitudes, *Q. laurina,* constituyen las especies dominantes en vastas regiones montañosas.

De la Sierra de Juárez, cercana a Ixmiquilpan, Hidalgo, González-Quintero (1968: 40-42) refiere la existencia de un encinar que vive entre 2 600 y 3 100 m de altitud. Es un bosque hasta de 10 m de alto, en el cual *Q. crassipes, Q. crassifolia* y *Q. rugosa* son las dominantes. Además, forman parte del estrato arbóreo *Pinus teocote, P. montezumae* y *P. cembroides.*

En la Sierra Madre Oriental, principalmente en su vertiente de barlovento, pero también en muchas de sus zonas interiores, se observan grandes extensiones cubiertas de bosques de *Quercus,* que de hecho constituyen el tipo de vegetación más característico de esta cadena montañosa. La diversidad de estos encinares es también notable.

En Nuevo León, Muller (1939: 699-701) y Rojas-Mendoza (1965: 96-97) reconocen dos categorías esenciales de encinares. El "montane low forest" o "bosque mediano subcaducifolio con *Quercus-Carya-Juglans*" se desarrolla generalmente entre 800 y 1 500 m s.n.m., aunque en lugares protegidos puede descender más. Se trata de un complejo que incluye desde comunidades bajas y abiertas hasta relativamente altas y densas, que se distribuyen en función de la altitud, de la exposición, etc. De manera similar varía el tamaño y el grosor de las hojas. *Q. clivicola, Q. canbyi* y *Q. porphyrogenita* son los encinos más comunes, mientras que *Q. polymorpha* y *Q. rysophylla* abundan sobre todo en lugares protegidos. *Juglans mollis* y *Carya myristiciformis* pueden formar parte importante de la vegetación, al igual que *Pinus pseudostrobus* y *P. teocote,* sobre todo en las partes más altas.

El "montane mesic forest" o "bosque mediano subperennifolio con *Quercus* y/o *Pinus*" que ocupa laderas entre 1 500 y 2 800 m de altitud, se caracteriza por su gran densidad y porque sus componentes desarrollan troncos altos y delgados. Las especies dominantes miden de 10 a 15 m de alto, habiendo en la comunidad plantas más altas. *Q. clivicola, Q. monterreyensis, Q. cupreata* y *Q. polymorpha* son los encinos prevalecientes, aunque *Q. greggii, Q. affinis, Q. mexicana f. bonplandii* y *Q. endlichiana* pueden ser más comunes en las partes altas, donde conviven con *Pinus pseudostrobus, P. teocote* y *Pseudotsuga mucronata. Carya myristiciformis* también es elemento importante y a veces se asocian especies de *Populus, Taxus* y *Cupressus.*

Del suroeste de Tamaulipas, Martin (1958: 36-38) describe igualmente dos tipos de estas comunidades boscosas: "humid pine-oak forest" y "dry oak-pine woodland" (Fig. 293). En la primera los pinos (*P. montezumae* y *P. patula*) son cuantitativamente más importantes que los encinos (*Q. affinis, Q. diversifolia* y *Q. rugosa*), mientras que en la segunda la situación se invierte. Esta última está ubicada en el sotavento del macizo principal de la Sierra, en altitudes entre 900 y 2 100 m, y consiste de un bosque medianamente abierto hasta de 20 m de alto con árboles de copa redondeada y hojas perennes o deciduas. Orquidáceas, helechos y bromeliáceas suelen poblar las ramas de los encinos, pero faltan epifitas más delicadas, así como trepadoras leñosas. *Q. clivicola, Q. polymorpha, Q. grisea* y *Q. canbyi* son los encinos más comunes, aunque en algunas partes también abundan *Q. rysophylla* y *Q. vaseyana.* Además, forman parte importante de la comunidad *Pinus montezumae, P. teocote* y *Juniperus flaccida* y a veces *Arbutus* y *Juglans.*

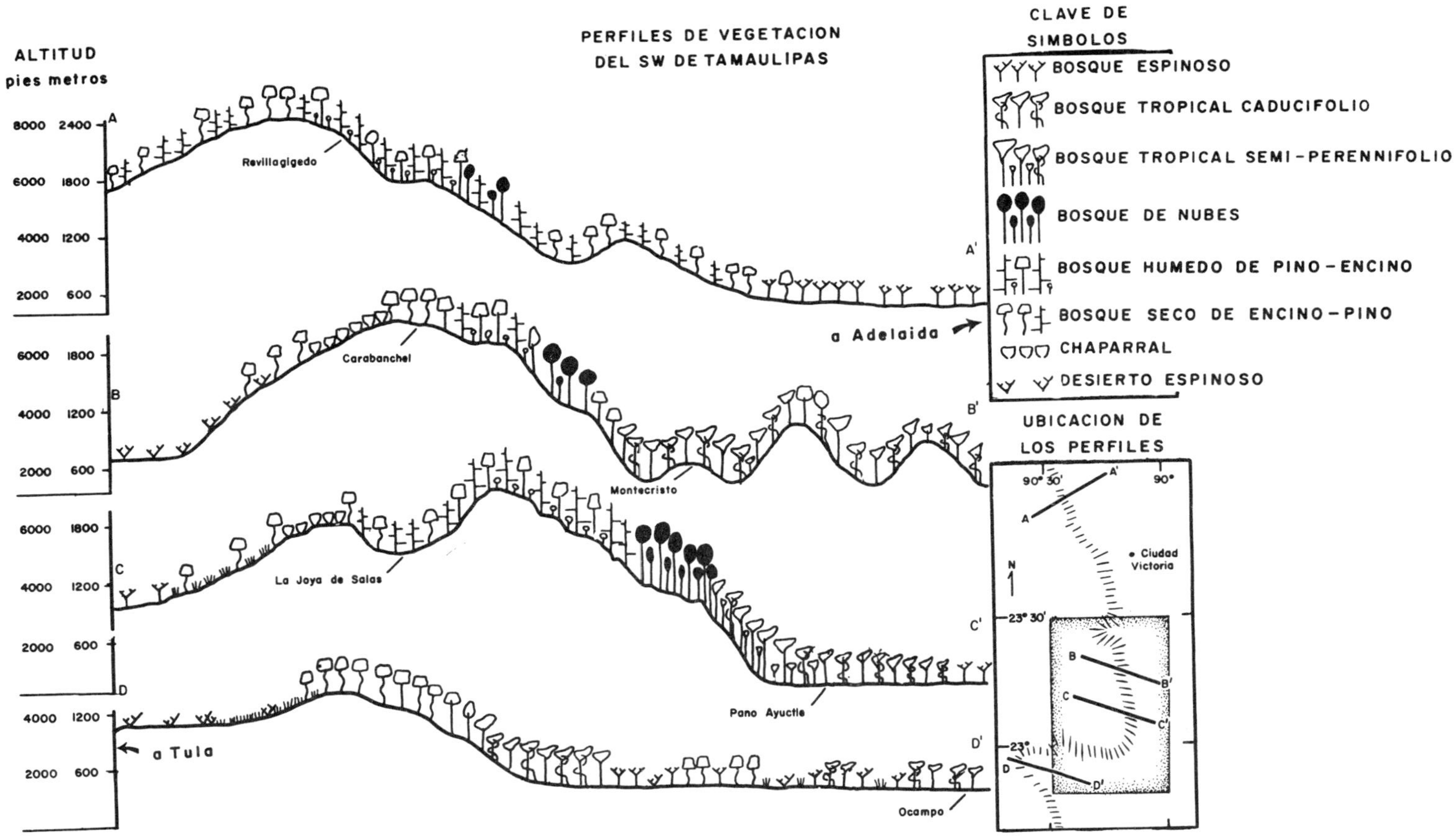

Figura 293. Perfiles de la vegetación a través de la Sierra Madre Oriental en el suroeste de Tamaulipas, según Martin (1958). Reproducido con modificaciones y con autorización de los editores.

Figura 294. Bosque de Quercus laeta *("encino prieto"), cerca de Ciudad del Maíz, San Luis Potosí, con abundancia de la epífita* Tillandsia usneoides *("paxtle"), en la época de la defoliación.*

En San Luis Potosí, según Rzedowski (1966: 184-188), el encinar que cubre gran parte de la vertiente oriental de la Sierra Madre, a partir de 600 m de altitud, es un bosque denso, de 10 a 25 m de alto, que se desarrolla sobre suelo arcilloso rojo. El diámetro de los troncos de los árboles generalmente no pasa de 40 cm y las cuatro especies más abundantes son *Q. prinopsis, Q. laeta, Q. polymorpha* y *Q. sartorii* (Fig. 294). Otros encinos menos frecuentes son *Q. germana, Q. xalapensis, Q. rysophylla, Q. castanea* y *Q. affinis*. En la región de Xilitla, donde se eleva notablemente la Sierra, entre 1 500 y 2 500 m s.n.m. existen encinares también densos con: *Q. mexicana, Q. crassifolia, Q. perseifolia, Q. affinis* y *Q. obtusata*, en los cuales pueden intervenir *Pinus greggii, P. teocote*, así como *Abies* y *Cupressus*.

La Sierra Madre Oriental en las partes correspondientes a Hidalgo, norte de Puebla y norte de Veracruz presenta un mosaico de vegetación muy complejo y aún poco estudiado, del cual forman parte prominente diferentes tipos de encinares. Así, por ejemplo, en la zona de Jacala, Hidalgo, entre 1 600 y 2 500 m de altitud son comunes los bosques de *Quercus mexicana*, en los cuales pueden intervenir también *Pinus teocote, Arbutus xalapensis, Juniperus flaccida* y *Juglans mollis*. En otros lugares prevalece *Q. crassifolia*, pero en ambos casos se trata en general de un bosque bajo (6 a 12 m) y moderadamente denso. En cambio los bosques de *Q. affinis, Q. trinitatis, Q. galeottii, Q. xalapensis, Q. sartorii, Q. furfuracea* y *Q. candicans* suelen ser mucho más altos (hasta de 30 m) y complejos en su estructura (Fig. 295). Miranda y Sharp (1950: 320-321) refieren de cerca de Honey, Puebla, la existencia de un bosque de unos 15 m de alto con *Q. crassifolia, Q.* aff. *mexicana, Q. stipularis, Q. affinis* y especies de *Clethra, Alnus* y *Cornus* en el estrato arbóreo y numerosas ericáceas en el arbustivo. En la zona comprendida entre Pahuatlán y Huauchinango, Puebla, existe un bosque más abierto y bajo (± 12 m) de *Q. martensiana*. Puig (1974: 309) cita además, como importantes para esta región a *Q. excelsa* y *Q. sororia*.

En la Planicie Costera Nororiental existen encinares extensos en las partes altas de las Sierras aisladas de San Carlos y de Tamaulipas. De esta última Puig (1970a: 42-43) describe dos comunidades distintas en altitudes entre 700 y 1 100 m. Sobre substrato de roca volcánica prospera ahí un bosque de *Q. oleoides*, mientras que sobre rocas calizas las especies dominantes son *Q. canbyi, Q. rysophylla* y *Q. hartwegii*.

Figura 295. Bosque de Quercus affinis *("encino manzanillo"), cerca de Zacualtipán, Hidalgo.*

Además, Miranda y Hernández X. (1964: 10-11) encontraron al este de Monterrey, Nuevo León, a 430 m de altitud, un encinar de *Q. virginiana* var. *fusiformis*, y otro al suroeste de Piedras Negras, Coahuila, a 345 m de altitud, de *Q. mohriana*. Ambos son de unos 10 m de alto y están rodeados por vegetación mucho más xerófila. Los mencionados autores no conocen el determinismo ecológico de estos bosques, pero suponen que se trata de reliquias de encinares más extensos, que se mantienen debido a la presencia de agua freática relativamente poco profunda.

Los encinares del Eje Volcánico Transversal están también diversificados. En su parte occidental los bosques de *Quercus* relativamente secos y bajos son los de *Q. resinosa*, en los cuales a veces interviene *Juniperus flaccida*. También de hoja grande, pero en general más mesófilos son los encinares de *Q. magnoliifolia* acompañados frecuentemente por *Q. conspersa*, *Q. peduncularis* y una o varias especies de *Pinus*. Estos encinares, de altura variable, pueden descender en la región costera de Jalisco hasta 300 m de altitud. A lo largo de esta cadena montañosa están más ampliamente difundidos los bosques de *Q. obtusata*, así como los de *Q. crassipes* y a altitudes superiores a 2 400 m

Figura 296. Interior del bosque de Quercus rugosa *("encino quebracho"), cerca de San Rafael, México.*

los de *Q. rugosa* (Fig. 296) y los de *Q. laurina*; estos últimos frecuentemente intercalados en medio del bosque de *Abies*. *Q. acutifolia*, *Q. candicans* y *Q. scytophylla* son árboles comunes en encinares de afinidades mesófilas de mediana altitud, mientras que *Q. glaucoides* es característico de zonas de transición hacia el bosque tropical caducifolio, donde forma comunidades más bien bajas.

En el Valle de México y en zonas aledañas, además de algunos de los ya mencionados, se presentan también bosques con *Q. mexicana*, con *Q. crassifolia* y con *Q. laeta* y *Q. deserticola*, además de otros más xerófilos, casi arbustivos, de *Q. greggii* y *Q. mexicana*.

De la región central de Puebla, Klink (1973) describe encinares caducifolios de tipo seco formados por *Q. resinosa*, *Q. glaucoides*, *Q. obtusata*, *Q. rugosa* y *Q. crassifolia*, así como otros con *Q. castanea*, *Q. obtusata*, *Q. crassipes*, *Q. magnoliifolia* y *Q. conspersa*, a veces con participación de *Juniperus* y de *Pinus*. Los árboles característicos de la parte ecotonal con comunidades de tipo más termófilo de la Cuenca del Balsas, son *Q. magnoliifolia* y *Q. glaucoides*.

En las porciones altas de la Cuenca del Papaloapan (Miranda, 1948b: 346-350) también existen bosques bajos (5 a 10 m) de *Q. glaucoides* con *Q. glaucophylla*, así como otros de *Q. liebmannii* y de *Q. obscura*, que colindan con la vegetación xero-termófila de la región. A mayores altitudes el encinar más típico, de 10 a 15 m de alto, es el de *Q. conspersa*, pero también existen otros, como, por ejemplo, el de *Q. brachystachya* y *Q. obtusata*, descrito de las montañas arriba de Coxcatlán, Puebla, por Smith (1965: 114) y que mide de 12 a 18 m de alto.

Sousa (1968: 152) menciona la presencia de encinares en la región de los Tuxtlas, de Veracruz, donde entre 750 y 1 000 m de altitud prospera un bosque de *Q. skinneri* y entre 1 100 y 1 500 m existe el de *Q. affinis, Q. corrugata* y *Q. germana.* Se trata aparentemente de un bosque de mediana talla o alto, pues se han observado dos estratos arbóreos.

Los encinares de la Sierra Madre del Sur y de algunos macizos montañosos aislados dentro de la Depresión del Balsas parecen ser en algunos aspectos análogos a los que existen en el Eje Volcánico Transversal, aunque de hecho se conocen muy poco. Son frecuentes los bosques de *Q. magnoliifolia, Q. elliptica, Q. castanea* y *Q. conspersa,* que varían mucho en altura y densidad. Los de *Q. candicans* y *Q. scytophylla* señalan condiciones de mayor humedad, al igual que los de *Q. acutifolia,* que pueden ser complejos tanto en su estructura como en composición florística e incluyen diversas epifitas. Los encinares de *Q. urbanii,* de hojas excepcionalmente grandes, llegan a ser localmente extensos. *Q. salicifolia, Q. glaucescens, Q. peduncularis* y *Q. magnoliifolia* son los encinos que en la vertiente hacia el litoral descienden hasta altitudes relativamente bajas. Es muy frecuente la participación de pinos en los encinares de la Sierra Madre del Sur y en las vertientes más secas es común *Juniperus flaccida.*

En la parte norte del Estado de Oaxaca existen también diversos bosques de *Quercus* y de *Quercus* y *Pinus,* que en su mayoría no se han estudiado todavía (Fig. 297). En la región de Tepelmeme, de la Mixteca Alta, se desarrollan entre 2 300 y 2 800 m de altitud, encinares de tipo xerófilo de unos 5 m de alto. Son medianamente cerrados y las especies dominantes más frecuentes son *Q. castanea* y *Q. rugosa.* Otros encinos relativamente frecuentes son *Q. liebmannii, Q. felipensis, Q. schenckiana* y *Q. urbanii.*

En la serranía situada entre la ciudad de Oaxaca y Nochixtlán, también perteneciente a la Mixteca Alta, existen a unos 2 000 m de altitud extensos bosques de encino, de composición, altura y densidad variables, aunque en general son más bien bajos (8 a 12 m) y poco densos. *Q. magnoliifolia* y *Q. urbanii* representan las formas de hojas grandes y duras, mientras que *Q. castanea, Q. conspersa* y *Q. obtusata* las tienen de tamaño mediano. *Pinus lawsonii, P. oaxacana* y *P. leiophylla* son también comunes en estos bosques.

Figura 297. Bosque de Quercus laurina *("encino colorado"), cerca del Cerro Pelón, al norte de Ixtlán de Juárez, Oaxaca.*

Paray (1951) refiere de la Sierra de San Pedro Nolasco, próxima a Ixtlán, la existencia de espesos encinares que prosperan a unos 2 000 m de altitud, en condiciones de clima bastante húmedo. Menciona varias especies de *Quercus: Q. chinantlensis, Q. juergensenii, Q. sororia, Q. liebmannii, Q. scytophylla* y *Q. furfuracea,* además de varios pinos y especies de *Symplocos, Arbutus, Befaria, Oreopanax, Clethra, Meliosma, Saurauia, Styrax* y diversas lauráceas como parte de la vegetación arbórea. Entre las epifitas se citan especies de *Macleania, Cavendishia, Aporocactus, Epiphyllum, Aechmea* y *Tillandsia,* lo que indica una gran exuberancia de esa sinusia.

Con el nombre de "bosque de hojas planas y duras", Miranda (1952, I: 147-156) describe los diferentes tipos de encinares que vegetan en el Estado de Chiapas, preferentemente en las serranías del norte del Estado, el Macizo Central, en los cerros de la Depresión Central y en la Sierra Madre, aunque también en medio del bosque tropical perennifolio de bajas altitudes algunos encinos altos y de bellotas grandes como *Q. corrugata* y *Q. skinneri* pueden formar manchones aislados y los bosques de *Q. oleoides* descienden hasta altitudes cercanas al nivel del mar.

Entre Pantepec y Tapalapa dominan encinares de 35 o más metros de alto de *Q. candicans*, mientras que los de hoja más chica de *Q. acatenangensis* son comunes hasta 3 000 m de altitud, tanto en la Sierra Madre como en el Macizo Central; en estos últimos tienen un abundante desarrollo los estratos leñosos inferiores, de donde se citan especies de *Daphnopsis, Styrax, Oreopanax, Arbutus, Ternstroemia, Litsea*, etc. En las mismas zonas prosperan también bosques de *Q. brachystachys*, de hojas relativamente grandes, pero de altura menor (15 a 25 m). Los encinares propios de los cerros más secos de la Depresión Central son los que están más difundidos en el Estado y se observan entre 700 y 2 500 m de altitud. Son de mediana altura o bajos y a veces bastante abiertos, con abundancia de gramíneas en el sotobosque. *Q. peduncularis, Q. polymorpha* y *Q. conspersa* se mencionan como las especies más características. En las cercanías de Comitán y de los Lagos de Montebello estos encinares gozan de un clima de alta humedad atmosférica y las ramas de los árboles están cubiertas por grandes cantidades de epifitas, principalmente bromeliáceas y orquidáceas.

Mención aparte merecen los encinares que se desarrollan en la región del Golfo de México, desde Tamaulipas hasta Campeche y en los cuales el denominador común es por lo general la presencia de *Q. oleoides* (Fig. 298), una especie perennifolia, cuya área de distribución se extiende hasta Costa Rica. En general, se considera que la presencia de esta comunidad en medio de tipos de vegetación francamente tropicales está relacionada con ciertas características del suelo, y a este respecto Sarukhán (1968b: 35-36) apunta los

Figura 298. Interior del bosque de Quercus oleoides *("encino"), cerca de Orizatlán, Hidalgo.*

siguientes rasgos edáficos encontrados en diferentes localidades: a) suelos aluviales muy antiguos con abundante grava cuarzosa en forma de cantos rodados; b) suelos negros muy arcillosos y someros sobre planchas de roca basáltica; c) suelos lateríticos indiferenciados, profundos y rojos, derivados de cenizas volcánicas; d) suelos arenosos muy recientes en la orilla del mar. Sin embargo, según Puig (1974: 246), en algunos sectores del sureste de San Luis Potosí el bosque de *Quercus oleoides* se ha expandido a expensas de otras comunidades vegetales por efecto de incendios periódicos. Los encinares en cuestión prosperan también en variadas condiciones de humedad —precipitaciones medias anuales de 600 a 2 000 mm o más— y ofrecen fisonomías que incluyen, desde formas casi arbustivas hasta bosques de 30 m de alto, que a su vez varían desde moderadamente densos hasta abiertos. Aunque con mayor frecuencia se les encuentra a altitudes próximas al nivel del mar, en Tamaulipas (Puig, 1970a: 43) y en Chiapas (Miranda, 1952, I: 154) ascienden hasta altitudes de 800 m y en algunas partes de Veracruz hasta 600 m (Sousa, 1968: 152; Chiang, 1970).

El bosque puede presentarse en forma de masas puras, o bien con intervención mayor o menor de otras especies arborescentes

(Rzedowski, 1963a: 186-188; Gómez-Pompa, 1966: 56). Además de *Q. oleoides* pueden formar parte de estos encinares *Q. peduncularis, Q. perseaefolia* y *Q.* sp. (Istmo de Tehuantepec, según Williams, 1939: 147), *Q.* aff. *conspersa* (Puebla, según Sarukhán, 1968b: 37), *Q. glaucescens* y *Q. sororia* (zona de Tuxtepec, Oaxaca, según Gómez-Pompa et al., 1964a: 49-50), *Q. conspersa, Q. glaucescens* y *Q. peduncularis* (zona de los Tuxtlas, Veracruz, según Sousa, 1968: 152), *Q.* aff. *sororia* (región de Huimanguillo, Tabasco, según Puig, 1972b: 401-404). Es interesante notar que algunas veces existen en estos bosques los elementos típicos de la sabana, como *Byrsonima crassifolia* y *Curatella americana.* Asimismo cabe destacar el hecho de que *Q. oleoides* forma parte de los pinares de *P. caribaea* en Belice (Lundell, 1940: 39). Montoya (1966) intenta una evaluación de la ecología de esta especie a lo largo de su área de distribución desde México hasta Costa Rica.

Sousa (1968: 159) y Sarukhán (1968b: 36) sugieren que la presencia de los encinares en las zonas de clima caliente de México constituye una condición relictual de épocas anteriores, en las cuales el clima era más fresco que el actual y la correlacionan con los avances de los glaciares en el Pleistoceno.

Las comunidades secundarias derivadas de los bosques de *Quercus* son aún más diversas que los encinares mismos, pero se han estudiado poco y sólo se dispone de conocimientos fragmentarios al respecto.

En muchas regiones de México se pueden observar áreas cubiertas por pastizal, que indudablemente llevaban al bosque de encino como vegetación clímax. Estos zacatales, muy variados en cuanto a su estructura, aspecto y composición, muchas veces son mantenidos indefinidamente mediante la acción del pastoreo o del fuego, factores que impiden el avance de la sucesión. Así, por ejemplo, Rzedowski (1966: 174) cita de San Luis Potosí *Stipa mucronata, Panicum bulbosum, Hilaria cenchroides* y *Deschampsia pringlei* como algunas de las dominantes de tales comunidades, que suelen ser más densas que los pastizales propios de climas semiáridos. LeSueur (1945: 25-36) incluye asimismo diversos zacatales con *Bouteloua, Muhlenbergia, Bromus* y *Panicum* como fases sucesionales de los encinares de Chihuahua. La gran riqueza de especies herbáceas constituye, en general, la característica de estas comunidades secundarias.

De los numerosos tipos de matorrales que se originan como consecuencia de la destrucción de los encinares uno de los más típicos es el de *Dodonaea viscosa,* comunidad de 1 a 2 m de alto y notable por el verdor permanente y fresco de sus hojas. Se conoce de diferentes partes del país, pero es importante señalar que este matorral no en todos los casos debe interpretarse como etapa sucesional de un bosque de *Quercus.*

El matorral de *Arctostaphylos pungens,* por lo común de más o menos un metro de alto, prospera de preferencia en lugares en que frecuentes incendios han destruido el encinar e impiden su restablecimiento. Igualmente mantenidos por el fuego o sucesionales en general, son algunos encinares arbustivos, como, por ejemplo, el de *Q. microphylla* en ciertas partes del centro de México (Rzedowski et al., 1964: 45-46) (Fig. 282).

Son menos frecuentes los matorrales de *Arctostaphylos polifolia,* de *Ceanothus* spp., de *Rhus* spp. pero localmente pueden desempeñar un papel importante en las series sucesionales tendientes a restablecer el bosque de encino.

En altitudes inferiores a 1 500 m matorrales o bosques bajos de *Acacia farnesiana* y de *A. pennatula* son comunes en medio de los encinares e indudablemente representan fases seriales de los mismos. En lugares de clima más caliente especies como *Croton draco, Cnidoscolus multilobus, Tabernae-*

montana alba, Mimosa albida y otras, más bien típicas de bosques tropicales, pueden prevalecer formando matorrales o bosques bajos densos. Del lado del Pacífico *Hyptis albida, Verbesina sphaerocephala, V. greenmanii* y *Zexmenia greggii* son componentes comunes de matorrales derivados de los encinares, mientras que a altitudes superiores a 2 000 m suelen prevalecer miembros de otros géneros de la familia Compositae, como *Baccharis, Senecio* y *Eupatorium* a nivel de matorrales y en los bosques pueden dominar especies de *Crataegus, Alnus* y *Juniperus.*

Aparentemente algunos pinares constituyen también fases sucesionales o estadíos ocasionados por un profundo disturbio del bosque de *Quercus* o de *Quercus* y *Pinus.* Este parece ser el caso de muchas comunidades dominadas por *P. oocarpa* y *P. leiophylla.* Vela (com. pers.) encontró que la mayor parte de los bosques de *Pinus patula,* propios de las montañas del este de México, no son asociaciones clímax y sin una intensa intervención humana tienden a convertirse en encinares.

Por otra parte, parece que ciertos encinares arbóreos, a su vez, deben interpretarse como comunidades secundarias y LeSueur (1945) cita varios de este tipo de Chihuahua, entre ellos el bosque de *Q. fulva* que se considera como fase sucesional del pinar de *P. ponderosa.*

Gómez-Pompa (1966: 60) indica que, en el caso de algunos encinares de *Q. oleoides,* de la zona costera de Veracruz, las primeras etapas de la sucesión secundaria se caracterizan por la presencia de especies típicas del bosque, en especial del encino mismo. No se dice nada, sin embargo, si estas plantas se originaron de semillas o son retoños a partir de tocones que pudieron haberse quedado en el suelo al efectuar el desmonte.

18. Bosque de coníferas

Los bosques de coníferas, tan frecuentes en las zonas de clima templado y frío del hemisferio boreal, también caracterizan muchos sectores del territorio de México, donde presentan amplia diversidad florística y ecológica. Se les encuentra prácticamente desde el nivel del mar hasta el límite de la vegetación arbórea; prosperan en regiones de clima semiárido, semihúmedo y francamente húmedo y varios existen sólo en condiciones edáficas especiales.

Si bien algunos parecen representar comunidades secundarias, que se mantienen como tales debido al disturbio causado por el hombre, otros corresponden a la fase clímax y al parecer han existido en México desde hace muchos millones de años.

Según Flores et al. (1971) el conjunto de los bosques de coníferas ocupa cerca de 15% del territorio del país y más de 9/10 de esta superficie corresponde a los de *Pinus* o de *Pinus* y *Quercus*. Les siguen en importancia, en cuanto a la extensión, los bosques de *Juniperus* y los de *Abies*, siendo los restantes de distribución muy restringida y localizada.

La asociación de *Taxodium mucronatum* califica como bosque en galería (véase cap. 20 pág. 347). Las demás comunidades se describen a continuación en incisos consecutivos, agrupadas por géneros a que pertenecen las especies dominantes.

A. Bosque de *Pinus*

De acuerdo con Critchfield y Little (1966) existen en México 35 especies del género *Pinus*, número que representa 37% del total de especies que los mismos autores reconocen para el mundo entero. La gran mayoría de los pinos mexicanos posee una distribución geográfica restringida al territorio de este país y a algunas áreas vecinas y casi todos constituyen elementos dominantes o codominantes en la vegetación actual. Los pinares son comunidades vegetales muy características de México y ocupan vastas superficies de su territorio.

Por la morfología y la disposición de sus hojas, los pinos poseen una fisonomía particular y los bosques que forman presentan un aspecto que difícilmente puede confundirse con el de otros tipos de vegetación. Si bien el conjunto de los pinares establece una unidad fisonómica bien definida, no sucede exactamente lo mismo desde el punto de vista ecológico. Aunque la mayoría de las especies mexicanas de *Pinus* posee afinidades hacia los climas templados a fríos y semihúmedos y hacia los suelos ácidos, existen notables diferencias entre una especie y otra y algunas que no se ajustan a estas normas prosperan en lugares francamente calientes, en lugares húmedos, en los semiáridos, así como sobre suelos alcalinos. Por otra parte, dentro de las mismas zonas de clima templado y semihúmedo, los pinares no constituyen el único tipo de vegetación prevaleciente, pues compiten ahí con los bosques de *Quercus* y a veces son los de *Abies*, de *Juniperus*, de *Alnus* y con algunas otras comunidades vegetales.

De hecho, la similitud de las exigencias ecológicas de los pinares y de los encinares da como resultado que los dos tipos de bosques ocupen nichos muy similares, que se desarrollen con frecuencia uno al lado del otro, formando intrincados mosaicos y complejas interrelaciones sucesionales y que a menudo se presenten en forma de bosques mixtos, todo lo cual dificulta su interpretación y cartografía precisa. En virtud de tales circunstancias, muchos autores (Leopold, 1950: 510-511; Hernández X., 1953: 357-361; Martin, 1958: 36-38; Guzmán y Vela, 1960: 53-54; Duellman, 1965: 646-648; Smith, 1965: 112-116; Rzedowski, 1966: 184-196; Rzedowski y McVaugh, 1966: 55-68, y otros) optaron por fundir en sus estudios a los bosques de *Pinus* y los de *Quercus* en un sólo tipo de vegetación, a pesar de las significativas diferencias fisonómicas entre unos y otros.

Sin menospreciar este enfoque, que tiene fuertes argumentos a su favor, en la presente síntesis se juzgó conveniente tratarlos por separado, con el propósito principal de ganar claridad en la exposición.

Con la posible excepción de la Península de Yucatán, existen bosques de pino en todas las entidades federativas del país. Su distribución geográfica coincide a grandes rasgos con la de los elevados macizos montañosos; así, se presentan en los extremos norte y sur de Baja California, a lo largo de la Sierra Madre Occidental, del Eje Volcánico Transversal, de la Sierra Madre del Sur, de las sierras del norte de Oaxaca y de las dos grandes sierras de Chiapas. En la Sierra Madre Oriental también existen, aunque en forma más dispersa, pues ahí en función de menores altitudes y de la existencia de grandes áreas con caliza como roca madre, los encinares constituyen, por lo general, el tipo de bosque predominante. Se localiza un manchón en la Sierra de Tamaulipas, ubicada en la Planicie Costera Nororiental del Golfo de México, al igual que en muchas otras sierras y sierritas aisladas dentro de la gran zona árida del Altiplano, sobre todo en el Estado de Coahuila (Muller, 1947). En total, el área actualmente cubierta por bosques de pinos en la República Mexicana puede calcularse en aproximadamente 5% del territorio. Este valor era tal vez 2 a 3 veces mayor en tiempos anteriores a la colonización humana. No cabe duda que muchas regiones del país, caracterizadas por este tipo de vegetación, han tenido que sufrir los efectos de una fuerte presión demográfica, debido a los rasgos favorables de su clima tanto para la vida del hombre, como para la prosperidad de la agricultura y de la ganadería.

Sobre suelos arenosos derivados de rocas graníticas en la Planicie Costera del norte y centro del vecino país de Belice, al igual que en algunas regiones vecinas del Departamento de Petén, en Guatemala (Bartlett, 1935; Lundell, 1940) se desarrollan vastos bosques de *Pinus caribaea*, que crecen en muchos sitios a altitudes cercanas a 0 m y en condiciones de clima caliente y húmedo. Según Standley y Steyermark (1958: 46) la mencionada especie también se encuentra en el Territorio de Quintana Roo, pero se ignora si llega a formar bosques.

En algunas localidades de Chiapas, Oaxaca

y Guerrero manchones dominados por *Pinus oocarpa* también penetran profundamente en áreas de clima caliente y se les ha registrado a 150 m sobre el nivel del mar (Chavelas, com. pers.).

Sin embargo, el grueso de la masa forestal de pinos mexicanos se desarrolla a altitudes entre 1 500 y 3 000 m. A elevaciones mayores los pinares también son frecuentes y constituyen el único tipo de bosques que alcanza el límite superior de la vegetación arbórea, situado en el norte de México a 3 650 m s.n.m. (Beaman y Andresen, 1966). En el centro y sur del país esta línea se ubica aproximadamente a unos 4 000 m de altitud (Miranda, 1947: 102; Miranda 1952, I: 156; Beaman, 1962), pudiendo sobrepasar localmente la cota de 4 100 m.

Cuando la altitud de la montaña excede los valores mencionados, el pinar limita en su parte superior con los zacatonales o con otro tipo de vegetación alpina. En muchas partes de México los cerros menos elevados (sobre todo entre 2 500 y 3 900 m) llevan el pinar en sus cumbres y laderas superiores (Fig. 299).

De lo expuesto puede deducirse que una gran variedad de condiciones climáticas corresponde a los bosques de *Pinus* en el territorio de la República y, en efecto, los límites absolutos de distribución marcan tolerancia de temperatura media anual entre 6

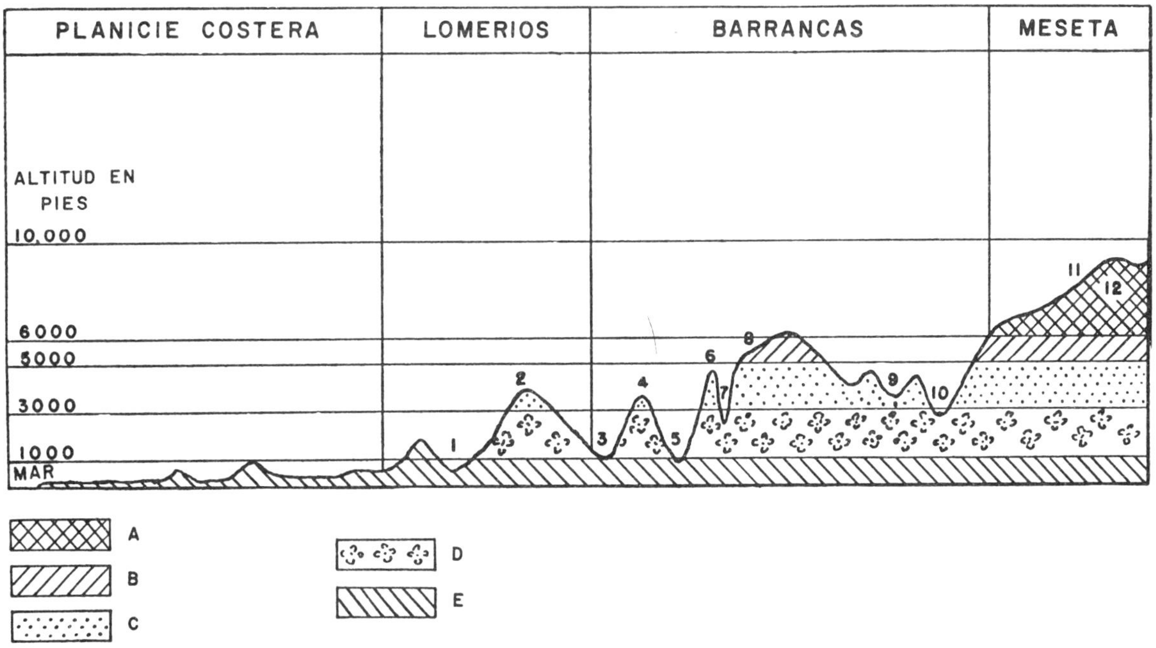

1. Río Cedros
2. Sierra Sutucame
3. Arroyo Guajaráy
4. Sierra de la Ventana
5. Río Mayo
6. Sierra Charuco
7. Arroyo de Loreto
8. Sierra Canelo
9. Río Batopililllas
10. Arroyo de Santísimo
11. Sierra Cajurichi
12. Sierra Madre

Figura 299. Perfil de la vegetación a lo largo del eje del Río Mayo, siguiendo la línea de Navojoa, Sonora, a Memelichi, Chihuahua, según Gentry (1942); A — pinar superior, B — pinar inferior, C — encinar, D — bosque tropical caducifolio ("short tree forest"), E — bosque espinoso. Ligeramente modificado del original.

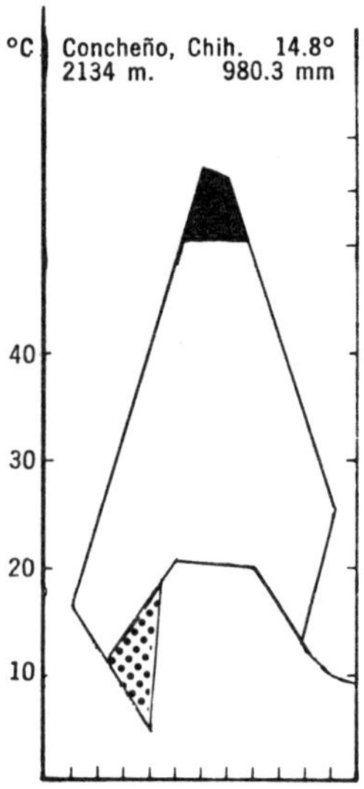

Figura 300. Diagrama ombrotérmico de Concheño, Chihuahua.

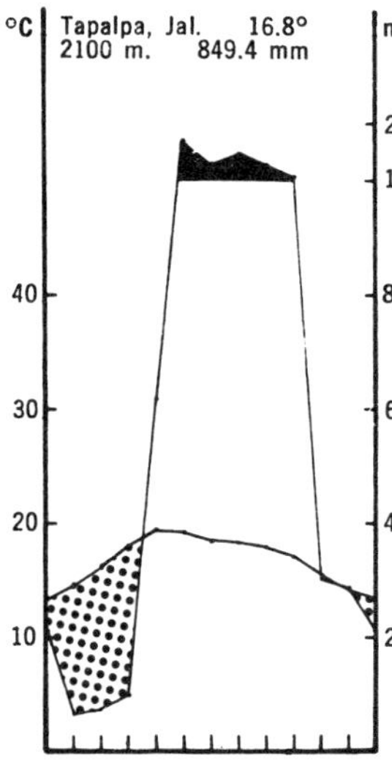

Figura 301. Diagrama ombrotérmico de Tapalpa, Jalisco.

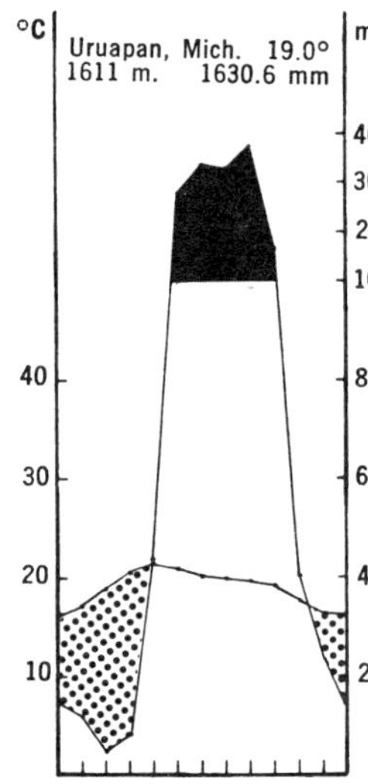

Figura 302. Diagrama ombrotérmico de Uruapan, Michoacán.

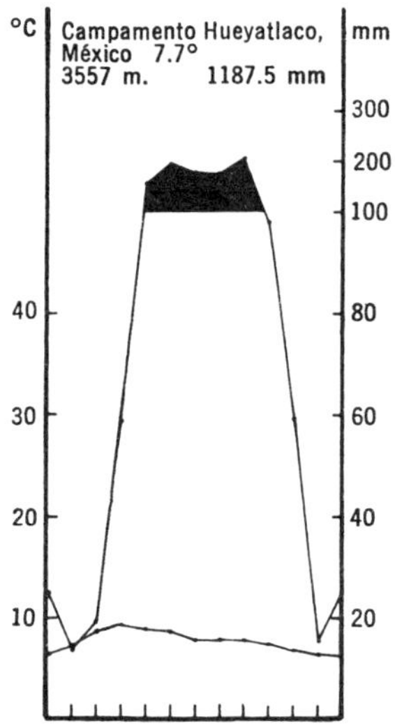

Figura 303. Diagrama ombrotérmico de Campamento Hueyatlaco, México.

y 28° C, así como entre clima totalmente libre de heladas y otros en que este fenómeno puede presentarse en todos los meses del año (Figs. 300, 301, 302, 303). En cuanto a la humedad, los bosques de *P. cembroides* y de otros piñoneros prosperan en sitios en que llueve solamente 350 mm en promedio anual, concentrados prácticamente en 5 meses, en cambio la comunidad de *P. patula* requiere más de 1 000 mm de precipitación anual, distribuidos en 7 a 11 meses (Vela, com. pers.).

Restringiendo la caracterización climática al área de las grandes masas forestales de pino, pueden aproximarse los límites entre 10 y 20° C de temperatura media anual y entre 600 y 1 000 mm de lluvia al año, lo cual correspondería al tipo Cw de la clasificación de Koeppen (1948). En general son áreas afectadas por heladas todos los años y la precipitación se concentra en 6 a 7 meses.

Por lo que se refiere al substrato geológico, es notable la preferencia que muestran los pinares de México por áreas cubiertas por rocas ígneas, tanto antiguas como recientes. También se les encuentra a menudo sobre gneis y esquistos, así como sobre margas, areniscas, lutitas y calizas, aunque sobre estas últimas con mucho menos frecuencia. Es común observar que el contacto entre roca ígnea y sedimentaria marina corresponde a un límite neto entre el pinar y otra comunidad vegetal.

La razón de esta preferencia por las rocas volcánicas no está perfectamente clara. Es del conocimiento general que la mayor parte de las coníferas tolera mejor los suelos ácidos. En México las rocas ígneas producen, en condiciones de clima semihúmedo, suelos cuyo pH varía generalmente entre 5 y 7 (Aguilera, Dow y Hernández-Sánchez, 1962), que son los que corresponden a la mayoría de los bosques de pino en el país. Cabe señalar, sin embargo, que los suelos que sirven de asiento a la mayoría de los encinares en México también presentan características similares, inclusive en zonas donde predomina la caliza, pues estos suelos carecen a menudo de carbonato de calcio en forma libre (Rzedowski, 1966: 59).

No debe excluirse la posibilidad de que la afinidad de los pinares por substratos de naturaleza ígnea obedezca, al menos en parte, a causas de tipo histórico, pues cabe suponer que la evolución de muchas especies mexicanas del género *Pinus* estuvo ligada cronológicamente con épocas de intensa actividad volcánica.

El color del suelo, su textura y el contenido en nutrientes presentan variaciones considerables de un lugar a otro; son bastante frecuentes las tierras rojas, más o menos arcillosas, derivadas de basaltos, en cambio, las andesitas producen a menudo coloraciones cafés y texturas más livianas. Los suelos negros o muy obscuros también son frecuentes, sobre todo a más de 3 000 m de altitud. Con el espesor del suelo tampoco hay mucha correlación, pues si bien los pinares con frecuencia pueden desarrollarse sobre litosoles de corrientes de lava de escasa edad o bien sobre pendientes pronunciadas y peñascos, crecen muy bien en suelos profundos; sin embargo, no parecen tolerar deficiencias de drenaje.

Es característico de estos bosques un horizonte de humus de unos 10 a 30 cm y el suelo se halla siempre cubierto de hojas de pino, lo cual se traduce en una superficie resbalosa que a menudo dificulta la travesía, sobre todo en pendientes pronunciadas.

Los pinares se desarrollan con frecuencia en suelos deficientes en varios componentes minerales (Aguilera, Dow y Hernández-Sánchez, 1962) y es probable que las micorrizas jueguen un papel significativo en la sobrevivencia y en el potencial competitivo de estos bosques. Aunque las micorrizas en México se han estudiado muy poco, su importancia puede deducirse indirectamente a través de la abundancia en los pinares de hongos que se conocen como formadores de esta asociación simbiótica.

Los suelos de muchos pinares mexicanos se han clasificado comúnmente como podsólicos cafés y rojos o forestales de montaña (Aguilera, Dow y Hernández-Sánchez, op. cit.), ambas categorías pertenecientes al gran grupo de suelos podsólicos.

No cabe duda de que la influencia del hombre sobre la distribución geográfica y la composición florística de los pinares en México ha sido y sigue siendo de mucha consideración.

La explotación forestal inadecuada, sobre todo la clandestina, así como los desmontes para fines de ampliación de zonas agrícolas, ganaderas y habitacionales constituyen factores que restan superficie a los bosques y modifican la composición de los que quedan. El pastoreo, sin embargo, y sobre todo el uso tradicional del fuego como instrumento de manejo de los pastos quizá ejercen en la actualidad mayor influencia sobre los pinares que la suma de todos los demás elementos de disturbio. Se calcula que cuando menos 80% de la superficie ocupada por este tipo de vegetación está sometida a incendios periódicos que dejan sus huellas en la corteza de los troncos (Fig. 304).

Figura 304. Interior del bosque de Pinus hartwegii, *mostrando la corteza ennegrecida de los troncos, debido a los frecuentes incendios.*

A pesar de que se trata de un aspecto de fundamental interés práctico y económico, se carece casi por completo de investigaciones encaminadas a conocer la dinámica de la vegetación en áreas de pinares mexicanos y lo poco que se sabe o se supone deriva exclusivamente de observaciones en su mayoría casuales y desligadas, pues no se han realizado aún ningunos estudios experimentales.

La revisión de la literatura demuestra que existen dos puntos de vista radicalmente opuestos en cuanto al supuesto efecto que tiene el fuego sobre el desarrollo de los pinares en México y en otros países de América intertropical. Un grupo de autores, como Loock (1950: 55-62), Miranda, (1952, I: 60), Rzedowski y McVaugh (1966: 58) consideran que los incendios son francamente perjudiciales para el desarrollo y la permanencia del bosque de pino, pues de no destruirlos impiden su regeneración, y piensan que su empleo desempeña un papel de suma importancia en la reducción de las áreas forestales.

Otros especialistas sostienen, por el contrario, que el fuego constituye en muchas partes un importante factor ecológico que contribuye al mantenimiento de estas coníferas frente a la competencia de otras especies menos resistentes a los incendios. El primero en proponer esta hipótesis para Centroamérica fue Cook (1909), quien basándose en hallazgos hechos en Guatemala de raíces de pinos en áreas actualmente ocupadas por vegetación más exuberante, supuso que en tiempos prehistóricos los pinares estaban aún más extendidos que ahora, debido a las intensas actividades de grandes poblaciones indígenas. Raíces semejantes se han localizado también en Honduras y en Nicaragua (Denevan, 1961: 279), y en Chiapas Miranda (1953: 289-290) menciona haber encontrado restos de árboles de pino en medio del bosque tropical perennifolio.

Varios autores (Ciferri, 1936; Bartlett, 1956; Budowski, 1959; Denevan, 1961, y otros) apoyan la opinión de Cook y extrapolan su validez a las Antillas y a otras regiones tropicales. En cuanto a México, en particular, es en el trabajo de Sánchez y Huguet (1959: 29), donde se desarrollan nociones similares.

Estas consideraciones llevan como consecuencia la idea de que los pinares son comunidades no climácicas y los más asiduos partidarios de tales puntos de vista, como por ejemplo Budowski, (1966: 18) llegan a juzgar que "... it is well known that pines are secondary species except in very poor sites...".

En realidad, lo que sí se sabe bien es que, fuera de Centroamérica y de la región antillana, también hay especies de *Pinus* que dominan en comunidades francamente secundarias, algunas de ellas mantenidas por el fuego. Este es el caso de *P. taeda* en las llanuras del sureste de Estados Unidos de América, de *P. halepensis* en la región mediterránea, de *P. sylvestris* en algunas partes de Europa, etc. Por otra parte, sin embargo, es del conocimiento común que en el hemisferio boreal existen muy grandes extensiones cubiertas por bosques clímax, en los que prevalecen total o parcialmente los pinos. Es cierto que en muchos casos estos bosques se desarrollan en áreas con climas relativamente severos, caracterizados por una época fría larga (por ejemplo *Pinus sibirica*) o por una época seca larga (por ejemplo *Pinus ponderosa*), pero tales condiciones de ninguna manera califican como "very poor sites" y la mencionada generalización de Budowski carece de fundamentos sólidos.

La verdad, como en tantos otros casos, se halla aparentemente a medio camino. Si bien es cierto que los incendios demasiado frecuentes destruyen los bosques y los degradan hasta convertirlos en comunidades más sencillas, también es indudable que muchos pinares mexicanos deben su existencia y su gran superficie actual a la influencia periódica del fuego a nivel de sus estratos inferiores.

LeSueur (1945: 15-21) y Little (1962: 105) piensan que los extensos y continuos bosques de pino que predominan en la Sierra Madre Occidental dan la apariencia de bosques clímax. El autor de estas líneas comparte tal opinión y cree que también otros pinares, como los de *P. hartwegii*, los de *P. ayacahuite*, la mayoría de los de *P. pseudostrobus* y muchos más representan comunidades clímax.

En altitudes superiores a 3 200 m, por ejemplo, en sitios que no son suficientemente húmedos para la existencia de *Abies*, no prosperan prácticamente otros árboles, sino los del género *Pinus*.

Little (loc. cit.) cree que los bosques de pino ubicados en México cerca del límite inferior de su distribución son los que con mayor frecuencia constituyen fases sucesionales mantenidas por el fuego. Tal hecho probablemente es cierto, pues en estas situaciones climáticas abundan sobre todo comunidades de *Pinus oocarpa*, especie al parecer resistente y muy favorecida por los fuegos, ya que presenta la característica de conos serotinos, que por acción de altas temperaturas se abren y permiten la liberación simultánea de grandes cantidades de semilla. A mayores altitudes, sin embargo, también hay pinos, cuya abundancia tiene que ver con las actividades humanas. Vela (com. pers.), por ejemplo, ha estudiado los bosques de *P. patula* que prosperan en el este de México. De acuerdo con lo observado por el mencionado investigador, tal comunidad no constituye en la mayoría de los casos una fase clímax, pues este pinar tiene la capacidad de invadir rápidamente las áreas desprovistas de vegetación, formando una comunidad muy densa que impide el establecimiento de otros elementos arbóreos en sus primeras fases de desarrollo. En cambio, en los bosques maduros de *P. patula* la regeneración de esta especie es escasa o nula y abundan plantas de *Quercus* que con el tiempo desplazan al pino. Cabe agregar que los incendios son frecuentes en la zona y que *P. patula* también presenta conos serotinos. *Pinus leiophylla*, en el Valle de México, parece invadir con frecuencia los encinares incendiados o perturbados de otra manera.

Es muy probable que dentro de las diferentes series sucesionales hay algunas, en las que pinares de una especie substituyen a los de otra. Así, por ejemplo, LeSueur (1945: 19-20), considera que los bosques de *P. reflexa* y los de *P. lambertiana*, de Chihuahua, son fases sucesionales del de *P. ponderosa*. Eggler (1948: 422) cree que los pinares puros (de *P. leiophylla* y de *P. pseudostrobus*) de la región de Uruapan, Michoacán, parecen representar un subclímax y que la vegetación estable corresponde al bosque mixto de *Quercus* y *Pinus*. Ern (1973a: 23) opina también que las comunidades dominadas por *P. leiophylla*, por *P. teocote*, por *P. rudis*, por *P. oaxacana*, por *P. montezumae* y algunas de las de *P. hartwegii* son secundarias y el clímax correspondiente es el bosque más mesófilo pero menos resistente al fuego de *Abies religiosa, Cupressus lindleyi, Pinus ayacahuite* y *P. pseudostrobus*. La existencia de estas sucesiones es más difícil de detectar, pero su dilucidación puede ser de mucho interés ecológico y económico. Todo el problema en general representa un campo muy fértil para futuras investigaciones.

En resumen cabe concluir que, en cuanto a comportamiento ecológico se refiere, la distribución de los pinares mexicanos se ajusta en la mayor parte de los casos al cuadro general mundial: son en su mayoría comunidades resistentes a heladas, a un largo periodo de sequía, a incendios frecuentes, al pastoreo y a otros tipos de maltrato; se establecen a menudo sobre suelos someros, rocosos y muchas veces pobres en nutrientes minerales. No se limitan, sin embargo, a tales condiciones, pues gracias a su agresividad son capaces de invadir sitios más favorables y prosperar en ellos, aunque, de no persistir las circunstancias propicias, pueden sucumbir a la larga ante la competencia de otras asociaciones vegetales mejor adaptadas.

Dentro de la riqueza forestal de México los pinares constituyen un recurso de primera importancia por la demanda de su madera, por la facilidad de su explotación, por la relativa rapidez del crecimiento de muchas de sus especies y sobre todo por la extensa área de distribución y buen desarrollo que presentan estos bosques en el país.

De acuerdo con las estadísticas forestales (Anónimo, 1973), en 1972 se explotaron en México 4 577 251 m^3 de madera de pino, lo que constituye aproximadamente las tres cuartas partes del volumen total de la producción maderera para el mismo año, incluyéndose también en este renglón la leña para combustible y la que se utiliza como materia prima para papel y celulosa. Sólo para este último fin se destinaron 995 487 m^3, ya que desde hace tiempo existe una fuerte tendencia de utilizar cada vez mayor porcentaje de la producción de madera de pino en la industria papelera.

El resto del volumen explotado se dedica principalmente para la construcción y ebanistería, para la elaboración de triplay y de chapas, para cajas, duelas, así como para puntales de minas, postes y durmientes de ferrocarril. Las especies maderables más explotadas son: *P. arizonica, P. engelmannii, P. montezumae, P. pseudostrobus, P. ayacahuite, P. cooperi* y *P. durangensis.*

La extracción de resina constituye otro tipo de aprovechamiento de bosques de pinos. La resinación se realiza generalmente en zonas donde el tamaño de los árboles y la rapidez de su crecimiento no son adecuados para una explotación maderera intensiva. En México se concentra en los Estados de Michoacán, México y Jalisco, sobre todo en el primero. En 1972 (Anónimo, 1973a) se explotaron en total 52 149 toneladas de resina, de las cuales se obtuvieron 9 770 toneladas de brea y 2 140 toneladas de aguarrás. Casi toda esta producción se exporta con buen éxito al extranjero. Las especies más frecuentemente resinadas son *P. oocarpa, P. michoacana, P. leiophylla, P. pseudostrobus, P. montezumae* y *P. teocote.*

Las semillas comestibles de las especies piñoneras, sobre todo de *P. cembroides,* son objeto de recolección y comercio. El Estado de Nuevo León parece ser el principal proveedor de piñones de la República.

Es relativamente raro el uso de la madera de pino como combustible y se limita a sitios en que es difícil conseguir otro tipo de leña. De mucho mayor importancia es el llamado "ocoteo", que consiste en la obtención de rajas de madera impregnadas de resina que se emplean para encender fuego en las cocinas y más rara vez para fines de iluminación. El ocoteo destruye rápidamente los árboles y aunque ahora no es tan frecuente como en otros tiempos, es una de las causas serias de la deforestación clandestina (Fig. 305).

Grandes extensiones de lo que otrora eran bosques de *Pinus* se dedican hoy a la agricultura, principalmente de temporal. A altitudes inferiores a 3 000 m los cultivos más comunes en estas zonas son: maíz, frijol, avena, trigo, cebada, haba y algunos frutales de clima templado. Por encima de la cota mencionada hay relativamente pocos terrenos planos o de poca inclinación, lo que no impide que en algunas áreas se siembre la papa y la avena.

Las diferencias morfológicas entre las distintas especies dominantes, la diversidad de elementos acompañantes, así como la variedad de condiciones ecológicas en las que prosperan los pinares son los principales responsables de la amplia gama de variantes dentro del tipo fisonómico general de este bosque.

Figura 305. Pino "ocoteado".

En todos los casos se trata de una comunidad siempre verde, pues tal condición la imponen los pinos, pero la presencia eventual de otros árboles, sobre todo del género *Quercus*, con frecuencia hace que el bosque pueda ser más o menos caducifolio, en función del grado de abundancia de la biomasa de estos elementos acompañantes de hoja decidua.

El sotobosque de casi todos los pinares ofrece cambios fenológicos notables a lo largo del año, en función de las condiciones climáticas. Tal sotobosque está formado mayormente por plantas herbáceas, que en parte desaparecen por completo de la superficie del suelo en la época desfavorable, y las especies que persisten suelen cambiar de color, de tal manera que a fines del periodo seco las tonalidades amarillas prevalecen en los niveles inferiores.

La altura del bosque es variable; en la mayor parte de los casos oscila entre 8 y 25 m, pero puede alcanzar hasta 40 m. Se han observado pinos arbóreos enanos (1 a 4 m de alto) cerca de Guadalajara y en algunos otros sitios, pero se trata de situaciones excepcionales, que probablemente resultan de un disturbio muy intenso y especial, o bien se presentan esporádicamente cerca del límite de la vegetación arbórea (Miranda, 1947: 102). El único caso de verdadero matorral cespitoso de pinos que se conoce en México es el correspondiente a *Pinus culminicola*, de la parte más alta del Cerro Potosí, que se describe en el inciso B de este capítulo.

Los troncos de los pinos son generalmente derechos y cuando estos árboles forman un bosque, sólo suelen persistir las ramas superiores que forman a menudo una copa más o menos hemisférica característica. El grosor de los fustes en algunos lugares no explotados pasa de 1 m, pero más comúnmente varía entre 20 y 60 cm.

La densidad de estos bosques es también en extremo variable. Algunos, como por ejemplo los de *P. patula* (Fig. 306), *P. ayacahuite* o *P. strobus* var. *chiapensis*, pueden formar cerradas y sombrías espesuras, pero lo más común es que sean moderadamente abiertos y que penetre bastante luz e incluso un buen porcentaje de rayos solares directos hasta el suelo. Hacia las regiones de clima más árido, principalmente en el norte de la República, se presentan algunos pinares francamente abiertos, que los autores de habla inglesa denominan a veces "pine savannah".

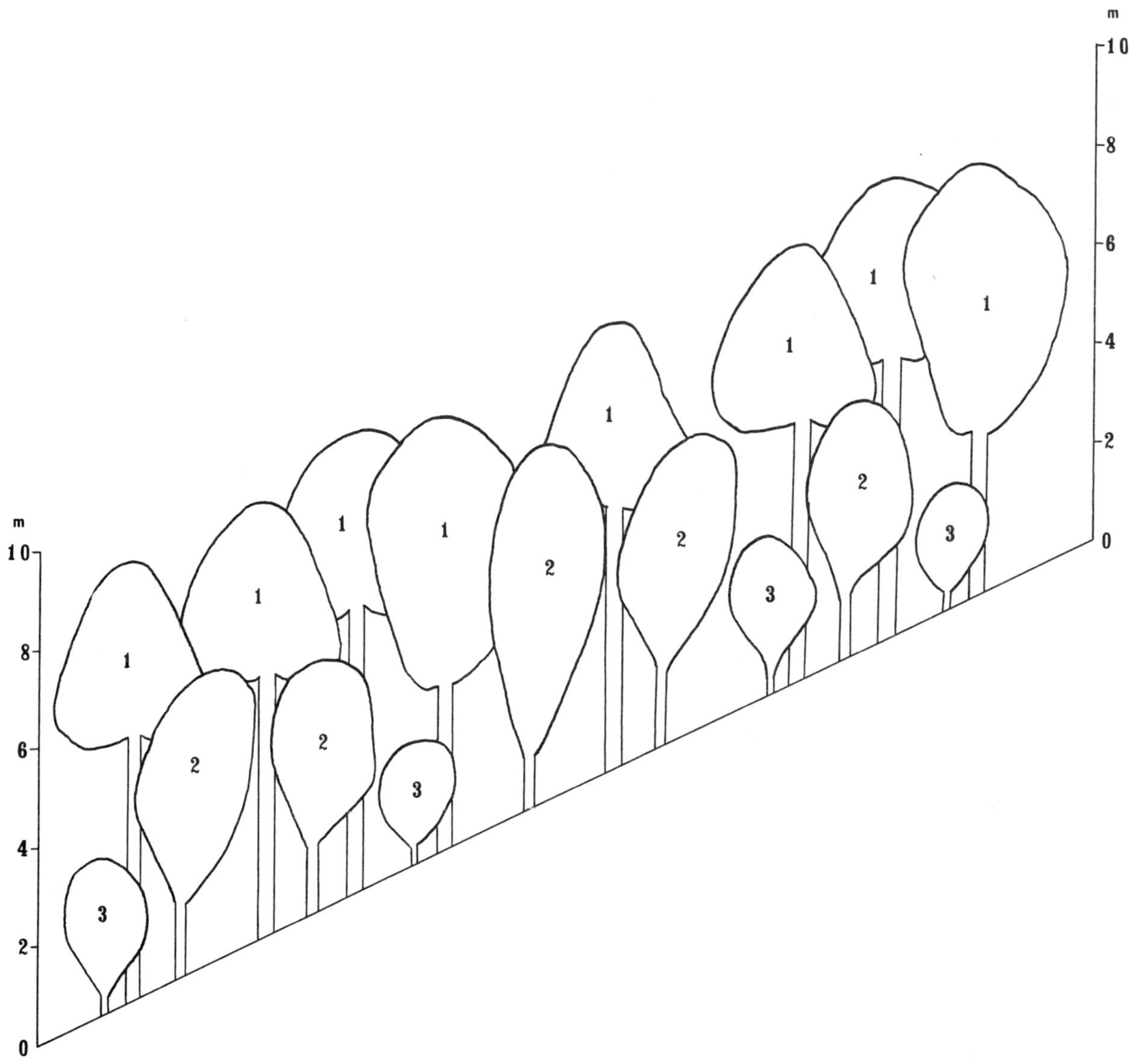

Figura 306. Perfil esquemático del bosque de Pinus patula, *cerca de Zacualtipán, Hidalgo; 1.* Pinus patula, *2.* Quercus crassifolia, *3.* Vaccinium leucanthum.

Es probable que este tipo de bosque no represente siempre las condiciones naturales y que se mantenga artificialmente.

Muchas veces los bosques de pino se presentan puros, es decir, dominados por una sola especie y sin mayor intervención de otros elementos leñosos. En tales casos no existe prácticamente más que un estrato arbóreo, uno herbáceo y uno rasante. Las trepadoras altas y leñosas son escasas o ausentes, al igual que por lo general las epifitas vasculares, ya que los pinos no parecen ofrecerles un substrato favorable, quizá debido a la resina que secretan. Sus parásitos o hemiparásitos vegetales más frecuentes son lorantáceas del género *Arceuthobium,* así como hongos del grupo de los poliporáceos, sobre todo especies de *Fomes.* Infestaciones severas por estos organismos se presentan comúnmente en bosques que ya habían sido dañados por algún otro agente.

El fuerte desarrollo del estrato herbáceo, cuyos componentes cuantitativamente más importantes son, por lo general, las gramíneas, suele resultar favorecido por los frecuentes incendios, mismos que también con seguridad eliminan muchos elementos arbustivos. Sin embargo, la dominancia de las gramíneas parece ser a menudo un fenómeno natural e independiente del disturbio. Cualquiera que sea el determinismo original de su presencia, el papel preponderante que tienen las gramíneas en el estrato herbáceo propicia a su vez la propagación del fuego.

Los elementos más conspicuos del estrato rasante y de las sinusias epifíticas son musgos, líquenes y hongos. Su desarrollo e importancia varían mucho de un lugar a otro y en general son mayores en situaciones más húmedas, sombreadas y protegidas. En cuanto a la micoflora, es preciso señalar su relativa abundancia y riqueza dentro de estos bosques, fenómeno que en parte al menos, se debe a las asociaciones micorrícicas de las raíces de los pinos.

Los géneros frecuentes de hongos macroscópicos son: *Amanita, Auriscalpium, Baeospora, Boletus, Cantharellus, Clitocybe, Collybia, Gomphidens, Helvella, Hygrophoropsis, Hygrophorus, Inocybe, Laccaria, Lactarius, Leucopaxillus, Lycoperdon, Naematoloma, Pholiota, Piptoporus, Rhodophyllus, Russula, Sarcodon, Tricholoma* y de líquenes *Cladonia, Cora, Parmelia, Ramalina* (según Guzmán, com. pers.). En cambio, entre los musgos destacan especies de *Brachytecium, Dicranum, Entodon, Leptodontium, Leucodon, Orthotrichum, Rozea, Symblepharis* y *Thuidium* (Delgadillo, com. pers.).

La presencia de otros árboles en los pinares hace que con frecuencia puedan distinguirse uno o dos estratos más en la estructura de la comunidad. Su existencia determina por lo general una serie de microhabitats y nichos ecológicos particulares, como por ejemplo los propios de las epifitas y de las trepadoras. También puede favorecerse el establecimiento de arbustos y otros elementos esciófilos a expensas de las heliófilas gramíneas.

La estructura de los bosques mixtos de pinos y encinos (*Quercus*) frecuentemente revela la existencia de un estrato superior de los primeros y otro más bajo de los segundos (Fig. 307). En general es raro encontrar árboles maduros de *Pinus* en niveles inferiores de la comunidad, hecho que parece estar en relación con sus fuertes exigencias de luz directa.

Figura 307. Bosque de Pinus patula *con un estrato inferior de* Quercus crassifolia *("encino roble"), cerca de Zacualtipán, Hidalgo.*

El espectro biológico de los pinares indica una fuerte preponderancia de los elementos herbáceos sobre los leñosos. A diferencia de la monotonía florística que prevalece en el estrato arbóreo, a menudo la variedad es grande a niveles inferiores, donde abundan con frecuencia flores vistosas de diferentes colores. La familia Compositae suele estar muy bien representada, además de las Gramineae ya mencionadas.

Desde el punto de vista de las afinidades de su flora, son en general evidentes las ligas con la región holártica, sobre todo con el oeste de Norteamérica. Hay muchos géneros que señalan también relaciones con los Andes y con otras áreas montañosas de Sudamérica, y un grupo numeroso constituye los elementos autóctonos. A nivel de especie la gran mayoría de los componentes de los pinares mexicanos son taxa restringidos en su distribución geográfica a México y a veces a algunas zonas adyacentes.

La participación de los diferentes grupos de elementos florísticos varía de unos pinares a otros y en general la proporción de géneros de afinidades boreales es mayor entre 2 000 y 3 000 m de altitud y se reduce al disminuir esta última. La influencia de la flora holártica va decreciendo asimismo de noroeste a sureste, aunque no muy regularmente. En Belice, por ejemplo, en la comunidad de *P. caribaea*, que se desarrolla entre 700 y 900 m de altitud, casi no existe ya a nivel del sotobosque, aun cuando se mantiene en el estrato arbóreo de la asociación. El espectro global de este pinar indica una fuerte predominancia de elementos pantropicales, aunque también son importantes los neotropicales.

A grandes rasgos, puede señalarse la presencia relativamente frecuente de plantas de los siguientes géneros en los bosques de pino mexicanos:

Arboles: *Quercus, Juniperus, Abies, Arbutus, Prunus, Alnus, Buddleia, Pseudotsuga, Clethra, Populus, Cupressus* y *Crataegus.*

Arbustos: *Eupatorium, Senecio, Baccharis, Archibaccharis, Salvia, Juniperus, Stevia, Ribes, Helianthemum, Pernettya, Symphoricarpos, Vernonia, Verbesina, Arctostaphylos, Monnina, Ceanothus, Fuchsia, Holodiscus, Vaccinium, Lonicera, Mimosa, Rubus, Agave, Berberis, Rhus, Cercocarpus, Eriosema, Salix, Satureja, Calea, Desmodium* y *Cestrum.*

A nivel de elementos herbáceos la lista de géneros comunes tendría que ser muy larga. Entre las familias de plantas vasculares mejor representadas, además de Compositae y Gramineae cuentan: Leguminosae, Labiatae, Scrophulariaceae, Rosaceae, Pteridaceae, Umbelliferae, Commelinaceae, Liliaceae, Caryophyllaceae, Geraniaceae, Boraginaceae, Cyperaceae, Iridaceae, Orchidaceae, Ranunculaceae, Cruciferae, Onagraceae, Oxalidaceae, Rubiaceae, Valerianaceae y Aspidiaceae.

Al igual que en el caso de los bosques de *Quercus* la información disponible en la literatura acerca de los pinares de diferentes regiones de México está muy dispersa; es en general fragmentaria y a veces difícil de evaluar y de comparar en virtud de los variados enfoques e índoles de estudios realizados. Asimismo hay frecuentes discrepancias en cuanto a criterios para delimitar y denominar algunas especies y variedades del género *Pinus*, de manera que lo que para unos autores es *P. arizonica*, para otros puede llamarse *P. ponderosa* var. *arizonica* o *P. ponderosa*, etc. Salvo el caso de errores crasos o de nombres que han caído en desuso, se conservará aquí la nomenclatura empleada en los trabajos originales.

Se mencionarán en primer lugar las comunidades que destacan del resto por su ubicación ecológica especial.

Como ya se indicó, los pinares conocidos que más penetran hacia las regiones de clima caliente en México son los de *P. oocarpa* (Fig. 308). En la zona de Arriaga, Chiapas, y en el Istmo de Tehuantepec descienden hasta

Figura 308. Bosque de Pinus oocarpa *muy afectado por los incendios, cerca de Rizo de Oro, Chiapas.*

300 y 150 m de altitud respectivamente (Miranda y Hernández X., 1963: 50; Chavelas, com. pers.), en la región de los Tuxtlas, Veracruz, hasta 500 m (Sousa, 1968: 155) y en la vertiente exterior de la Sierra Madre del Sur en Guerrero se han observado a elevaciones similares, en todos los casos en contacto directo con los bosques tropicales. Por otra parte, es notable que esta misma especie también forma bosques por encima de 2 000 m s.n.m. (hasta 3 000 m en Chiapas, según Miranda, 1952, I: 160). En el suroeste de México *P. oocarpa* se acompaña con mucha frecuencia de *P. michoacana.*

Cerca de Tlapacoyan, Veracruz, *P. strobus* var. *chiapensis* forma asociaciones a 600 m de altitud, en condiciones de clima caliente y húmedo, en colindancia con el bosque tropical perennifolio. Según Miranda y Sharp (1950: 324) en la composición de este pinar de Veracruz entran *Brosimum alicastrum, Quercus excelsa, Hampea integerrima, Brunellia mexicana* y *Cyathea mexicana,* entre otras plantas. Del norte de Oaxaca, Schultes (1941: 166) cita masas puras de *P. strobus* var. *chiapensis* a 850 m s.n.m. Cerca de Pueblo Nuevo Solistahuacán y en algunas otras partes de Chiapas, con precipitación superior a 1 200 mm anuales se presentan frondosos bosques de este pino a altitudes superiores a 700 m (Martínez, 1945: 127; Miranda, 1952, I: 156; Gómez-Pompa, 1965: 77). En la Sierra Madre del Sur de Oaxaca y Guerrero, Rzedowski y Vela (1966) observaron también tal comunidad situada a manera de manchones en medio del bosque mesófilo de montaña entre 1 000 y 2 000 m de altitud. Entre Oaxaca y Tuxtepec la especie en cuestión asciende hasta 2 200 m s.n.m. pero no se le ha visto en gran abundancia. *P. strobus var. chiapensis* y sus bosques destacan por la morfología de las copas de los árboles, distinta de la de la mayoría de sus congéneres.

Otra especie de pino que descuella por sus requerimientos ecológicos es *P. patula* (Fig. 307). Este árbol forma bosques altos y extensos entre 1 800 y 3 100 m de altitud en la Sierra Madre Oriental (de Tamaulipas a Oaxaca), en sitios donde la precipitación media anual es superior a 1 000 mm y las laderas tienen una influencia significativa de neblinas durante todo el año (Vela, com. pers.). Como ya se señaló, estos bosques, al menos en gran parte, parecen ser secundarios y mantenidos artificialmente gracias a las actividades humanas. *P. patula* se presenta a menudo en masas puras, pero a veces se acompaña de otros árboles, principalmente de *P. pseudostrobus,* especie que también tiene afinidades, aunque más moderadas, por climas o microclimas húmedos de altura. Las comunidades de *P. patula,* de *P. tenuifolia* y de *P. pseudostrobus,* a semejanza de las de *P. strobus* var. *chiapensis* viven frecuentemente en colindancia con el bosque mesófilo de montaña, pues sus exigencias ecológicas son aparentemente similares.

Pinus ayacahuite presenta muchas similitudes con *P. patula* en cuanto a sus requerimientos climáticos; tiene una distribución geográfica más vasta, pero rara vez forma masas forestales grandes y puras y crece preferentemente en cañadas y laderas protegidas, a menudo formando ecotonías y mosaicos con el bosque de *Abies.* Este árbol sobresale también por su porte elevado, la forma de la copa y el gran tamaño de los conos.

Cabe señalar que los pinos adaptados a vivir en condiciones de clima más húmedo presentan en general hojas delgadas y flexibles, en contraste con las hojas gruesas y rígidas de la mayor parte de las especies propias de sitios más secos.

Los bosques de *P. hartwegii* son los más tolerantes a las temperaturas bajas, pues se desarrollan entre 3 000 y 4 000 m de altitud, prácticamente en todas las áreas montañosas de México que alcanzan tales elevaciones (Fig. 309). Resisten frecuentes nevadas y su extremo superior establece el límite de la

Figura 309. Bosque de Pinus hartwegii *cerca de la cumbre del Cerro Teotepec, al norte de Atoyac, Guerrero.*

vegetación arbórea en los más prominentes picos montañosos. En sus partes más bajas los pinares de *P. hartwegii* pueden formar asociaciones de estatura elevada (15 a 20 m), pero hacia los 4 000 m de altitud con frecuencia constituyen un bosque achaparrado (de 5 a 8 m de alto) y más bien abierto. Las grandes gramíneas rígidas y amacolladas de los géneros *Festuca, Calamagrostis* y *Muhlenbergia* son los componentes más característicos del estrato herbáceo; en condiciones de incendios frecuentes algunas especies de *Lupinus* también pueden abundar.

Del lado de los climas semiáridos los pinares más típicos son los constituidos por las especies piñoneras. Viven frecuentemente en colindancia con pastizales, matorrales xerófilos o encinares arbustivos y forman amplias ecotonías con estas comunidades vegetales. En México *Pinus cembroides* es la especie más ampliamente repartida de este grupo, pues su área de distribución geográfica conocida se extiende por casi todo el norte y centro del país. Forma bosques más o menos bien definidos y caracterizados por el tamaño reducido de las hojas en el extremo sur de Baja California, en Sonora, Chihuahua, Durango, Zacatecas, Coahuila, Nuevo León (Rojas-Mendoza, 1965: 95), San Luis Potosí (Rzedowski 1966: 181-184), noreste de Jalisco (Rzedowski y McVaugh, 1966: 60), Guanajuato, Querétaro (McVaugh, 1952: 172), Hidalgo, Puebla (Robert, 1973) y Veracruz (Ramos y González-Medrano, 1972), ocupando casi siempre zonas de transición entre la vegetación xerófila de climas áridos y la boscosa de las montañas más húmedas (Fig. 310). Sus límites altitudinales conocidos son 1 500 y 3 000 m y los de la precipitación media anual oscilan entre 350 y 700 mm. En general, es un bosque bajo y abierto; en muchas partes los individuos de *Juniperus* y de *Quercus,* así como de otros arbustos llegan a ser abundantes y destacan como elementos fisonómicamente llamativos *Agave, Yucca* y *Dasylirion.*

Del norte de Baja California (Anónimo, 1968: 13-15) se describen piñonares estructural y ecológicamente similares, dominados por *P. quadrifolia,* donde prosperan entre 950 y 1 600 m de altitud, alcanzando mejor desarrollo entre 1 200 y 1 400 m s.n.m. *Pinus quadrifolia* es una planta bastante cercana a *P. cembroides* (Martínez, 1945: 81).

Otras especies arbóreas de pinos piñoneros (*P. edulis, P. maximartinezii, P. monophylla, P. nelsonii* y *P. pinceana*) tienen distribución geográfica restringida en México y en apariencia no constituyen elementos dominantes en los bosques, sino muy localmente.

Descontadas estas comunidades ecológi-

Figura 310. Bosque de Pinus cembroides *("pino piñonero"), cerca de Arteaga, Coahuila.*

camente sobresalientes, queda el gran núcleo de pinares mexicanos, cuyas tolerancias quedan aproximadamente enmarcadas entre 600 y 1 000 mm de precipitación media anual y que habitan en altitudes entre 1 500 y 3 000 m. Este conjunto ocupa cuando menos 90% del área total cubierta por los bosques de *Pinus* de México y es el que mejor corresponde a la descripción fisonómica y florística dada para el tipo de vegetación. A continuación se resumirá brevemente la información disponible acerca de estas comunidades forestales, siguiendo una secuencia geográfica.

Se citan manchones de *Pinus remorata, P. muricata* y *P. radiata* de las partes altas de las islas Guadalupe y Cedros, sobre la costa occidental de Baja California (Eastwood, 1929: 394, 425; Moran y Lindsay, 1950; Anónimo, 1968: 15).

En las Sierras de Juárez y de San Pedro Mártir, del Estado de Baja California, *Pinus ponderosa* y *P. jeffreyi* son las especies preponderantes, formando grandes masas boscosas entre 1 500 y 2 200 m de altitud (Anónimo, 1968: 14-15). Sus acompañantes más frecuentes son especies de *Quercus*, localmente otras especies de *Pinus, Libocedrus decurrens*, y a lo largo de los arroyos *Populus* spp.

La Sierra Madre Occidental, en su porción correspondiente a Chihuahua y Sonora, ostenta amplias extensiones de pinares, sobre todo entre 1 800 y 3 000 m s.n.m. Las dos especies más abundantes son *P. arizonica* hacia las partes superiores y *P. engelmannii*, hacia las inferiores, ambas muy relacionadas con *P. ponderosa* y frecuentemente citadas en la literatura bajo este último nombre (Shreve, 1939: 11-12; Gentry, 1942: 37-39; LeSueur, 1945: 15-21; White, 1949: 246-249; Loock, 1950: 21-23; Anónimo, 1965: 6-9). En general estos pinares son bastante abiertos. Otros árboles acompañantes son *Quercus* spp., *Arbutus* spp., *Pinus chihuahuana* en las partes inferiores, mientras *P. durangensis, Pseudotsuga, Abies* y *Picea* se localizan en parajes húmedos de. las zonas más altas. *P. ayacahuite* var. *brachyptera* puede ser frecuente en los cañones y *P. lumholtzii* en sitios muy expuestos. Los inviernos en esta zona son severos y la nieve puede permanecer durante semanas sin derretirse.

En la parte correspondiente a Durango (Fig. 311) y Sinaloa, la Sierra Madre Occidental es en general un poco más húmeda y menos fría, en comparación con Chihuahua y Sonora. Según Loock (1950: 26-27) y Maysilles (1959) las porciones occidentales más altas, expuestas directamente a la influencia de vientos procedentes del océano, son las más privilegiadas en humedad y se caracterizan por bosques relativamente densos y altos (hasta de 40 m) de *P. durangensis* y *P. cooperi*, que prosperan en altitudes entre 2 300 y 2 700 m. *P. teocote* y *P. leiophylla* también pueden formar parte de la asociación, alcanzando gran desarrollo sobre suelos profundos. *P. ayacahuite* var. *brachyptera* predomina en algunos cañones y valles. Las porciones orientales, en cambio, son más secas y las masas forestales se asemejan a las descritas en el párrafo anterior, con *P. engelmannii, P. arizonica* y a veces *P. chihuahuana* como dominantes. En las vertientes occidentales inferiores de la Sierra Madre de Durango y de Sinaloa se localizan también pinares, pero mucho más bajos y raquíticos, con *P. oocarpa, P. herrerae, P. lumholtzii* y *P. leiophylla* como especies principales. Sobre suelos rocosos muy someros destacan en particular los manchones de *P. lumholtzii*.

De la porción más alta de la Sierra de Surotato, en el extremo septentrional de Sinaloa, Gentry (1946a: 458) describe un bosque de pino y encino a más o menos 1 800 m de altitud, con *P. macrocarpa, P. ayacahuite, P. oocarpa, Q. epileuca, Q. pallescens* y *Q. durifolia* como las especies más importantes.

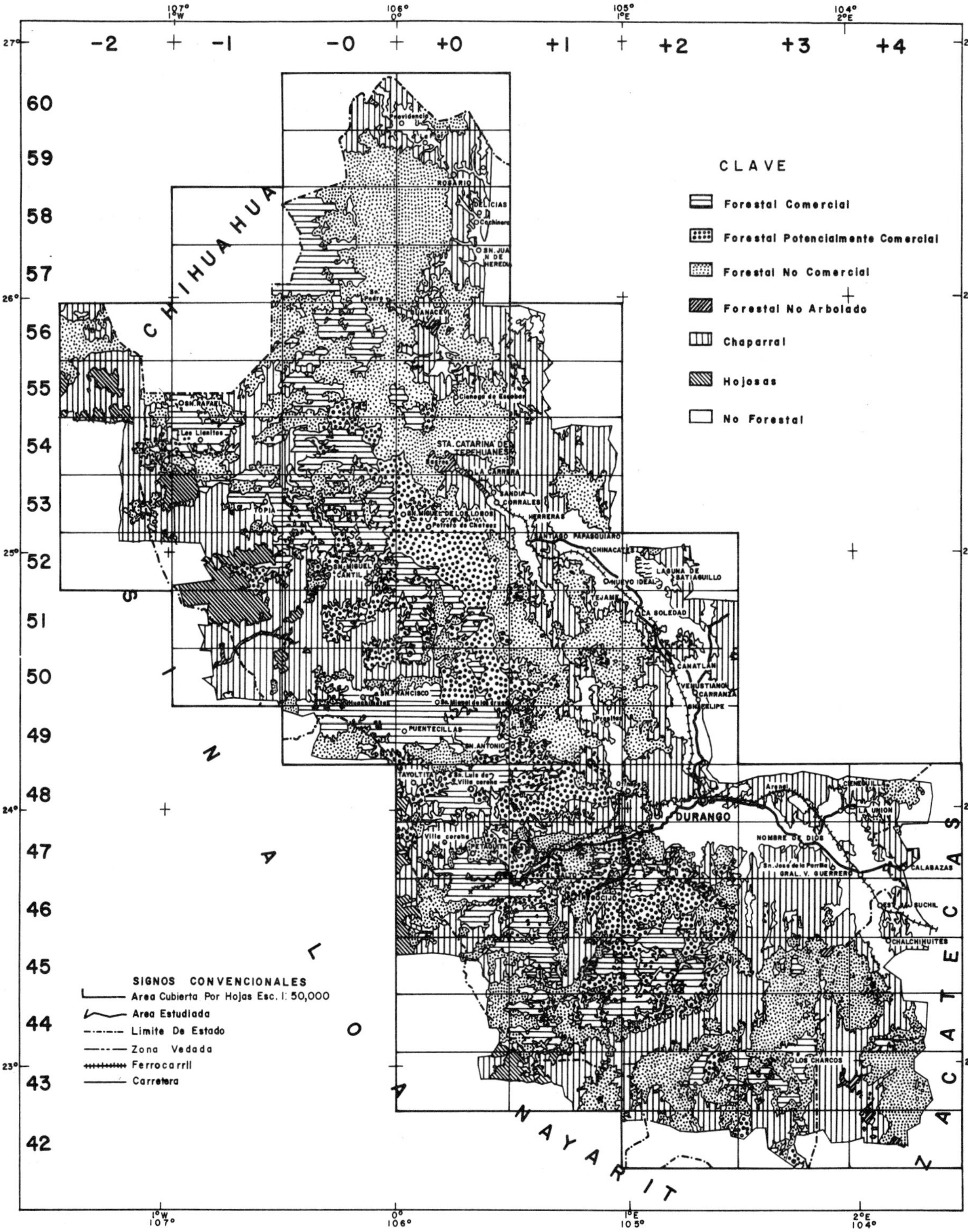

Figura 311. Mapa del inventario forestal del Estado de Durango, modificado de Anónimo (1961-1964); bajo el rubro de "forestal comercial" se incluyen exclusivamente los bosques de coníferas.

La composición de los pinares del norte de Jalisco y de zonas adyacentes de Nayarit, Zacatecas y Aguascalientes es semejante también. Son bosques más bien de tipo seco con *P. chihuahuana, P. engelmannii* y *P. lumholtzii* en las partes más altas y *P. oocarpa* y *P. michoacana* en las más bajas (Guzmán y Vela, 1960: 54; Rzedowski y McVaugh, 1966: 60).

Las partes más elevadas de algunas de las sierras aisladas del Estado de Coahuila (Sierra del Carmen, Sierra de la Madera, Sierra de Parras, Sierra de Arteaga) desarrollan lo que Muller (1947: 54-56) denomina "montane mesic forest", dominado por *Pinus arizonica,* a veces con *P. teocote, P. montezumae, Abies, Pseudotsuga, Populus, Acer* y varias especies de *Quercus.*

En la Sierra Madre Oriental de Nuevo León y de Tamaulipas (Muller 1939: 700-704; Loock, 1950: 42-45; Martin, 1958: 36-37; Rojas-Mendoza, 1965: 97-99) existen pinares diversos, sobre todo en las partes más altas de la cordillera y también en sus declives occidentales. Pocas veces, sin embargo, forman grandes masas forestales, su extensión es discontinua y a menudo se presentan en forma de bosques mixtos de *Quercus* y *Pinus.* Quizá alcanzan su mejor representación en los macizos montañosos del Cerro Potosí, del Cerro San Antonio Peña Nevada y de la Sierra del Tigre en el extremo suroeste de Tamaulipas. De las partes más altas (hasta 3 000 m de altitud) se conocen bosques de *P. rudis* y *P. montezumae,* mientras que *P. arizonica* desciende cerca de Galeana hasta los fondos de algunos valles en forma de comunidad abierta. *P. pseudostrobus, P. montezumae* y *P. teocote* son los principales componentes de los pinares entre 1 500 y 2 800 m de altitud.

Un manchón aislado de bosque de *Pinus teocote* se ha observado en las partes más altas, de naturaleza volcánica, de la aislada Sierra de Tamaulipas, en altitudes entre 1 000 y 1 400 m (Puig, 1970a: 43-44).

En San Luis Potosí (Rzedowski, 1966: 184-186) casi no existen pinares del lado de la Sierra Madre Oriental, pues solamente de los alrededores de Xilitla se citan escasas extensiones de bosque de *P. greggii,* frecuentemente con encinos y a veces con *P. teocote.* Más al poniente, sobre todo entre Rioverde y San Luis Potosí, se presentan algunas sierras relativamente elevadas (1 500 – 2 500 m) de naturaleza ígnea, donde existen superficies limitadas, aunque un poco más extensas, cubiertas por masas de *P. teocote* y *P. arizonica,* casi siempre con diversas especies de *Quercus* y a veces con *P. flexilis* y con *P. michoacana* var. *quevedoi.*

En los Estados de Guanajuato y Querétaro se presenta una situación similar, pues existen sólo unos cuantos manchones aislados de pinares, correspondientes por lo general a las partes más altas de macizos montañosos que sobrepasan la altitud de 2 200 m. Bosques de *P. pseudostrobus,* de *P. teocote* y de *P. greggii* se citan para el Estado de Hidalgo.

El Eje Volcánico Transversal, que es la cordillera más alta del país, constituye otra área de gran concentración de pinares, aunque muchas veces ya mermados por el impacto de la presión demográfica. De acuerdo con Loock (1950: 29-37), *P. montezumae* es la especie más abundante en esta zona y en muchos sitios forma bosques puros, frecuentemente bien desarrollados. En sitios un poco más húmedos suele mezclarse o ceder lugar a *P. pseudostrobus,* en cambio, en suelos muy someros o en situaciones secas lo desplazan *P. rudis* y *P. teocote* (Figs. 312, 313). En las vertientes inferiores, a menos de 2 000 m de altitud, *P. oocarpa* y *P. michoacana* son los pinos más comunes, formando por lo general bosques bajos y espaciados (Rzedowski y McVaugh, 1966: 60), en los cuales también pueden intervenir *P. lawsonii, P. herrerae, P. pringlei, P. leiophylla,* además

Figura 312. Interior del bosque de Pinus rudis, *cerca de Juchitepec, México.*

Figura 313. Bosquete de Pinus teocote, *sobre el Pedregal de San Angel, cerca de Ajusco, Distrito Federal.*

de especies de *Quercus.* A elevaciones superiores a 3 000 m s.n.m. prevalecen bosques de *P. hartwegii* y de *Abies religiosa.*

Una composición parecida presenta la Sierra Madre del Sur, donde *P. oocarpa* es la especie más frecuente, pues la mayor parte de los pinares de esa zona vegeta a menos de 2 200 m de altitud, alternando y mezclándose con los bosques de encino. *P. pseudostrobus* prevalece a menudo a mayores elevaciones, donde por lo general también la humedad es más alta. *P. michoacana, P. herrerae, P. lawsonii* y *P. pringlei* pueden ser más o menos comunes.

En las montañas del centro y del norte de Oaxaca *P. pseudostrobus* var. *oaxacana, P. lawsonii* y *P. leiophylla* son las especies más corrientes, además de *P. rudis* en las partes más altas y de *P. pseudostrobus* en las más húmedas, donde también hay bosques de *P. ayacahuite, P. patula* y *P. strobus* var. *chiapensis* (Miranda y Sharp, 1950: 323; Verduzco et al., 1962: 92) en colindancia con diferentes asociaciones del bosque mesófilo de montaña (Fig. 314, 315).

En Chiapas, al igual que en la Sierra Ma-

Figura 314. Bosquete de Pinus rudis *con numerosos arbustos principalmente de la familia Ericaceae, sobre el Cerro Pelón, al norte de Ixtlán de Juárez, Oaxaca.*

Figura 315. Pinar sobre las laderas vecinas al Llano de las Flores, al norte de Ixtlán de Juárez, Oaxaca; debido probablemente a inversiones térmicas los árboles de la parte inferior cercana a la depresión corresponden a Pinus rudis; *más arriba destacan* P. patula *var.* longepedunculata *y* P. ayacahuite.

dre del Sur, los pinares de *P. oocarpa* son los más difundidos y su amplitud altitudinal va de 300 a 3 000 m. *P. pseudostrobus* y *P. tenuifolia* (Fig. 316) forman comunidades en parajes más húmedos (además de *P. ayacahuite* y *P. strobus* var. *chiapensis*). *P. montezumae* (Fig. 317) y *P. teocote* también constituyen bosques en diversas localidades, mientras que *P. rudis*, junto a *P. hartwegii*, prevalece a altitudes superiores a 2 800 m (Miranda, 1952, I: 156-160). De particular interés resultan en el noreste de Chiapas los extensos pinares que se desarrollan sobre grandes y casi deshabitadas superficies de terrenos calizos que circundan por el sur y por el oeste la llamada "selva lacandona"

Figura 316. Bosque de Pinus tenuifolia, *con* Quercus *y* Liquidámbar, *cerca de los Lagos de Montebello, Chiapas.*

Figura 317. Bosque de Pinus montezumae, *cerca de San Cristóbal de Las Casas, Chiapas.*

(Miranda, 1953: 285-287). En esta región los bosques de *Pinus* colindan directamente con el bosque tropical perennifolio y en algunos sitios se ha observado una "inversión" de la secuencia altitudinal "normal", pues el pinar cubre las laderas inferiores de cerros que en sus cumbres llevan el mucho más exuberante bosque tropical.

Existen muy escasos datos en la literatura en torno a las comunidades secundarias derivadas de los bosques de pino en México y no se han realizado estudios de fondo que arrojen alguna luz sobre este importante aspecto ecológico.

Diferentes pastizales y zacatonales parecen ser tipos frecuentes de vegetación secundaria que suceden a la destrucción del pinar. Así lo indican Miranda (1952, I: 165) para Chiapas, Rzedowski y McVaugh (1966: 67) para Jalisco y áreas adyacentes, Cruz (1969: 189) para el Valle de México, y algunos otros autores. Es particularmente frecuente ver como el zacatonal de *Muhlenbergia*, *Festuca* y *Stipa* desplaza entre 3 000 y 4 000 m de altitud a bosques de *P. hartwegii* destruidos por efecto de incendios y de pastoreo (Fig. 248).

LeSueur (1945: 20) cita matorrales de *Quercus* y *Ceanothus* como fase del desarrollo serial hacia el clímax de bosque de *P. ponderosa* en Chihuahua. En el Valle de México Rzedowski et al. (1964: 44-45) señalan bosquetes de *Juniperus deppeana* y matorrales de *Quercus microphylla* como posibles comunidades secundarias derivadas del pinar, estos últimos como consecuencia de incendios.

Matorrales de *Baccharis* spp., de *Senecio* spp., de *Verbesina* spp., *Zexmenia* spp., *Mimosa* spp., así como bosques o bosquetes de *Alnus* spp., *Juniperus* spp. y *Crataegus* spp. también se han observado como probables sucesores de bosques de *Pinus*.

Muy probablemente una parte de los matorrales de *Adenostoma fasciculatum* en Baja California representa una fase sucesional, mantenida por el fuego, correspondiendo el clímax al bosque de *Pinus*.

Cabe señalar, por otra parte, que por lo menos algunos pinares tienen al parecer la capacidad de establecerse directamente sobre suelo denudado, sin intervención de fases herbáceas o arbustivas pioneras. Según Vela (com. pers.), este es el caso de los bosques de *P. patula* en el este de México y es posible que otras especies de germinación y crecimiento rápidos se comporten de manera similar en condiciones favorables.

B. Matorral de *Pinus*

Esta comunidad vegetal, muy recientemente descrita de México (Beaman y Andresen, 1966), sólo se conoce de un área que ocupa aproximadamente 0.5 Km^2, cerca de la cumbre del Cerro Potosí, en la parte central de Nuevo León. El matorral de *Pinus culminicola* define un estrecho cinturón altitudinal, entre 3 450 y 3 650 m, intercalándose entre el bosque de *P. hartwegii* y la pradera alpina.

El substrato consiste de roca caliza y el suelo es ligeramente alcaino (pH = 7.5), rico en materia orgánica y muy delgado (1 a 5 cm de profundidad), pudiendo clasificarse como litosol o protorendzina. No existen registros climáticos correspondientes a la zona ocupada por esta asociación, pero indudablemente las heladas son frecuentes y algunas veces severas y en los meses más fríos del año cae nieve que puede permanecer por semanas, al menos en forma de manchones. La acción del viento es intensa.

En general es un matorral denso y difícilmente penetrable, de 1 a 5 m de altura y la especie dominante se caracteriza por un definido aspecto arbustivo, pues se ramifica en forma profusa desde la base y crece más a lo ancho que a lo alto.

Fisonómica y ecológicamente la comunidad de *P. culminicola* guarda una notable semejanza con los matorrales de *Pinus mugo* (*P. montana*) de las altas montañas de Europa, así como con los de *P. pumila* del este de Asia.

Como acompañantes arbustivos se citan *Symphoricarpos microphyllus*, *Holodiscus dumosus* y *Ribes* sp. y entre las especies herbáceas más frecuentes destacan *Senecio coahuilensis*, *S. carnerensis*, *Grindelia inuloides*, *Stellaria cuspidata*, *Smilacina stellata* y *Arracacia schneideri*, así como algunas gramíneas.

C. Bosque de *Abies*

Aun cuando no cubren grandes superficies de terreno, los bosques de *Abies* sobresalen entre el conjunto de las comunidades vegetales dominadas por coníferas. Tal hecho se debe principalmente a las particulares condiciones ecológicas en que se desarrollan y de cuya existencia son indicadores. Destacan asimismo por su majestuosidad y belleza.

Leopold (1950: 509-510) considera al bosque de *Abies* de México como uno de los componentes de su "boreal forest" y aunque no explica las razones de haber escogido tal nombre, no cabe duda de que éstas residen en las similitudes florísticas, faunísticas, fisonómicas y ecológicas con las grandes masas forestales que cubren las porciones septentrionales de Norteamérica y de Eurasia, conocidas también con el nombre de "taiga". Estas semejanzas son prueba clara de que, al menos un buen número de los elementos de los bosques mexicanos de *Abies* tuvo su origen a partir de biota que arribaron por el lado norte, probablemente en épocas en que el clima favorecía su expansión y migración.

Cabe hacer hincapié, sin embargo, que al ponderar estas similitudes con frecuencia se pasan por alto las características peculiares de las comunidades autóctonas, que señalan una serie de diferencias nada despreciables con respecto a las selvas de Canadá o de Siberia. Las divergencias de mayor envergadura entre los bosques de *Abies* de México y los de latitudes superiores residen en las condiciones climáticas, a las que están sometidos los unos y los otros Las características diferenciales más sobresalientes del clima son las siguientes:

Bosques de Abies de México	*Bosques de coníferas de Canadá, norte de Europa y de Asia*
Clima subisotérmico, sin estaciones fría y caliente bien diferenciadas	Clima con estaciones fría y caliente bien diferenciadas
Con estación seca bien diferenciada	Generalmente sin estación seca
Temperatura media anual entre 7 y 15 (20)° C	Temperatura media anual entre − 2.5 y 6°C
Nevadas moderadas, escasas o ausentes	Nevadas copiosas y frecuentes
Oscilaciones diurnas de la temperatura intensas	Oscilaciones diurnas de la temperatura escasas o moderadas
Insolación intensa	Insolación relativamente baja
Largo del día poco variable en el transcurso del año	Largo del día muy variable en el transcurso del año

La consecuencia más notable de esta disparidad climática es la que se manifiesta a través del comportamiento fenológico de la comunidad, pues a diferencia de lo que sucede más al norte, donde durante muchos meses toda la vida vegetal se mantiene latente debido a las bajas temperaturas y la nieve, en México el bosque de *Abies* prácticamente no interrumpe sus actividades de fotosíntesis, absorción y transpiración, si acaso sufre una disminución durante los periodos más frío y más seco del año. Siempre o casi siempre hay verdor en los niveles inferiores de la comunidad y el periodo de floración de muchas especies corresponde precisamente a los meses de diciembre, enero y febrero.

El carácter "benigno" del clima y la consiguiente atenuación de los ritmos estacionales de las asociaciones de *Abies* en México son de hecho tan acentuados que, a menudo, surgen dudas acerca de la verdadera analogía ecológica con la taiga. Es posible que las intensas oscilaciones diurnas de la temperatura, propias del clima de las montañas intertropicales compensen en parte la falta de inviernos continuos y crudos y expliquen la presencia de estos bosques en condiciones climáticas tan esencialmente diferentes.

La mayor parte de los conocimientos que se tienen en la actualidad acerca de los bosques de *Abies* en México se debe al trabajo de Madrigal (1967). Se trata de un estudio regional, pero muchos de sus datos y observaciones se aplican a todos o a la mayoría de los exponentes de esta comunidad y se han utilizado como fuente de información de primer orden en las descripciones que a continuación se ofrecen.

La distribución geográfica de los bosques de *Abies* en México es en extremo dispersa y localizada. En la mayor parte de los casos la comunidad se presenta en forma de manchones aislados, muchas veces restringidos a un cerro, a una ladera o a una cañada. Las áreas continuas de mayor extensión se presentan en las serranías que circundan al Valle de México y les siguen en importancia las correspondientes a otras montañas sobresalientes del Eje Volcánico Transversal, como por ejemplo, el Pico de Orizaba, el Cofre de Perote, el Nevado de Toluca, el Tancítaro, el Nevado de Colima y algunas otras más. En la Sierra Madre del Sur los manchones de mayor importancia se conocen de la zona del Cerro Teotepec, en Guerrero, y del área al sur de Miahuatlán, Oaxaca. En el norte de este último Estado se presentan en las partes más elevadas de la Sierra de Juárez, de la Sierra de San Felipe y en la región del Cerro Zempoaltépetl. De Chiapas se les cita de la zona del Tacaná, de cerca de San Cristóbal Las Casas y también de los alrededores de Tapalapa y Coapilla (Miranda, 1952, I: 160-163). En la parte septentrional del país los bosques de *Abies* son mucho más escasos y restringidos. En la Sierra Madre Occidental existen en Durango y en algunas localidades de Chihuahua, en la Sierra Madre Oriental, en cambio, sólo se conocen dos áreas de alguna importancia, que corresponden al Cerro Potosí y al Cerro San Antonio Peña Nevada, de Nuevo León y Tamaulipas.

En cuanto a la extensión total que ocupa en México esta comunidad vegetal, Leopold (1950: 509) le atribuye al "bosque boreal" una área correspondiente a 0.5% de la superficie de la República, pero tal cifra es exagerada y parece estar más cerca de la realidad la estimación de Flores et al. (1971) que es de 0.16%.

En México, este tipo de vegetación está prácticamente confinado a sitios de alta montaña, por lo común entre 2 400 y 3 600 m de altitud, pues entre estas cotas se localiza cuando menos 95% de la superficie que ocupa. De la zona de Coapilla y Tapalapa, Chiapas, cita Miranda (1952, I: 161) bosques de *Abies* a 1 700 m s.n.m. y en las sierras costeras de Jalisco éstos pueden descender hasta elevaciones de 1 500 m. A diferencia de lo que se observa en el noroeste de Norteamérica y en algunas otras partes del mundo, los abetos mexicanos no alcanzan el límite altitudinal de la vegetación arbórea y generalmente forman un piso por debajo del pinar superior (bosque de *Pinus hartwegii*). Esta circunstancia tiene su probable causa en las condiciones de relativa sequía que prevalecen en este país a altitudes superiores de 3 600 m y que no parecen ser favorables para la existencia de especies del género *Abies.*

Los bosques de oyamel que se observan en México están confinados a laderas de cerros, a menudo protegidos de la acción de vientos fuertes y de insolación intensa. En muchos sitios se hallan limitados a cañadas o barrancas más o menos profundas que ofrecen un microclima especial. No se desarrollan sobre terrenos planos o poco inclinados, pero tal hecho quizá está en función de la escasez de estos terrenos en la zona montañosa y en parte a la influencia humana. Madrigal (1967: 22) cita pendientes de 17 a 60% para el Valle de México.

En general, en cuanto a sus exigencias climáticas, los bosques de *Abies* constituyen una unidad relativamente bien definida, pues requieren, para su desarrollo, de condiciones de humedad más bien elevada. La precipitación media anual es por lo común superior a 1 000 mm, distribuida en 100 o más días con lluvia apreciable. Ordinariamente, el número de meses secos no es mayor de cuatro (Fig. 318). No existen registros de humedad atmosférica, pero ésta debe ser alta en muchos sitios, a juzgar por el considerable número de días nublados y días con rocío. Este último factor con toda seguridad desempeña un importante papel complementario y en muchos casos es decisivo en la distribución del bosque de *Abies.*

Las nevadas se presentan casi todos los años hacia el límite altitudinal superior de la comunidad, pero a 2 500 m s.n.m. pueden faltar por completo. Las temperaturas medias anuales varían de 7 a 15° C, si se toman en cuenta los límites altitudinales habituales

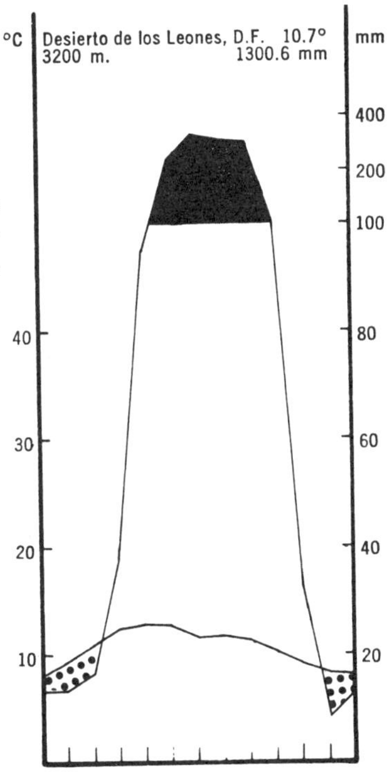

Figura 318. Diagrama ombrotérmico del Desierto de los Leones, Distrito Federal.

del bosque, pero en algunos sitios pueden ser aparentemente del orden de 20° C. Aunque las mínimas extremas rara vez son inferiores a − 12° C, el promedio anual de días con helada es generalmente superior a 60 y éstas pueden presentarse de septiembre a marzo a niveles inferiores y en cualquier mes del año más arriba de 3 000 m de altitud. La oscilación diurna de la temperatura tiene un promedio anual de 11 a 16° C. La fórmula climática correspondiente a la gran mayoría de los bosques de *Abies* en México es Cw, de acuerdo con la clasificación de Koeppen (1948).

Los substratos geológicos del bosque de oyamel son variados, pero predominan los de origen volcánico, sobre todo andesitas y basaltos. En la Sierra Madre Oriental y en el Macizo Central de Chiapas se desarrolla a menudo sobre calizas; en el poniente y en el sur del país lo hay también sobre granitos y sobre rocas metamórficas.

Los suelos de los bosques de *Abies* sólo se han estudiado con cierto detalle en las montañas que circundan al Valle de México (Anaya, 1962: Madrigal, 1967: 22-31). Las características encontradas por los mencionados autores pueden extrapolarse con un buen grado de confianza a la mayor parte de los suelos correspondientes a este tipo de vegetación en México, salvo quizá los derivados de roca caliza, pero aun estos últimos posiblemente no difieran de manera muy significativa.

De acuerdo con Madrigal (op. cit.) estos suelos son típicamente profundos, bien drenados, pero húmedos durante todo el año. Presentan un perfil ABC, predominando coloraciones café oscuras, texturas de migajón arenoso y francas y estructura en bloques. Los valores del pH indican una reacción ligeramente ácida, pues varían entre 5 y 7. La cantidad de materia orgánica es abundante, encontrándose hasta 35.4% en el horizonte A_1, e inclusive en el B_2 no baja de 0.5%; la relación C/N varía alrededor de 20 y la capacidad de intercambio de cationes es de 10 a 30 en la mayoría de las muestras estudiadas. Todos los perfiles investigados corresponden al gran grupo de suelos podsólicos y en su mayoría corresponden al tipo café forestal.

Se desconoce con exactitud la importancia fisiológica y ecológica que tienen las micorrizas en los oyameles mexicanos, pero probablemente sea de bastante consideración, dada la abundancia de especies de hongos que se conocen de otras partes del mundo como formadoras de estas asociaciones.

Los desmontes y la tala inmoderada constituyen los mecanismos más importantes mediante los cuales afecta el hombre al bosque de *Abies.* Los primeros se realizan fundamentalmente con el propósito de utilizar el terreno para fines agrícolas y han hecho disminuir significativamente las extensiones forestales. En muchas zonas densamente pobladas lo único que se ha respetado son las laderas demasiado abruptas para cualquier tipo de agricultura.

El pastoreo, aun cuando bastante intenso en muchas partes, no parece tan perjudicial para este tipo de vegetación, como lo es para los pinares, pues el ganado que mayormente se explota aquí es el ovino y éste no es muy destructor. Además, los bosques de *Abies,* por ser más húmedos y por no poseer tanta abundancia de gramíneas en el estrato herbáceo, no son tan fácil presa del fuego. En general, en regiones donde la comunidad existe en forma de grandes masas forestales, los incendios son excepcionales, pero en sitios donde se presenta a manera de pequeños manchones rodeados por otros tipos de vegetación, su frecuencia y acción son mucho más marcadas.

Para concluir la discusión de factores ecológicos, cabe señalar que el bosque de *Abies* constituye por lo general en las montañas de México un piso altitudinal definido, aun cuando su presencia está condicionada sobre todo por la alta humedad. La tolerancia de esta comunidad con respecto a la temperatura es mucho más grande de lo que podría parecer a primera vista y casi siempre es más bien la distribución regional de las zonas de humedad la que determina los límites altitudinales del bosque. Así, por ejemplo, en la vertiente meridional más seca de la Sierra de Pachuca, la comunidad de *A. religiosa* desciende hasta 2 750 m s.n.m. mientras que del lado septentrional del mismo macizo montañoso baja hasta 2 400 m (Madrigal, 1967: 21). Su límite superior en el Valle de México se ubica generalmente entre 3 300 y 3 500 m de altitud, coincidiendo con el nivel usual del techo de la nubosidad. En la vertiente meridional del Cerro Tancítaro, en Michoacán, en cambio, este límite está a unos 2 850 m (Leavenworth, 1946: 150).

A menudo el bosque de oyamel se presenta puro y entonces una de las especies de *Abies* constituye el componente único del estrato arbóreo superior. Tales masas forestales son frecuentes sobre todo en el Eje Volcánico Transversal, donde domina *A. religiosa.* En otras partes del país pueden ser más comunes los bosques mixtos, con intervención de diversos árboles, sobre todo de los géneros *Pinus, Quercus, Pseudotsuga* y *Cupressus.*

La altura de la comunidad varía por lo general entre 20 y 40 m, aunque puede alcanzar hasta 50 m. Las copas de los árboles presentan de ordinario un contorno triangular y se ramifican desde niveles relativamente bajos (Fig. 98). El bosque de *Abies* en condiciones naturales suele ser denso, lo que crea condiciones de penumbra a niveles inferiores y el desarrollo de los estratos arbustivo y herbáceo puede ser bastante limitado. Lo más común es, sin embargo, que debido al disturbio o bien a lo abrupto del terreno la cantidad de luz en el interior de la comunidad sea mayor y el sotobosque presente mejor desarrollo y diversidad.

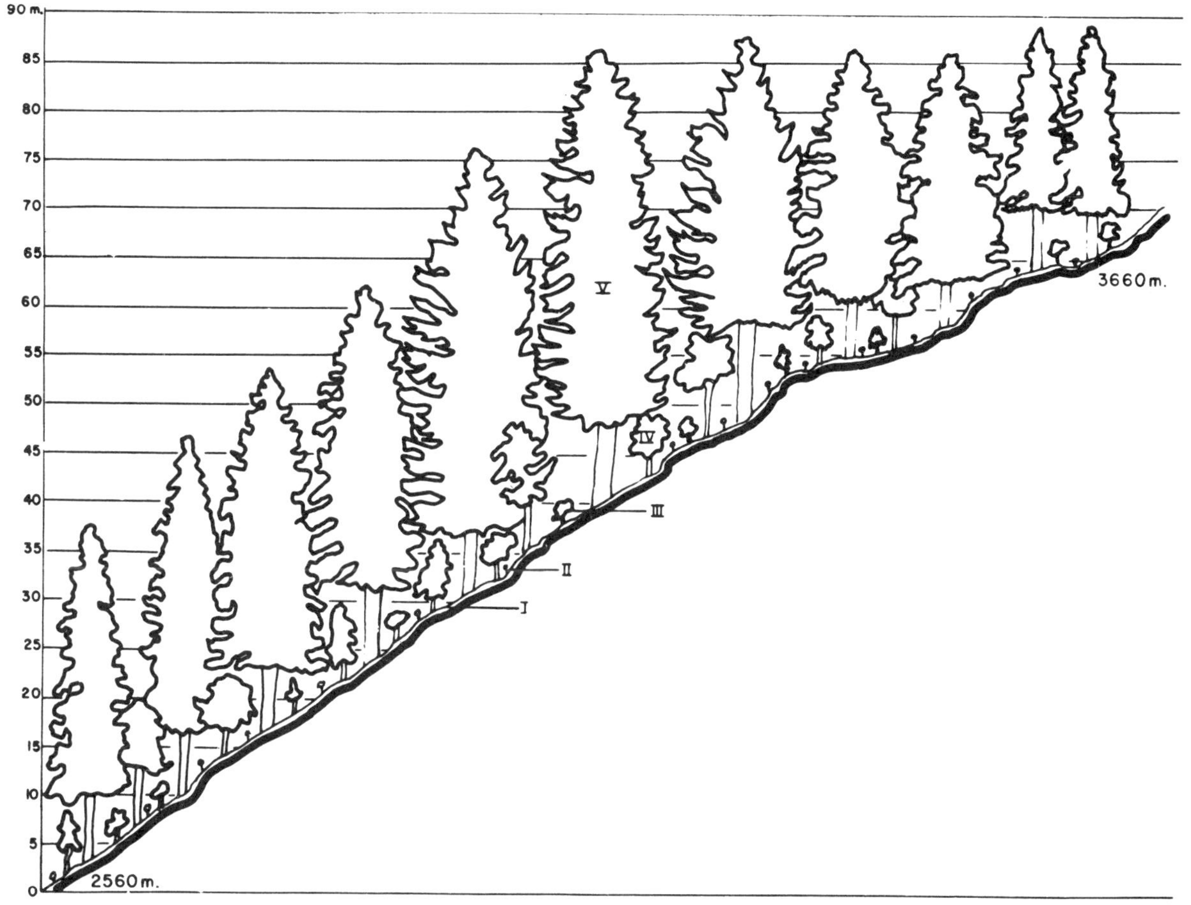

Figura 319. Perfil esquemático del bosque de Abies religiosa, *según Madrigal (1967); I — estrato rasante, II — estrato herbáceo, III — estrato arbustivo, IV — estrato arbóreo inferior, V — estrato arbóreo superior. Reproducido con autorización de los editores.*

Puede existir un estrato arbóreo inferior, formado por dicotiledóneas, por ejemplo, especies de *Quercus, Alnus, Arbutus, Salix, Prunus, Garrya, Buddleia* y otros. El arbustivo y el herbáceo contienen por lo general numerosos representantes de la familia Compositae, en particular de los géneros *Senecio, Eupatorium, Stevia* y *Archibaccharis.* El estrato rasante está dominado por musgos y presenta con frecuencia muy altos valores de cobertura (60 a 95%, según Madrigal, 1967: 51); también se observan en él numerosos hongos basidiomicetos durante la época de lluvias (Fig. 319).

Las epifitas se limitan por lo común a líquenes y musgos, pudiendo en ocasiones ser muy abundantes, en particular *Usnea* sobre el follaje de *Abies.* Las bromeliáceas, en condiciones de alta humedad atmosférica también pueden crecer sobre las ramas de oyamel; los helechos y las orquidáceas sólo son abundantes sobre *Alnus, Quercus* u otras angiospermas arbóreas.

Las trepadoras son en general escasas, pero a niveles altitudinales inferiores y en condiciones de bosque mixto pueden presentarse especies de *Clematis, Celastrus, Smilax* y algunas otras.

Arceuthobium abietis-religiosae es una lorantácea hemiparásita, aparentemente específica del tronco y de las ramas de *Abies,* aunque rara vez es frecuente. Son parásitos comunes de los troncos hongos poliporáceos del género *Fomes.* A menudo también forman parte de la comunidad las piroláceas *Monotropa* (Fig. 167) y *Pterospora,* saprófitas o parásitas de raíces a través de los micelios de hongos micorrícicos.

Los bosques de *Abies* se cuentan entre los más ricos por lo que a la micoflora concierne. De acuerdo con Guzmán (com. pers.), en México, los géneros de macromicetos que abundan más en estas comunidades son los siguientes: *Amanita, Acetabula, Boletus, Clavariadelphus, Cortinarius, Geastrum, Gomphus, Hebeloma, Hohenbuehelia, Lactarius, Lentinellus, Lenzites, Macropodia, Melanoleuca, Otidea, Phaeocollybia, Phlogiotis, Pholiota, Russula, Sarcosphaera, Spongipellis, Tricholomopsis, Tremella* y *Xerulina.* En cambio, entre los líquenes existen, entre otras, especies de *Cladonia, Leptogium, Parmelia, Peltigera, Pseudevernia, Usnea.*

Entre las briofitas la especie más abundante suele ser *Thuidium delicatulum* y, según Madrigal (1967), le siguen en importancia *Bryum procerum* e *Hypnum amabile.* Otros géneros citados son: *Morinia, Ctenidium, Trichostomum, Grimmia, Brachytecium, Symblepharis, Neckera, Zygodon, Barbula, Fissidens, Leptodontium, Leucodon, Anacolia, Lophocolea, Mnium, Haplocladium.*

A semejanza de la situación que existe en los géneros *Pinus* y *Quercus,* de las ocho especies de *Abies* que Martínez (1953: 69-146) reconoce para México, seis están restringidas en su distribución al territorio del país, una (*A. guatemalensis*) se extiende a Guatemala (¿y Honduras?) y sólo el área de una (*A. concolor*) toca los límites de Canadá, abarca el oeste de Estados Unidos de América y se prolonga hacia las sierras del norte de Baja California.

Otros géneros, que forman parte de la flora de los bosques mexicanos de *Abies,* como, por ejemplo, *Heuchera, Symphoricarpos, Lonicera, Arctostaphylos, Salix, Alnus, Cupressus, Arbutus, Penstemon, Cirsium, Garrya, Delphinium, Juniperus, Arceuthobium* y *Potentilla,* cuyas afinidades geográficas son igualmente boreales, también están representadas en general por especies endémicas.

El elemento mexicano-sudamericano es numéricamente bastante significativo en esta comunidad vegetal, a través de *Pernettya, Stevia, Acaena, Sibthorpia, Baccharis, Fuchsia, Tillandsia, Monnina, Verbesina, Eupatorium, Gaultheria* y otros taxa de la misma afinidad.

Del extremo noroeste del país sólo se conoce *Abies concolor.* Esta especie se ha colectado en la Sierra de San Pedro Mártir, Baja California, y también en la región de Cananea, Sonora (Martínez, 1953: 146), pero aparentemente es más bien escasa y no domina en los bosques, al menos no en los de Baja California (Goldman, 1916: 312).

En la Sierra Madre Occidental de Chihuahua y Durango existen algunos bosques mixtos de *Abies, Pseudotsuga* y *Pinus* (LeSueur, 1945: 15), confinados a las partes más húmedas y altas y de extensión reducida y discontinua. De acuerdo con Martínez (1953: 127) la especie representada en esta región es *A. durangensis.*

Igualmente en forma de manchones aislados y frecuentemente asociados con *Pseudotsuga* y *Pinus* se presentan los bosques de *Abies* en el noreste de México. En la Sierra de la Madera, del centro de Coahuila, existe *A. durangensis* var. *coahuilensis* (Muller, 1947: 55; Martínez, 1953: 130); en la Sierra de Arteaga, del sur de Coahuila, y en zonas adyacentes crece *A. mexicana;* en el Cerro Potosí, en el de San Antonio Peña Nevada y en otros sitios de Nuevo León, predomina *A. vejarii.*

En el centro de México *A. religiosa* es la especie frecuente y los bosques que forma son relativamente extensos y muchas veces puros, aunque localmente puede haber acompañamiento de *Pinus, Cupressus* o *Pseudotsuga* y a veces también de *Quercus, Alnus* y otros árboles. Las elevaciones del Eje Volcánico Transversal en Jalisco, Michoacán, México, Distrito Federal, Morelos, Puebla, Hidalgo y Veracruz son las que ostentan a menudo esta comunidad en el piso altitudinal correspondiente (Figs. 320, 321).

Figura 320. Bosque de Abies religiosa *("oyamel"), cerca de una de las Lagunas de Zempoala, Morelos.*

Figura 321. Bosque de Abies religiosa *("oyamel"), en el Parque Nacional El Chico, Hidalgo; en primer plano puede observarse la pradera de* Potentilla candicans *y el matorral de* Juniperus monticola *("cedro").*

A. hickelii, A. oaxacana y *A. guatemalensis* son las especies características del sur y del sureste de México, aunque la última también se ha observado en Jalisco, en Hidalgo y en San Luis Potosí. Casi siempre forman bosques mixtos con *Pinus, Quercus* y *Cupressus* y con especies del bosque mesófilo de montaña, aunque localmente pueden presentarse en forma de masas puras.

Los únicos datos relativos a la sucesión secundaria en el medio del bosque de *Abies* se han encontrado en el trabajo de Madrigal (1967: 65-66), referente al Valle de México. De acuerdo con las observaciones preliminares del mencionado autor, después de la destrucción del bosque clímax, a una fase inicial de gramíneas amacolladas *(Festuca, Stipa* y *Muhlenbergia*) le sigue una de arbustos, en la cual dominan *Baccharis conferta, Juniperus monticola* o *Senecio cinerarioides,* o bien *Quercus* spp., *Arbutus* spp., *Arctostaphylos arguta* y *Salix cana.* A continuación se presenta un bosque de *Quercus* spp., seguido por uno de *Pinus* y *Alnus,* para restablecer finalmente el bosque de *Abies.*

Por otra parte, Cruz (1969: 140-141) cree que la pradera de *Potentilla* (Fig. 321), propia de los lugares mal drenados dentro de los bosques de *Abies* en el Valle de México, pudo haber expandido su área de distribución al destruirse el bosque.

Las observaciones del que escribe coinciden aproximadamente con lo anterior, aunque parece que muchas veces la sucesión puede ser más abreviada. Los diversos tipos de pastizales, matorrales y bosques secundarios se presentan en función de diferentes situaciones topográficas y altitudinales y, sobre todo, como respuesta a diversos tipos de disturbio y de condiciones de recuperación.

Desde el punto de vista económico, los bosques de *Abies* son de la mayor importancia, pues la madera de oyamel es la materia prima preferida por la industria de la celulosa y del papel. Para este fin se explotaron 153 573 m^3 de madera de *Abies* en 1972 (Anónimo, 1973a).

En escala menor, frecuentemente doméstica, se emplea su madera como combustible y también para construcción y para aserrar, aun cuando se le considera por lo común como demasiado suave y poco durable. Durante muchos años las puntas de las plantas jóvenes de *Abies* se cortaban para utilizarse como arbolitos de navidad, pero en la actualidad está prohibido este tipo de explotación.

La belleza de los bosques de *Abies* ha hecho que éstos sean de un gran atractivo para los excursionistas y que, en general, se utilicen como sitios de recreo para los habitantes de las ciudades. Así, por ejemplo, los que circundan a la capital de la República, en particular en las áreas de los parques nacionales, son visitados por muchos miles de personas los domingos y días festivos.

D. Bosque de *Pseudotsuga* y de *Picea*

Las plantas pertenecientes a estos dos géneros se asemejan mucho por su aspecto general y por la morfología de sus hojas a los árboles de *Abies.* La similitud se extiende también al comportamiento ecológico y, al igual que en el oeste norteamericano y en otras partes del hemisferio norte, las especies mexicanas de *Pseudotsuga* y de *Picea* ocupan habitats análogos a los de *Abies* y frecuentemente conviven con representantes de este género.

Forman bosques en altitudes entre 2 000 y 3 200 m, en sitios sombríos y húmedos, preferentemente en laderas de cañadas y barrancas o valles muy protegidos, que en general ocupan superficies muy reducidas en medio de pinares y muchas veces se presentan como masas mixtas (principalmente con *Pinus* y *Abies*). El área total que cubren en la República probablemente no pasa de 250 km^2.

Las comunidades de *Pseudotsuga* se presentan a lo largo de la Sierra Madre Occidental, desde Sonora y Chihuahua hasta Zacatecas (White, 1949: 247; Gentry, 1942: 77; LeSueur, 1945: 15; Maysilles, 1959: 50; Martínez, 1953: 21-67), en diferentes localidades montañosas de Coahuila y Nuevo

León (Muller, 1939: 703; Muller, 1947: 55), en la parte más alta de la Sierra de Pachuca, Hidalgo, y en una pequeña área del centro del Estado de Puebla. En la Sierra Madre Occidental los bosques *de Pseudotsuga* son más frecuentes que los de *Abies* y ocupan a menudo sitios ligeramente menos húmedos que aquéllos.

Existe un pronunciado desacuerdo en cuanto a la taxonomía a nivel específico, pues mientras Martínez (1953: 21-67) y algunos autores europeos reconocen cuatro especies para el territorio de la República, la mayoría de los botánicos norteamericanos no distingue sino dos especies para todo el continente, de las que una sola *(P. menziesii)* extiende su área de distribución a este país.

Los bosques de *Picea* son mucho más reducidos aún que los de *Pseudotsuga* y sólo se conocen del norte de México. Los de *Picea chihuahuana* se citan de unas pocas localidades de la Sierra Madre de Chihuahua y de Durango, en las cuales crecen en lugares particularmente protegidos y reducidos. En una localidad cercana a El Salto, Durango, Gordon (1968) estudió un manchón de esta comunidad, donde *Picea* convive con *Cupressus, Pseudotsuga, Abies* y algunos otros árboles. En cuanto a *Picea mexicana,* especie recientemente descrita de Nuevo León, se ignora si llega a ser elemento dominante en los bosques.

La distribución actual de los bosques de *Picea* en la República Mexicana obviamente constituye un estado relictual, pues los estudios de polen fósil revelan su presencia en el Valle de México durante el Pleistoceno (Clisby y Sears, 1955: 516) y en el Istmo de Tehuantepec durante el Mioceno (Graham, 1972: 108).

E. Bosque o matorral de *Juniperus*

Miranda y Hernández X. (1963: 50) incluyen esta comunidad vegetal en la categoría que denominan "bosque de escuamifolios". A pesar de que no cubre importantes áreas en México (menos de 0.04% de la superficie del país, según Flores et al., 1971), se halla bien difundido desde Baja California y Tamaulipas hasta Chiapas y prospera en condiciones ecológicas diversas. Se le encuentra preferentemente en forma de una estrecha faja transicional entre el bosque de *Quercus* y de *Pinus* por un lado, y el pastizal, matorral xerófilo o bosque tropical caducifolio, por el otro. Muchas veces los bosques de *Juniperus* no parecen constituir una comunidad clímax, sino que son más bien de origen secundario, aunque este aspecto no se ha estudiado a fondo en ninguna parte de México.

Prosperan sobre una gran variedad de rocas madres y suelos, incluyendo los alcalinos, así como los de contenido moderadamente elevado en sales solubles y de yeso y con drenaje deficiente. Muchas veces, sin embargo, se les observa en suelos poco profundos y más bien pedregosos de laderas de cerros.

Los climas en que se desarrollan los bosques o matorrales de *Juniperus* varían desde el frío de las altas zonas montañosas (E la clasificación de Koeppen, 1948) hasta el templado y semihúmedo (Cw y Cs) y el semiárido (BS), muy frecuentemente en las regiones limítrofes entre estos últimos tipos (Fig. 322). No se les conoce de climas francamente calientes y aunque en la parte septentrional de Baja California (Goldman, 1916: 312) descienden a altitudes inferiores a 1 000 m, en el resto del país rara vez se les encuentra a menos de 1 500 m s.n.m.

La madera de algunas especies de *Juniperus* es de buena calidad, pero sólo se emplea en escala local, debido al tamaño generalmente reducido de su tronco y a la escasa extensión de las comunidades que forma. Muchos de los bosques de *Juniperus,* sobre todo en el centro de México, se ven muy perturbados por el pastoreo y por la tala, y

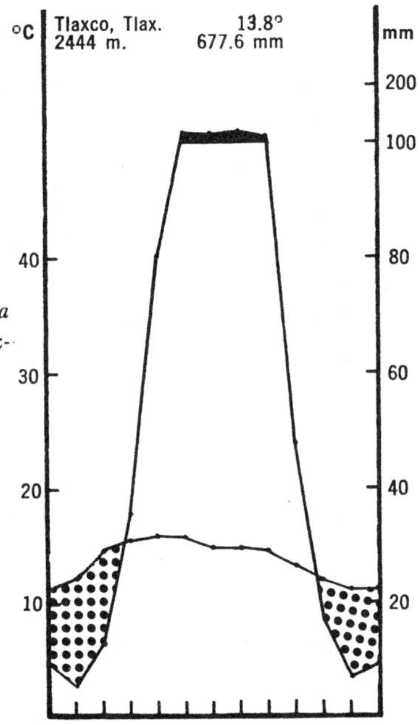

Figura 322. Diagrama ombrotérmico de Tlaxco, Tlaxcala.

posiblemente representan fases de sucesión secundaria, cuyo clímax corresponde al pinar o al encinar. Varias especies de *Juniperus* son integrantes más o menos normales de bosques de *Pinus* y *Quercus*, principalmente de los de tipo xerófilo.

Fisonómicamente este tipo de vegetación es siempre verde y puede variar desde matorrales de 50 cm de alto hasta bosques de 15 m, aunque las alturas más frecuentes oscilan entre 2 y 6 m. Por lo general se trata de comunidades bastante abiertas, en que los árboles o arbustos dejan amplios espacios entre sí, pero también hay excepciones a este respecto. Frecuentemente existe un estrato arbustivo inferior, así como el herbáceo, ambos bastante bien desarrollados. La composición florística de estos bosques y matorrales varía mucho de una región a otra y, en general, no se encuentra individualizada, sino que las comunidades dominadas por *Juniperus* participan ampliamente de especies propias de bosques, matorrales o pastizales colindantes. Las trepadoras y epifitas suelen ser escasas, aunque a menudo las ramas de *Juniperus* están infestadas por muérdagos del género *Phoradendron*, y también por hongos del género *Gymnosporangium*, que con las primeras lluvias forman conspicuas masas gelatinosas de color anaranjado.

En las Sierras de Juárez y de San Pedro Mártir, de Baja California, son comunes los matorrales y bosques bajos de *J. californica* (Wiggins, 1940: 269), que también se presentan en la parte alta y en algunos cañones de la Isla Cedros (Madrigal, 1960b: 6, Moran, 1972).

En cuanto a la Sierra Madre Occidental, se citan comunidades con *J. mexicana* y *J. monosperma* de Chihuahua, que Brand (1937: 48) considera como relictuales de tiempos en que ocupaban extensiones más grandes, mientras que LeSueur (1938: 31) cree que son de origen secundario. Gentry (1957: 33-34) indica que *J. monosperma* parece haber invadido los zacatales en los ciclos climáticos más secos en áreas de suelos erosionados.

En la vertiente occidental de la parte norte de la Sierra Madre Oriental, así como en zonas adyacentes del Altiplano, *J. monosperma* es la especie más común, asociándose a menudo con *Pinus cembroides* sobre laderas calizas, aunque otras veces se intercala en el matorral xerófilo o en el pastizal gipsófilo.

De San Luis Potosí, Rzedowski (1966: 190) cita bosquecillos abiertos de *J. flaccida*, de 4 a 6 m de alto, ubicados principalmente hacia las zonas de transición. Comunidades semejantes se conocen también de Jalisco, Michoacán, México, Morelos, Hidalgo (Fig. 323), Puebla, Guerrero y Oaxaca y, posiblemente, existían, en épocas anteriores, en el Valle de México.

Otra especie muy difundida es *J. deppeana*, que forma bosquetes en muchas partes del país, como, por ejemplo, en la Sierra Madre Occidental y en el Eje Volcánico Transversal. En la franja ubicada entre Perote, Veracruz y Apizaco, Tlaxcala, cubre importantes extensiones, incluyendo áreas con suelo profundo de llanuras (Fig. 324).

Figura 323. Bosquete de Juniperus flaccida *("sabino"), cerca de San Miguel Regla, Hidalgo.*

Figura 324. Bosquete de Juniperus deppeana *("tláxcal"), cerca de Huamantla, Tlaxcala.*

De la región de Comitán y Teopisca, Chiapas, Miranda (1952, I: 164-165) describe manchones de bosques de *J. comitana* y de *J. gamboana,* que prosperan entre 1 600 y 2 000 m de altitud, a menudo en terrenos planos.

J. monticola puede formar en la Sierra de Pachuca matorrales densos de 1 a 3 m de alto, que constituyen aparentemente una comunidad sucesional conducente al establecimiento del bosque de *Abies religiosa* (Rzedowski et al., 1964: 40), mientras que *J. monticola* f. *compacta* prospera de manera preferente por encima del límite altitudinal de la vegetación arbórea, principalmente sobre rocas, donde puede formar pequeños manchones de matorral bajo (0.3 – 2 m de altura), espaciado y más o menos rastrero (Fig. 102).

Los nombres comunes que más frecuentemente reciben las especies de *Juniperus* en México son "cedro", "sabino", "enebro", "nebrito", "tláxcal" y "táscate".

F. Bosque de *Cupressus*

Esta comunidad vegetal también forma parte de los "bosques de escuamifolios" de Miranda y Hernández X. (1963: 50) y apenas merece mención, pues las especies de *Cupressus* sólo en muy pocos lugares llegan a ser dominantes en la vegetación de México, aunque en algunas regiones conviven con *Abies* y a veces con *Pinus* y con *Quercus.*

Los *Cupressus* generalmente son árboles de 15 a 35 m de alto, siempre verdes y de follaje oscuro, que imparten una fisonomía peculiar a los bosques donde abundan. Estos bosques se desarrollan en sitios de clima o microclima más bien húmedo y fresco, a menudo en cañadas y sobre suelos profundos.

De las partes altas de la Isla Guadalupe, situada al oeste de Baja California, Eastwood (1929: 394-399), Moran y Lindsay (1950) y otros autores citan manchones de un bosque de *C. guadalupensis,* que constituye la comunidad vegetal más sobresaliente de la isla.

En el centro y sur de México la especie más difundida de *Cupressus* es *C. lindleyi,* que puede dominar en manchones dentro del bosque de *Abies* o de *Pinus.* Miranda (1952, I: 164) lo cita de Chiapas, donde se pueden observar tales manchones entre 1 800 y 3 000 m de altitud.

19. Bosque mesófilo de montaña

Esta denominación fue aparentemente utilizada por primera vez por Miranda (1947: 99) para describir una comunidad vegetal de la Cuenca del Balsas, que se presenta en el mismo piso altitudinal que el encinar, pero en condiciones de humedad más favorables.

Posteriormente, Miranda (1952, I:129) optó por modificar ese nombre por el de "selva baja siempre verde" y más tarde por el de "selva mediana o baja perennifolia" (Miranda y Hernández X., 1963: 37).

En el presente enfoque sintético se adopta el término de bosque mesófilo de montaña con un significado más amplio, pues en él se incluye también la formación que Miranda y Hernández X. (1963: 52) reconocieron como "bosque caducifolio" y Rzedowski (1966: 196) denominó "bosque deciduo templado".

De hecho la diferencia fundamental entre el bosque mesófilo de montaña (en el sentido estricto) y el bosque caducifolio consiste en que mientras en uno predomina la condición siempre verde en el otro prevalecen árboles de hoja decidua. Rzedowski y McVaugh (1966: 69) enfatizaron las similitudes fisonómicas, ecológicas y florísticas entre ambos tipos de vegetación y realmente éstas son tan significativas que los dos pueden acomodarse dentro de una sola categoría, a pesar de las diferencias en el comportamiento fenológico. Tales diferencias, por otra parte, de ninguna manera son tajantes y drásticas, pues existe toda una gama de condiciones intermedias, de mezcla de elementos siempre verdes y caducifolios.

Cabe comentar, sin embargo, que un punto de vista muy diferente sostiene Breedlove, quien en su reciente trabajo sobre la vegetación de Chiapas (1973) divide este tipo de vegetación en tres categorías distintas, a mencionar: "montane rain forest", "evergreen cloud forest" y "pine-oak *Liquidambar* forest".

Leopold (1950: 513) consideró esta formación bajo el nombre de "cloud forest" y señaló su analogía con los bosques andinos llamados de la misma manera. Otras denominaciones encontradas en la literatura que corresponden aproximadamente al bosque mesófilo de montaña son:

selva nublada (Beard, 1946);
forêt dense humide de montagne (Trochain, 1957);
moist montane forest (Trochain, 1957);
Berg-Regenwald (Knapp, 1965);

bosque ombrófito de montaña (Lauer, 1968);

forêt caducifoliée humide de montagne (Puig, 1974).

La contribución más importante al conocimiento de este tipo de vegetación en México es el trabajo de Miranda y Sharp (1950), que contiene gran cantidad de información básica, además de una parte interpretativa acerca de las relaciones geográficas y posibles orígenes de su flora.

El bosque mesófilo de montaña corresponde en México al clima húmedo de altura, y dentro del conjunto de las comunidades que viven en las zonas montañosas ocupa sitios más humedos que los típicos de los bosques de *Quercus* y de *Pinus*, generalmente más cálidos que las propias del bosque de *Abies*, pero más frescos que los que condicionan la existencia de los bosques tropicales.

Las condiciones climáticas que requiere este tipo de vegetación se presentan en zonas restringidas del territorio de la República y por consiguiente el bosque mesófilo de montaña tiene una distribución limitada y fragmentaria. Leopold (1959: 509) estima que cubre 0.5% del territorio de México, mientras que Flores et al. (1971) dan la cifra de 0.87%.

A lo largo de la vertiente este de la Sierra Madre Oriental existe una faja angosta y no del todo continua, que se extiende desde el suroeste de Tamaulipas hasta el norte de Oaxaca, incluyendo porciones de San Luis Potosí, Hidalgo, Puebla y Veracruz. En Oaxaca la franja se ensancha un poco, pero se interrumpe a nivel del Istmo de Tehuantepec.

En Chiapas el bosque mesófilo de montaña se encuentra fundamentalmente en dos áreas: en la vertiente septentrional del Macizo Central y en ambos declives de la Sierra Madre.

En la vertiente pacífica, al oeste del Istmo de Tehuantepec la distribución es aún más dispersa pues el bosque mesófilo de montaña se encuentra ahí confinado por lo general a fondos de cañadas y laderas protegidas. Aunque se conoce desde el norte de Sinaloa (Gentry, 1946a: 460), de Nayarit, Jalisco, Colima y Michoacán (Rzedowski y McVaugh, 1966: 69), de la Cuenca del Balsas y aun del Valle de México (Rzedowski, 1970), al parecer sólo en la vertiente exterior de la Sierra Madre del Sur de Guerrero y de Oaxaca existen manchones continuos de cierta consideración.

El límite altitudinal inferior de este tipo de vegetación se sitúa alrededor de 600 m en San Luis Potosí y en el norte de Sinaloa. En Jalisco alcanza la cota de 800 m, en el centro de Veracruz la de 400 m y en Chiapas rara vez desciende de 1 000 m s.n.m. Su límite altitudinal superior a menudo no depende tanto de la temperatura, como de la distribución altitudinal de la humedad en cada región determinada. Sin embargo, en muy pocos sitios de México se encuentra este bosque en altitudes superiores a 2 700 m. Más arriba suele substituirlo el bosque de *Abies*, si el clima se mantiene suficientemente húmedo.

Son pocas las estaciones meteorológicas instaladas en las localidades que ocupa el bosque mesófilo de montaña, de manera que se desconocen las condiciones climáticas en que se desarrolla en muchas regiones de México.

La precipitación media anual probablemente nunca es inferior a 1 000 mm, comúnmente pasa de 1 500 mm y en algunas zonas excede de 3 000 mm. (Figs. 325, 326, 327). El número de meses secos varía de 0 a 4. El denominador común de casi todos los sitios en que se desarrolla este tipo de vegetación son las frecuentes neblinas y la consiguiente alta humedad atmosférica. Tal humedad unida a la disminución de la luminosidad suple las deficiencias de la lluvia en el periodo seco del año y en muchas partes su inciden-

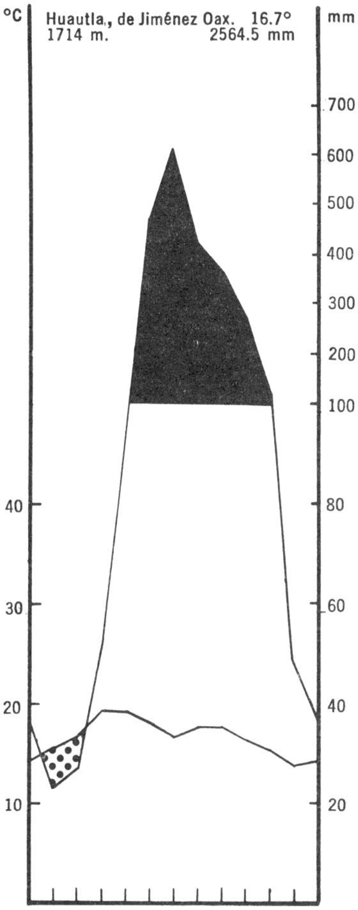

Figura 325. Diagrama ombrotérmico de Huautla de Jiménez, Oaxaca.

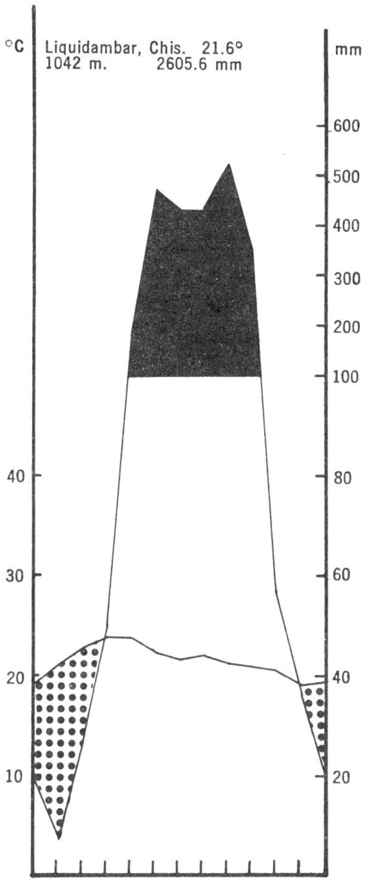

Figura 326. Diagrama ombrotérmico de Liquidámbar, Chiapas.

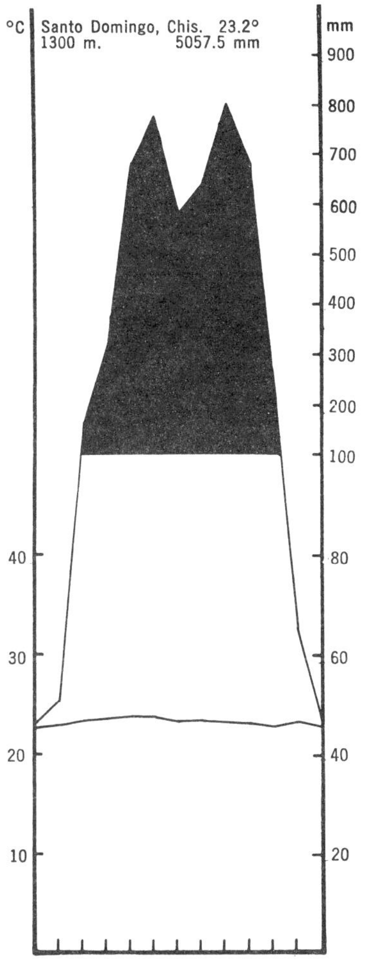

Figura 327. Diagrama ombrotérmico de Santo Domingo, Chiapas.

cia parece ser decisiva para la existencia de esta comunidad vegetal. La distribución geográfica del bosque mesófilo de montaña en muchas zonas de la Sierra Madre Oriental y de Chiapas coincide francamente con las áreas más expuestas a la influencia de los "nortes", masas de aire frío que invaden ciertas partes del país en los meses menos calientes del año.

La temperatura media anual varía de 12 a 23° C y en general se presentan heladas en los meses más fríos, aunque en altitudes inferiores éstas pueden ser esporádicas y ocurrir una vez en varios años. En ciertas áreas de mayor elevación se registran, a veces, una o algunas nevadas en cada siglo, con efectos muy destructores sobre la vegetación. Las diferencias entre las temperaturas medias de los meses más caliente y más frío del año son del orden de 2.5 a 7° C y el promedio anual de las oscilaciones diurnas de la temperatura de 9 a 12° C. El clima más característico de esta formación pertenece al tipo Cf de la clasificación de Koeppen (1948), pero en algunas partes el bosque prospera en donde prevalecen condiciones catalogadas como Af, Am y aun Aw y Cw.

Aunque no existen mediciones comparativas, es indudable que en el interior del bosque se atenúan considerablemente los cambios diurnos de temperatura y de humedad atmosférica, de tal manera que las plantas de los estratos inferiores viven en un microclima diferente al que están expuestos los árboles del dosel de esta comunidad vegetal.

El bosque mesófilo de montaña se desarrolla en regiones de relieve accidentado y las laderas de pendiente pronunciada constituyen su habitat más frecuente. En muchas áreas se halla restringido a cañadas protegidas del viento y de la fuerte insolación. Desciende a menudo hasta orillas de arroyos, pero no se le ha observado en suelos con drenaje deficiente. A menudo se desarrolla sobre substrato de calizas con topografía kárstica y existe asimismo sobre laderas de cerros andesíticos, basálticos, así como formados por tobas, granitos, gneis y muchos otros tipos de roca. Los suelos son someros o profundos, amarillos, rojos o negruzcos, con abundancia de materia orgánica en los horizontes superiores; son ácidos (pH 4 a 6), de textura arenosa a arcillosa y húmedos durante todo el año.

Debido a las condiciones climáticas favorables y a pesar de lo abrupto del terreno, muchas de las áreas cubiertas por el bosque mesófilo de montaña en México han estado densamente habitadas y sometidas a una intensa explotación desde hace siglos. La vegetación original fue siendo eliminada de grandes extensiones de terreno y en regiones enteras ya no existe. En muchas partes se practica una agricultura seminómada que da por resultado un mosaico de comunidades secundarias de diferentes grados de avance. El maíz y el frijol son las especies de cultivo más usuales en estas áreas. En altitudes inferiores a 1 000 m y en algunas partes hasta 1 500 m s.n.m. se planta el café y en las comarcas particularmente favorables para tal cultivo, éste llega a desplazar por completo cualquier otro aprovechamiento de la tierra y en grandes extensiones sólo se ven árboles de *Inga,* bajo los cuales prosperan los cafetos. Con mucho menos frecuencia se utilizan como árboles de sombra los propios del bosque natural y entonces, a distancia, se tiene la impresión de que la vegetación no ha sido muy perturbada, pero al penetrar se descubre que se trata de un cafetal.

En altitudes superiores pueden ser frecuentes las huertas de manzano, de aguacate y de algunos otros árboles frutales, pero en muchas partes sólo se mantiene un pastizal, que rara vez da sustento a una ganadería próspera (Fig. 251).

Muchos de los árboles del bosque mesófilo de montaña (*Quercus, Juglans, Dalbergia, Podocarpus, Liquidambar,* etc.) tienen madera de buena calidad, que se emplea localmente para fines diversos, pero prácticamente no existen explotaciones forestales en forma y con los desmontes y las quemas se desperdician grandes volúmenes de madera.

La flora del bosque mesófilo de montaña tiene vínculos geográficos interesantes. Por una parte, hay un significativo número de especies que existen también en el este de Estados Unidos y de Canadá o bien poseen una especie estrechamente emparentada en esa área. La mayor parte de estos elementos son árboles, a menudo dominantes en los bosques, pero también hay algunas plantas vasculares herbáceas, así como briofitas y hongos que presentan este tipo de distribución.

Usualmente, sin embargo, es cuantitativamente más importante el elemento meridional, que consiste, en particular, de géneros y especies comunes con la región andina de Sudamérica. Es interesante también, como ya lo notó Miranda (1960), que sea en este tipo de vegetación, donde se ponen más de manifiesto las relaciones con la flora asiática.

Los endemismos a nivel de género son escasos en el bosque mesófilo de montaña,

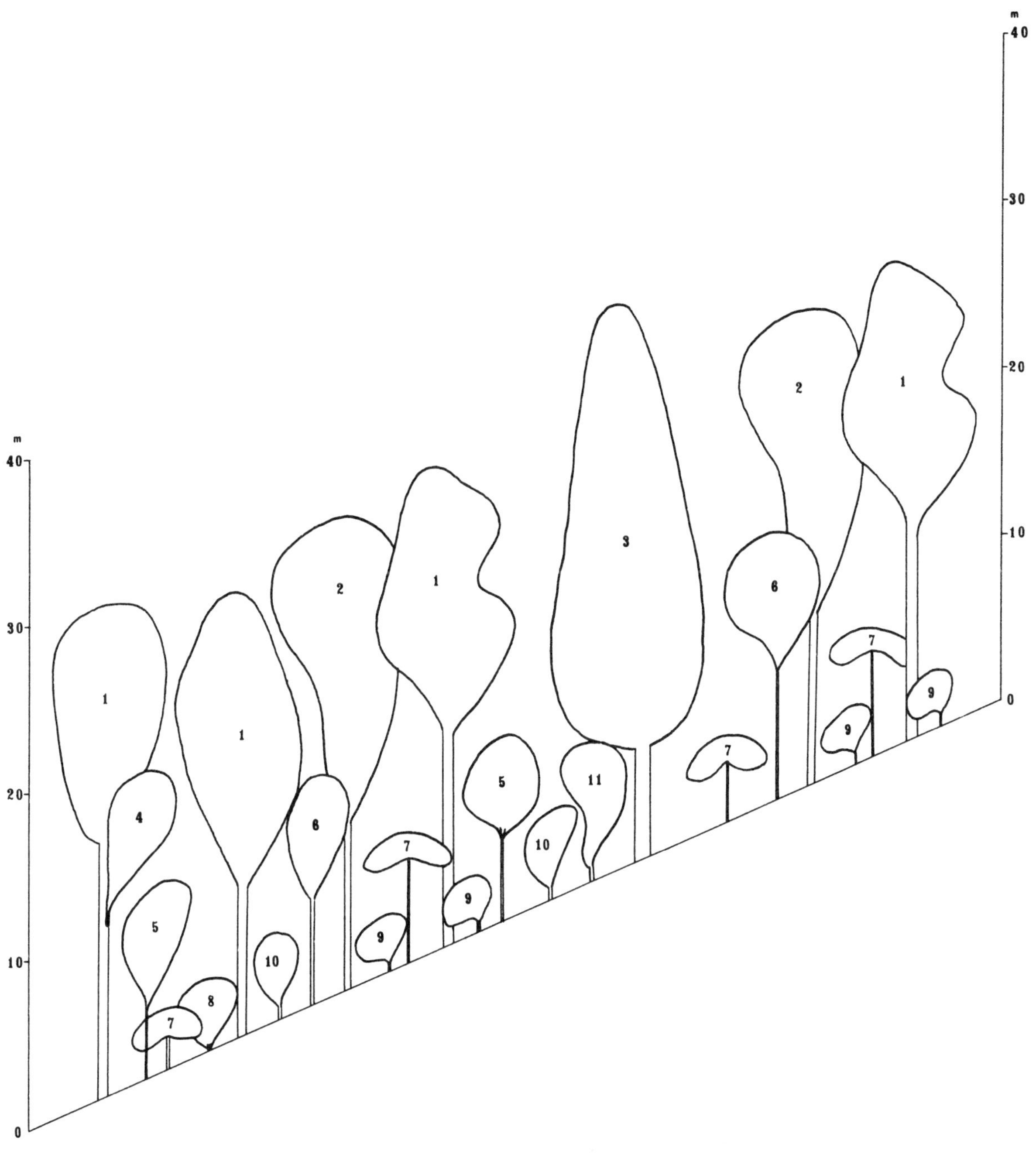

Figura 328. Perfil esquemático del bosque mesófilo de montaña de Quercus *y* Liquidámbar, *cerca de Tlanchinol, Hidalgo; 1,* Quercus sartorii, *2.* Clethra mexicana, *3.* Liquidambar styraciflua, *4.* Oreopanax *sp., 5.* Styrax glabrescens, *6.* Perrottetia ovata, *7.* Nephelea mexicana, *8.* Eugenia *sp., 9.* Osmanthus americana, *10.* Podocarpus reichei, *11.* Viburnum *aff.* tiliifolium.

pero el número de especies de distribución restringida no es despreciable y aumenta considerablemente si se conceptúa como unidad de referencia a la mitad sur de México junto con la mitad norte de Centroamérica (comp. Miranda y Sharp, 1950: 330).

Fisonómicamente es éste un bosque denso, por lo general de 15 a 35 m de alto (Fig. 328), aunque su talla puede variar entre límites más amplios y algunos árboles llegan a medir más de 60 m de altura. Los diámetros de los troncos son igualmente muy variables, pueden alcanzar 2 m y aún más, pero en otras ocasiones se mantienen entre 30 y 50 cm. Con frecuencia la comunidad incluye tanto árboles perennifolios como de hoja decidua y aunque en muchas regiones predominan los últimos, lo común es que el bosque clímax nunca se vea completamente defoliado. El periodo de carencia de follaje suele ser breve y se presenta en los meses más fríos del año. El tamaño predominante de los árboles corresponde a la categoría de mesofilia de la clasificación de Raunkiaer (1934) y sus bordes con frecuencia son aserrados o más o menos profundamente lobados.

Por lo común existen varios estratos arboréos, además de uno o dos arbustivos. El herbáceo no tiene gran desarrollo en los bosques bien conservados, pero en los claros suele ser exuberante y diversificado y contiene muchas pteridofitas. Las trepadoras leñosas pueden ser más o menos abundantes, sobre todo a altitudes inferiores o bien en cañadas protegidas; entre los géneros más frecuentes con especies pertenecientes a esta forma biológica cabe mencionar: *Archibaccharis, Celastrus, Clematis, Gelsemium, Parthenocissus, Philadelphus, Rhus, Smilax, Vitis.* Las epifitas por lo general están muy bien representadas y forman sinusias variadas, en las cuales abundan tanto líquenes, musgos y pteridofitas, como también fanerógamas, principalmente de las familias Piperaceae, Bromeliaceae y Orchidaceae, incluyendo asimismo arbustos y árboles, como especies de *Oreopanax, Topobea, Fuchsia, Clusia, Juanulloa, Solandra,* de varios géneros de Ericaceae, Compositae, etc. Los hemiparásitos de los géneros *Phoradendron* y *Struthanthus* pueden llegar a ser abundantes, principalmente en condiciones de disturbio.

El bosque mesófilo de montaña se presenta en forma de muy diversas asociaciones, que a menudo difieren entre sí en cuanto a la altura, la fenología y sobre todo a las especies dominantes. Estas últimas varían con frecuencia de una ladera a otra y de una cañada a otra, constituyendo así el conjunto una unidad bastante heterogénea, pero todas las asociaciones señalan ligas florísticas y ecológicas entre sí.

Desde el punto de vista de composición florística, probablemente la familia Orchidaceae sea la mejor representada de todas las angiospermas. Le siguen en importancia las Compositae, las Rubiaceae, las Melastomataceae y las Leguminosae. En algunas asociaciones pueden abundar también las Lauraceae. Entre las gimnospermas están representados *Pinus, Podocarpus* y *Abies,* además de diversas cicadáceas, como *Ceratozamia, Dioon* y *Zamia.*

En ningún otro habitat son tan abundantes y diversificadas las pteridofitas, entre las cuales cabe destacar numerosas especies de *Lycopodium*, de *Selaginella,* de Hymenophyllaceae y de Cyatheaceae. Las especies arborescentes de esta última familia llegan a ser abundantes en algunas localidades y confieren al sotobosque un aspecto muy vistoso.

Los musgos también están bien representados en el bosque mesófilo de montaña, a veces cubren en grandes cantidades las ramas y aun las hojas de los árboles y de los arbustos y entre los géneros más comunes cabe citar (según Delgadillo, com. pers.): *Anomodon, Homalia, Papillaria, Pilotrichella, Porotrichum, Prionodon, Rhizogonium* y

Schloteimia. Guzmán (com. pers.) proporcionó la siguiente lista de géneros de hongos superiores que habitan en este medio: *Amanita, Scleroderma, Schizophyllum, Ganoderma, Leotia, Lenzites, Boletus, Linderiella, Auricularia, Russula, Lactarius, Oudumansiella, Dictyopanus, Gyrodon, Psilocybe, Calostoma,* además de los siguientes líquenes: *Anaptychia, Sticta, Baeomyces, Chiodecton.*

A continuación se tratará de resumir la información disponible acerca de las diferentes comunidades que integran el bosque mesófilo de montaña en México.

Liquidambar styraciflua es uno de los elementos característicos de este tipo de vegetación y aunque los bosques puros de esta especie son más bien esporádicos, las comunidades de *Quercus* y *Liquidámbar* son frecuentes desde Tamaulipas hasta Chiapas en altitudes entre 600 y 2 000 m. Generalmente son bosques de 20 a 40 m de alto, parcialmente caducifolios y muy probablemente representan la vegetación clímax de amplias zonas. Miranda y Sharp (1950: 319-321) citan los siguientes árboles altos de Puebla e Hidalgo como sus componentes: *Quercus sororia, Q. furfuracea, Q. excelsa, Q. candicans, Q. candolleana, Q. trinitatis, Q. acatenangensis, Q. xalapensis, Q. galeottii, Clethra quercifolia, Meliosma alba, Carpinus caroliniana, Nyssa sylvatica, Ostrya virginiana, Alnus arguta, Crataegus pubescens, Symplocos* aff. *jurgensenii, Prunus samydoides* y *Phoebe* sp. (Fig. 329).

Del suroeste de Tamaulipas, Sharp et al. (1950) y Martin (1958: 34-35) (Fig. 330) citan además *Quercus sartorii, Q. germana, Prunus serotina, Podocarpus reichei, Magnolia schiedeana, Clethra macrocarpa, Acer skutchii, Carya* spp. y *Abies* sp., y para San Luis Potosí, Rzedowski (1966: 198) agrega: *Carya palmeri, Chaetoptelea mexicana, Clethra pringlei, Dalbergia* sp., *Juglans mollis, Magnolia dealbata, Morus celtidifolia, Persea* spp., *Platymiscium* sp. y *Tilia mexicana* (Fig. 331).

Figura 329. Bosque mesófilo de montaña de Quercus sartorii ("encino escobillo") y Liquidambar styraciflua *("copalillo"), cerca de Tlanchinol, Hidalgo.*

Para el centro de Veracruz, Gómez-Pompa (1966: 35) y Chiang (1970) mencionan también los siguientes árboles: *Juglans pyriformis, Quercus* aff. *ocoteifolia, Podocarpus matudae, Prunus tetradenia, Weinmannia pinnata, Brunellia mexicana, Fagus mexicana, Styrax glabrescens, Dussia mexicana, Zanthoxylum* spp., *Turpinia insignis* y *Eugenia* sp., y de Chiapas Miranda cita además, la presencia de *Quercus skinneri, Cornus disciflora, Clethra suaveolens, Pinus strobus* y *P. tenuifolia* (Fig. 332).

Sousa (1968: 149) describe de la región de los Tuxtlas, Veracruz, un bosque de *Li-*

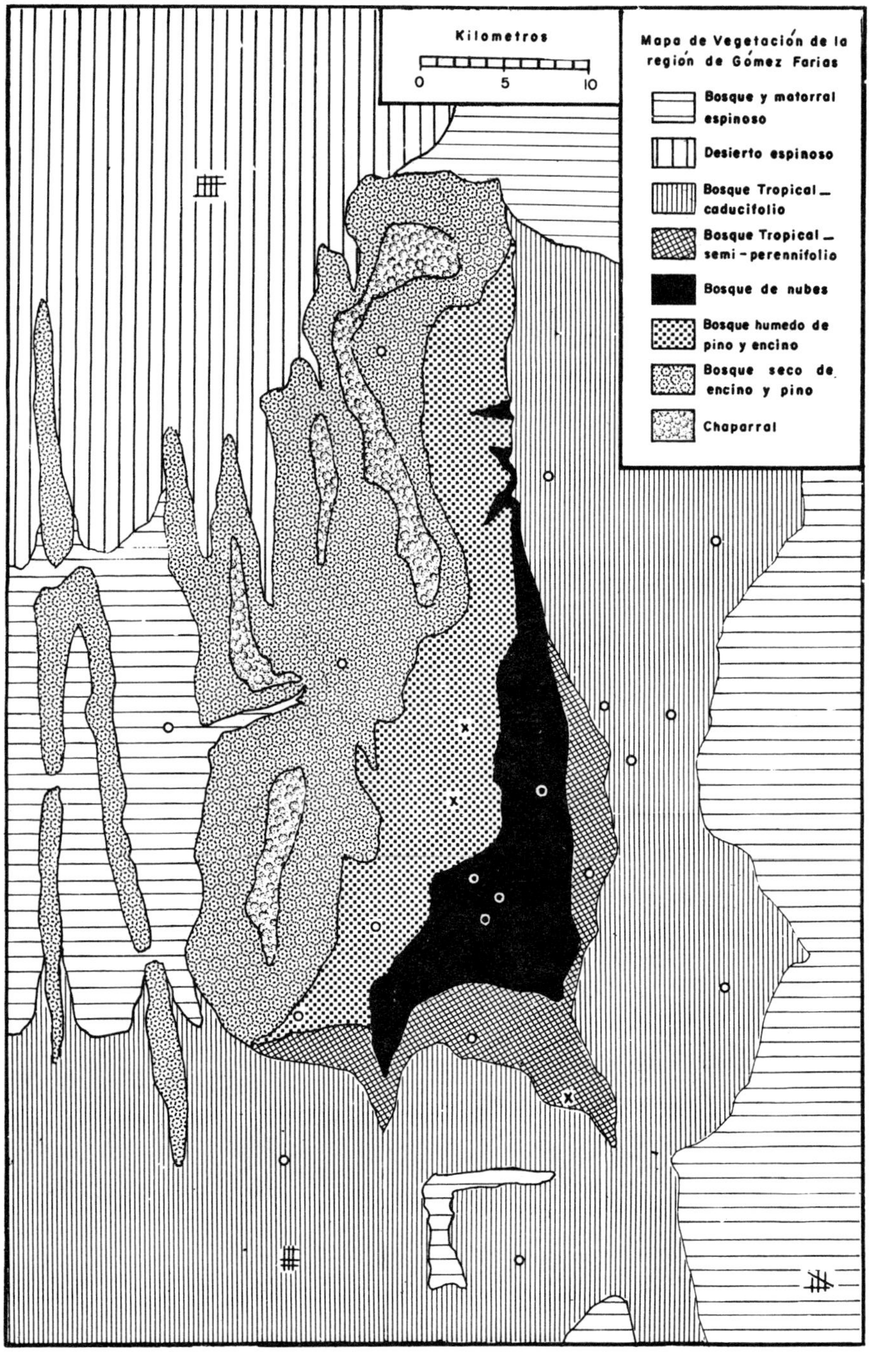

Figura 330. Mapa de vegetación de la región de Gómez Farías, Tamaulipas, según Martin (1958). Reproducido con ligeras modificaciones y con autorización de los editores.

Figura 331. Bosque mesófilo de montaña de Quercus *spp. ("encino"),* Liquidambar styraciflua ("somerio") *y* Magnolia dealbata *("magnolia"), cerca de Chapulhuacán, Hidalgo.*

Figura 332. Bosque de Quercus, Liquidámbar *y* Pinus *cerca de los Lagos de Montebello, Chiapas.*

quidambar que habita entre 850 y 1 100 m de altitud, con *Abuta panamensis, Alfaroa mexicana, Daphnopsis brevifolia, Elaeodendron trichotomum, Engelhardtia mexicana, Ficus* aff. *velutina, Prunus brachybotrya, Trichilia glabra* y *T. japurensis.*

Sarukhán (1968: 35) menciona una comunidad de *Liquidambar* con *Brunellia comocladifolia, Xylosma* spp., *Viburnum* spp., *Hymenaea courbaril,* etc., que existe entre Tlaxiaco y Putla, sobre la vertiente pacífica de Oaxaca, pero sin proporcionar mayores datos acerca de esta agrupación.

Es muy probable que los bosques con *Liquidambar* tenían en otras épocas una extensión más amplia que la actual, pues se ha encontrado polen fósil de este género en perforaciones hechas en el Valle de México (González-Quintero, com. pers.), donde no existe en la actualidad.

En pequeñas áreas localizadas en Tamaulipas (Martin, 1958: 35), en Hidalgo (Miranda y Sharp, 1950) y en Puebla, entre 1 400 y 2 000 m de altitud, se encuentran bosques de *Fagus mexicana,* que alcanzan más de 30 m de alto y en cuyos estratos inferiores intervienen, entre otras, especies de: *Quercus, Magnolia, Sambucus, Turpinia, Eugenia, Weinmannia, Clethra, Cyathea, Leucothoë* y *Ocotea.*

Miranda y Sharp (1950: 328-329) describen también de cerca de Orizaba, Veracruz, un bosque de *Engelhardtia mexicana,* que prospera a unos 1 400 m s.n.m. y alcanza de 30 a 40 m de alto. *Ostrya virginiana, Cornus florida* var. *urbiniana, Clethra quercifolia* y *Liquidambar styraciflua* son algunas de las especies arborescentes que se registraron de esta comunidad.

Otro árbol del bosque mesófilo de montaña que puede ser dominante es *Chaetoptelea mexicana,* que de acuerdo con Sousa (1968: 146), forma bosques más o menos puros entre 1 000 y 1 150 m de altitud en la región de los Tuxtlas, Veracruz. *C. mexicana* (*Ulmus mexicana*) es una especie de hoja caduca, cuyos individuos llegan a medir hasta 87 m de alto (Miranda, 1952, I: 143) y es aparentemente el árbol que alcanza mayor talla en el conjunto de los componentes de la flora de México. Otros elementos altos que a veces se presentan en este bosque en Veracruz son: *Quercus corrugata, Q. pilarius, Guarea chichon* y *Sloanea* sp.

De la Cuenca del Balsas Miranda (1947: 99-100) refirió la existencia de un bosque, en el cual predominan elementos tropicales de montaña como: *Meliosma dentata, Styrax ramirezii, Oreopanax jaliscana* y *O. xalapensis, Symplocos prionophylla, Zinowiewia concinna, Bocconia arborea, Fuchsia arborescens, Rapanea jurgensenii, Ardisia compressa, Ternstroemia pringlei, Cleyera integrifolia* y *Phoebe ehrenbergiii*, pero también son comunes especies de *Prunus, Garrya, Clethra, Ilex* y *Morus*, así como varios representantes de afinidad francamente boreal, como *Carpinus caroliniana, Cornus disciflora, Tilia mexicana, Alnus* spp., *Fraxinus* spp. y *Quercus candicans.*

Rzedowski y McVaugh (1966: 69-70) describen comunidades similares de Nayarit, Jalisco, Colima y Michoacán, que se desarrollan entre 800 y 2 400 m de altitud. Son bosques de 20 a 40 m de alto, mayormente perennifolios, con variaciones florísticas muy pronunciadas de una región a otra. Además de los géneros mencionados por Miranda, se citan entre los árboles altos: *Abies, Alchornea, Celtis, Clusia, Dendropanax, Dipholis, Gymnanthes, Juglans, Magnolia, Matudaea, Osmanthus, Ostrya, Perrottetia, Persea, Pinus, Podocarpus, Salix* y *Trophis.*

En el norte de Sinaloa (Gentry, 1946a: 460-461) y en el Valle de México (Rzedowski, 1970) existen también bosques de tipo similar, aunque florísticamente pobres. En la Sierra Madre del Sur de Guerrero y de Oaxaca, sobre todo en las vertientes que reciben directamente la influencia del mar, hay numerosos manchones de bosque mesófilo de montaña, pero se tienen pocos datos acerca de su estructura y composición. Sin embargo, a juzgar por los datos de Rzedowski y Vela (1966), se trata de bosques análogos a los antes descritos o aún más exuberantes, pues en la región del Cerro Teotepec, Guerrero, se han colectado helechos arborescentes a 2 700 m de altitud, así como especies de *Drimys, Saurauia, Chaetoptelea, Weinmannia, Chiranthodendron, Synardisia* y de muchos de los géneros arriba mencionados.

En la Sierra Madre de Chiapas un tipo similar de bosque mesófilo de montaña ocupa importantes extensiones, siendo *Matudaea trinervia* uno de los dominantes comunes (Miranda, 1952, I: 134). En altitudes cercanas a 2 500 m *Chiranthodendron pentadactylon* puede ser muy frecuente, sobre todo en las laderas del Volcán Tacaná. Otros géneros de árboles mencionados por Miranda de la Sierra Madre son: *Inga, Clethra, Pithecellobium, Ilex, Podocarpus, Osmanthus, Cedrela, Olmediella, Ardisia, Conostegia, Eugenia, Hedyosmum, Nectandra, Oreopanax, Parathesis, Prunus, Rhamnus, Saurauia, Styrax, Trophis* y *Quercus.*

En la región del Macizo Central del mencionado Estado, concretamente en la región de Pueblo Nuevo Solistahuacán y Tapalapa, la composición florística es algo diferente y de los géneros enumerados por Miranda (1952, I: 131-133) destacan, entre otros, *Turpinia, Zinowiewia, Phoebe, Brunellia, Oecopetalum, Rapanea, Persea, Dalbergia, Symplocos, Weinmannia, Topobea, Cleyera, Myrcia* (Fig. 333). Se citan también de esa área manchones de bosque puro de *Dalbergia tucurensis* y otro de *Oecopetalum mexicanum.*

Algunos otros tipos de bosque mesófilo de montaña son:

La comunidad dominada por *Meliosma alba*, de unos 30 m de alto, que describe

Figura 333. Bosque mesófilo de montaña con Sloanea, Dalbergia, Podocarpus, Persea *y* Dendropanax, *cerca de Pueblo Nuevo Solistahuacán, Chiapas.*

Sousa (1968: 146-148) de la región de los Tuxtlas, Veracruz, con *Alfaroa mexicana, Olmediella betschleriana, Pithecellobium vulcanorum, Turpinia paniculata y Chaetopetelea mexicana,* como árboles altos y que se desarrolla entre 1 150 y 1 450 m de altitud.

Otro tipo de bosque mesófilo de montaña de la misma región (Sousa, 1968: 150) es el de *Guarea chichon, Licaria cervantesii, Podocarpus* sp., *Quercus corrugata* y *Q. skinneri* en el estrato superior, que mide más de 30 m. En los pisos arbóreos inferiores están representados, entre otros, los géneros *Sloanea, Talauma, Calatola, Dendropanax* y *Meliosma.* Sus límites altitudinales son 1 150 y 1 400 m.

Bajo el nombre de "selva de lauráceas" refiere Gómez-Pompa (1966: 38-39), de la región de Misantla, Veracruz, entre 400 y 900 m de altitud, la existencia de un bosque perennifolio hasta de 40 m de alto, con dominancia de *Beilschmiedia mexicana* y *Quercus corrugata* y con *Beilschmiedia anay, Chaetoptelea mexicana, Dussia mexicana, Ficus lapathifolia, Ocotea* aff. *veraguensis, Persea schiedeana* y *Quercus* aff. *gracilior* en el estrato superior.

Miranda y Sharp (1950: 327) dieron a conocer asimismo una comunidad aparentemente análoga, existente entre Huauchinango y Xilocuautla, Puebla, a unos 1 600 m de altitud, con *Phoebe chinantecorum, Beilschmiedia mexicana, Persea americana* var. *angustifolia, Turpinia pinnata* y *Cyathea mexicana.*

En la región de los Tuxtlas, Veracruz, también existe una agrupación rica en especies de Lauraceae, entre 600 y 900 m de altitud, con *Nectandra salicifolia, Licaria peckii, Phoebe* sp., además de *Chaetoptelea mexicana, Poulsenia armata, Celtis monoica* y *Robinsonella mirandae* (Sousa, 1968: 146-148).

Rzedowski (1966: 200-201) menciona una comunidad del mismo tipo del sureste de San Luis Potosí, entre 700 y 1 000 m de altitud, donde se han encontrado: *Beilschmiedia mexicana, Eugenia* sp., *Inga* sp., *Morus celtidifolia, Oreopanax xalapensis, Persea chamissonis, P.* aff. *floccosa, Phoebe* spp., *Quercus germana* y *Q. sartorii.*

Una variante fisonómica muy notable del bosque mesófilo de montaña la representan las comunidades de baja estatura, que llega a ser sólo de 8 a 12 m de alto. Sousa (1968: 142-143) estudió este tipo de bosque con *Oreopanax* y *Clusia* como dominantes en la región de los Tuxtlas, Veracruz, y llegó a la conclusión de que su talla reducida se debe aparentemente a la acción de fuertes vientos, a los cuales están expuestas las laderas y cimas de los cerros en que crecen estas agrupaciones vegetales.

Miranda y Sharp (1950: 327) describen de Hidalgo, Puebla y Oaxaca bosques de *Weinmannia pinnata* de características algo similares y Miranda (1952, I: 136) menciona otro de *Oreopanax sanderiana* de la Sierra Madre de Chiapas.

Una vegetación análoga es más frecuente en las Antillas, donde ha recibido el nombre de "elfin forest". En general, se caracteriza por una enorme densidad de epifitas, sobre todo de musgos y líquenes.

La vegetación secundaria derivada de los diferentes tipos del bosque mesófilo de montaña de México no ha sido profundamente estudiada, pero de los diferentes datos dispersos en la literatura puede inferirse que también es bastante diversificada.

Las masas puras de *Liquidambar styraciflua* se consideran, al menos en la gran mayoría de los casos, como una fase sucesional tendiente a restablecer un bosque mixto de *Liquidambar* y otros árboles, que probablemente representa la condición clímax. Más frecuentes aún que estas últimas son, en el este de México, las comunidades dominadas por *Alnus arguta,* que prosperan sobre todo en zonas de agricultura nómada o semi-nómada. De Chiapas, cita Miranda (1952, I: 142) la existencia de agrupaciones puras de *Cornus disciflora* y de otras de *Carpinus caroliniana* que también parecen haber surgido a raíz de la tala del bosque primitivo; se presentan asimismo comunidades similares en algunas partes de la vertiente pacífica de otras porciones de México.

A menos de 1 000 m s.n.m. son muy comunes los bosques bajos de *Heliocarpus* spp., a menudo con *Croton draco* y *Cnidoscolus multilobus* al igual que los dominados por *Trema micrantha, Lonchocarpus* spp., *Saurauia* spp. y *Myriocarpa* spp. A mayores altitudes, en cambio, se encuentran con frecuencia matorrales de *Myrica* spp., así como los de *Baccharis conferta,* de *Rubus* spp. y los de tipo francamente herbáceo de *Pteridium aquilinum* var. *feei.* No muy extensas, pero particularmente vistosas son las agrupaciones de *Gunnera* spp. y de *Heliconia* spp., que sólo se presentan en condiciones edáficas apropiadas. Bastante notables asimismo son en los taludes de los caminos los conjuntos de *Lophosoria quadripinnata.* Es interesante notar que varias especies de helechos arborescentes parecen prosperar mejor en lugares perturbados, llegando a formar en ocasiones grupos más o menos grandes.

Por último, cabe volver a hacer mención de la presencia, en muchas áreas anteriormente cubiertas por el bosque mesófilo de montaña, de un pastizal bajo y siempre verde, en el cual predominan de ordinario especies de *Paspalum, Axonopus* y *Digitaria.* Estos zacatales se originan y persisten bajo una permanente acción de pastoreo y pisoteo.

20. Vegetación acuática y subacuática

Las comunidades vegetales ligadas al medio acuático o al suelo más o menos permanentemente saturado con agua, son muy variadas. Muchas de ellas son difíciles de estudiar y aun de describir, pues a menudo se presentan en forma dispersa, mal definida y ocupan superficies limitadas. En su conjunto, sin embargo, son una parte importante de la cubierta vegetal del país.

Es un hecho conocido que numerosas plantas acuáticas tienen áreas de distribución amplias, algunas casi cosmopolitas, pero no hay duda de que también existen muchas otras, que sólo prosperan en regiones determinadas y de que también hay estrechos endemismos, restringidos a veces a un solo cuerpo de agua.

Frecuentemente, las plantas y las comunidades acuáticas tienen una tolerancia bastante limitada con respecto a los factores ambientales y sólo se desarrollan si se presenta una serie de condiciones indispensables para su existencia, dentro de un determinado intervalo de temperatura, luminosidad, pH, salinidad, pureza, concentración de oxígeno, etc. Así, por ejemplo, es distinta a menudo la vegetación de las aguas cálidas y las frías, de las dulces y las saladas, de las corrientes y las estancadas, de las claras y las turbias, de los fondos arenosos, arcillosos o rocosos.

Como ya se explicó en el capítulo 5 (págs. 62-63), el hombre, a través de sus actividades, ejerce una influencia intensa sobre una gran parte de la vegetación acuática. Esta influencia se ha dejado sentir de manera particular en las últimas décadas, en función del adelanto técnico, de la industrialización y del crecimiento de las ciudades.

Las necesidades de la agricultura, de la industria, de las grandes urbes y de sus pobladores han hecho que se desecaran ríos, arroyos, lagos y pantanos, que se construyeran depósitos artificiales de agua, canales de riego, de desagüe y de navegación, que se modificaran los cauces de las corrientes, los niveles de agua freática y también los ritmos de las inundaciones.

Los desechos de las industrias y las aguas negras de las ciudades cambiaron de manera notable las condiciones físicas y químicas del agua que escurre por las corrientes, que se acumula en las lagunas y aun del mismo mar en la cercanía de las costas.

El mal uso y manejo de la tierra no es de ninguna manera un fenómeno nuevo, pero el explosivo crecimiento demográfico ha hecho que sus efectos se multiplicaran y aceleraran de manera inusitada. A raíz del sobrepastoreo, de los desmontes, de la tala inmoderada y de las quemas de la vegetación, así como de la agricultura practicada en terrenos impropios, el suelo se está erosionando rápidamente en muchos sitios y el agua de la lluvia no se filtra, sino escurre en gran proporción sobre la superficie. Con ello se secan manantiales, pantanos, lagunas, así como arroyos que de permanentes se vuelven torrenciales, causando serias inundaciones en las partes bajas. Al llevar en suspensión gran cantidad de partículas del suelo, el agua de los ríos, al menos durante una buena parte del año, ésta se vuelve turbia y se modifican otras de sus propiedades.

Por todas estas razones han desaparecido muchos ambientes acuáticos y subacuáticos, se han alterado otros y también han aparecido nuevos que no existían con anterioridad. Paralelamente ha sido afectada la vegetación de estos sitios, extinguiéndose por completo en muchos y modificándose más o menos notablemente en otros.

La vegetación acuática se presenta en México en todos los tipos de clima propios para la vida vegetal. Prospera bien en áreas de clima muy húmedo, pero también existe en lugares de pluviosidad baja y se le encuentra desde el nivel del mar hasta más de 4 000 m de altitud. Se concentra, sin embargo, en zonas cercanas a los litorales y en regiones en que una precipitación relativamente alta coincide con abundancia de áreas de drenaje deficiente, como en la planicie costera del sur de Veracruz, Tabasco y de Campeche, en la planicie costera de Nayarit, en los alrededores de Tampico, Tamaulipas, así como en una franja de numerosas lagunas y zonas pantanosas de origen volcánico, que se extiende desde el norte de Michoacán hasta el centro de Jalisco (Fig. 334).

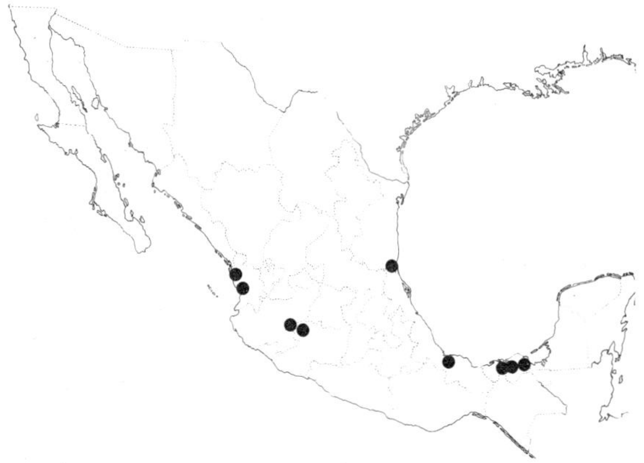

Figura 334. Areas de mayor concentración de vegetación acuática en el territorio de la República Mexicana.

El conocimiento de la vegetación acuática y subacuática de México es aún fragmentario y en grandes áreas ésta no se ha estudiado en absoluto. En consecuencia, las discusiones que se presentan a continuación distarán mucho de dar idea completa acerca de su composición, estructura, diversidad y distribución. Sólo se tomarán en cuenta las plantas macroscópicas y para fines de comodidad las descripciones se agruparán bajo una serie de incisos que corresponden a divisiones más o menos artificiales.

A. Vegetación marina litoral*

por Laura Huerta M.

La vegetación del litoral del Golfo de México y del Mar Caribe presenta caracteres

* El lector encontrará que el texto correspondiente a este inciso se aleja un tanto de las normas seguidas en las descripciones de otras comunidades. Tal discrepancia, al menos en parte, obedece al hecho de que en los capítulos generales se da muy poca información acerca de las condiciones ecológicas, afinidades florísticas y otros aspectos relativos al medio litoral marino, y por consiguiente la discusión acerca de su vegetación requiere de una mayor cantidad de datos ambientales explicativos. También podrá notarse que el grado de conocimiento de diferentes segmentos de este litoral no es uniforme y ello igualmente se refleja en el arreglo del texto. Cabe recordar que México posee unos 13 000 km de costa y este es el primer intento de integración de conocimientos relativos a su vegetación marina.

diferentes con respecto a la vegetación de la costa pacífica de México, por lo que se describirán separadamente.

Costa del Golfo de México y del Mar Caribe

En el litoral oriental de México, la flora formada por las algas marinas bénticas es tropical con algunos elementos subtropicales que se extienden hacia el sur.

La vegetación es más pobre en las playas de la parte norte presentándose grandes extensiones desprovistas de plantas y se va haciendo poco a poco más abundante a medida que se avanza hacia el sur y sureste, probablemente porque aumentan los accidentes litorales como islas, arrecifes, estuarios, lagunas, esteros y algunos promontorios rocosos, encontrándose la vegetación más variada y abundante en la porción del Mar Caribe que corresponde a México.

Piso litoral o intermareal

Esta zona está formada por una franja estrecha, ya que las mareas son muy cortas, es decir, la variación entre el nivel de la marea baja y marea alta oscila sólo entre 30 y 100 cm en Veracruz, y en Progreso entre 40 y 120 cm.

1. Facies rocosa y expuesta

a) La comunidad formada por *Ulva fasciata*, asociada a varias especies de *Enteromorpha* o de *Cladophora* (las que pueden ser: *Enteromorpha flexuosa*, *E. lingulata*, *E. salina*, *Cladophora fascicularis*, *C. crystalina* o *C. flexuosa*, etc.) se encuentra formando tapices, mantos o prados en rocas naturales o en escolleras y muelles, en la orilla de las playas o en desembocaduras de los ríos, sometidas a fluctuaciones en la salinidad, o en sitios en que sale agua de albañal al mar, como, por ejemplo, en las escolleras de Tuxpan, Cd. Madero, Veracruz, Coatzacoalcos, Cozumel, etc.

b) En otros sitios rocosos y expuestos a fuerte oleaje pero con salinidad constante, está presente principalmente *Chaetomorpha media*, la que puede asociarse a diferentes algas, como, por ejemplo, *Sargassum vulgare*, *Gelidium floridanum*, *Amphiroa fragilissima*, *Centroceras clavulatum*, etc.; esta vegetación se ha observado en Monte Pío, Veracruz (Sánchez, 1967).

c) Otros lugares que presentan condiciones muy semejantes a las anteriores, se caracterizan por una franca dominancia de rodofíceas. En rocas o escolleras batidas por las olas y con salinidad constante, o con estrechas variaciones de la misma, pueden encontrarse grandes motas o tapices cubriendo las rocas en comunidades formadas por: *Gracilaria cervicornis*, *Hypnea musciformis*, *Grateloupia filicina*, *Spyridia aculeata*, *Halimenia floresia*, *Gymnogongrus tenuis*, *Pterocladia americana*, *Calithamnion byssoides*, *Wrangelia argus*, *Giffordia mitchelae*, *Dasya* sp., *Gracilaria mamilaris*, *Polysiphonia* spp., *Padina* spp., *Cladophora* spp., etc.

Las escolleras de Tuxpan del lado del mar y zonas cercanas a Ciudad Madero se caracterizan por esta vegetación.

En Yucatán, Cozumel y Xcalac las asociaciones características de condiciones ecológicas similares están dominadas por *Acanthophora*, *Laurencia*, *Chondria*, etc.

d) En algunos casos, también en la zona intermareal, se encuentran pequeños prados o grupos de feofíceas; así, en Cozumel y en Isla Pérez existe una agrupación con *Dictyota*, *Padina*, *Pocockiella*, *Stypopodium*, *Turbinaria* y *Sargassum* en playas con roca, guijarros o conchas en zona de mareas y oleaje moderado (Huerta, 1961; Huerta y Garza, 1967).

2. Facies característica de substrato de arena y limo

Las playas de arena no consolidada, la que en cada oleaje se levanta y revuelve, por lo general carecen de vegetación.

Piso infralitoral superior

1. Facies de rocas o guijarros

a) Arrecifes de Veracruz

La vegetación de algas en los arrecifes, ya sean adyacentes a la costa, o los coralinos alejados de la misma, es abundante. Estos habitats presentan salinidad constante y aguas limpias y transparentes, las algas ahí presentes son heliófilas y estenohalinas. En general, dominan las clorofíceas. Varias especies de *Enteromorpha* y *Ulva lactuca* forman tapetitos en maderos, guijarros o conchas de la orilla, en la parte expuesta.

En la parte poco profunda cerca de la isla, *Cymopolia barbata, Caulerpa cupressoides, C. sertularioides* y *Padina gymnospora* forman prados, mientras que varias especies de *Galaxaura, Liagora* y *Dictyota* se desarrollan aisladas o en pequeños grupos sobre corales muertos, guijarros o conchas y *Rhipocephalus* directamente en la arena. Alejándose un poco de la isla comienzan las praderas de *Thalassia testudinum* entre la cual, en cualquier roca, guijarro o concha se implantan las algas, de las cuales las más frecuentes son: *Amphiroa fragilissima, Dictyosphaeria cavernosa, Halimeda opuntia, Laurencia obtusa, Jania capillacea, Centroceras,* varias especies de *Polysiphonia* y de *Ceramium* formando diferentes asociaciones.

En la primavera se desarrollan plantas de *Liagora* que pronto desaparecen, también en la primavera y en el verano pueden presentarse "florecimientos" de *Colpomenia sinuosa* y de *Hydroclathrus clathratus,* que llegan a ser muy abundantes y desaparecen en otoño.

Las algas más comunes en los arrecifes coralinos son: *Cymopolia barbata, Caulerpa cupressoides, C. sertularioides, C. racemosa, Ulva lactuca, Enteromorpha flexuosa, E. lingulata, Halimeda opuntia, Dictyosphaeria cavernosa, Valonia ventricosa, Neomeris annulata, Acicularia schenckii, Dictyota dichotoma, D. divaricata, D. bartayresii, D. cervicornis, Padina sanctaecrucis, Padina gymnospora, Dictyopteris delicatula, Spatoglossum schroederi, Stypopodium zonale, Amphiroa fragilissima, Galaxaura subverticillata, G. squalida, Liagora farinosa, L. valida, L. ceranoides, Hypnea cornuta, Laurencia obtusa, L. papillosa, Jania capillacea, J. adherens, Digenia simplex, Centroceras clavulatum, Champia parvula, Ceramium* spp., *Lithophyllum* spp., *Lithothamnium* spp. y *Goniolithon* spp.

La vegetación está formada principalmente por clorofíceas, salvo algunos corales antiguos, donde, entre *Thalassia,* son más abundantes las rodofíceas. Las feofíceas también forman praditos o motitas como epífitas.

b) Bajos de Sabancuy, de Lerma Campeche y arrecifes de la Sonda de Campeche y Yucatán.

En las costas de los Estados de Campeche y Yucatán y en toda la Sonda de Campeche, la vegetación es abundante y variada.

En los Bajos de Sabancuy, lugar próximo a la Laguna de Términos, y donde con seguridad hay influencia de las aguas de los ríos que aportan nutrientes y se presentan aguas poco transparentes, dominan francamente las rodofíceas: *Agardhiella ramosissima, Eucheuma isiforme, Gracilaria ferox, G. cylindrica, G. compressa, G. blodgettii, Botryocladia occidentalis, Bryothamnion seaforthii, Polysiphonia hapalacantha, Gracilaria cuneata, Caulerpa prolifera, Halimeda discoidea,* etc.

En los arrecifes coralinos de la Sonda de Campeche, al igual que en los descritos para Veracruz, predominan las clorofíceas, habiendo mayor número de especies; aquí se desarrollan *Halimeda incrassata, H. monile, Penicillus capitatus,* que forman praditos aislados (Huerta, 1961).

En los bajos de Lerma, junto a Campeche, están presentes: *Udotea flabellum, U. conglutinata, Caulerpa prolifera, C. paspaloides* var. *wurdemanii,* pequeños grupos de *Acetabularia crenulata,* sobre conchas o guijarros, *Digenia simplex* con *Ceramium nitens* como epífita, *Amphiroa fragilissima,* etc.

En Chelem, Yucatán, junto a Progreso, salen dragadas por las olas, procedentes de los bajos próximos varias especies de *Halimenia,* siendo *H. agardhii* la más conspicua; además son abundantes *Codium* spp.

c) Región del Mar Caribe

En la región del Caribe desde Isla Mujeres y Cancún hacia el sur, es aún más exuberante la vegetación. En Cozumel dominan los prados de clorofíceas: *Halimeda, Udotea, Penicillus, Avrainvillea, Rhipocephalus, Acetabularia, Dasycladus, Caulerpa,* etc. (Huerta y Garza, 1967).

Las principales algas del Caribe Mexicano son: *Halimeda monile, H. incrassata, H. opuntia, Udotea flabellum, U. conglutinata, U. sublittoralis, Penicillus capitatus, P. pyriformis, P. dumetosus, P. lamourouxii, Rhipocephalus phoenix, Acetabularia crenulata, Dasycladus vermicularis, Batophora oerstedii, Caulerpa paspaloides, C. cupressoides, C. prolifera, Ulva lactuca, Enteromorpha* spp., *Cladophora* spp., *Sargassum polyceratium, S. hystrix, S. filipendula, Padina* spp., *Dictyota* spp., *Turbinaria turbinata, Pocockiella variegata, Heterosiphonia gibbesii, Laurencia intricata, Heterodasya sertularioides, Bryothamnion triquetrum, Dasya pedicellata, Digenia simplex, Jania capillacea, Amphiroa fragilissima, Corallina cubensis, Goniolithon strictum* y *Lithothamnium calcareum.*

En las rocas del piso infralitoral superior hay abundantes rodofíceas como: *Heterosiphonia, Heterodasya, Bryothamnion, Digenia, Dasya, Chondria, Jania, Corallina,* etc., con algunas epífitas de las que sobresalen varios *Ceramium, Polysiphonia, Centroceras, Cladophora* o alguna cianofícea.

En la parte sur de Quintana Roo, en Xcalac y en los cayos Centro y Norte del Arrecife Chinchorro, lo más notable son unas verdaderas praderas de udoteáceas formadas principalmente por *Halimeda incrassata,* entre la que se encuentran plantas aisladas o grupitos de: *Udotea flabellum, U. conglutinata, U. sublitoralis, Penicillus capitatus, P. dumetosus, P. pyriformis, Avrainvillea rawsonii, A. nigricans, A. longicaulis, Halimeda monile, H. opuntia,* etc., es decir, hay una franca dominancia de las udoteáceas, pero puede haber uno que otro guijarro donde se implantan *Gracilaria, Acanthophora, Eucheuma, Laurencia, Dictyota,* etc.

En el Cayo Lobos del mismo Arrecife, el substrato es principalmente rocoso, con abundantes guijarros. La vegetación dominante es una asociación de feofíceas, hay numerosas especies de *Dictyota, Sargassum, Turbinaria, Stypopodium, Zonaria, Padina, Pocockiella,* etc. En las rocas destacan *Sargassum* y *Turbinaria* y los pequeños guijarros están cubiertos de *Dictyota* spp.

2. Fondos de arena en el piso infralitoral superior

Existen grandes extensiones con oleaje fuerte en las cuales las arenas son movedizas y desprovistas de vegetación. En lugares con oleaje moderado se presentan vastas praderas de *Thalassia, Syringodium filiforme* y más escasos de *Halodule wrightii.*

Lot-Helgueras (1972) llama a estas praderas "ceibadales" y al estudiarlas en una amplia sección de los arrecifes veracruzanos, menciona, además de las antes enumeradas, a *Halophila decipiens* var. *pubescens,* que se desarrolla entre 3 y 5 metros en unos sitios y en otros llega a los 10 m de profundidad.

Estas fanerógamas ayudan a consolidar el substrato, y entre ellas, en los claros, ya sea directamente en la arena o en corales muertos, guijarros o conchas, se encuentran las algas. En algunos casos, como el observado en Isla Pérez, parece que la sombra proporcionada por *Thalassia* protege el desarrollo de algunos grupos de algas.

Estas praderas se encuentran en todo el Golfo de México y el Caribe en lugares bajos y arenosos y según lo que se conoce, *Thalassia* generalmente llega a 11 m de profundidad únicamente (Díaz-Piferrer, 1972).

Ruppia maritima es otra fanerógama marina, pero es eurihalina y se encuentra principalmente viviendo en las lagunas costeras, como, por ejemplo, en la Laguna de Tamiahua, con fuertes cambios en la salinidad.

3. Lagunas Costeras

a) Laguna Madre de Tamaulipas

La Laguna Madre de Tamaulipas presenta una porción norte que es hipersalina, donde prácticamente no hay flora macroscópica, pero en la parte sur se encuentra la boca de Jesús María, por lo cual hay comunicación con el mar abierto. Dentro de la laguna en un sitio llamado Punta Piedras, no lejos de la boca y hacia el sur, en las rocas se encuentran motas de algas rojas, otras de algas verdes y numerosas cianofíceas (Humm y Hildebrand, 1962). Las especies más comunes son: *Cladophora delicatula, C. gracilis, Acetabularia farlowii, Myriotrichia subcorymbosa, Gracilaria armata, G. caudata, G. foliifera, Hypnea cervicornis, H. musciformis, Ceramium fastigiatum, Spyridia filamentosa, Polysiphonia havanensis, Microcoleus ctonoplastes, Calothryx crustacea, Lyngbya majuscula* v *Oscilatoria nigroviridis.*

En numerosos sitios hay guijarros o conchas con pelusitas o motas que casi siempre estan formados por diferentes especies de cianofíceas, lo que es más notable en las barras de ostión; quizá se pueda decir que en esta laguna la vegetación está formada principalmente por cianofíceas.

b) Laguna de Tamiahua

Un poco al sur en el litoral se encuentra la Laguna de Tamiahua, la cual al contrario de la anterior, tiene con frecuencia salinidad muy baja, y sólo pueden encontrarse pocas algas, sin duda eurihalinas, como, por ejemplo: *Enteromorpha, Cladophora, Gracilaria,* etc., pero la especie que se encuentra en abundancia es la fanerógama *Ruppia maritima.*

Algunas de las algas de la Laguna de Tamiahua son las siguientes: *Enteromorpha flexuosa, E. plumosa, Cladophora delicatula, Stypopodium zonale, Sargassum vulgare, Gracilaria blodgettii, G. compressa, G. verrucosa, Polysiphonia echinata, P. ramentacea.*

c) Laguna de Términos

La Laguna de Términos tiene gran aporte de agua dulce, por lo que se producen fuertes fluctuaciones de la salinidad; el substrato es principalmente de limo o arena y limo, y las aguas son turbias y ricas en nutrientes. Presenta una flora en que dominan las rodofíceas: *Gelidium crinale, Gracilaria cylindrica, G. sjoestedtii, G. debilis, G. ferox, Agardhiella tenera, A. ramosissima, Eucheuma isiforme, Hypnea musciformis,* etc., en algunos sitios están presentes *Cladophora, Enteromorpha* y *Ulva* (Huerta y Garza, 1966).

En gran parte, estas lagunas están bordeadas por manglar. En las raíces de los mangles algunas algas forman asociaciones características, siendo las más frecuentes varias especies de *Bostrychia: B. montagnei, B. tenella, B. scorpioides, B. binderi,* así como *Caloglossa leprieurii, Catenella repens* y algunas cianofíceas, cuando hay fluctuaciones en la salinidad, como, por ejemplo, en Chetumal; y si la salinidad es constante, se pueden encontrar *Batophora oerstedii* y *Acetabularia crenulata,* como en Xcalac y en Progreso, Yucatán.

Resumen

En resumen, en la costa oriental de México la vegetación de algas macroscópicas bénticas se encuentra distribuida en la forma siguiente:

Las clorofíceas están presentes formando tapices, mantos o prados en las rocas en escolleras, muelles, maderos, etc., en la zona de mareas o ligeramente por debajo de ella. En algunos sitios se encuentran asociaciones de varias especies de *Ulva, Enteromorpha* y *Cladophora,* en otros es *Chaetomorpha* la que domina. Se encuentran desde Tamaulipas hasta Quintana Roo.

En el substrato arenoso de los arrecifes coralinos hay prados de *Cymopolia* y de varias especies de *Caulerpa* que son conspicuos y dominantes. Además se encuentran sobre las rocas y asociadas a otras algas numerosas clorofíceas, de las cuales, las principales son: *Halimeda, Dictyosphaeria, Valonia, Anadyomene, Siphonocladus, Neomeris, Codium, Cladophoropsis, Acetabularia,* etc.

En el Caribe, por ejemplo en Cozumel, son más abundantes las udoteáceas, que se implantan directamente en la arena, así en Xcalac y en el Arrecife Chinchorro existen vistosas praderas de udoteáceas, con dominancia de *Halimeda incrassata* y entre las plantas de esta última especie grupitos de *Halimeda monile, Udotea flabellum, U. conglutinata, U. sublittoralis, U. ciatiformis, Penicillus capitatus, P. pyriformis, P. dumetosus, P. lamourouxii, Avrainvillea rawsonii, A. nigricans, A. longicaulis, Halimeda opuntia,* etc.

Además, grandes extensiones del piso infralitoral con facies de arena, están cubiertas por praderas o pastizales, que algunos autores llaman ceibadales formados por *Thalassia testudinum,* entre la que hay manchones de *Syringodium* o de *Halodule.*

Las rodofíceas también son dominantes en algunos sitios, por ejemplo en las escolleras de Tuxpan y Ciudad Madero, presentando asociaciones formadas por *Gracilaria cervicornis, Hypnea musciformis, Grateloupia filicina,* etc., que forman tapices o manchones de color rojo-rosa, que en algunos lugares se ven verdosos y son azotados por las olas.

Los bajos de Sabancuy forman otro sitio donde dominan las rodofíceas, siendo las más comunes las siguientes: *Agardhiella ramosissima, Eucheuma isiforme, Gracilaria ferox, Botryocladia occidentalis,* etc.

En el Mar Caribe hay rocas en el piso infralitoral superior, en las cuales se encuentran unas motas rojas ondulantes al vaivén del mar, las que están constituidas por *Heterosiphonia gibbessii* o *Heterodasya sertularioides, Bryothamnion triquetrum* o *Digenia simplex,* etc.

En las lagunas costeras, como la Laguna de Términos, son abundantes las rodofíceas, presentándose algunas como tapices o motas aisladas en las rocas, por ejemplo, *Gelidium crinale, Gracilaria cylindrica, Agardhiella tenera,* etc., y otras enterradas en el limo, con este último carácter cabe mencionar a *Gracilaria sjoestedtii.*

También hay sitios, aunque más escasos y reducidos, en los cuales dominan las feofíceas. Por ejemplo, en la Isla de Enmedio, dentro del bajo y al poniente de dicha isla existe una franja de corales muertos y entre ellos abundantes guijarros, todo tapizado con varias especies de *Dictyota* y *Padina,* y entre ellas alguna *Galaxaura* o *Liagora.*

En la Isla Pájaros del Arrecife Alacranes también se encuentra una asociación de feofíceas, formada por los siguientes géneros: *Sargassum, Turbinaria, Stypopodium, Pocockiella, Padina,* etc.

En el Cayo Lobos del Arrecife Chinchorro de Quintana Roo, igualmente se presenta una conspicua dominancia de feofíceas; es una asociación formada por: *Sargassum* spp., *Turbinaria, Stypopodium, Padina, Zonaria, Pocockiella* y varias especies de *Dictyota.*

En cuanto a las cianofíceas puede decirse que con frecuencia se presenta una que otra especie, generalmente como epífita o mezclada con otras algas, y sólo en la Laguna Madre de Tamaulipas se ha encontrado que son numerosas y probablemente dominantes.

En cuanto a las facies, la mayor parte de las algas son litófilas y se fijan sobre rocas, guijarros o conchas; tanto en el piso litoral como en el infralitoral y en modo expuesto, semiprotegido o protegido.

Existen otras algas psamófilas pero éstas se encuentran en lugares protegidos, donde ni el oleaje ni las corrientes son fuertes y en el piso infralitoral.

Además hay un buen número de algas epífitas o epibiontes muchas de las cuales viven sobre algas de mayor tamaño, pero otras pueden encontrarse sobre corales u otros seres vivos.

Cuando se determina la flora de un lugar, siempre hay mayor número de rodofíceas, siguen las clorofíceas, en menor número están las feofíceas, y las cianofíceas son aún más escasas; pero al ver la vegetación, es más frecuente que dominen las clorofíceas, aunque hay lugares en que lo hacen las rodofíceas y son más escasos los lugares en que lo logran las feofíceas y aun más rara vez las cianofíceas.

Costa occidental de México

La flora de la costa pacífica de México fue estudiada por el Dr. E.Y. Dawson durante varios años. Este investigador vio con más detalle el Golfo de California y la costa occidental de la Península, pero sus trabajos se extienden también a la parte sur de la República Mexicana. De sus aportaciones se toma gran parte de los datos que aquí se presentan.

La vegetación marina de la costa occidental de México es mayormente tropical, pero presenta también una porción subtropical o templada, a partir de la región de Bahía Magdalena hacia el norte, en el litoral occidental de Baja California.

En esta última zona la vegetación es muy exuberante y son dominantes las algas cafés gigantes, por lo cual, en la costa pacífica de México la vegetación es más abundante en la parte norte y se va volviendo más pobre y escasa a medida que se avanza hacia el sur, al contrario de lo que sucede en la costa oriental.

Costa pacífica de Baja California

En Baja California, en la zona templada, la mayor parte de la flora es común con California, pues el agua es relativamente fría casi todo el año y sólo en agosto y septiembre sube un poco la temperatura. Por ejemplo, en Ensenada el promedio de diciembre es de 14.4° C y el promedio de agosto es de 22° C, y en la costa de mar abierto es aún más baja, pues hay cuatro zonas de surgencia de aguas profundas frías, cuyos puntos de máxima depresión son: Punta Descanso, Cabo Colnet, Punta San Carlos, y Morro Hermoso con Bahía Asunción, que durante toda la primavera y casi todo el verano presentan temperaturas entre 12 y 13° C. A fines de agosto y en septiembre sube la temperatura llegando a 18 y 20° C y pronto vuelve a bajar. Sin embargo, hay algunos puntos como la Bahía de Todos Santos, Bahía San Quintín, y toda la gran escotadura llamada Bahía de Sebastián Vizcaíno con sus lagunas Ojo de Liebre y Scamón, que tienen aguas 2, 3 y aun 5 y 6 grados más calientes que las anteriores.

Esta región, desde el punto de vista fisiográfico, se puede dividir en tres partes que a su vez corresponden a diferentes nichos ecológicos, los cuales son: a) Costas rocosas; b) Piso infralitoral con sus mantos de *Macrocystis* y c) Bahías protegidas, con poca profundidad.

1. Las costas rocosas, al nivel de mareas, están sometidas a fuerte oleaje y generalmente forman puntas que se continúan en forma de zona rocosa sumergida formando piso infralitoral.

En algunos sitios, en el piso litoral, a los lados de las rocas, hay prados o tapices verdes de clorofíceas, casi siempre de corta talla, formados por *Ulva lactuca* var. *rigida, Enteromorpha tubulosa, E. minima* o *E. micrococca,* etc.; en otros casos *Ulva taeniata,* asociada a otras algas, forma motas de cintas que ondulan con las olas, pero, en general, dominan las rodofíceas, de las que cabe citar como muy notable y frecuente, en la parte alta de la zona de mareas a *Porphyra perforata,* cubriendo extensiones considerables. Un poco más abajo, en la parte inferior de la misma zona, son numerosas las especies que se encuentran tapizando por completo a las rocas mismas que se ven casi negras porque las rodofíceas en estos sitios se presentan de color rojo vino obscuro. Las más comunes son *Gelidium coulteri, G. pulchrum, G. californicum;* varias de las grandes gigartinas: *Gigartina harveyana, G. californica, G. leptorhynchos, G. canaliculata, G. volans, G. papillata, G. cristata;* muchas otras algas de mediana talla: *Grateloupia californica, G. howeyi, Gracilaria cerrosiana, Rhodymenia californica, Corallina chilensis, Plocamium pacificum,* etc., además de numerosas algas pequeñas que se encuentran en las rocas o como epífitas de las de mayor tamaño, por ejemplo: *Chondria californica, Melobesia mediocris, Ceramium eatonianum, C. taylorii, Centroceras clavulatum,* etc. En esta región se pueden encontrar prados de color verde pasto formados por *Phyllospadix scouleri,* inmediatamente debajo del nivel del mar, implantados en suelo rocoso, lo que contrasta con la mayoría de las fanerógamas marinas que son psamófilas.

2. En el piso infralitoral, lo más notable son los mantos de *Macrocystis* que empiezan a dos o tres metros de profundidad y llegan a 15, 20 y en algunos sitios hasta 30 m (Dawson, 1960; Guzmán del Proo et al., 1971).

El alga café gigante *Macrocystis pyrifera* crece fija en rocas o guijarros del fondo del mar por un pie formado de rizoides del que nacen varias ramas erectas, de cada una de éstas salen a los lados varias láminas en forma de hojas lanceoladas las cuales, a su vez, llevan en la base una vesícula ovalada que funciona como flotador; las ramas y sus láminas se tienden en la superficie del mar; estas algas llegan a medir 20 o 30 m. Numerosas plantas crecen unas junto a otras, y así están constituidos los mantos de *Macrocystis.* Hay mantos que forman manchones de 0.25 km^2, pero hay otros que llegan a cubrir una superficie de 20 km^2 y aun más (Dawson, 1960).

En estas praderas *Macrocystis* forma una verdadera jungla que es habitat adecuado para muchos otros organismos y, además, casi siempre va asociado a otras algas cafés gigantes que son: *Pelagophycus porra, Egregia laevigata, Pterygophora californica, Laminaria farlowii, Eisenia arborea,* etc. Varias rodofíceas se desarrollan en los bordes de la pradera, pero otras prosperan dentro de ella y algunas aun en los lugares de sombra intensa, como, por ejemplo: *Drouetia rotata* y *Phylophora clevelandii,* para las cuales parece favorable dicha condición.

Las algas más comunes encontradas en los mantos son: *Plocamium pacificum, Rhodymenia arborescens, Lithopyllum imitans, Corallina officinalis, Leptocladia binghamiae, Botryocladia pseudodichotoma, Callophyllis marainifructa, Carpopeltis bushiae, Nien-*

burgia andersoniana, Drouetia rotata, Chaetomorpha antennina, Cladophora graminea, Zonaria farlowii, Dictyopteris, zonarioides, etc., pero son más de 100 especies las que se han encontrado en los distintos mantos de Baja California.

También en el piso infralitoral hay algunas áreas de fondo rocoso donde no hay pradera de *Macrocystis,* sino que esta alga se presenta escasa y en tales sitios, a los cuales, en la región, les llaman piedras, se desarrollan numerosas rodofíceas, por ejemplo, especies de: *Gelidium, Gigartina, Gracilaria, Grateloupia, Pachydiction, Pterocladia,* etc. En estos lugares se cosecha *Gelidium robustum* que se industrializa en Ensenada para la obtención de agar-agar.

En otras localidades con fondo de arena se desarrollan praderas de *Zostera marina,* la que se extiende por toda la costa pacífica de Baja California, llegando hasta Guaymas y Sinaloa.

3. Las bahías protegidas son de poca profundidad, con fondo de arena y limo y en sus bordes se presentan algunos puntos rocosos.

En estas bahías el sol intenso de mediodía calienta el agua, cuya temperatura llega a ser dos o tres grados más alta que en mar abierto, lo que propicia la existencia de algunos elementos tropicales y de lugares protegidos. Como ejemplo puede mencionarse a la Bahía de San Quintín, cuya vegetación está formada principalmente por *Zostera marina,* que cubre casi todo el fondo estando las algas confinadas a las rocas de la orilla. Las más comunes son las siguientes: *Ulva lactuca, U. latissima, Enteromorpha compressa, E. intestinalis, E. acanthophora, Chaetomorpha cannabina, Cladophora microcladioides, Codium magnum, Derbesia marina, Ectocarpus granulosus, Colpomenia sinuosa, Scytosiphon lomentaria, Gelidium johnstonii, Lithothamnium lenormandii, Corallina pinnatifolia, Hypnea cervicornis, Gigartina canaliculata, G. tepida, Gracilaria subsecundata, Ceramium taylorii, Spyridia filamentosa, Griffithsia tenuis, Polysiphonia mollis, Chondria* sp. y *Laurencia* sp.

De ellas *Spyridia filamentosa* y *Codium magnum* forman grandes masas (Dawson, 1962).

La gran escotadura marina llamada Bahía de Sebastián Vizcaíno presenta en forma análoga elementos tropicales, pues carece de aguas de surgencia y está sometida a fuerte insolación; en el fondo tiene a las lagunas Ojo de Liebre y Scamón que son bajas y protegidas (Dawson, 1952).

En la parte sur de la Península de Baja California, la zona entre Punta San Hipólito y Bahía Magdalena se considera de transición entre la flora subtropical o de aguas templadas y la tropical; de este sitio hacia el sur toda la flora es tropical.

La vegetación de la costa pacífica de Baja California es muy exuberante y lo más notable es que se presentan regiones con flora de agua fría, las que están en lugares de surgencia de aguas profundas, que se caracterizan por los mantos de *Macrocystis* y la abundante flora que los acompaña. Estas zonas alternan con lugares de aguas más cálidas como son las bahías protegidas que contienen elementos tropicales entre su flora.

Golfo de California

En el Golfo de California la vegetación es menos abundante, pero aún hay sitios en los cuales se presenta con exuberancia.

Por su latitud, se podría esperar, que se encontraran en el Golfo los mantos de *Macrocystis,* pero hay grandes variaciones entre la temperatura del agua de invierno y la de verano, con las consiguientes modificaciones del contenido de oxígeno que son desfavorables para dicha flora. Las altas temperaturas de verano deben ser el factor limitante.

Las temperaturas del Golfo, tanto del

agua como del aire, son más variables que en la costa pacífica, así por ejemplo, en la parte sur, donde comunica con el Pacífico, en enero el agua tiene temperatura media de 19° C en agosto de 29° C. A medida que se avanza hacia el norte, las fluctuaciones van aumentando hasta el extremo septentrional en el cual, en invierno, la temperatura media es de 13° C y la de agosto es de 32° C, con una diferencia de 19° C. En el ambiente aéreo estos cambios llegan a 25 y 28° C, y aún más. En las bahías costeras, en los meses cálidos se pueden encontrar temperaturas de 32, 33 y hasta 36° C en el agua. El contenido de oxígeno disuelto presenta variaciones inversas pero correlativas.

Las mareas, a su vez, aumentan su amplitud a medida que se avanza hacia el norte. En el lugar donde comunica el Golfo con el Pacífico tienen una amplitud promedio de 1 m y van aumentando hasta la desembocadura del Río Colorado en que las mareas vivas de primavera llegan a 10 m con promedio de 7 m.

En la región de las grandes islas del norte y centro: Angel de la Guarda, Tiburón, Turner, San Esteban, San Lorenzo, Partida, Las Animas, etc. y en la costa adyacente a ellas, la vegetación es más abundante, dominando las feofíceas, principalmente los sargazos, los que forman grandes prados en la zona de mareas y en los primeros metros debajo de ella. Las plantas de algunas especies de este género llegan a medir dos metros o más; las algas más frecuentes son: *Sargassum sinicola, S. johnstonii, S. lapazeanum, S. brandegeei, S. herporhizum*, además de *Colpomenia sinuosa, Scytosiphon lomentaria,* etc.; pero también son abundantes varias especies de *rodofíceas: Gigartina macdougalii, G, papillata, G. pectinata, Gracilaria textorii* var. *textorii, Eucheuma uncinatum, Gelidium johnstonii, Laurencia pacifica, L. paniculata, Lomentaria catenata, Amphiroa dimorpha, Corallina pinnatifolia* var. *digitata, Jania decussato-dichotoma,* etc., y en algunos puntos están presentes las clorofíceas: *Ulva lactuca, Enteromorpha* ssp., *Chaetomorpha antennina, Cladophora* spp., *Codium* spp., etc. (Dawson, 1944).

La mayor parte de las especies que se encuentran en el invierno, desaparecen o están presentes en forma de individuos pequeños en verano y, viceversa, las abundantes en verano, desaparecen en invierno. Se puede decir que hay una flora de verano que alterna con otra de invierno, y la vegetación es más o menos igual en abundancia, pero cambian las especies que la constituyen.

En las bahías de la parte norte, por ejemplo, en la de San Luis Gonzaga, al igual que en las islas, la vegetación principal es de sargazos, pero en las bahías del centro, como en la de San Francisquito, se presentan sargazos con *Colpomenia* y *Padina,* etc. También hay sitios en los que dominan las rodofíceas, y en las orillas de la zona de mareas, a su vez, están presentes *Ulva lactuca* y *Enteromorpha* spp. (Norris, 1972).

Algunas lagunas costeras, como Bahía de las Animas, presentan elementos de lugares bajos, protegidos, con fondo de arena o limo como son *Enteromorpha acanthophora* y *Gracilaria sjoestedtii.*

La parte sur de la costa oriental de la Península de Baja California es accidentada y se encuentran ahí varias islas, bahías y puntas que presentan una vegetación marina moderadamente abundante.

En lugares expuestos puede haber, en la zona de mareas, *Chaetomorpha antennina, Ulva lactuca, Enteromorpha* spp., pero desde la parte baja de dicha zona hacia el piso infralitoral, hay grandes prados de *Sargassum* spp. y a veces de *Padina durvillaei,* que son los más conspicuos. En otros sitios semiexpuestos, donde el oleaje es menos intenso, pero aún fuerte, se encuentran numerosas rodofíceas, de las que cabe mencionar a *Asparagopsis taxiformis, Hypnea johnstonii,*

Gracilaria crispata, entre otras; además hay rocas tapizadas por *Amphiroa* spp., *Jania* spp., especies de *Corallina, Hypnea, Gracilaria*, etc. En lugares más protegidos con fondo de arena están presentes: *Caulerpa sertularioides* que es frecuente y forma grandes prados, y en los guijarros, *Bryopsis muscosa, Codium simulans* y *Halimeda discoidea*, que a su vez, forman pequeños manchones. En las pozas de marea destacan: *Caulerpa peltata, C. racemosa, Neomeris annulata*, ets. En las rocas acantiladas, sometidas a fuerte oleaje, se encuentran: *Sargassum brandegeei, Gracilaria textorii, G. crispata, Dictyota flabellata, Rhodoglossum hancockii, Dasya sinicola, Hypnea johnstonii, Amphiroa subcylindrica, Botryocladia uvarioides, Peysonnelia rubra* var. *orientalis, Callithamnion paschale* y muchas otras más (Dawson, 1959).

En la Bahía de La Paz se encuentra más vegetación y flora más diversificada en invierno y primavera, la que disminuye en verano y otoño (Holguín, 1971). En esta Bahía las rodofíceas son las más abundantes. En los lugares bajos y protegidos, con fondo de limo se desarrollan: *Enteromorpha intestinalis, E. acanthophora, Ulva lactuca, Hypnea spinella, H. valentiae, Grateloupia filicina*, y varias especies de *Ceramium* y de *Polysiphonia;* además de algunos prados de *Padina durvillaei* o de *Dictyota dichotoma*, etc.

En fondos de arena con algunos guijarros se encuentran *Caulerpa sertularioides* y *Spyridia filamentosa* muy abundantes, *Hypnea valentiae, H. cervicornis, H. spinella, Laurencia pacifica, L. johnstonii;* varias especies de *Lithophyllum, Corallina, Amphiroa, Jania*, etc., acompañan a las anteriores.

Enteromorpha compressa, E . prolifera, E. tubulosa, Ulva rigida, Dictyota crenulata, Hydroclathrus clathratus, Gelidium pusillum, Jania capillacea, Prionitis abbreviata, Gracilaria verrucosa, Spyridia filamentosa, Ceramium fimbriatum, C. gracillimum var. *byssoideum, Dasya pedicellata* var. *stanfordiana, Polysiphonia johnstonii, Chondria californica, Laurencia johnstonii*, etc., son frecuentes en playas con grandes guijarros.

En la primavera ocurre el florecimiento de algas cafés: *Colpomenia, Hydroclathrus, Padina, Chnoospora, Rosenvingia, Dictyota*, etc. (Holguín, 1971).

En la Ensenada Ampe, que es una laguna costera, se encuentra con cierta abundancia *Ruppia maritima.*

Parece que en estas bahías de la parte sur no hay alternancia de flora de verano con otra de invierno, sino que en el verano la temperatura es alta y numerosas especies se desintegran y desaparecen.

En la costa de Sonora, las bahías y lugares vecinos a las islas comparten la flora de los sargazos y aún cerca de Guaymas, se ven grandes florecimientos de *Colpomenia*, de manera que la vegetación es principalmente de feofíceas. Sin embargo las lagunas costeras como en la de Yavaros, por ejemplo, domina *Ruppia maritima* y dos rodofíceas: *Spyridia filamentosa y Gracilaria sjoestedtii.*

Costa pacífica al sur del Golfo de California

En la costa pacífica al sur de Baja California, la vegetación es aún más escasa.

En la región de Mazatlán se encuentra un número no despreciable de especies, pero las áreas cubiertas por la vegetación no son considerables y la biomasa es poca.

En este sitio dominan las cumatofitas como *Chaetomorpha antennina, Ch. aerea, Dermonema frappieri, Grateloupia filicina, G. versicolor, Gymnogongrus johnstonii, Tayloriella dictyurus, Sargassum horridum*, etc. expuestas a fuerte oleaje. En el Estero de Urías, llamado Canal de Navegación, se encuentran: *Enteromorpha intestinalis, Caulerpa sertularioides, Colpomenia sinuosa, Padina durvillaei*, etc.

En Nayarit, en la Laguna de Agua Brava, están presentes unas cuantas algas confinadas a las raíces de los mangles, por ejemplo *Bostrychia radicans*, o flotando junto a la orilla, motas más o menos grandes de *Enteromorpha plumosa* o *E. clathrata*.

De San Blas hacia el sur, existen algunas pequeñas bahías separadas por puntas rocosas en las que hay abundante vegetación, las principales son Chacala, Rincón de Guayabitos y un lugar llamado de Marco's. En las rocas expuestas se observan *Sargassum liebmannii, Chaetomorpha antennina, Chnoospora pacifica, Tayloriella dictyurus*, y en el nivel de la marea baja: *Amphiroa dimorpha, A. drouetii, Jania tenella, J. mexicana, Bryopsis pennata, Pleonosporium abysicola, Grateloupia versicolor, Gymnogongrus johnstonii, Hypnea pannosa*, varias especies de *Polysiphonia*, etc., y un poco más abajo en la parte alta del piso infralitoral superior cabe mencionar a *Padina durvillaei, Codium isthmocladum, C. decorticatum, Halimeda cuneata*, con otras algas más pequeñas asociadas o como epífitas, por ejemplo: *Herposiphonia tenella, Polysiphonia pacifica, Chondria californica;* aún más bajo, a unos 4 metros de profundidad, prospera *Botryocladia uvarioides*.

En Jalisco continúa la costa con pequeñas bahías rocosas similares a las anteriores como las cercanas a Puerto Vallarta: Mismaloya, Yelapa y Chimo. En sus aguas también prosperan *Sargassum liebmannii, S. pacificum* var. *megaphyllum, S. howellii, Chaetomorpha antennina, Chnoospora pacifica, Tayloriella dictyurus, Dictyota crenulata, Padina durvillaei, Amphiroa dimorpha, A. drouetii, Jania mexicana, J. tenella*, etc.

Como principal accidente destaca el Cabo Corrientes, caracterizado por fuerte oleaje y abundante vegetación, descollando una especie variable de *Grateloupia*, que Abbott y Hollenberg denominan *doryphora* y aseveran que presenta formas muy distintas entre sí. Para Dawson, en cambio, se trata de dos entidades: *G. schizophylla* y *G. multiphylla* que siempre se encuentran juntas en poblaciones mixtas. Además se registran: *Ulva dactylifera, Bryopsis hypnoides, Chaetomorpha antennina, Gracilaria tepocensis, Hypnea johnstonii, Ahnfeltia svensonii, Tayloriella dictyurus* y *Porphyra schizophylla*, epífita de *Gracilaria*.

La costa que continúa hacia el sureste, presenta vegetación más escasa pero semejante a la que se ha venido describiendo. Las bahías Chamela, Tenacatita, La Manzanilla, Barra de Navidad y Manzanillo son muy grandes y abiertas, con playas de arena sin vegetación alguna y aun en las rocas de las puntas ésta es escasa pero se encuentran especies de: *Enteromorpha, Ulva, Chaetomorpha, Tayloriella, Chnoospora, Padina, Corallina, Jania, Amphiroa*, etc.

En la Bahía de Zihuatanejo, lugar que ha sido estudiado por Chávez (1972), de nuevo se presentan: *Chaetomorpha media, Ch. aerea, Enteromorpha flexuosa, E. compressa, Cladophora prolifera, C. expansa, Ulva lactuca, Sargassum liebmannii, Padina crispata, P. durvillaei, Chnoospora pacifica, Amphiroa mexicana, Jania pumila, J. rubens, Gracilaria crispata, Hypnea pannosa, Centroceras clavulatum, Polysiphonia hendryi, P. mollis*, etc., pero se observan también algunas especies distintas, que son: *Struvea anastomosans, Microdictyon* sp., *Bangia* sp., *Gymnogongrus crustiformis, Laurencia voragina* y además una especie interesante, que Dawson había encontrado en Mazatlán y en Isla San Benedicto; *Dermonema frappieri*, alga escasa, de habitat muy especial, confinada al piso supralitoral, de manera que está mojada sólo por el agua que salpica, y es especie del Indopacífico, con una muy amplia distribución.

En Oaxaca, en el Golfo de Tehuantepec, aparecen otra vez, en las rompientes, escolleras y morros *Chaetomorpha antennina, Tayloriella dictyurus, Chnoospora pacifica, Ulva lactuca, Enteromorpha* spp., etc., y más abajo tapizando las rocas: *Hypnea pannosa, Amphiroa mexicana, Jania capillacea* y muchas otras más.

Como aspecto más notable se puede mencionar, la dominancia en la Bahía de Tangola de *Hildenbrandtia prototypus.* En la Bahía de Huatulco cubriendo extensiones considerables del fondo, se halla *Dicranema rosaliae.* Entre otras se colectó en La Ventosa a *Bangiopsis humphreyi,* alga escasa y ocasional que también se ha encontrado en Chetumal.

Las lagunas costeras de Oaxaca y Chiapas presentan especies diferentes, por ser lugares protegidos con fondo de arena y limo, la vegetación es abundante en algunos sitios, aunque hay regiones en las cuales es escasa o casi nula. Junto a San Francisco del Mar, se observa en la orilla de la laguna a *Enteromorpha intestinalis* de 2 m de largo, aunque en este sitio la vegetación está formada principalmente por *Ruppia maritima.* Otras de las algas notables son: *Acetabularia calyculus,* sobre conchas o guijarros en pequeños grupos, *Grateloupia filicina, Dictyota divaricata, Polysiphonia* spp., *Ceramium affine* var. *peninsulare;* esta última forma esferas flotantes de unos 6 a 8 cm de diámetro constituídas por finísimas sedas de color rojo vino. En el Mar Muerto hay, como algas dominantes, en la parte oriental *Gracilaria sjoestedtii,* formando grandes prados enterradas en el limo, y en la parte occidental *Batophora oerstedii,* prendida a guijarros o conchas entre el fango del fondo (Huerta y Tirado, 1970).

En resumen, se puede decir que la flora de la costa de México al sur de Baja California es similar desde Mazatlán hasta Puerto Madero con algunas variantes locales según la región.

Muchas especies son comunes con el Golfo de California, pero en éste hay una franca dominancia de los sargazos, que son típicos del lugar y no se extienden a la parte sur.

El alga que parece típica de la costa de México al sur de Baja California es *Tayloriella dictyurus.* En Chacala, Tenacatita y Manzanillo se han obtenido ejemplares muy exuberantes, pero se le encuentra desde Mazatlán hasta Salina Cruz y se extiende a El Salvador y hasta Ecuador.

Chaetomorpha antennina, Enteromorpha spp., *Ulva* spp., *Caulerpa sertularioides, Halimeda discoidea, Chnoospora pacifica, Padina crispata, P. durvillaei, Sargassum liebmannii, Hypnea pannosa, Grateloupia versicolor, Gymnogongrus johnstonii, Amphiroa* spp., *Jania* spp., *Hildenbrandtia prototypus, Lithothamnium australe, L. fructiculosum, Lithophyllum imitans, Fosliella* spp., *Gracilaria sjoestedtii, Ceramium* spp. *y Polysiphonia* spp., que son comunes y abundantes en la costa pacífica de México al sur de Baja California, considerada de Mazatán a Puerto Madero, se encuentran desde el Golfo de California y se extienden hacia el sur por toda la parte tropical de América.

La Isla Guadalupe que está en el mismo paralelo de Punta Baja y de lo que se podría esperar que tuviera flora semejante, presenta un buen número de especies tropicales, pero desde luego, es mayor el número de algas comunes con California. Se considera que no tiene influencia de aguas de surgencia profundas y frías, pero tampoco es muy elevada su temperatura, la que oscila entre 15° y 20° C a través del año.

En las Islas Revillagigedo, la flora es francamente tropical y la mayor parte de las algas son comunes con la costa de Jalisco y Nayarit, aunque hay elementos que se encuentran principalmente en el Golfo de California como, por ejemplo, *Asparagopsis taxiformis.*

En las Islas Marías la mayor parte de la flora es común con la de la costa de Nayarit.

B. Manglar

Se conoce bajo este nombre una comunidad vegetal ampliamente distribuida en los litorales de las regiones calientes de la Tierra.

Figura 335. Manglar de Rhizophora mangle, *cerca de Barra de Navidad, Jalisco.*

Prospera principalmente en las orillas de las lagunas costeras, de bahías protegidas y desembocaduras de ríos, en donde hay zonas de influencia de agua del mar. Ocasionalmente se le puede encontrar más tierra adentro. Típicamente para su desarrollo el manglar necesita de un suelo profundo de textura fina y de agua salina tranquila o estancada. Soporta cambios fuertes de nivel de agua y de salinidad, pero no se establece en lugares decididamente rocosos o arenosos, ni en áreas sometidas a fuerte oleaje.

El manglar es una formación leñosa, densa, frecuentemente arbustiva, o bien arborescente, de 2 a 25 m de altura (Figs. 335, 336), compuesta de una o de unas cuantas especies de fanerógamas, prácticamente sin plantas herbáceas y sin trepadoras, rara vez con alguna epífita o parásita. Las especies que lo componen son de hoja perenne, algo suculenta y de borde entero. El sistema radical de algunas especies presenta raíces zancas y neumatóforos que cumplen la función de sostén en el fondo lodoso y de respiración radical, pues el substrato es muy pobre en oxígeno. Estas estructuras le proporcionan al manglar una fisonomía muy especial. Otras características de los componentes de esta comunidad son la alta presión osmótica de sus tejidos y la frecuente viviparidad, de manera que los propágulos consisten ya de plántulas y así el periodo crítico de la germinación puede llevarse a cabo fuera del medio salino.

En México son cuatro las especies de plantas más características del manglar: *Rhizophora mangle, Avicennia germinans, Laguncularia racemosa* y *Conocarpus erecta.* Todas se presentan tanto del lado del Atlántico como del Pacífico y a menudo se hallan en la misma localidad, aunque en otros sitios puede faltar una o varias. *Rhizophora* es indudablemente el componente más común y típico de los cuatro; este mangle forma con frecuencia comunidades puras que son las más sumergidas y más expuestas a cambios de nivel de agua y de salinidad; presenta raíces zancas arqueadas, que se fijan en sitios cubiertos con una capa de agua hasta de 1 a 1.5 m de profundidad (Fig. 337). *Laguncularia* puede acompañar a *Rhizophora,* aunque por lo general se desarrolla en sitios de agua menos profunda. *Avicennia,* en cambio, prospera formando bosquecillos o matorrales a lo largo de una franja situada más tierra adentro en suelos emergidos durante la mayor parte del tiempo y que se inundan sólo ligeramente. *Conocarpus* ocupa los lugares aún menos afectados por la sumersión en agua salada, aunque a veces constituye agrupaciones sobre suelos permanentemente anegados, pero con un contenido de cloruros mu-

Figura 336. Manglar de Rhizophora mangle, *cerca de Sontecomapan, Veracruz.*

cho menos elevado. Plantas de *C. erecta* pueden encontrarse a menudo también fuera del manglar, en otro tipo de ambientes litorales. Algunos helechos del género *Acrostichum* prosperan a veces en las vecindades o dentro del manglar mismo. De acuerdo con algunos autores, las agrupaciones de estas pteridofitas pueden constituir un estado sucesional.

Se ha escrito mucho sobre la ecología y la distribución de los manglares de diferentes partes del mundo (por ejemplo Walter y Steiner, 1936; Davis, 1940, 1942; Cuatrecasas, 1958; etc.). En México se cuenta con una descripción bastante detallada de esta comunidad en la Península de Yucatán, de Miranda (1958: 248-251) y con otra hecha por Vázquez-Yanes (1971) en la Laguna de Mandinga, Veracruz, con muchas citas de diversos autores, y con los trabajos de resumen de Sánchez (1963) y de Sarukhán (1968b: 28-30).

En cuanto a las influencias climáticas, es interesante notar que la distribución del manglar en México está regida principalmente por la temperatura, pues esta comunidad sólo prospera en zonas cálidas. La precipitación no parece jugar un papel importante en el determinismo de su existencia, aunque es posible que la baja humedad atmosférica propicie un desarrollo menos exuberante de los individuos y de la comunidad en general.

Figura 337. Sistema radical de Rhizophora mangle *("mangle colorado").*

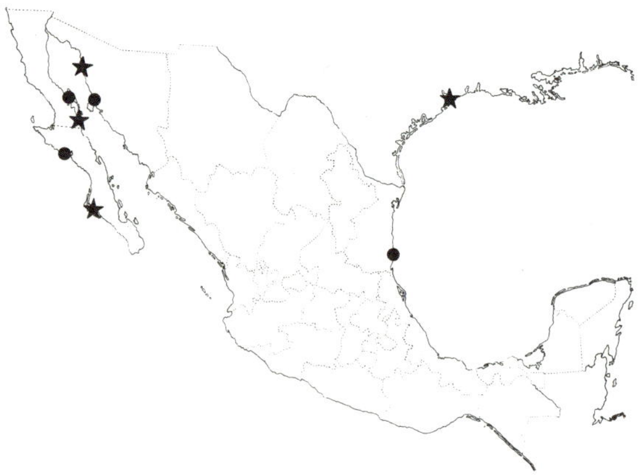

Figura 338. Límites septentrionales de la distribución geográfica conocida en América continental de Rhizophora mangle *(círculos) y de* Avicennia germinans *(estrellas).*

En la costa pacífica los manglares se extienden en forma no del todo continua desde Chiapas hasta Baja California y Sonora. De acuerdo con los mapas de Hastings, Turner y Warren (1972: 41, 183) *Rhizophora* alcanza aproximadamente el paralelo 27° en el litoral occidental de Baja California, mientras que *Avicennia* se detiene antes de llegar a 25°; del lado del Mar de Cortés, en cambio, *Rhizophora* alcanza el paralelo 29° y *Avicennia* se encuentra aun cerca de 31° en el litoral de Sonora (Fig. 338). Las extensiones más amplias del manglar del lado del Pacífico se localizan en las partes de la planicie costera de Nayarit, conocidas como Marismas Nacionales, donde cubre muchos kilómetros de anchura. En la zona de costas rocosas de Baja California, Nayarit, Jalisco, Michoacán, Guerrero y Oaxaca, su distribución es discontinua o esporádica.

En la vertiente atlántica el manglar de *Avicennia* se extiende hasta el sur de Texas, aunque *Rhizophora* sólo parece alcanzar en su distribución el sur de Tamaulipas (± 23° N). En la costa noreste de la Península de Yucatán (Miranda, 1958: 249) este tipo de vegetación ocupa considerables extensiones, al igual que cerca de la desembocadura del

Río Bravo y alrededor de la Laguna de Términos en Campeche (Flores et al., 1971).

Desde el punto de vista económico el manglar es importante, pues sus raíces sirven de substrato a ostras y muchos otros organismos acuáticos. El manglar también contribuye a fijar y retener el suelo, evitando la erosión y a menudo extendiendo la tierra a expensas del agua. La madera de *Rhizophora* se utiliza para construcción y la corteza de *Rhizophora, Laguncularia* y de *Conocarpus* es rica en taninos y se emplea en la curtiduría.

C. Popal

Con este término Miranda (1958: 248) describió una comunidad vegetal que habita grandes superficies pantanosas o de agua dulce permanentemente estancada, de 0.5 a 1.5 m de profundidad en la planicie costera de Tabasco y en las zonas vecinas del sur de Veracruz, del norte de Chiapas y del suroeste de Campeche. En una buena parte de Tabasco y en algunas áreas adyacentes constituye la vegetación más difundida y característica, ya que se trata de llanuras aluviales, prácticamente sin declive, atravesadas por caudalosos ríos, cuyos cauces se encuentran a mayores elevaciones que la llanura misma y la llenan de agua por medio de filtraciones y de inundaciones. El clima correspondiente es caluroso y húmedo, con temperaturas medias anuales superiores a 25° C, ausencia de heladas, precipitación media anual mayor de 1 500 mm y humedad atmosférica elevada. Miranda (loc. cit.) sospecha que, además de las condiciones edáficas especiales, el popal requiere de escaso déficit de saturación de la humedad atmosférica, dado el carácter "delicado" de las hojas de *Calathea* y de *Heliconia.*

El popal tiene una fisonomía muy característica, pues lo forman plantas herbáceas de 1 a 3 m de alto, cuyas hojas grandes y anchas de color verde claro sobresalen del agua constituyendo una masa muy densa. Este tapiz apenas deja entrever el pantano que esconde debajo (Fig. 339).

Los dominantes comunes del popal son *Thalia geniculata* así como especies de *Calathea* y de *Heliconia,* formando agrupaciones puras o mezcladas. Otros componentes comunes son diversas gramíneas y ciperáceas, además de *Bactris* y *Pontederia.*

En la vertiente pacífica de México no parece existir ninguna comunidad vegetal que pudiera catalogarse como popal, aunque son frecuentes en algunas zonas mal drenadas, sobre todo del Estado de Jalisco, pequeñas agrupaciones de *Thalia geniculata.*

D. Tular y carrizal

Son comunidades de plantas acuáticas, cuya fisonomía está dada por monocotiledóneas de 1 a 3 m de alto, de hojas angostas o bien carentes de órganos foliares. Estos vegetales están arraigados en el fondo poco profundo de cuerpos de agua de corriente lenta y estacionarios, tanto dulce como salobre. Forman masas densas que cubren a veces importantes superficies de áreas pantanosas y lacustres y se encuentran también en orillas de zanjas, canales y remansos de ríos, tanto en lugares de clima caliente, como en la Altiplanicie y en las montañas, ascendiendo hasta unos 2 750 m de altitud.

Los tulares y los carrizales son cosmopolitas en su distribución y muchas de sus especies, o al menos géneros, tienen áreas igualmente amplias. En México las asociaciones más frecuentes son las dominadas por *Typha* spp., *Scirpus* spp. (Fig. 340) y *Cyperus* spp. Las de *Phragmites communis* y de *Cladium jamaicense* están restringidas mayormente a áreas cercanas a los litorales o de clima cálido en general. Con frecuencia son comunidades puras o casi puras.

Desde el punto de vista económico los

Figura 339. Popal de Thalia geniculata *("platanillo"), cerca de Mecayucan, Veracruz.*

tulares son de interés, ya que las plantas de *Typha* y de *Scirpus* se emplean como materia prima para el tejido de juguetes, petates y otros utensilios domésticos. En muchos sitios se conservan también por constituir el albergue de aves acuáticas de interés cinegético.

E. Vegetación flotante

Se agrupan aquí más o menos artificialmente todas las plantas acuáticas que flotan en la superficie del agua, bien arraigadas en el fondo, o bien desprovistas por completo de órganos de fijación. Viven tanto en aguas dulces, como en moderadamente salobres, y prefieren sitios tranquilos no afectados por corrientes o con corriente lenta. Las no arraigadas tienen en común la facultad de multiplicarse vegetativamente y cuando las condiciones son adecuadas pueden propagarse en poco tiempo sobre grandes extensiones.

Figura 340. Tular de Scirpus validus *en la orilla del Lago de Zumpango, cerca de San Juan Citlaltepec, México.*

Algunas son de tamaño pequeño, como las especies de la familia Lemnaceae (géneros *Lemna*, *Spirodela*, *Wolffia* y *Wolffiella*), helechos del género *Azolla* y hepáticas del género *Ricciocarpus*, que a menudo llegan a cubrir por completo la superficie de canales, zanjas y depósitos pequeños de agua, bien en comunidades puras, o como asociaciones de varias especies (Fig. 341). Son particularmente características, aunque de ninguna manera exclusivas, de lugares de clima fresco (hasta 3 200 m de altitud) y *Lemna* spp. son los componentes más comunes. El disturbio causado por el hombre propicia con frecuencia la gran proliferación de estas plantas.

Figura 341. "Nata" de Lemna gibba *("chichicastle") cubriendo la superficie de un canal, cerca de Visitación, México.*

En la cercanía de los litorales y en las regiones calientes, en general, las pteridofitas acuáticas del género *Salvinia* ocupan a menudo el nicho ecológico correspondiente, aunque son un poco más grandes.

En el grupo de plantas flotantes libres de mayor tamaño destacan sobre todo *Pistia stratiotes* y *Eichhornia* spp. La primera es

Figura 342. Depósito de agua poco profundo, cubierto en su superficie por Pistia stratiotes *("lechuga de agua"), cerca de Alvarado, Veracruz.*

Figura 344. Asociación flotante de Eichhornia crassipes *("huachinango"), cerca de San Juan Citlaltepec, México.*

notable por el color verde muy claro y sus hojas dispuestas en roseta; prefiere lugares de clima más bien caliente, donde a veces llega a multiplicarse mucho y cubre totalmente la superficie de pequeños depósitos de agua (Fig. 342). Mucho más agresivas, sin embargo, parecen ser algunas especies de *Eichhornia,* sobre todo *E. crassipes,* que es capaz de reproducirse con extraordinaria rapidez y tapizar en poco tiempo enormes extensiones con consecuencias desfavorables para la pesca, la navegación, el uso de agua para generar energía eléctrica, por mencionar nada más algunos de los efectos muy directos para el hombre (Figs. 343, 344). Esta especie está adaptada para sobrevivir en un amplio intervalo de condiciones climáticas y aparentemente prospera también mejor donde las actividades humanas han perturbado de manera profunda algunos de los ambientes acuáticos.

Entre las plantas flotantes y arraigadas cabe citar las especies de las Nymphaeaceae (géneros *Nymphaea* y *Brasenia*) y de *Nymphoides* (Fig. 345). Algunas tienen flores de gran belleza, pero a diferencia de las del grupo anterior, en virtud del impacto del hombre tienden a ser cada vez más escasas. Otras especies de este hábito pertenecen a los géneros: *Callitriche, Hydrochloa, Hydrocleis, Ludwigia, Marsilea, Neptunia, Polygonum, Potamogeton, Ranunculus,* etc.

Figura 343. Presa cerca de San Miguel Regla, Hidalgo, con la superficie casi totalmente cubierta por Eichhornia crassipes *("lirio acuático").*

Figura 345. Agrupación flotante de Nymphoides falax *("ninfa") en la Presa de Cuevecillas, cerca de Huehuetoca, México.*

F. Vegetación sumergida

Comprende el conjunto de vegetales arraigados o sin fijarse al substrato, pero que se mantienen normalmente por debajo de la superficie del agua, excepción hecha de las flores de la mayoría de estos organismos que sobresalen al medio aéreo mientras se efectúa la polinización. La transparencia del ambiente en que viven es un requisito indispensable para estas plantas, al igual que la ausencia de una cubierta demasiado densa de plantas flotantes y de otro tipo.

Aunque algunas prefieren aguas tranquilas, como por ejemplo *Cabomba, Ceratophyllum, Myriophyllum, Nitella, Ruppia, Vallisneria,* otras, como *Chara, Najas, Potamogeton* (Fig. 168), *Ranunclulus, Utricularia y Zannichellia* prosperan asimismo en medio de corrientes moderadamente fuertes. Existe, además, un grupo que sólo se desarrolla sobre rocas o piedras bañadas por ríos o arroyos de agua transparente, oxigenada y de movimiento rápido. Pertenecen a este habitat diferentes algas y también los miembros de la familia Podostemaceae (géneros *Marathrum, Oserya, Podostemon*), fanerógamas de aspecto de musgos o algas, que prosperan más bien en bajas altitudes.

En su mayoría son plantas de agua dulce o ligeramente salobre, pero algunas como *Najas marina* y *Ruppia maritima* prefieren medios francamente salinos, tanto continentales como litorales.

G. Otras comunidades herbáceas anfibias o subacuáticas

Existe un gran número de plantas herbáceas bajas y de tamaño mediano que viven arraigadas en el fondo de depósitos o corrientes de agua poco profundos, pero una parte substancial de su cuerpo emerge al medio aéreo. Muchos de estos vegetales se desarrollan asimismo en suelos permanentemente húmedos a la orilla de tales depósitos o corrientes, o bien en zonas pantanosas, en lugares cercanos a manantiales, cascadas, etc.

Pueden formar comunidades puras, pero a menudo interviene más de una especie y a veces conviven con plantas herbáceas altas del tipo de los "tules", así como con especies arbustivas y arbóreas. Por lo común ocupan franjas reducidas de terreno, pero en áreas pantanosas la superficie total cubierta por esta vegetación acuática y subacuática puede ser considerable.

En los lugares de clima caliente algunos de los géneros más característicos de estas comunidades son los siguientes: *Acrostichum, Ammannia, Crinum, Cyperus, Echinodorus, Egletes, Eleocharis, Fimbristylis, Fuirena, Hydrocotyle, Hymenachne, Hymenocallis, Limnocharis, Ludwigia, Mayaca, Oryza, Paspalum, Polygonum, Pontederia, Rhynchospora, Scirpus, Scleria, Spilanthes, Xanthosoma, Xyris* y *Zizaniopsis.*

Entre 1 000 y 2 500 m de altitud es donde quizá se presenta la mayor diversidad de comunidades de tipo acuático y subacuático. Los siguientes géneros constituyen sólo una pequeña fracción de la gran riqueza florística de estos ambientes: *Agrostis, Berula, Bidens, Cyperus, Echinochloa, Eleocharis, Equisetum, Helenium, Hydrocotyle, Isoëtes, Jaegeria, Juncus, Lilaea, Ludwigia, Mimulus, Polygonum, Polypogon, Ranunculus, Rorippa, Sagittaria, Samolus* y *Spilanthes.*

En lugares de clima aún más fresco existe un grupo de plantas que en México son más o menos exclusivos de los habitats acuáticos de alta montaña, como, por ejemplo: *Calceolaria, Colobanthus, Cotula, Epilobium, Montia* y *Sagina,* además de otros de más amplia distribución ecológica, como: *Agrostis, Carex, Glyceria, Juncus, Limosella, Veronica* y *Tillaea.*

Algunas de las especies herbáceas anfibias y semiacuáticas tienen tolerancia al contenido elevado de sales en el agua; entre las

Figura 346. Galería de Taxodium mucronatum *("sabino") cerca de Bochil, Chiapas.*

más notables a este respecto pueden mencionarse las pertenecientes a los géneros: *Bacopa, Batis, Borrichia, Cleome, Cyperus, Echinochloa, Euphrosyne, Fimbristylis, Juncus, Leptochloa, Petunia, Polypogon, Spartina* y *Sporobolus.*

H. Otras comunidades leñosas

Con el nombre de "bosques de galería" se conocen las agrupaciones arbóreas que se desarrollan a lo largo de corrientes de agua más o menos permanentes. Desde el punto de vista fisonómico y estructural se trata de un conjunto muy heterogéneo, pues su altura varía de 4 a más de 40 m y comprende árboles de hoja perenne, decidua o parcialmente decidua. Puede incluir numerosas trepadoras y epifitas o carecer por completo de ellas y si bien a veces forma una gran espesura, a menudo está constituido por árboles muy espaciados e irregularmente distribuidos. En la mayor parte de los casos estos bosques han sufrido intensas modificaciones debido a la acción del hombre, incluyendo la introducción y plantación de especies exóticas. En México estos bosques se presentan en altitudes de 0 a 2 800 m y las especies dominantes más características pertenecen a los géneros:

Platanus	*Astianthus*	*Acer*
Populus	*Ficus*	*Alnus*
Salix	*Bambusa*	*Carya*
Taxodium	*Inga*	*Fraxinus*
(Figs. 346, 347)	*Pachira*	

Los de la primera columna tienen tolerancias ecológicas muy vastas y están ampliamente distribuidos, aunque no se ha visto *Taxodium* en altitudes superiores a 2 500 m, mientras que *Platanus* y *Populus* tienen una repartición algo irregular, faltando en muchas partes del país. Este último género es quizá de los más típicos en las zonas áridas y semiáridas del norte de México.

Figura 347. Galería de Taxodium mucronatum *("ahuehuete") a lo largo del río Tula, cerca de Tasquillo, Hidalgo.*

En la segunda columna aparecen árboles más bien restringidos a condiciones de temperaturas elevadas. De éstos *Ficus* es el género más extendido, *Inga*, *Bambusa* y *Pachira* prefieren francamente un clima húmedo, en cambio *Astianthus* existe en regiones de larga temporada de sequía, donde las corrientes llegan a secarse durante varios meses.

El tercer grupo incluye plantas propias de clima más fresco, siendo las especies de *Alnus* las más extendidas y frecuentes, mientras que las de los demas géneros son más esporádicas.

Además de los citados, muchos otros árboles pueden formar parte de los bosques en galería, como, por ejemplo:

Celtis	*Bucida*
Chilopsis	*Cedrela*
Cornus	*Chlorophora*
Cupressus	*Coccoloba*
Juglans	*Enterolobium*
Prosopis	*Guazuma*
Prunus	*Hasseltia*
Quercus	*Lonchocarpus*
Tamarix	*Piscidia*
Viburnum	*Pithecellobium*
	Pouteria
	Tabebuia
	Trophis

siendo los de la segunda columna propios de regiones calientes y más o menos húmedas, mientras que en la primera se agrupan más bien plantas características de clima fresco y de clima seco.

Diversos arbustos pueden participar en estas comunidades y a menudo en ausencia de árboles asumen el papel de dominantes, formando matorrales que pueden ser densos o espaciados. Generalmente miden 1 a 2 m de alto y son perennifolios. Algunos de los géneros más frecuentemente encontrados son: *Acacia, Aeschynomene, Baccharis, Brickellia, Cephalanthus, Dalbergia, Heimia, Hibiscus, Hydrolea, Hymenoclea, Lindenia, Mimosa, Piper, Pluchea, Salix, Solanum* y *Vallesia.*

21. Otros tipos de vegetación

Existen en México diversas comunidades vegetales clímax que no encuentran buen acomodo en ninguno de los diez tipos de vegetación descritos en las páginas anteriores. Vistas en plan nacional, sin embargo, por su escasa extensión, son de importancia secundaria y se ha optado por discutir en un sólo capítulo las más conocidas de este grupo.

A. Palmar

Queda reunido bajo esta denominación un grupo de comunidades vegetales similares entre sí debido a la predominancia de especies pertenecientes a la familia Palmae. Estas plantas representan una forma biológica tan peculiar, que cuando son abundantes prestan a la vegetación un aspecto singular y gracias, en gran medida, a este carácter los palmares ameritan su reconocimiento como categoría sinecológica aparte.

Desde el punto de vista ecológico y florístico, sin embargo, se trata de un agregado de unidades no del todo análogas. En muchos casos son comunidades determinadas por características de suelo; otras veces, puede observarse que los palmares prosperan en función de incendios periódicos u otro tipo de disturbio al que está sometida la vegetación; aparentemente en ninguna parte de México representan un verdadero clímax climático.

Aunque algunos representantes de la familia Palmae pueden vivir en bosques de *Pinus* y de *Quercus* y aun en matorrales xerófilos, los verdaderos palmares prosperan en su mayoría en zonas de clima más bien caliente y húmedo a semihúmedo. Existen en México tanto en la vertiente pacífica, como en la del Golfo y también los hay del lado del Caribe. Su distribución geográfica es a manera de manchones, algunas veces bastante aislados que se presentan acá y allá. En la época actual la superficie total que ocupa este tipo de vegetación no llega a 1% del área total del país y en su gran mayoría se concentra al sur del paralelo 23° N. Muchos se localizan a altitudes menores de 300 m, pero otros pueden encontrarse a más de 2 000 m s.n.m. Los tipos climáticos correspondientes, según la clasificación de Koeppen (1948), son Af, Am, Aw, Cw y posiblemente también BS.

Los suelos de los palmares son de naturaleza muy diversa, pues a menudo son profundos y más o menos inundables, pero otras veces, no tienen problemas de drenaje.

Ciertos palmares se desarrollan sobre tierras arenosas cercanas a la costa que tienen agua freática disponible para las raíces de las plantas. El habitat preferido de otras comunidades que aquí se agrupan lo constituyen las laderas calizas con suelo somero pedregoso.

La presencia y la distribución actual de muchos palmares de México están ligadas a las actividades humanas. Así, muchos son francamente secundarios, substituyendo al bosque tropical perennifolio, subcaducfolio o caducifolio.

A semejanza de lo que ocurre en otras regiones tropicales del mundo, en México se utilizan los productos de las palmas desde tiempos antiguos. Los frutos y las semillas de muchas especies nativas son comestibles y algunas (*Orbignya, Scheelea*) se explotan para la industria de las grasas y de los jabones. Los troncos se emplean a menudo para fines de construcción de casas, pero indudablemente el mayor beneficio se obtiene de las hojas que constituyen el material favorito para el techado de viviendas y además se usan muy ampliamente para el tejido de sombreros, bolsas, petates, adornos, juguetes, objetos de artesanía y otros similares. Además, están por establecerse industrias para enlatar el "palmito", que corresponde a los tejidos meristemáticos foliares y peciolos muy tiernos de *Sabal mexicana,* apreciado como botana y que tiene buen mercado interno, así como posibilidades de exportación.

No es de extrañarse, por lo tanto, que el hombre en muchas partes haya favorecido consciente o inconscientemente el establecimiento, la permanencia y la extensión de los palmares a expensas de otras comunidades vegetales que le reportan menos beneficio. En las últimas décadas, no obstante, cabe observar una notable y rápida disminución de las superficies ocupadas por este tipo de vegetación, a consecuencia de la expansión y la tecnificación de la ganadería y de la agricultura y en buena parte también debido al abandono paulatino de costumbres, técnicas y actividades tradicionales, fenómeno tan característico de la época actual en México.

La agricultura que se practica en áreas previamente cubiertas por palmares es muy diversa. Es interesante señalar, sin embargo, que en la vertiente pacífica los de *Orbignya cohune* a menudo son substituidos por plantaciones de coco, pues a esta especie cultivada le parecen convenir en particular las condiciones ecológicas en que vive *Orbignya.*

Considerados en su conjunto, los palmares son tan disímiles con respecto a sus requerimientos ecológicos y a su composición florística, que no resulta práctico discutir estos aspectos en forma general. En cuanto a las afinidades geográficas de su flora, predominan ampliamente en la mayor parte de los casos los elementos meridionales, sólo en los palmares que prosperan a mayores altitudes o en climas más secos esta influencia suele ser menos acentuada.

En lo que toca a su estructura, los palmares pueden formar bosques hasta dc 40 m de alto, mientras que el otro extremo lo constituyen matorrales de 50 a 80 cm de estatura. Algunas comunidades ofrecen una condición curiosa, pues al mismo tiempo se presentan en ellas palmeras arborescentes y otras bajas sin tronco definido o con tronco rastrero, pertenecientes a la misma especie. Pueden ser muy densos y sombríos al nivel del suelo, pero hay otros abiertos y ralos con las palmas espaciadas. El desarrollo de los estratos inferiores de la vegetación varía, por consiguiente, muy notablemente en función de estas condiciones.

En la mayoría de los casos sólo una especie de palma juega papel importante en una determinada comunidad biótica y frecuentemente constituye el único representante de la familia y de la forma biológica característica. Las epifitas y las trepadoras en general no son muy abundantes, aunque plantas estranguladoras del género *Ficus* encuentran habitat propicio sobre algunas palmeras (Figs. 82, 159).

Convencionalmente, y usando una vez más el criterio fisonómico, cabe subdividir los palmares en dos subtipos: los dominados por especies con hojas en forma de abanico y los caracterizados por plantas con hojas pinnadas (Miranda y Hernández X., 1963: 40).

Entre los primeros destacan los de *Sabal mexicana*, que prosperan tanto en la vertiente del Golfo, como también del lado del Pacífico. En el lado atlántico su área de distribución se extiende desde Tamaulipas hasta Chiapas y en la mayor parte de los casos son comunidades cuya existencia está determinada por incendios periódicos y prosperan sobre todo en potreros mal cuidados o abandonados (Fig. 348). Hace 10 a 15 años estos palmares ocupaban grandes extensiones en el sur de Tamaulipas, sureste de San Luis Potosí y norte de Veracruz, pero el empleo de técnicas más depuradas de mantenimiento de pastizales artificiales en estas áreas ha reducido recientemente su área. De acuerdo con Sarukhán (1968b: 41), en el centro de Veracruz existen algunas zonas en que el palmar de *Sabal mexicana* representa una asociación primaria "en una angosta franja arenosa cerca de la costa". Miranda (1952, I: 125) indica su presencia en la Depresión Central

Figura 348. Palmar de Sabal mexicana *("palma apachite"), cerca de Paso del Toro, Veracruz.*

de Chiapas, donde cubre llanuras anegables en la temporada de lluvias.

Del lado del Pacífico esta comunidad se conoce de lugares cercanos al litoral en Oaxaca y en Chiapas, donde se desarrolla sobre suelos profundos de terrenos mal drenados que se inundan todos los años.

Los palmares de *S. mexicana* rara vez se observan en altitudes superiores a 1 000 m y por consiguiente son propios de clima cálido, variando de semihúmedo a húmedo y con frecuencia ocupan áreas cubiertas con anterioridad por el bosque tropical caducifolio o por el bosque tropical perennifolio. En su óptimo desarrollo pueden constituir bosques hasta de 15 m de alto, pero más frecuentemente constituyen agrupaciones abiertas con palmeras de tamaños diversos, incluyendo a veces individuos bajos, carentes de tronco.

De las asociaiones en que dominan otras especies de *Sabal* pueden mencionarse las siguientes:

Pérez y Sarukhán (1970: 76-77) describen de la región de Pichucalco, del norte de Chiapas, el palmar de *Sabal yucatanica*, de 25 m de alto, en el que intervienen además en el estrato superior *Dendropanax arboreus*, *Guarea* sp., *Zanthoxylum procerum*, *Scheelea liebmannii* y *Dialium guianense*. La comunidad se desarrolla sobre lomeríos de pendiente suave con suelo profundo que presenta un horizonte muy arcilloso a poco más de 1 m de profundidad. Los mencionados autores no interpretan el determinismo ecológico de este palmar, pero indican que la especie dominante "es protegida por el hombre y . . . resistente al fuego". El área está situada a menos de 300 m de altitud, el clima correspondiente es cálido y lluvioso y el clímax climático es el bosque tropical perennifolio.

En el sur de Quintana Roo existen, según Miranda (1958: 240), palmares de *Sabal morrisiana* ("botanales") de 15 a 25 m de alto. Se les encuentra en la orilla de lagos, aguadas y "bajos", formando franjas de transición entre la vegetación de terrenos francamente mal drenados y el bosque tropical perennifolio. Sus suelos se inundan periódicamente o por lo menos se saturan de humedad durante la mayor parte del año.

En el centro de Michoacán (municipios de Ario de Rosales y La Huacana) Rzedowski (1967) encontró un palmar de *Sabal pumos.* Tal comunidad se desarrolla entre 700 y 1 300 m de altitud, sobre suelos arcillosos rojos, derivados de basaltos y su existencia parece deberse a actividades humanas, principalmente el desmonte y los incendios periódicos. Sucesionalmente substituye con toda probabilidad al bosque tropical caducifolio. El palmar es de 8 a 10 m de alto, moderadamente denso y con buen desarrollo de un estrato arbustivo, pero en otras partes es convertido en potrero y entonces debajo de los árboles sólo hay una cubierta herbácea mantenida prácticamente al ras del suelo (Fig. 349).

Otro tipo de palmar de mucha extensión e importancia es el de *Brahea dulcis,* frecuente en la Cuenca del Balsas, pero que llega también hasta el sur de Oaxaca, partes altas de la Cuenca del Papaloapan y a lo largo de la Sierra Madre Oriental hasta el sur de Tamaulipas. En general, la especie dominante, al igual que los demás componentes del género

Figura 349. Palmar de Sabal pumos *("palma real"), cerca de La Huacana, Michoacán.*

Brahea, son plantas bastante restringidas a suelos derivados de calizas o de otras rocas ricas en carbonato de calcio y prosperan pricipalmente sobre suelos someros de laderas de cerros. La existencia de estos palmares, al menos en la mayor parte de los casos, debe estar condicionada por incendios periódicos causados por el hombre. Prosperan en general entre 1 200 y 2 200 m de altitud, muy frecuentemente en zonas de transición entre el bosque tropical caducifolio y los encinares, o sea en zonas no muy húmedas y en las que se presentan heladas con más o menos regularidad.

De la Cuenca del Balsas, Miranda (1947: 110) describe el palmar de *Brahea dulcis,* con altura media de 3 a 6 m. Lo define como una asociación casi pura, a veces con intercalación de *Quercus,* plantas arborescentes de *Ipomoea* y *Acacia bilimekii.* Los arbustos no son frecuentes, en cambio la vegetación herbácea es variada y abundante. Cabe agregar que esta comunidad, sobre todo en los sitios más perturbados y frecuentemente quemados, incluye tanto individuos arbóreos de *Brahea,* como multitud de plantas sin tronco desarrollado (Fig. 350).

En el centro de Chiapas existen (según Miranda, 1952, I: 125) en forma de enclaves palmares de *Brahea prominens,* en altitudes entre 1 250 y 1 350 m, intercalándose entre encinares y el bosque tropical subcaducifolio de *Bumelia persimilis.* Miranda y Hernández X. (1963: 40-41) mencionan también la existencia de extensas asociaciones dominadas por *B. calcarea* al sureste de Jalapa, en el centro de Veracruz.

Son palmares de distribución aún más restringida y discontinua los de *Washingtonia robusta,* que se encuentran en cañones no muy alejados del litoral en Sonora y Baja California. Prosperan en lugares particularmente favorecidos en cuanto a la humedad dentro de áreas de clima árido o semiárido y generalmente cubren muy poca superficie.

Figura 350. Palmar de Brahea dulcis *("palma de sombrero"), cerca de San Juan Teita, Oaxaca. Fot. I. Piña.*

Aunque algunas plantas individuales pueden alcanzar más de 20 m de alto, por lo común miden entre 10 y 15 m.

Los palmares de *Paurotis wrightii* de la Península de Yucatán fueron descritos por Miranda (1958: 246-247), pero también se encuentran en algunas localidades de Tabasco y del sureste de Veracruz. Se observan en forma aislada en las orillas de lagunas, pantanos y arroyos de corriente lenta, con frecuencia en lugares permanente o períodicamente inundados y resisten condiciones de elevada salinidad. A veces *P. wrightii* forma parte de las sabanas y en medio de éstas puede formar islotes de palmar. Su altura más frecuente es de 2 a 5 m y la comunidad es más bien abierta (Fig. 351). Se presenta en altitudes entre 0 y 200 m y el clima correspondiente es caluroso y húmedo a semihúmedo.

Más escasos parecen ser los palmares bajos de *Cryosophila nana,* que menciona Miranda (1952, I: 125) de la región costera de Tonalá, Chiapas, donde crecen sobre laderas de suelo somero. Es posible que esta comunidad también se encuentre en otras localidades de la vertiente pacífica de México.

Entre los palmares de hoja pinnada los de *Orbignya cohune* son indudablemente los más impresionantes y quizá los mejor definidos desde el punto de vista ecológico y fitosociológico. Ocupan angostas fajas a lo largo del litoral pacífico desde Nayarit hasta Oaxaca, donde el substrato está formado por arenas profundas con el agua freática al alcance de las raíces de *Orbignya.* Tales condiciones se presentan sobre todo en algunas bahías, detrás de cuyas playas se instala con frecuencia el palmar. En general, por lo tanto, su distribución geográfica es muy discontinua y las zonas de su mayor concentración se localizan en el sur de Nayarit y a lo largo del litoral de Colima. Los manchones comúnmente son de unos 10 km o un poco más de largo y rara vez pasan de 5 km de ancho. De acuerdo con Rzedowski y McVaugh (1966: 13) el bosque de *Orbignya* en Nayarit, Jalisco y Colima es el tipo de vegetación más majestuoso de todos los existentes en los mencionados Estados. Mide 15 a 30 m de alto y su densidad es tan grande que crea condiciones de penumbra a niveles inferiores. *Orbignya cohune* es el dominante absoluto y las otras especies que lo constituyen son cuantitativamente poco importantes. Entre los árboles altos se mencionan: *Ficus padifolia, F. glabrata, F. glaucescens, F. lentiginosa, Brosimum alicastrum, Dendropanax arboreus, Enterolobium cyclocarpum, Bursera* aff. *simaruba.* También hay un estrato de árboles más bajos y otro arbustivo

Figura 351. Palmar de Paurotis wrightii *("tasiste"), cerca de Huimanguillo, Tabasco, Fot. J. Chavelas.*

que por lo general muestra huellas manifiestas de disturbio. Cabe comentar que *O. cohune* forma parte asimismo del bosque tropical subcaducifolio y sobre todo en condiciones de disturbio puede ser bastante abundante en él y aun desplazarlo en calidad de comunidad secundaria, pero desaparece rápidamente a medida que este bosque se aleja del mar.

Las especies del género *Scheelea* son fisonómicamente semejantes a *Orbignya* y las asociaciones que forman pueden ser parecidas a la anteriormente descrita, aun cuando por lo común no alcanzan una densidad comparable (Miranda, 1944: 362).

Bajo el nombre de "corozales" Miranda (1958: 239-240) cita palmares de *Scheelea* spp. y de *Orbignya cohune* de la parte meridional de la Península de Yucatán. Estos se encuentran generalmente en suelos profundos y bien drenados de orillas de ríos y valles y en ocasiones sobre laderas de cerros, pero alcanzan mejor desarrollo en donde hay inundaciones periódicas, sin que el agua llegue a estancarse. Miranda (op. cit.) supone asimismo que en algunos casos la acción del hombre pudo haber contribuido a la expanción de esta comunidad.

Los palmares de *Scheelea liebmannii* son muy característicos de la Planicie Costera del Golfo, desde el norte de Veracruz hasta el noroeste de Campeche y el norte de Chiapas, y abundan particularmente en el centro de Veracruz y algunas áreas adyacentes de Oaxaca. Fueron descritos por primera vez por Miranda (1944: 362-363) y su estudio fue abordado en diversos trabajos posteriores, cuya síntesis presenta Sarukhán (1968b: 39). Se les encuentra principalmente en suelos profundos, arcillosos y susceptibles a inundaciones más o menos frecuentes. En su mayoría, se trata de comunidades secundarias, originadas por el desmonte (a menudo selectivo) y favorecidas por los incendios. Sin embargo, de acuerdo con Sarukhán, (loc. cit.), en una amplia zona de la Cuenca Baja del Papaloapan, sujeta a avenidas periódicas del río, la asociación de *S. liebmannii* parece constituir la vegetación original. Debe tratarse igualmente de comunidades estables en el caso de los palmares dominados por la misma especie que se observan a lo largo de las vegas del Río Usumacinta y de algunos de sus afluentes en el norte y el noreste de Chiapas y zonas adyacentes de Tabasco, cuyos suelos se inundan periódicamente, pero sin que el agua se estanque en ellos (Miranda, 1952: 124).

Este palmar puede presentarse bajo aspectos fisonómicos distintos, pues algunas veces forma una especie de sabana con abundante *Andropogon glomeratus;* en otras ocasiones el estrato arbustivo es denso y difícil de penetrar, y en el otro extremo se ha descrito (Gómez-Pompa et al., 1964a: 51-52) la "selva alta perennifolia de *Sheelea liebmannii* y *Sweetia panamensis*", que es un bosque denso y de estructura compleja. La altura de estos palmares es de 15 a 18 m; rara vez se presentan más arriba de 200 m s.n.m. y se desarrollan en un clima caluroso y húmedo. Aunque *S. liebmannii* parece existir como componente normal de algunos bosques tropicales perennifolios clímax, es indudable que se trata de una especie agresiva e invasora, particularmente característica de las comunidades secundarias.

En la Planicie Costera del norte de Chiapas, Miranda (1952, I: 124) supone que además de *S. liebmannii* también *S. lundellii* forma parte de los palmares. Del lado del Pacífico en el mismo Estado se encuentran comunidades ecológica y fisonómicamente análogas, pero dominadas por *S. preussii.*

Miranda y Hernández X. (1963: 40) citan palmares de *Roystonea* sp. de la zona litoral del extremo noreste de la Península de Yucatán, y Sarukhán (1968b: 40) los menciona de ciertas zonas inundables del sur de Veracruz y de Tabasco. En todas estas localidades el clima es caluroso y húmedo a semihúmedo. Tal especie de *Roystonea* constituye también un componente normal de algunos bosques tropicales perennifolios que se desarrollan sobre suelos de drenaje lento. Es una planta de estatura relativamente alta.

En contraste, la asociación dominada por *Pseudophoenix sargentii*, propia de regiones costeras del nor-noreste de la Península de Yucatán, constituye un palmar más bien bajo (Miranda y Hernández X., 1963; 40), característico de clima caliente y semihúmedo. No se concretan para esta localidad condiciones ecológicas más precisas.

Otro palmar de la faja litoral de la Península de Yucatán es el de *Thrinax parviflora*, que, según Miranda (1958: 251-252), se desarrolla en suelos salinos, en inmediato contacto con el manglar.

A guisa de apéndice cabe agregar que en el lenguaje común de muchas partes de México algunas plantas pertenecientes a las familias Liliaceae, Cyatheaceae, Cycadaceae y otras reciben el nombre de "palma", "palmita" o "palmilla".

Los "palmares" con *Yucca* y *Nolina* se describen en el capítulo correspondiente a los matorrales xerófilos. Las agrupaciones de helechos arborescentes y de la mayor parte de las cicadáceas difícilmente ameritan considerarse como comunidades independientes. Muller (1939: 699) describe, sin embargo, de Nuevo León y de Tamaulipas extensas áreas cubiertas por matorrales casi puros de *Dioon edule*, principalmente en los alrededores de Linares. Son característicos de afloramientos de lutitas que dan origen a un suelo muy fino e impermeable. El clima de esta región es semiárido y más bien cálido, aunque algo extremoso y no desprovisto de heladas.

B. Bosque de *Byrsonima, Curatella* y *Crescentia*

Se trata de comunidades ligadas florística y ecológicamente con las sabanas, pues con frecuencia se localizan en colindancia con estas últimas y los árboles dominantes son también los mismos. Sin embargo, a diferencia de las sabanas, constituyen, en general, bosques bastante cerrados. Miranda y Hernández X. (1963: 39) las denominan "selvas sabaneras".

Sólo se conocen de zonas con clima cálido y húmedo a semihúmedo (tipos Af, Am y Aw de la clasificación de Koeppen, 1948), en los cuales la temperatura nunca baja de 0 °C. No se han observado en altitudes superiores a 1 000 m y en la vertiente del Golfo de México se encuentran a menos de 100 m s.n.m., donde prosperan en suelos profundos de terrenos planos y con drenaje deficiente, que se inundan en la época húmeda, pero que llegan a secarse por completo en el periodo de sequía.

Sarukhán (1968b: 17-18) los describe como bosques hasta de 5 m de altura, con árboles que a menudo presentan los troncos torcidos, con pocas trepadoras y epifitas y con el estrato herbáceo también mal desarrollado. Los elementos dominantes más frecuentes son *Byrsonima crassifolia, Curatella americana, Crescentia alata* y *C. cujete*, pudiendo ser de composición mixta, o bien formar masas puras.

En el sur de Veracruz (León y Gómez-Pompa, 1970: 29-30) y en la región de Huimanguillo, Tabasco, (Puig, 1972b: 397-400) estas comunidades se distribuyen a manera de islas en medio de la sabana y de acuerdo con Sarukhán (loc. cit.) en conjunto llegan a cubrir áreas de cierta consideración.

En la vertiente pacífica se conoce una vegetación similar de Nayarit a Chiapas, donde a semejanza de la sabana se desarrolla comúnmente sobre laderas de cerros, a menudo formados por rocas metamórficas (Fig. 352).

De algunas partes de Colima, sin embargo, Rzedowski y McVaugh (1966: 41-42) descri-

Figura 352. Bosquete de Byrsonima crassifolia *("nanche") y* Curatella americana *("raspaviejo"), cerca de La Resolana, Jalisco.*

ben un bosquete abierto de *Crescentia alata,* que se desarrolla sobre suelos negros, arcillosos y mal drenados.

Otros componentes leñosos presentes a veces en estos bosques son: *Conostegia xalapensis, Miconia* spp., *Coccoloba* spp., *Quercus* spp., *Vitex* spp., *Bursera* spp., *Caesalpinia* spp., *Citharexylum ellipticum, Paurotis wrightii, Lonchocarpus* spp., *Inga* spp., *Acacia* spp., *Clidemia rubra* y *Acrocomia mexicana.*

Sarukhán (loc. cit.) considera que estas comunidades ubicadas en las zonas limítrofes entre los bosques tropicales y las sabanas posiblemente no constituyan vegetación clímax, sino que sean de carácter secundario.

C. Bosque de *Alnus*

Como en muchas otras partes del mundo, los bosques de *Alnus* ("aile") en México son de dos afinidades ecológicas principales: viven a lo largo de arroyos y pequeños ríos, o bien constituyen comunidades sucesionales, surgidas como consecuencia de la destrucción de otros tipos de bosques.

Así, *Alnus glabrata* es un componente común de los bosques en galería de las partes altas de México, donde a menudo puede ser dominante o codominante. La comunidad de *A. firmifolia* se interpreta con frecuencia como una fase sucesional, tendiente a restablecer el bosque de *Abies religiosa,* mientras que la de *A. arguta* se ha observado como secundaria en el bosque mesófilo de montaña en muchas regiones del este de México. Otras asociaciones en que prevalece *Alnus* parecen formar parte de series sucesionales de encinares y de pinares.

Es factible, sin embargo, que no todos los bosques de *Alnus* correspondan estrictamente a las mencionadas categorías. Así, por ejemplo, Rzedowski y McVaugh (1966: 68) relatan la presencia sobre las laderas del Nevado de Colima, entre 3 100 y 3 300 m. s.n.m., de un bosque de *Alnus firmifolia* con el suelo cubierto por gramíneas amacolladas altas, que parece ser una comunidad estable.

La llanura aluvial situada entre Puebla y San Martín Texmelucan, a ± 2 200 m de altitud, está casi en su totalidad dedicada a la agricultura permanente, probablemente desde hace muchos siglos, pero las orillas de canales y zanjas sostienen con frecuencia hileras de árboles que pertenecen en su gran mayoría a especies nativas. *Alnus glabrata* es la planta más común en esta región; otro árbol frecuente es *Salix bonplandiana;* menos abundantes son *Fraxinus uhdei* y *Buddleia cordata,* así como *Schinus molle* y *Populus* spp. En vista de esta composición y de la circunstancia de que el nivel de agua freática en esta llanura se encuentra a más o menos 1 m de profundidad, no es imposible que la vegetación natural de la región consistiera de un bosque de *Alnus glabrata,* posiblemente con *Salix, Fraxinus* y otros árboles como acompañantes.

Cabe postular asimismo la existencia de comunidades similares en otras partes de la República con características ambientales análogas.

Tanto las especies de *Alnus,* como de *Salix* y *Fraxinus,* son por lo general plantas de hoja decidua, de manera que los bosques que forman son esencialmente caducifolios, aunque el periodo de carencia de hojas es breve.

D. Vegetación halófila

La vegetación característica de suelos con alto contenido de sales solubles puede asumir formas diversas, florística, fisonómica y ecológicamente muy disímiles, pues pueden dominar en ella formas herbáceas, arbustivas y aun arbóreas. Tal hecho se debe, al menos en parte, a que los suelos salinos se presentan en condiciones climáticas variadas y además, a que también las características edáficas varían tanto en lo que concierne a la cantidad y tipo de sales, como a la reacción (pH), textura, permeabilidad, cantidad de agua disponible, etc.

Algunas comunidades halófilas ya se discutieron en otros capítulos, como parte de los pastizales (pastizales halófilos), matorrales xerófilos (mezquitales), palmares (de *Thrinax parviflora*) y de la vegetación acuática y subacuática. Otras agrupaciones vegetales propias de ambientes salinos no encuadran bien en ninguno de los principales tipos de vegetación y por tal razón se describen aquí aparte.

Los suelos con exceso de sales son particularmente frecuentes en los lugares cercanos a la costa y en las regiones de clima árido, aunque también existen en otras partes. Fuera del ambiente litoral son comunes en las partes bajas de cuencas endorréicas. Salvo muy raras excepciones, se trata de suelos profundos, de origen aluvial, que varían desde muy arcillosos, como es el caso de la mayor parte de los fondos de antiguos lagos, hasta arenas sueltas, que abundan principalmente en los litorales. La reacción puede ser más o menos alcalina, rara vez cercana a la neutralidad, comúnmente los valores del pH están comprendidos entre 7.5 y 10, pero pueden variar entre límites más amplios. La materia orgánica por lo general es escasa y los principales iones activos presentes en exceso suelen ser Na^+, Cl^-, $CO_3^=$ y $SO_4^=$. El predominio de cualquiera de los tres aniones le confiere características especiales al substrato. Muchos suelos salinos se hallan permanentemente húmedos, mientras que otros se desecan con frecuencia y estos cambios de contenido de agua provocan también modificaciones periódicas del contenido de sales en los horizontes superficiales.

Los suelos salinos rara vez se presentan en México en altitudes superiores a 2 500 m, pero aun así están sujetos a condiciones climáticas muy diversas, que incluyen tipos A, B y C de la clasificación de Koeppen (1948). Los climas varían también de muy extremosos a francamente isotérmicos.

Con respecto a la composición florística de las comunidades halófilas, es interesante señalar que al mismo tiempo que incluyen géneros y especies de distribución muy vasta, algunos casi cosmopolitas, tampoco son raros en ellas los endemismos, tanto en el litoral, como en condiciones continentales. Las familias mejor representadas son Gramineae y Chenopodiaceae, mereciendo mención especial las Frankeniaceae, cuyos miembros llegan a ser muy importantes en el noroeste de México.

La suculencia es una característica frecuente en las halófitas de familias diferentes, así como la reproducción vegetativa y la alta presión osmótica. Muchas especies son aparentemente halófitas obligadas, aunque de tolerancias diversas, mientras algunas otras pueden prosperar también en suelos sin exceso de sales, como, por ejemplo, *Suaeda nigra* ("romerito"), que resiste muy elevadas concentraciones de sales y alta alcalinidad, pero se desarrolla perfectamente en cultivo en tierras neutras o algo ácidas.

La vegetación de las playas arenosas y médanos directamente expuestos al mar abierto ha sido particularmente bien estudiada del lado atlántico por Lundell (1934:

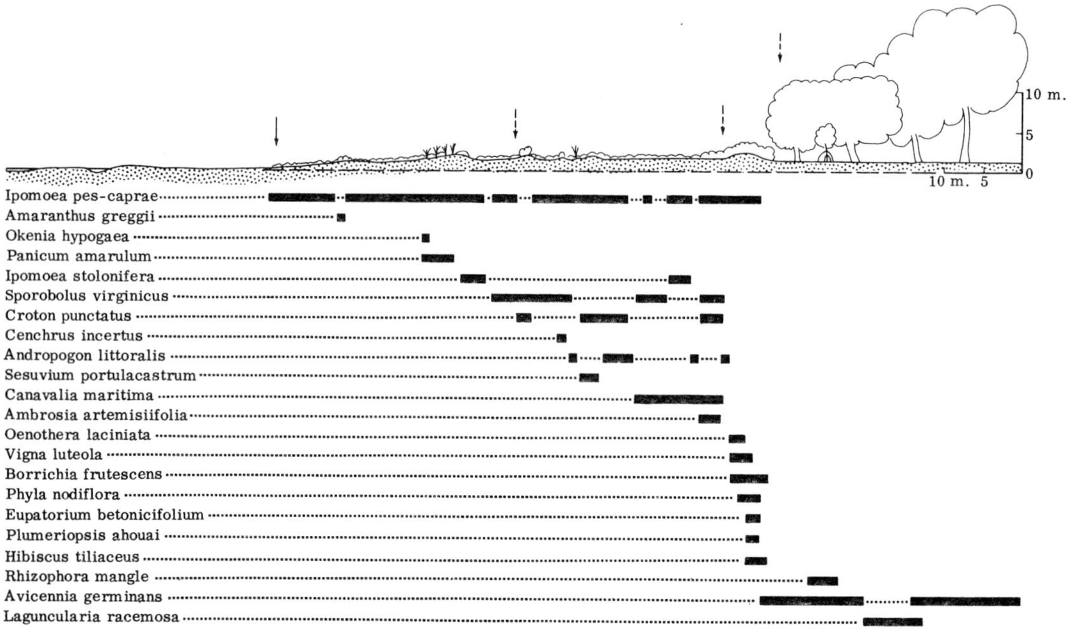

Figura 353. Perfil de la vegetación cerca de la desembocadura del río San Pedro y San Pablo en los límites de Campeche y Tabasco, según Sauer (1967). Reproducido con autorización de los editores.

268), Poggie (1962), Bonet y Rzedowski (1962), Miranda (1958: 251-252), González-Medrano (1972a: 18-20), Sousa (1968: 155), Puig (1970b: 74), León y Gómez-Pompa (1970: 33-34), Vázquez-Yanes (1971: 59-62), Puig (1974: 265-272) y, sobre todo, por Sauer (1967), quien presenta 17 perfiles levantados entre la desembocadura del Río Bravo y la Isla Mujeres (Fig. 353). De los mencionados trabajos se desprende que la vegetación pionera de estos ambientes varía notablemente de una región a otra y de un lugar a otro, aparentemente en función de la topografía del terreno, de la movilidad del substrato, la exposición al viento, a las tempestades y al oleaje. Sauer (op. cit.: 27-28) hace énfasis en la presencia en esta área de algunas especies anuales, de procedencia boreal, como *Amaranthus greggii*, *Cakile* spp. y *Othake* spp. El hábito anual no es común en las plantas costeras de las regiones tropicales, pero en las playas tan frecuentemente azotadas por los vientos "nortes" presenta la ventaja de una posible colonización de arenas, en las cuales las plantas perennes no podrían subsistir.

Tanto la vegetación herbácea, como la arbustiva es frecuente en las arenas costeras y a veces aparecen árboles aislados. Los dominantes y codominantes más difundidos de las comunidades a menudo monotípicas son:

Plantas herbáceas: *Amaranthus greggii*, *Cakile lanceolata*, *Canavalia maritima*, *Cassia chamaecristoides*, *Cenchrus tribuloides*, *Croton punctatus*, *Ipomoea pes-caprae* (Fig. 354), *Ipomoea stolonifera*, *Okenia hypogaea*, *Sesuvium portulacastrum*, *Sporobolus virginicus*.

Plantas arbustivas: *Acacia sphaerocephala*, *Chrysobalanus icaco*, *Coccoloba uvifera*, *Euphorbia buxifolia*, *Opuntia dillenii*, *Randia aculeata*, *Scaevola plumieri*, *Suriana maritima*, *Tournefortia gnaphalodes*.

No se dispone de estudios tan abundantes del litoral del Pacífico, pero los datos apor-

Figura 354. Vegetación costera con Ipomoea pes-caprae *("riñonina"), cerca de Sontecomapan, Veracruz.*

tados por Miranda sobre Chiapas (1952, I: 62-65) y la Isla Socorro (1960: 131-132), así como por Turner sobre Michoacán (1960: 277), por Ferris de las Islas Marías (1927: 64), por Johnston del Golfo de California (1924: 964-965), al igual que las observaciones personales del autor, permiten establecer que de Chiapas a Sinaloa y también en el litoral de Baja California, entre San José del Cabo y La Paz, prosperan comunidades halo-psamófilas costeras más o menos similares a las del lado atlántico, aunque menos variadas fisonómica y florísticamente. Las especies dominantes y codominantes más comunes son, entre otras:

Plantas herbáceas: *Canavalia maritima, Diodia crassifolia, Ipomoea pes-caprae, Jouvea pilosa, Okenia hypogaea, Pectis arenaria.*

Plantas arbustivas: *Acacia cymbispina, Acanthocereus pentagonus, Caesalpinia crista, Jacquinia macrocarpa, Prosopis juliflora, Stegnosperma cubense.*

En los litorales de la parte septentrional del Golfo de California, según Johnston (1924: 964-965), los matorrales de *Allenrolfea occidentalis* y *Frankenia palmeri* son muy característicos de las playas arenosas, mientras que sobre los médanos prosperan *Frankenia palmeri, Ambrosia dumosa, Palafoxia linearis* y *Dalea emoryi.* Más hacia el sur estas plantas ceden lugar a *Haplopappus arenarius, Wislizenia refracta, Dalea divaricata* y *Houstonia mucronata.* También son frecuentes en esa zona manchones de *Maytenus phyllanthoides.*

La vegetación de la costa occidental de la Península de Baja California se conoce poco. De una localidad de su parte meridional, al sur de Arroyo Flor de Malva, Shreve (1951: 126) describe un matorral denso de *Maytenus phyllanthoides, Stegnosperma halimifolium, Caesalpinia arenosa, Simmondsia chinensis* y *Lycium brevipes,* que prospera sobre médanos estabilizados. Más al norte, en la región del "Desierto de Vizcaíno", matorrales muy bajos (10-30 cm) de *Frankenia palmeri* constituyen la vegetación prevaleciente no sólo cerca de la playa, sino también sobre las llanuras de suelo salino que se extienden muchos kilómetros tierra adentro (Fig. 355) Shreve (1951: 118) cita igualmente *Lycium* sp., *Sesuvium portulacastrum, Allenrolfea occidentalis* y *Encelia ventorum* como miembros de esta comunidad, además de mencionar la presencia de pastizales de *Monantochloë littoralis.* Wiggins (1969: 323-324) refiere de la misma área la existencia de *Mesembryanthemum nodiflorum* y *M. crystalinum* como especies características de la pla-

Figura 355. Matorral halófilo de Frankenia palmeri *("hierba reuma"), cerca de Guerrero Negro, Baja California Sur.*

ya y de los médanos. Según Madrigal (1970: 6), el matorral propio de las dunas marítimas de la Isla Cedros está constituido por *Atriplex julacea* y *Frankenia palmeri*.

Knapp (1965: 188) cita las siguientes especies como componentes de las comunidades de médanos costeros en la vecindad de la frontera con la Alta California: *Abronia maritima, A. umbellata, Cardionema ramosissima, Ambrosia bipinnatifida, Atriplex leucophylla* y *Mesembryanthemum chilense*.

En las regiones costeras existen, además, otras comunidades halófilas, que están ligadas con lagunas salobres, donde el substrato es más fijo, la textura del suelo generalmente más fina y las condiciones hídricas muy diferentes.

González-Medrano (1972a: 20-25) cita, por ejemplo, de la Laguna Madre de Tamaulipas varias asociaciones de este tipo:

a) asociación *Suaeda nigra — Salicornia ambigua;*
b) asociación *Batis maritima, Borrichia frutescens, Clappia suaedifolia, Maytenus phyllanthoides;*
c) asociación *Distichlis spicata — Monantochloë littoralis;*
d) asociación *Spartina spartinae — S. densiflora.*

Puig (1970b: 74; 1972b: 2) refiere la presencia de comunidades similares del sur de Tamaulipas y de Veracruz, mientras que Miranda (1958: 252) da a conocer de la Península de Yucatán las siguientes:

a) asociación *Batis maritima, Heliotropium curassavicum, Philoxerus vermicularis;*
b) asociación *Salicornia perennis, Sesuvium portulacastrum, Suaeda linearis.*

González-Ortega (1929) cita las siguientes halófitas de las lagunas costeras de Nayarit y Sinaloa: *Sesuvium portulacastrum, Suaeda brevifolia, S. ramosissima, Salicornia europaea,* que aparentemente forman agrupaciones análogas.

Del litoral del Golfo de California, Johnston (1924: 964) da cuenta de la existencia de las siguientes comunidades halófilas del mismo tipo e indica que *Salicornia pacifica* es la dominante en lugares periódicamente sumergidos; las especies acompañantes pueden ser *Monantochloë littoralis, Batis maritima, Salicornia europaea* y *Frankenia grandifolia*. En llanuras ligeramente salobres prevalece *Suaeda ramosissima,* a veces también *Maytenus phyllanthoides*. Shreve (1951: 103) cita también de la misma área *Allenrolfea occidentalis, Wislizenia palmeri* y *Aster parviflorus* y del Delta del Río Yaqui (op. cit.: 97) un matorral de *Atriplex canescens, Suaeda fruticosa, Lycium carinatum, Maytenus phyllanthoides, Stegnosperma halimifolium, Phaulothamnus spinescens* y *Lippia palmeri*.

Salicornia virginica, Suaeda californica, Distichlis spicata, Batis maritima, Frankenia grandifolia, Atriplex leucophylla y *Jaumea carnosa* son algunos de los componentes citados por Knapp (1965: 190) de las comunidades características de pantanos salinos cercanos a la costa pacífica en la proximidad de los límites con Estados Unidos de América.

En la vegetación de los suelos salinos de regiones alejadas del litoral las gramíneas juegan con mayor frecuencia un papel preponderante, sobre todo *Distichlis spicata, Eragrostis obtusiflora* e *Hilaria mutica*. Sin embargo, existen también muchas comunidades dominadas por dicotiledóneas.

Así, por ejemplo, Muller (1947: 40) cita de Coahuila matorrales con *Atriplex* sp., *Suaeda* sp., *Prosopis velutina* y *Sporobolus* como prevalecientes alrededor de lagos salinos.

De un área cercana a Galeana, Nuevo León, Marroquín (1959: 34-44) describe una comunidad halófila con *Atriplex prosopi-*

Figura 356. Vegetación halófila con Suaeda nigra *("romerito") y* Atriplex linifolia *("quelite de puerco"), cerca de Xaltocan, Méx.*

dium y *Suaeda mexicana* como dominantes, además de *Opuntia engelmannii*, *Sesuvium portulacastrum*, *Frankenia gypsophila* y diversos otros componentes. El análisis del suelo revela un exceso de cloruro de sodio y un pH de 8.2.

En otro lugar cercano del sur de Nuevo León, Valdés (1958: 109) encontró *Allenrolfea occidentalis*, *Atriplex prosopidium*, *Sesuvium portulacastrum*, *Suaeda nigra* y *S. nigrescens*.

De San Luis Potosí y de Zacatecas Rzedowski (1957b: 73) cita *Suaeda*, *Atriplex* y *Allenrolfea* como los componentes más característicos de las comunidades halófilas y especificamente de la región de Rioverde, San Luis Potosí, (Rzedowski, 1966: 145) a *Atriplex abata*, *A. pringlei*, *Distichlis spicata*, *Geissolepsis suaedifolia*, *Sesuvium portulacastrum*, *Sporobolus nealleyi*, *Suaeda mexicana* y *S. nigrescens*, además de plantas leñosas como *Maytenus phyllanthoides*, *Borrichia frutescens*, *Lycium carolinianum*, *Prosopis laevigata*, etc.

En el Valle de México, según Rzedowski et al. (1964: 51-52) *Atriplex linifolia* y *Suaeda nigra* (Fig. 356) pueden ser dominantes sobre suelos salinos y fuertemente alcalinos debido al exceso de carbonato y cloruro de sodio, aunque la mayor parte de estos terrenos está cubierta por pastizales.

E. Principales comunidades vegetales de la Isla Socorro

La Isla Socorro, la más grande del Archipiélago de las Revillagigedo, está situada a unos 500 km del Cabo Corrientes de Jalisco. Debido a su lejanía del continente y a la frecuente actividad volcánica, la Isla tiene una flora muy pobre que apenas excede de la cifra de 100 especies de plantas vasculares. Probablemente debido a esta circunstancia la mayor parte de las comunidades vegetales de la Isla no se parece a las del continente y no encaja bien en las clasificaciones que se usan para estas últimas.

De acuerdo con Miranda (1960) existen en la Isla Socorro los siguientes tipos de vegetación:

a) Las agrupaciones de halófitas costeras prosperan a la orilla de bahías y ensenadas, con *Ipomoea pes-caprae*, *Canavalia maritima* y *Jouvea pilosa*; comunidad semejante a las que se encuentran en los litorales del continente.

b) El matorral de *Croton masonii* se desarrolla entre 0 y 250 m de altitud. Mide 0.5 a 2 m de alto, es denso y muy pobre en especies. Cuando se tala, se forma una pradera de gramíneas con *Aristida*, *Eragrostis*, *Heteropogon* y *Paspalum*.

c) El matorral de *Psidium galapageium* alcanza su mejor expresión entre 250 y 400 m de altitud. Tiene 1 a 4 m de alto, las ramas son densas y retorcidas, pero no cubren todo el suelo y frecuentemente están tapizadas con *Bryum argenteum*.

d) El matorral de *Dodonaea viscosa*, de 0.5 a 2 m de alto, es característico de las corrientes de lava y de suelos someros entre 600 y 1 000 m de altitud.

e) La pradera cubre la parte más alta del Cerro Everman (1 050 m), que constituye el accidente más elevado de la Isla. Es una comunidad herbácea de 10 a 30 cm de altura, florísticamente la más variada de todas, pues incluye especies de *Castilleja, Gnaphalium, Sida, Borreria, Cyperus, Setaria, Aegopogon, Hypericum,* etc.

f) El bosque de *Ficus cotinifolia,* de 6 a 10 m de alto, prospera en los cauces de arroyos torrenciales y es muy notable por las copas extendidas de la especie dominante que pueden cubrir hasta 700 m^2 cada una. Las ramas de *Ficus* están sostenidas por notables raíces columnares.

g) El bosque de *Bumelia socorrensis* y *Psidium galapageium* es la comunidad más alta y compleja de la Isla. Alcanza en algunas partes 8 a 12 m de estatura y tiene epifitas, pero carece de vegetación arbustiva y herbácea. Se desarrolla entre 600 y 900 m s.n.m.

22. La vegetación como recurso natural y su futuro en México

En las descripciones de los diferentes tipos de vegetación se hizo referencia a la forma en que el hombre los explota. Otra parte del texto (capítulo 5) se dedica a discutir algunos aspectos relativos a la influencia que la población humana está ejerciendo sobre el tapiz vegetal de México. En este lugar se pretende hacer énfasis en la importancia actual y potencial que para el país tiene la vegetación como un patrimonio, un recurso natural que ha de servir en beneficio del pueblo mexicano tanto en el presente como en el porvenir.

En un enfoque histórico, desde luego cabe observar que el hombre primitivo era el que más directamente dependía de las plantas para su vida, tanto en lo que toca a la alimentación, como a su morada, vestimenta, implementos, etc. A medida que la civilización ha avanzado, la humanidad se ha esforzado por reducir tal dependencia, por someter a la naturaleza a su propia voluntad y manejarla para su provecho.

En México, como en muchas otras partes del mundo, esta tendencia se manifiesta en cambios cada vez más profundos en la biosfera, cambios que, si bien en muchos casos son deseables y justificados, en otros alteran de tal manera el equilibrio ecológico que a la postre inutilizan el terreno en el que suceden. A menudo estas modificaciones ejercen también su influencia sobre áreas vecinas o aun a considerable distancia del sitio donde se han producido, como es el caso de la desforestación o sobrepastoreo desmesurado en regiones que rodean a grandes centros de población o bien en zonas situadas en las partes altas de cuencas hidrográficas, cuyos efectos se dejan sentir en las porciones bajas de las mismas.

Así, independientemente del valor intrínseco que tiene la vegetación en proporcionar al hombre una serie de materias primas y productos útiles, se siente de manera cada vez más patente la urgencia de mantenerla en muchas zonas que resultan estratégicas para la captación de recursos acuíferos, la prevención de inundaciones y de plagas, el mantenimiento de la pureza del aire y del agua o para que su presencia actúe como obstáculo al avance de la erosión del suelo.

De igual importancia para el futuro es la necesidad de impedir que se pierda la diversidad de los organismos que existen en el medio natural, pues éstos incluyen un gran número de plantas y animales actual o potencialmente útiles para el hombre, utilidad que abarca tanto los usos conocidos en la industria alimenticia, en la medicina, en el mejoramiento de especies cultivadas, etc., como otros que el progreso de la civilización determinará en el porvenir, muchos de los cuales ni siquiera cabe imaginar ahora.

No obstante los grandes adelantos de la ciencia y a pesar de que muchos materiales y substancias se pueden obtener hoy o se podrán obtener quizá mañana en forma sintética, resulta claro en estos momentos que el hombre difícilmente podrá prescindir para su existencia del universo orgánico que lo rodea y a la larga resulta contraproducente modificar en forma drástica este universo, pues muchos cambios ocasionados pueden tornarse irreversibles y llevar a consecuencias indeseables, a veces fatales.

El uso de la vegetación para propósitos de esparcimiento no es una costumbre de mucha tradición en México, pero en tiempos modernos se hace cada vez más necesario, debido sobre todo a las condiciones de vida más y más artificiales a que vienen siendo sometidos los habitantes de las grandes ciudades. Debido a esto y al aumento de la población, en general y de la urbana, en particular, la demanda de áreas verdes para fines de recreo está creciendo con rapidez y es de preverse que crecerá en forma más acelerada en el futuro.

Es de fundamental trascendencia, por lo tanto, para los intereses de la nación, que permanezcan cubiertas de vegetación natural todas aquellas partes del territorio del país, donde se presenta al menos una de las siguientes condiciones:

a) la explotación de esta vegetación ofrece el medio más conveniente de uso de la tierra, bien desde el punto de vista económico o por su utilidad social;
b) la existencia de esta vegetación es indispensable para la regulación del ciclo hidrológico, que de otra manera se altera, causando serios perjuicios inmediatos y mediatos;
c) la existencia de esta vegetación es necesaria para mantener un microclima adecuado, para purificar la atmósfera y el agua, para evitar tempestades de arena, etc.
d) la existencia de esta vegetación se precisa para evitar la excesiva erosión del suelo, la propagación de plagas u otras consecuencias del desequilibrio ecológico;
e) la existencia de esta vegetación es imprescindible para evitar la extinción de especies de plantas y de animales.

Con el objeto de llevar a la realidad tales propósitos será necesario a la mayor brevedad posible delimitar las áreas que califican dentro de las condiciones señaladas en los incisos anteriores y protegerlas adecuadamente. Para ello, se requerirá de un magno esfuerzo conjunto a diversos niveles políticos, sociales, económicos y educativos, y sobre todo de la ejecución de los estudios básicos indispensables y de la preparación de un personal capacitado para determinar el mejor uso de la tierra.

En México existen leyes que protegen la vegetación de la destrucción y el mal uso, pero en el terreno práctico esta legislación se respeta poco. La ignorancia y la falta de visión hacia el porvenir, unidas unas veces a intereses de lucro desmedido y en otras ocasiones a la extrema pobreza del campesinado, hacen que en lugar de aprovecharse debidamente los bosques y los pastizales, se les destruya con creciente rapidez, sin plan ni apoyo científico alguno. Cada año aumenta a un ritmo acelerado la extensión de terrenos que se han vuelto improductivos, mientras que el país, a pesar de contar con una amplia riqueza en bosques, tiene que importar grandes cantidades de madera y de papel, pues lo que se explota y fabrica en el interior no alcanza para el consumo local. De continuarse esta tendencia, se corre el peligro de que en pocas décadas quede hasta tal grado modificado el medio en vastas regiones de la República, que éstas se despueblen por falta de condiciones de subsistencia para los habitantes humanos. El problema se observa ya en algunas partes del país (por ejemplo, la Alta Mixteca de Oaxaca), cuyos vecinos tienen que buscar acomodo en otras zonas, intensificando el problema de la sobrepoblación.

Debido a sus condiciones climáticas y topográficas, México cuenta con una superficie relativamente reducida de terrenos aptos para una explotación agrícola que resulte redituable en términos de la economía del país. Lo común es, sin embargo, que, a consecuencia de la presión demográfica, en muchas partes se abran constantemente al cultivo superficies que no reúnen las mencionadas características y donde la agricultura no tiene razón de existir, pues su práctica hipoteca el futuro de la región. A semejantes consecuencias llevan también métodos impropios de aprovechamiento ganadero, en los que el sobrepastoreo y el uso indiscriminado del fuego son más bien la regla que la excepción. Igualmente irresponsables han sido muchos de los aprovechamientos forestales, que lejos de fomentar la riqueza, la han deteriorado considerablemente, y al no cuidar el recurso dieron lugar a que se rompiera el equilibrio ecológico necesario para su continua existencia y a que se desencadenaran procesos de degradación.

Es imperioso, por consiguiente, que para asegurar el bienestar de las generaciones futuras, México siente lo antes posible las bases de una sólida política de aprovechamiento racional de sus recursos naturales renovables, cuyo monto es limitado y que constituyen un patrimonio que hace falta cuidar celosamente. Será indispensable determinar la forma más adecuada de la utilización de las tierras de cada región y de cada predio para someterlos al mejor uso posible y asegurarse de que este uso garantice la perpetuidad y la integridad del recurso. Será necesario conservar la vegetación natural dondequiera que su presencia sea recomendable por las razones enumeradas en las líneas anteriores, pues tal vegetación es la que a través de milenios ha llegado al ajuste ecológico preciso con el ambiente en que se desarrolla y es la mejor garantía del mantenimiento de un equilibrio a largo plazo. Será de mucha importancia también buscar los procedimientos para aprovechar en forma óptima esta vegetación natural, lo cual requerirá, en muchos casos, de estudios de las características y propiedades de especies potencialmente susceptibles de ser explotadas.

Asimismo y con el propósito de evitar la extinción de especies y comunidades de organismos, urge establecer áreas de reserva biológica en diferentes partes del país. La ubicación de tales áreas debe ser objeto de cuidadosa selección y deberá procurarse que éstas abarquen el mayor número posible de ecosistemas. Las reservas deberán permanecer en principio sin explotación alguna, a menos que en un momento dado tal explotación pudiera resultar recomendable para su permanencia. Las reservas biológicas harán a la larga el papel de bancos de germoplasma, necesarios para preservar la diversidad genética que ofrece la naturaleza.

De su condición primitiva de medio ambiente, la vegetación se transformó con el correr del tiempo, en un recurso natural para el hombre y su sociedad. Se trata, sin embargo, de un recurso insubstituible y si bien es cierto que es de carácter renovable por la capacidad de reproducción de sus componentes, una vez extinguido alguno de ellos, es posible que nunca se vuelva a generar.

México, como todo país en desarrollo, afronta en la actualidad un gran número de problemas demográficos, sociales, económicos y políticos, que requieren de urgentes soluciones para asegurar su progreso armónico y continuo. Tales soluciones, sin embargo, deben ser suficientemente sensatas y prudentes para tomar en cuenta no sólo el presente, sino también para asegurar el futuro del país. El debido manejo, así como la planeación del óptimo aprovechamiento y conservación de los recursos bióticos constituyen uno de los elementos medulares de esta política.

LITERATURA CITADA

Aguilera, N., T. M. Dow & R. Hernández S. 1962. Suelos, problema básico en silvicultura. In: Seminario y viaje de estudio de coníferas latinoamericanas. Inst. Nac. Invest. Forest. Publ. Esp. 1. México, D. F. pp. 108-140.

Alanís, G. J. 1974. Estudio florístico-ecológico de las malezas en la región citrícola de Nuevo León, México. Publ. Biol. Dir. Gen. Invest. Cient. Univ. Autón. Nuevo León 1:41-64.

Anaya L., M. L. 1962. Estudio de las relaciones entre la vegetación, el suelo y algunos factores climáticos en seis sitios del declive occidental del Iztaccíhuatl. Tesis. Facultad de Ciencias. Universidad Nacional Autónoma de México. México, D. F. 74 pp.

Anónimo. 1961-1964. Inventario Forestal Nacional de México. Informe técnico, vol. III. Informe sobre el Estado de Durango, Instituto Nacional de Investigaciones Forestales y FAO. México, D. F. 53 pp.

Anónimo. 1965. Inventario Forestal Nacional de México. Informe técnico, vol. IV. Informe sobre los Estados de Chihuahua y Sonora. Instituto Nacional de Investigaciones Forestales y FAO. México, D. F. 56 pp.

Anónimo. 1968. Inventario Forestal del Estado de Baja California. Dir. Gen. Invent. Nac. Forest. Publ. 3. México, D. F. 42 pp.

Anónimo. 1971. Nacional Financiera, S. A. Informe anual 1969. México, D. F. 281 pp.

Anónimo. 1973a. Anuario de la producción forestal de México. Año de 1972. Secretaría de Agricultura y Ganadería. México, D. F. 196 pp.

Anónimo. 1973b. Datos básicos. V Censos agrícola-ganadero y ejidal. 1970. Dirección General de Estadística. México, D. F. 56 pp.

Arellano, A. R. V. 1953. Estratigrafía de la Cuenca de México. Mem. Congr. Cient. Mex. 3: 172-186.

Arsène, Hno. G. & P. Marty. 1923. Sur quelques empreintes de feuilles fossiles de la Loma del Zapote à Morelia, Michoacán, Mexique. Convington, Louisiana. 16 pp. (en mimeógrafo).

Aubréville, A. 1962. Clasificación de las principales formaciones vegetales de México. In: Temas fitogeográficos. Edic. Inst. Mex. Rec. Nat. Renov. México, D. F. pp. 35-66.

Axelrod, D. I. 1950. Evolution of desert vegetation in western North America. Carn. Inst. Wash. Publ. 590: 215-306.

Bagnouls, F. & H. Gaussen. 1957. Les climats biologiques et leur classification. Ann. Geogr. 66 (355): 193-220.

Barreto V., F. & E. Hernández X. 1970. Relación suelo-vegetación en la región de Tuxtepec, Oax. Inst.

Nac. Invest. Forest. Publ. Esp. 6. México, D. F. pp. 63-118.

Bartlett, H. H. 1935. A method of procedure for field work in tropical American phytogeography based upon a botanical reconnaissance in parts of British Honduras and the Peten forests in Guatemala. In: Botany of the Maya area. Carn. Inst. Wash. Publ. 461: 1-26.

Bartlett, H. H. 1956. Fire, primitive agriculture, and grazing in the tropics. In: Man's role in changing the face of the Earth. University of Chicago Press. Chicago. pp. 692-720.

Beaman, J. H. 1959. A preliminary checklist of the vascular alpine flora of Mexico. 6 pp. (en mimeógrafo).

Beaman, J. H. 1962. The timberline of Iztaccihuatl and Popocatepetl, Mexico. Ecology 43: 377-385.

Beaman, J. H. 1965. A preliminary ecological study of the alpine flora of Popocatepetl and Iztaccihuatl. Bol. Soc. Bot. Méx. 29: 63-75.

Beaman, J. H. & J. W. Andresen. 1966. The vegetation, floristics and phytogeography of the summit of Cerro Potosi, Mexico. Amer. Midl. Natur. 75: 1-33.

Beard, J. S. 1944. Climax vegetation in tropical America. Ecology 25: 127-158.

Beard, J. S. 1946. Los clímax de vegetación en la América tropical. Rev. Fac. Nac. Agron. Medellín 6: 225-293.

Beard, J. S. 1953. The savanna vegetation in northern tropical America. Ecol. Monogr. 23: 149-215.

Beard, J. S. 1955. The classification of tropical American vegetation types. Ecology 36: 89-100.

Becquaert, J. C. 1933. Botanical notes from Yucatan. In: Shattuck, G. C. et al. The Peninsula of Yucatan. Carn. Inst. Wash. Publ. 431: 505-524.

Berg, C. C. 1972. Olmedieae, Brosimeae (Moraceae). Flora Neotropica, Monograph No. 7. Hafner Publishing Co. New York. 229 pp.

Berry, E. W. 1923. Miocene plants from southern Mexico. Proc. U. S. Nat. Mus. 62: 1-27.

Birot, P. 1965. Les formations végétales du globe. Societé d'Edition d'Enseignement Supérieur. Paris. 508 pp.

Bonet, F. & J. Rzedowski. 1962. La vegetación del Arrecife Alacranes, Yucatán, México. An. Esc. Nac. Cienc. Biol. Méx. 11: 15-50.

Bopp Oeste, M. G. 1961. El análisis de polen con referencia especial a dos perfiles polínicos de la Cuenca de México. In: Homenaje a Pablo Martínez del Río. México, D. F. pp. 49-56.

Brand, D. D. 1937. The natural landscape of northwestern Chihuahua. Univ. New Mex. Bull. 316. Albuquerque. 74 pp.

Bravo, H. 1936. Observaciones florísticas y geobotánicas en el Valle de Actopan. An. Inst. Biol. Méx. 7: 169-233.

Bravo, H. 1937. Observaciones florísticas y geobotánicas en el Valle del Mezquital, Hidalgo. An. Inst. Biol. Méx. 8: 3-82.

Bravo, H. 1955. Algunas observaciones acerca de la vegetación de la región de Escárcega, Campeche, y zonas cercanas. An. Inst. Biol. Méx. 26: 283-301.

Bray, W. L. 1898. On the relation of the flora of the Lower Sonoran zone in North America to the flora of the arid zones of Chili and Argentina. Bot. Gaz. 26: 121-147.

Bray, W. L. 1900. The relations of the North American flora to that of South America. Science n.s. 12: 712-716.

Bryan, K. 1948. Los suelos complejos y fósiles de la Altiplanicie de México en relación a los cambios climáticos. Bol. Soc. Geol. Mex. 13: 1-20.

Breedlove, D. E. 1973. The phytogeography and vegetation of Chiapas (Mexico). In: Vegetation and vegetational history of northern Latin America. Elsevier Scientific Publishing Company. Amsterdam. pp. 149-165.

Budowski, G. 1956. Tropical savannas, a sequence of forest felling and repeated burnings. Turrialba 6: 23-33.

Budowski, G. 1959. The ecological status of fire in tropical American lowlands. Actas 33° Congr. Intern. Americanistas. San José, 1: 258-263.

Budowski, G. 1966. Fire in tropical American lowland areas. Proc. V Ann. Tall Timber Fire Ecology Conference. Tallahassee, Florida. pp. 5-22.

Buller, R. E., E. Hernández X. & M. H. González. 1960. Grassland and livestock regions of Mexico. Journ. Range Managm. 13: 1-6.

Cain, S. A. 1950. Life forms and phytoclimates. Bot. Rev. 16: 1-32.

Carter, A. 1955. Observaciones sobre los encinos de Baja California. Bol. Soc. Bot. Méx. 18: 39-42.

Ciferri, R. 1936. Studio geobotanico dell'isola Hispaniola (Antille). Atti Ist. Bot. Univ. Pavia, Ser. IV, 8: 1-336.

Clements, F. E. 1916. Plant succession: analysis of the development of vegetation. Carn. Inst. Wash. Publ. 242: 1-512.

Clisby, K. H. & P. B. Sears. 1955. Palynology in southern North America. III. Microfossil profiles under Mexico City correlated with sedimentary profiles. Bull. Geol. Soc. Amer. 66: 511-520.

Conrad, V. 1941. The variability of precipitation. U. S. Monthly Weath. Rev. 69: 5-11.

Contreras A., A. 1941. Ensayo de localización de las simorfias vegetales dominantes en la República Mexicana. Secretaría de Agricultura y Fomento. Tacubaya, D. F.

Cook, O. F. 1909. Vegetation affected by agriculture in Central America. U. S. Dept. Agric. Bur. Pl. Ind. Bull. 145. Washington, D. C. 30 pp.

Correll, D. S. & M. C. Johnston. 1970. Manual of the vascular plants of Texas. Texas Research Foundation. Renner. 1881 pp.

Critchfield, W. B. & E. L. Little, Jr. 1966. Geographic distribution of the pines of the world. U. S. Department of Agriculture. Forest Service. Misc. Publ. 991. Washington, D. C. 97 pp.

Crum, H. A. 1951. The Appalachian-Ozarkian element in the moss flora of Mexico with a check-list of all known Mexican mosses. Tesis. University of Michigan. Ann Arbor. 504 pp.

Cruz C., R. 1969. Contribución al conocimiento de la ecología de los pastizales en el Valle de México. Tesis. Escuela Nacional de Ciencias Biológicas. México, D. F. 235 pp.

Cuanalo C., H. E. 1964. Suelos del Campo Experimental Forestal "El Tormento", Campeche. Inst. Nac. Invest. Forest. Bol. Técn. 15. México, D. F. 32 pp.

Cuanalo C., H. & N. Aguilera H. 1970. Los grandes grupos de suelos en la región de Tuxtepec, Oax. Inst. Nac. Invest. Forest. Publ. Esp. 6. México, D. F. pp. 1-62.

Cuatrecasas, J. 1958. Introducción al estudio de los manglares. Bol. Soc. Bot. Méx. 23: 84-99.

Chavelas P., J. 1967-1968. Estudio florístico-sinecológico del Campo Experimental Forestal "El Tormento", Escárcega, Campeche. In: Comisión de Estudios sobre la Ecología de Dioscóreas, Instituto Nacional de Investigaciones Forestales, México, D. F. V Informe, pp. 130-221 (en mimeógrafo).

Chávez, M. L. 1972. Estudio de la flora marina de la Bahía de Zihuatanejo y lugares adyacentes. Mem. IV Congr. Nac. Oceanogr. México, D. F. pp. 265-271.

Chiang, F. 1967-1968. La vegetación de Villahermosa, Estado de Tabasco. In: Comisión de Estudios sobre la Ecología de Dioscóreas, Instituto Nacional de Investigaciones Forestales. V Informe. México, D. F. pp. 88-105 (en mimeógrafo).

Chiang C., F. 1970. La vegetación de Córdoba, Ver. Tesis. Facultad de Ciencias. Universidad Nacional Autónoma de México. México, D. F. 37 + 14 pp.

Dansereau, P. 1956. Le regime climatique régional de la végétation et les controles edaphiques. Rev. Canad. Biol. 15: 1-71.

Davis, J. H. 1940. The ecologic and geologic role of mangroves in Florida. Carn. Inst. Wash. Publ. 517: 303-412.

Dawson, E. Y. 1944. The marine algae of the Gulf o California. Allan Hancock Pacif. Exped. 3, 10: 189-453.

Dawson, E. Y. 1952. Resumen de las investigaciones recientes sobre algas marinas de la costa pacífica de México, con una sinopsis de la literatura, sinonimia y distribución de las especies descritas. Rev. Soc. Mex. Hist. Nat. 13: 97-197.

Dawson, E. Y. 1959. Marine algae from the 1958 cruise of the Stella Polaris in the Gulf of California. Contr. Sci. Los Angeles Co. Mus. 27: 1-39.

Dawson, E. Y. 1960. Seaweeds associated with kelp beds along southern California and northwestern Mexico. Pacif. Natur. 1: 1-14.

Dawson, E. Y. 1962. Marine and marsh vegetation of Bahia of San Quintin. Pacif. Natur. 3: 275-280.

De Cserna, Z. 1960. Orogenesis in time and space in Mexico. Geol. Rundschau 50: 585-605.

De Lafora, N. 1939. Relación del viaje que hizo a los Presidios Internos situados en la frontera de la América Septentrional perteneciente al Rey de España. P. Robredo, México, D. F.

De Terra, H. 1947. Teoría de una cronología geológica para el Valle de México. Rev. Mex. Est. Antrop. 9: 11-26.

De Terra, H. 1949. Early man in Mexico. In: Tepexpan man. Viking Fund Publ. Anthrop. 11: 13-86.

Deevey, E. S., Jr. 1943. Intento para datar las culturas medias del Valle de México mediante análisis de polen. Ciencia, Méx. 4: 97-105.

Delgadillo M., C. 1971. Phytogeographic studies on alpine mosses of Mexico. The Brylogist 74: 331-346.

Denevan, W. M. 1961. The upland pine forest of Nicaragua. Univ. Calif. Publ. Geogr. 12: 251-320.

Dice, L. R. 1943. The biotic provinces of North America. Univ. Mich. Press. Ann Arbor. 78 pp.

Diels, L. 1945. Pflanzengeographie. 4a edic. Walter de Gruyter & Co. Berlin. 167 pp.

Dressler, R. L. 1954. Some floristic relationships between Mexico and United States. Rhodora 56: 81-96.

Drude, O. 1922. Das sonorische Florenreich. Ber. Frei. Ver. Pflanz. Geogr. Syst. Bot. Berlin 1922: 12-21.

Duellman, W. E. 1965. A biogeographic account of the herpetofauna of Michoacan, Mexico. Univ. Kansas Publ. Mus. Nat. Hist. 15: 627-709.

Eastwood, A. 1929. Studies in the flora of Lower California and adjacent islands. Proc. Calif. Acad. Sci. IV, 18: 393-484.

Eggler, W. A. 1948. Plant communities in the vicinity of the Volcano El Paricutin after two and a half years of eruption. Ecology 29: 415-436.

Eggler, W. A. 1959. Manner of invasion of volcanic deposits by plants with further evidence from Paricutin and Jorullo. Ecol. Monogr. 29: 267-284.

Eggler, W. A. 1963. Plant life of Paricutin Volcano, Mexico, eight years after activity ceased. Amer. Midl. Natur. 69: 38-68.

Emberger, L. 1968. Les plantes fossiles dans leur rapports avec les végétaux vivants. 2a. edic. Masson & Cie. Paris. 758 pp.

Emiliani, C. 1966. Paleotemperature analysis of Caribbean cores P-6-304-8 and P-6-304-9 and a generalized temperature curve for the past 425 000 years. Journ. Geol. 74: 109-124.

Engler, A. 1882. Versuch einer Entwicklungsgeschichte der Pflanzenwelt, insbesondere der Florengebiete seit der Tertiaerperiode. Parte II. Die extratropischen Florengebiete der suedlichen Hemisphaere and die tropischen Gebiete. W. Engelmann. Leipzig. 386 pp.

Engler, A. 1905. Ueber floristische Verwandschaft zwischen dem tropischen Afrika und Amerika. Stizungsb. Koenigl. Preuss. Akad. Wiss. 6: 1-52.

Engler, A. 1909. Syllabus der Pflanzenfamilien. 6a edic. Gebr. Borntraeger. Berlin. 254 pp.

Engler, A. 1914. Ueber Herkunft Alter und Verbreitung extremer xerothermer Pflanzen. Sitzungsb. Koenigl. Preuss. Akad. Wiss. 1914: 564-621.

Epling, C. & H. Lewis. 1947. The centers of distribution of the chaparral and coastal sage association. Amer. Midl. Natur. 18: 393-462.

Ern, H. 1972. Estudio de la vegetación en la parte oriental del México central. Com. Proy. Pue. Tlax. 6: 1-6.

Ern, H. 1973a. Repartición, ecología e importancia económica de los bosques de coníferas en los Estados mexicanos de Puebla y Tlaxcala. Com. Proy. Pue. Tlax. 7: 21-23.

Ern, H. 1973b. Bedeutung und Gefaehrdung zentralmexikanischer Gebirgsnadelwaelder. Umschau 73 (3): 85-86.

Espinosa G., J. 1962. Vegetación de una corriente de lava de formación reciente localizada en el declive meridional de la Sierra de Chichinautzin. Bol. Soc. Bot. Méx. 27: 67-114.

Espinosa de G. Rul, J. & J. Rzedowski. 1968. Flórula del Pleistoceno Superior del Cerro de la Estrella, próximo a Ixtapalapa, D.F. (México). An. Esc. Nac. Cienc. Biol. Méx. 16: 9-39.

Ferris, R. S. 1927. Preliminary report on the flora of the Tres Marias Islands. Contr. Dudley Herb. Stanf. Univ. 1: 63-81.

Flores M., G., J. Jiménez L., X. Madrigal S., F. Moncayo R. y F. Takaki T. 1971. Memoria del mapa de tipos de vegetación de la República Mexicana. Secretaría de Recursos Hidráulicos. México, D. F. 59 pp.

Gadow, H. 1907-1909. Altitude and distribution of plants in southern Mexico. Journ. Linn. Soc. Bot. 38: 429-440.

Galindo E., I. G. 1960. Análisis de la insolación recibida durante el Año Geofísico Internacional en la ciudad de México. An. Inst. Geof. Méx. 6: 79-86.

Galindo E., I. G. 1962. Estudio de la radiación solar durante el Año Geofísico Internacional. Monogr. Inst. Geof. Méx. 3: 60-79.

Galindo E., I. G. & A. Ortigosa C. 1961. La radiación solar incidente sobre el Trópico de Cáncer. An. Inst. Geof. Méx. 7: 33-41.

García, E. 1965. Distribución de la precipitación en la República Mexicana. Publ. Inst. Geogr. Méx. 1: 173-191.

García, E. 1970. Los climas del Estado de Veracruz. An. Inst. Biol. Méx. Ser. Bot. 41: 1-42.

García, E. 1973. Modificaciones al sistema de clasificación climática de Koeppen. Instituto de Geografía. Universidad Nacional Autónoma de México. 2a. edic. 246 pp.

García, E. & P. Mosiño A. 1968. Los climas de la Baja California. In: Comité Nacional Mexicano para el Decenio Hidrológico Internacional. Memoria 1966-1967. México, D. F. pp. 29-54.

García, E., C. Soto & F. Miranda. 1960. *Larrea* y clima. An. Inst. Biol. Méx. 31:133-171.

García de Miranda, E. & Z. Falcón de Gyves. 1974. Nuevo atlas Porrúa de la República Mexicana. 2a. edic. Editorial Porrúa, S. A. México, D. F. 197 pp.

Gaussen, H. 1954. Géographie des plantes. 2a. edic. Librairie A. Colin. Paris. 224 pp.

Gentry, H. S. 1942. Rio Mayo plants. Carn. Inst. Wash. Publ. 527. 328 pp.

Gentry, H. S. 1946a. Notes on the vegetation of Sierra Surotato in northern Sinaloa. Bull. Torr. Bot. Club 73: 451-462.

Gentry, H. S. 1946b. Sierra Tacuichamona – a Sinaloa plant locale. Bull. Torr. Bot. Club 73: 356-362.

Gentry, H.S. 1957. Los pastizales de Durango. Edic. Inst. Mex. Rec. Nat. Renov. México, D.F. 361 pp.

Goldman, E. A. 1916. Plant records of an expedition to Lower California. Contr. U. S. Nat. Herb. 16: 309-371.

Goldman, E. A. & R. T. Moore. 1945. The biotic provinces of Mexico. Journ. Mammal. 26: 347-360.

Gómez G., A. 1973. Ecología del pastizal de *Bouteloua chasei.* Tesis. Colegio de Postgraduados. Escuela Nacional de Agricultura. Chapingo, Méx. 90 pp.

Gómez-Pompa, A. 1965. La vegetación de México. Bol. Soc. Bot. Méx. 29: 76-120.

Gómez-Pompa, A. 1966. Estudios botánicos en la región de Misantla, Veracruz. Edic. Inst. Mex. Rec. Nat. Renov. México, D. F. 173 pp.

Gómez-Pompa, A. 1973. Ecology of the vegetation of Veracruz. In: Vegetation and vegetational history of northern Latin America. Elsevier Scientific Publishing Company. Amsterdam. pp. 73-148.

Gómez-Pompa, A., L. Hernández P. & M. Sousa S. 1964a. Estudio fitoecológico de la Cuenca Intermedia del Río Papaloapan. Inst. Nac. Invest. Forest. Publ. Esp. 3. México, D.F. pp. 37-90.

Gómez-Pompa, A., J. Vázquez S. & J. Sarukhán K. 1964b. Estudios ecológicos en las zonas tropicales cálido húmedas de México. Inst. Nac. Invest. Forest. Publ. Esp. 3. México, D. F. pp. 1-36.

González-Medrano, F. 1972a. La vegetación del nordeste de Tamaulipas. An. Inst. Biol. Méx. Ser. Bot. 43: 11-50.

González-Medrano, F. 1972b. In: Guías botánicas de excursiones en México. Sociedad Botánica de México. México, D. F. 253 pp.

González-Ortega, J. 1929. Ligeros informes sobre la región de los esteros de Escuinapa y Mezcalitlán. Boletín de Pro-Cultura Regional. Mazatlán, Sinaloa. 1: 2-3.

González-Quintero, L. 1968. Tipos de vegetación del Valle de Mezquital, Hgo. Dept. Prehist. Inst. Nac. Antr. Hist. México, D. F. 53 pp.

Good, R. 1953. The geography of flowering plants. 2a. edic. Longmans, Green & Co. London. 452 pp.

Gordon, A. G. 1968. Ecology of *Picea chihuahuana* Martínez. Ecology 49: 880-896.

Govorukhin, V. S. 1957. Geografía florística del mundo. In: Alekhin, V. V., L. V. Kudriashov & V. S. Govorukhin. Geografía de plantas con elementos de botánica (en ruso). Moscú. pp. 406-482.

Grande L., R. 1967. Morfología y génesis de suelos yesíferos de Matehuala, S.L.P. Tesis. Colegio de Post-Graduados. Escuela Nacional de Agricultura. Chapingo, Méx. 138 pp.

Guzmán-del Próo, S. A., S. de la Campa de G. y L. Granados G. 1971. El sargazo gigante *(Macrocystis pyrifera)* y su explotación en Baja California. Rev. Soc. Mex. Hist. Nat. 32: 15-55.

Guzmán, E. J. y Z. de Cserna. 1963. Tectonic history of Mexico. In: The backbone of the Americas – Tectonic history from pole to pole. Symposium. Memoir No. 2. Amer. Assoc. Petrol. Geol. pp. 113-129.

Guzmán, G. 1973. Some distributional relationships between Mexican and United States mycofloras. Mycologia 45: 1319-1330.

Guzmán H., G. y L. Vela G. 1960. Contribución al conocimiento de la vegetación del suroeste del Estado de Zacatecas. Bol. Soc. Bot. Mex. 25: 46-60.

Hale, G. O. 1941. A survey of the vegetation of Cedros Island, Mexico, Tesis. University of California. Los Angeles. 96 pp.

Halffter, G. 1964. La entomofauna americana. Ideas acerca de su origen y distribución. Folia Entom. Mex. 3: 5-108.

Harshberger, J. W. 1911. A phytogeographic survey of North America. In.: Engier, A. & O. Drude. Die Vegetation der Erde. W. Engelmann. Leipzig. Vol. III. 790 pp.

Hartweg, T. 1842. (An account of his mission in Mexico and Guatemala). Trans. Roy. Hort. Soc. London II, 2: 377-409.

Hastings, J. M., R. M. Turner & D. K. Warren. 1972. An atlas of some plant distributions in the Sonoran desert. University of Arizona. Institute of Atmospheric Physics. Technical Reports on the Meteorology and Climatology of Arid Regions. No. 21. Tucson. 255 pp.

Hayek, A. 1926. Allgemeine Pflanzegeographie. Gebr. Borntraeger. Berlin. 408 pp.

Heine, K. 1973. Variaciones más importantes del clima durante los últimos 40 000 años en México. Com. Proy. Pue. Tlax. 7: 51-58.

Hemsley, W. B. 1879-1888. Botany. In: Godwin, F. D. & O. Salvin. Biologia Centrali-Americana. R. H. Porter. London. 5 vols.

Hernández, F. 1651. Nova plantarum animalium et mineralium Mexicanorum historia. Roma. 950 pp.

Hernández, J. 1923. The temperature of Mexico. U. S. Monthly Weath. Rev., Supl. 23. 22 pp.

Hernández X., E. 1953. Zonas fitogeográficas del noreste de México. Mem. Congr. Cient. Mex. 6: 357-361.

Hernández X., E. 1959-1960. Zonas agrostológicas de Chihuahua. Agr. Tecn. Méx. 9: 40-44.

Hernández X., E. 1964. Los pastos y pastizales. In: Las zonas áridas del centro y noroeste de México. Edic. Inst. Mex. Rec. Nat. Renov. México, D. F. pp. 97-133.

Hernández X., E., R. Claverán y F. Martínez M. 1961-1962. Estudios cuantitativos de los pastizales de Chihuahua y Zacatecas. Agr. Tecn. Méx. 12: 21-25.

Hernández X., E., H. Crum, W.B. Fox & A.J. Sharp. 1951. A unique vegetational area in Tamaulipas. Bull. Torr. Bot. Club 78: 458-463.

Hernández X., E. y M. H. González. 1959. Los pastizales de Chihuahua. Rancho Experimental La Campana. Circular No. 3. Chihuahua. 48 pp.

Hernández X., E., C. Tapia J. y R. E. Buller. 1957. Los pastizales del noroeste. Agr. Tecn. Méx. 3: 6-7, 42-43.

Herrera, A. 1869. Apuntes para la geografía botánica de México. Naturaleza 1: 81-86.

Holdridge, L. R. 1947. Determination of world plant formations from simple climatic data. Science 105: 367-368.

Holguin Q., O. 1971. Estudio florístico estacional de las algas marinas del sur de la Bahía de la Paz, Baja California. Tesis. Escuela Nacional de Ciencias Biológicas. México, D. F. 114 pp.

Howell, J. T. 1957a. The California flora and its province. Leafl. West. Bot. 8: 133-138.

Howell, J. T. 1957b. The California flora province and its endemic genera. Leafl. West. Bot. 8: 138-141.

Huerta M., L. 1961. Flora marina de los alrededores de Isla Pérez, Arrecife Alacranes, Sonda de Campeche, México. An. Esc. Nac. Cienc. Biol. 10: 11-22.

Huerta M., L. & M. A. Garza B. 1964. Algas marinas de la Barra de Tuxpan y de los arrecifes Blanquilla y Lobos. An. Esc. Nac. Cienc. Biol. 13: 5-21.

Huerta M., L. y M. A. Garza B. 1966. Algas marinas del litoral del Estado de Campeche. Ciencia, Méx. 24: 193-200.

Huerta M., L. y J. Tirado L. 1970. Estudio florístico-ecológico de las algas marinas de la costa del Golfo de Tehuantepec, México. Bol. Soc. Bot. Méx. 31: 115-137.

Humboldt, A. 1805. Essai sur la géographie des plantes. Paris. 155 pp.

Humbodlt, A. 1811. Essai politique sur le royaume de la Nouvelle Espagne. Paris. 2 vols.

Humboldt, A. 1817. De distributione geographica plantarum. Paris. 249 pp.

Humboldt, A., A.J.A.G. Bonpland & K. S. Kunth. 1815-1825. Nova genera et especies plantarum. Paris. 7 vols.

Humm, H. J. & H. H. Hildebrand. 1962. Marine algae from the Gulf Coast of Texas and Mexico. Bull. Marine Sci. 8: 227-268.

Jáuregui O., E. 1963. Climatología. In: Hidrología de la Cuenca del Valle de México. Comisión Hidrológica de la Cuenca del Valle de México. Secretaría de Recursos Hidráulicos. México, D. F. 333 pp. (en mimeógrafo).

Johnson, B. H. 1958. The botany of the California Academy of Sciences expedition to Baja California in 1941. Wasman Journ. Biol. 16: 217-315.

Johnston, I. M. 1924. Expedition of the California Academy of Sciences to the Gulf of California in 1921. Proc. Calif. Acad. Sci. IV. 12: 951-1218.

Johnston, I. M. 1931. The flora of the Revillagigedo Islands. Proc. Calif. Acad. Sci. IV. 20: 9-104.

Johnston, I. M. 1940. The floristic significance of shrubs common to North and South American deserts. Journ. Arnold Arbor. 21: 356-363.

Johnston, I. M. 1941. Gypsophily among Mexican desert plants. Journ. Arnold Arbor. 22: 145-170.

Johnston, I. M. 1943. Plants of Coahuila, eastern Chihuahua, and adjoining Zacatecas and Durango. II. Journ. Arnold Arbor. 24: 375-421.

Johnston, M. C. 1963. Past and present grasslands of southern Texas and northeastern Mexico. Ecology 44: 456-466.

Kellum, L. B. 1944. Geologic history of northern Mexico and its bearing on petroleum exploration. Bull. Amer. Assoc. Petrol. Geol. 28: 301-325.

Klink, H. K. 1973. La división de la vegetación natural en la región Puebla-Tlaxcala. Com. Proy. Pue. Tlax. 7: 25-30.

Knapp, R. 1965. Die Vegetation von Nord-und Mittelamerika und der Hawaii-Inseln. Gustav Fischer Verlag. Stuttgart. 373 pp.

Koeppen, W. 1948. Climatología. Fondo de Cultura Económica. México, D. F. 478 pp.

Kotschy, T. 1852. Ueberblick der Vegetation Mexiko's. Sitzungsb. Akad. Wiss. Wien 8: 187-195.

Krueger, 0. 1934. Die Gramineenflora im nordamerikanischen und suedamerikanischen Trockengebiet. Tesis. Philos. Fakultaet Friedrich Wilhelms-Universitaet. Berlin. 63 pp.

Langenheim, J., B. L. Hackner & A. Bartlett. 1967. Mangrove pollen at the depositional site of Oligo-Miocene amber from Chiapas, Mexico. Bot. Leafl. Harv. Univ. 21: 289-324.

Lauer, W. 1968. Problemas de la división fitogeográfica en América Central. In: Geoecología de las regiones montañosas de las Américas tropicales. F. Duemmlers Verlag. Bonn. pp. 139-156.

Lauer, W. 1973. Problemas climato-ecológicos de la vegetación de la región montañosa oriental mexicana. Com. Proy. Pue. Tlax. 7: 37-46.

Leavenworth, W. C. 1946. A preliminary study of the vegetation of the region between Cerro Tancitaro and the Rio Tepalcatepec, Michoacan, Mexico. Amer. Midl. Nat. 36: 137-206.

León C., J. M. & A. Gómez-Pompa. 1970. La vegetación del sureste de Veracruz. Inst. Nac. Invest. Forest. Publ. Esp. No. 5. México, D. F. pp. 13-48.

Leopold, A. S. 1950. Vegetation zones of Mexico. Ecology 31: 507-518.

Leopold, A. S. & L. Hernández. 1944. Los recursos biológicos de Guerrero. An. Com. Impuls. Coord. Invest. Cient. Méx. pp. 361-389.

LeSueur, H. 1945. The ecology of the vegetation of Chihuahua, Mexico, north of parallel 28. Univ. Texas Publ. 4521. Austin. 92 pp.

Liebmann, F. M. 1844. Vegetation des Piks von Orizaba. Bot. Zeit. 1844: 668, 684, 699, 717, 734, 750, 767, 781, 797.

Little, Jr., E. L. 1962. Variación y evolución en los pinos mexicanos. In: Seminario y viaje de estudio de coníferas latinoamericanas. Inst. Nac. Invest. Forest. Publ. Esp. 1. México, D. F. pp. 94-107.

Little, Jr., E. L. 1971. Atlas of United States trees. vol. 1. Conifers and important hardwoods. U. S. Department of Agriculture Miscellaneous Publication No. 1146. Washington, D. C. 9 pp. + 200 mapas.

Loock, E. E. M. 1950. The pines of Mexico and British Honduras. Union of South Africa Department of Forestry Bull. 35. Pretoria. 244 pp.

Lorenzo, J. 1958. Una hipótesis paleoclimática para la Cuenca de México. In: Miscellanea, Paul Rivet, Octogenario Dicata. México, D.F. Vol. 1. pp. 579-584.

Lorenzo, J. L. 1969. Condiciones periglaciares de las altas montañas de México. Dept. Prehist. Inst. Nac. Antrop. Hist. México, D. F.

Lot-Helgueras, A. 1972. Estudio sobre fanerógamas marinas en las cercanías de Veracruz, Ver. An. Inst. Biol. Méx. 42: 1-48.

Lundell, C. L. 1934. Preliminary sketch of the phytogeography of the Yucatan Peninsula. Carn. Inst. Wash. Publ. 436: 255-321.

Lundell, C. L. 1937. The vegetation of Peten. Carn. Inst. Wash. Publ. 478: 1-244.

Lundell, C. L. 1940. The 1936 Michigan-Carnegie botanical expedition to British Honduras. In: Botany of the Maya area. Carn. Inst. Wash. Publ. 522: 1-57.

Madrigal S., X. 1967. Contribución al conocimiento de la ecología de los bosques de oyamel (*Abies religiosa* (HBK.) Schl. & Cham.) en el Valle de México. Inst. Nac. Invest. Forest. Bol. Tecn. 18. México, D. F. 94 pp.

Madrigal S., X. 1970a. Caracterización fitoecológica preliminar de los Volcanes de Fuego y Nevado de Colima (México). Inst. Nac. Invest. Forest. Bol. Divulg. 31. México, D. F. 36 pp.

Madrigal S., X. 1970b. Observaciones botánicas generales de la Isla de Cedros, Baja California (México). Inst. Nac. Invest. Forest. Bol. Divulg. 18. México, D. F. 17 pp.

Marroquín, J. S. 1959. Observaciones ecológicas comparativas de la vegetación de tres áreas salinas de Nuevo León. Tesis. Escuela de Ciencias Biológicas. Universidad de Nuevo León. Monterrey, N. L. 79 pp.

Marroquín, J. S. 1968. Datos botánicos de los cañones orientales de la Sierra de Anáhuac, al sur de Monterrey, N. L., México. Cuad. Inst. Invest. Cient. Univ. Nuevo León, Méx. No. 14. Monterrey, N. L. 79 pp.

Marroquín, J. S., G. Borja, R. Velázquez y J. A. de la Cruz. 1964. Estudio ecológico dasonómico de las zonas áridas del norte de México. Inst. Nac. Invest. Forest. Publ. Esp. 2. México, D. F. 165 pp.

Martens, M. & H. Galeotti. 1842. Mémoire sur les fougères du Mexique et considerations sur la géographie de cette contrée. Mem. Acad. Sci. Bruxelles 15: 1-99.

Martin, P. S. 1958. A biogeography of reptiles and amphibians in the Gomez Farias region, Tamaulipas, Mexico. Misc. Publ. Mus. Zool. Univ. Mich. 101. Ann Arbor. 102 pp.

Martin, P. S. 1963. The last 10 000 years. A fossil pollen record of the American Southwest. Univ. Ariz. Press. Tucson. 87 pp.

Martin, P. S. & B. E. Harrell. 1957. The Pleistocene history of temperate biotas in Mexico and eastern United States. Ecology 38: 468-480.

Martínez, M. 1945. Las pináceas mexicanas. An. Inst. Biol. Méx. 16: 1-345.

Martínez, M. 1953. Las pináceas mexicanas. Secretaría de Agricultura y Ganadería. Subsecretaría de Recursos Forestales y de Caza. México, D. F. 363 pp.

Martínez M., F. 1960. Muestreo de pastizales en zonas áridas. Análisis botánicos por el método de la línea Canfield. Tesis. Escuela Nacional de Agricultura. Chapingo, Méx. 128 pp.

Matuda, E. 1953. Plantas asiáticas en México. Mem. Congr. Cient. Mex. 6: 230-248.

May-Nah, A. 1971. Estudio fitoecológico del Campo Experimental Forestal "San Juan Tetla", Estado de Puebla, México. Tesis. Escuela Nacional de Ciencias Biológicas. México, D. F. 130 pp.

Maysilles, J. H. 1959. Floral relationships of the pine forests of western Durango, Mexico. Tesis. University of Michigan. Ann Arbor. 165 pp.

McVaugh, R. 1952. A trip to a botanically little known area in Queretaro. Asa Gray Bull. n.s. 1: 169-174.

McVaugh, R. & J. Rzedowski. 1965. Synopsis of the genus *Bursera* L. in western Mexico, with notes on the material of *Bursera* collected by Sessé & Mociño. Kew Bull. 18: 317-382.

Miranda, F. 1941. Estudios sobre la vegetación de México. I. La vegetación de los cerros al sur de la Meseta de Anáhuac – el cuajiotal. An. Inst. Biol. Méx. 12: 569-614.

Miranda, F. 1942a. Estudios sobre la vegetación de México. III. Notas generales sobre la vegetación del suroeste del Estado de Puebla. An. Inst. Biol. Méx. 13: 417-450.

Miranda, F. 1942b. Estudios sobre la vegetación de México. II. Observaciones preliminares sobre la vegetación de la región de Tapachula, Chiapas. An. Inst. Biol. Méx. 13: 53-70.

Miranda, F. 1943. Estudios sobre la vegetación de México. IV. Algunas características de la flora y de la vegetación de la zona de Acatlán, Puebla. An. Inst. Biol. Méx. 14: 407-421.

Miranda, F. 1944. El coyol real de la región de Azueta, Veracruz. An. Inst. Biol. Méx. 15: 349-368.

Miranda, F. 1947. Estudios sobre la vegetación de México. V. Rasgos de la vegetación en la Cuenca del Río de las Balsas. Rev. Soc. Mex. Hist. Nat. 8: 95-114.

Miranda, F. 1948a. Observaciones botánicas en la región de Tuxtepec, Oaxaca. An. Inst. Biol. Méx. 19: 105-136.

Miranda, F. 1948b. Datos sobre la vegetación de la Cuenca Alta del Papaloapan. An. Inst. Biol. Méx. 19: 333-364.

Miranda, F. 1952. La vegetación de Chiapas. Ediciones del Gobierno del Estado. Tuxtla Gutiérrez. 2 vols.

Miranda, F. 1953. Un botánico al borde de la Selva Lacandona. Mem. Congr. Cient. Mex. 6: 285-303.

Miranda, F. 1955. Formas de vida vegetales y el problema de la delimitación de las zonas áridas de México. In: Mesas redondas sobre problemas de las zonas áridas de México. Edic. Inst. Mex. Rec. Nat. Renov. México, D. F. pp. 85-119.

Miranda, F. 1957a. Vegetación de la vertiente del Pacífico de la Sierra Madre de Chiapas y sus relaciones florísticas. Proc. 8 Pacif. Sci. Congr. 4: 438-453.

Miranda, F. 1957b. Vegetación y ecología. In: Lo que ha sido y lo que puede ser el sureste. Secretaría de Recursos Hidráulicos. México, D. F. vol. 1, pp. 73-103 (en mimeógrafo).
Miranda, F. 1958. Estudios acerca de la vegetación. In: Los recursos naturales del sureste y su aprovechamiento. Edic. Inst. Mex. Rec. Nat. Renov. México, D. F. vol. 2, pp. 215-271.
Miranda, F. 1960a. Vegetación. In: La Isla Socorro. Monogr. Inst. Geof. Méx. 2: 127-152.
Miranda, F. 1960b. Posible significación del porcentaje de géneros bicontinentales en América tropical. An. Inst. Biol. Méx. 30: 117-150.
Miranda, F. 1961. Tres estudios botánicos en la Selva Lacandona, Chiapas. Bol. Soc. Bot. Méx. 26: 133-176.
Miranda, F. 1963a. Comentario. In: Mesas redondas sobre problemas del Valle de México. Edic. Inst. Mex. Rec. Nat. Renov. México, D. F. pp. 189-199.
Miranda, F. 1963b. Two plants from the amber of the Simojovel, Chiapas, Mexico, area. Journ. Paleont. 37: 611-614.
Miranda, F. & E. Hernández X. 1963. Los tipos de vegetación de México y su clasificación. Bol. Soc. Bot. Méx. 28: 29-179.
Miranda, F. & E. Hernández X. 1963. Fisiografía y vegetación. In: Las zonas áridas del centro y noreste de México. Edic. Inst. Mex. Rec. Nat. Renov. México, D. F. pp. 1-27.
Miranda, F. & A. J. Sharp. 1950. Characteristics of the vegetation in certain temperate regions of eastern Mexico. Ecology 31: 313-333.
Montoya M., J. M. 1966. Notas fitogeográficas sobre *Quercus oleoides* Cham. & Schl. Turrialba 16: 57-66.
Mooney, H.A. & A.T. Harrison. 1972. The vegetation gradient on the lower slopes of the Sierra San Pedro Martir in northwest Baja California. Madroño 21: 439-445.
Moran, R. 1951. Notes on the flora of Guadalupe Island, Mexico. Madroño 11: 153-160.
Moran, R. 1972. Las plantas vasculares de la Isla Cedros. Calafia 2: 34-36.
Moran, R. & G. Lindsay. 1950. Guadalupe Island. Desert Plant Life 22: 3-9.
Morello, J. 1958. La provincia fitogeográfica del Monte. Opera Lilloana 2: 1-155.
Mosiño A., P. & E. García. 1973. The climate of Mexico. In: Climates of North America. Elsevier Scientific Publishing Company. Amsterdam. pp. 345-404.
Muller, C. H. 1937. Plants as indicators of climate in northeast Mexico. Amer. Midl. Nat. 18: 986-1000.
Muller, C. H. 1939. Relations of the vegetation and climatic types in Nuevo Leon, Mexico. Amer. Midl. Nat. 21: 687-729.
Muller, C.H. 1940. Plant succession in the *Larrea-Flourensia* climax. Ecology 21: 206-212.
Muller, C. H. 1947. Vegetation and climate in Coahuila, Mexico. Madroño 9: 33-57.
Mullerried, F. K. G. 1957. Geología de Chiapas. México, D. F. 180 pp.
Nelson, E. W. 1921. Lower California and its natural resources. Mem. Nat. Acad. Sci. 16: 1-194.
Norris, J. N. 1972. Marine algae from the 1969 cruise of "Makrele" to the northern part of the Gulf of California. Bol. Soc. Bot. Méx. 32: 1-30.
Ochoterena, I. 1909. Regiones botánico-geográficas de la vegetación en el Estado de Durango. Bol. Ali. Cient. Univ. 1: 3-23, 25-33.
Ochoterena, I. 1923. Las regiones geográfico-botánicas de México. Rev. Esc. Nac. Prepar. Méx. 1: 261-331.
Ochoterena, I. 1937. Esquemas biotípicos y sinecias características de las regiones geográfico-botánicas de México. An. Inst. Biol. Méx. 8: 463-597.
Ohngemach, D. 1973. Análisis polínico de los sedimentos del Pleistoceno Reciente y del Holoceno en la región Puebla-Tlaxcala. Com. Proy. Pue. Tlax. 7: 47-49.
Orshan, G. 1953. Note on the application of Raunkiaer's system of life-forms in arid regions. Palestine Journ. Bot. (Jerusalem Ser.) 6: 120-122.
Paray, L. 1951. Exploraciones en la Sierra de Juárez. Bol. Soc. Bot. Méx. 13: 4-10.
Parry, C. C. 1858. In: Emory, W. C. Report on the U. S. and Mexican boundary survey. Washington, D. C. vol. 2, pp. 9-26.

Pérez J., L. A., & J. Sarukhán K. 1970. La vegetación de la región de Pichucalco, Chis. Inst. Nac. Invest. Forest. Publ. Esp. 5. México, D. F. pp. 13-48.

Perrin de Brichambaut, G. 1958. Estudio preliminar de las formas de clima y en sus relaciones con la vegetación. Bol. Soc. Bot. Méx. 23: 132-145.

Perry, L.M. 1929. A tentative revision of *Alchemilla* section *Lachemilla*. Contr. Gray Herb. Harv. Univ. 84: 1-57.

Poggie, Jr., J. J. 1962. Coastal pioneer plants and habitat in the Tampico region, Mexico. Louisiana State University. Coastal Studies Institute. Technical Report 17A. Baton Rouge. 62 pp.

Puig, H. 1970a. Notas acerca de la flora y la vegetación de la Sierra de Tamaulipas. An. Esc. Nac. Cienc. Biol. Méx. 17: 37-49.

Puig, H. 1970b. Etude phytogéographique de la Sierra de Tamaulipas (Mexique). Bull. Soc. Hist. Nat. Toulouse 106: 59-79.

Puig, H. 1972a. Caractères généraux des principaux types de végétation de la Huasteca et de ses environs (nord-est du Mexique). Cah. Amer. Lat., Ser. Sci. Homme 6: 1-14.

Puig, H. 1972b. La sabana de Huimanguillo, Tabasco, México. Mem. I Congr. Latinoamer. Bot. México, D. F. pp. 389-411.

Puig, H. 1974. Phytogéographie et écologie de la Huasteca (NE du Mexique). Tesis. Université Paul Sabatier. Toulouse. 547 + 92 pp.

Ramírez, J. 1899. La vegetación de México. Secretaría de Fomento. México, D. F. 271 pp.

Ramírez-Cantú, D. 1942. Observaciones ecológicas sobre la vegetación de la Laguna de Epatlán, Puebla. An. Inst. Biol. Méx. 13: 405-415.

Ramírez-Cantú, D. 1949. Notas generales sobre la vegetación de la Sierra de Tepoztlán, Morelos, I. An. Inst. Biol. Méx. 20: 189-228.

Ramírez-Cantú, D. 1956. Contribución al conocimiento de la flora de la Isla de Grifo o de la Roqueta, en Acapulco, Gro. An. Inst. Biol. Méx. 26: 229-244.

Ramírez-Cantú, D. & T. Herrera. 1954. Contribución al conocimiento de la vegetación de Lerma y sus alrededores. An. Inst. Biol. Méx. 25: 65-95.

Ramos A., C. H. & F. González-Medrano. 1972. La vegetación de la zona árida veracruzana. An. Inst. Biol. Méx. Ser. Bot. 43: 77-99.

Raunkiaer, C. 1934. The life forms of plants and statistical plant geography. Clarendon Press. Oxford. 632 pp.

Raven, P. H. 1963. Amphitropical relationships in the floras of North and South America. Quart. Rev. Biol. 38: 151-177.

Rawitscher, F. 1948. The water economy of the vegetation of the "Campos Cerrados" in southern Brasil. Journ. Ecol. 36: 237-268.

Read, R. W. 1968. A study of *Pseudophoenix* (Palmae). Gentes Herb. 10: 169-213.

Reiche, C. 1914. La vegetación de los alrededores de la capital de México. México, D.F. 145 pp.

Richard, A. & H. Galeotti, 1844. Monographie des Orchidées mexicaines. Compt. Rend. Acad. Sci. Paris 18: 497-513.

Richards, P. W. 1952. The tropical rain forest, an ecological study. Cambridge University Press. Cambridge. 450 pp.

Robert. M. F. 1973. Contribution a l'étude des forêts de *Pinus cembroides* dans l'est du Mexique. Tesis. Université des Sciences et Techniques du Languedoc. Montpellier. 131 pp.

Rodríguez J., C. 1967. Estudio ecológico de las malas hierbas del Valle de Toluca. Tesis. Facultad de Ciencias. Universidad Nacional Autónoma de México. México, D.F. 130 pp.

Rojas-Mendoza, P. 1965. Generalidades sobre la vegetación del Estado de Nuevo León y datos acerca de su flora. Tesis. Facultad de Ciencias. Universidad Nacional Autónoma de México. México, D. F. 124 + 75 pp.

Rovirosa, J. N. 1909. Pteridografía del sur de México. Imprenta de I. Escalante. México, D. F. 298 pp.

Ruebel, E. 1930. Pflanzengesellschaften der Erde. Verlag H. Huber. Bern. 464 pp.

Rueda-Gaxiola, J. 1967. Contribution à l'étude palynologique et pétrographique du charbon cretacé du Bassin de Sabinas, Coahuila, Mexique. Tesis. Faculté des Sciences. Université de Lille. Lille. 3 vols.

Rzedowski, G. C. de. 1960. Notas sobre la flora y la vegetación del Estado de San Luis Potosí. VII. Vegetación en el Valle de San Luis Potosí. Acta Cient. Potos. 4: 5-112.

Rzedowski, J. 1954. Vegetación del Pedregal de San Angel, Distrito Federal, México. An. Esc. Nac. Cienc. Biol. Méx. 8: 59-129.

Rzedowski, J 1955. Notas sobre la flora y la vegetación del Estado de San Luis Potosí. II. Estudio de diferencias florísticas y ecológicas condicionadas por ciertos tipos de sustrato geológico. Ciencia, Méx. 15: 141-158.

Rzedowski, J. 1956. Notas sobre la flora y la vegetación del Estado de San Luis Potosí. III. Vegetación de la región de Guadalcázar. An. Inst. Biol. Méx. 27: 169-228.

Rzedowski, J. 1957a. Algunas asociaciones vegetales de los terrenos del Lago de Texcoco. Bol. Soc. Bot. Méx. 21: 19-33.

Rzedowski, J. 1957b. Vegetación de las partes áridas de los Estados de San Luis Potosí y Zacatecas. Rev. Soc. Mex. Hist. Nat. 18: 49-101.

Rzedowski, J. 1960. La vegetación como indicador de rocas en la parte árida del Estado de San Luis Potosí. Bol. Soc. Geol. Mex. 23: 79-85.

Rzedowski, J. 1962. Contribuciones a la fitogeografía florística e histórica de México. I. Algunas consideraciones acerca del elemento endémico en la flora mexicana. Bol. Soc. Bot. Méx. 27: 52-65.

Rzedowski, J. 1963a. El extremo boreal del bosque tropical siempre verde en Norteamérica continental. Vegetatio 11: 173-198.

Rzedowski, J. 1963b. Comentario. In: Mesas redondas sobre problemas del Valle de México. Edic. Inst. Mex. Rec. Nat. Renov. México, D. F. pp. 199-206.

Rzedowski, J. 1965. Relaciones geográficas y posibles orígenes de la flora de México. Bol. Soc. Bot. Méx. 29: 121-177.

Rzedowski, J. 1966. Vegetación del Estado de San Luis Potosí. Acta Cient. Potos. 5: 5-291.

Rzedowski, J. 1967. Nota sobre *Sabal pumos* (Palmae). An. Esc. Nac. Cienc. Biol. Méx. 14: 19-24.

Rzedowski, J. 1970. Nota sobre el bosque mesófilo de montaña en el Valle de México. An. Esc. Nac. Cienc. Biol. Méx. 18: 91-106.

Rzedowski, J. 1972a. Contribuciones a la fitogeografía florística e histórica de México. II. Afinidades geográficas de la flora fanerogámica de diferentes regiones de la República Mexicana. An. Esc. Nac. Cienc. Biol. Méx. 19: 45-48.

Rzedowski, J. 1972b. Contribuciones a la fitogeografía florística e histórica de México. III. Algunas tendencias en la distribución geográfica de las Compositae mexicanas. Ciencia, Méx. 27: 123-132.

Rzedowski, J. 1973. Geographical relationships of the flora of Mexican dry regions. In: Vegetation and vegetational history of northern Latin America. Elsevier Scientific Company. Amsterdam. pp. 61-72.

Rzedowski, J. 1975. An ecological and phytogeographical analysis of the grasslands of Mexico. Taxon 24: 67-80.

Rzedowski, J., G. Guzmán, A. Hernández C. & R. Muñiz. 1964. Cartografía de la vegetación de la parte norte del Valle de México. An. Esc. Nac. Cienc. Biol. Méx. 13: 31-57.

Rzedowski, J. &. R. McVaugh. 1966. La vegetación de Nueva Galicia. Contr. Univ. Mich. Herb. 9: 1-123.

Rzedowski, J. & G. C. de Rzedowski. 1957. Notas sobre la flora y la vegetación del Estado de San Luis Potosí, V. La vegetación a lo largo de la carretera San Luis Potosí-Río Verde. Acta Cient. Potos. 1: 7-68.

Rzedowski, J. & L. Vela. 1966. *Pinus strobus* var. *chiapensis* en la Sierra Madre del Sur de México. Ciencia, Méx. 24: 211-216.

Sánchez M., N. & L. Huguet. 1959. Las coníferas mexicanas. Unasylva 3: 24-35.

Sánchez R., M. E. 1963. Datos relativos a los manglares de México. An. Esc. Nac. Cienc. Biol. Méx. 12: 61-72.

Sánchez R., M. E. 1967. Flora marina de Monte Pío, Estado de Veracruz, México. An. Esc. Nac. Cienc. Biol. Méx. 14: 9-18.

Sanders, E. M. 1921. The natural regions of Mexico. Geogr. Rev. 11: 212-242.

Sarukhán K., J. 1964. Estudio sucesional de un área talada en Tuxtepec, Oax. Inst. Nac. Invest. Forest. Publ. Esp. No. 3. México, D. F. pp. 107-172.

Sarukhán K., J. 1968a. Análisis sinecológico de las selvas de *Terminalia amazonia* en la Planicie Costera del Golfo de México. Tesis. Colegio de Postgraduados. Escuela Nacional de Agricultura, Chapingo, Méx. 300 pp.

Sarukhán K., J. 1968b. Los tipos de vegetación arbórea de la zona cálido-húmeda de México. In: Pennington, T. D. & J. Sarukhán. Manual para la identificación de los principales árboles tropicales de México. Instituto Nacional de Investigaciones Forestales y FAO. México, D. F. pp. 3-46.

Sauer, C. 1944. Geographical sketch of early man in North America. Geogr. Rev. 34: 529-573.

Sauer, C. 1950. Grassland, climax, fire and man. Journ. Range Managm. 3: 16-21.

Sauer, J. 1967. Geographic reconnaissance of seashore vegetation along the Mexican Gulf coast. Coastal Studies Institute. Louisiana State University. Techn. Rep. 56. Baton Rouge. 59 pp.

Schultes, R. E. 1941. Plantae mexicanae. X. Bot. Mus. Leafl. Harv. Univ. 9: 165-198.

Seemann, B. et al. 1852-1857. The botany of the voyage of H.M.S. Herald. London. 483 pp.

Sharp, A. J. 1948. Some fungi common to the highlands of Mexico and Guatemala and eastern United States. Mycologia 40: 449-502.

Sharp, A. J. 1951. The relation of the Eocene Wilcox flora to some modern floras. Evolution 5: 1-5.

Sharp, A. J. 1953. Notes on the flora of Mexico; world distribution of the woody dicotyledonous families and the origin of the modern vegetation. Journ. Ecol. 41: 374-380.

Sharp, A. J. 1966. Some aspects of Mexican phytogeography. Ciencia, Méx. 24: 229-232.

Sharp, A.J., E. Hernández X., H. Crum & W. B. Fox. 1950. Nota florística de una asociación importante del suroeste de Tamaulipas. Bol. Soc. Bot. Méx. 11: 1-4.

Sharp, A. J. & Z. Iwatsuki. 1965. A preliminary statement concerning mosses common to Japan and Mexico. Ann. Mo. Bot. Gard. 52: 452-456.

Shelford, V. E. 1926. Naturalist's guide to the Americas. Baltimore. 761 pp.

Shelford, V. E. 1963. The ecology of North America. University of Illinois Press. Urbana. 610 pp.

Shreve, F. 1924. Across the Sonoran desert. Bull. Torr. Bot. Club 51: 283-293.

Shreve, F. 1926. The desert of northern Baja California. Bull. Torr. Bot. Club 53: 129-136.

Shreve, F. 1934. Vegetation of the northwestern coast of Mexico. Bull. Torr. Bot. Club 61: 373-380.

Shreve, F. 1936. The transition from desert to chaparral in Baja California. Madroño 3: 257-264.

Shreve, F. 1937a. Lowland vegetation of Sinaloa. Bull. Torr. Bot. Club 64: 605-613.

Shreve, F. 1937b. The vegetation of the Cape region of Baja California. Madroño 4: 105-113.

Shreve, F. 1939. Observations on the vegetation of Chihuahua. Madroño 5: 1-13.

Shreve, F. 1942a. The desert vegetation of North America. Bot. Rev. 8: 195-246.

Shreve, F. 1942b. Grassland and related vegetation in northern Mexico. Madroño 6: 190-198.

Shreve, F. 1951. Vegetation of the Sonoran desert. Carn. Inst. Wash. Publ. 591: 1-192.

Singer, R. & J. H. Morello. 1960. Ectotrophic forest tree mycorrhizae and forest communities. Ecology 41: 549-551.

Smith, A. C. 1932. The American species of Thibaudieae. Contr. U.S. Nat. Herb. 28: 311-547.

Smith, A. C. & I. M. Johnston. 1945. A phytogeographic sketch of Latin America. In: Plants and plant science in Latin America. Chronica Botanica Co. Waltham, Mass. pp. 11-18.

Smith, Jr., C. E. 1965. Flora, Tehuacan Valley. Fieldiana: Botany 31: 101-143.

Smith, L. B. 1940. Las provincias bióticas de México, según la distribución geográfica de las lagartijas del género *Sceloporus*. An. Esc. Nac. Cienc. Biol. Méx. 2: 95-110.

Smith, L. B. 1949. Herpetogeny in Mexico and Guatemala. Ann. Assoc. Amer. Geogr. 39: 219-238.

Solbrig, O. T. 1972. The floristic disjunction between the "monte" in Argentina and the "Sonoran desert" in Mexico and the United States. Ann. Mo. Bot. Gard. 59: 218-223.

Soto M., C. & E. Jáuregui O. 1965. Isotermas extremas e índice de aridez en la República Mexicana. Universidad Nacional Autónoma de México. Instituto de Geografía. México, D. F. 117 pp.

Sousa, M. 1964. Estudio de la vegetación secundaria en la región de Tuxtepec, Oax. Inst. Nac. Invest. Forest. Publ. Esp. No. 3. México, D. F. pp. 91-105.

Sousa, M. 1968. Ecología de las leguminosas de los Tuxtlas, Veracruz. An. Inst. Biol. Méx. Ser. Bot. 39: 121-160.

Standley, P. C. 1920-1926. Trees and shrubs of Mexico. Contr. U.S. Nat. Herb. 23: 1-1721.

Standley, P. C. 1930. Flora of Yucatan. Field Mus. Nat. Hist. Bot. Ser. 3: 157-492.

Standley, P. C. 1936. Las relaciones geográficas de la flora mexicana. An. Inst. Biol. Méx. 7: 9-16.

Standley, P. C. & J. A. Steyermark, 1958. Flora of Guatemala. Fieldiana: Botany 24 (1): 1-478.

Stretta, E.J.P. & P. A. Mosiño A. 1963. Distribución de las zonas áridas de la República Mexicana, según un índice de la aridez derivado del de Emberger. Ing. Hidr. Méx. 17: 1-8.

Takhtajan, A. 1969. Flowering plants, origin and dispersal. Smithsonian Institution Press. Washington, D. C. 310 pp.

Tapia, J., C. & A. Ramos S. 1960-1961. Zonas de vegetación en la parte central del Estado de Veracruz. Agr. Técn. Méx. 11: 22-26.

Toledo, V. 1969. Diversidad de especies en las selvas altas de la Planicie Costera del Golfo de México. Tesis. Facultad de Ciencias. Universidad Nacional Autónoma de México. México, D. F. 55 pp.

Trochain, J. L. 1957. Accord interafricain sur la définition des types de végétation de l'Afrique tropicale. Bull. Inst. Etud. Centrafr. 13-14: 55-93.

Tryon, R. M. 1955. *Selaginella rupestris* and its allies. Ann. Mo. Bot. Gard. 42: 1-99.

Tryon, R. 1972. Endemic areas and geographic speciation in tropical American ferns. Biotropica 4: 121-131.

Turner, B. L. 1960. Phytogeographic reconnaissance: the western segment of the Michoacan coast. In: Brand, D. D. Coalcoman and Motines del Oro. The Hague. pp. 272-282.

Valdés, G., J. 1958. Contribución al estudio de la vegetación y de la flora de algunos lugares del norte de México. Bol. Soc. Bot. Méx. 23: 99-131.

Vázquez S., J. 1963. Clasificación de las masas forestales de Campeche. Inst. Nac. Invest. Forest. Bol. Tecn. 10. México, D. F. 30 pp.

Vázquez-Yanes, C. 1971. La vegetación de la Laguna de Mandinga, Veracruz. An. Inst. Biol. Méx. Ser. Bot. 42: 49-94.

Vavilov, N. I. 1931. Mexico and Central America as the principal centre of origin of cultivated plants in the New World. Bull. Appl. Bot. Genet. Pl. Breed. (Leningrad) 26: 179-199.

Verduzco, J., B. R. Fuller, R. Morandini, Y. Favre & J. Mahiue. 1962. Ecología y silvicultura. In: Seminario y viaje de estudio de coníferas latinoamericanas. Inst. Nac. Invest. Forest. Publ. Esp. 1. México, D. F. pp. 77-93.

Villa, S., A. B. 1968. Notas sobre la vegetación forestal en el extremo meridional de Baja California. Dir. Gen. Invent. Nac. Forest. Publ. 10. México, D. F. 20 pp.

Villada, M. M. 1903. Consideraciones sobre la flora fósil del Valle de México. Naturaleza I. 7: 452-454.

Villada, M. M. 1914. Breves apuntes acerca de la paleobiología del Valle de México. Naturaleza III. 1: 7-13.

Villegas D., M. 1971. Estudio florístico y ecológico de las plantas arvenses de la parte meridional de la Cuenca de México. An. Esc. Nac. Cienc. Biol. Méx. 18: 17-89.

Vivó, J. A. 1943. Los límites biogeográficos en América y la zona cultural mesoamericana. Rev. Geogr. 3: 109-131.

Vivó, J. A. & J. C. Gómez. 1946. Climatología de México. Instituto Panamericano de Geografía e Historia. México, D. F. 11 + 73 + 4 pp.

Wagner, P. L. 1964. Natural vegetation of Middle America. In: Handbook of Middle American Indians. University of Texas Press. Austin. vol. 1. pp. 216-264.

Wallén, C. C. 1955. Some characteristics of precipitation in Mexico. Geogr. Ann. 37: 51-85.

Walter, H. 1962. Die Vegetation der Erde in oekologischer Betrachtung. Vol. 1: Die tropischen und subtropischen Zonen. G. Fischer Verlag. Jena. 538 pp.

Walter, H. & M. Steiner. 1936. Zur Oekologie der ost-afrikanischen Mangrove. Zeitschr. Bot. 30: 65-193.

Weber, R. 1972. La vegetación maestrichtiana de la formación Olmos de Coahuila, México. Bol. Soc. Geol. Mex. 33: 5-19.

West, R. C. 1956. The natural vegetation of the Tabascan lowlands. Rev. Geogr. 64: 109-122.

White, S. E. 1956. Geología glacial del Iztaccíhuatl. In: La Cuenca de México. Consideraciones geológicas y arqueológicas. Inst. Nac. Antrop. Hist. Dir. Prehist. Publ. 2. México, D. F. pp. 19-27.

White, S. E. 1962. El Iztaccíhuatl. Acontecimientos volcánicos en el lado oeste durante el Pleistoceno Superior. Inst. Nac. Antrop. Hist. Ser. Invest. Publ. 6. México, D. F. 80 pp.

White, S. S. 1940. Vegetation of Cerro de la Silla, near Monterrey, Mexico. Mich. Acad. Sci. Papers 26: 87-98.

White, S. S. 1949. The vegetation and flora of the region of the Rio Bavispe in northeastern Sonora. Lloydia 11: 229-302.

Wiggins, I. L. 1940. Yellow pines and other conifers observed in Lower California. Journ. New York Bot. Gard. 41: 267-269.

Wiggins, I. L. 1960. The origins and relationships of the land flora. In: The biogeography of Baja California and adjacent seas. Part III. Terrestrial and fresh-water biotas. Syst. Zool. 9: 148-165.

Wiggins, I. L. 1969. Observations on the Vizcaino Desert and its biota. Proc. Calif. Acad. Sci. 4 ser. 36: 317-346.

Williams, L. 1939. Arboles y arbustos del Istmo de Tehuantepec. Lilloa 4: 137-171.

Wulff, E. V. 1937. Essay of dividing the world into phytogeographical regions according to the numerical distribution of species. Bull. Appl. Bot. Genet. Plant Breed. (Leningrad) Ser. 1, 2: 315-368.

GLOSARIO

Abanico aluvial. Depósito arcilloso o arenoso traido por los torrentes a la base de los cerros y que asemeja la forma de un abanico.
Acahual. Vegetación secundaria que se forma una vez destruida la original; término que se usa comunmente en algunos lugares de clima caliente de México.
Aceite esencial. Grupo de substancias líquidas volátiles y aromáticas que se extraen de algunas plantas.
Aciculifolio. Con hojas en forma de agujas.
Adaptación. Característica de un organismo que le permite vivir en determinadas condiciones del medio.
Afilo. Desprovisto de hojas.
Agrupación (vegetal, biótica). Conjunto de plantas (y animales) que conviven en forma organizada.
Alergógeno. Que causa alergia.
Alisios. Vientos que soplan entre los trópicos en dirección al oeste.
Alpino. Referente a plantas o a comunidades vegetales que se desarrollan por encima del límite altitudinal de la vegetación arbórea.
Altitud. Altura con relación al nivel del mar.
Aluvial. Acarreado por el agua.
Amacollado. Forma de desarrollo de algunas plantas herbáceas, en las cuales numerosos tallos salen de un mismo pie. Es frecuente en las gramíneas.
Ambiente (ecológico). Conjunto de las características del medio en que viven los organismos.
Andesita. Roca de origen volcánico, frecuentemente de color rojizo.
Angiospermas. Grupo de fanerógamas cuyas semillas se encuentran dentro de una cubierta cerrada: el fruto.
Antibiótico. Substancia de origen orgánico que destruye o inhibe el desarrollo de los seres vivos.
Anticiclónica (zona). Area de alta presión atmosférica.
Antropofita. Planta introducida por el hombre a un lugar dado.
Antropógena. Creado o modificado por el hombre y sus actividades.
Anual. Referente a plantas que verifican toda su vida en un solo año o en periodo más corto.
Apofita. Planta arvense o ruderal, de origen autóctono.
Apomal. Bosque de *Brosimum alicastrum.*
Aquichal. Bosque de *Guazuma ulmifolia.*
Aráceas (Araceae). Familia de las monocotiledóneas, generalmente con hojas grandes; habitan principalmente en lugares de clima cálido y húmedo.

Arbol. Planta leñosa, usualmente de más de 3 m de alto, cuyo tallo en la base forma un tronco manifiesto y que más arriba se ramifica formando una copa.

Arbusto. Planta leñosa, por lo general de menos de 3 m de alto, cuyo tallo se ramifica desde la base.

Área (de distribución). Conjunto de localidades en que se encuentra representado un determinado grupo de organismos.

Area basal. Superficie del substrato que se encuentra en contacto directo con los organismos.

Arenisca. Roca sedimentaria compuesta de granos de cuarzo y de algunos otros minerales cimentados.

Arréico. Carente de drenaje superficial.

Arrosetado. Cuyas hojas están densamente agrupadas por el acortamiento de los entrenudos, o sea "en roseta".

Arvense. Vegetación o planta que invade los cultivos agrícolas.

Asociación (biótica, vegetal). Comunidad caracterizada por su composición florística definida. Unidad básica de la clasificación de la vegetación.

Autoecología. Ecología de organismos individuales; una de las principales subdivisiones de la ecología.

Bajo. Nombre con el que se conocen en la Península de Yucatán algunos terrenos planos, delimitados por otros más altos.

Banco de germoplasma. Almacén de diversidad genética de los organismos.

Barbasco. Nombre común de *Dioscorea composita*, planta de cuyos rizomas se extraen substancias del grupo de las sapogeninas, a partir de las cuales se pueden sintetizar ciertas hormonas.

Barlovento. Parte expuesta a la dirección de donde viene el viento.

Basalto. Roca volcánica muy dura, generalmente de color oscuro.

Bejuco. Planta trepadora leñosa.

Bellota. Fruto de los encinos (*Quercus*).

Béntico. Referente al fondo de los depósitos de agua.

Bignoniáceas (Bignoniaceae). Familia de dicotiledóneas, de distribución preferentemente tropical; en su mayoría son plantas trepadoras leñosas.

Biocenosis. Comunidad biótica.

Biogeografía. Ciencia que estudia la distribución geográfica de los seres vivos y sus causas.

Biomasa. Cantidad de materia orgánica que forma parte de los organismos vivientes en un área dada.

Biósfera. Porción ubicada en el límite entre la geósfera y la atmósfera, donde se está desarrollando la vida en la Tierra.

Biota. Conjunto de la fauna y la flora de un área dada.

Biotipo. Véase forma biológica.

Biotopo. Espacio en el que vive una comunidad biótica.

Bolsón. Cuenca endorréica característica de regiones de clima árido.

Brecha. Fragmentos de roca angulosos y gruesos, cementados entre sí.

Briofitas. Grupo de criptógamas que incluye los musgos y las hepáticas.

Bromeliáceas (Bromeliaceae). Familia de monocotiledóneas, principalmente americana; son por lo general plantas herbáceas y muchas de ellas epifitas, con hojas arrosetadas, semejando un maguey. Muchas llaman la atención por su belleza.

Bulbo. Yema, generalmente subterránea, rodeada de substancias de reserva, depositadas en órganos foliares o caulinares modificados.

Cactáceas (Cactaceae). Familia de dicotiledóneas. Sus representantes tienen por lo general los tallos carnosos, bien cilíndricos ("órganos"), globosos ("biznagas"), o aplanados a manera de raqueta ("nopales"); las hojas comunmente están reducidas a espinas. Habitan de preferencia en las zonas secas de América.

Caducifolio. Que permanece sin hojas durante una parte del año.

Caliche. Depósito rocoso de carbonato de calcio en el suelo o en el subsuelo, generalmente ligado con climas áridos.

Caliza. Roca de origen sedimentario, por lo general marino, mayormente compuesta de carbonato de calcio.

Caméfita. Forma biológica de la clasificación de Raunkiaer, que comprende plantas cuyas yemas de reemplazo se elevan en el aire a menos de 25 cm de altura. Corresponden aquí por lo general las plantas leñosas, así como algunas herbáceas perennes.

Campo de lapies. Terreno caracterizado por numerosas salientes de roca caliza, a menudo provistas de costillas filosas.

Canacoital. Bosque de *Bravaisia integerrima.*

Caobal. Bosque en que abunda *Swietenia macrophylla* ("caoba"), ya sea como dominante o por lo menos como elemento importante.

Capomal. Bosque de *Brosimum alicastrum.*

Capomo. Nombre con el que se conoce *Brosimum alicastrum* en algunas partes de México.

Cardonal. Matorral o bosque en que predominan o abundan algunas cactáceas altas de tallos cilíndricos.

Carrizal. Asociación característica de las orillas de los depósitos o de las corrientes lentas de agua, con dominancia de *Phragmites communis* ("carrizo"). También se aplica a agrupaciones fisonómicamente similares de *Arundo donax,* pero estas últimas son por lo general el resultado de cultivo o semicultivo.

Cáudex. Tallo o tronco más o menos abreviado.

Caulinar. Referente al tallo.

Cazahuate. Nombre que se aplica a algunas especies arborescentes de *Ipomoea.*

Cazahuatera. Bosque dominado por *Ipomoea.*

Ceibadal. Prado de *Thalassia testudinum,* propio del fondo marino de algunas zonas litorales.

Cenizas volcánicas. Partículas finas de origen volcánico.

Cenozoico (o era terciaria). Era geológica posterior al Mesozoico y anterior al Pleistoceno.

Cerrado. Nombre brasileño de una formación vegetal similar a la sabana.

Cespitoso. Característica que presenta la cubierta vegetal compuesta de plantas que crecen muy juntas, como, por ejemplo, algunas gramíneas.

Cianofitas (o algas azules). Grupo de algas que generalmente son de color verde-azuloso.

Cicadáceas (Cycadaceae). Familia de gimnospermas que corresponde a plantas con aspecto que recuerda a las palmeras o a los helechos arbóreos.

Cinegético. Relativo al arte o deporte de la caza.

Ciperáceas (Cyperaceae). Familia de monocotiledóneas, cercana a las gramíneas (pastos o zacates) y con las cuales tienen mucha semejanza en apariencia.

Clase diamétrica. Conjunto de individuos, cuyos troncos tienen grosores similares (comprendidos dentro de un intervalo determinado).

Clave (analítica, de identificación). Artefacto que se usa para la identificación de las unidades de un sistema de clasificación, empleando características contrastantes.

Clímax. Etapa final de la sucesión de comunidades vegetales, que se encuentra en equilibrio con el medio.

Clímax climático. Clímax en el cual el clima es el factor determinante principal.

Clímax edáfico. Clímax en el cual las características del suelo son el factor determinante principal.

Clon. Conjunto de individuos descendientes de un solo antecesor, originados por multiplicación vegetativa.

Clorofíceas (o algas verdes). Grupo de algas de color generalmente verde.

Cobertura. Area que cubre en la superficie del suelo el haz de la proyección vertical del cuerpo de una planta o de un conjunto de plantas.

Codominante. Una de varias especies que se reparten la dominancia en la comunidad.

Competencia. Rivalidad entre individuos, especies o comunidades bióticas en su demanda por espacio, nutrientes, luz y otros elementos que se presentan en el medio físico y biótico en cantidades limitadas.

Compuesta (hoja). Término que se refiere a hojas cuya lámina está dividida en varias o muchas porciones, cada una de las cuales asemeja una hoja.

Compuestas (Compositae). Familia de dicotiledóneas. Se caracteriza principalmente por tener las flores pequeñas y dispuestas en inflorescencias que simulan una flor individual. Es la familia más vasta y de las mejor distribuidas de todas las plantas vasculares.

Comunidad (vegetal, biótica). Conjunto de plantas (y de animales) de cualquier rango, que viven e interaccionan mutuamente en un habitat natural.

Cono de deyección. Depósito aluvial de forma cónica, originado por un torrente al entrar en una llanura.

Constancia. Medida de presencia de una especie en diversos sitios que ocupa una comunidad.

Contrafuerte (raíz tabular). Raíz comprimida lateralmente que se forma en la base del tronco de algunos árboles.

Corozal. Agrupación de corozos (*Scheelea* spp. y *Orbignya cohune*), palmas altas de hojas pinnadas.

Cosmopolita. Que se distribuye en toda la Tierra.

Crasicaule. De tallo carnoso o craso.

Crasi-rosulifolio. Referente a plantas con las hojas más bien carnosas, dispuestas en roseta alrededor del tallo o eje principal.

Cretácico. Periodo superior de la era geológica secundaria o Mesozoico.

Criptógamas. Plantas que se reproducen por medio de esporas (y no por semillas), como helechos, musgos, algas, hongos.

Crustáceo. Referente a líquenes con aspecto de costra, que se adhieren por casi toda su superficie inferior al substrato.

Cuajiotal. Bosque en que dominan algunas especies de *Bursera.*

Cuajiote. Nombre que se aplica a ciertas especies de *Bursera* cuyos troncos presentan corteza exfoliante de colores vivos.

Cuaternario (o Pleistoceno). Era geológica posterior al Terciario y anterior al Holoceno.

Cultivar. Especie, variedad o raza originada y mantenida por el cultivo.

Cumatofita. Planta que vive en aguas agitadas.

CH. Abreviación de caméfita, categoría de la clasificación de formas biológicas de Raunkiaer.

Chaparral. Nombre frecuentemente dado en México a todo tipo de vegetación arbustiva. En el suroeste de Estados Unidos de América se usa para denominar un matorral perennifolio que se desarrolla en condiciones de clima mediterráneo y en el cual dominan especies de los géneros *Adenostoma, Heteromeles, Rhamnus, Quercus, Cercocarpus* y algunos otros.

Chinampa. Terreno de antiguo fondo lacustre, rodeado de canales, en donde se cultivan principalmente hortalizas y flores de ornato (por ejemplo en Xochimilco y alrededores).

D.A.P. Diámetro a la altura del pecho.

Dasonómico. Calificativo de dasonomía, ciencia que trata de la conservación y aprovechamiento de los bosques.

Decíduo. Caduco, caedizo, que pierde el follaje durante una parte del año.

Déficit de saturación. Diferencia obtenida al restar el valor de la tensión de vapor actual en la atmósfera de la tensión de vapor máxima posible a la temperatura dada.

Defoliación. Desprendimiento de las hojas.

Densidad. Número de individuos por unidad de área.

Determinismo ecológico. Papel diferencial que juegan los factores ambientales (actuales y del pasado) en la determinación de la existencia y de la distribución geográfica de las comunidades.

Dicotiledóneas. Grupo mayoritario de las angiospermas.

Dicotómica (clave). Se refiere a claves en que las alternativas se exponen en forma de dos proposiciones contradictorias.

Dinámica de la vegetación. Término que se refiere usualmente a los fenómenos de la sucesión de comunidades vegetales.

Disclímax. Clímax producido como consecuencia del disturbio provocado por el hombre o los animales domésticos.

Diseminación. Dispersión de las semillas o de otras estructuras capaces de dar origen a una planta nueva.

Dispersión. Acción de dispersarse las semillas, esporas, etc. También se refiere al fenómeno del aumento del área de distribución de los organismos.

Disturbio. Alteración de la vegetación producida directa o indirectamente por el hombre.

Disyunción. Area de distribución discontinua.

Disyunto. Referente a una distribución discontinua.

Diversidad genética. Diversidad del mundo orgánico; diversidad hereditaria (morfológica, fisiológica, química, etc.) dentro de cada especie de planta o animal.

Dolina. Depresión natural originada en áreas de rocas calizas por disolución de las mismas; su drenaje se lleva a cabo generalmente a través de un sumidero, ubicado en la parte más baja.

Dominancia. Preponderancia cuantitativa de una especie, un estrato, una forma biológica, un elemento, etc., en una comunidad vegetal.

Dominante. Referente a la dominancia.

Dosel. Piso superior, techo.

Ecología. Ciencia que estudia las relaciones de organismos y el medio en que éstos viven.

Ecológico. Relativo a la ecología.

Ecólogo. Persona que se dedica a la ecología.

Ecosistema. Conjunto que forman la biocenosis, su substrato y su medio, considerados sobre todo desde el punto de vista del flujo de materia y de energía.

Ecotonal. Referente al ecotono.

Ecotonía, ecotono. Area de transición entre dos comunidades.

Ectomicorrizas. Véase micorrizas.

Ecuador térmico. Línea que une los puntos en que se registran las temperaturas medias anuales más elevadas de la Tierra.

Edáfico. Relativo al suelo.

Efímera (planta). Que efectúa su vida completa en un lapso de tiempo menor de un año.

Elemento florístico. Conjunto de plantas que forman parte de una determinada flora y cuyos componentes guardan semejanzas entre sí, bien en cuanto a su área de distribución, bien en cuanto a su lugar de origen, o bien en cuanto a la época o a la ruta de su llegada.

Endémico. De área de distribución restringida.

Endemismo. Calidad de endémico.

Endomicorrizas. Véase micorrizas.

Endorréico. Referente a cuencas hidrológicas cerradas, sin drenaje hacia el mar.

Epeirogénico. Referente a movimientos tectónicos lentos de levantamiento y hundimiento de masas continentales.

Epifita, epifito. Vegetal que vive sobre otras plantas sin sacar de ellas su nutrimento.

Equilibrio ecológico. Estabilidad del ecosistema.

Erosión (de la roca, del suelo). Desgaste originado por agentes físicos, principalmente el agua y el viento.

Escarda (cultivos de). Cultivo en hileras, separadas por surcos más o menos profundos.

Esciófilo. Calificativo ecológico de plantas y comunidades adaptadas a vivir en la sombra.

Esclerófilo. Referente a vegetales de hojas duras, coriáceas, por el gran desarrollo que alcanza en ellas el tejido de sostén.

Escuamifolio. Referente a plantas con las hojas reducidas y con apariencia de escamas.

Especie. Unidad básica de la clasificación de los organismos, que incluye a grandes rasgos, a todos los individuos que se parecen entre sí más que a otros y que por fecundación recíproca producen descendencia fértil.

Espectro biológico. Expresión cuantitativa del análisis del conjunto de los componentes de una flora o de una comunidad vegetal, de acuerdo con las formas biológicas a que pertenecen.

Espinar. Comunidad vegetal donde abundan las plantas provistas de espinas.

Esquisto. Roca cristalina metamórfica finamente laminada.

Estenohalino. Calificativo ecológico que se aplica a las especies cuya vida sólo es posible entre límites estrechos de la concentración de sales en el medio.

Estolón. Tallo rastrero que produce raíces y propaga vegetativamente a la planta.

Estolonífero. Que posee estolones.

Estrangulador. Arbol que inicia su vida como epifita y termina por eliminar al hospedero estrangulándolo y adueñándose de su lugar.

Estrato. Porción de la masa de la comunidad vegetal, contenida dentro de límites determinados de altura.

Estructura (de la vegetación). Distribución y organización espacial de los diferentes componentes de la comunidad vegetal; es función en gran medida de la forma biológica de los mismos.

Eurihalino. Calificativo ecológico que se aplica a las especies que toleran en el medio amplias oscilaciones en la concentración de sales solubles.

Eustático. Referente a cambios de nivel de cuerpos de agua.

Evaporita. Roca originada por evaporación de agua que lleva sales en solución.

Exfoliación. Propiedad de la corteza (o de otro órgano) de dividirse en láminas que se desprenden.

Exposición. Dirección a la que se orienta una ladera.

Facies. En ecología marina: la naturaleza del substrato, principalmente en relación al tamaño de las partículas del mismo; así la facies puede ser rocosa, arenosa, limosa, etc.

Factor (ecológico, ambiental). Cada uno de los elementos físicos y bióticos que integran el medio en que vive un organismo o una comunidad.

Fanerófita. Forma biológica de la clasificación de Raunkiaer, que incluye el conjunto de vegetales, en los que las yemas de reemplazo se elevan a más de 25 cm del suelo. Incluye árboles y algunos arbustos.

Fanerógamas. Plantas vasculares superiores que se reproducen por semillas. Este grupo de vegetales es el que predomina en la vegetación actual de los continentes.

Fenología. Estudio de los fenómenos rítmicos de las plantas y de la vegetación, como, por ejemplo, período de floración, de fructificación, de defoliación, etc.

Feofíceas (o algas cafés). Grupo de algas caracterizadas generalmente por su coloración parda o morena.

Ferralítico. Término referente a suelos de coloraciones rojas o rojizas, con alto contenido de hierro y proporción relativamente escasa de sílice, propios en general de regiones tropicales.

Filogenético. Relativo a la filogenia.

Filogenia. Ascendencia evolutiva orgánica.

Fisonomía. Aspecto general de la vegetación, de la planta, etc.

Fitoecológico. Referente a la ecología de plantas.

Fitogeografía. Ciencia que se ocupa de la distribución geográfica de las plantas y de sus causas.

Fitosociología. Estudio de las comunidades vegetales y de sus relaciones con el medio.

Flora. 1. Conjunto de las plantas que habitan en una región, analizado desde el punto de vista de la diversidad de los organismos. 2. Obra que enumera, describe y provee los medios de identificación de las plantas que habitan en una región.

Flórula. Flora pequeña.

Foliar. Referente a la hoja.

Foliolo. Cada una de las divisiones más finas de la hoja compuesta.

Forma biológica. Categoría que incluye vegetales de cualquier posición sistemática, pero que se asemejan en su estructura morfológico-biológica, y sobre todo en los caracteres relacionados con la adaptación al medio.

Formación (vegetal). Comunidad vegetal de rango elevado, caracterizada principalmente por sus rasgos fisonómicos.

Fotosíntesis. Síntesis de substancias orgánicas (hidratos de carbono) realizada por las plantas a partir del agua y del bióxido de carbono, con el concurso de la luz como fuente de energía.

Franco. Una de las categorías de la clasificación de suelos, según su textura; corresponde a tierras en que las arenas, las arcillas y los limos se presentan en proporciones aproximadamente equivalentes.

Freático. Referente al subsuelo. Con frecuencia se alude a las aguas freáticas, que son mantos poco profundos provenientes por lo común de la infiltración directa del agua de la lluvia.

Frecuencia. Expresión estadística que señala la proporción entre el número de áreas muestreadas en las que se ha registrado una determinada especie y el número total de áreas muestreadas.

Fuente vauclusiana. Manantial o salida del río subterráneo, ubicada generalmente al pie de un cerro de naturaleza caliza.

Fuste. Tronco de un árbol.

G. Abreviación de geófita, una de las formas biológicas de la clasificación de Raunkiaer.

Galería (bosque en g., selva en g.). Bosque característico de las orillas o vegas de ríos y arroyos.

Genérico. Referente al género.

Género. Unidad de la clasificación de los organismos. Las especies más emparentadas entre sí se agrupan en géneros.

Geófita. Una de las formas biológicas de la clasificación de Raunkiaer, que incluye el conjunto de plantas, en las que la parte persistente del organismo puede quedar completamente protegida bajo el nivel del suelo en forma de rizomas, bulbos, etc.

Germoplasma. Véase banco de germoplasma.

Gimnospermas. Grupo de fanerógamas cuyas semillas no se hallan protegidas por un verdadero fruto.

Gipsófilo. Calificativo ecológico de las plantas y de las comunidades vegetales adaptadas a vivir en los suelos yesosos.

Gipsófita. Planta adaptada a vivir en suelos yesosos.

Glaciación. Presencia de masas de hielo sobre grandes extensiones de terreno, fenómeno que ha sucedido en repetidas ocasiones durante el Pleistoceno.

Gley. 1. Horizonte edáfico de color claro que se forma a consecuencia de una capa permanente de agua freática. 2. Suelo caracterizado por la presencia del mencionado horizonte.

Gneis. Roca metamórfica de composición análoga a la del granito.

Grama. Zacate, miembro de la familia Gramineae.

Gramíneas (Gramineae). Familia de las monocotiledóneas, a la cual pertenece la mayor parte de las plantas conocidas con los nombres de zacate o pasto. Grupo vasto, muy ampliamente distribuido y de gran importancia ecológica y económica.

Graminetum. Comunidad vegetal dominada por gramíneas.

Granito. Roca ígnea, de color claro, con abundancia de incrustaciones cristalinas conspicuas.

Gregario. Relativo a plantas (u otros organismos) que viven agrupadas, próximas unas a otras, en forma más o menos compacta.

Guapillal. Comunidad vegetal en que predominan las "guapillas" (*Agave striata* y *A. stricta*).

Guarumal. Comunidad vegetal en que predominan los "guarumos" (*Cecropia obtusifolia* y *C. peltata*).

H. Abreviación de hemicriptófita, una de las formas biológicas de la clasificación de Raunkiaer.

Habitat. Ambiente natural de un organismo; lugar donde vive.

Hábito. Porte o aspecto exterior de una planta.

Halófilo. Calificativo que se aplica a las plantas o comunidades adaptadas a vivir en los medios salinos.

Halófita. Planta que está adaptada a vivir en el ambiente salino.

Halo-psamófilo. Calificativo de plantas adaptadas a vivir en suelo salino y arenoso.

Heliófilo. Calificativo para las plantas que están adaptadas a crecer en los medios abiertos, expuestos a la luz y calor del sol.

Hemicriptófita. Forma biológica de la clasificación de Raunkiaer, que comprende a las plantas en que muere anualmente la parte aérea y las yemas de reemplazo quedan aproximadamente al ras del suelo.

Hemiparásito. Planta parcialmente parásita de otra; nombre que se aplica por lo general a especies capaces de sintetizar sus propias substancias orgánicas, pero que obtienen del hospedero agua y sales minerales.

Herbáceo. Con aspecto de hierba; relativo a plantas no leñosas, de consistencia por lo general blanda.

Hidrófilo. Calificativo ecológico de plantas adaptadas a vivir en o cerca de cuerpos de agua.

Hidrosere. Sucesión de comunidades vegetales que se inicia en el medio acuático.

Hifa. Elemento filamentoso formador del cuerpo del hongo.

Hipersalino. Muy salino, con gran exceso de sales solubles.

Histórico (factor). En la biogeografía, calificativo de factores ecológicos o sucesos que actuaron o tuvieron lugar en el pasado geológico.

Hojarasca. Conjunto de hojas y de otros restos de vegetales (y de animales) depositados en la superficie del suelo.

Holártico. Relativo al territorio fitogeográfico que abarca la totalidad de las regiones templadas y frías del hemisferio norte.

Holoceno. Reciente; periodo geológico actual.

Homo. Género al que pertenece la especie humana.

Hongos superiores. Hongos pertenecientes a los grupos de Ascomycetes y Basidiomycetes.

Horizonte (del suelo). Capa que ha adquirido caracteres distintivos, producidos por los procesos de formación del suelo.

Hortalizas. Verduras.

Humícola. Relativo a organismos que viven en suelos ricos en humus.

Humus. Materia orgánica del suelo que se encuentra parcialmente descompuesta.

Igneo. Nombre que se da a las rocas que se han formado por enfriamiento y solidificación de masas fluídas de la corteza terrestre.

Inerme. Desprovisto de espinas y aguijones.

Infralitoral (piso). Referente a la zona comprendida entre el nivel de la marea baja y el límite inferior de la vegetación marina; este último es variable en distintos mares, pues depende de la penetración de la luz.

Intermarcal (piso). Referente a la franja comprendida entre los niveles de la marea alta y la baja.

Isoanómala (curva). Línea que une los puntos que presentan el mismo grado de anomalía con respecto a una regla.

Isoterma. De igual temperatura. Línea que une los puntos de igual temperatura.

Isotérmico, isotermo. De temperatura poco variable.

Isoyeta. Línea que une los puntos con igual precipitación pluvial.

Izotal. Vegetación en la que abundan los "izotes" (*Yucca* spp.).

Kárstico. Calificativo del modelado peculiar del relieve que se origina como resultado de la disolución de roca caliza.

Laterítico. Referente a suelos de coloración roja o rojiza, con alto contenido de hierro y proporción relativamente escasa de sílice; propios en general de regiones tropicales.

Látex. Jugo generalmente lechoso (por lo común blanco, a veces incoloro, amarillo, anaranjado o rojo) que fluye de las heridas de algunas plantas.

Lechuguillal. Vegetación con dominancia de la "lechuguilla" *(Agave lecheguilla)*.

Leguminosas (Leguminosae). Familia de las dicotiledóneas, con fruto en forma de vaina y generalmente con hojas compuestas. Una de las familias mejor representadas, sobre todo en los trópicos, y de mayor interés económico.

Leptofilia. Categoría en la clasificación de tamaños de hojas de Raunkiaer; corresponde a superficies foliares menores de 25 mm^2.

Lignícola. Que vive o se desarrolla sobre la madera.

Litología. Rama de la geología que se ocupa del estudio de las características de las rocas.

Litoral (piso). Véase intermareal.

Litosol. Suelo esquelético, en el que abundan fragmentos de roca poco alterada.

Lobado. Con salientes no demasiado pronunciadas y más o menos redondeadas.

Lorantáceas (Loranthaceae). Familia de dicotiledóneas, representada por plantas generalmente hemiparásitas de árboles o arbustos.

Lutita. Roca de origen sedimentario de tipo arcilloso.

Macolla. Conjunto de tallos que nacen de un mismo pie.

Macrofilia. Categoría de la clasificación de tamaños de hojas de Raunkiaer. Corresponde a superficies foliares comprendidas entre 182.25 y 1640.25 cm^2.

Macromicetos. Hongos superiores con aparatos reproductores macroscópicos.

Magueyal. Vegetación con predominancia de "maguey" (*Agave* spp.).

Maleza. Nombre que se les da a plantas silvestres que viven en los campos de cultivo, a la orilla de caminos, cerca de habitaciones humanas, canales de riego, basureros, lugares incultos, etc.

Manglar. Comunidad vegetal en que predominan los "mangles", que son arbustos o árboles halófilos tropicales costeros. Prospera principalmente a la orilla de lagunas litorales y cerca de desembocaduras de ríos.

Marga. Roca arcillosa de origen sedimentario, con alto contenido de carbonato de calcio.

Matorral. Comunidad vegetal en que predominan los arbustos.

Megafilia. Categoría de la clasificación de tamaños de hojas de Raunkiaer; corresponde a superficies foliares mayores de 1640.25 cm^2.

Mesofilia. Categoría de la clasificación de tamaños de hojas de Raunkiaer; corresponde a superficies foliares entre 20.25 y 182.25 cm^2.

Mesófilo. Calificativo de plantas o de comunidades vegetales que se desarrollan en condiciones de humedad abundante en el medio terrestre.

Mesozoico. Era geológica posterior al Paleozoico y anterior al Cenozoico.

Mezquital. Comunidad vegetal caracterizada por la dominancia del "mezquite".

Mezquite. Nombre común de *Prosopis* spp.

Micoflora. Flora de hongos.

Micorriza. Unión íntima de la raíz de una planta superior con las hifas de determinados hongos. Las micorrizas son en general de dos tipos: a) ectomicorrizas, en las cuales el hongo se halla mayormente rodeando las raicillas del huésped, y b) endomicorrizas, en las cuales el hongo reside en su mayor parte dentro de las raicillas del huésped.

Microclima. Clima local afectado por la condición de relieve, exposición, pendiente, etc., y a menudo por la vegetación misma.

Microhabitat. Habitat especializado dentro del área del habitat general de la biocenosis, como, por ejemplo, dentro de un bosque puede ser la corteza del árbol o un pequeño talud rocoso.

Microfilia. Categoría de la clasificación de tamaños de hojas de Raunkiaer; corresponde a superficies foliares entre 2.25 y 20.25 cm^2.

Microspora. Espora que al germinar forma el gametofito masculino. En las fanerógamas corresponde al grano de polen.

Migajón arenoso. Una de las categorías de la clasificación de suelos de acuerdo con su textura.

Milpa. Sembradío de maíz.

Mioceno. Uno de los periodos de la Era Terciaria o Cenozoico.

Modo. En ecología marina: condición de la vegetación litoral de estar expuesta con respecto al oleaje y a la intemperie.

Mojino. Triste.

Mojual. Bosque de *Brosimum alicastrum.*

Monotípico. Que sólo tiene un tipo. Un género monotípico es el que tiene una sola especie.

Monzón. Viento característico de las costas del Océano Indico, que sopla durante 6 meses en una dirección y durante 6 meses en la opuesta.

Morfología. Estudio de las formas.

Nanofilia. Categoría de la clasificación de tamaños de hojas de Raunkiaer; corresponde a superficies foliares entre 25 y 225 mm^2.

Neártico. Relativo al territorio biogegráfico que corresponde a las regiones templadas y frías de Norteamérica.

Neotropical. Relativo al territorio fitogeográfico que comprende casi la totalidad de América del Sur así como de la porción intertropical de Norteamérica.

Neumatóforo. Raíz emergida de funciones respiratorias.

Nicho ecológico. Ubicación de la especie dentro del conjunto del ecosistema.

Nitratófilo. Calificativo ecológico de vegetales adaptados a vivir en suelos ricos en nitratos.

Nopal. Nombre que se usa en México para las especies de *Opuntia* (Cactaceae) de tallos aplanados.

Nopalera. Vegetación con abundancia de nopal.

Ojital. Bosque de ojite.

Ojite. Nombre que se le da en algunas regiones de México a *Brosimum alicastrum.*

Oligoceno. Uno de los periodos de la Era Terciaria.

Ombrotérmico. Relativo a la precipitación y a la temperatura.

Orogénesis. Proceso de formación de las montañas.

Orquidáceas (Orchidaceae). Familia de las monocotiledóneas, con mucha frecuencia epifitas y que se distinguen por la belleza de sus flores.

Oyamel. Nombre que se les da en muchas partes de México a las especies del género *Abies.*

Paleoecología. Ecología de los organismos y de las comunidades bióticas que vivieron en el pasado geológico.

Paleoedafología. Estudio de suelos que se formaron en el pasado.

Paleogeografía. Rama de la geología histórica que se ocupa de la repartición de tierras y mares, montañas, volcanes, etc. en el pasado.

Paleozoico (o Era Primaria). Era geológica posterior al Precámbrico y anterior al Mesozoico.

Palinología. Estudio de los granos de polen y de las esporas, incluyendo los del pasado geológico.

Palmada (hoja). De forma semejante a la palma de la mano abierta.

Palmar. Comunidad vegetal en que dominan miembros de la familia Palmae.

Pantropical. De distribución amplia, que abarca las regiones tropicales de toda la Tierra.

Páramo. Nombre con que se conocen algunas comunidades bióticas de tipo húmedo que viven por encima del límite de la vegetación arbórea en la parte septentrional de los Andes sudamericanos.

Parvifolio. De hoja pequeña.

Pastizal. Vegetación con predominancia de gramíneas.

Pecuario. Relativo a la ganadería.

Pedogénesis. Proceso de la formación del suelo a partir de la roca madre.

Perenne. Duradero. Referente a plantas que viven tres o más años.

Perennifolio. Calificativo con el que se designan plantas o comunidades vegetales que permanecen con hojas durante todo el año.

Permafrost. Congelación permanente.

Perturbado. Alterado directa o indirectamente por el hombre.

Pesado (suelo). De textura arcillosa.

pH. Indice usado para la expresión cuantitativa de la acidez o de la alcalinidad de una solución acuosa.

PH. Abreviación de fanerófita, una de las categorías de la clasificación de formas biológicas de Raunkiaer.

Pinnada. Hoja compuesta cuyos foliolos están dispuestos a ambos lados de un eje común.

Piñón. Semilla comestible de algunos pinos.

Piso. 1. Vegetación característica de un determinado intervalo altitudinal. 2. Estrato.

Pizarra. Roca arcillosa endurecida.

Plántula. Plantita recién germinada.

Pleistoceno (o Era Cuaternaria). Era geológica posterior al Terciario y anterior al Holoceno.

Podsólico (suelo). Tipo de suelo cuya característica más esencial es la existencia, bajo el horizonte superficial en el que se acumula el humus, de un horizonte de color pálido y lavado por el agua que se filtra hacia la profundidad.

Popal. Comunidad vegetal propia de lugares pantanosos en zonas de clima caliente y húmedo, dominada por plantas herbáceas altas y de hojas anchas.

Pradera. Vegetación con predominancia de gramíneas.

Preadaptado. Con caracteres de valor en relación con ciertas posibles alteraciones del ambiente.

Precámbrico. Era geológica anterior al Paleozoico.

Predador. Organismo que apresa a otro y se sirve de él como alimento. Se acostumbra incluir también en esta categoría la mayor parte de los animales herbívoros.

Presión osmótica. Característica de una solución, ligada esencialmente a la concentración de ciertos solutos.

Primario. Calificativo de comunidades bióticas o de procesos sinecológicos en cuyo determinismo no ha intervenido el hombre.

Procumbente. Tendido; se refiere principalmente a los tallos que se arrastran sobre el suelo.

Propágulo. Parte o fragmento de la planta que sirve para propagar o multiplicarla.

Protorendzina. Tipo de suelo derivado de roca caliza.

Psamófilo. Calificativo ecológico de las plantas o comunidades vegetales adaptadas a vivir en suelos arenosos.

Pseudogley. Horizonte edáfico de color claro que se forma a consecuencia de inundaciones intermitentes.

Pteridofitas (criptógamas vasculares). Grupo de plantas vasculares inferiores que corresponde a helechos y a algunos tipos afines.

Puna. Nombre con el que se conocen algunas comunidades bióticas de tipo seco que viven por encima del límite de la vegetación arbórea en los Andes sudamericanos.

Quiotillal. Comunidad vegetal en que abunda la "quiotilla" (*Escontria chiotilla*).

Raíz tabular. Véase contrafuerte.

Raíz zanca. Raíz emergida propia de algunas plantas tropicales que brota del tronco o de las ramas a manera de zanco.

Ramón. Nombre que se le da en algunas partes de México a *Brosimum alicastrum.*

Ramonal. Bosque de *Brosimum alicastrum.*

Rasante. (estrato). Extendido horizontalmente al nivel del suelo.

Recurso renovable. Recurso natural que tiene la capacidad de reproducirse e incrementarse (como la flora y la fauna), por lo que, siguiendo un sistema conservacionista adecuado puede explotarse indefinidamente.

Regresión marina. Retroceso del mar con la consecuente expansión de terrenos emergidos.

Relicto. Calificativo de reliquia.

Reliquia. Planta o comunidad vegetal bien representada en otras épocas, pero escasa o muy localizada en la actualidad.

Rendzina. Tipo de suelo derivado de roca caliza.

Reproducción vegetativa. Multiplicación de las plantas sin el concurso de la unión de las células sexuales.

Riolita. Roca volcánica de color generalmente rojizo.

Ripario. Que vive cerca de ríos o arroyos.

Rizoma. Tallo horizontal subterráneo.

Rizomatoso. Que tiene rizomas.

Roca madre. La roca a partir de la cual se forma el suelo.

Rodofíceas (o algas rojas). Algas, por lo común marinas, caracterizadas por su coloración rojiza.

Roseta. Conjunto de hojas que se disponen muy juntas a causa de la brevedad de los entrenudos, formando una estructura similar a una rosa.

Rosetófilo. Propio de plantas con hojas en roseta.

Rubiáceas (Rubiaceae). Familia de dicotilodóneas, que principalmente habitan en zonas tropicales.

Ruderal. Calificativo de plantas o comunidades vegetales silvestres, características de los alrededores de las habitaciones humanas, orillas de caminos y vías de ferrocarril, basureros, lugares incultos y habitats similares.

Rupícola. Que vive en los peñascos o en las rocas.

Sabana. Pastizal de clima caliente, frecuentemente acompañado de árboles espaciados.

Salino. Con gran abundancia de sales solubles.

Salobre. Ligeramente salino.

Sapogeninas. Grupo de substancias orgánicas complejas y a menudo tóxicas, presentes en algunos vegetales.

Saprófita. Planta que se alimenta de materia orgánica muerta.

Sargazo. Alga del género *Sargassum* o de géneros emparentados.

Sativo. Referente al vegetal que se cultiva.

Secano. De clima seco; sin riego.

Secundario. Calificativo de la vegetación o de procesos sinecológicos influidos directa o indirectamente por el hombre.

Senil. Forma de topografía, caracterizada por escaso relieve.

Sere (o serie sucesional). Conjunto de comunidades que se suceden, desde la vegetación pionera hasta el clímax.

Serial. Referente a la sere.

Serotino. Tardío.

Simbionte. Nombre que recibe cada uno de los organismos que forman parte de la simbiosis.

Simbiosis. Vida en común de dos organismos distintos, establecida de manera regular y con beneficio mutuo de los participantes.

Simorfia. Conjunto de elementos de una comunidad vegetal que corresponden a la misma forma biológica.

Sinclinal. Parte cóncava de un pliegue tectónico.

Sinecología. Ecología de las comunidades bióticas; una de las principales subdivisiones de la ecología.

Sinusia. Comunidad parcial de una biocenosis, como, por ejemplo, el estrato rasante, el conjunto de epifitas, el conjunto de trepadoras, etc.

Sombreretal. Bosque con abundancia de *Terminalia amazonia.*

Sotavento. Lado contrario al expuesto a la dirección del viento.

Sotobosque. Vegetación que vive en el bosque, pero que es de menor altura que su arbolado.

Subclímax. Etapa sucesional anterior al clímax, cuya evolución queda detenida indefinidamente por factores naturales o artificiales.

Substrato. Lo que sirve de asiento a la planta.

Substrato geológico. Roca madre.

Sucesión. Proceso de reemplazo de una comunidad biótica por otra.

Suculento. Calificativo de hojas, tallos, plantas, etc., carnosas.

Taiga. Bosque de gimnospermas de clima frío, distribuido principalmente en la parte boreal de Eurasia.

Tanino. Substancia astringente que se encuentra en algunos vegetales y que con frecuencia se usa para curtir pieles.

Tasistal. Asociación de "tasiste" *(Paurotis wrightii).*

Taxa. Plural de taxon.

Taxon. Unidad taxonómica de cualquier jerarquía en la clasificación de los organismos.

Taxonomía (o sistemática). Ciencia o arte de la clasificación de los organismos.

Templado. Moderado; intermedio entre frío y caliente.

Temporal (agricultura de). Agricultura sin riego.

Tensión de vapor. Medida de la humedad contenida en la atmósfera.

Terciario. Véase Cenozoico.

Termófilo. Calificativo ecológico de organismos que viven en clima caliente.

Terófita. Forma biológica de la clasificación de Raunkiaer que incluye el conjunto de plantas anuales y bienales.

Tetechera. Agrupación vegetal en que domina el "tetecho" (*Neobuxbaumia tetetzo*).

Textura (del suelo). Composición del suelo con respecto a la dimensión de las partículas que lo forman. T. gruesa, t. ligera = suelo con gran predominancia de arena; t. fina, t. pesada = suelo con abundancia de arcilla y limo; t. mediana = suelo de características intermedias.

TH. Abreviación de terófita, categoría de la clasificación de formas biológicas de Raunkiaer.

Tierra caliente. Término con el cual se denomina en México a regiones caracterizadas por clima caluroso.

Tintal. Bosque de "palo de tinte" (*Haematoxylon campechianum*).

Tipo de vegetación. Comunidad vegetal de rango elevado, determinada primordialmente por la fisonomía.

Toba. Roca originada mediante la consolidación o cimentación de cenizas volcánicas.

Tomento. Pubescencia densa.

Transecto. Línea o banda continua, alargada y estrecha, que se escoge para el análisis de la vegetación.

Transgresión marina. Avance del mar con la correspondiente reducción de terrenos emergidos.

Transpiración. Pérdida de agua en forma de vapor por los tejidos de la planta.

Tropical. 1. Relativo a la zona ubicada entre los trópicos. 2. Relativo a las regiones de clima caluroso (acepción frecuente en México).

Tular. Comunidad vegetal propia de lugares pantanosos en donde abunda generalmente el "tule" (*Typha* spp. y *Scirpus* spp.).

Ubicuista. Calificativo para las especies que no están adscritas a determinadas comunidades, sino pueden encontrarse en muy diversas condiciones ecológicas.

Udoteáceas. Algas clorofíceas macroscópicas bénticas, comunes en la zona tropical.

Vascular. Calificativo de plantas que poseen vasos de conducción.

Vegetación. Conjunto de plantas que habitan en una región, analizado desde el punto de vista de las comunidades bióticas que forman.

Vegetativo. 1. Que realiza funciones vitales cualesquiera, pero no las reproductoras propiamente dichas. 2. Relativo a la reproducción asexual.

Vicariante. Que substituye o reemplaza. Se aplica con frecuencia a las especies o comunidades emparentadas taxonomicamente, pero que ocupan distintas áreas.

Viviparidad. Característica de algunas plantas cuyos embriones no quedan en estado de vida latente dentro de la semilla, sino que prosiguen su desarrollo mientras la semilla continúa en la planta madre, y se desprenden de ésta en un estado avanzado de desenvolvimiento.

Xerófilo. Calificativo ecológico de las plantas y comunidades vegetales adaptadas a vivir en los medios secos.

Xerófita. Vegetal adaptado a vivir en climas secos.

Xeromorfo. Se refiere a plantas que por su morfología externa o por su estructura están adaptadas a la sequedad.

Zacatal (o pastizal). Vegetación con predominancia de gramíneas ("zacates").

Zacatonal. Zacatal propio de zonas montañosas elevadas, con predominancia de gramíneas altas y amacolladas ("zacatones").

Zapotal. Vegetación con predominancia de "chicozapote" (*Manilkara zapota*).

Zarzoso. Lleno de zarzas; espinoso.

Zoogeografía. Ciencia que se dedica al estudio de la distribución geográfica de los animales, así como de las causas de esta distribución.

Indice

Se ha procurado reunir bajo este rubro: a) nombres de plantas, b) nombres de comunidades vegetales, c) nombres de personas mencionadas en el texto, d) localidades, accidentes geográficos, regiones, estados y países, e) algunas otras materias de mayor interés. No se tomaron en cuenta en el índice elementos referidos en el capítulo "Literatura citada".

A

A

A – B

C

C – CH – D

D

D – E

E – F

G – H

H – I – J

J – K – L

L – LL – M

M

M – N – O

O – P

P – Q

Q – R

R – S

S

S

S – T

T

T – U – V

V – W – X – Y – Z

Z

ESTA OBRA SE TERMINO DE IMPRIMIR EL DIA
3 DE JUNIO DE 1983, EN LOS TALLERES DE
LITOGRAFICA RIMOL, S. A., VIRGINIA 361,
COL. NATIVITAS, MEXICO 13, D. F.

LA EDICION CONSTA DE 3,000 EJEMPLARES
Y SOBRANTES PARA REPOSICION

KE — 100 — 554